中国工程管理环顾与展望

——首届工程管理论坛论文集锦

《中国工程管理环顾与展望》编委会

中国建筑工业出版社

图书在版编目（CIP）数据

中国工程管理环顾与展望——首届工程管理论坛论文集锦/《中国工程管理环顾与展望》编委会. —北京：中国建筑工业出版社，2007

ISBN 978-7-112-09446-2

Ⅰ. 中… Ⅱ. 中… Ⅲ. 建筑工程-施工管理-学术会议-文集 Ⅳ. TU71-53

中国版本图书馆 CIP 数据核字（2007）第 092873 号

本书为“中国工程管理论坛 2007”的论文集锦。该论坛由中国工程院、广州市人民政府共同主办，中南大学、广州市建委和广州市科技局承办，有来自中国工程院、大型企业单位、社会学术团体、各高等院校的 20 余位院士、350 余名代表出席这次盛会。论坛编委会从收到的 251 篇优秀论文中精选 91 篇，作为论文集锦正式出版。

全书共分三篇，分别为：第一篇，工程管理成就与经验；第二篇，工程管理理论与方法；第三篇，工程管理教育。书中不仅展示了青藏铁路、三峡工程等特大型工程的辉煌成就，也汇集了众多大型工程、城市建设工程的成功经验，富含了前沿的工程管理理念和方法，展望了工程管理的未来与发展趋势，对政府管理部门、广大工程建设者、工程管理及相关专业的高校师生具有极高的参考和研究价值。本书的出版，将对我国工程管理事业的蓬勃发展起到积极的推动作用。

责任编辑：刘　江　赵晓菲
责任设计：肖广慧
责任校对：汤小平

中国工程管理环顾与展望
——首届工程管理论坛论文集锦
《中国工程管理环顾与展望》编委会
*
中国建筑工业出版社出版、发行（北京西郊百万庄）
各地新华书店、建筑书店经销
北京嘉泰利德公司制版
北京建筑工业印刷厂印刷
*
开本：889×1194 毫米　1/16　印张：28¼　字数：954 千字
2007 年 7 月第一版　　2007 年 7 月第一次印刷
印数：1—2,000 册　　定价：**65.00** 元
ISBN 978-7-112-09446-2
(16110)

本书编委会

前　言

20 世纪以来，我国以两弹一星、载人航天、三峡工程、青藏铁路等为代表的一大批重大工程、各工业系统的大量工程和以北京、上海、深圳、重庆、广州等为代表的大规模的城市建设工程都取得了举世瞩目的成就。特别是近年来，我国全社会固定资产投资突破十万亿，工程建设无论是规模还是水平都跻身世界前列。中国在全世界面前已经充分证明了自主建设大型、特大型工程的技术和能力，其中科学的工程管理发挥了巨大的作用，在工程建设中涌现了一大批优秀的工程管理人才，与之相应，工程管理学科也获得快速发展。

为了更好地总结我国工程管理的成就，规划工程管理学科的未来，由中国工程院和广州市人民政府共同主办，中南大学、广州市建委和广州市科技局承办的首届中国工程管理论坛于 2007 年 4 月 6 日 ~9 日在广州隆重召开。

本次论坛是我国工程管理界的空前盛会，来自中国工程院、大型企业单位、社会学术团体、各高等院校的 20 余位院士、350 余名代表出席论坛，听取大会报告和参与分组讨论。中国工程院、中共广州市市委、广州市人民政府、国家建设部、铁道部、中国科协和国家自然科学基金委员会等单位十分重视论坛的工作，相关领导亲自出席论坛，并发表热情洋溢的讲话。

在全国工程管理界的广泛关注和积极参与下，论坛收到了 499 位作者撰写的 251 篇论文。论文涉及面广，信息量大，琳琅满目，美不胜收。为了确保论文的质量，成立了《中国工程管理环顾与展望》编委会，对全部论文进行审阅，提出修改意见，并收录经过修改的论文 208 篇，分上、下两册付印，在会议期间进行了交流。会议结束以后，经过专家们的认真评选，考虑论文的代表性和特点，精选出 91 篇论文，作为首届工程管理论坛论文集锦正式出版。编委会的委员们和各位作者认真负责，保证了论文集锦的质量。

《中国工程管理环顾与展望》论文集锦，分为三篇，第一篇主要包括与各类大型、特大型工程和城市建设工程管理有关的论文，计 48 篇；第二篇主要包括工程管理理论探讨方面的论文，计 26 篇；第三篇主要包括探讨工程管理教育和“工程管理师”方面的论文，计 17 篇。需要说明的是：

（1）上述分类并不严格。事实上，有许多论文在总结工程建设经验的同时还进行了理论方面的探讨，而以工程管理理论和方法探讨为主的论文又结合具体工程项目进行。

（2）由于征文数量很多，已超过 150 万字，为了便于出版和阅读，只精选了其中有代表性的 91 篇论文，还有许多内容精彩甚至达到了很高水平的论文未能一一收录和展示，请各位作者见谅。

本次工程管理论坛是一个和谐的、具有开创意义的论坛。代表们以“一浓四高”概括论坛的成功：学术气氛浓，论文质量高，报告水平高，服务质量高，代表期望高。论坛的一项重要成果是一致通过了《中国工程管理论坛 2007 · 广州——共识和建议》。我们深信，本次论坛将在凝聚工程管理人才、促进我国工程管理界学术交流、推进工程管理学科快速发展等方面起到里程碑的作用。借此机会我代表编委会对给予本次论坛大力支持的单位和付出辛勤劳动的同行们表示诚挚的谢意。

何继善

2007 年 5 月 22 日

中国工程管理论坛2007·广州
共识和建议

2007年4月8日通过

当今中国，政通人和，社会发展，经济繁荣，神州大地正展开着举世瞩目、规模宏大的工程建设，中国工程管理的发展正处于新的关键历史时期，迎来了振奋人心的大好机遇，也面临着前所未有的严峻挑战。

2007年4月6日至9日，由中国工程院、广州市人民政府主办的“中国工程管理论坛2007”在广州举行。三百五十名与会代表围绕着“中国工程管理发展现状及关键问题”这一主题，进行了广泛、深入的讨论，交流了工程管理的经验与成就，探讨了工程管理的范畴、目标和任务，分析了现状，提出了发展迫切需要解决的关键问题及对策建议，展望了工程管理的未来及发展趋势。与会代表达成共识，共同发表《中国工程管理论坛2007·广州——共识和建议》。

肩负重大使命

我国工程实践源远流长，长城、都江堰等是古代工程的成功典范。新中国成立五十多年来，两弹一星、载人航天、三峡工程、青藏铁路等一大批重大工程和大规模的城市建设取得了巨大成就，其规模和水平都堪居世界前列。然而，我国工程建设的总体水平与世界先进水平相比，仍有较大差距。

工程管理是对工程进行的决策、计划、组织、指挥、协调与控制，它具有系统性、综合性和复杂性。先进的工程管理可以保障工程决策的正确性和投资目标的有效实现，能够鼓励创新思维与工程管理的相互促进，推动创新技术的开发与应用，并能降低能源资源消耗，提高效率和效益；现代化的工程管理强调以人为本、尊重自然，促进工程与人类、自然的和谐发展。因此，发展工程管理事业，推动经济繁荣和社会进步，为中华民族的伟大复兴和人类社会的发展做出贡献，是工程管理界肩负的重大使命。

提升学科地位

我国工程建设的快速发展需要大量的工程管理人才，积极推进工程管理教育，任重而道远。目前全国已有近300所高等学校开设了工程管理专业，领域广泛。工程管理专业适应人才市场需求，具有时代特色，体现了专业性、综合性和应用性相互融合的现代学科特点，已经成为我国高等教育学科中的一个重要门类。为了促进我国工程管理事业的发展，应进一步提升工程管理的学科地位，建立完善的学科体系、知识体系和组织体系，从而保障工程管理理论的深入研究、教学队伍的稳定发展和工程管理专业人才的培养。因此，与会代表建议，在我国普通高等学校本科、硕士、博士的学科专业目录中，将工程管理设置为一级学科，从而有力地推动工程管理专业人才的培养，促进创新型工程管理人才队伍的发展。

完善职业教育与执业认证

目前我国有大批的专业人员从事工程管理工作，开始建立了相关的执业资格考试与认证制度。社会对工程管理职业教育与执业认证的高度关注，反映了市场对工程管理复合型人才的迫切需求，工程管理人员知识水平和从业能力的持续提高刻不容缓。与会代表建议，积极推进工程管理职业教育与执业资格认证，设置招收在职人员的工程管理硕士（MEM）专业学位，早日在全国范围内遴选若干条件较好的高等学校开展试点工作。同时，积极推动设立工程管理师职称系列和建立工程管理师执业认证体系，给工程管理专业人员以职业上的承认和水平上的认定。

关注和推动持续发展

随着科学技术的迅猛发展，工程管理领域的新问题不断涌现，需要工程管理界以开放的思维，不断创新工程管理理论和方法，结合中国实际，开拓国际视野，推动我国工程管理学科领域的持续发展。与会代表建议，以“中国工程管理论坛2007”为起点，继续举办全国性的工程管理论坛，发起筹组全国性的一级学会“中国工程管理学会”，推进创立《工程管理学报》杂志，组建机构，构筑平台，加强交流，促进我国工程管理事业的健康发展。

与会代表坚信：通过工程管理界同仁和社会各界的不懈努力，我国工程管理一定能取得长足发展，在有关部门的积极支持下，用5年的时间，规划学科，凝聚人才，搭建平台，强化功能，使我国工程管理水平跃上一个新的台阶；用15年到20年的时间，使我国工程管理达到世界先进水平，为经济繁荣和社会进步做出更大的贡献。

目 录

第一篇 工程管理成就与经验

重大工程

政策建议

管理模式

目标管理

信息化

第二篇 工程管理理论与方法

基本理论研究

技术与方法

对策研究

第三篇 工程管理教育

教育理论及思想

比较研究

教学改革与人才培养

工程管理师认证研究

第一篇

工程管理成就与经验

青藏铁路工程管理创新实践

孙永福

（中国工程院院士，铁道部）

修建青藏铁路，是中国政府在新世纪之初作出的一项重大决策，是西部大开发的标志性工程，对于加快青、藏两省区经济社会发展，提高人民生活水平，促进文化交流，增进民族团结，具有重大意义。青藏铁路格尔木至拉萨段全长1142km，其中海拔4000m以上地段有960km，经过连续多年冻土区有550km，2001年6月29日开工，2006年7月1日全线通车运营。广大建设人员连续5年艰苦奋战，建成了世界上海拔最高、线路最长的高原冻土铁路，攻克了多年冻土、高寒缺氧、生态脆弱等难题，创造了世界铁路建设史上的伟大奇迹，在工程管理、技术进步、精神文明建设等方面取得了巨大成就。本文主要论述工程实施阶段管理创新实践。

1　公益性铁路工程项目首次实行法人责任制

青藏铁路是典型的公益性工程项目。这是由于该项目处于青藏高原极其特殊的环境，工程投资较多，客货运量较少，运营成本较高，虽然项目本身经济效益欠佳，但项目建成后具有良好的社会效益和环境效益。该项目基本属于市场机制失灵的领域，不可能完全依靠市场化运作来解决工程建设资金和补偿运营亏损。因此，由中央政府安排了全部建设资金（其中75%为国债资金，25%为铁路建设基金），实行优惠政策，给予运营适当补偿。

对于公益性铁路工程项目，传统的管理模式是设立建设指挥部。这种管理模式虽然在协调各方关系、集中优势力量、解决重大问题方面有较大的优势，但也存在主要依靠行政手段管理经济活动的弊端。突出表现在：指挥部不是一个独立的经济实体，缺乏明确的经济责任；指挥部是一个临时机构，不能积累专业化管理经验；指挥部只负责工程建设，不负责运营管理，项目建成后要办理移交手续。

为探索公益性铁路工程项目管理新路子，首次在青藏铁路工程项目实行法人责任制。铁道部报请国务院批准成立青藏铁路公司，既管建设又管运营，是有别于股份公司或有限责任公司的国有独资企业。青藏铁路公司在格尔木设立了建设总指挥部，由青藏铁路公司主要领导担任总指挥部指挥长，全面实施项目建设管理。

明确青藏铁路公司（总指挥部）的项目法人责任，符合社会主义市场经济体制要求。具有以下优越性：(1) 有利于强化项目建设管理。青藏铁路公司按照国家批准的青藏铁路建设规模、技术标准等对铁道部全面负责，科学组织，严格管理，确保实现建设世界一流高原铁路的宏伟目标。项目管理主要依靠经济手段、法律手段，同时辅以必要的行政手段。(2) 有利于在建设中充分考虑运输需求。由青藏铁路公司作为业主，把项目建设与运营融为一体统筹安排。在项目建设期间，本着强本简末精神，强化关系着运输安全、质量、效率的工程内容，减少沿线房屋建筑和运营管理人员。(3) 有利于提前开展运营准备工作。在项目建设期间，部分运营管理人员提前介入，进行专业培训，熟悉工程和设备，研究运输组织方案和列车开行方案，制定运输管理制度，开展内燃机车和高原客车试验。所有这些，都为全线提前开通运营创造了条件。

青藏铁路公司同各参建企业确立合同关系。在青藏铁路建设总指挥部设立党工委，吸纳主要施工企业主管领导为党工委成员，将行政上无隶属关系的施工单位由党工委统一领导，形成既管建设、又管施工队伍，既管工程、又管思想政治工作的新模式。同时，将民工队伍纳入职工队伍统一管理，一视同仁，实施“三统一”（统一居住条件、统一饮食标准、统一医疗保障），确保民工工资发放到位，有效保障了民工的政治、经济权益。

2　确立五大控制目标管理体系

青藏铁路建设自始至终贯彻了以人为本思想和可持续发展要求。制定“拼搏奉献、依靠科技、保障健康、爱护环境、争创一流”的建设方针，体现了拼搏精神与科学态度的统一、工程建设与人文关怀的统一、优质高效与保护环境的统一，成为指导青藏铁路建设全过程的重要依据。

坚持高起点、高标准、高质量地建设青藏铁路，把建设世界一流高原铁路作为青藏铁路建设总目标，这是中国铁路实现跨越式发展的重要体现，是时代赋予的历史使命。围绕实现总目标，确立了工程质量、环境保护、职业健康安全、工期、投资“五大控制目标”（图1）。

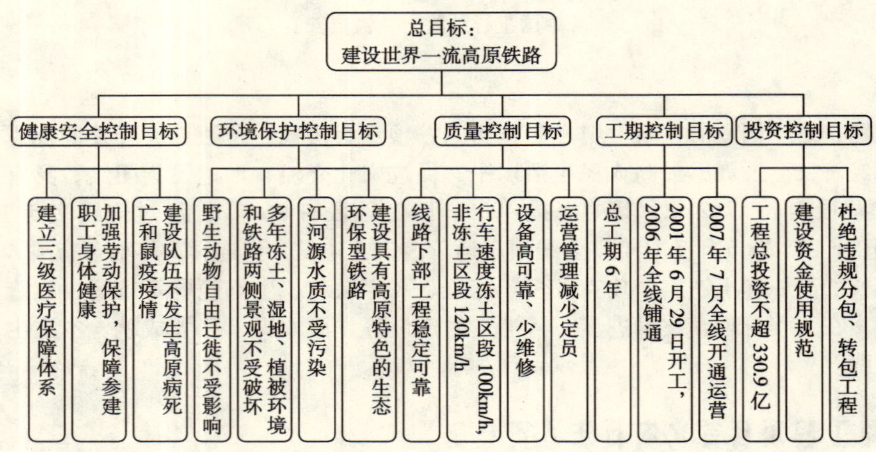

图1　青藏铁路建设目标管理体系

同传统的质量、工期、投资“三大控制”相比，“五大控制目标”更能全面有效地确保总目标的实现。“五大控制目标”分别按施工年度、工程类别、施工单位进行分解，形成“自上而下层层展开，自下而上层层保证，全面参与、全方位落实、全过程控制”的目标管理体系。

为使目标分解尽可能地细化和量化，由青藏铁路公司（总指挥部）年初具体部署年度工作，并与施工企业负责人签订责任书，落实目标责任，纳入合同管理。利用青藏铁路工程项目管理信息系统，收集有关信息并进行分析。每季度检查一次措施落实和进度控制情况，发现问题及时纠正。年末对目标成果进行综合评定，按照有关规定给予奖励或处罚。从设定目标、执行目标到评定目标，构成一个目标管理循环周期。持续推进这一循环，有效确保了总目标的实现。

3　以责任制为核心的工程质量管理

青藏铁路建设坚持“百年大计、质量第一”方针，建立严密的工程质量管理组织机构，制定完善的质量管理规章制度，构成以责任制为核心的工程质量管理体系（图2）。

（1）业主负责。青藏铁路公司（总指挥部）作为业主，是质量管理主体，对工程质量负全责。由主要领导负责质量工作，并在机关设立工程部、监理部。编制了全线勘察、设计、施工等暂行规定，为工程质量管理提供了技术依据。严格实行开工审批制度，着重审查施工企业是否具备规定条件并核对施工图。严格实行工程试点制度，各标段开工必须先进行试点作出样板，在总结经验的基础上全面展开。实行质量信誉评价制度，将质量信誉不合格的企业清理出场。开展工程创优活动，组织现场观摩和质量评比，树立典型，交流经验，奖优罚劣。落实工程验收制度，坚持标准，反复检查，督促施工单位整治缺陷，达标之后组织工程验收。

（2）企业自控。工程项目实行全过程质量控制，设计、施工等企业按照GB/T 19000—ISO9000（2000版）系列标准，建立质量管理体系并通过质量认证，进行全员技术培训，实施质量自检自控。设计单位确定项目总体负责人和专业负责人，建立技术咨询、设计回访、动态管理等制度，组织暖季、寒季现场调查，不断优化设计，配合现场施工。施工企业成立QC小组，对施工工序、分项工程、分部工程、单位工程实施项目质量控制，对材料配件、机械设备、施工工艺、生产环境等主要控制因素研究相应对策，对钢材、水泥、钢轨及配件等主要物资进行专项检测。经过工程试验，对多年冻土、湿地、耐久性混凝土及冬期施工等制定具体规定，使施工工艺规范化。

（3）全面监理。业主委托监理单位对工程质量实施全面监理。监理人员持证上岗，实行责任监理工程师制、专职巡视监理工程师制和施工关键部位、关键工序旁站监理制。业主还委托第三方对工程实体采用两种以上方法进行质量检测。例如，路基填筑密实度采用核子密度仪、K30等设备检测；混凝土耐久性采

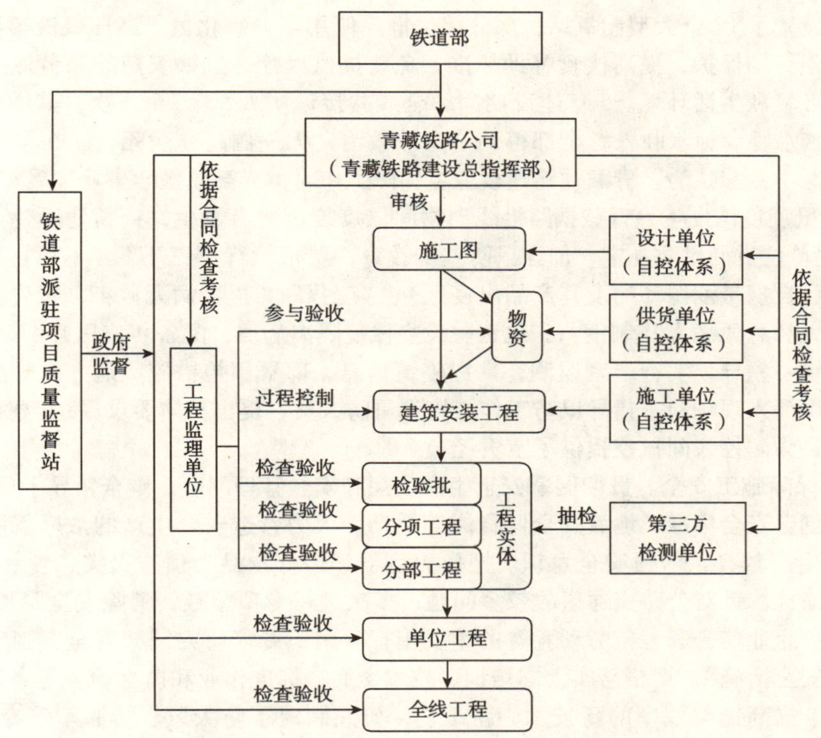

图2　青藏铁路建设实施阶段工程质量管理体系

用现场测量坍落度、泌水率、气泡间距等指标，同时制作混凝土试件进行耐久性试验。发现质量问题及时发出监理通知，责成施工单位限期整改。监理单位要定期向业主报送“监理月报”等。

（4）政府监督。铁道部派驻格尔木的工程质量监督站，代表政府对青藏铁路公司（总指挥部）、设计、施工、供货、监理等单位履行质量责任行为和工程实体质量，依法进行监督、检查。

青藏铁路建设中，共创建了385项优质样板工程，质量合格率100%，优良率达91%。全线开通运营前，铁道部组织验收表明，工程合格率符合验收标准要求。全线路基、桥涵、隧道等建筑物结构稳定，各项设备状态正常，列车运行速度达到设计速度，冻土地段100km/h，非冻土地段120km/h。青藏铁路工程质量达到了世界高原冻土铁路一流水平。

4　以全面预防为主的职业健康安全管理

青藏铁路沿线气压低，高寒、干燥、风大、强紫外线辐射，处于鼠疫自然疫源地，对职业健康和施工安全有很大影响。青藏铁路建设贯彻执行“预防为主、保障先行”的方针，加强职业健康安全管理，保证了工程建设顺利进行。

（1）制定卫生保障规章制度。在借鉴国内外高原医学研究成果的基础上，提出了青藏铁路建设卫生保障工作总体思路。铁道部、卫生部联合制定了《青藏铁路卫生保障若干规定》和《青藏铁路卫生保障措施》，以及公共卫生事件应急预案。针对站后工程专业多、战线长、人员流动分散的特点，制定了《青藏铁路建设站后和零散人员卫生保障管理办法》等。各参建单位都结合实际情况制定了具体规定。这些制度对全线卫生保障工作规范有序运行发挥了积极作用。

（2）建立高原病预防救治体系。开展卫生知识宣传教育，印发《高原卫生知识手册》，对进入高原的建设人员实行体检准入制度和阶梯式习服适应制度。组织高原医学专家成立“高原生理咨询组”，现场培训医务人员，指导防治急性和慢性高原病，提高诊断和急救水平。在全线建立能够及时有效救治危重病人的三级医疗保障网络。施工高峰年设立医疗机构一级6个、二级23个、三级115个。配备先进适用的常规医疗设备3900多台。医务人员与建设人员的比例为1.5%～2.0%。在海拔4500～5000m的建设工地应用高压氧舱取得成功，全线共配置25台高压氧舱。中铁20局等单位研制出每小时生产24m^{3}氧气的高原制氧设备，实现了海拔4905m的风火山隧道掌子面弥漫供氧，隧道内空气含氧量相当于降低海拔1200m，有效改善了作业环境。在全线设置了17个大型制氧站，部分单位推广使用了一氧化氮、高压氧液等治疗技术，取得了良好成效。切实加强劳动保护，提高伙食补助标准，免费提供医疗、抗缺氧药品和劳保用品，为参建人员创造了良好的劳动环境和生活环境。5年建设期间，全线共接诊病人53万余人次，其中脑水肿470例、肺水肿931例，这些脑水肿、肺水肿患者全部得到了有效救治，无一例高原病死亡。在第六届国际高原医学大会上，国际高原医学专家认为，青藏铁路建设卫生保障工作对世界高原医学事业发展作出了积极贡献。

（3）联合预防鼠疫疫情发生。青藏铁路沿线动物间鼠疫疫情时有发生，疫情地距建设工地最近的只有500m左右。各参建单位贯彻鼠防规定，加强鼠防宣传教育，严格执行“三不”（不私自捕猎疫源动物、不剥食疫源动物、不私自携带疫源动物及其产品出疫区）、“三报”（报告病死鼠獭，报告疑似鼠疫病人，报告不明原因高热病人和急死病人）制度。工地医院设立鼠疫隔离病房，配备相应医疗、防护、消毒等设备。青、藏两省区政府统一领导，实行严密监测，掌握疫情信息，部署预控措施。地方鼠防队及路地鼠防联合检查组，每年都多次深入现场检查指导鼠防工作，培训鼠防人员，提出具体要求。5年建设期间，全线工地没有发生鼠疫疫情，为防控人间鼠疫提供了宝贵经验。

（4）综合治理保障施工安全。贯彻国家安全生产法规和安全管理制度，健全领导干部安全生产责任制。深入开展安全月、创建安全标准工地、安全监督岗等活动，大力营造安全生产的浓厚氛围。进行全员（包括劳务用工）安全生产教育，增强安全意识。把压力容器、爆炸物品、预防火灾、食品卫生等作为重点，制定专门安全管理措施。针对公路交通事故较多问题，多次进行专项整顿，消除安全隐患，降低事故频率。把施工安全作为评价企业信誉和考核劳动竞赛的重要指标。组织专家研究铺架安全，制定“青藏线长大坡道铺架施工、运行安全措施”。严格落实上岗培训、技术交底、标准作业和监督检查等各项规章制度，积极推广减轻劳动强度、提高铺架效率的新技术、新工艺，研究制定了防大风、防溜车等专项防护技术措施，有效遏制了事故发生，创造了高原铺架连续4年无重大安全事故的优异成绩。

5　实行专职监理的环境保护管理

青藏铁路穿越青藏高原腹部，沿线自然环境极其独特而又十分脆弱。青藏铁路建设认真落实科学发展观，坚持依法环保、科技环保、全员环保，实行完善的环境保护措施，走出了一条建设高原生态环保型铁路的新路子。

（1）依法开展环保工作。青藏铁路建设认真执行国家环保法规，贯彻落实“预防为主、保护优先、开发与保护并重”的方针，编制了环境影响评价大纲、环境影响报告书（含水土保持），经国家环保总局和水利部正式批复后组织实施。以生态环境评价结果指导设计、施工和环境管理。在铁路建设中首次实行了环保监理制度，由建设单位委托第三方对全线环境保护进行全程监控。环保监理内容主要是：施工期“三同时”落实情况，固体废弃物处置、废水污水处理、野生动物保护、植被保护和水土流失情况、环境质量事故处理等。建立了由青藏铁路公司（总指挥部）统一领导、施工单位具体落实并承担责任、工程监理单位负责施工环保工作日常监理、专职环保监理实施全面监控的“四位一体”环保管理体系。青、藏两省区环保部门与各参建单位签订环境保护责任书，设立青藏铁路环保行政监察办公室，深入检查并纠正违规现象，保证铁路工程、设备安装和施工营地符合环保要求（图3）。

（2）依靠科技保护环境。组织专家开展高原地表植被保护、野生动物通道设置等课题研究。在海拔4300～4700m的高寒草原、草甸地段，选择抗寒效果好的草种，采用人工播种，辅以喷播、覆膜等培育技术，种草试验获得成功，开创了高原人工植草试验先例。总结中铁5局经验，形成人工种草和移植草皮工法，在全线有条件的区段大力推广，唐古拉山以南安多至拉萨间形成了300多公里的“绿色长廊”。在深入调查野生动物分布习性和迁徙规律的基础上，设计了桥下、隧顶和路基缓坡平交等三种形式共33处野生动物通道，这在我国重大工程项目中尚属首例（为保证行车安全，今后不再设路基缓坡平交通道）。每年6～8月藏羚羊迁徙季节，可可西里地段施工单位都主动停工让道。据五道梁北大桥监测报告表明，铁路铺轨后每年都有数千只藏羚羊从桥下通过。铁路穿越长达65km的湿地时，建造了20座桥梁总长10.56km，抛填片石和换填渗水土达7.2万m^3，有效保持了湿地的连通性。对全线295处取弃土场和砂石料场进行现场核对和优化设计，以节约用地，减少对植被的影响。

（3）依靠全员搞好环保。大力普及环保知识，分层次进行环保培训，共举办培训班40多次，培训各类人员4300多名。印发《环保手册》，竖立环保宣传牌，使参建人员树立生态文明观，形成人人关心环保、人人参与环保的良好氛围。建设单位把环保工作纳入“建功立业劳动竞赛”和“优质工程”评定范围，实行环保一票否决制。设计单位按照铁路选线绕避自然保护区、保证野生动物自由迁徙、严格控制施工用地、保护水土和地表植被等项原则，不断优化环保设计。施工单位全面落实环保措施。铁路通过错那湖自然保护区路段，用13万条沙石袋垒成20多公里护堤，有效防止了湖水污染。沱沱河站污水处理达到国家规定的生活用水标准，其他车站污水处理达标后用于车站范围内的绿化，不直接排入地表水体。

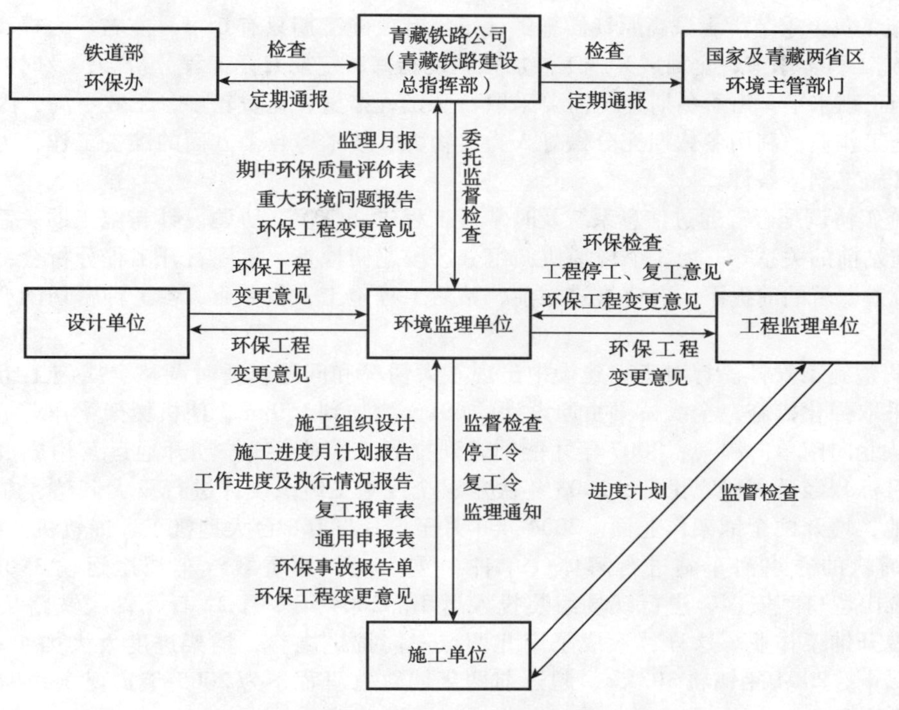

图3　青藏铁路环保监理工作程序

（4）地方环保部门加强监测。青、藏两省区环保部门密切监视青藏铁路沿线自然生态环境变化情况，定期组织开展环保监测。监测结果表明，青藏铁路建设对河流水质无明显影响，水力、风力侵蚀和水监测值小于当地背景值，冻土环境和沼泽湿地环境均无明显改变，沿线野生动物迁徙条件和铁路两侧自然景观未受破坏，自然保护区整体功能得到了有效保护。

青藏铁路建设的环境保护工作受到国家有关部门和社会各界好评。全国人大环资委、国家审计署、国家环保总局等部门在进行环保调研、环保审计和多次检查后认为，青藏铁路建设实现了大规模工程建设与生态环境保护的和谐统一，具有示范意义。青藏铁路建设环保管理模式值得在国家重大工程项目中推广运用。

6　突出关键控制的工期与投资管理

青藏铁路建设按照国家批准的总工期要求，以建设世界一流高原铁路为目标，以铺轨架梁为主线，以攻克"三大难题"为重点，认真编制全线施工组织设计，作出"由北向南、逐步推进、分段施工、分段铺轨"的总体部署。并据此制定了分区段、分年度施工计划，指导全线工程有序推进，实现了青藏铁路建设2001年首战告捷，2002年重点攻坚，2003年全面攻坚，2004年整体推进，2005年决战决胜，2006年通车运营等一系列胜利，总工期比原计划提前一年。

（1）全力突破重点工程。按照网络技术分析结果，多年冻土工程、铺轨架梁工程和信号工程是控制总工期目标的关键因素。在统筹安排时，抓主要矛盾，抓关键路径，优化资源配置。全线确定了32项重点工程，包括桥梁、隧道、路基、铺轨等站前工程，以及房屋、通信、信号、电力等站后工程。每项重点工程都认真编制施工组织设计，优先保证人力、物力、财力，加强技术指导和协作，实现工期目标。

（2）组织高原环境试验。由于青藏高原自然环境极其特殊，各项工程设施和设备都必须先进行高原环境适应性试验。对于多年冻土工程，2001年下半年选择5个不同冻土类型的区段、选取不同地温和地层条件下的路基、桥涵、隧道作为试验工程。对于站后工程，2004 年建设了南山口到不冻泉 157km 站后工程试验段，进行通信信号、调度集中、电力、房建等现场试验。对于铺轨架梁工程，2001 年下半年对内燃机车、架梁机、铺轨机等重型铺架机械进行技术改造和高原环境试验。2005 年对高原机车和客车进行了运行试验。坚持试验先行，用获得的科研试验成果或阶段性成果指导设计、施工，使工程建设少走弯路，对完善工程设计、确保质量、缩短工期发挥了重要保证作用。

（3）抓紧施工黄金季节。青藏高原气候恶劣，每年有效施工期只有 6 个月左右。为提高施工效率，抓住 5 月至 10 月施工黄金季节，全面展开施工。加强调度指挥，定期召开工程分析会，及时协调解决建设中的问题，创造施工新水平。由于冬期施工需要采取特殊工程措施，花费较多，工效不高，因此尽量不安排或少安排冬期施工作业。利用冬休期充分做好人力、物力、技术等各个方面的准备工作，为在气候转暖之后队伍迅速展开施工创造条件。

（4）加强施工协调配合。通过信息系统及时掌握工程进展情况，协调设计与施工的关系，施工与铺轨的关系，站后与站前的关系等。由 3 个现场协调组分区段巡回检查，每周召开工程分析会，每月进行一次全线检查。在统筹部署的前提下，有序推进站前、站后工程施工，各专业、各工种密切配合，努力做到均衡生产。

（5）适时调整施工安排。针对工程建设中出现重大情况和问题，适时调整全线施工组织设计。由于冻土地段工程采取强化措施，全线桥梁由原设计的 69km 增加到 159km，使机械架梁作业量大大增加。若按原施组安排从北向南单向铺架，2007 年才能铺轨到拉萨，这对全线按期开通运营构成极大威胁。为确保实现总工期目标，经反复研究论证，2003 年决定对全线施工组织设计进行重大调整，在西藏段安多新建一个铺架基地，增开两个铺架作业面。2004 年 3 月至 6 月将 168 台大型机车、铺轨机、架桥机等设备，在青藏铁路已铺轨的秀水河车站进行解体（单件最重 55t），用重载汽车长途运输 390km，翻越海拔 5231m 的唐古拉山垭口到安多，进行现场组装投入运用。2004 年 6 月 22 日，青藏铁路从安多分别向唐古拉山和拉萨展开铺架作业。这样，形成了南北两点三向推进之势，铺架进度大大加快。在海拔攀升、运距加大的情况下，2004 年铺轨 393km，超过前两年铺轨总里程，为 2005 年实现全线铺通创造了有利条件（图 4）。

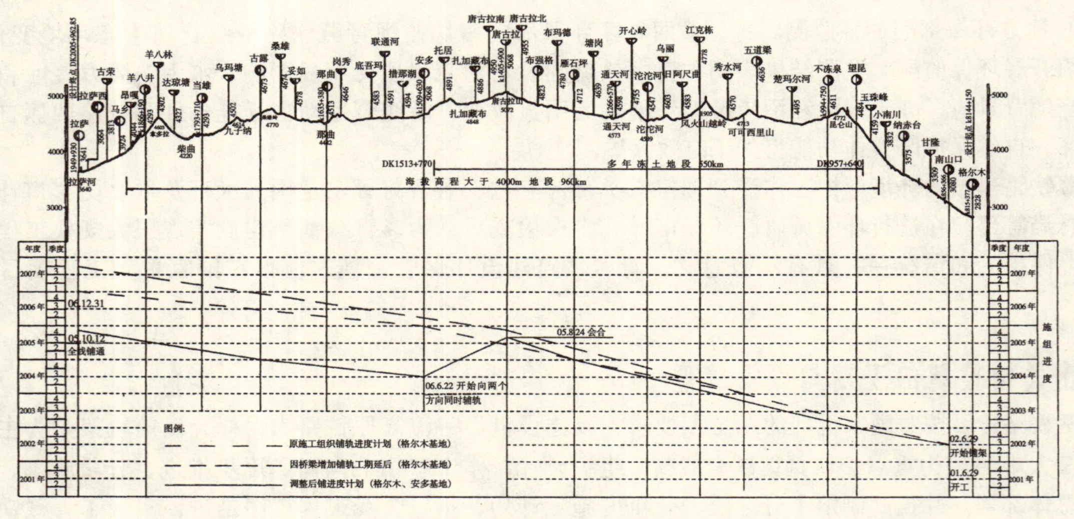

图 4 格尔木至拉萨段铺轨进度示意图

在青藏铁路建设中，合理组织施工，分析工程造价风险，严格控制建设资金、非建设性用款和管理费开支，充分发挥投资效益，确保了青藏铁路工程投资控制在国家批准的总概算 330.9 亿元之内。主要措施是：

（1）加强概算管理。按照国家批复的工程总概算，强本简末，精打细算，千方百计控制工程造价。针对高原特点，优化生产布局，沿线 45 个车站中有人值守车站 7 个，其余均为无人值守车站。严格变更设计管理，是控制工程投资突破总概算的重要措施。仔细核查工程数量，认真执行验工计价有关规定，先验工后计价。

（2）规范合同管理。全线工程和主要物资设备均通过公开招标择优选定承包商，依法签订合同。严格控制建设规模和标准，杜绝质量事故和返工浪费。对施工单位签订的物资采购、机械租赁、劳务用工合同等加强检查，规范合同文件，履行合同条款，整改存在的问题。坚决杜绝违规分包工程和转包工程现象。

（3）严格资金管理。认真执行国家财经法规，完善资金管理规章制度，做到支出有章可循，使用手续严密完备。建设资金专款专用，按验工计价拨款，不拖欠工程款，不拖欠劳务工工资。对建管费用等支出，实行严格审查控制。

（4）强化执法监察。铁道部每年对青藏铁路建设计划执行、资金使用、合同管理等进行执法监察，并开展内部审计监督，发现问题及时纠正。杜绝了截留、挪用、挤占建设资金现象，保证了建设资金安全、有效运转。青藏铁路建设资金使用情况得到了国家发改委重大项目稽查办和国家审计署的充分肯定。

7　组织联合攻关的技术创新管理

组织科研攻关，解决技术难题，是工程管理创新的重要内容，也是实现建设世界一流高原铁路总目标的可靠保证。

（1）严格规范工程技术管理。借鉴国内外冻土工程科研和实践成果，组织编制了“青藏铁路多年冻土区勘察、设计、施工暂行规定”。通过工程实践检验，不断修改完善，体现了高原冻土技术的最新水平。经论证，决定建设清水河、北麓河、沱沱河、安多和昆仑山、风火山隧道5个工程试验段，从诸多难题中筛选出39项关键技术，系统开展课题研究。通过公开招标确定研究单位，签订课题合同，落实责任制，集中优势力量联合攻关。研究课题实行分级管理，铁道部安排重大科研课题104项，科研经费1.37亿元，青藏铁路公司（总指挥部）及设计、施工单位另安排科研投资约1亿元。加强科研与设计、施工配合，按阶段考核进度和质量。科研成果要有实践检验和用户评价，经专家认真审查评定。参加联合攻关的主要有：中国科学院、铁道科学研究院、中铁第一勘察设计院、中铁西北科学研究院以及有关院校的科研技术人员。

（2）组织攻克高原铁路关键技术。依靠科技进步，攻克工程难题，创新了一批具有自主知识产权的关键技术。

①自主创新成套多年冻土工程技术。查明青藏铁路多年冻土分布和特点，建立评价多年冻土稳定性的地温分区和工程分类原则。突破传统设计理念，确立了“主动降温、冷却地基、保护冻土”的设计思想，动态分析，综合施治。从调控辐射、对流、传导出发，研发适合中低纬度高原冻土特点的成套工程措施，包括片石气冷路基、通风管路基、碎石（片石）护坡或护道、热棒（热管）、铺设保温材料、设置遮阳棚，桥梁采用旋挖钻机干法成孔灌注桩基础，隧道设置防水保温层，以及先进的冻土施工工艺等。经过3~4个冻融循环观测，多年冻土区路基下界地温降低，地基冻土上限抬升，路基工后沉降速率小于设计允许值。中外冻土专家现场考察后认为，青藏铁路建设采取的主要工程措施可靠先进，能够保证安全稳定，代表了国际冻土工程最新进展；研制出用于高原混凝土的DZ型系列外加剂，对提高混凝土耐久性有重要作用；在防风沙、防雷电、防地震等方面，也取得可喜成果。

②自主创新成套高原铺架技术。建成世界海拔最高的铺架基地，攻克了铺轨机、架桥机、内燃机车等大型设备无损解体和运输、组装调试等技术难题，研制了适应高原的JQ140G型架桥机。总结出长距离大区间高原铺架管理经验，开创了高海拔地区连续130km长大上坡道和连续48km长大下坡道铺架安全新纪录。

③自主创新高原客车制造技术。首创旅客列车供氧系统，安设了能够进行车厢弥散式供氧和分布式吸氧的供氧装置，提高旅客舒适度。安装真空集便器和废水收集装置以及压缩式垃圾箱，客车运行实现污水污物“零排放”。研制2000kW大功率发电车，确保了高原列车用电。采用高可靠性电气系统，提高了电气绝缘性能与防雷击保护性能。采用密封式车体钢结构、双唇密封式塞拉门和密封式折棚风挡，提高了整车的密封性能。客车选材增设抗紫外线措施。

（3）及时把科研成果转化为生产力。牢固树立科研为工程服务的意识，组织专家对工程阶段性研究成果进行评审，用阶段性研究成果指导设计和施工，及时把科研成果转化为生产力。例如，针对冻土试验中发现的路基阴阳坡不均匀变形、高含冰量冻土地段工程措施完善、少多冰冻土地段工程措施加强等问题，积极研究补强措施，取得了良好效果。

把青藏铁路建成世界一流高原铁路的伟大实践，为建设多年冻土工程、发展高原医学事业、保护生态环境积累了宝贵经验。青藏铁路开通运营以来，设备、人员和管理经受了首个暖季考验和寒季考验，运输秩序正常，社会反响良好。今后管好、用好青藏铁路的任务仍很繁重。要继续加强冻土工程长期监测和环境监测，深入研究大气升温和列车重复荷载对冻土工程的影响，搞好环境保护和职业健康安全工作。进一步改善经营管理，提高服务质量，确保安全畅通，创造一流运营管理水平，为西部大开发和促进青藏两省区社会经济又好又快发展发挥更大作用。

长江三峡工程建设管理的实践

陆佑榴

（中国工程院院士，中国长江三峡工程开发总公司）

1　关于工程项目管理的一般性理念

工程项目的管理就是为实现已经确定的项目目标，在有限的资源条件下，进行实施过程的组织和控制。组织就是管理体制，也就是建设各方实施者的职责和权限的定位，而控制则贯穿项目管理的全过程。

工程项目管理完整的内容应该涵盖对自然资源、生态与环境、社会需求、社会文化以及经济效益的评价，项目的规划，勘测设计，项目论证，立项决策，工程设计，制定实施计划，管理体制，组织构架，建设施工，工程监理，资金筹措，验收决算，生产运行，经营管理等内容。根据上述内容，一个项目的完整管理过程可以分为三个阶段：

第一阶段	第二阶段	第三阶段
项目前期的决策管理	项目的实施管理	项目目标的运行管理

三个阶段有各自不同的阶段目标内容、不同的组织体系和运作方式。

第一阶段即项目前期的决策管理，是对项目的提出，对客观事物的探索、分析和评估，要对项目的社会、自然环境，经济、技术条件及生态环境的影响等进行评估，准确界定项目的最终目标。通俗地讲，就是要回答为什么要实施这一项目，项目的代价和效益是什么，是否具备足够的条件实施该项目。也就是要完成项目的可行性论证，经过政府和社会公众的认可，完成项目的决策程序。

第二阶段即项目的实施管理，是在有限的资金、物资、人力等资源条件下，有效地组织各参与群体，以实现项目成本、进度和质量三大控制，全面地完成项目的“硬件”建设，达到预期的功能目标。

第三阶段即项目的运行经营管理，是在已建成的“硬件”条件下，通过严格的生产管理和经营管理，以达到安全、稳定的运行，适应市场的需求，全面达到预期的和最优的效益目标。

任何一个工程项目进入实施管理阶段，其初始计划制定无论多么精确，在实施过程中都必然会出现一些与原计划不符或发生偏差的情况，因此要依靠信息的反馈，及时纠正偏差和修改计划，再付诸实施，以达到最终的项目目标。由于人们对自然界的认识不足，也有可能在制定项目目标时就产生失误，那么就只有修改项目目标。偏差的出现是受到主观和客观因素的影响造成的：主观因素的偏差往往是决策者、管理者和实施者的主观行为所造成的，一般可以用直接控制方法予以纠正；客观因素的偏差往往是自然环境和社会环境发生了预想不到的变化所造成的，必须根据客观条件修改实施计划。

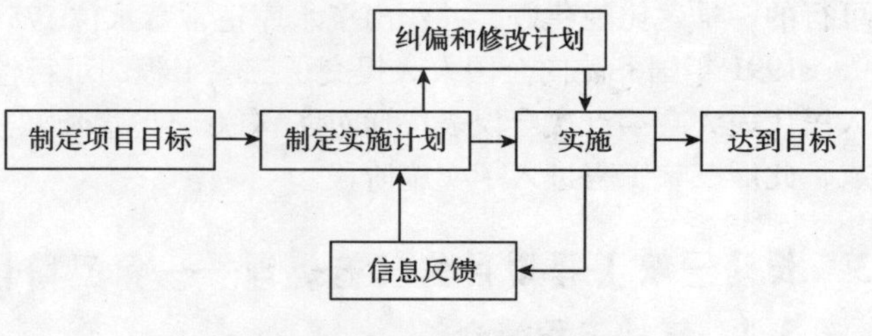

图1　项目管理程序示意图

项目管理程序示意图如图1所示。

2　长江三峡工程的决策背景和决策程序——第一阶段的管理

长江三峡工程的设想计划首先由孙中山先生在1919年的《实业计划》中提出，到1993年付诸实施，历经了漫长的岁月，几代中国人的不断探索，以及对大自然、长江和长江流域的深化认识。长江是中国最大的也是最重要的河流，其流域面积180万km^2，占国土面积的18.7%，水资源量9613亿m^3/年，占全国水资源总量的34%。它是哺育中华民族的母亲河，但同时它也是一条给中华民族带来深重灾难的河流。随着自然的变迁和流域内人口的增长，长江洪水灾害频繁，成为一条不稳定的河流，历史上几乎每十年会出现一次难以抵御的大洪水，造成人民生命财产的严重损失，制约了中国经济的稳定发展。为了保障沿江城镇、广大农田和人民生命财产的安全，长江必须进行治理，并充分发挥其水资源的效能。为此，经历了七十余年的不懈努力，在各个历史阶段完成了大量的社会调查、地质勘探、长期的水文观测、大规模的科学试验、多方案规划设计和分阶段的评估。1986 年在国务院的领导下又组织了 412 名资深的科学家、工程师、地方基层代表及各相关方面的专家，对长江三峡工程的 14 个专题进行了长达 4 年的科学论证，于 1990 年提出了三峡工程的可行性论证报告，并由国务院直接组织了高层资深专家，进行了最终的审定。三峡工程论证框架图如图 2 所示。

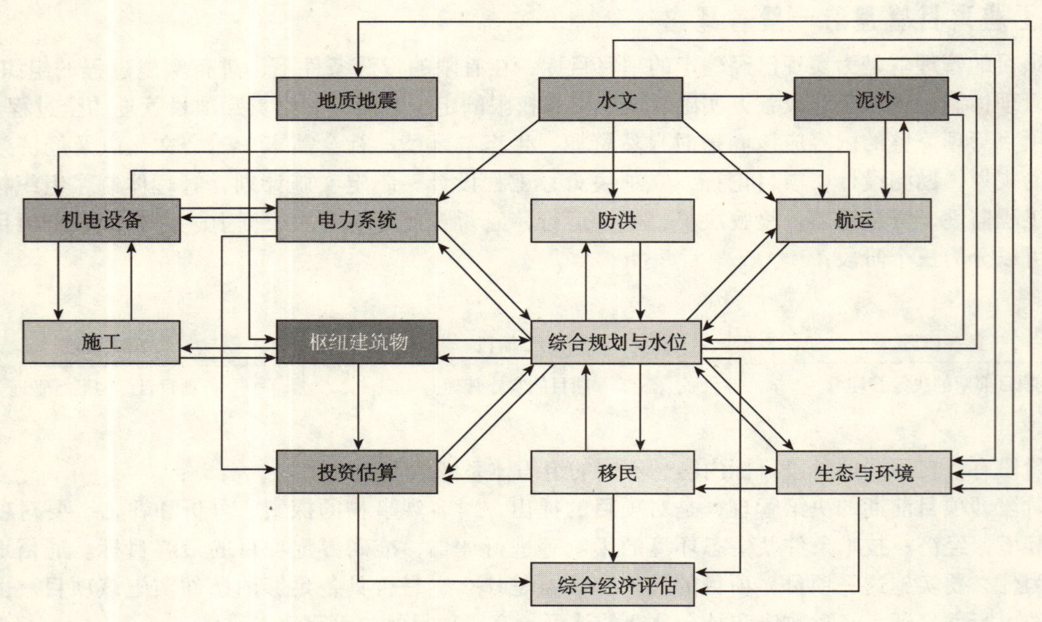

图2　三峡工程论证框架图

论证过程发扬了科学和民主的精神，深入和详实地调查核实了主客观条件，系统地对 14 个专题进行综合分析，对三峡工程的必要性、可行性、风险性、可持续性利弊性以及得失都进行了论证，其结论是长江三峡工程是长江防洪体系中的关键工程，没有其他可替代的方案，防洪是三峡工程建设的必要条件。工程的发电效益是巨大的，其经济效益完全可以补偿建设的巨额投资，是三峡工程建设的充分条件。同时改善长江通航条件，有利于中国西部经济的发展。结论认为三峡工程建设对于中国经济的发展是必须的，也是可行的，早建比晚建好，并作出了水库正常蓄水位 175m 高程的结论。

1991 年国务院向全国人大提交了三峡工程的可行性论证报告及审定意见。1992 年 4 月 3 日第七届全国人民代表大会第五次会议表决通过了《关于兴建长江三峡工程的决议》，工程前期的决策程序到此已经完成，此后三峡工程进入了实施阶段。

3　长江三峡工程项目的实施管理——第二阶段的管理

3.1　三峡工程简介

长江三峡工程是开发治理长江的关键性骨干工程，其规模宏大，效益显著，是当今世界上最大的水利枢纽工程之一，也是一项多功能、综合性的世界顶级工程。

三峡工程大坝坝址位于湖北省宜昌市三斗坪，距下游已建成的葛洲坝水利枢纽工程约 40km。它具有防洪、发电、航运等巨大的经济效益和社会效益。三峡工程主要由拦河大坝工程、电站厂房工程、航运工程和茅坪防护工程组成。泄洪坝段居河床中部，即原主河槽部位，其两侧为厂房坝段和非溢流坝段，水电站厂房位于两侧厂房坝段坝后，通航建筑物均布置在左岸。拦河大坝为混凝土重力坝，坝轴线全长 2309.5m，坝顶高程 185m，最大坝高 181m。三峡水库正常蓄水位高程 175m，防洪限制水位高程 145m，总库容 393 亿 m^3，防洪库容 221.5 亿 m^3，枢纽最大泄洪能力为 102500 m^3/s。水电站共设有左、右岸两组厂房，分别安装 14 台和 12 台 700MW 水轮发电机组，总装机容量达 18200MW。三峡工程采用“一级开发、一次建成、分期蓄水、连续移民”的建设方案。

三峡工程的首要目标是防洪，缓解长江中下游地区的洪水灾害，利用巨大的水库库容，调蓄滞洪，降低下泄的洪峰流量，它将使荆江河段的防洪标准由现在的十年一遇提高到百年一遇，提高荆江河段及其下游的防洪能力，减轻荆江大堤的防洪压力，这是最重要的社会效益。其次是发电，利用长江丰富的水能资源获得巨大的清洁能源，电站多年平均发电量847亿kW·h，销售电量是三峡工程最直接的经济效益，为此才有能力偿还巨额的投资。第三个项目目标是改善航运条件，由于水库的形成，从根本上改善了川江航道，通航建筑物年单向货运能力达5000万t，万吨级船队可由上海直达重庆，对中国西部地区发展将起到促进作用。三峡工程建设将对长江流域乃至全国的政治、经济、社会和环境带来巨大的效益，产生深远的影响，代表了最广大人民的根本利益，是“三个代表”的具体实践。

3.2 三峡工程的建设管理构架

国务院在1993年成立了三峡工程建设委员会，由国务院总理担任委员会主任，有关部委和省市领导担任委员，作为三峡工程建设重大问题的最高决策机构。

为了贯彻执行国务院三峡建委的指示和决定，处理和协调日常事务，在委员会下设办公室。三峡工程建设需要动迁约113万人口，这是一项复杂而艰难的社会工程，为了完成好三峡水库的移民工作，委员会下设移民开发局，制定移民政策，协调移民计划，监督移民计划的实施。为了确保三峡工程的顺利建设，防止一切违规、违纪行为，委员会还下设了监察局。

三峡工程项目管理体制总构架如图3所示。

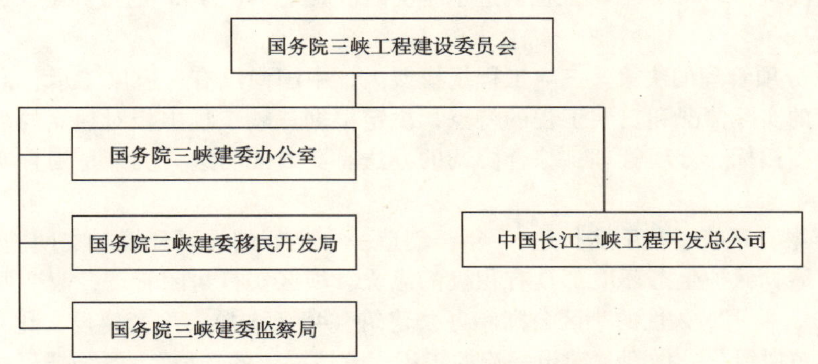

图3 三峡工程项目管理体制总构架

国务院在1993年9月批准成立中国长江三峡工程开发总公司（以下简称三峡总公司），作为三峡工程项目的法人，是开发的主体，是一个经济实体，全面负责三峡枢纽工程的建设管理，负责工程和移民资金的筹措，承担全部建设债务，负责三峡水利枢纽和葛洲坝水利枢纽的经营管理，以其经营效益滚动开发长江上游的水力资源。

3.3 三峡工程的实施管理

三峡总公司对三峡工程项目建设实施全过程的管理。按照市场经济模式，三峡工程实行项目法人负责制、招标投标制、工程监理制、合同管理制等一系列适应市场机制的管理体制。

3.3.1 三峡工程的设计管理

设计的质量和水平是工程项目成败的关键，三峡工程设计委托水利部长江水利委员会承担。

三峡工程设计阶段分述如下：

（1）可行性论证报告——由国务院审查批准；

（2）初步设计——由国务院三峡工程建设委员会审查批准；

（3）技术设计——由三峡总公司组成技术委员会审批；

（4）招标设计——由三峡总公司批准；

（5）施工详图设计——由三峡总公司工程建设部会同各监理单位批准。

3.3.2 三峡工程实施过程中重大问题的决策

三峡工程不论在设计或施工过程都有一系列重大问题，能否准确而果断地决策是三峡工程建设不走弯路、建设成功的关键因素。14年来，我们遵循了在广泛征求专家和有工程实践经验者意见的基础上，充分吸收当今国内外先进的科学技术的原则，从三峡工程的实际出发，又不停留于固有的经验和习惯，发挥集体智慧，鼓励创新思维，敢于创新，成功地决策了一系列重大的管理和技术问题，实践证明有力地保证了工程的实施。仅举例如下：

（1）三峡工程对外交通方案。三峡工程规模巨大，混凝土年高峰浇筑量达540多万立方米，水泥、钢材、各类建筑材料的年运输量达200多万吨，各类超大件、钢结构、超重件、机电设备以及每天10000余人的客流量都要经过三峡对外交通公路转运。经反复论证，最后决定放弃传统的铁路专用线方案，采用30km长高等级全封闭的山区准Ⅰ级公路和长江水运相结合的运输方案，做到了高速运输，避免无效投资。经开通以来12年的实践，对外交通公路运行正常，圆满完成预定的运输任务。

（2）砂系统方案。三峡坝区缺少天然砂，如在河床采砂，将破坏长江河势，且运输距离达100公里以上，因此决定采用人工砂方案。砂料选择放弃了离坝址30km的石灰岩料场，而采用离坝址10公里以内，云母含量低于国家标准5%的下岸溪料场。经反复试验，克服了混凝土碱活性反应，砂料质量优良，保证了大坝混凝土的质量。

（3）混凝土施工方案。三峡大坝混凝土总量达2800万m^3，计划最高年浇筑量达500万m^3左右，月最高浇筑量达50万m^3，日最高浇筑量达2万m^3，这是三峡工程总进度所要求达到的，其高峰强度创世界纪录。经反复研究，决定放弃常规的汽车水平运输和用高塔式起重机进行浇筑的方式，采用在国内外尚未大规模采用的连续输送浇筑方案，即从混凝土拌合楼生产出的混凝土直接用皮带机、高架自升式皮带栈桥、塔式皮带机直接入仓浇筑，2000年三峡工程创造了年浇筑混凝土548万m^3的世界纪录，确保了大坝施工的进度和质量。

（4）分项招标、分项管理的决策。三峡工程规模宏大，中国尚没有一家施工承包商有足够的实力总承包。根据国内承包商的实际情况和三峡工程的特点，决定根据三峡工程中相对独立的功能和结构特点，实行各工程项目分期分项招标、分项管理、综合协调的办法。实践证明这一决策是切合实际的，保证了工程的进度和质量。

（5）坝区建设方案。三峡工程工期长达17年，创造一个良好的坝区环境对文明施工，改善生活环境，提高建设者的身心健康，保护生态环境都具有积极的意义。坝区实行封闭管理，改变原设计大规模建设临时性房屋（80万m^2），采用永久性的小区公寓和办公建筑（40万m^2），配套建设文化、餐饮、体育、商业等公共设施，大规模植树绿化，做到“建设一流的工程，营造一流的环境”，既降低了成本，又确保了工程与环境同步建设。

3.3.3 三峡工程的招标管理

三峡工程实行招标承包制，运用市场竞争机制，择优选择承包商，实行分项招标，确保最优施工组合。

严格执行招标原则，即公开招标、公平竞争、公正评标、集体决策。遵照这一原则制定了严格的招标程序，即编制招标设计文件，经审查批准后公开发售标书，承包商购买标书并编制投标文件，在公证机构代表监督下公开开标，三峡总公司聘请有资格的外部专家评标，根据不同工程项目特点按报价、业绩、技术、信誉等因素加权打分，汇总排序，最后提交三峡总公司领导集体决策后决标。这一完整程序必须排除各种内外干扰，坚决抵制不规范行为，以保证招标工作的正常运行。招标工作是手段和措施，目的是准确选择对三峡工程最有利的承包商。

我国《招标法》公布实施后，进一步规范和完善了招标程序，实行依法招标。三峡总公司成立招标委员会负责各项目招标工作，严格按程序操作，并停止部分小型项目的议标。招评标过程由总公司控股的三峡国际招标有限责任公司负责代理，评标专家组按《招标法》规定聘请，独立进行评审工作。

三峡工程开工13年来，已经完成和正在执行的合同均通过公开招标选定承包商。实践证明这一招标管理制度是成功的，没有出现重大偏差。

3.3.4 三峡工程的合同管理

在项目决标后正式授标并开始合同谈判，合同谈判的依据是以招投标文件共同认可的条款为基础，并具体条文化，双方协商后签约。三峡工程合同金额较大，如泄洪坝段、厂房坝段、发电厂房、船闸等合同，最大一个合同金额达66.85亿元，合同执行期长达数年。合同文本参照国际通用的FIDIC条款，根据不同的项目内容，结合我国实际情况，采用单价合同和总价合同两种形式，根据合同执行期长短又可采用固定价或浮动价两种形式。按年度计划量在年初由业主支付15%～20%的预付款，合同款每月结算一次，逐月按照完成结算量年度比例扣回预付款。在每次结算中甲方扣留3%～5%的质保金，在决算时返还给承包商。合同执行中如出现偏差，承包商可通过监理反馈给业主的工程项目部，对设计图纸和技术上的问题可会同现场设计代表及时处理，重大问题及时反馈到三峡总公司工程建设部，经决策后付之实施，从而较好地处理了合同执行过程中出现的各类问题。

合同管理是工程施工管理的核心，必须予以高度重视。

3.3.5　三峡工程的进度控制

水电工程的施工进度一般决定于施工导流分期。三峡工程分三期导流，工程施工也分三个阶段，总工期17年。各阶段施工进度和工程目标如下：

（1）1993～1997年为一期导流期，也是工程的第一施工阶段。完成场内外交通道路建设，坝区场地征用（15.28km^2），场地平整，导流明渠开挖及混凝土纵向导墙施工，左岸船闸陆上部分主体工程开挖，以及临时船闸建成通航等。1997年11月8日实现了长江主河道的截流、上下游围堰填筑等工程项目，标志着三峡工程第一阶段施工目标的完成。

（2）1998～2003年为二期导流期，也是第二阶段施工。完成上下游围堰、溢流坝段、左岸大坝、发电厂房、非溢流坝段、升船机坝段以及双线五级船闸等左岸工程，2002年11月实现导流明渠截流，2003年5月前完成三期碾压混凝土围堰施工。2003年6月实现水库初期蓄水至135m高程，双线五级船闸通航，8月首批水轮发电机组投产运行，标志着第二阶段施工目标的完成。在此阶段还要完成右岸茅坪溪防护坝及右岸地下电站进水口预建工程。

（3）2004～2009年为三期导流期，也是第三施工阶段。全面完成右岸大坝及发电厂房的建安工程，投产完成左岸升船机工程，26台机组全部投产发电，到2009年三峡工程全部竣工，标志着第三阶段施工目标及三峡工程建设总目标全部完成。

根据三个阶段目标，制定总进度计划，在总进度计划控制下编制分项目控制进度计划，并据此确定分项招标进度，按进度计划签订合同。通过分项目合同管理及时调整分部进度，以确保关键路线上控制进度目标的实现。11年来三峡工程各项进度基本上按照预定计划实现各个目标，从而保证了总进度计划目标的按期实现。做到既避免局部进度计划过分超前，也不允许出现部分项目关键进度目标拖后的情况。

3.3.6　三峡工程的质量控制

三峡工程成败的关键在于工程的质量。为此，三峡总公司建立了一套完善的质量保证体系，加强质量意识，严格控制工程质量。

（1）制定质量标准。根据已有的国家标准、部颁行业标准及三峡工程设计的特殊要求，并结合三峡工程的施工特点，三峡总公司组织编制了“中国长江三峡工程标准”（TGPS），包含50余个质量控制标准，并汇编成册，贯彻执行。

（2）建立质量管理机构及责任制。从原材料生产、加工制造、储存运输、施工监理、项目管理直到三峡总公司各级管理人员，都建立了相关的责任制。每一环节都有明确的责任人。三峡总公司还组织参建各方成立三峡工程质量管理委员会，负责质量检查、督促、协调、指导、评价等管理工作。

（3）建立质量事故处理程序。现场发现质量缺陷或事故必须在规定时间内逐级上报，项目部组织参建各方进行现场检查，查阅施工记录，初步界定属一般缺陷或质量事故的，提出修复或补强加固处理方案，对重大质量事故应“推倒重来”，彻底返工处理。难以处理的报三峡总公司和设计单位进行研究，提出处理方案，经批准后认真执行，确保不留隐患，并对事故责任者进行追究与处罚。

（4）质量奖罚制度。除合同有关规定外，还制定了“三峡工程质量奖罚办法”。因质量事故造成的经济损失应由责任方承担，并扣留质保金，责任人处罚由责任方自行处理。三峡总公司为促进各参建方确保工程质量，建立了质量保证激励机制，在第二阶段施工期，从工程成本内提取部分资金，在合同外作为质量特别奖，对不出现任何质量缺陷和事故者，将给予奖励。

（5）建立单元工程评定制。每一部位、每一单元工程完工后及时进行质量评定。从1993年开始施工至今，共评定15余万个单元工程，合格率100%，其中优良单元占80%以上。

（6）建立逐级质量检查制度。原材料出厂检查由三峡总公司委托有资格的机构按照规定标准，进行出厂合格证签发制度。钢结构及机组设备制造，由三峡总公司委托有资格的国内外监造机构进行驻厂检查，定期向三峡总公司报告质量状况，并坚持到站检查，国外进口的进行入关检查和到现场检查。在施工过程中由承包商自检，监理工程师检查，总公司试验中心、测量中心、安全监测中心及金属结构检测中心等部门对各部位按规程进行抽检。三峡总公司还聘请国内外有经验的专家担任混凝土、机电设备焊接安装等专业总监，加强质检控制力度。国务院三峡工程建设委员会是由多名中国工程院院士组成的专家组，每年两次对工程质量进行跟踪检查，向国务院三峡建委提出负责的工程质量报告。这一完整的质量监督控制体制，防止了质量掩盖或失控现象，保证了三峡工程质量全面达到国家规定的标准和设计要求。

工程质量检查体系图如图4所示。

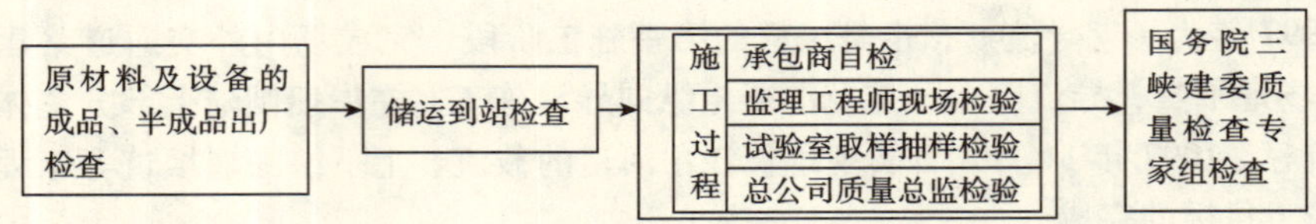

图4　工程质量检查体系图

3.3.7　三峡工程建设监理

建设监理制是保证工程建设达到预期的质量、进度和投资三项目标的重要制度。三峡工程建设监理分三个层次：

（1）三峡工程项目建设监理——是三峡工程的项目法人，三峡总公司对国家全面负责三峡工程的建设。

（2）三峡工程工程监理——三峡总公司工程建设部直接负责三峡工程的施工管理，对各分项施工监理进行综合协调。

（3）三峡工程施工监理——由三峡总公司选聘有监理资格的公司、设计院、中心等单位分项对承包单位进行合同监理、分项监督施工；有权发布开工、停工令，有权协调甲乙方和设计方合同外补偿和索赔，有责任进行现场过程检查、安全监督，有责任审查设计施工详图等。

三峡总公司共聘请施工监理单位6个，施工高峰期监理人数曾达900余人，随工程进展而变化。

3.3.8　三峡工程的投资控制

国家批准的三峡工程投资概算为900.9亿元（按1993年5月末的价格水平），其中三峡枢纽工程投资500.9亿元，三峡水库移民费用400亿元。三峡工程建设工期长达17年，外部和内部都会发生不同程度的变化，我们采取了如下投资控制措施：

（1）实行“静态控制、动态管理”。静态投资概算是国家批准的900.9亿元，17年工期中每年物价指数都是变化的，要按照当年的物价指数与1993年的价格相比进行价差调整。建设资金中有近40%的资金来自银行贷款、发行企业债券等，17年建设期的利率也是浮动的，每年应支付利息和到期本金。这三部分为动态投资。每年需要预测未来的资金需求，实行动态管理。用静态概算控制工程的投资，优化工程管理，降低成本和移民的各种费用；用动态的价差支付和多种融资措施降低融资成本，形成了“静态控制、动态管理”的模式。1994年预测到2009年工程竣工时总投资为2039亿元。通过14年的工程实践，现在预测到2009年全部竣工时，工程总投资可控制在1800亿元以内，完全可以控制在国家批准的概算内。

（2）实行价差管理。三峡工程的主体工程合同周期较长，大部分合同实行价差调整，每年给承包商补偿，合理地解决了承包商不必要的亏损。由三峡总公司委托中介机构对全国建材、器材、各类商品、人工费等价格进行分析，提出影响三峡工程的环比和基比价差率，提出书面报告，报请国务院三峡建委会同国家发展改革委员会和中介机构的专家评审核定。每年核定上一年的价差比率，三峡总公司按承包商投标及合同当年的报价补偿其差额。

（3）实行分项目设“笼子”控制概算。在国家批准的初步设计概算的总量控制基础上，通过技术设计的调整编制业主执行概算。根据分项招标合同价，编制分项合同的实施控制价，只有在发生重大设计变更才动用概算中的基本预备费。每年都要进行概算执行和控制分析，做到分项和整体的概算控制。自1993年到2006年底，三峡工程累计完成固定资产投资1304.12亿元，其中枢纽工程静态投资完成446.85亿元，占工程概算（静态）的89.21%；水库移民静态投资完成371.84亿元，占移民概算（静态）的92.96%；价差预备费272.31亿元，利息148.55亿元，库区移民包干外投资64.57亿元。与1994年投资测算方案相比，总投资减少239亿元。从完成的枢纽工程量和列报投资匹配情况看，与概算比较，绝大部分项目的工程量完成比例高于投资完成比例，如土石方工程已完成99%以上，混凝土工程已完成95%。说明枢纽工程投资列报规范，控制情况较好。

3.3.9 三峡工程的资金筹措和资金管理

三峡工程资金面组成如下：

（1）三峡建设基金：国家从全国销售电量每度电征收4~7厘钱，建立三峡建设基金，作为国家对三峡工程建设投入的资本金，约占工程总投资的40%。

（2）发电收益的投入：三峡总公司自身发电收益，包括已经建成的葛洲坝电站（年发电量150~160亿kW·h）及三峡电站自2003~2009年建设期的发电收益，也投入三峡工程建设，约占工程总投资的20%。

（3）银行贷款：由国家开发银行的长期贷款和国有商业银行的短期贷款组成，每年须支付利息，约占总投资需求的20%。

（4）利用国外出口信贷：约占总投资的6%~8%。

（5）企业债券：三峡总公司已成功地发行了7期企业债券，总额220亿元。今后根据每年的资金需求还将继续发行企业债券，企业债券最终约占总投资需求的10%~12%。

为了管好三峡工程建设资金，减轻利息负担，降低融资成本，三峡总公司经国家批准成立了财务公司，负责筹资融资。为了控制资金使用，除投资控制外的各项经常性费用，三峡总公司实行全面财务预算管理。

三峡总公司根据国企改革的进程，已于2002年发起成立了控股的长江电力股份有限公司，其“长江电力”股票于2003年成功上市，长江电力将成为三峡总公司从资本市场持续融资的窗口。三峡总公司通过多渠道筹集资金，控制企业负债率，实行对长江上游水电资源的滚动开发。

3.3.10 三峡工程的阶段财务评价（未考虑改制）

2001年经测算三峡工程最终动态投资为1800亿元，电力生产上网电价0.25元/kW·h，资金平衡年（即不再借新债）为2005年，企业最高负债率为60%，出现在2003年，贷款偿还年限约22年（每笔贷款自用款之日起计）。

3.3.11 三峡工程信息管理系统（TGPMS）

三峡工程规模宏大，边界条件复杂，自然和人为因素众多，它的建设管理本身就是一个庞大而复杂的系统工程，如何科学有序地进行管理是三峡工程建设的重要课题。因此，需要依靠现代信息技术，用计算机网络系统，把各项工程及建设管理、各参建单位、各自然参数、经济参数和工程技术参数等有机联系起来，成为一个整体。为此，三峡总公司成功地组织开发建立了三峡工程信息管理系统（TGPMS），并全面推广使用。

TGPMS的系统结构是一个集成的工程管理数据库系统。

工程信息管理系统图如图5所示。

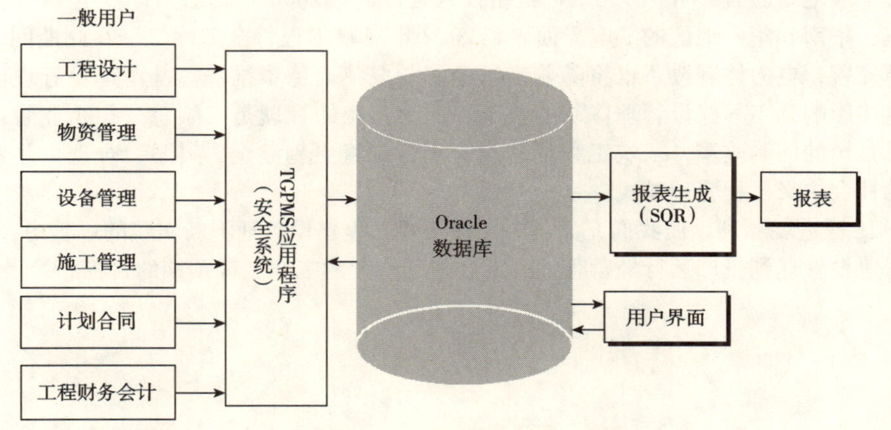

图5 工程信息管理系统图

TGPMS与众多的子系统集成，进行数据交换。

TGPMS加快了工程信息的反馈速度，有效地支持了工程管理和控制。根据预先制定的工程计划目标和控制基准，在实施过程及时获得信息反馈，纠偏调整，增强了信息管理控制力度。

TGPMS可及时提供准确数据信息，支持各项工程管理业务，为工程各个阶段提供决策服务。

信息反馈示意图如图6所示。

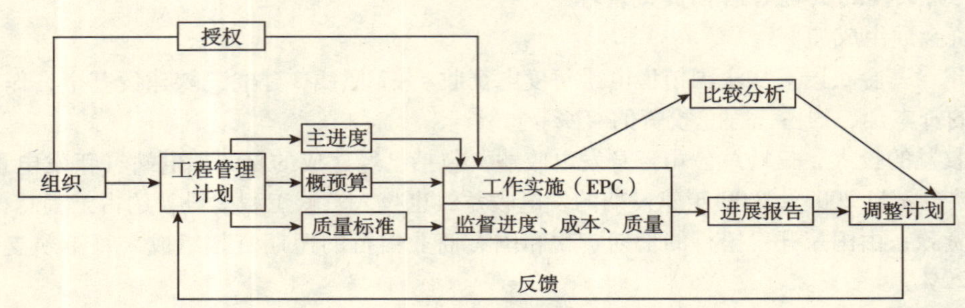

图6 信息反馈示意图

4 三峡工程的运行经营管理—第三阶段的管理

三峡工程经过十一年的建设，于2003年6月实现了水库的初期蓄水、船闸通航和首批机组投产发电，实现了项目的阶段目标。三峡工程项目的管理正处在第二阶段的工程实施管理和第二阶段的运行经营管理同时并举的时期。对已经投入运行的部分枢纽，为保证其安全稳定的运行，三峡总公司及时成立了梯级通信调度中心、枢纽管理部和三峡电厂，形成了运行管理机制。梯级调度中心根据水情、气象预报，并综合防汛、电力生产和交通航运的要求，对三峡枢纽和葛洲坝枢纽实行联合统一调度，优化梯级枢纽的工况，以取得安全、稳定、高效的运行。枢纽管理部对三峡水利枢纽各建筑物实行统一管理，协调坝区的社会安全和环境建设。三峡电厂负责已投入运行机组和水工建筑物的安全稳定的运行。此外还制定了枢纽工程调度、运行管理的严格的规章制度，初步形成了高效、规范的运行管理机制。三峡总公司不失时机地于2002年发起成立了“长江电力股份有限公司”，对葛洲坝电厂和三峡电厂实行电力经营管理，形成了三峡总公司的成本中心和利润中心两个层次。“长江电力”股票已于2003年11月成功地在国内上市，三峡工程投产发电的机组经验收后将由长江电力股份有限公司逐台收购。三峡总公司完成了初期的改制，稳步进入了资本市场，成为国家授权的投资主体。现已开始金沙江溪落渡和向家坝两电站开发的前期工作，走上了滚动开发的良性发展道路。

5 结束语

三峡工程建设时期正值社会主义市场经济体制的建立并逐步健全的过程，因而三峡工程的建设是一个动态过程的实践。2003年已顺利地实现水库初期蓄水、首批机组投产发电、双线五级船闸通航的建设目标。蓄水一年多来，三峡电站已有14台70万kW机组投入运行，到2006年底已累计发电1461.7亿度，有效地缓解了我国华东、华南和华中地区的缺电局面。到2009年三峡工程将全部竣工。在此期间，我国的经济体制将进一步改革完善，电力体制改革也将随着市场经济的成熟而稳步推进。基本建设管理体制与国有企业的改革，都将直接影响到工程建设管理体制的改革。三峡工程的管理是三峡总公司企业管理的重要组成部分，随着三峡总公司的体制改革，三峡工程的建设管理体制将更趋健全、科学、合理，并将逐步形成一套具有中国特色的社会主义工程管理模式。

14年来三峡工程进展顺利，使我们充满信心，在三峡工程建设管理不断实践的过程中，将更为科学化、规范化，从工程建设管理到投产运行经营管理一定会达到伟大的三峡工程预期的目标。

新时期我国工程建设和建筑业的改革与发展

黄 卫
（建设部）

我国正处于城镇化快速发展时期，城乡建设日新月异，工程建设和建筑业为国民经济和社会的发展以及人民生活水平的提高发挥了重要作用。正确认识我国工程建设和建筑业在新时期经济社会发展中所处的重要地位，以及所面临的机遇与挑战，并采取措施切实加快建筑业的改革发展，是摆在我们面前的一项重要历史任务。

1 我国工程建设和建筑业改革发展取得明显成效

改革开放以来，特别是最近几年来，我国工程建设和建筑业发展迅速，规模持续扩大，效益不断提高，支柱地位日益凸显，对国民经济的支撑作用进一步增强。主要表现在：

（1）产业规模持续扩大，支柱作用日益增强。“十五”期间，全国建筑业增加值累计达到3.86万亿元。2006年建筑业增加值继2005年首次突破一万亿元大关后，继续保持快速增长势头，达到11653亿元；全国有资质的总承包和专业承包建筑业企业完成建筑业总产值40975亿元，实现利润1071亿元，利润总额比上年增长30.92%。建筑业在相当一些地区成为本地财政的支柱性财源，税收贡献突出。建筑业对其上下游产业，起到了明显的拉动作用。

（2）建筑业已经成为解决农民就业和增加其收入的重要渠道，为统筹城乡协调发展做出了贡献。据2004年全国经济普查数据，建筑业就业人口达到3252.4万人，占我国全部就业人口的4.3%。建筑业和建筑劳务输出已成为部分地区县域经济增长和农民增收的重要来源。江苏省建筑业2005年为农民创收430亿元，约占农民总收入的21%，苏中部分县（区、市）这一比例超过30%，个别乡镇超过50%。河南林州银行存款余额的70%来自于建筑业，农民强壮劳动力的70%从事建筑业，农民人均纯收入的70%得益于建筑业。

（3）建筑业生产力持续快速发展，工程质量安全水平不断提高。我国超高层、大跨度房屋建筑设计施工技术，大跨径桥梁设计施工技术，地下工程盾构施工技术等专项技术已达到或接近国际先进水平。长江三峡大坝、西气东输、南水北调、秦山核电等能源和水利工程，青藏铁路、杭州湾跨海大桥、上海东海大桥等路桥工程，以及举世瞩目的奥运场馆工程等一大批高水平高质量的建设工程，陆续开始建设或建成投入运行，产生了良好的经济社会效益和广泛的国际国内影响。建筑安全生产形势趋向稳定好转，自2004年起，我国房屋建筑和市政工程施工事故已经连续三年以较大幅度下降。

（4）建筑企业改革不断深化，结构调整取得明显进展。目前，大中型企业以股权多元化、中小型企业以民营化为特征的产权制度改革已全面展开。截至2006年，我国上市建筑业企业已达31家。江苏省建筑业企业产权制度改革已基本完成，内蒙古、浙江改制企业比例已达99%，山东、河北、天津、福建、宁夏等地改制企业比例超过85%，浙江、山东、湖北、湖南、内蒙古、云南等地民营建筑企业占企业总量的比例超过了90%。在改制过程中，一些民营企业还参股、控股、收购国有企业，有效地改善了原有体制和机制，为企业发展注入了新的生机和活力。

（5）国际竞争力明显增强，企业“走出去”势头良好。“十五”期间，我国对外承包工程累计完成营业额724亿美元，比“九五”时期翻了一番。2006年，对外承包工程完成营业额300亿美元，同比增长37.9%。对外承包工程承包方式不断创新，从20世纪80年代的以劳务分包、土建分包为主正在向更多地进行工程总承包、采用BOT、BT等方式转变。对外承包工程范围不断拓宽，从以房屋建筑为主到向交通、冶金、石油、化工、电力、通讯以至航空、航天及和平利用原子能等高技术含量、高资金含量领域拓展。对外承包工程规模不断扩大，上亿美元的大型项目数量由2000年的9个猛增至2005年的49个，最大合同金额从2000年的5亿美元增加到目前的62.5亿美元。

（6）行业组织结构日趋完善，产业集中度进一步提高。以大中型综合性总承包企业、中小型专业化承包和劳务分包企业为主的行业组织结构轮廓初步形成。企业围绕提高核心竞争能力，打破部门、行业、地区、所有制界限，在更大范围内开展兼并重组，区域性优势企业集群不断发展壮大。2006年，我国有3家建筑业企业进入世界500强。全国前三名最大规模建筑业企业总承包项目的总营业额均为900亿元以上，前十名均在157亿元以上，建筑业的产业集中度进一步提高。

（7）监管体系不断完善，市场秩序明显好转。2006年，全国各级建设行政主管部门再接再厉，抓紧完善并实施严禁政府投资项目以带资承包方式进行建设等六项制度，较好地完成了国务院确定的“三年基本解决清理拖欠工程款和农民工工资”的工作目标，初步形成了防止拖欠的长效机制。通过加强施工许可管理，强化对合同履约的监管等手段有效地遏制了转包、挂靠、违法分包、拖延结算等行为。通过完善工程建设招投标制度，加强对招投标执行的监督管理，大力查处了一批违法违规行为。建筑市场信用体系建设取得了较大进展，制定了《建筑市场责任主体行为诚信管理办法》，全国80%的省（区、市）建立了“失信单位名录”，加强了信用管理。

（8）专业化人才体系初具规模，职业技能培训进一步加强。建设领域已拥有两院院士87人，勘察设计大师381人，各类执业注册人员25万人，专业技术管理人员300万人。培训生产一线操作人员300多万人，建立职业技能培训机构800多个、鉴定机构700多个，关键岗位持证上岗率超过90%。针对农民工的培训教育不断加强，通过岗位练兵、技能大赛等多种途径激发农民工学习技术、钻研业务的积极性，营造出尊重劳动、崇尚技能的良好氛围。2006年，共完成农民工职业技能培训106万人，进行技能鉴定82万人。目前，包括企业经营管理人员、专业技术人员和一线操作人员在内的建设人才队伍逐步形成，结构日趋合理，素质稳步提高。

2 进一步提高对建筑业改革与发展工作重要性的认识

建筑业是我国国民经济的重要组成部门和支柱产业，加快和深化建筑业改革与发展，是建设领域贯彻落实“三个代表”重要思想和牢固树立科学发展观的必然要求，对推进经济结构调整、加快经济增长方式转变，促进国民经济又好又快发展，提升综合国力具有重要意义。在新的形势下，我们要进一步提高对建筑业改革与发展工作重要性的认识，不断增强做好建筑业改革与发展工作的责任感和紧迫感。

（1）加快建筑业改革与发展是解决民生问题，建设社会主义和谐社会的重要内容。社会主义和谐社会的重要内容之一即是促进城乡统筹发展。我国传统二元经济体制严重制约了农村经济的发展，造成了城乡发展水平严重失衡。建筑业是劳动密集型产业，是农村剩余劳动力进城务工的主要领域。据统计，我国建筑业容纳着三千多万农民工就业，容纳人数占到农村剩余劳动力总数的三分之一以上。要解决农民就业，增加农民收入，一定程度改变城乡发展严重失衡的状况，建筑业发挥着重要的作用。可以说建筑业改革与发展的成效直接影响到我国城乡间利益关系的协调，影响到我国城市化、工业化进程，影响到农村的经济发展和社会稳定。因此，加快建筑业改革与发展，切实维护农民工权利，有利于缓解农村剩余劳动力的就业压力，有利于更好地解决“三农”问题，促进城乡的统筹发展，加快建设社会主义和谐社会的步伐。

（2）加快建筑业改革与发展是构建资源节约型、环境友好型社会的必要条件。我国人口众多，人均自然资源短缺、能源严重不足。要实现国民经济的健康快速增长，必然要走一条节约资源、保护环境的可持续发展道路。建筑能耗巨大，约占全国能耗总量的28%。我国既有建筑近400亿m^2，大量的是高耗能建筑，每年城乡新建房屋建筑面积近20亿m^2，相当一部分也是高耗能建筑，特别是大型公共建筑和政府办公建筑的能耗惊人。据测算，目前我国单位建筑面积能耗是发达国家的2～3倍以上。因此，加快建筑业的改革与发展，推动建筑业科技进步，对于缓解我国煤电油运的紧张状况，减少发展过程中能源瓶颈的制约，转变建筑业的经济增长方式，加快资源节约型、环境友好型社会目标的实现都具有重要意义。

（3）加快建筑业改革与发展是推动产业结构优化升级的重要途径。我国拥有大大小小建筑企业几万家，其中绝大多数是小型建筑施工企业。产业结构的失衡严重制约了我国建筑业的发展，不利于社会生产力的有效集中，不利于自然资源的高效利用，不利于企业竞争力的快速提升。因此，必须加快建筑业的改革与发展，强化政府引导和市场调控，以形成工程总承包、专业承包、劳务分包合理布局的企业结构，打破部门、行业、地区和所有制限制，强化技术、资金、人才等生产要素的作用。

（4）加快建筑业改革与发展是迎接激烈国际竞争的迫切需要。我国加入WTO五年来，建筑业企业实力不断增强，综合竞争力显著提高。但同发达国家的大型工程承包商相比，我们的企业在组织运行机制、管理水平、工程项目全过程管理、融资能力、技术创新能力、市场开拓能力等多方面都存在着较大的差距。目前，WTO过渡期已经结束，大型国际工程企业的触角已经开始并逐步伸向我国工程建设的各个领域。我们只有加快改革与发展的步伐，才能与拥有众多竞争优势的境外承包商，在大型工业项目、能源项目、土木工程、大型标志性建筑、人才等方面进行有效的竞争，才能在激烈的市场竞争中始终立于不败之地。

3 切实推进我国工程建设和建筑业改革与发展

"十一五"是我国经济社会发展的关键时期。交通、水利、航天、化工、能源等众多大型工程项目，统筹城乡发展所需大量基础设施，以及满足人民群众日益增长需要的公用设施的建设为建筑业工作者提供了大显身手的好机会，为建筑业的改革发展提供了难得的机遇。我们必须以科学发展观为统领，从战略的高度充分认识并牢牢抓住这个机遇，不断开拓创新，不断完善体制机制，着力推进结构调整和产业升级，加快转变增长方式，实现我国建筑业跨越式的发展。

3.1 坚持以改革促发展，提升行业整体素质

当前，我国建筑业已经进入结构调整和增长方式转变的关键时期，改革发展中尚有不少问题亟待解决，仍有很多矛盾亟待化解。如何进一步完善现代企业制度，加快科技创新，提高项目管理水平，增强核心竞争力，开拓海外市场，都需要政府部门、行业协会和企业认真思考和研究解决。这就要求我们必须始终如一地坚持以改革总揽全局，以改革促进发展，以改革的手段解决发展中的问题，进一步提高建筑业的整体素质和竞争力，建立健全符合社会主义市场经济要求和工程建设规律并与国际惯例接轨的工程建设管理体制与运行机制，充分发挥建筑业在国民经济和社会发展中的支柱产业作用。

3.2 大力推行工程总承包，进一步提高综合效益

工程总承包最主要的特点是实行设计、采购、施工一体化，变设计单位、施工单位和业主之间的交易成本为总承包单位内部的制度成本，在工程项目的管理过程中实现资源的最佳配置。我们要大力推行工程总承包，逐步改变传统的设计、施工分离的项目实施方式，充分发挥设计咨询单位在工程建设中的龙头作用，以及施工承包单位整合各类社会资源的集成能力，实现设计与施工环节的相互渗透，提高建筑企业经营管理的综合效益。同时，鼓励部分建筑设计企业与大型施工企业重组，促进设计与施工的结合与发展。

3.3 提升企业科技创新力，转变建筑业增长方式

要想提升我国建筑企业核心竞争力、缩小与国外大型建筑集团之间的差距，必须走科技强企之路，提高企业技术创新能力。要结合实际，制定建筑业中长期技术创新规划和技术经济政策，构建有利于企业技术创新的合理机制，进一步增强企业原始创新、集成创新、引进消化吸收再创新能力。要大力发展节能省地型建筑，发展建筑标准件，加大建筑部品部件的工业化生产比重，提高施工的机械化水平，促进建筑业增长方式的根本性转变。鼓励建筑业企业以大型工程项目为平台，组织产学研联合攻关。坚持运用信息技术来提升企业项目管理水平，加快产业升级步伐，实现建筑业的跨越式发展。

3.4 完善工程建设标准，强化社会服务功能

制定科学、合理的建设标准对于顺利完成"十一五"规划确定的节能降耗标准，实现全面建设小康社会的宏伟目标具有重要意义。必须突出重点，抓紧制定关于资源能源节约、土地合理利用、环境保护、重要基础设施建设等方面的标准，更好地发挥工程建设标准在"四节一环保"中的作用。逐步推进建设标准强制性条文向技术法规发展，加快实现技术立法。充分借鉴国际先进标准，积极参与国际标准化工作，全面提高我国工程建设领域标准化水平，加快与国际工程建设标准接轨的步伐。鼓励建筑业企业制定具有自身特点的企业技术标准和施工工法，不断增加企业的核心竞争力。要尽快完善政府投资工程、公共服务设施、城市基础设施、重要战略能源储备等工程的建设标准，提升标准的社会服务功能。

3.5 加强建筑市场监管，净化建筑市场环境

健康良好的建筑市场秩序需要政府部门、行业协会和建筑企业共同努力才能形成和维持。建设行政主管部门要从体制、机制上探索、完善解决拖欠问题的长效机制。要贯彻落实勘察设计企业、建筑业企业、招投标代理机构以及工程监理企业资质管理规定，修订完善相关资质标准。加强企业资质许可、个人执业资格注册行为的监管，依法处罚弄虚作假、伪造证书、骗取证书等行为。进一步完善招投标制度，探索研究经评审的合理低价中标的评标办法。建筑业企业要进一步规范自身经营行为，在提升企业核心竞争力上下功夫，合法经营，规范投标，不搞商业贿赂，不拖欠农民工工资，确保工程质量安全，树立良好的社会形象。

3.6 提升企业核心竞争力，积极实施"走出去"战略

按照市场需求、优势互补、企业自愿、政府引导的原则，鼓励具有较强海外竞争力和综合实力的大型

建筑业企业为“龙头”，联合、兼并科研、设计、施工等企业，实行跨专业、跨地区重组，形成一批资金雄厚、人才密集、技术先进，具有科研、设计、采购、施工管理和融资等能力的大型建筑企业集团。建筑企业要加强战略管理，要从全局和长远的角度做好发展规划，充分考虑内外各种因素，整合多种资源，积极谋划企业经营战略和人才战略。要完善企业人才结构，不但要培养项目经理和工程师，还要培养法律、金融等方面的人才。要提高在世界范围组合生产要素的能力，发展核心和优势技术，尽快使本企业的经营规模、技术质量安全管理水平和净资产收益率等达到国际同行先进水平，从而为产业拓展和“走出去”打下基础。政府部门要有选择地将我国的技术标准翻译成外文，为企业走出去提供公共服务。

3.7 加快完善法律法规，保障改革发展进程

《建筑法》颁布实施以来，对规范建筑市场秩序、保证工程质量安全、提高工程建设管理水平发挥了重要的作用。但是，随着我国经济社会的发展，建筑领域出现了一些新情况、新问题，《建筑法》对市场突出问题的规范力度等明显不够。通过《建筑法》的修订，切实解决《建筑法》适用范围狭窄、监督管理体制不顺等问题，使新时期工程建设和建筑业改革发展与建设节约型社会、和谐社会相适应，使《建筑法》成为一部权利义务清晰、职能责任明确、制度设计科学、操作性强的法律，为我国工程建设事业和建筑业的健康发展提供法律保障。

广州抽水蓄能电站实施管理的调查研究

罗绍基

（中国工程院院士）

1　广州抽水蓄能电站工程概况

广州抽水蓄能电站位于广东省从化市境内，是我国第一座大容量抽水蓄能电站，总装机240万kW，在当今世界上也是最大者。由于业主广东蓄能发电有限公司在建设过程中采取科学的管理方法，取得了好的效果。

广蓄电站单位千瓦投资2500元，约为我国内陆同期同类型电站的60%，是最低的，为我国台湾已建抽水蓄能电站的30%，与欧美国家相比，造价更显低廉。

广蓄工程分两期建设，一期工程（4台30万kW机组）于1989年5月开工，1994年3月全部建成，建设工期56个月，比国家批准的计划提前14个月，二期工程于1994年9月开工，2000年3月全部建成，建设工期66个月，比计划提前6个月。

广蓄电站建设质量良好。一期工程经国家竣工验收，单项工程验收合格率100%；质量优良率85%，电站运行正常。二期工程验收结论为：施工质量总体优良，枢纽运行安全可靠。国家电力公司授予二期4台机组为投产达标机组。

广蓄电站建成投产后，除如期偿还每年内外资贷款及利息外，给股东的税后资本金利润回报率有8.55%。低廉的工程造价和一期工程与香港中华电力公司的成功合作，使蓄能公司的资本公积金有较多积累，实现了由一期工程滚动开发二期工程，进而滚动开发惠蓄电站的良好态势。

电站的环境保护意识达先进国家水平。目前，电站范围内被施工破坏的植被除高边坡岩石外，基本得到恢复，历年来植树超过70万株，植草超过20万m^2，水库水质达国家二类饮用水标准，电站成为广州市指定的高科技旅游景点。

广蓄电站的建成投产，为大亚湾核电站的安全稳定运行和多发电量，为改善广东、香港电网的供电质量以及为西电东送发挥了重要作用，同时也为广东电网创造了良好的经济效益和社会效益。

由广东省水电勘测设计院承担的电站设计被评为优秀设计；由中国水利水电第十四工程局承担的电站施工，获国家建筑工程质量鲁班奖；业主广东蓄能发电有限公司，被广东省委、省政府授予模范集体称号；原电力部曾在现场召开过二次经验交流会，推广广蓄的建设管理经验；工程综合科技成果获广东省96年度科技进步一等奖及国家96年科技进步二等奖；电厂被原电力部授予全国第一个“一流水力发电厂”称号，2000年通过了南非罗萨（NOSA）安全五星管理系统四星评审，并获得相应证书。公司的主要创始人原总经理罗绍基同志获评1995年全国劳动模范并于1999年当选为中国工程院院士。

2　广州抽水蓄能电站工程的决策

20世纪70年代末期，我国实行改革政策，当时的广东省与香港均缺电，一次能源资源都贫乏，遂有在深圳特区合资兴建大容量核电站的酝酿和行动。从1979年11月起，广东省电力公司（简称广电）与香港中华电力公司（简称中电），就双方在广东省合营建设核电站的问题进行高效的协商，联合完成可行性研究报告并按程序得到国务院和港英政府批准。1984年1月，合营合同在北京签字。同年9月，广东核电合营公司、广东核电投资公司、香港核电投资公司与广电、中电在深圳签署了广东核电站接入广东、九龙电力系统联网合同。1987年7月大亚湾核电站正式开工建设。

由于粤港用电负荷日变化较大，年内夏季负荷高于冬季，要使核电能够安全稳定运行、多发电量，需要抽水蓄能电站配合，这是国际上成熟的经验。广电与中电在商谈合作大亚湾核电站的时候，就注意到了这个问题，1979年4月双方成立联合办公室，委托广东省水电设计院开展工作，由于当时中电要求蓄能电站须距香港负荷中心30km以内，故选址在深圳盐田，水头约420m，装机容量80万kW，中电占75%，但因投资每千瓦高达855美元，受益方主要是香港，因此未获国家计委批准。

1985 年水电部华南电网办公室成立，研究华南电网调峰课题。此时广东省水电设计院已完成广东省抽水蓄能资源普查，发现位于广州东北方向 120km 从化市境内有一个水头五百余米的优良站址。华南网办乃与广东电力局商定，以保证大亚湾安全稳定运行和华南电网尤其广东电网调峰为开发目的，联合出资请广东省水电设计院进行可行性研究，报告与 1986 年 11 月完成。同年 12 月，水电部水电规划总院会同广东省计委进行审查，1987 年 4 月得水电部批复。当年 1 月，广东水电院受委托已开始初步设计，并将电站定名为广州抽水蓄能电站。

1987 年 1 月，国务院核电领导小组会议确定，为了大亚湾核电站安全运行，有必要与核电站同步建设广州抽水蓄能电站。2 月水电部与广东省政府和核工业部商定上报项目建议书与三方集资和筹建问题，并签订了“广州抽水蓄能水电站集资和筹建协议”。

1987 年 6 月中国国际工程咨询公司对项目建议书进行评估，1988 年 1 月得国家计委批复，同意建设广州抽水蓄能电站，装机容量 120 万 kW；同意利用两亿美元的外国政府优惠贷款，采用技贸结合的方式从国外引进抽水蓄能机组；同意由广东省人民政府、水电部和核工业部联合组建广州抽水蓄能电站联营公司，由三方组成董事会，负责电站建设和经营。1988 年 3 月广州抽水蓄能电站联营公司成立。此时大亚湾核电站已开工近一年，为了满足同步建设的要求，国家计委于同年 4 月批复了广东省人民政府、水电部和核工业部联名上报的“关于简化广州抽水蓄能电站审批层次的请求”。1988 年 5 月广蓄电站通过初步设计审查，7 月“两洞一口”开工。与此同时，利用外资的对外谈判和与香港中华电力公司合作建设的谈判也在紧张进行。1988 年 10 月，国家计委批准广蓄工程使用法国政府的贷款，1989 年 4 月，两国政府签订财政议定书，正式生效，法国政府优惠贷款占贷款总额的 52%，里昂信贷等四家银行的出口信贷占 48%，平均年利率约 5%。“立足自建，争取合作”的方针使广蓄在与中电的合作谈判中取得了主动，最后，双方同意采用出售容量使用权的合作方式。1990 年 12 月双方签订中电购买广蓄一期工程 50% 容量使用权合同。1993 年 6 月广蓄电站第一台机组发电。

一期电站出售了 60 万 kW 容量使用权给中华电力公司后，广蓄公司预计到广东电网对抽水蓄能的需求会迅速增长，又着手二期的前期工作，并在一期施工中完成了与二期电站共用的上、下水库及二期进出水口施工。1991 年 3 月广东省人民政府、国家能源投资公司、中国核工业总公司联合向能源部报送广州抽水蓄能电站二期工程项目建议书，10 月能源部上报国家计委，1992 年 4 月国家计委批准广蓄二期工程项目建议书。1993 年 3 月，中国国际工程咨询公司通过了《广州抽水蓄能电站二期工程可行性研究报告》评估。1993 年 7 月，国家计委批准了《广州抽水蓄能电站二期工程利用外资可行性研究报告》，同意利用亚洲开发银行贷款。1994 年 9 月，二期工程主体工程开工，1998 年 12 月首台机组并网发电。

广蓄电厂的建设与发挥效益，牵涉到广东与香港、蓄能与核电、投资各方、地方与中央，以及利用外资等多种复杂因素与利益分配问题。但由于各方均能从大局和共同利益着想，在国务院的领导下，谈判、审批和前期工作都能高效进行，决策过程科学合理，使蓄能电厂能与核电同步建成，是一个好的范例。

3 广州抽水蓄能电站工程的建设管理

广蓄工程获得成功的前提是我国改革开放的大环境和中央给予广东省的优惠政策，而广蓄电站的建设者能不失时机地抓住机遇，勇于探索和改革，总结和吸取传统水电建设的经验和教训，认真进行改革也起了关键作用。调查发现，他们的经验体现在管理体制改革、建设管理改革、运行管理改革和经营管理改革的全过程。

3.1 管理体制改革

广州抽水蓄能电站是总投资约 60 亿元的大型基础设施项目，由原广东省电力集团公司、国家开发投资公司和广东核电投资公司三方投资，组建广州抽水蓄能电站联营公司（现改名为广东蓄能发电有限公司），负责电站的建设和经营管理。公司建立于 1988 年 3 月，当时我国尚未颁布《公司法》。但广蓄公司的领导层就已意识到旧的水电建设管理体制不能适应投资体制改革的新形势，在水电行业首次提出打破过去建管分离的模式，实行建管合一的项目法人责任制（当时称为业主责任制）。

广蓄公司实行的项目法人责任制的核心内容是：按现代企业制度组建项目法人公司，公司对电站建设、经营和还贷全过程负责，同时拥有充分的自主权。

投资三方签订的联营合同和公司章程规定：投资者享有电站的所有权、利润分配权和重大问题决策权；公司拥有对公司全部财产的经营权（法人财产权），公司对电站筹划、融资、建设、运行、经营、还贷以及资产的保值增值全过程负责。公司实行董事会领导下的总经理负责制，电站建设经营重大问题由董事会决策，总经理对董事会全面负责，全权负责电站的建设和经营。董事会给予公司极大的支持和充分的信任，赋予公司充分的自主权：在各投资方认可的投资总额范围内，公司对建设资金的使用有决策权；在国家审批初步设计方案基础上，公司对工程设计和施工方案有技术决策权；对施工承包商及监理单位的选择、电站设备和材料采购等有决定权；对公司财产有经营权；对公司所属干部有聘任权和奖罚权。

清晰的产权关系，使各投资方的利益得到保证，有利于调动和发挥各投资方的积极性。明确的经济责任要求公司必须以提高电站整体经济效益为一切工作的出发点，全力搞好电站建设和运行管理。公司拥有充分的自主决策权，简化了生产关系，使公司对电站建设和经营中发生的问题能不受干扰地迅速做出决策，保证电站建设和经营工作顺利进行。

实行项目法人责任制，使项目法人在建设过程中处于核心和主导地位。问题在于项目法人能否正确行使其权利，进行正确决策和高效管理。因此，广蓄公司重视自身建设，切实发挥项目法人的主导作用。面对建设中一系列的困难和重大技术决策，如一洞四机、高压钢筋混凝土岔管、斜井滑模、砂石料方案变更等设计、施工问题，公司不是将责任推给设计、施工单位或有关部门，而是主动承担起解决问题的责任，及时准确地做出决策，并投入人力和财力予以实施，体现了项目法人的主导作用，巩固了项目法人在参建群体中的核心地位。

同样重要的是这些决策是建立在科学化、民主化的基础上。广蓄公司在行使决策权时非常慎重，公司聘请了一些国内外有经验的专家或咨询机构，对电站建设中的重大技术问题决策提供咨询意见。公司在决策时，一方面认真听取专家的咨询意见，另一方面与电站建设和运行有关各方充分协商，使决策结果既科学合理，有利于提高电站的安全性和整体效益，又尽可能考虑到各有关方面的意见与利益，基本上做到各方能够接受并乐意执行。在电站建设过程中还建立总工程师例会制度，每月召开一次由公司主持，设计、施工和监理单位总工程师参加的会议，研究解决工程设计、施工等方面的具体技术问题，做到了准确及时地解决问题。实践证明，这种决策程序，是行之有效的。

根据建管合一的构想，广蓄公司遵循精简机构、提高效率、广泛利用社会力量的方针，和“小筹建、大承包”的原则来组建机构。公司机构不搞大而全，本部设计划财务、工程、设备及综合四个部门。在建设期，工地设工地指挥部，负责处理移民征地、协调地方关系等工作。除电厂运行管理人员外，公司的正式职工仅63人，是一支素质较高、团结敬业、乐于奉献的队伍，具有专业技术职称的有40人，其中具有高级职称的15人。在电站建设管理方面，公司进行宏观控制，协调各方关系，营造良好的建设环境，以及对一些关键项目进行具体管理。施工现场的进度、质量、安全等管理工作全由工程监理承担。

3.2　建设管理改革

在电站建设管理方面，广蓄公司以项目的经济效益最大化为目标，按市场经济规律合理配置和使用各种资源，运用现代项目管理的科学理论和方法，对电站建设质量、进度和投资实施控制和管理。主要措施有：

（1）实行建设监理制，依靠监理搞好工程管理。广蓄电站是水电建设最早实行建设监理制的项目之一。通过招标选择有能力承担水电工程监理的单位，由其选派人员，成建制地组成监理队伍，常驻工地，根据公司授权，对工程施工质量、进度和安全实施全面的监理。工程设计图纸也要经监理审核后才交付施工，监理还参与施工方案的优化设计。

为了使工程监理充分发挥作用，公司在监理合同授权范围内，予以监理充分的信任和支持，监理所作决定只要没有原则性错误，公司就予以支持，维护监理的权威；公司并为监理提供一切必要的工作条件和后勤保障，创造良好的工作条件，使之能一心一意地搞好工程监理工作。

（2）实施招标投标制，择优选择施工单位。工程施工单位是项目建设的直接实施者。正确选择施工单位，是项目顺利建设的重要保证。广蓄电站工程施工实行招标投标制，选择施工承包商。在招投标中，不单纯以报价高低为取舍的依据，而是根据工程特点，施工单位的特长、经验及信誉、投标方案和报价等，综合评价选择中标单位。根据电站以地下工程为主的特点，选择了地下工程施工经验丰富、在鲁布革电站施工中有良好信誉的水电十四局为主体工程施工承包商。厂房建筑装修、电厂办公生活房屋、高山公路、GIS设备安装等项目，则分别选择有经验的专业队伍施工。实行招标投标制不搞形式主义，而是公开、公平、公正地实施。水电十四局在电站一期工程施工中，表现出较强的施工能力和较高的管理水平，能够重合同守信誉。二期工程是在一期工程的基础上连续施工的，所以与水电十四局议标确定。实践证明，施工队伍的选择是成功的。

(3) 实行科学的合同管理，对项目施工实施有效的控制。在选择了合适的施工单位后，要正确处理好项目法人与施工单位之间的关系，充分调动和发挥其积极性和创造性。在社会主义市场经济的体制下，项目法人和项目施工单位是经济合同关系。因此，关键是要实施有效的施工合同管理。广蓄公司认为项目法人和施工单位的经济利益可以统一到工程施工成果上。工程施工质量好、速度快、投资省，项目法人可以从降低造价、减少运行成本和提前发电中获得收益，施工单位也能得到合理的施工利润。基于这样的指导思想，广蓄工程合同管理中采取了：合同价格与工程概预算定额分离，在施工阶段不作设计修正概算；合同分担风险，在对工程造价实现有效控制的同时，使施工单位有合理的利润；实事求是地解决问题，建立互信互谅的合作关系。

(4) 搞好对外合同管理，提高技术和设备引进效益。广蓄电站机电设备是利用国外贷款由国外引进的。设备采购采用国际招标，对外合同管理采用“半交钥匙”的模式。利用招标竞争，使卖方比常规设备采购合同承担更多的合同责任。如：负责设备成套接口、设备起动调试、试运行和性能试验，对机组投入商业运行时间负责等。设备安装队伍由业主招标选择并得到设备卖方的认可，安装合同由业主负责管理。这种“半交钥匙”的合同管理模式，一方面同全交钥匙一样设备卖方比单纯供应设备承担较多的责任，除质量外，还包括进度、接口等，充分发挥制造厂商优势，业主省事省钱；另一方面与全交钥匙不同的是设备安装由业主控制，有利于搞好安装与土建的协调，加快施工进度并降低造价。广蓄厂内设备引进单价120美元/kW，是比较便宜的。设备安装调试投产速度快，从第一台机开始转动到第四台机投产历时仅一年。在设备采购合同执行过程中，未发生过外商向业主索赔，只有业主向外商索赔情况。但为了搞好合作关系和为长远的售后服务创造好的条件，公司在处理对外商索赔的问题上，不着重于赔钱，而是采用延长保证期、提供更好的售后服务、提供零配件供应等方式来解决问题，以利电厂长期安全运行，也使外商十分满意。

4 广州抽水蓄能电站工程的运行和经营管理

4.1 广蓄工程的运行管理

广蓄公司从电厂筹建开始就设定了运行管理要高起点、与国际接轨的目标，所以在引进一期工程设备的同时，签订了与法国电力公司的技术援助合同，所需经费一半为法国政府赠款，一半为混合贷款，其目的是在引进设备的同时，引进其建设技术与运行管理经验。

广蓄一期工程在设备采购阶段就确立了“无人值班”的指导思想，取消了手动操作启闭机组系统，电站自动化系统按此设计。同时引进法国电力公司的水电厂运行管理模式，制定广蓄电厂的机构和人员编制，培训运行管理人员，聘请9名法国专家参与电厂的初期运行管理并担任第一任厂长。实践证明，这一新模式在广蓄电厂获得了成功。原国家电力部肯定并推广了“广蓄”经验，国内众多的新建水电厂纷纷通过接受“广蓄”的培训而受益。

与我国传统的水电厂运行管理相比，广蓄的成功体现在：运行管理人员大量减少，目前每万千瓦仅0.5人，从少人值守走向无人值班；电厂调度高度自动化，实现了广东电网与香港电网远程双调度；强化设备监测，将传统的设备定期检修逐步向状态检修迈进；引进南非罗萨（NOSA）安全管理系统，加强安全管理，提高员工的安全意识，从“要我安全”转变为“我要安全”；培养高素质的职工队伍，推行一专多能，一人多岗。

业主责任制是取得成功的基础，因为公司不但负责建设，而且对生产运行承担责任，不存在建设与生产的扯皮问题。公司为电厂建设了一个不留尾工、没有隐患的优质放心土建工程和一流的设备，使电厂能够安全生产，专心搞好设备的运行。此外，电厂技术人员从设备到货进场就开始介入，还参与设备的工厂培训与出场验收，参与设备的现场安装、调试与验收，并把公司与设备供应商的关系延续到生产运行与厂商签订售后服务合同，使电厂在运行管理中及时得到技术支持和配件供应。

4.2 广蓄工程的经营管理

抽水蓄能电站容量大，起动速度快，对保证电网安全稳定运行，提高供电质量作用显著。同时，它需吸收电网多余电量维持运行。因此，其经营方式远比常规电站复杂。

目前国际上采用的主要有独立经营、捆绑经营和租赁经营等方式。每种经营形式都有各自的适用范围和优缺点。独立经营需要有成熟的电力市场和合理的价格体系，抽水蓄能电站通过竞价上网来获取利润；

捆绑经营适合于厂网分开和厂网并存的电网或各类电源并存的发电公司，抽水蓄能电厂的效益从其他发电厂和电网中体现出来。租赁经营是独立发电公司租赁给电网以获得稳定回报的有效经营方式，也是国际上采用较多的经营方式。

广蓄电站采用租赁经营等方式。当时我国长期受缺电困扰，负荷低谷期高周波运行，高峰期拉闸限电已成惯用手段，供电质量差造成用户损失也不赔偿，电网缺乏以付出代价来提高供电质量的意识。改革开放政策使广东经济飞速发展，缺电成为严重制约广东经济增长的瓶颈，这一现状为集资办电创造了条件。大亚湾核电厂的兴建，使电网对抽水蓄能电站的需要更为迫切。作为集资办电的独立发电公司，为了使投资方有合理回报，广蓄公司提出将电量计费改革为容量租赁或出售容量使用权的经营方式。一期电厂的50%容量由广东电网与大亚湾核电站联合租赁，双方各承担一半容量租赁费。租赁后的容量由广东电网调度，电网保证核电安全稳定运行。二期工程由广东电网单独租赁，这样，电网拥有了强大的调峰和安全稳定运行的手段，核电通过不参与调峰而多发电量，二者都得到良好的效益。一期电厂另外50%的容量权出售给香港抽水蓄能发展有限公司，运行管理由我方承包，港方支付运行管理费用。这种合作方式除了使国家得到可观的外汇税收入外，广蓄公司有了充足的外汇来源，不但能及时偿还外资债务，而且有较多外汇余款，用以投资新的抽水蓄能电站，实现滚动开发。

广蓄电厂采用的经营模式是成功的，它使蓄能电站的作用在电网中得到充分的发挥，为有关各方都创造了良好的效益。它是我国现阶段值得推广的经营模式。当然，随着我国电力体制改革的深入及电力市场的发育成熟，其他经营模式均有可能实现。

5 小结

广蓄电站建设能取得投资省、速度快、质量好、效益高、环境美的成果，其经验值得重视和推广。我们认为，广蓄公司所提出的管理原则和具体做法在当时具有新意，目前已被普遍接受和采用，但成效不一。其原因取决于是否认真贯彻了这些原则和措施，还是仅限于形式上的赞同，实际上并未执行。例如：

（1）项目法人责任制是正确的体制，关键在于投资者和项目法人间要责、权分明。前者有所有权，后者有经营权。同样，董事会和总经理间也要分清责、权，要避免前者动辄干预后者工作，要给予后者以极大的支持和信任，后者则对前者负全面责任。

（2）项目法人对重大问题要敢于决策和善于决策。敢于决策就是不推诿责任，而要主动承担责任，解决问题。善于决策就是充分尊重专家和参建各方的意见，在民主科学的基础上实事求是地做出决策，防止凭自己好恶甚至个人意见草率决定。

（3）项目法人应组建高效精简的机构，绝不能搞大而全。要依靠监理、施工、设计等参建各方来进行建设，不能大包大揽，舍不得放权，处处由自己说了算。项目法人的领导班子必须要团结、高效、清廉、有创新意识，用自己的形象取得各方面的信任。

（4）项目法人要正确理解和把握社会主义市场经济与资本主义市场经济的区别，始终以国家最高利益和工程全局利益为准进行管理，要把参建各方视为有共同利益的战友，既要严格按合同办事，又要深入了解各方的实际情况和困难，主动关心，为他们解决困难，合理照顾参建各方利益，不搞绝对化，更不能有优越感，盛气凌人。这样才能充分调动和发挥各方的积极性，使工程取得最好的效益，不仅业主取得最大部分的成果，各方都能享受胜利的果实。

（5）要坚持实行施工招标制，建设监理制，设计委托制。招标必须公开、公平、公正地进行，不应受任何干扰，不能搞假招标，要以信服人。监理单位必须具备资质，必须到位，业主应充分信任和支持监理的工作，既不能干预，又要做好必要的协调工作。

（6）要始终将科学技术是第一生产力的思想贯彻在工程建设中。通过聘请中外专家科学决策，依靠科学进步，积极采用国内外先进技术，缩短工期，降低造价，在引进设备的同时，引进国外先进的运行管理经验，使电站整体水平接近当时的国际先进水平。

石油化工重大工程项目管理模式创新

王基铭
（中国工程院院士）

1 石油化工行业在国民经济中的重要地位

石油化工行业是国民经济的重要基础和支柱产业，石油和化工产品越来越广泛地用于工业、农业、人民生活等各个领域。国家“十一五”规划将石化工业发展放在了重要的位置。2006 年 1 月国务院常务会议原则通过中国炼油、乙烯工业中长期发展专项规划，这是进入“十一五”后，国务院审议并原则通过的第一批产业发展规划。这充分证明炼油和乙烯工业在我国石油化工行业的重要地位。

根据我国的炼油和乙烯产业规划，到 2010 年我国炼油工业将新增原油加工能力 9000 多万 t/年，同时淘汰低效炼油能力 2000 万 t/年；形成 20 多个具有较强市场竞争力的千万吨级原油加工基地，加工能力占全国总能力的 65%。2010 年我国炼油加工能力将达到 4 亿 t/年左右；到 2010 年，通过改造或扩建现有企业，增加乙烯生产能力 438 万 t，通过新建七大乙烯工程，增加乙烯产能 620 万 t，届时乙烯产能将达到 1800 万 t/年左右。

中国石油化工集团公司（以下简称中国石化）是我国最大的石油化工一体化的能源化工公司。近年来，中国石化全面贯彻落实科学发展观，坚持“改革、调整、管理、创新、发展”的指导方针，按照“扩大资源、拓展市场、降本增效、严谨投资”的经营战略，严格执行“量入为出、控制总量，集中决策、调整结构，优化项目、增加回报”的投资原则，围绕“保安全、保市场、保稳定、增效益”的工作目标，抓住机遇，开拓进取，突出核心业务，加快持续有效科学发展，经济实力大幅增强，在《财富》杂志全球 500 强企业中位次由 2001 年的 73 位上升至 2006 年的 23 位。

中国石化之所以能够得到较快发展，其中一个重要的原因就是认真探索重大建设项目管理模式的创新，将国外先进的项目管理理论与中国石油化工工程建设实践相结合，创立了适用于中国石油化工重大工程项目管理的新的建设管理模式，即（IPMT + EPC + 工程监理）项目管理模式，优化工程组织，确保安全，减少投资费用，加快工程进度，提高工程质量，有力推动石油化工重大工程建设项目实现又好又快的建设和投产。

2 中外石化工程项目管理模式分析

炼油和乙烯等石化工程建设项目是高投入、高风险的项目。资金、技术高度密集，技术复杂、涉及专业多、关联范畴广、集成程度高、工程投资大、建造周期长、质量要求高。工程建设项目管理水平的高低，将直接决定投资效益，决定建设项目的成败，决定石化企业的持续有效发展。少投入、多产出、快建设、高质量、保投产始终是工程建设中必须要解决好的重大命题，特别是在当前形势下，加强石油化工重点工程建设项目管理，是重点工程建设领域落实科学发展观的崭新课题。

工程建设管理模式是工程建设项目管理的核心问题，它是实施 HSE、质量、进度、费用和合同执行等方面有效控制和管理的基础。目前石油化工行业工程建设管理模式主要有国外通用的（PMC + EPC）管理模式和国内传统的业主自营管理模式。

2.1 发达国家石油化工工程建设项目通行管理模式

目前，国外特别是西方国家的大型石化工程建设大多采用（PMC + EPC）管理模式。

PMC（Project Management Contractor）是指项目管理承包；EPC（Engineering Procurement Construction）是指设计、采购、施工工程总承包。PMC 是由业主通过合同聘请管理承包商作为业主的代表，对工程进行全面管理。对工程的整体规划、项目定义、工程招标、选择 EPC 承包商、工程监理、投料试车、考核验收等进行全面管理，并对设计、采购、施工过程的 EPC 承包商进行协调管理。EPC 工程承包商按照与业主的合同约定，全面执行工程设计、采购、施工及试运行服务等工作。

PMC 项目管理主要具有三个方面特征：一是实现专业化的工程建设项目管理。业主聘请著名工程公司，保证有丰富项目管理经验的专业人员参与项目管理；二是承包合同多采用“成本加酬金”的形式，形成承包商与业主共同承担风险的机制；三是对履约信用具有高度的依赖性。该管理模式的优点是提供专业化管理，与业主共担工程风险，为业主分担绝大部分的项目管理工作。

但从工程建设实践来看，（PMC + EPC）管理模式适合于发达国家市场机制完善、合同管理系统完备的工程建设环境。在我国当前的客观形势下，该管理模式移植到国内则暴露出许多问题。一是 PMC 采用的是“成本加酬金”的合同方式，导致 PMC 承包公司及其执行人员普遍存在拖延进度的倾向，合同执行时间越长，成本越高，PMC 承包公司赚钱越多；二是 PMC 承包的成本费用高（特别是国外承包商人工成本高）；三是对各种合同履约信用的依赖性太强，施工过程中缺少对 EPC 承包商的过程监督，缺少制约机制。该模式实际执行的结果是项目管理成本高，对安全、质量、进度、投资、合同执行等方面缺乏有效控制和制约。

2.2 我国石油化工工程建设项目传统管理模式

目前，我国石化工程建设大多采用业主自营管理这一传统管理模式。该模式有两种组织架构。一种是项目建设指挥部或基建管理部门领导下，按照工程职能划分建立的职能式组织架构；另一种是项目建设指挥部或基建管理部门领导下，按照工程项目划分建立的项目式组织架构。这两种组织架构有利于利用业主现有资源和条件，容易实现行政协调、管理较顺畅。其特征体现在四个方面：一是业主直接委托设计单位、施工企业和监理单位开展工程设计、施工建设和工程监理；业主组织机构直接行使对项目的管理；业主既是投资主体，又是项目的管理主体；业主承担了项目的几乎所有风险。二是工程建设各个阶段、各个部分之间的界面管理工作量大而复杂，业主组织机构需要较庞大的管理机构和较多的管理人员。三是因项目管理工作量大，对项目管理人员的素质，特别是项目管理领导者素质要求高，而业主内部往往很难做到这一点，导致项目管理前期出现混乱局面。四是按照现代企业制度，“做强主业，分流辅业”的改革要求，工程项目建成后，项目管理人员存在“转岗分流”的后顾之忧，造成工程管理队伍不稳定，难以培养和形成高素质的工程管理队伍。

3 中国石化工程建设项目管理模式创新

3.1 “IPMT + EPC + 工程监理”项目管理模式实施背景及其创新

近几年来，中国石化运用当代先进的工程管理理论，特别是以系统论为指导，分析研究现阶段石油化工工程建设项目管理模式的优势和不足，总结我国几十年工程建设的经验与教训，结合行业特点，通过反复探索，提出并创立了适用于我国石油化工工程建设的“IPMT + EPC + 工程监理”项目管理模式。

IPMT 是 Integrated Project Management Team 的缩写，直译为项目一体化管理组。实施“IPMT + EPC + 工程监理”项目管理模式，主要是在项目管理层设立一体化项目管理组 IPMT，IPMT 是由业主方组织并授权的项目管理机构，代表业主对工程的整体规划、项目定义、工程招标、投料试车、考核验收进行全面管理；选择项目前期咨询商、EPC 承包商和监理承包商，并对他们的工作进行管理与协调。

创立“IPMT + EPC + 工程监理”项目管理模式，是借鉴于国外通用的（PMC + EPC）管理模式和国内流行的业主自营管理模式的特点，结合我国石油石化工程建设实际，而在项目管理模式上的创新。它是国外先进工程管理理论与我国工程建设实践相结合的成果。

这个模式首先在中国石化与英国 BP 公司合资的上海赛科 90 万 t/年乙烯工程中采用。该工程总体设计批复的总投资为 222.59 亿元，是我国目前规模最大的世界级一体化石油化工项目之一。赛科工程是中外双方各占 50% 股比建设的石化工程项目。建设初期，外方坚持采用（PMC + EPC）管理模式，实施中矛盾十分突出。一是把整套工程合同分成专利合同、基础设计合同、技术服务协议、EPC 或 EP + C 等四个开口合同分段进行签署，以致专利商、工程承包商漫天要价，商务谈判旷日持久。二是组织管理上，有关各方各行其是，很难进行过程协调。三是外方承包商从自身的经济利益出发，不惜大幅增加成本和延长工期，而中方则坚持在确保安全质量的前提下，严格控制成本，加快进度，以致双方矛盾十分尖锐。四是外方照搬照抄国外标准，国产化工作难以推进。这些矛盾使工程运转陷入了内部中外业主双方争论不休、外部业主与承包商无休止谈判的“两个怪圈”，严重制约了工程进展，中外双方的优势不能有效发挥，中方的合法权益得不到有效维护。

针对出现的这些问题，中国石化下定决心探索和采用新的管理模式。经过与英国 BP 公司高层反复沟通，最终决定同意采用中国石化提出的“IPMT + EPC + 工程监理”项目管理模式。

3.2 “IPMT + EPC + 工程监理”项目管理模式的创新

项目管理一体化组由 IPMT 主任组和 IPMT 项目管理部组成。“IPMT + EPC + 工程监理”管理模式的核心如下：

3.2.1 项目管理的三层组织架构

“IPMT + EPC + 工程监理”管理模式的三层项目管理组织架构，层间界面清楚，分工明确（图1）。

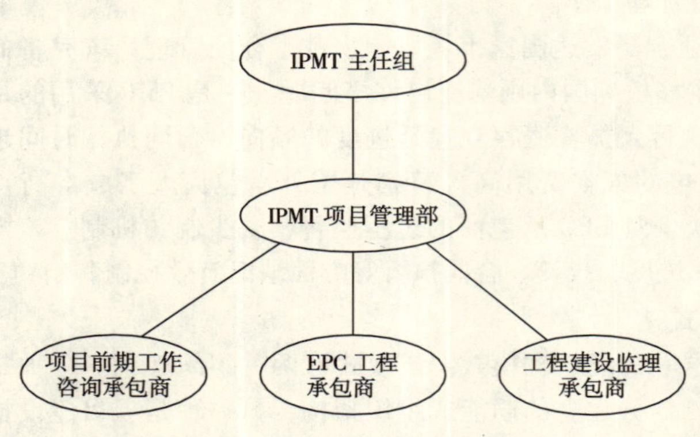

图1 “IPMT + EPC + 工程监理”管理模式的组织架构

第一层是决策层，由 IPMT 主任组成员组成，授权决策项目建设的重大及关键问题；第二层是管理层，由矩阵方式构成的 IPMT 项目管理部成员组成（图2），主要承担与 EPC 单位、工程监理单位间的协调，实施 HSE、质量、进度、费用和合同执行的有效控制，并承担除 EPC 管理、工程监理管理以外的其他项目管理工作；第三层是执行层，由 EPC 承包商、监理承包商和项目前期咨询商组成，执行具体的工程管理与建设任务。

3.2.2 IPMT 项目管理部的矩阵式架构

IPMT 项目管理部的矩阵式架构，见图2。IPMT 项目管理部由国内石化建设行业从事项目管理工作的专业人员组成。纵向以项目管理为主，横向以专业管理为主，纵横交叉的矩阵式管理架构。

这个组织架构一是汲取了 PMC 管理模式的专业化管理的优点；二是避免了聘请 PMC 承包商支付高额项目管理成本的弊病；三是鉴于当前国内工程承包商执行合同意识淡薄的现状，该模式实施合同约束加行政协调的管理机制，以防止“以包代管”出现过程失控；四是聘请 EPC 工程承包商，避免了业主自营管理模式出现大量复杂的界面管理工作的弊病，使 IPMT 项目管理部人员数量大大减少；五是考虑了目前国内外 EPC 承包商、国内施工分包商和制造分包商的质量自我约束机制不健全的现状，该模式汲取业主自营管理模式的监理机制，引入被国内工程建设业普遍接受的监理承包商；六是 IPMT 项目管理部人员精干，来源多元化，主要不是来自于业主，避免了建设任务完成后，大量管理人员需要另行安排的弊病。IPMT 项目管理部有利于培育石化工程建设行业专业管理队伍。

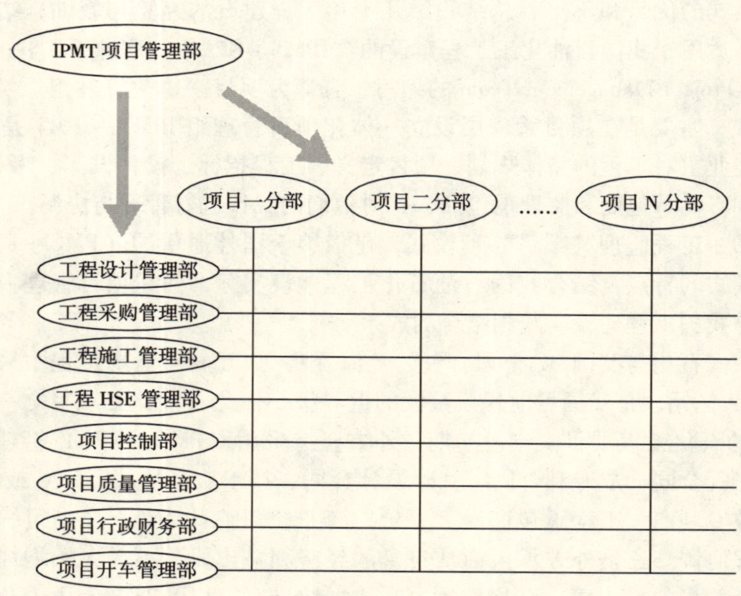

图2 IPMT 项目管理部组织架构图

3.2.3 采用合同约束加过程协调的管理机制

在项目执行过程中，既严格跟踪监督合同执行，发挥合同约束作用，又加强工程建设全过程的协调管理。实施定期和不定期相结合的调度会议制度，严格防止过程失控。

3.2.4　慎重选择 EPC 工程承包商和监理承包商，充分发挥承包商的作用

业主牵头组织成立招标委员会，严格执行招投标制度，公开、公平、公正地选择工程承包商和监理商。明确要求 EPC 工程承包商按照图 3 的组织架构与 IPMT 项目管理部的架构相配套，使工程项目管理、协调畅通；要求监理承包商设置总监理工程师、各专业监理工程师，对 EPC 工程承包商的设计采购施工等阶段和安全、质量、进度、费用、合同执行等方面进行过程监督。从而，实现了项目管理层和项目执行层的专业技术及管理相衔接，接口明晰顺畅，整个工程项目的管理上下协调、畅通。

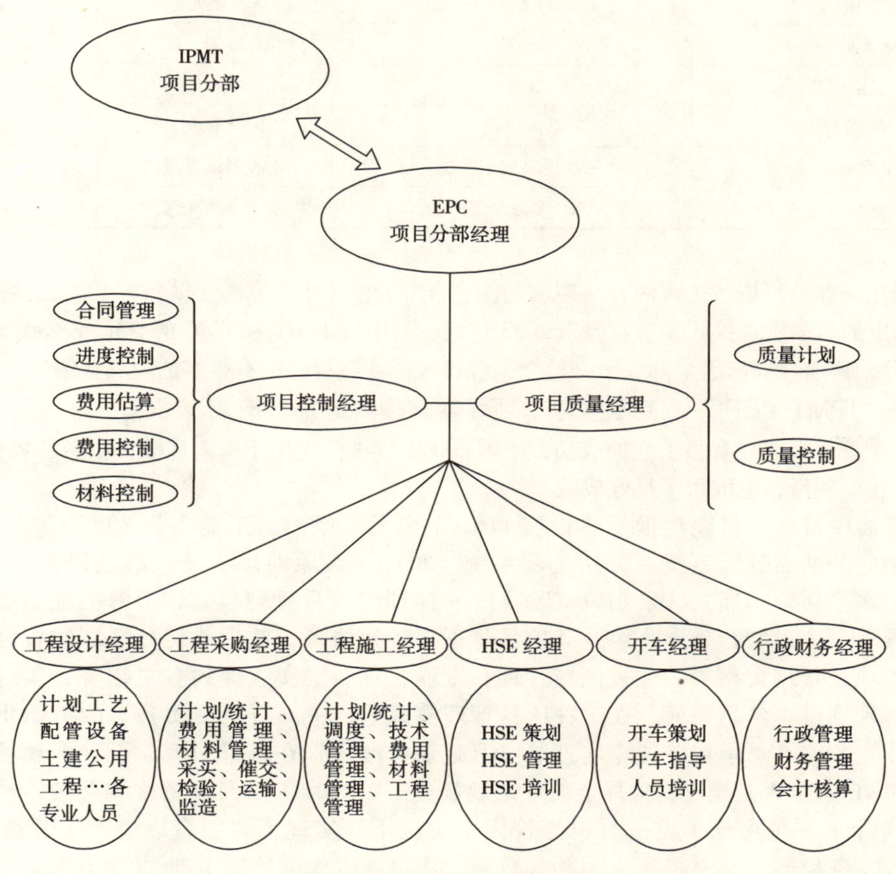

图 3　EPC 项目的组织架构

3.2.5　"IPMT + EPC + 监理" 管理模式的使用条件及适用范围

一是规模大、投资高的项目，由多项目单元或多工艺装置组成；二是技术含量高、涉及技术专业多的项目，工程项目使用大量的新技术新材料，使用专利技术或专有技术；三是业主缺乏足够项目管理的专业人才，无法独立完成项目管理工作；四是业主方包括多家公司，特别是大型的合资公司。

4　"IPMT + EPC + 工程监理" 管理模式主要应用效果

4.1　采用 "IPMT + EPC + 工程监理" 和 "PMC + EPC" 的两个国内合资项目的项目管理案例比较

"IPMT + EPC + 工程监理" 管理模式首先成功应用于上海赛科 90 万 t/年乙烯工程。现将在同一时期采用不同管理模式的两个类似大型石油化工重点工程进行简要对比：

中国石化于 2000 年和 2001 年分别与德国巴斯夫公司和英国 BP 公司合资合作，在南京建设扬巴 60 万 t/年乙烯工程（以下简称扬巴工程）和在上海建设赛科 90 万 t/年乙烯工程（以下简称赛科工程）。扬巴工程采用了（PMC + EPC）管理模式，赛科工程经过中外方多次沟通，最终采用了 "IPMT + EPC + 工程监理" 管理模式。两个工程相继于 2005 年 3 月、5 月建成投产，并通过了验收考核、竣工决算。两个项目概况如表 1 所示。

两个重大石化工程概况 表1

	赛科工程	扬巴工程	二者比较（前者比后者）
工程管理模式	IPMT + EPC + 工程监理	PMC + EPC	
乙烯规模	90 万 t/年	60 万 t/年	规模大 30 万 t/年
项目总投资（总体批复）	222.59 亿元	208.28 亿元	
实际发生投资	198.59 亿元	204.78 亿元	少 6 亿元
节省投资	24 亿元	3.5 亿元	多节约 20.5 亿元
建设周期	26 月	36 月	少 10 月
投产工期	3 月	5 月	少 2 月
PMC 或 IPMT 管理成本	7.5 亿元	10.8 亿元	少 3.3 亿元
工程质量	一次投料试车成功	一次投料试车成功	
工程 HSE（现场连续安全人工时）	1700 多万个工时	1700 万多万个工时	

两项工程相比，在总投资、工程内容、现场条件、合资方整体水平、施工队伍等基本条件极其类似的条件下，采用我方提出的新的管理模式多节省投资 20.5 亿元，其中仅 IPMT 和 PMC 的管理成本就节约了 3.3 亿元，缩短工期 10 个月，目前合同已经全部关闭，整个工程投入商业运行并已有很好的盈利业绩。

4.2 采用"IPMT + EPC + 工程监理"项目管理模式的推广应用

鉴于采用这个管理模式在赛科工程的成功，中国石化后续推广应用于海南炼油，茂名乙烯扩建，广州炼油改造等重大工程建设项目，也取得了很好成效。

（1）海南炼油项目：项目建设批复总投资 116.61 亿元，原油加工能力为 800 万 t/年，包括新建 15 套工艺装置、相应的油品储运系统、公用工程系统、30 万 t 级原油码头及成品油码头等。项目投资大、分项目多、技术水平高、工期紧，采用 IPMT + EPC + 监理的项目管理模式，使海南炼油项目形成了在集团公司统一领导下，项目联合领导小组及其项目管理部统筹协调，监理单位分区域监督管理，总承包单位分项目承包的项目管理大格局。通过区域管理、专业管理、层次管理的有机结合，实现了整个项目管理责任明确、管理到位、信息畅通。在这种项目管理模式下，中国石化集团公司的集团化优势得到更加充分的发挥；业主单位、总承包单位、监理单位及施工单位分别在统筹协调、设计、现场管理上的优势得到互补。项目 2004 年 4 月奠基，9 月全面开始现场施工，2006 年 7 月装置中间交接，9 月 28 日打通全流程并完成投料开工。在克服了设备材料涨价因素情况下，实现了"投资、进度、质量、HSE、合同"五大控制目标。投资控制在批复概算之内并有节余；项目建设实际施工工期 22 个月，比正常工期缩短了三分之一的时间。

（2）茂名乙烯扩建：工程总体设计批复概算为 74.94 亿元，共有 35 个设计主项，包括工艺装置 8 套、辅助生产设施及公用工程 23 项、厂外设施 4 项。项目建设采用 IPMT + 监理 + EPC 承包商的管理模式，由项目法人组建 IPMT 项目经理部，作为工程建设期间的管理机构，全面负责项目的组织和管理；项目实行 EPC 等总承包方式，施工过程全面实行工程监理，形成以 IPMT 项目经理部组织下由监理、设计、施工、采购和 EPC 总承包参与的工程建设组织保障体系。2003 年 12 月乙烯装置引进技术合同生效，2006 年 9 月建成投料试车，工程总工期为 33 个月。其中，设计工期为 24 个月；施工工期为 19 个月。按时按质完成了建设任务，使茂名石化成为我国目前首家达到 100 万 t/年乙烯生产能力的石化基地。

（3）广州炼油改造：项目可研批复总投资 43.38 亿元，改造后的原油加工能力为 1300 万 t/年，项目包括新建 7 套工艺装置、改造 6 套工艺装置和相应的配套工程。采用 IPMT + 监理 + EPC 等的管理模式。在项目领导小组和 IPMT 项目管理部的领导、组织、管理、协调下，总承包单位充分发挥 EPC 优势，强化内部协调与配合，做到设计、采购和施工合理深度交叉，有效地缩减建设周期。7 套新建装置全部提前建成中交，其中焦化装置建设周期仅为 10 个月，比目前国内焦化装置建设周期最快的新疆塔河焦化装置快了 3 个月，创下国内同类型装置建设周期最短的纪录。

目前，"IPMT + EPC + 工程监理"的项目管理模式正在进一步推广应用于中国石化的青岛 1000 万 t/年炼油工程，天津 100 万 t/年乙烯工程、镇海 100 万 t/年乙烯工程等重大在建项目。

通过多年工程项目建设实践的探索，中国石化将国外先进的项目管理理论与我国石油化工工程建设实践相结合，创立了适用于我国石化重大工程项目建设的（IPMT + EPC + 工程监理）项目管理模式，实践证明该模式在优化工程组织、确保安全、减少投资费用、加快工程进度、提高工程质量等方面均取得了良好效果，是有生命力的，为在石油化工重点工程建设领域落实科学发展观作出了有益探索。

应用系统工程和集成创新理论，推进大庆油田三次采油技术的发展与应用

王玉普

（大庆油田有限责任公司）

随着我国国民经济的持续快速增长，石油消费量大幅度增加，石油供需矛盾日益突出。目前，我国已成为世界第二大石油消费国及世界第三大石油净进口国，对外依存度超过40%。大庆油田作为我国最大的石油生产基地，一直以石油的高产稳产，保持着对国家石油战略安全的贡献。但进入“十五”期间，油田高产稳产面临严峻挑战：一是主力油田产量递减很大；二是调整挖潜对象转向剩余油高度分散的低渗透薄油层；三是新区勘探找油的难度越来越大，增储上产的接替能力很差；四是开拓国际市场尚不成熟。面对困难和挑战，大庆油田在加大勘探力度，寻找后备储量的同时，进一步加大了已开发油田挖潜力度，以及研发切实有效的提高原油采收率技术的力度。

为此，“十五”之初，大庆油田在前期开展并取得成效的三次采油室内实验、先导性矿场试验、工业性矿场试验、聚合物工业化推广应用的基础上，以哲学思维、系统工程思想和集成创新理论为指导，科学系统地制定了大庆油田三次采油技术“十五”发展战略：发展三次采油基础理论，自主研发关键技术，突破核心技术，形成配套技术，进一步提高采收率，持续保持三次采油1000万t以上生产规模。

三次采油技术的研究与应用是一项规模庞大、要素众多、组织结构复杂（跨学科、跨部门横向联合、产学研有机结合）、功能综合（基础研究—应用研究—开发研究一条龙）、高投入、高产出、快速高效（经济效益、社会效益与学术效益极为显著）的系统工程。大庆油田科学运用系统工程理论，经过对系统要素的相关性、集合性、层次性、整体性、目的性，以及对实施条件的需求和可能的动态变化进行反复的研究分析，采用霍尔三维结构模型作为组织实施三次采油技术“十五”发展战略的理论支撑。

大庆油田首先将三次采油系统，划分为基础理论研究、工艺配套技术、组织运行体系构建3个子系统。按照油藏工程、采油工程、地面工程、监测工程4个专业维度，分别按时间维、逻辑维的思想，明确了每一个子系统的时间阶段划分及在每一个阶段的具体工作步骤和目标。并据此建立起了目前国内外相对来讲最完整的三次采油理论研究体系、现场试验体系和生产组织体系。

经过“十五”期间的系统实施，取得了良好的效果。发展了具有国际先进水平的三次采油前沿基础理论，形成了日臻成熟的三次采油配套技术，开拓了具有大庆特色的自主创新之路，建设了世界上最大的三次采油研发和生产基地，创造了水驱后利用三次采油技术提高采收率世界最高、三次采油工业化应用规模世界最大、三次采油应用技术和配套技术世界领先的高水平。确保了大庆油田三次采油连续5年年产油量超过1000万t，占大庆油田年总产油量的27%，三次采油累计产油突破一亿吨，实现销售收入上千亿元，相当于找到了一个储量上亿吨级的大油田。大庆油田成为世界三次采油技术的领跑者。

1 三次采油基础理论研究

大庆油田要求科技人员在研究的每一个阶段和每一个步骤，都要用开拓、辩证的思维，对传统认识和面临的问题进行系统的分析，从根本上找出当时国内外在三次采油技术发展认识上的瓶颈，同时要求用系统论作指导，在解决现有技术问题的同时，要解决技术的系统接替和储备。正是基于这一思想，大庆油田在实现聚驱理论突破的同时，建立了三元复合驱油理论和泡沫驱油理论。

1.1 发展了聚合物驱油藏工程理论

建立了陆相沉积的油田更适合聚合物驱的新认识。提出了聚驱控制程度工程理论，突破了水驱开发描述模式，实现了聚驱对地质条件适应性的量化描述，提升了聚驱方案设计水平。聚驱控制程度的概念已经广泛应用于聚驱开发方案设计、效果预测、动态跟踪调整等聚驱过程中的各个环节。

深化了聚驱机理的认识，揭示了超高分子量聚合物具有更好的增黏性和更大的阻力系数、残余阻力系数、可以更好实现流度控制的特征，证实了用超高分子量聚合物替代中低分子量聚合物驱油，可提高采收

率 2 个百分点左右，节省聚合物用量 10% 以上。实现了超高分子聚合物的规模应用。

突破了聚合物驱采用低浓度、小段塞、低用量的做法，提出了聚合物驱可采用高浓度、大段塞、高用量的新思路。聚合物用量由早期的 380mg/L · PV、570 mg/L · PV 发展到目前工业化聚驱区块普遍采用的 640 mg/L · PV。部分区块的注聚合物浓度由 1000mg/L 提高到 1500～2500mg/L。

1.2　创新了三元复合驱驱油理论

从原油、水、表面活性剂、碱和聚合物等诸多影响因素中，寻找出了影响三元复合驱中形成超低界面张力的主要因素——原油和表面活性剂，并在三元复合驱超低界面张力机理方面获得了突破性进展。

以原油组分与三元体系作用为突破口，创造性地发现原油中族组成对产生超低界面张力的不同作用，从而揭示了胶质、沥青的含量是影响油水界面张力的一个重要因素，打破了国外专家长期以来认为只有高酸值原油才能开展三元复合驱的说法和大庆原油不能采用表面活性剂驱的片面论断，提出了大庆油田低酸值原油可以开展三元复合驱，并能够大幅度提高采收率的新认识。

建立了原油和表面活性剂的平均当量及其分布之间的相互关系，有机地将表面活性剂和不同组分的原油结合到一起，率先提出了表面活性剂平均当量、当量分布必须与原油平均分子量及其碳链分布相匹配，才能得到超低界面张力的理论，为三元复合驱表面活性剂的研制奠定了坚实理论基础。

提出了表面活性剂本身决定碱的类型和浓度以及适用的原油范围，为进一步提高驱油效率、减少强碱对地层的伤害找到了新的途径。提出了单一表面活性剂可通过复配的办法，产生协同效应，使表面活性剂来源更广，适应性更强。

1.3　发明了泡沫复合驱驱油理论

将三元复合驱和常规泡沫驱有机结合，建立了泡沫复合驱驱油理论。发展了三元复合驱技术、常规泡沫驱技术和水气交替注入技术。在显著扩大油层波及体积的同时，大幅度提高已波及油层的驱油效率。先导性矿场试验表明，泡沫复合驱可比水驱提高采收率 30% OOIP，采收率提高值创世界之最。2005 年该项技术获国家技术发明二等奖，并已在美国、英国、俄罗斯、加拿大和印尼等国获得了授权发明专利。

上述三大理论的发展和建立，不但使大庆油田三次采油技术绝处逢生，而且使大庆油田三次采油技术采收率提高值步步攀升，与水驱对比，聚合物驱提高 10% OOIP，三元复合驱提高 20% OOIP，泡沫复合驱提高 30% OOIP，实现了聚合物驱工业化应用，三元复合驱将成为“十一五”油田开发的主导技术，泡沫复合驱成为油田未来极有前途的储备技术。

2　配套工艺技术发展

三次采油技术是继一次采油、二次采油之后发展的一项高新技术，是众多前沿学科、边缘学科交叉融合的技术。工艺配套技术系统是三次采油技术发展的支持系统，涉及到油田生产中注入参数和注入方式的优化、化学剂的生产配制、注入、生产井的举升、采出液的处理以及动态监测等多个环节。大庆油田在这一系统中，通过建立九大联合攻关项目组、开展十大现场试验，并开展与之相配套的近百项室内研究和中小型矿场试验，实施了集成创新战略，实现了关键环节的突破带动配套技术的全面发展，保证了三次采油技术的不断进步。

2.1　建立了国产表面活性剂工业化生产技术

三元复合驱和泡沫复合驱所用表面活性剂先期依赖于进口，不仅经济效益不过关，而且核心技术受制于人。许多三采领域的前辈认为大庆油田还不具备自己研制表活剂的实力。但是，大庆油田认为产品可以买，核心技术永远也买不来，靠大规模引进，关系到国家石油安全的三次采油核心技术势必掌握在别人的手中，大庆油田将永远受制于人。为此，大庆油田组织了全方位的系统攻关，经过 5600 多次反复实验和修改，形成了烷基苯磺酸盐表面活性剂的原料、产品的分析技术，重烷基苯原料的精致处理技术，研制出了适用于三次采油的烷基苯磺酸盐表面活性剂的专有磺化技术，创造了表面活性剂工业生产中的中和、复配一体化技术。先后成功地研制出了大庆油田自己的强碱表面活性剂和弱碱化表面活性剂，彻底摆脱了大庆油田复合驱技术对国外的依赖。实现了表面活性剂当年研制，当年工业化生产和当年投入矿场试验应用的大庆三采速度。

2.2　建立了聚合物驱油配套技术

在“十五”期间大胆地提出了“聚合物驱进一步提高采收率 2 个百分点，成本降低 10%”的“210”

工程。围绕这一工作目标，建立了以提高聚驱控制程度为核心的聚驱层系组合、井网部署和方案优化配套技术，发展了以分层注聚、深度调剖为代表的聚合物驱全过程综合调整配套技术，形成了国际领先的完备的聚合物检测评价配套技术，建立了聚合物的筛选评价、动态监测、数值模拟预测等油藏工程配套技术；开发了大孔径深穿透射孔、抽油机井防偏磨、系列排量螺杆泵、树脂砂压裂、注聚井解堵增注和聚合物驱分注工艺为主的采油工艺配套技术；形成了以降低注入系统剪切、保留聚合物注入黏度为核心的分散、熟化、输送和注入的成熟的聚合物配置、注入工艺，适合聚合物采出液游离水脱除、电脱水和含油污水处理的地面工艺配套技术；发展了高黏度、复杂流体流量测量方法，形成了聚驱注、产剖面测试配套技术。由于聚合物驱形成了系统工程的配套技术，不仅达到了“210”工程目标，还促进设备国产化率由先导性矿场试验的50%上升到工业化推广的100%。

2.3 初步建立了三元复合驱配套技术

形成了主剂研制、配方优化、方案设计与效果评价、举升工艺、地面配注与采出液处理等相关配套技术。三元复合驱实现由先导性矿场试验、扩大性矿场试验向工业性矿场试验的跨越，目前正在积极开展工业化试验。已完成的试验提高采收率达20个百分点，预计2007年一类油层全面推广应用，2009年二类油层开始应用，三元复合驱技术将成为大庆油田“十一五”及以后油田开发的主导技术。

2.4 完成了泡沫复合驱技术先导性试验

初步形成了室内筛选和评价、地面注入工艺、采油工艺、动态监测、数值模拟和效果评价配套技术。泡沫复合驱已完成先导性矿场试验，采收率可比水驱提高30% OOIP。目前正在开展聚驱后泡沫复合驱进一步提高采收率技术研究，泡沫复合驱已被列为油田未来发展极有前途的储备技术。

2.5 探索了微生物采油技术

已逐步建立起一套从菌种分离筛选、生理生化特性和代谢产物分析、扩大发酵到矿场试验方案设计、试验动态监测及效果评价的微生物吞吐、微生物调剖、微生物调驱的配套技术。其中微生物吞吐技术已作为油田增产增注成熟技术得到大量应用，微生物驱油技术也有望成为外围低渗透油田提高采收率的主导技术。

3 运行保障机制的构建

组织运行系统，是三次采油技术的保障系统。科学技术是生产力，组织管理是生产关系，生产关系适应生产力才能促进生产力的逐步提升。为确保三次采油技术的攻关，我们结合技术发展的要求，逐步发展建立起了比较完备的三次采油队伍和相应管理体系，确保了三次采油技术研发、应用的高水平、高效益。

3.1 构建了标准化的聚合物驱管理系统

为了使得聚合物驱推广应用达到管理上制度化、技术上标准化，不同油田、不同区块均能保持较高的技术应用水平，组织标准化编制委员会及相关技术人员编制了一整套系列化的聚合物驱企业技术标准，包括聚合物驱油注入剂、油藏地质、采油工艺、地面工程、化学剂配制、注入生产过程操作规程及管理等五大部分共计48个技术规范、要求和方法。将这些标准严格贯穿于聚合物驱开发的全系统，做到了管理上有章可循，开发上有据可依，大大提高了聚合物驱开发系统的运行效率和质量。

3.2 建立了跨职能的组织管理体制

大庆油田三次采油技术推广应用以后，就充分认识到三次采油工作的艰巨性和广泛性，因此，在组织管理上坚持公司高层牵头、各下属机构互相合作的运作模式。由总经理全面负责、副总经理、副总师专项负责该项工作，公司科技发展部、开发部直接负责该项工作的组织协调，研究院、设计院和采油院负责技术的研发工作，各采油厂担负现场试验组织和实施，从而形成了自上到下、横向各部门相互配合的一个网络化和跨职能的矩阵式组织运行体制。

3.3 建立健全了分层次的生产运行系统

在聚合物驱工程实施过程中，涉及到地质研究、方案设计、指标预测、聚合物干粉、母液、注入液质量检测、区块动态分析、单井跟踪调整、阶段效果评价等工作。为了把这些工作做好，大庆油田按油田公司、厂、矿、队4个管理层次，组建了三次采油管理系统。由于组织机构的到位，保证了聚合物驱推广过程中的正常注入和注入质量。

3.4 搭建了适应集成创新需要的联合攻关平台

成立了中油股份公司“三次采油试验基地”、“三次采油工程中心”、黑龙江省“提高原油采收率工程技术研究中心”，并以此为依托，建立了聚合物理化性能评价、表面活性剂合成评价、微生物采油、化学调剖、物理模拟驱油等实验室以及三次采油数值模拟中心。联合攻关平台的搭建，促进了产学研结合，做到了科技资源的合理优化配置、优势互补、知识共享，提升了核心技术攻关能力，推动了各项新技术成果的配套化、工程化。

3.5　构建了三次采油研发梯队

为了满足三次采油技术研发和矿场试验的需要，多年来大庆油田构建了以研究院、设计院和采油院以及各采油厂为主体的人才队伍。形成了以资深院士、高级技术专家、技术专家为领军，以公司、院、厂级学术技术带头人为中坚，以专业技术骨干为后备的三次采油专业队伍。集合了大庆油田不同职能领域、不同组织层次中的众多优秀人员，确保了研发与应用队伍的持续发展能力。

4　大庆油田三次采油发展前景展望

大庆油田依靠三次采油技术为国家已累计生产原油1亿t，这是大庆三次采油技术发展历程中的一个重要里程碑，凝聚着几辈石油人的心血和智慧，镌刻了中国石油工业辉煌的一页。同时，这又是一个新的起点，激励着广大石油工作者向着更高的三次采油技术高峰冲击，挑战油田采收率极限。

大庆油田三次采油新的总体发展目标：力争用15到20年时间，形成以化学驱为主导，门类较为齐全的三次采油、四次采油技术系列，三次采油技术在本地区覆盖率达到80%，油田主力油层采收率达到70%，三次采油年产油量1000万t以上稳产至2020年。

为实现大庆油田三次采油发展的这一总体目标，大庆油田以5~8年为一阶段，规划了“三步走”的总体发展思路。

第一阶段：进一步完善二类油层聚合物驱技术，实现二类油层聚合物驱技术的成熟配套；大力发展三元复合驱技术，实现工业化推广应用，确保比水驱提高采收率20个百分点以上；探索泡沫复合驱、微生物采油等三次采油技术，为更大幅度提高采收率提供技术储备；攻克“五剂”难关，为各类油藏提高采收率提供物质保证。

第二阶段：进一步扩大三元复合驱技术的应用规模与应用范围，实现三元复合驱技术的成熟配套；逐步完善泡沫复合驱、微生物采油等进一步提高采收率技术，并具备工业化推广应用能力，使之成为继聚合物驱、三元复合驱之后的更大幅度提高油田采收率的主要三次采油开发技术。

第三阶段：建立起完善的、具有世界领先水平的、适合大庆油田各类油层的三次采油技术体系，对于不同类型油田有针对性的实施三次采油提高采收率方法，全面提高油田开发水平，三次采油技术的覆盖率达到80%，油田主力油层最终采收率提高到70%。

5　结束语

国民经济快速发展对石油的需求，容不得我们有丝毫的懈怠，技术发展面临的诸多挑战，不允许我们有半点的含糊。大庆油田提出了创建百年油田，推进可持续发展的新战略。新的形势对三次采油提出了更高的要求，我们必须进一步解放思想、深化认识、拓宽思路、积极进取，坚持走自主创新之路，发挥自身优势，攻克关键技术，推进三次采油技术向多元化、系列化方向发展，实现大庆油田三次采油技术新的飞跃。

参考文献

[1] 钱学森，于景元，戴汝为. 一个科学新领域——开放复杂巨系统及其方法论［J］. 自然杂志，1990. 13（1）：3-10.

[2] 顾基发，唐锡晋. 物理—事理—人理系统方法论：理论与应用［M］. 上海：上海科技教育出版社：2006：1-21.

[3] Gao F. WSR systems approach and its application［D］. Institute of Systems Science，GAS，Feb.，1999，Ph Dissertation.

[4] 王玉普. 自主创新创建百年油田［J］. 企业文明. 2006，23（1）：22-24.

[5] 康日新. 加强战略管理　提高决策水平　促进核工业持续健康快速发展［J］. 管理世界. 2006，10：1-6.

[6] 安维复. 宝钢的创新进路：从“点菜式引进”到集成创新［J］. 自然辩证法研究. 2006，22（5）：70-73.

基于理念创新的神东模式

——建设现代化煤炭企业的实践与思考

王　安

（中国神华神东公司）

1　引言

神东公司是中国神华能源股份有限公司的骨干煤炭生产企业，负责中国神华能源股份有限公司在内蒙古南部、陕西省北部交界地带的神府东胜矿区，以及山西省保德煤矿的开发建设。1998年以前，矿区采用劳动密集型生产方式，管理粗放，机械化水平及生产效率较低，事故多发，且对生态环境的可持续发展造成了一定的压力。1998年公司原煤产量为712.98万t，仅占国有重点煤矿的1.53%。然而，在公司领导的正确引导下，公司数年来刷新几十项世界纪录，主要经济技术指标连续七年居国内同行业之首，达到或超过世界先进采煤国家水平，率先在全国建成亿吨级特大型绿色煤炭生产基地，实现了跨越式发展；“神东现代化矿区建设与生产技术”在2003年获国家科技进步一等奖；其独创的安健环质综合管理体系推动了矿区经济—生态—社会（ENS）的和谐发展，使矿区的植被覆盖率由开发前的3%提高到59.4%，生态环境得到了极大的改善；2006年，神东公司生产能力居全国第一，成为世界最大、现代化程度最高的井工开采煤炭企业，使中国煤炭企业在世界上的地位得到了提升，世人誉之为“神东模式”。

那么，是什么创造了神东模式？神东公司又是怎样从一个生产技术水平低下，安全保障能力较低、管理粗放的劳动密集型企业发展成为以集约化管理、技术密集型、经济—生态—社会和谐发展和本质安全为特征的世界一流现代化大型煤炭企业的？神东模式对于我国乃至世界煤炭企业又具有怎样的借鉴价值？本文即对此加以剖析，以期为我国现代化煤矿建设尽绵薄之力。

2　神东公司现代化煤炭企业建设的管理创新及技术创新

2.1　理念创新的基本内涵及其现实意义

奥地利经济学家瑟夫·阿罗斯·熊彼特（Joseph. A. Scohumpeter）在其1912年出版的《经济发展理论》一书中，首次提出创新的基本概念和思想，他认为，所谓“创新”，就是“建立一种新的生产函数”，也就是说，把一种从来没有过的关于生产要素和生产条件的“新组合”引入生产体系，并将创新归纳为五个方面，即：产品创新、市场创新、技术创新、资源配置创新、制度创新；斯蒂芬. P. 罗宾斯（Stephen P. Robbins）将创新的概念进行了拓展，他指出创新是指形成一创造性的思想并将其转换为有用的产品、服务或工作方法的过程；而索罗（S. C. Solo）则进一步指出：技术的变化，包括现有知识被投入实际应用所带来的具体技术安排、技术组合方面的变化，可称之为创新，理念创新源于精神活动，如概念、构想及对尚未出现的新产品、新事物的发展计划等，是对已有的理论观点、成果的肯定、否定、保持、发展的研究过程，是新的思想观念的产生。索罗甚至首次提出技术创新成立的两个条件，即新思想来源和以后阶段的实现发展，也即理念创新为先，之后才会有技术与管理的创新。

当前，创新因素已从外生变量过渡成为国民经济及企业发展的内生变量，受到各个层面的极度关注。事实证明，创新是现代企业的灵魂，是企业核心竞争力的源泉，只有不断创新的企业才可能在各个方面完善自我，突破自我，超越自我。诚如R. M. Kanter所言：“创新乃当今企业制胜之道。”

2.2　神东公司对理念创新、管理创新与技术创新的辩证思考

理念创新是思想观念的创新，是创新的源头；管理创新是管理者基于现代企业发展及所从事产业的长期思考的厚积薄发，是其对事业、国家及民族责任的凸现；技术创新则是科研生产人员对所研究领域苦心长期钻研的成就，也是其事业心、责任心的充分体现。管理创新与技术创新均对企业核心竞争力提高具有不可或缺的作用，均源于理念创新，没有理念创新，就不可能有管理创新和技术创新。

创新力是理念创新的直接体现，是现代企业发展的第一动力，是现代工业社会中企业的核心竞争力。

为了实现跨越式发展，神东公司将创新作为企业发展的关键性、战略性的问题，以投入—转换—产出的创新系统观，进行创新力的培育和激发，并高度关注企业的管理创新和技术创新。我们认为，管理创新与技术创新是互为条件、相互促进的，无论是战略创新、组织创新、企业文化创新、管理模式创新都离不开技术支撑。管理创新必须是基于一定的技术基础，并以技术基础的变革而变革。所以，前沿的管理理论与模式并不能放之四海皆然，管理理论与模式的创新只有在一定的条件下才能发挥其对生产力的推动效应；技术创新亦然，先进的技术装备、工艺与生产技术只有在科学、理性的管理模式下才能得到最佳运用，发挥其真正的生产水平。所以，二者是协同的、互为依存的。同时，二者又具有互动关系，管理创新对技术创新具有推动作用，表现为先进的管理思想、管理理念、管理模式要求有相应的技术水平来支撑。否则，这种管理思想、管理理念、管理手段将失去其存在的客观基础。所以，先进的管理思想、管理理念、管理手段将要求现有的生产工艺、技术装备、生产布局、生产方式不断加以改进，不断提出新的技术课题，从而促进企业的技术创新；而技术创新必将对现有的管理理论、管理模式、组织结构提出挑战，迫使现有的管理手段、管理模式和组织结构进行变革，从而使之更好地适应技术创新成果的应用。神东公司在投资理念、发展理念、技术理念、安全理念上的创新对其发展起到了极为重要的引导和推动作用。神东公司关于理念创新、管理创新与技术创新的辩证观点是和管理思想的发展史实完全吻合的，事实上，不管是泰勒（Fredrick Taylor）的科学管理思想，还是法约尔（Henri Fayola）的现代管理思想及梅奥（Mayo）的行为科学管理思想，甚至是现代管理中著名的麦肯锡 7—S 体系，都无不体现着管理创新与技术创新的协同与互动关系。

2.3　神东公司建设现代化煤炭企业中的管理创新

神东公司的管理创新，主要体现在以下几个方面：

（1）在战略层面上，基于煤炭市场的迅猛发展，市场竞争的紧迫性，提出了“以快制胜，以变应变”的战略思想，通过应用快速建井技术，用 7 年时间扩建和新建了 8 个特大型现代化矿井，并通过挖潜改造，使 3 个矿井年产能力达到 2000 万 t 左右，3 个矿井年生产能力达到 1000 万 t 以上（在传统的矿井建设模式下，1 个千万吨规模的矿区，建设周期需要 20 年），生产规模快速扩张，市场占有率迅速提高。以速度改变了竞争格局，赢得了发展先机，实现了跨越式发展。

（2）在投资理念上，注重以系统思想来追求整体效益的最大化，勇于否定传统的煤矿建设方式，摒弃了传统思维中的“小农意识”，比如，在煤矿建设中盘区系统与设备关系的处理上，传统煤矿建设，采用多盘区的布置方式，系统复杂，资金大部分花在了系统工程和系统设备上。而我们实行无盘区布置，使系统达到最简化，把系统工程和系统设备费用节约下来用在工作面设备上，这样，显著提高了开采效率，提高了资金的使用效益；而采用连续采煤机掘进，形成了快速建井技术，缩短了建井周期，不仅使矿井投产快，且节约了占总投资 1/3 的建设期贷款利息。与传统相比，是把钱花在了刀刃上，实现了系统简化、装备提高、手段先进、成本降低、安全保障、人员减少。这就是我们所说的，不同的人把同样的钱能花出不同的效果。

（3）在管理方针上，积极借鉴可持续发展的思想与循环经济的理论，遵循“以人为本”的理念，讲求系统思考、科学发展，提出在保障矿区经济—生态—社会和谐发展的前提下，科学决策，追求管理效率和经济效益；以人为本，建立安全长效机制；协调发展，构建和谐绿色矿区；持续改进，提升综合管理水平；不断创新，实现卓越企业目标的全新的管理方针，系统、科学地引导了企业管理的具体实践。

（4）在管理体系的创新上，依据 GB/T 9000—2000 质量管理体系、GB/T 9001—2000 质量管理体系、GB/T 24001—2004 环境管理体系、GB/T 28001—2001 职业安全健康管理体系审核规范、NOSA 五星管理系统（CMB153、CMB259）、煤矿安全质量标准化标准及考核评级办法（煤炭安监字（2004）24 号），并结合 GB/T 9004—2000 质量管理体系对管理系统进行了系统的变革，独创性地建立了适合神东公司管理实际的综合管理体系——“安健环质综合管理体系”。这套科学、系统且与国际接轨的包涵神东企业管理理念的管理体系覆盖了煤炭产品的设计、开发、原煤生产、洗选加工、商品煤炭交付及其配套项目在实现过程中的安全、健康、环境和质量管理，对于全面提升安全、健康、环保、质量综合管理水平和绩效，增强企业的可持续竞争能力、实现规范化管理起到了重要作用。

（5）在管理体制上，为满足资源整合后的规模化生产对高产高效矿井建设的客观要求（管理科学原理表明，只有队伍的专业化才能保证规模化生产的效率，而规模化生产则是队伍的专业化的前提），神东公司建立了内部专业化协作的管理机制，以“积木式”的管理方式，充分活化设备、人力资源等生产要素的潜能，突破了传统煤炭企业的生产组织形式，极大地提高了设备利用和人员效率。

（6）在管理手段上，勇于根据客观条件和技术进步，理性突破原有的行业规范规程，以“无人则安”的理念，通过系统优化与创新采煤方法，运用信息化手段，在世界煤炭行业首次将信息技术延伸到井下，实现了井上下固定岗位无人值守，最大限度地减少了生产人员，用人仅为国有重点煤炭企业的5%，在一定程度上解决了煤炭生产安全问题；同时，利用网络技术，创建了信息资源即时共享平台，建立了具有国际领先水平的特大型矿井群综合自动化系统，提高了决策与执行的速度，降低了沟通成本，实现了设备资产全寿命管理，提升了矿井的技术含量。

（7）在企业文化建设上，提出神东文化必须是价值理念和实践行为的高度统一，其核心是发展，精髓是创新，目标是和谐。倡导“诚信”、“创新”、“敬业”、“奉献”的理念，坚持“以人为本”，高度重视人力资本与智力资本的积累，建立了学习型区队与学习型班组，提高了职工的知识与技能，提升人的思想境界，培养了责任心。让员工主动工作，远比让员工以完成任务的心态去做事效果好，这就是执行“以人为本”理念的原因。人的主观能动性的充分发挥，对于生产效率的提高具有深远的影响，所以，神东公司把培养职工的责任心和成就感也摆在重要的地位，建立了自导式管理的氛围，通过“神东煤、神东矿、神东人”三个形象的建设，使企业凝聚力和核心竞争力得到了加强。

当然，神东公司管理创新还表现在对品牌创立的认识上，传统的煤炭企业固有的意识是煤炭自然生成，品质先天决定。所以，缺乏煤炭产品的品牌意识。而国际国内竞争形势的发展，使煤炭企业必须以用户需求为导向，品牌的认知度对企业竞争有着重要的意义，所以，煤炭企业也必须注重以品牌来扩大声誉，建立信誉。神东公司敏锐地认识到这一问题，提出煤炭产品的品牌意识，并在各个矿井都建设了规模超千万吨的洗选加工厂，最大规模达2000万t，使得无论井下地质条件如何变化，最终都能为用户提供的是稳定的产品，而一级市场需求变动，也能及时调整洗选加工参数，满足市场的个性化需求，实现对市场的快速反应，维护产品及企业的形象。

2.4 神东公司在建设现代化煤炭企业中的技术创新

技术创新是神东模式的主要内容，也是神东公司迅速崛起的重要因素。1998年前，我国煤炭工业无论是技术装备还是安全管理水平都远远落后于先进采煤国家，传统煤矿井筒断面小、倾角大、通风负压大，不仅生产能力无以充分发挥，反而使事故频发，如何才能在短时间内脱胎换骨地改变行业形象？神东公司认为，在技术创新上，不能沿着别人走过的轨迹走，更不能从技术到技术地研究技术，从问题到问题地研究问题，而是要寻找主观与客观的最佳结合点，广泛集成国内外的优秀成果，系统思考，整体推进，以达到“源于他人，好于他人”的效果。通过综合技术和采煤方法的创新，取得了一系列创新和突破，建立了我国新一代高效型千万吨矿井生产建设技术体系，破解了产能与安全的矛盾。

2.4.1 革新煤矿设计模式，形成千万吨矿井群生产格局

神东公司不囿于现有设计规范规程，以追求主客观最佳结合点为理念，理性地突破了煤炭行业的技术规范，首开千万吨级井工矿井设计先河，创新“斜硐”开拓方式和“多巷道、大断面、低风压”的开拓、通风系统，彻底解决了传统煤矿井筒的瓶颈制约，并从系统上改善了安全条件，将传统煤矿多盘区布置优化为“无盘区布置”，工作面由180m×2000m提升为350m×6000m，减少了巷道开拓量和煤柱损失，开创了全新的矿井布局设计理念。单个综采工作面采煤量达到800万t以上，实现了矿井大型化和系统最简化，建成千万吨级矿井9座。

2.4.2 坚持集成创新，突破千万吨矿井建设技术难题

研究了浅埋深、薄基岩、厚风积沙开采条件下的矿压显现规律和岩层破断机理，形成以液压支架为核心的千万吨综采面配套技术方案。

在国内首家实现辅助运输无轨胶轮化，废除了环节多、用人多、事故多、效率低的传统有轨运输，解决了制约辅助运输瓶颈的技术难题，解放了矿井生产能力，减轻了工人劳动强度，改善了安全环境；同时，无轨胶轮化技术的应用，实现了无岩巷布置，推进了井田、盘区的大型化，是矿井设计和生产经营的一项革命性技术。

为有效预防浅埋深一级发火煤层发火趋势，改进并形成了独特的煤矿全系统低风压均压防火通风技术设计思想，研发出防灭火新材料、新工艺，遏制了发火趋势。

首创“辅巷多通道”综采工作面搬家新工艺，使工作面搬家时间缩短到5~7天。而传统搬家方式，回撤搬迁一个综采工作面装备约需35天左右。成功完成187个工作面的安装与回撤。

研发了连续采煤机短壁无煤柱采煤方法，成功解决了占井田约三分之一的边角块段煤综合机械化高效安全开采的问题。

研究创立了以“斜硐开拓、无盘区布置、连续采煤机多巷掘进、无轨胶轮车辅助运输、地面储装运洗选加工系统简化”为核心的快速建井新技术。矿区特大型千万吨级矿井建井工期由原来的7~10年，缩短到1年之内。而传统300~500万t矿井建设周期则为5~8年。

2.4.3　以信息化带动产业技术升级，提升矿井现代化水平

应用网络信息技术，在全公司建成具有国际先进水平的综合自动化系统，矿井除井下移动设备以外，采、掘、机、运、通全面实现了远程控制、监测、维护和故障诊断，所有生产过程及设备控制均可在地面调度室完成，减少了人员，提高了效率，保障了安全；EAM（企业资产管理）系统的应用，则实现了公司17000多台（套）、80多亿元设备资产的全寿命管理，降低了库存。以信息化技术带动了煤炭产业技术的升级，提升了矿井科技含量。

2.4.4　运用系统思想，加强技术创新，建设软硬件互动的本质安全型矿井

神东公司秉承“无人则安”的安全理念，把建设本质安全型矿井、实现零死亡作为安全工作目标。在软件建设上，注重创新，长期坚持“环境、素质、责任”三位一体的安全生产体系建设，加强了包括制度、流程、素质、责任、文化等方面的建设，总结、固化、形成了符合神东实际的“神东矿区安全生产技术若干规定”，指导了矿区的安全生产。在硬件建设上，通过采用新的开拓方式和采区布置方式、设备装备的优化升级、采煤方法的改进、网络信息化技术的应用等一系列创新，构建了可靠的安全硬件平台。如神东矿区属于Ⅰ级自然发火矿区，但从未发生过自然发火现象，其原因就是由于采用了“大断面、多通道、低负压、大风量”的开拓通风系统，简化了盘区系统，从根本上抑制了自然发火的条件。通过软硬件有机结合、良性互动、互为提升，建立了本质安全型矿井，改变了煤炭企业的形象。

2.4.5　改进开采方式，发展循环经济，建设绿色矿区

传统的煤炭企业管理粗放，技术落后，回采率仅为30%左右，而且在环境污染中采用末端治理的模式，矿区井下采出的矸石堆砌成山，水资源与空气污染严重，而治理污染的巨大投资也给矿区经济发展带来了很大的负荷。所以，非常不利于煤炭产业与矿区经济—生态—社会的可持续发展。神东公司依据技术创新生态化理论，提出了技术创新的主体、创新的对象和环境应当是一个相互依赖，不断发展的统一体的思想，在技术创新过程中，除了经济效益外，还必须将生态效益、社会效益以及人的发展同时纳入技术创新的目标体系中，用生态化的技术替代传统的技术。

在提高资源回采率方面，神东公司创新了短壁无煤柱开采技术，采用长短壁结合的方式及加长工作面技术，既对长壁工作面实现了高效回采，减少了大面积井田回采中的煤柱损失，又使边角块段煤得到有效回采，矿井回采率达到75%，比传统矿井提高30%以上，为保障国家能源安全及煤炭产业的可持续发展做出了贡献。

在环境保护和生态建设方面，神东公司注重清洁生产技术的创新，研发无岩巷布置和井下水采空区过滤净化复用技术，实现地面无矸石山，井下水综合利用，解决了在半干旱地区进行大规模煤炭生产的用水问题。提出主动型生态治理理念，以大范围生态治理遏制小范围采矿活动的影响，完成146km^{2}的生态治理面积，矿区林草覆盖率由开发初期的3%提高到59.4%以上。以上这类，不仅从源头上杜绝了对矿区生态环境的污染与破坏，而且使矿区荒漠化的原生态环境得到逆转，把沙漠建成了绿洲，实现了公司“产环保煤炭，建绿色矿区”的目标，以国有大型企业强烈的使命感和责任感，负责任地承担了矿区生态治理和环境保护的社会责任。

3　神东模式的主要成就

（1）创造出举世瞩目的经济效益，以一流的生产技术指标为中国煤炭行业和民族工业在世界上争得了一席之地。神东公司的主要经济技术指标达到全国第一、世界领先水平。如全员工效由9.65t/工增长到119.6t/工，增幅超过12倍，是美国平均水平41.73t/工的2.8倍；大柳塔矿年产2110万t是美国最高纪录的1.75倍；3个综采队年产量达到1000万t以上超过美国和澳大利亚最高纪录648万t和602万t；上湾矿综采工作面于2005年10月9日生产50944t，刷新美国20英里矿保持的46317t日产世界纪录；连采（1个连采队）最高年产224万t是美国的1.9倍；创造了井工矿连续生产煤炭1.45亿t无死亡的安全生产世界最好水平等等。以一流的生产技术指标为中国煤炭行业和民族工业在世界上争得了一席之地。

（2）实现了煤炭开采由劳动密集型向技术密集型的转变。神东公司通过对新技术的不断应用和创新，实现了产业技术升级，使煤炭生产发展走上了依靠技术进步的轨道。特别是将信息化延伸到井下各环节，成为采矿业的一次革命性技术变革，走到了世界煤炭行业信息化的前沿。

（3）推动了由高危行业向本质安全型企业的转变。神东公司通过软硬件互动建设，努力构建安全生产长效机制，使高产高效与安全生产取得了有机统一，从观念和实践两个方面为煤矿构建本质安全提供了经验。

（4）在“规模、模式、装备”三个方面带动了国内煤炭工业的发展。神东矿区现代化矿井建设的成功实践，在为国家贡献了一个亿吨矿区的同时，在“规模、模式、装备”三个方面为国内煤炭行业的发展发挥了积极的带动作用。

（5）开创了煤炭工业清洁环保发展的新道路。神东公司利用新理念、新技术、新机制，应用清洁生产技术，摈弃了传统的末端治理方式，采取主动性的生态治理方式，不但减少了煤炭生产造成的生态环境破坏，而且使原有生态环境得以改善，使矿区的可持续发展得到了保证。

4 神东模式对建设现代化煤炭企业的借鉴及意义

神东公司以理念创新为灵魂，以管理创新和技术创新作为企业发展的原动力，建设技术领先、管理科学、效益显著、环境好的现代化新型能源企业的经验，对于我国建设现代化煤炭企业及提升煤炭工业水平具有一定的借鉴价值。神东的模式的借鉴意义集中体现于四点，即生产规模化、技术和装备现代化、队伍专业化及管理手段信息化。

（1）要实现煤炭生产规模化。由于历史原因造成的低门槛导致了煤炭资源开采的低效率及市场的过度竞争，既不利于煤炭工业的可持续发展也不利于提高煤炭企业的国际竞争力，而生产规模化使得市场竞争主体减少，有助于实现有序竞争，有助于充分发挥大型煤炭企业的管理、技术、装备、融资等优势，提高开采的效率，提高煤炭企业的市场竞争力，也有助于煤炭企业集中力量加强管理创新与技术创新。神东公司的经验证明，生产规模化是煤炭企业良性发展的基本要求，是建设现代化煤炭企业的先决条件。

（2）要通过技术创新、技术集成和引进方式，大力提高生产技术与装备水平，实现煤炭生产技术和装备现代化。神东公司的实践证明，采用先进的技术和装备改造传统煤炭产业，推广应用国际高效的采掘技术，使用生产能力大、自动化程度高、安全可靠性高的采掘装备，是促进煤矿高效集约化生产，大幅提高生产效率，有效改善安全生产，提高资源回收率的根本途径。

（3）要讲求队伍专业化。神东的经验证明，队伍专业化是实现高效高产的重要手段。过去我国煤炭企业主要是“线条管理”，与真正意义上的专业化管理有本质区别，不利于提高煤炭企业的生产效率，而以生产规模化为基础的队伍专业化有利于实现精干高效，有利于推进精细化管理，提高大型煤炭企业建设的效能，而且专业化队伍具有裂变功能和积木式的组合功能，有利于企业集中某个领域的优势资源，在相对的专业内做细做专做强，持续改进，实现企业内部快速发展裂变，使企业的核心能力得到巩固和持续加强。

（4）要注重管理手段的信息化。神东公司的经验证明，没有信息化系统的实施方案，就不可能通过信息化的集成功能支撑企业的管理创新、体制创新与技术创新，企业管理水平就不会得到有效提升。而坚持以信息化带动工业化，依靠自动化技术改造传统产业的方针，则能够提高生产效率，保障安全生产，达到了“无人则安”的理想境界。这对于改变煤炭企业的形象，解放煤炭工业生产力，使传统煤炭行业由劳动密集型向技术密集型转化具有极为重要的意义。

参考文献

[1]［美］约瑟夫·熊彼特 著. 何畏，易家详等 译校. 经济发展理论［M］. 北京：商务印书馆 2000. 3.

[2]［美］斯蒂芬·P·罗宾斯，玛丽·库尔特著. 孙健敏，黄卫伟等译. 管理学［M］，北京：中国人民大学出版社，2003. 5.

[3]［美］哈罗德·孔茨，海因茨·韦里克著. 张晓君，陶新权等校译. 管理学［M］. 北京：经济科学出版社 1998. 7.

[4] R. M. Kanter. From space changes to real change: the social sector as Bette site for Business Innovation. Harvard business Revie. May-June 1999. pp. 122－132.

广州市城市规划建设的管理创新与实践

陈如桂[1] 戴理富[2]
(1 广州市人民政府；2 广州市建设委员会综合调研处)

1 引言

城市建设工程管理的核心是通过创新管理，建立更加高效的工程管理模式和更加有效的建设资源整合机制，对项目建设的全过程实施科学管理，创造最佳的经济效益和社会效益。过去的十多年和今后几年，是广州历史上城市建设规模最大、发展最快的时期，每年基本建设投资达到七、八百亿元。为加快现代化大都市建设，增强区域中心城市的功能；为实现城市环境面貌“一年一小变、三年一中变、2010 年一大变”；为举办第九届全国运动会和 2010 年第十六届亚运会，广州市编制了城市建设战略规划，并修编城市总体规划，先后展开新白云国际机场、南沙新港和新铁路客运站等一批大型对外交通枢纽工程，广州大学城、广州国际会展中心、白云国际会议中心、新电视塔、“双塔大厦”、广州歌剧院等一批大型公共工程，地铁、内环路、环城高速公路、华南快速干线、新机场高速公路等大批重交通工程，珠江和河涌环境综合治理、生活污水处理、生活垃圾填埋、垃圾焚烧发电等一批重要环境工程的建设，其中有些项目已建成投入使用。1998～2005 年 8 年间市本级城建固定资产投资达到 1407.5 亿元，相当于 1949～1997 年 48 年城建总投入 342.9 亿元的 4 倍多。我们牢固树立“管理就是生产力”的观念，抓住管理创新的关键环节，积极创新管理理念，创新管理模式，创新建设科技，创新管理手段，围绕“控制工期、控制质量、控制投资，促进城市可持续发展”的建设目标和提高“社会效益、经济效益”的运营管理目标，充分发挥政府的主导作用，组织和引导科研机构、企业单位对工程管理进行了一系列积极的探索。

2 坚持规划先行，统筹发展，提高城市建设管理综合效能

城市规划是城市建设的灵魂和龙头，提高城市建设管理综合效益的关键是规划先行，统筹发展。广州是珠江三角洲乃至华南地区的区域中心城市，总面积 7434.4km^2，其中市区面积 3718.8km^2，2006 年末建成区面积 780km^2，常住人口 975 万人。近十多年来，我们按照建设现代化区域中心城市的发展目标，以两次行政区划调整为契机，在国内率先编制城市发展概念规划，制定《广州市总体发展战略规划纲要》，修编《城市总体规划》，构建多中心、组团式、网络型的城市空间结构布局，明确“山、水、城、田、海”的生态城市架构和两条城市功能拓展轴、三条沿江城市发展带、两个转移带、三大港、四大物流中心的发展布局，坚持按照这些基本原则统筹安排，有计划地分步实施城市建设，从整体上提高了城市建设的经济效益和社会效益。

2.1 统筹新城区建设和旧城区改造

我们确立“拉开建设，突出重点，新区先行，以新城区建设带动旧城区改造，重点向东、向南发展”的城市建设发展指导思想和“南拓、北优、东进、西联、中调”的发展战略，将新城区的开发建设与旧城区的优化改造结合起来实施，通过加快新城区建设带动旧城区的优化改造。加快东部和南部地区的建设，东部产业区的基础设施日趋完善，番禺和南沙地区的基础设施体系已基本形成，为旧城区产业和人口的疏解创造了重要条件。积极调整产业结构布局，在旧城区实施“退二进三”战略，逐步将内环路以内的大型工厂企业搬到新城区，旧城区重点发展第三产业，目前这个调整已基本完成。积极将汇聚人流的大型交通枢纽和公共设施搬迁出中心城区，目前机场、中国进出口商品交易中心、体育中心等已搬出中心城区，位于旧城区东山的火车站已拆除，珠三角最大的新火车客运站已在番禺地区全面展开建设。我们积极实施“中调”战略，稳步推进旧城区的成片改造和危破房改造，改善交通，优化环境。通过统筹新旧城区的建设，促进了新旧城区的协调发展。

2.2 统筹布局建设中心镇

我们按照城乡协调发展的要求，将中心镇和广大农村地区的建设作为现代化大都市建设的重要组成部分，统筹城乡建设发展。以中心镇建设为重点，全力推进农村地区的工业化、城镇化和产业化，从根本上

解决“三农”问题，构建和谐的城乡发展格局。依据城市总体规划的“组团式”发展布局，按照“卫星城”的标准，分层次、有重点地推进17个中心镇的建设，做到统一控制、统一规划、统一建设，节约土地资源，合理配套建设公共设施。规划将重点中心镇镇区发展到20km^2、人口20万人左右。抓住中心城区功能重组，产业布局调整，基础设施建设加快的良好机遇，加快完善中心镇的基础设施。同时，将地铁、高快速道路、供水、排水、燃气和公交等城市基础设施的服务功能向中心镇延伸。目前我们已基本完成17个中心镇的总体规划和土地利用规划，“十五”期间从各种渠道投入中心镇基础设施建设的资金达到15亿多元，由市政府统筹的建设项目共185个，加上引入社会资金建设的项目，共达320多个。我们正在逐步将中心镇建设成为基础设施完善、产业特色和聚集功能突出，各具特色、综合竞争力比较强的现代化“卫星城”，使之成为环境优美、生态优良、适宜创业发展和居住生活的现代化新城区，成为城市拓展和城市文明向广大农村地区辐射的重要载体和依托。

2.3 协调实施生态环境建设

我们将生态环境建设作为城市建设的重要任务，统一规划，协调推进，城市环境改善与“城中村”改造相结合，与成片危房改造相结合，与生态恢复和景观创建相结合，与历史文化挖掘保护利用相结合，与改善人居环境相结合，与完善公共基础设施配套相结合。以治理水环境污染和绿化城市为重点，坚持不懈地实施“青山绿地”和“蓝天碧水”工程，综合治理城市环境。

我们在水环境设施建设和水环境治理中，统一编制水系建设规划和工作计划，成立由市长担任总指挥的水建设指挥部及办公室，将“截污、建堤、清淤、补水、景观、文化、市政配套”等功能要素结合起来规划设计，坚持做到珠江及河涌整治与城市环境改善、“城中村”改造、市政综合配套、堤岸桥梁整饰、人文景观创建“五结合”，高效地实现了“保护水资源，确保水安全，建设水文明，恢复水生态，挖掘水文化，创建水景观，建设水清流畅、岸绿景美、富有岭南特色的生态城市”的建设目标。2006年，我市中心城区生活污水处理率达到81.9%，水环境功能区水质达标率达到100%，集中式饮用水源地水质达标率达到97.81%，并成功地组织了大型横渡珠江活动。

我们在实施“青山绿地”工程、建设生态绿地中，按照生态绿地建设规划，统筹实施绿地系统建设，完善生态绿地体系。结合生态林地建设建成一批森林公园；结合道路建设建成一批绿化走廊；结合珠江河涌整治建成一批绿化景观带；结合新城区建设建成一批城市公园和城市广场；结合村镇建设建成一批村镇公园和生态公园；结合旧社区和闲置地块整治建成大批公共绿地；结合采石、采泥场整治复绿，建成大批生态绿地。2006年底，全市建成区绿化覆盖率达到37.58%，人均公共绿地面积达到12.30m^2。逐步形成了外围生态圈、交通绿化走廊、城市绿化景观和中心城区绿地系统，广州正在向着“城在林中、林在城中”的生态城市理想目标大步迈进。

2.4 协调实施城市交通建设

城市交通是城市的脉搏，交通建设是一项系统工程。我们对广州的交通发展作出全面规划，构建起由对外交通枢纽、城市轨道交通、环形放射状高等级路网和市区道路系统组成的城市交通路网系统，形成由3个大型对外交通枢纽、14条地铁线路、23条高速公路、51条快速路、42个城市出入口、186座立交桥和大批城市主干道、次干道组成的层次分明、功能明确、交通便捷的城市道路网络体系。我们坚持整体规划，系统地实施城市交通建设，持续对城市交通建设高强度投入。我们将外部交通与内部交通建设结合起来，对外，全力推进大型交通枢纽建设，积极实施城际轨道交通和高快速路网建设，并逐步理顺过境交通通道；对内，完善城市交通主骨架，打通交通节点，改善微循环系统，配套完善各种交通管理设施。我们将各种交通出行方式结合起来考虑，统筹城市轨道交通、城市公共交通、私人交通和长途公路交通的建设，实现各种交通方式的高效衔接。我们将城市动态交通与静态交通结合起来，在抓好路网规划建设的同时，全面规划建设各种停车场，完善静态交通设施。我们将分属不同业主单位的相关建设项目结合起来规划建设。例如在广清高速公路互通式立交桥项目建设过程中，协调市公路局、市高速公路公司、中心区交通项目办等业主单位，对相关工程项目统一规划设计，统一建设施工，成倍地提高了项目建设效益。经过这些年的努力，广州逐步形成了以机场、港口、铁路车站等大型对外交通枢纽为龙头，以快速轨道交通和快速道路交通体系为骨干的高效便捷的大都市综合交通系统，比较好地解决了城市交通普遍存在的“塞车”通病，提高了城市发展的承载力。目前，广州正在全力构建空港、海港、陆港和信息港等大型对外交通枢纽，完善对外交通网络系统；全力推进城市轨道交通、市域高等级路网、城区道路主骨架和公共交通一体化建设；

全力推进城际轨道交通和城际高速路网的建设。

3　坚持创新项目管理机制和管理模式，提高城市建设质量和管理效率

提高城市建设质量和管理效率的关键是创新管理机制和管理模式。近几年来，我市对工程管理机构和管理制度、管理机制进行一系列重要改革，在政府层面建立起完善的工程建设服务机构和工程管理机制，从根本上提高了工程管理的效能，促进了城市建设管理。我们从项目建设的实际出发，根据工程项目的不同特点，灵活地采用了不同的管理模式，有效地实现了“工期控制、质量控制、投资控制”，提高了运营管理效益。

3.1　积极创新工程管理机构

我们积极改革和调整完善工程管理机构。在优化发改、建设、规划、国土等政府主管部门的管理职能，对工程项目立项、投资、规划、用地和质量安全等实行有效监管的基础上，逐步建立健全了工程管理机构。先后设立“城市规划委员会”，由市长担任主任，统一审定城市规划。成立“城市建设资金管理办公室”和“市建设投资发展公司”，作为城市建设项目的投资主体，为城市基础设施建设建立起融资平台。建立“城市建设投资监管中心”，强化城建资金的审核和资金拨付服务，提高城建资金使用效益和工程建设效率。成立“中心区交通项目”建设领导小组及办公室，作为业主单位，负责中心城区的交通基础设施建设和管理，组织建设内环路及有关配套工程。成立“道路扩建工程办公室”，负责组织协调市政道路的征地拆迁，保障建设项目用地。将“建设工程招标办公室”与“建设工程交易中心”分设，同时加强工程招投标监管和建设工程交易服务。按照属地管理原则，将广东省和广州市两个建设工程交易中心合并成为广州建设工程交易中心，建立起广州地区统一的工程交易平台，对工程项目的设计、施工、监理实行规范化的市场交易。将广州地区建设工程质量安全监督站，分设为“建设工程质量监督站”和“建设工程安全监督站”，同时强化建设工程的质量和安全监管。我市还先后建立“珠江新城建设指挥部”及办公室、“金沙洲开发建设领导小组”及办公室、“水系建设工作领导小组”及办公室、“交通综合整治领导小组”及办公室、“珠江两岸景观建设指挥部”及办公室等一系列工程管理组织协调机构。通过全面系统地配套完善各种管理机构，优化和加强了对工程项目的管理。我们成立“建设科学技术委员会”及办公室，汇聚一流的建设专家权威，为项目建设提供高层次的综合咨询平台。依托广州地区的工程专家，组织开展建设科研和技术攻关，编制地方性工程技术标准和规范规程，对重点工程技术方案和大中型工程项目设计方案进行技术审查，优化设计方案，消除质量安全隐患，节省了大量工程投资。广州市每年通过优化设计方案节省的项目建设资金均达30多亿元。

3.2　积极创新工程管理机制

我们积极改革工程管理制度。建立建设用地统一审批制度，定期审批项目建设用地，确保项目建设的用地需求。建立城市规划审查制度，对城市建设规划统一审查批准，确保项目建设的顺利实施。建立工程建设协调制度，统筹考虑项目建设的各种功能要素，统一规划，同步实施，优化各种资源配置。建立健全项目建设施工管理制度，对项目建设的质量、安全和文明施工行为实施有效监管，确保工程建设的质量和安全。建立全市统一的工程项目管理信息平台，整合和合理开发利用各种信息资源，运用现代化手段，对项目建设行为和质量安全实行统一高效监管和服务。建立健全项目前期管理机制，通过科学论证，确立项目建设目标和行动纲领；通过公开招标选择最优参建单位；通过方案审查严把设计变更和工程质量关。建立健全项目成本控制机制，运用“成本倒推”的思维，寻找降低项目投资和建设成本的空间，从经营效益的角度审视工程造价，控制项目投资；运用战略成本思维，从企业生命周期和整体经营效益综合衡量成本控制。积极改革工程项目管理审批方式，建立健全高效审批机制，各个主管部门对重点工程项目开辟行政审批“绿色通道”，在建设用地、项目规划、施工许可等环节，实行快速审批。

工程管理体制和机制的建立和完善，是一个动态的过程，我们将适应城市建设发展面临的新情况，根据工程管理的需要，不断调整健全各种管理机构，优化各种管理机制，完善各项管理规章和技术规范。目前，我们正在研究改革政府主管部门对工程项目管理的机制，改革征地拆迁、造价管理等管理机构，建立规范的工程检测机构，为工程管理提供更加完善的服务。

3.3　积极创新工程管理模式

近几年来，我们从广州的实际出发，主要采用以下几种模式，对工程项目实施高效管理。

3.3.1 政府“指挥部”管理模式

这是一种由政府主导的集约化项目建设管理模式，由政府或主管部门领导担任工程项目的总指挥，从有关部门抽调管理人员成立办公室，组织实施项目建设。我们在大学城建设、新白云国际机场、广州国际会展中心、白云国际会议中心、金沙洲居住新城、从化新温泉等大型公共设施工程项目建设中采用这种模式，有力地确保了工程项目按照规划设计要求按时建成，为又好又快地实施大型工程项目建设探索了路子。这种管理模式，政府处于主导地位，能够有效地对各种资源进行科学整合，最大限度地优化各种资源配置，实现各种资源的高度共享和合理利用；能够做到比较好地贯彻高效、节能、环保等先进技术理念，实现城市建设可持续发展和项目效益最大化；能够有效地避免低水平建设和重复投入，降低建设风险，节约建设资金。这种管理模式的主要特点是：大系统、小业主，社会化、专业化。由政府指挥部依据项目建设需要，组织若干个业主单位，按照专业分工实行社会化运作。指挥部精干，统筹组织项目的实施，通过整合和利用社会资源，提高项目管理效率，体现公共利益；业主机构精简，管理层次少，决策水平和执行效率高。在目前的国情下，这种管理模式为高效地组织大型公共工程项目建设提供了一种可供借鉴的范例。

3.3.2 “政府组织，企业运作”管理模式

我们借鉴国内外大型项目建设管理的经验，在广州新电视塔工程、珠江新城超高层“双塔”工程、珠江新城核心区地下空间建设等中大型项目中试行“政府组织建设，企业筹资运作”的模式。这种管理模式比较好地将政府的管理职能和企业的市场功能有机地结合在一起，由政府派出专门机构来组织协调项目建设，能够有效地调动政府各有关部门的资源和监管力量，实现项目建设目标；由企业进行市场化运作，能够充分发挥企业的主观能动作用和市场竞争优势，合理利用社会资源，降低建设及管理成本。广州新电视塔工程的建设，由广州市建委和广州电视台组成建设指挥部及办公室，负责协调项目建设的组织和协调；广州市建设投资发展有限公司与广州电视台组建“广州新电视塔有限公司”作为项目建设单位和法人，负责项目融资和实施建设。建设单位对工程项目实施全面管理，通过选择专业机构提供项目管理服务，通过公开招标确定承包商，依靠专业机构和社会专家，对设计和施工方案以及重大技术问题把关。实践证明，这是一种可行的、高效的项目管理模式。

3.3.3 建设、管理、运营“三位一体”的地铁工程管理模式

城市轨道交通建设是近年来我市一项规模宏大的重点市政工程项目，2006 年底，广州地铁运营线网总长度已达到 116km。目前我市正在同时展开 7 条线路的建设，220 多个工点同时施工，50 多台盾构机同时掘进。预计到 2010 年，广州的地铁线路总长度将超过 250km，形成比较完善的城市轨道交通线网。地铁建设、管理和运营是一个衔接十分紧密的有机整体，我们在地铁建设中确立“建设为运营、运营为经营、经营为效益”的理念，通过市发改委和市建委等部门加强对地铁工程建设的协调和指导，在地铁总公司中建立健全“建设、合同、财务”管理三权分立的监督制约机制，对地铁工程实行建设、管理、运营“三位一体”的一体化管理模式。对工程建设管理，立足于自主设计、自行项目管理、自己控制工程投资，建立高效的管理体系。市地铁总公司设立“建设事业总部”，负责地铁工程的建设，从初步设计、征地拆迁、工程招标、设备采购、土建施工、机电安装直至工程验收的“一条龙”全过程归口管理。由建设事业总部超前进行工程总体策划，公开招标选择参建单位，注重优化和控制工程设计，严格防范质量安全风险。这种管理模式充分发挥集中管理的优势，有效地消除了由于工程分割管理造成的职责不清、互相推诿的弊端，提高了政府工程建设效率和工程投资效益，为地铁工程项目建设提供了可供借鉴的成功管理模式。

3.3.4 合同管理模式

合同管理是工程项目管理的灵魂，合同管理模式是工程建设领域普遍采用的一种管理模式。近几年来，我市结合实际，对这种模式加以改革创新，在丫髻沙大桥、黄埔大桥、新光大桥、猎德大桥等重大工程项目中大量采用这种管理模式。通过合同确立业主在合同管理中的地位，建立业主与各个参建单位的分工协作关系，按照市场运作机制实施项目建设。各个参建单位、专业机构、配套项目均以合同为纽带，以合同内容为基础实施项目建设。在建设过程中，各个有关单位依据合同运作，业主运用合同杠杆对各方进行协调，有效地提高了项目建设效率和质量水平。

这些管理模式是与特定的历史条件相适应的，随着经济社会的发展进步，我们将围绕提高管理水平和项目建设质量，不断创新管理模式。目前我市正在借鉴国内外的成功经验，制订完善有关管理法规，积极推行政府投资工程项目代建制，运用市场机制，通过公开招标选择代建单位，加强对工程项目的管理，提

高项目建设的经济效益和社会效益。

4 坚持以重大工程项目为依托创新建设科技，提高城市建设水平

提高城市建设水平的关键是依托重大工程项目创新建设科技。高科技含量的项目建设不仅直接提高项目的经济效益，而且直接决定项目投入使用后的服务水平和全寿命周期成本，尤其是在大型工程项目建设中，技术创新对工程管理目标的实现往往起关键作用。技术创新已成为当今工程管理的核心要素。近几年来，我们依托地铁工程、新国际机场、新电视塔、珠江新城核心区市政交通等重大工程项目建设，大力开展建设科技活动，有力地促进了工程管理水平的提高。我市的工程建设从内部管理到外观形象都提升到了更高的档次。

4.1 积极组织开展建设科研

我们积极组织科研机构、设计单位和建筑企业开展建筑科研攻关，占领建设科技前沿的制高点。按照建设资源节约型和环境友好型社会的要求，致力于增强建设领域自主创新和集成创新能力，逐步从“创造性模仿”过渡到“自主创新”，并完善技术标准体系，推进建筑工程标准化。“十五”期间，我市有113个建设科研重点项目获得基金资助，累计金额1788万元。在城市轨道交通、大型公共建筑、大型路桥建设、生活污水处理等领域，取得一系列重大科研成果。我市城市轨道交通建设科研先后获得9项国家专利，协助国家主管部门制订4项城市轨道交通部颁行业标准。我市先后有38项工程获得“鲁班奖”，55个项目获得“科技进步奖”，其中9个项获得“詹天佑土木工程大奖”，3项工程获得“全国十大建设科技成就奖”。今年2月“广州地铁二号线”工程项目获得“国家科技进步二等奖”，成为我国第一个获得最高科技奖的城市轨道交通工程项目。通过科技创新创造了巨大的经济效益和社会效益。

在广州新电视塔建设中，我们组织80多位专家，开展超高层建筑的结构、消防、防风、防震和环境心理等28项科研试验，取得一系列新的科研成果，为优化新电视塔和珠江新城双塔大厦等超高层建筑项目的功能配置和建筑结构，节省工程投资提供了科学依据。我们将科研实验、方案优化、质量监控和信息化施工管理等结合起来，走出了超高层建设的管理新路。在丫髻沙大桥建设中，我们组织开展抗震、全桥结构仿真分析、转体施工抗风分析等12项科研实验。该项目创造了中国桥梁史多项纪录，荣获“詹天佑土木工程大奖”。

4.2 积极应用建筑新技术、新工艺

我们在地铁车辆、通信系统、机电设备监控、供电系统、通风空调系统、车站设备等方面广泛应用新技术，率先使用架空刚性悬挂接触网、站台屏蔽门系统、车站集中供冷、全非接触式自动售检票系统、直线电机、轨道系统减震、复合地层盾构施工等新技术，全面提高了地铁建设的现代化水平。地铁二号线工程的节能、环保和安全技术是数百个系统、企业和技术集成的经典。工程造价从一号线的每公里6.6亿元下降到4.84亿元。我国著名的轨道交通专家施仲衡院士指出：“广州地铁二号线代表了中国地铁发展的方向”。我们在新白云国际机场工程建设中，运用冲孔灌注桩施工技术、溶洞及淤泥地基处理技术、蓝派冲击压实技术、钢结构整体曲线滑移施工技术等技术，成功地解决了工程建设遇到的各种难题。在新光大桥建设中，应用数控液压同步提升技术，开创了我国大跨度拱桥应用低位拼装、大节段整体浮运、整体提升技术的先河，将我市的桥梁建设技术推向国内领先地位。新光大桥主跨度428m，主拱重2850t，一次提升合拢到位。我们在广州大学城建设中应用地下管道综合走廊、分布式能源站等新技术，建成了国内一流的大学城，探索了集约化、节约型、可持续发展的城市建设新道路。广州大学城荣获2006年“中国人居环境范例奖”。在广州国际会议展览中心建设中，针对建筑结构复杂，桁架跨度和空调面积超大等特点，采用了一系列新技术、新设备、新工艺，在许多重要技术问题上实现了新的突破。在珠江新城核心区市政交通项目建设中，在交通、环境、环保、集约等方面深入开展研究，采取最先进的区域集中供冷系统、最先进的真空垃圾收集系统，最先进的智能交通诱导系统。在猎德污水处理系统建设中，采用大口径顶管技术、先进的污水处理工艺、先进的沉淀池技术、先进的生物除臭技术等，将其建设成为国内一流的污水处理系统。在兴丰垃圾填埋场建设中，我们在岩土工程、土方工程、防渗工程、渗滤液处理工程、环境工程和建筑材料等方面全面采用新技术，建设可靠的场区防渗漏系统、渗滤液处理回用系统、沼气收集利用系统，实行分区建设，建成世界一流的垃圾填埋场。

广州的建设科研和新技术应用，已经有了比较好的基础，我们将坚持走科技兴业之路，加大对建设科

技研究开发的投入，努力掌握和采用最新建设科技，进一步完善工程管理各种标准化体系，通过科技进步带动和促进工程管理水平不断提高。

5 结语

城市规划建设的目标是城市的可持续发展，城市规划建设的主要任务是工程管理，工程管理的核心是创新管理，创新管理要依托重大建设项目，提高项目建设水平的关键是管理创新和科技创新。只有从实际出发，统一规划，协调发展，突出重点，创新管理，才能高效地实施城市建设精品战略，又好又快地规划建设城市。广州市在工程管理领域进行了一些成功的探索。但我们在这个领域还面临许多新的课题，我们将认真学习借鉴国内外的先进经验，努力走在这个学科的前沿，将广州的城市规划建设管理提高到新的水平。

不断创新、追求卓越
——广州地铁工程管理创新与实践

卢光霖
（广州市地下铁道总公司）

1 引言

城市轨道交通建设是一项宏大、复杂的系统工程，具有资本密集、技术密集和人员密集三大特点。在我国十一五规划中明确提出优先发展城市轨道交通，将在全国20多个城市，投资6000多亿元，建设1700多千米线路。我国的城市轨道交通将走的是一条跨越式的发展道路，必须用十来年的时间走完发达国家上百年所走过的路，目前，全国已经开通运营的线路300km以上，有10个城市共15条线路近360km线路在建，申请待批项目19项，建设里程约400km。广州城市轨道交通的远景规划为14条地铁线路共619km。目前，广州城市轨道交通建设已经形成了二八号线延长线、三号线北延段、四号线、五号线、六号线、广佛线等六条线路同时建设的局面，今后每年将平均建成开通35公里地铁线路，到2010年，广州将建设9条线路，累计建设255km地铁线网。如何“好快多省廉”地进行超常规建设是摆在建设者面前必须认真考虑的问题。

2 广州地铁工程管理创新的理念

面对超常规的建设局面和庞大的投资规模，如何有效实施，是摆在工程建设管理单位面前的一个问题。先进的管理模式，是保证在短时间内形成和推进大规模建设局面，保证各条线路工程的质量、安全、进度、投资控制，保证各项工作有条不紊地顺利开展的关键。广州市地下铁道总公司（以下简称为“广州地铁”）作为工程建设管理单位，最大的考验是企业的管理能力。

2.1 树立“建设为运营、运营为经营、经营为效益”理念，坚持“一体化”管理体制

地铁建设是一项系统工程，只有通过对技术资源进行有效整合，对建设项目的每一个环节进行有效协调，才能提高管理效率。根据线网建设和运营的特点以及充分利用资源并使其发挥最大效用的原则，广州地铁首先在企业内部树立“建设为运营、运营为经营、经营为效益”的理念，坚持建设、运营和资源开发等核心业务由总公司统一管理，实行“一体化”的管理模式。一体化管理是以运营业务为核心，对地铁设计、建设项目管理、运营管理、附属资源开发等地铁相关业务实施一体化管理，实现投资效益的最大化。

广州地铁一体化经营包括纵向一体化，即上下游业务设计、建设、运营、附属资源开发的整合运作，有利于公司长远的发展，同时，对于广州轨道交通线网高速发展的近期阶段而言，建设与运营的一体化更是对建设的速度和质量提供了必要的支持，有利于公司近期目标的达成；也包括横向一体化，即总公司建设总部对多条线路的集中建设、运营总部对多条线路的集中管理，体现了资源共享的优势，降低了线网建设和运营成本。

2.2 统筹考虑，保持城市轨道交通线网建设的先进性、系统性和协调性

综观国外城市轨道交通发展的经验，一些城市经历了初期单条线路建设，在形成网络后再进行资源整合而对前期投入造成浪费的过程。从设计到建设乃至到运营和多种经营，都是基于单线的考虑，线路的建设和技术的选择以及经营管理受制于单条线路建设和运营的思维模式，这不仅从资源上造成浪费，而且为后续线路的建设以及与既有线路的衔接带来额外的费用和困难，特别是对于换乘站的建设，机电控制系统、通信信号、自动售检票等系统，为了适应既有系统，为新技术选择带来很大的限制，甚至可能造成浪费。2003年，根据广州城市轨道交通线网建设的特点，广州地铁从城市轨道交通线网的角度开展了名为“保持线网先进性系列专题研究”共十二专题的研究，在具体线路工程可行性研究开展之前，及时开展了线网资源共享规划的系列专题研究，并作为近期线网建设规划的必要组成部分。系列专题研究从线网整体上，对线网的资源共享、信息互通、高效节能等问题进行了全面研究，保证了线网的先进性、系统性和协调性。

具体来讲，包括线网情况下，运载系统技术的选择、交通枢纽站和换乘站的设置，车辆的选型、机电控制系统的选型和组网、通信信号的选型和组网、自动售检票系统的选型和组网以及线网情况下的票务政策，主变电站和集中冷站的设置，维修基地的设置，线网情况下运营模式等，目前这些研究成果都很好地应用在广州地铁后续线路的建设中。

3　广州地铁工程建设的创新实践

3.1　工程建设管理方面

管理就是生产力。管理水平决定着企业的成败，评价管理的两大基本指标就是效果和效率。没有效率，最健康的企业也会逐步走向衰败。没有效果，再高的效率也只是做“无用功”。所以，追求卓越就是要追求效果和效率。

3.1.1　广州地铁工程管理模式

广州地铁工程采取建设集权式管理，大力培育自主设计、自主项目管理能力，建立工程投资控制的铁的制度，任何人不能越雷池半步，从人治向法治过渡。在工程建设管理的架构方面，将原来的总工办、技术处、设备处、工程处、盾构处和拆迁办合并而成建设事业总部，负责地铁工程建设从初步设计、征地拆迁、工程招标、设备采购、土建施工、机电安装、建筑装修直至工程验收的一条龙全过程归口管理。消除因工程分割管理造成的职责不清、互相推委的弊端，提高了工程建设管理的效率。

而工程建设的预结算、合同管理职能则归口于总公司职能部门实施集权式管理，实行合同和财务的派驻制度。建设、合同、财务管理三权分立，加强了对工程投资的制约和监督，同时成立总公司监察审计部对工程建设业务进行监察。

3.1.2　广州地铁工程管理流程体系

为了建立高效的管理体系，广州地铁通过优化管理流程，形成了以“超前策划、择优选商、注重关键、风险防范、狠抓落实”为工程管理的核心流程体系。

（1）超前进行工程总策划，确立统一的行动纲领

每条新线建设之前，首先要进行周密细致的工程总策划，明确工期总目标和各个阶段的工期目标，进行土建合同标段划分，制定监理单位、土建承包商、设备采购的招标计划，明确设计计划、土建工程计划、设备安装工程计划、调试验收计划等。工程总策划是新线建设的指导性文件，作为所有参建单位的行动纲领。

（2）规范招投标，择优选择参建单位

广州地铁近几年每年投资额高达60~100亿之间，每年签订的工程合同约有600~800个之多。为了公开公平公正地选择到满足工程需要的设计、监理、承包商、供货商等单位，广州地铁企业改革以招投标制度的改革和完善作为首要任务，制定了一系列的招标管理规定和制度，规范了管理行为，形成了具有广州地铁特色的招标管理体系。企管总部合同部归口合同管理，负责制定合同管理办法，制定合同范本、合同商务条款，组织会审资格预审办法、评标办法等工作。财务总部归口合同财务管理，负责审查合同财物安排、支付、结算等，负责合同执行的财物监管。建设总部负责项目的实施，负责制定合同技术条款、组织招评标工作、负责合同实施过程中的管理等。即形成了以建设、企管、财务三个总部共同参与、相互支持并相互监督的内部制衡机制。

（3）抓好设计龙头，严格控制设计变更，确保设计质量和实现投资控制

为了有效地组织好设计单位开展工作，确保设计工作的质量，广州地铁成功地应用了以“设计总包总体统一管理”和“引入设计咨询管理”相结合的管理模式。

由于轨道交通线路建设是个复杂的系统工程，涉及专业多，技术上接口复杂，为了确保设计工作的整体性和保证设计质量，广州地铁对每条线路都确定一家设计总包总体单位，统一对设计单位和设计成果进行管理。

广州地铁首次引入了设计咨询单位协助业主进行设计管理。设计咨询单位包括设计总体咨询、工点设计咨询，对各阶段设计进行全过程咨询，并代表政府进行施工图审查。

严格控制设计变更是设计管理工作的重点，是确保从源头上控制工程投资的关键。广州地铁将设计变更按照设计方案变化的规模、投资变化的程度分为四类。不同的设计变更由不同的责任部门分别来审批，

体现了层级的责任和权限，有利于工程规模的合理控制。

（4）完善风险防范体系，确保施工安全

广州地铁从2005年开始持续几年都将是每年上百个工点同时施工的场面。土建深基坑开挖、高架桥梁架设、机电设备安装调试、新工法新工艺的尝试等，加上广州市地质复杂，地铁沿线有多处断裂、溶洞、软弱地层等，城市老城区房屋密集、陈旧，工程中技术难点和施工风险点多，安全管理形势非常严峻。

为了加强安全管理的力度，切实落实安全生产责任制，广州地铁在2005年6月组建了安全监察部，作为广州地铁安全生产、安全保卫和消防工作的归口管理部门，规范安全管理方面的制度，加强检查监督，确保实现安全管理目标。广州地铁的安全生产，是在安全生产委员会的直接领导下，在安全监察部的监督管理和指导下，实行广州地铁建设事业总部、各监理部，各承包商的三级管理体制。实行承包商全面管理负责制，监理负有监督管理的责任。

3.1.3 广州地铁工程成本控制管理思路

（1）从经营效益的角度审视工程造价、严格控制投资、降低建设成本

由于城市规划和以往的项目规划分别是从城市发展的角度和技术实现的角度作为考虑，所以就会忽视企业的经营效益，而这种规划由于没有市场需求研究和消费者行为研究作基础，通常会有较大的裕量。因此，以效益为导向重新审视这些规划，以目标乘客的最终需求为前提，采用一种“成本倒推”的思维，就可以找到降低投资和建设成本的空间。

在预可行性分析阶段，从效益角度对线路走向、站点设置、接驳规划、线路形式、车站规模等要素进行再优化，剔除“过剩资源”。

在工程可行性分析和设计阶段通过对设备水平、技术功能水平、装修标准、运营概念设计、服务设施水平等要素进行再优化，剔除“过剩质量”和“过度服务”。

在工程筹划阶段，通过对施工组织、施工顺序、施工工法、材料供应、工程和设备招投标等环节和要素进行优化，降低“冗余成本”。

广州地铁通过上述策略和措施，在实现预期功能的前提下，使线路的总投资额度得到了有效的较大幅度的削减。另外，广州地铁还严格控制设计变更，采用施工图预算进行招标，严格按预算控制工程投资，从而大幅度降低了工程的合同造价。

（2）运用战略性成本控制的思维权衡利弊、降低综合成本

在一体化经营模式下，广州地铁引入了一种战略性的成本控制思路，从企业生命周期的角度、从整体经营效果综合衡量成本的控制，有所为有所不为。不该花的钱坚决节省，该花的钱毫不吝啬。

广州地铁从运营服务的角度考虑设备的技术升级，提高综合自动化的水平。如一号线车辆牵引采用交流电机、OTN通信传输系统、自动售检票系统等，二号线采用屏蔽门、集中供冷、架空刚性悬挂接触网等，三号线采用时速为120km的快速轨道交通系统、四号线集成采用城市轨道交通直线电机运载系统、移动闭塞信号系统等，这些设备和技术的先进程度达到20世纪90年代国际先进水平，部分设备和技术是国内首次使用。虽然投资有所增加，但通过技术的升级，可有效提升服务水平，从长远的角度降低运营成本。

广州地铁不仅仅注重工程及设备的初期建造和采购成本，而且更从设备的整个生命周期的成本构成进行全面考虑，确保具有在企业经营周期内最低的综合成本。

3.2 在技术创新方面

在当今世界，变化的频率越来越高、周期越来越短，面对变化惟有创新。创新是一种价值观，是一种处世态度和抱负。通过创新改变了价值观，建立了一种文化和认知。广州地铁鼓励一种不断求变、开拓创新的心态，在引导科技进步方面，敢冒必要的风险，敢于向科技要效益。广州地铁牵头实施业主主导、“市场拉动型”的科技创新模式，在新线规划中反对克隆，每修一条地铁就要上一个新台阶。根据地理环境、市场需求、客流规划，对每一条新线设定一个新的更高的技术标准。根据需要大胆采用新技术产品；中国没有的敢用，市场上成熟的要用，致力于使广州地铁的整体技术水平不断上升。

3.2.1 广州地铁通过引进先进技术，进行自主创新，实现跨越式发展

广州地铁每一条新线的开通，都承载着广州地铁构建一流城市地铁的愿望和自主创新、追求“广州设计”的抱负。承蒙各级领导关爱和全国专家的支持，广州有幸成为中国城市轨道交通新技术、新工艺应用的试验田。广州地铁始终坚持“机遇是创新的源泉，需要是创新之母”的理念，广州地铁的大多数创新都

很平凡，这些创新只不过是利用了变化而已，而变化提供了创造新事物的机会。从“创造性模仿”到“自主创新”的学习过程，使广州地铁海纳百川并收获了丰硕的果实。

3.2.2 广州地铁通过技术创新促进工程质量的提升

广州地铁以技术创新为动力，在各个领域大胆创新，提升轨道交通建设的质量水平。积极探索对新材料、新工艺、新技术的推广应用，如屏蔽门系统、钢弹簧浮置板、DC1500V第三轨接触轨、感应板安装、高架桥节段梁施工等。并及时制定了一系列质量验收标准，指导工程的施工和验收，创新成果层出不穷。

在盾构施工领域，在总结一号线、二号线复合地层盾构施工经验和教训的基础上，通过业主培养监理和施工单位的方法，从三号线广泛培育盾构施工单位市场，为盾构施工技术在地铁的广泛采用奠定了基础。从二号线6台盾构机施工，到三号线、四号线、五号线、六号线、二八号线延长线等线路，广州地铁形成了50多台盾构机同时掘进的壮观场面。

3.2.3 广州地铁多年技术创新的几点体会

(1) 技术创新是实现城市轨道交通跨越式发展的关键

我国城市轨道交通正处于跨越式的发展阶段，我国必须用十多年的时间走完发达国家用了几十年甚至上百年所走过的路，在短时期内迅速跨越与发达国家在政策、体制、规范、标准、技术和管理等方面的差距，迎头赶上甚至超越发达国家的水平。

(2) 必须正确看待技术的风险

任何创新都是有风险的，技术方面的创新也不例外。中国城市轨道交通行业过去有一句行话，那就是“中国的轨道交通要用中国成熟的轨道交通技术”。但是我们必须看到，与西欧、北美等发达国家的城市轨道交通水平相比，中国的差距很大。为缩短差距，我们不能等待，不能“从猿到人”，必须冲破狭隘的地域、国别观念，放眼世界、放眼未来，通过外引内联，消化与吸收，尽快利用外国先进的技术来武装自己，提高我国的自主创新能力，加快我们的发展步伐。

(3) 通过技术创新与进步，带动相关产业的发展

技术创新不是单一的考虑企业自身的技术进步，而是致力于建立和丰富城市轨道交通行业的核心技术库，借以推动和促进设备国产化的进程，引领城市轨道交通相关产业链的发展，使地铁的建设获取最大的附加价值，促进国民经济的发展。

(4) 通过技术创新与进步，推动城市轨道交通行业的共同进步

技术创新不是本位地考量地铁公司自身的发展，而是以敢为人先的精神，为我国地铁行业的历史性进步做出不懈的努力和探索。通过对行业规范、标准的不断更新和修正，使不同城市的地铁企业共享创新的成果，共求技术的进步，共谋持续的发展。

(5) 政府是技术创新的主要推动者

根据国家对地铁的产业发展政策，各级政府能够积极运用宏观经济政策，通过支持行业协会、科研机构、制造厂家和地铁企业的合作，引导城市轨道交通行业进行资源有效整合，进而提高我国城市轨道交通行业的竞争力，促进行业的健康发展。

3.2.4 广州地铁技术创新的目标

(1) 降低地铁投资和经营成本

技术永远是为经济服务的，不为经济服务的技术没有丝毫生命力。所以，创新的基本出发点，是要通过技术创新和进步，降低地铁的投资和运营成本。

(2) 改善城市人文环境

随着社会的发展和进步，人们对人文环境的需求也在不断地提升。通过技术创新和进步，不断改善和优化地铁的人文环境，体现现代化交通对城市社会经济进步的影响和作用。

(3) 提升地铁服务水平

建设城市轨道交通的根本目的是为人服务，为人们的出行提供安全、快捷、准时、舒适的公共交通服务。因此，要通过技术创新和进步，突破传统服务手段的局限，从根本上提升地铁的服务水平，确保地铁安全可靠运营。

(4) 推动行业国产化进程

国产化不仅能降低设备的初期投资，更重要的是能够长期地降低设备运行和检修的综合成本，从根本

上缓解地铁行业的资金筹集难度，加快地铁的发展。通过技术创新和进步，有效的推动和促进地铁行业国产化和地铁相关产业的发展。

（5）促进城市可持续发展

地铁对城市发展具有举足轻重的作用，必须与城市一起经受漫长的历史进步的考验。必须以技术的创新和进步，使地铁能够紧扣城市发展的脉搏，紧跟时代进步的足迹，以地铁的可持续发展，促进和推动城市的可持续发展。

3.3　在人才建设方面

人才是企业的百年大计，企业要想永续发展就必须成为培育人才的摇篮。广州地铁作为一个国有企业，尚难一步到位的建立有效吸引人才的市场机制，因此，培育人才并形成合理的人才结构就显得尤为重要。“出类拔萃”是对人才的传统评价。事实上它在描述两种人，一是出类、综合性的人才，二是拔萃、专精性的人才。在实践中，我们决不求全责备，而是根据各类人员的素质特点，实事求是的着重培育这两种人才。一方面通过设计、建设、运营、资源开发的轮岗方式，有目标的培养人才的综合性业务能力和经营管理能力，切实提高企业的管理水平，为企业的可持续发展进行必要的人才储备；另一方面，着重对一些学有所长的人员进行定向式的精深化培养，以求最终建立一批地铁关键领域和核心专业的行业带头人。通过两种人才的结合，实现企业的T型人才结构。

在超常规的轨道交通建设的过程中，为人才提供事业发展的平台，以“事业感、成就感、使命感”来凝聚人心。通过在实践中锻炼人、培养人，培养一大批既懂技术、又懂管理的人才，培育一批地铁建设管理精英和国内外著名专家，造就一支全国最年轻、专业素质最高、经验最丰富、技术创新能力最强、管理效率最高的建设管理队伍。依靠人才的成长和进步，最终成就地铁建设的伟业，即建成建设管理成本最低、质量控制最好、建设速度最快的城市轨道交通线网。

4　广州地铁工程管理创新的成果

创新，是广州地铁一体化经营的精髓。广州地铁通过几年的积极探索，为城市创造环境，为社会创造效益，不断开拓地铁前进发展的道路。在各级领导与社会各界的关心、支持下，广州地铁实现了“好快多省廉”的地铁建设目标。主要成果有：

4.1　高水平地建成了广州地铁二号线、三号线、四号线，其他线路顺利推进

4.1.1　提升我国城市轨道交通建设管理水平

广州地铁通过不断进行创新实践，工程管理水平显著提高。首先体现在工程造价更低，如二号线竣工结算为88.4898亿元，每公里造价从一号线的6.6亿元降为4.84亿元，比概算节省了17.6亿元，三号线、四号线的每公里工程造价也有明显降低。其次体现在建设工期大幅度节省，建设速度更快，如二号线工期3年8个月，三号线首通段工期和四号线大学城专线工期都不到3年。其他线路的建设也按照规划和计划顺利地推进。

4.1.2　推动我国城市轨道交通行业科技进步

广州地铁充当业主主导、集成创新这个关键角色，不断创新，追求卓越，每修成一条地铁就上一个新台阶，推动了我国城市轨道交通行业的科技进步。建成了国产化政策出台以来的第一个国产化项目——广州地铁二号线，国产化率达70.21%，提高了工程总体技术水平，降低了工程造价，为国产化的全面实施积累了宝贵经验。广州地铁二号线工程被誉为“中国地铁工程管理与技术创新的成功典范”，获得了2006年度国家科学技术进步奖二等奖，是我国地铁行业获得国家科技进步奖殊荣的第一个综合性项目。2006年底建成通车的三号线是国内第一条时速为120km的快速轨道交通系统，四号线是世界上第一条中大运量的直线电机运载系统。

4.2　实现了安全生产规范化管理

建立了“广州地铁安全生产责任制”，形成了安全管理工作“全员、全天候、全方位，全过程”齐抓共管的局面。编制了“广州地铁安全生产管理实施细则”，规范和完善了安全管理机制，使安全管理工作逐步完善，迈上了规范化管理的新台阶。

4.3　实现了全员廉政

通过坚持抓思想教育，坚持以制度化、规范化的管理，实现了从源头上预防腐败。从二号线建设至今，

共组织进行了约2000个标的招投标，未发现一例违规事件。

5 结语

广州地铁在大规模轨道交通建设实践中，抓住发展机遇，通过实施一体化经营模式，在制度、管理和技术上进行了创新实践，不断追求卓越，提高工程建设管理水平，建成了国际先进水平的城市轨道交通线路，为我国城市轨道交通建设树立了成功典范。

广州新电视塔工程建设管理实践与思考

梁 硕
（广州新电视塔建设有限公司）

2010年，第16届亚洲运动会将在广州举行，为了提高电视直播和转播水平，广州市政府决定在城市新中轴线上建设广州新电视塔，并以此为契机，将新电视塔及周边地区建设成为一个能够代表广州城市形象的景观区，建成后将成为广州市重要的地标建筑。

新电视塔是目前世界上在建的最高电视塔（见图1），总高度610m，塔体高454m，天线桅杆高156m。总建筑面积11.5万m^2，塔体分为5个功能区间和4个镂空段，包括登塔礼仪大厅、4D电影院、高科技展览厅、历史文化展览馆、观光大厅、高空旋转餐厅、广播电视发射和微波机房、空中花园、塔顶观景广场以及商务、会议室等功能用房。

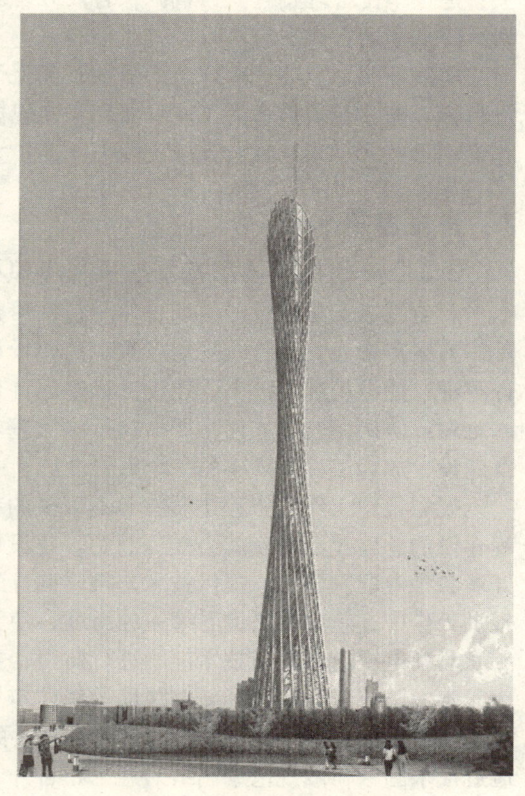

图1 新电视塔效果图

新电视塔具有独特的设计造型，钢立柱、斜撑、环梁组成的钢结构外筒和钢筋混凝土内筒构成其主要建筑结构体系。钢外筒自下而上逆时针旋转135°，顶部和底部椭圆产生偏心，在中部形成细腰，“扭腰”的造型使游客从不同的方向看，都不会发现有重复的形态。但同时，给设计、施工以及项目的建设管理也带来了很多新的难题，例如：（1）在环境因素（地震、风雨、雷电、气温变化等）影响下，如何保证结构在施工和使用时的安全？（2）对于具有“高、扭、悬、重、斜”特点，且万余构件无一相同的全焊接钢结构外筒，如何保证其加工制作质量和超高施工安全，以及如何保证高度454m，高宽比超过25的核心筒的施工质量？（3）对于这个必定在人类建筑史上写下崭新一页的现代化工程，采用一种怎样的建设管理模式，将其如期高质量建成等等。本文对新电塔工程的建设管理实践进行了陈述，并对存在的一些问题进行了探讨。

1 项目管理模式

工程项目的建设条件千差万别，工程建设也以应体现社会经济的规律，即在目前经济发展的前提下如何组成人力、资源、技术等要素的合理配置与最佳组合，并最大限度地降低工程成本和提高综合经济与社会效益，解决项目管理问题。根据广州新电视塔的建设背景和建设定位，选择合理的工程建设管理模式，对高质量、高标准建设新电视塔和有效推进建设进度是重要的基础性工作。

1.1 建立“政府组织建设，企业自筹资金”的建设模式

借鉴国内外大型项目建设管理模式的经验，提出了“政府组织建设，企业自筹资金”的建设模式。在目前代建制尚未健全的情况下，这种建设模式将在一定时期内适应建筑行业的发展。其优点是：（1）政府主导推进工程项目建设，能有效调动政府各有关部门的资源和监管力量，更好地实现新电视塔的建设目标；（2）企业市场运作，充分发挥了企业的主观能动性和市场竞争的优势，对利用社会资源，降低建设及管理成本，具有积极作用。

广州市建委和广州市电视台联合组成新广州电视中心建设指挥部，下设新广州电视中心建设指挥部办公室，负责新电视塔工程项目建设的组织和协调工作。由广州市建设投资发展有限公司与广州市电视台组建项目法人——广州新电视塔建设有限公司，负责新电视塔项目融资和建设的具体实施工作。项目资本金（占总投资30%）由双方股东投人，市建设投资公司占90%，市电视台占10%，其余70%资金由项目法人

向银行贷款解决。

1.2 贯彻“小业主，大社会”的建设管理思路

新电视塔建设管理过程中，紧紧抓住“小业主，大社会”的管理思路，建设单位对新电视塔工程项目进行全面管理，通过服务采购选择专业机构提供项目管理服务，主要有工程咨询（专家组）、质量安全检测咨询、招标代理、造价咨询、施工监理、设计监理（咨询）、设备监理、档案管理、法律顾问等；通过工程招标确定广州新电视塔工程承包商。充分依靠专业机构、单位和社会专家的力量，对重大技术问题进行把关；建设单位合理整合人力资源，有效处理新电视塔建设过程中大量繁杂的事务，避免了资金和人员的浪费，降低了运行成本。

实践证明，上述管理理念的贯彻，确保了工程项目建设的顺利推进，实现了高质、高效、低成本的建设目标。随着建筑技术的飞速发展和基建规模的日益扩大，“小业主，大社会”管理理念的提出和完善，是建设项目技术越来越复杂和施工规模不断扩大化的必然产物。

2 建设前期工作

2.1 严格按照国家基本建设程序抓好前期工作，是工程建设的基础

新电视塔工程建设的前期工作，包括可行性研究报告、环境影响评估报告书、修建性详细规划、建筑单体方案审查、工程管线规划审查、消防设计专项审查、初步设计审查、施工图审查备案、建设用地规划许可证、建设用地批准书、建设工程规划许可证、施工许可证等的办理，都遇到了超出一般建设项目的技术难题或协调问题。如何在严格执行国家基本建设程序的基础上，满足新电视塔建设进度的要求，依法依章建设，成为工程管理中的一个重要课题。

规划报建工作是工程建设中必不可少的程序，也是工程前期进度的形象标杆，报建工作不能推进，工程建设的总体建设进度就会受到制约。建设单位通过合理调动人力资源，以科学管理为基础，积极有效地开展各种专题的研究，提供技术支持，按计划完成新电视塔工程的规划报建工作。例如，在新电视塔消防报批工作中，新电视塔世界第一的高度，使其消防设计成为极具挑战性的课题。我们认真组织全国的消防专家对新电视塔的消防技术问题进行研讨，委托全国知名消防院校开展新电视塔的专题消防研究，不断修改完善消防报告，确保了新电视塔的消防审查顺利通过。又如，在新电视塔结构设计的计算中，基本风压设计取值是一个关系到外观设计和工程造价的关键数据。对于这个问题，我们坚决执行国家基本建设法规，通过征求国家荷载规范编制组的意见和召开专家研讨会的形式，反复研究新电视塔结构设计基本风压取值问题，在充分论证和走足程序的基础上，建设部最终批准了广州新电视塔结构设计的百年重现期基本风压取值为 $0.55kN/m^2$。

2.2 建立和健全管理制度

在强调依法建设的同时，建设单位积极、及时地建立和健全工程管理和内部管理的各项制度。建设单位一开始便严格按照现代企业制度组建，成立了公司董事会、监事会，为了规范企业行为，加强工程管理和内部管理，借鉴国内外其他大型建设项目的经验，建立了办文、办事、办会制度，人事工资制度，财务管理制度，工程设计管理制度，合同管理制度，招投标管理制度等一系列的管理制度，并收集编印《项目管理制度汇编》，对在工作中发现不合理的制度，不断修改、补充、完善。项目管理制度的建立，有效规范了企业、参建单位和员工的行为，办事有章可循，有法可依，提高了办事效率。

3 项目设计工作

设计的优劣直接影响到工程的质量、投资和进度。建设单位充分重视设计的龙头作用，并依托专家咨询和设计咨询单位的支持，将优化意见提请设计单位进行优化，从而挖掘了最大的投资效益——设计的优化效益，并将优化设计和科研成果应用到整个招标和施工过程中，在缩短工期、节约投资等方面取得了显著的效益。

3.1 统一规划，分步实施

广州新电视塔的建设必须高起点、高标准，其配套建设设施也是不可缺少的。新电视塔总建设用地面积为 17.5 万 m^2，根据新电视塔前期规划研究和可研资料，按照“统一规划，分步实施”的建设原则，将新电视塔建设用地分为两期进行建设，避免项目前期投入过大，确定一期建设用地主要是新电视塔主体工程

用地，为 8.9 万 m^2，二期建设用地是南广场公园建设用地，为 8.6 万 m^2。

3.2　设计管理

（1）引入国际竞争机制。为获得外观新颖、时代感强、符合地域特征以及强烈视觉冲击力且操作性强、经济性合理、综合价值高的新电视塔建筑方案，举办了新电视塔建筑方案设计国际邀请竞赛，从国内外 13 家著名设计单位（联合体）参与提交的设计方案中，选定实施方案。

（2）合理实行限额设计。在新电视塔国际设计竞赛中，对建设功能面积分配和投资规模也作了明确规定，设计单位没有特别的理由不得突破其限额。同时约定，即使投资超过既定限额值，设计费总额也不能改变，从而大大限制了设计单位为了赚取更多设计费而刻意提高工程造价的空间。

（3）引入设计咨询机构，严格执行施工图审查制度。对设计质量的管理，除了事前控制和事后控制之外，强调对过程设计的控制同样很重要。通过国内公开招标，引入新电视塔工程的设计咨询和施工图审查机构，全程参与设计技术问题的论证和审核，加强对设计过程的管理和技术把关，全过程督促消化咨询评估的建议以及施工图审查机构的意见，做好各阶段方案的优化比选工作。

（4）加强设计变更管理。设计变更对工程的进度、质量、投资控制以及参建单位的管理协调都会带来一定的影响，对设计变更实行科学有序的管理是基本建设管理工作中不可忽视的重要工作。新电视塔在建设管理中，专门制定了设计变更管理办法，从质量、工期、造价、功能、工艺、安全六项指标对设计变更审批进行评价和层层把关，经各相关部门严格审核、建设单位同意后方可实施。

（5）建立专家决策机制。新电视塔设计技术要求高，施工难度大，有些问题在现行规范中也没有明确规定，有的甚至超出了现有规范。为合理进行科学决策，新电视塔建设中建立专家决策机制，对重大的技术问题决策和设计变更审批，充分利用国内权威专业机构和专家的力量，较好地解决了执行“适用、经济、美观”基本方针的过程中，项目决策者和设计人员观念上的错位问题。

（6）重视合同管理。对于新电视塔这项高难度工程，建设单位严格按照设计合同，组织设计团队认真开展设计工作，充分调动设计团队的工作积极性，发挥其创造性。从委托国内著名高校开展新电视塔科研试验工作，到将试验成果应用到新电视塔的设计中，从完成新电视塔初步设计审查，到施工图的完成，最后到施工图审查结束，建设单位都严格执行合同，执行设计工作计划，注重合同管理，抓好设计管理。

3.3　加大科研投入，求实创新，提高设计技术水平

在积极推进广州新电视塔建设的同时，建设单位认真开展新电视塔的科研试验工作，把科研试验作为保证结构安全、提高设计水平、控制工程造价的重要工作来抓。通过组织国内著名高等院校、科研院所、设计单位及施工单位的 80 多名专家召开新电视塔工程科研课题立项研讨会，并根据新电视塔建设的实际情况、设计单位及专家的意见，开展了 28 个课题的科研试验，包括新电视塔的风洞试验、外框筒透空区群柱稳定性试验、钢管柱节点试验、钢结构双向铰试验、振动台试验、钢结构抗火试验等，这些科研成果的应用，为新电视塔的建设节约了投资，为新电视塔的设计、使用、科技创新方面提供了科学依据。

（1）结构用钢全部采用国产优质钢材，节约工程成本。通过委托专业机构对国内外多家钢铁企业的研究和比选，开展新电视塔钢结构钢材选用的专题研究，确定国内生产厚钢板可满足新电视塔的设计要求，作为新电视塔结构用钢，打破了高标准厚板钢材国外进口的常规，大大节约了工程费用。

（2）新电视塔上将使用世界领先的结构振动控制技术，减少塔顶位移，提高塔顶空间使用舒适度。

（3）采用世界上提升最高的间距自动调节双层轿厢电梯。由于新电视塔超高的特点，垂直交通是组织登塔人流的关键问题。新电视塔采用 6 部高速电梯，最大提升高度达 438m，双层轿厢之间的间距可以自动调节，最大调节间距为 2m，新电视塔的高速电梯，对世界电梯制造业都是一次技术挑战，同时也是一次技术革新。

（4）采用自动感应的玻璃幕墙，除普通功能层采用双层夹胶中空 Low-E 玻璃外，旋转餐厅和观光大厅采用可随光线强弱自动调节明暗度的变色双层夹胶双银 Low-E 中空玻璃，并计划在观光大厅安装带有触摸显示设置的透明玻璃屏，在自动感应下，玻璃屏将展示该方向的标志性城市风景。这项设计突破传统思维，又是新电视塔在旅游观光方面的一个创新。

（5）设置全世界技术最新的空中 4D 电影院。利用立体画面和特殊效果硬件的配合将观众带入虚拟的场景之中，通过特殊的技术，让观众真实体验电影场景，例如“风”、“雨”等效果。

（6）采用国内最先进的健康监测系统，监测结构的受力状态和反应，根据监测的数据，分析结构的安全性，对危及结构安全的状态及时预警，从而避免重大事故的发生，保证结构在施工和使用期的安全。其监测与分析的数据将可以用于指导今后同类结构的设计，为我国乃至世界工程科学的研究提供重要的资料。

4 工程招标

新电视塔使用功能多、建筑与结构造型复杂、设计与施工难度大，因此如何通过招标方式选择综合实力强，施工经验丰富，技术力量雄厚的工程承包商、材料、设备供应商以及专业性项目管理服务单位，对于本工程能否顺利实施是至关重要的。

4.1 工程招标的原则和总体思路

建设单位的原则是，凡国家法律规定要求公开招标的项目，一律经过公开招标程序，严格按照国家、省、市有关招投标法律法规，坚持公平、公正、公开、充分竞争、科学、择优的原则选取中标单位。

新电视塔项目招标的总体思路是，通过服务招标，选择专业机构提供工程项目管理的服务，使建设单位拥有的项目管理职权中的智能部分向专业机构转移，主要有质量安全检测咨询、招标代理、造价咨询、施工监理、设计监理（咨询）、设备监理等。

通过工程招标引入国内最优秀、综合实力最强、工程经验丰富、管理完善、具有相应资质的施工总承包企业，按合同约定对工程项目的质量、工期、造价等向建设单位负责，负责整个项目的施工实施和总体管理协调，包括深化设计、施工组织和实施、材料采购、施工总体管理和协调、技术攻关等等。其中部分专业工程由建设单位直接公开招标，但都统一归口由总承包单位进行管理。

4.2 工程招标的典型经验

（1）选好招标代理单位。新电视塔项目招标内容多、专业多、综合性强、要求高，首要工作是选择一家综合实力强，招标经验丰富，技术力量雄厚，熟悉国家、省、市有关招投标法规，对项目情况了解的招标代理单位。

（2）认真调查研究，抓好招标前的准备工作。在新电视塔项目招标工作中，建设单位精心组织招标代理、设计、设计咨询、监理等单位开展了一系列的专题调研工作，深入了解大型项目的招标操作模式，分析其成功和失败的经验，收集和整理国内潜在投标人的情况，并了解他们对本项目的投标意向，在充分调查研究的基础上，结合新电视塔工程的特点制定工程招标模式，编制招标文件。例如，建设单位通过考察调研，了解并吸收了国内的几个大型项目的招标模式及项目实际管理中的经验，形成了新电视塔施工总承包招标工作中总承包主体的组成和选择方式、总承包单位的承包范围和管理范围、钢材生产厂及钢结构加工厂选择方式的思路。又如，为了客观地评价钢结构加工标潜在投标单位的实力，建设单位在钢结构加工制作招标前，根据设计单位提供的钢结构加工节点图纸，本着自愿的原则，以成本补偿的方式委托潜在投标人制作完成节点试验段，使建设单位更加直观、科学地考察了潜在投标人的综合实力。

（3）招标文件的编写。在编写招标文件时，充分征求各潜在投标人的意见，多次召开招标研讨会，集中时间、地点，同时将招标文件和合同条款的初稿发给各潜在投标人，认真听取他们对招标文件和合同条款的意见，采纳合理化建议。

（4）评标委员会的组建。为保证新电视塔项目评标工作遵循公平、公正、公开、充分竞争、科学、择优的原则开展，考虑到该工程的技术复杂性，评标委员会专家由招标人从全国范围内遴选多名经验丰富的知名专家组成新电视塔项目评标专家库，并由招标人和建设工程交易中心从此专家库中摇珠随机抽取。

（5）科学设定投标限价，合理控制工程投资。投标限价的准确性，直接影响工程投资。建设单位组织招标代理单位和设计单位分别编制工程量清单，再综合考虑是否漏项，工程量是否准确。根据确定的工程量清单，先由招标代理和造价咨询两家单位“背靠背”制定投标限价，并经招标小组初审通过，再由市造价站审核限价，最后由建设单位综合研究后确定投标限价，既避免了投标限价失真，又合理控制了工程投资。

（6）评标时增加答辩环节。评标时增加答辩环节，可以更直接了解投标人的综合水平。例如新电视塔施工总承包标的答辩分为三部分：第一部分由投标人播放模拟施工过程、诠释施工组织设计的三维动画演示影片，并作简短综合陈述；第二部分由投标人答辩组回答由技术标评标委员会提出的固定问题；第三部分为自由提问，主要由技术标评标委员会对投标人标书中的内容或答辩陈述中的内容进行有针对性的追踪提问。答辩后，可以使评标委员会专家充分了解投标单位对项目的理解水平，哪家投标单位对项目的重点、难点、特点了解最透彻、准备最充分、实力最强，也就十分清楚。

(7) 招标时充分考虑实施阶段的管理。为使新电视塔的建设管理工作规范化、科学化，在招标时就充分考虑以后实施阶段的管理。例如：新电视塔施工总承包招标时就制定了一系列实施阶段的管理办法，同招标文件一起发出，包括新电视塔的《工程施工总承包管理办法》、《工程计量与支付管理办法》、《工程设计变更管理办法》、《工程竣工资料与结算编制办法》等，让投标人在投标时就了解中标后建设单位的管理方式。

5　施工管理

对于新电视塔工程，由于难度大、质量要求高、工期紧、参建单位多、多专业交叉施工作业、科技含量高、社会影响力大等诸多方面的原因，要求建设单位始终从建设全局进行综合统筹管理，以质量、安全、进度、造价控制为项目一级管理目标。

5.1　质量管理

工程质量是工程项目投资效益得以实现的根本保证，质量控制应贯穿于工程建设的始终。(1) 以获得鲁班奖为质量控制目标；(2) 为加强工程建设的质量管理，新电视塔建设单位针对项目自身特点，专门编制了新电视塔的《钢结构施工验收标准》、《混凝土施工验收标准》和《机电设备施工验收标准》等，指导新电视塔的施工质量控制；(3) 对于特殊问题，例如新电视塔主体钢结构超高空安装施工方案，邀请国内大型建筑施工专家组成专家组，对钢结构超高空安装施工可能出现的防风、防雷、防雨、防火、防坠落等问题进行论证，以保证施工的安全质量不出现任何差错；(4) 新电视塔的质量不仅依靠施工单位自检、建设监督部门监督抽检、建设单位引入的各专业第三方检测单位来控制，还通过公开招标确定一家综合实力最强的检测咨询单位，对新电视塔的质量检测进行统筹和把关；(5) 由建设单位、监理单位、检测单位分别派出钢结构加工制作的驻场工程师，把好钢结构加工制作的出厂关。

5.2　安全管理

落实安全管理决策和目标，消除隐患事故，是施工安全管理的重点。

(1) 率先实施平安卡管理制度。新电视塔工程率先实施了平安卡管理制度，在对施工人员进行安全教育、培训、考试合格的基础上，发放平安卡。只有获得平安卡的施工人员，才允许进入新电视塔施工现场进行施工。

(2) 在招标文件中，明确了安全生产目标。要求投标单位在编制投标文件时，认真编写施工组织设计和制定安全保证措施方案，并将该内容作为评标的主要衡量标准之一。而且，该内容也在合同中细化，为今后施工过程中的安全监督提供保障。如在施工总承包招标文件中明确：安全目标是责任事故死亡率为零，确保无重大安全事故。

(3) 建立现场安全激励制度。在合同和管理办法中设定了安全生产奖励和违约责任追究的条款，采用有效措施激励施工单位抓好现场安全管理。

5.3　进度管理

广州新电视塔的工期目标是，必须在2009年底建成，2010年第十六届亚运会召开前投入使用。工程进度关系到新电视塔的社会效益和经济利益，必须严格控制，严格把关。

(1) 建设单位对新电视塔项目的施工难点、特点有充分的认识。在工程建设报建手续的办理、征地拆迁、工程的科研与试验、三通一平、招投标等各个环节都安排专人负责，协调办理，做到事前控制，通过合理计划、各环节合理衔接、有序穿插，确保新电视塔建设的顺利开展。

(2) 首先要抓施工总承包单位的管理，同时也要重视对分包方的管理。由总承包单位牵头制订工程总进度计划，并经建设单位、监理单位、分包单位提出意见，抓好具体进度控制，并落实到位。钢结构、钢管柱及环梁、斜撑的加工制作是由专业分包单位负责的，是制约工程进度的基础环节。建设单位要加强钢材的采购、工厂加工制作、防腐涂装、构件预拼装、运输各个环节控制。为了更好地控制施工进度，建设单位在每个分部工程开始施工时都制订节点工期，并以此作为工期考核的依据。

(3) 加强各方联络，定期组织召开协调会，落实工程进度。①通过每周的例会制进行内部联络，即建设单位、施工单位、监理单位之间的联络；②外部联络，即与设计、勘察、质检、材料供应、周边单位等之间的联络，在工程推进过程中，建设单位要有预见性、前瞻性，提前联络有关单位，将问题消化在发生之前，既可减少损失，又能保证工程顺利进行；③上、下级联络，建设单位通过经常深入现场和驻场工程师，及时准确掌握现场信息，尽快处理出现的工程问题。

5.4 对工程造价的管理

为了严格控制造价，建设单位抓好控制造价的几个关键环节，一是在项目招标阶段认真审核工程量清单；在项目实施过程中严格审核工程进度款、设计变更和工程签证；二是造价工程师深入工地现场了解形象进度，参加项目协调会及参与重大设计变更的讨论，对项目施工过程进行全面了解；三是按照合同的有关条款，公平、公正地审核进度款，每月按时支付工程进度款，以确保工程施工顺利进行。

6 运营管理的接轨

6.1 普遍存在的问题

经营性的重大工程项目在设计中和建设过程中考虑与将来运营的接轨，是政府主导的建设单位普遍需要关注的重大问题。重大工程往往投资大、功能突出、建设任务重、工期紧，建设单位的主要精力在于关注与工程进展、质量、安全、工期、投资等相关的建设内容上，往往对于建设期间需要考虑实际运营的问题研究得不够充分。造成的后果是建设工程与将来运营管理不相吻合，对后期运营产生的消极影响非常大，对资金造成不应该的浪费。

经营商追求的是低投入、高产出，寻求运营与管理效能的平衡点，根据自身对项目的商业定位确定经营的价值取向。经营商会对不满意的设计按照自己的需要进行优化和改造，导致重复施工；大部分管线都是隐蔽工程，如果经营商在工程完工后或者在设备调试结束后才进场，仅仅依靠图纸交接，容易产生后期使用和维护方面在技术上的脱节，可能增加不必要的维护成本，浪费人力、物力。

6.2 新电视塔的思路与做法

为了实现新电视塔建设与运营管理的“无缝接轨”，在新电视塔建设的各个阶段，都把商业价值的收益率及后期使用和维护作为引导工程推进的重要指标。(1) 在可研阶段，要求研究单位根据项目选址的实际情况，对新电视塔旅游项目的开发、功能的设置、业态的选择、运营管理模式等与经营管理相关的内容进行详细分析和研究，最后成果作为立项和编制设计竞赛的参考依据；(2) 初步设计和施工图设计阶段，都强调设计要符合市场需要并具有相对超前意识，并要根据业界对商业运营提出的意见和建议进行合理的修正和调整，从设计关上把握商业经营的合理性；(3) 施工阶段，系统展开“新电视塔旅游规划与运营管理模式策划”的全面研究，以明确新电视塔运营管理的策略和方向。分别针对自主经营、自主管理，自主经营、委托管理，经营权出让等运营管理模式进行研究。

7 结束语

通过新电视塔工程建设的管理实践，重大工程的建设管理应注意以下几个问题：

(1) 坚持实事求是的思想路线和科学发展观为指导，以工程科学为基础，遵从现代管理基本规律和价值规律的作用，充分发挥政府的协调作用，大力引入市场机制。贯彻“小业主，大社会”的建设管理思路，充分依靠专业机构、单位和社会专家的力量对工程重大技术问题进行把关，有效处理工程建设过程中繁杂的事务。

(2) 以国家法律为准绳，以制度化、公开化的机制，保证监督全方位、全过程、全环节贯穿始终，保证监督落到实处。

(3) 以科技为依托，以设计为龙头，以招标为手段，以质量、安全、进度、造价为一级管理目标，实现重大工程的科学管理。

(4) 充分调动和发挥参建单位的创造性和主观能动性，从技术、体制、管理的创新中焕发出强大的推动力，以创新精神铸造精品工程。

(5) 在工程建设中，及早关注运营期与建设期的过渡，尽早确定运营管理模式，为建设期向运营期的“无缝接轨”创造条件。

参考文献

[1] 广州新电视塔可行性研究报告［R］. 广州新电视塔建设有限公司.
[2] 广州新电视塔管理办法汇编［R］. 广州新电视塔建设有限公司.
[3] 丛培经. 工程项目管理［M］. 中国建筑工业出版社，2005.
[4] 张检身. 规划设计与工程项目管理［J］. 企业监理，2006，12.
[5] 孙继德. 项目总承包模式［J］. 土木工程学报，2003，36，9.
[6] 何万钟. 业主工程项目管理略谈［J］. 建筑监理，2005，5.
[7] 东方平，黄新宇. 工程建设安全管理［M］. 中国水利水电出版社，2001.

广州珠江黄埔大桥的建设管理理念

张少锦[1] 王孟钧[2] 陈 红[1] 王青娥[2]

(1. 广州珠江黄埔大桥建设有限公司；2. 中南大学)

1 工程背景

京珠国道主干线广州绕城（高速）公路东段项目长 18.694km，批复投资 41.15 亿元，工期 4 年。珠江黄埔大桥是该项目的控制性工程，大桥全长 7016.5m，由北引桥、北汊主桥、中引桥、南汊主桥、南引桥 5 部分组成。其中，北汊主桥为主跨 383m 的独塔双索面钢箱梁斜拉桥（建成后为国内第一大跨径），主梁宽 41m；南汊主桥为主跨 1108m 的单跨钢箱梁悬索桥（为华南第一跨径），主梁宽 41.69m（为世界大跨径第一宽桥），见图 1；引桥是采用移动模架法施工世界最大跨径（MSS62.5m）的连续梁及连续刚构桥。大桥设计荷载标准为汽车－超 20 级、挂车－120；通航净空高度为北汊桥 55m，南汊桥 60m；设计风速为 20m 高处百年一遇 10min 平均最大风速 41.4m/s；抗震按基本烈度 VIII 度设防。主桥主墩基础施工采用深长钢板桩（24m）水中围堰，锚碇基础施工采用钢筋混凝土圆形地下连续墙（外径 73m）加内衬围护，斜拉桥钢箱梁采用 4 台步履式吊机同步吊装，悬索桥钢箱梁采用 2 台跨缆式吊机吊装；引桥除悬索桥塔锚之间及加宽段箱梁采用挂篮法施工外，其余均采用移动模架法施工。大桥建设具有专业多、技术复杂、安全风险高、协调难度大等特点和难点。

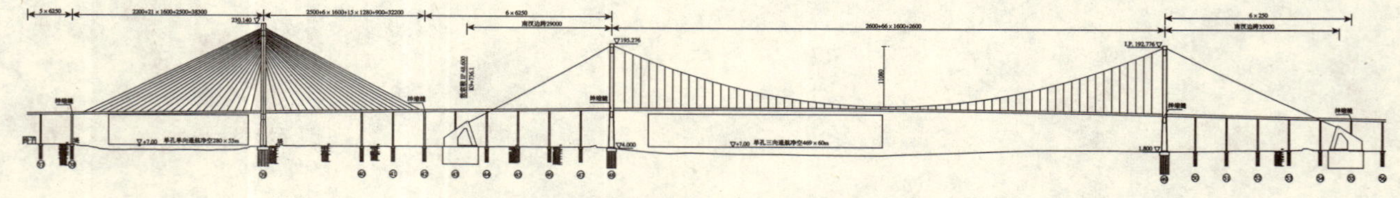

图 1 珠江黄埔大桥主桥立面图

珠江黄埔大桥位于广州市东部和南部经济产业带，她的建成将填补广州市东部和南部没有跨珠江大桥的空白，对实现广州“北优南拓、东进西联“的战略及促进珠江三角洲经济有着极为重要的意义。

2 建设管理理念的构思

在确保工程质量和施工安全的前提下，用批复概算的投资在总体工期内完成工程建设任务是投资项目建设管理的根本目标和基本要求，任何不能满足这一要求者，其组织建设过程中必定存在某些方面的不足，故不能称为优秀的项目管理。如何将工程参建各方统一到实现总体建设目标中来是工程建设管理的中心内容。

珠江黄埔大桥建设有限公司根据项目特点，制订了创省、部级以上科技进步奖和国家级优质工程奖（合称“双奖”）的建设管理总目标和质量、安全、工期、投资、形象等各项具体管理目标，在建设中创造性地总结出“合同化”、“程序化”、“表格化”、“信息化”的“3＋1”化管理，建立和完善了公路工程执行控制管理体系，开发和运用执行控制信息管理系统，系统地推行精（品）、快（速）、（节）省、优（秀）的建设管理理念，取得了明显的管理成效。

3 建设管理理念的应用

3.1 “精”品工程的设计体现

桥梁的设计既表现时代的主题，也体现了历史和传统的文化。珠江黄埔大桥将现代和历史的有机结合，技术、经济和景观的和谐统一作为设计理念和桥梁文化建设的中心内容，在项目建设开始便规划出精品工程的文化理念，并从设计入手进行落实。

3.1.1　刚柔相济的桥型组合

珠江黄埔大桥从15个方案的比较中选出现有的桥位方案（图2），被桥梁界誉为不可多得的桥位资源。她位于广州黄埔新港和老港之间，桥位上游3500m有著名的黄埔军校，下游500m有我国海上丝绸之路发源地南海神庙，她既体现了丰富的传统文化，深刻历史文明的烙印，也给人以现代文明欣欣向荣的景象（图3）。

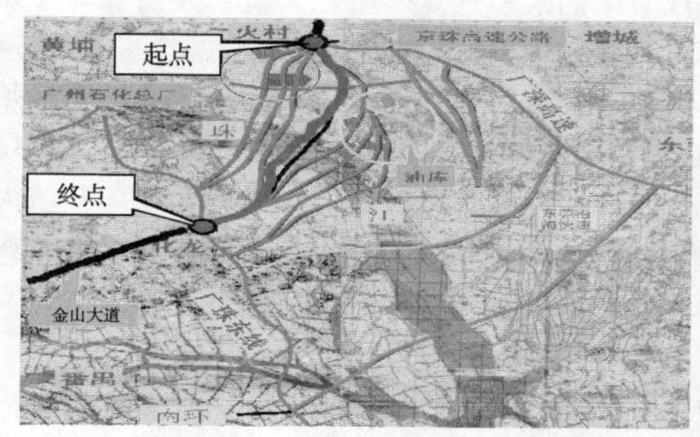

图2　路线方案选择

图3　桥位周边环境图

大桥在工可论证阶段确定了线位方案后，从景观、安全、实用、经济、环保等方面进行了桥隧方案的详细比较，并选择了桥梁方案（表1）。

珠江黄埔大桥与珠江黄埔隧道方案比较　　表1

内容 方案	景观	建设、运营安全	实用	投资比较	环保
桥梁	有标志性	风险一般	综合利用较高，战略性较差	比隧道低3.04亿	一般
隧道	无	风险大	综合利用较低，战略性较好	比桥梁高3.04亿	较好

设计单位在选择桥梁方案后对不同桥型组合的15个方案进行论证，最终优选出3个方案进行详细的比较并确定了推荐方案（表2）。

珠江黄埔大桥桥型方案比较　　表2

方案 内容	北汊383m独塔斜拉桥＋南汊1108悬索桥	北汊460m半跨悬索桥＋南汊1108m悬索桥	北汊383m独塔斜拉桥＋南汊900双塔斜拉桥
桥梁形式			
技术要求及规划条件	符合	北汊桥北锚位于规划路和码头区，应改为自锚	符合
环境协调	三个方案均能避开北岸高压电塔迁改的技术问题。方案一、二充分利用大濠洲岛的资源条件，达到了与环境的协调和统一。方案一利用环境资源实现两种桥型刚柔相济的有机组合		
经济比较	方案一、三基本相当，方案二投资约增加3亿人民币		
实施难度	有一定技术难度，实施风险性一般	技术难度大，实施难度大、风险性高	有一定技术难度，实施风险性较大
重大技术问题	无	解决共锚和自锚问题	解决船舶防撞问题。若再进一步增大跨径，费用和技术难度显著增大
推荐方案	推荐	不推荐	不推荐

3.1.2 内外和谐的实用理念

“内”指桥梁结构构造及其受力，“外”指平、纵线形和总体造型。大桥根据控制条件及设计规范要求，重点考虑综合设计和施工难度，在北引桥环境条件复杂路段和南引桥平原路段采用单曲线线形，主桥技术条件复杂路段采用直线线形。引桥根据原有道路交通、建筑物、珠江大堤及河流交织情况和桥墩高度，经过经济技术比较，采用62.5m、45m、30m等跨布置并选择移动模架法施工，实现了对总体施工线型的有效控制。桥墩设计采用花瓶形，墩顶与箱梁底板同宽，实现墩梁的柔顺过渡。俯视大桥，宛如匍匐在珠江水网中蜿蜒的巨龙（图4）。

珠江黄埔大桥是我国内江河上难得一见的“高”桥，纵坡设计若考虑通航条件和控制桥长，则必须增大纵坡，若考虑重型车辆的爬坡能力和服务水平，则不宜设置大纵坡；另外，南北汊主桥跨中距离仅为1251m，若考虑斜拉桥和悬索桥均采用对称坡并满足通航条件设计，将对桥梁总体线型造成破坏并增大投资。通过充分论证，确定斜拉桥采用1%的单向坡，悬索桥采用1%和2.05%跨中非对称坡设计，通过构造和特别受力设计解决结构不对称的矛盾，合理地解决了技术和运营问题，也确保了总体线型的美观，实现了内外和谐的统一。

3.1.3 古今合一之南国之门

邀请了建筑美学专家对桥塔造型进行设计和咨询，选择了具有中国传统特色的类似木结构门型塔（见图5）。“门”意喻南中国改革开放之门，突出时代主题，木构隐含中国传统文化和历史，鹊替意喻叟者开门笑迎八方客，充分体现了广州悠久的历史和开放、热情、好客、兼容的形象。

图4 引桥线形效果

图5 索塔立面效果图

3.1.4 科学合理的设计管理

同步设置设计咨询和监理。合同要求设计单位必须开展现场设计，监理单位必须进行现场监理。咨询单位开展方案及设计阶段性咨询，监理对地质钻探实行旁站和钻探试验复核，对结构物实行背靠背复核计算，对所有设计文件设计监理必须核对签认，设计监理对设计文件质量负有连带责任是设计监理的重点内容。它既强调设计文件质量，也强调监理工作质量，在实际施工中确保了总体方案不变，结构形式不变，通过“严监理、精设计”达到消灭设计质量通病的目的。

3.2 “快”速建设的科学体现

快速建设是指依靠合理的组织、科学的管理，消除影响关键工程进度的因素，在确保施工安全和工程质量的前提下，按计划高速度地完成工程建设任务。快速建设依靠建设者的科学管理和技术创新去实现，是投资者实现投资效益同时对社会发展回报的体现，它体现了投资项目实现经济效益和社会效益的统一。快速建设必须避免任何盲目赶工的不讲科学做法。珠江黄埔大桥计划用40个月设计建成，其工期之紧在国内外同等建设规模的桥梁建设是罕见的，这对于建设者的组织和管理提出很高的要求。

3.2.1 总体计划的全局概念

充分的调查论证，编制总体计划和实施纲要，明确总体工期、控制工期、实施方案、实现目标，列出重点工程和控制性工期，提出解决措施，使整个建设组织过程做到张弛有道、重点突出。总体计划的全局概念对执行决策极为关键。

3.2.2 选择优秀的参建单位

项目通过公平竞争招标选择了国内最有实力的设计单位、施工单位、特殊构件制造单位、设计与施工的监理单位，这些优秀参建单位在建设过程中确保技术、人员、设备、材料等资源的投入，并确保了各项管理工作的到位。

3.2.3　确定优秀的设计方案

大桥设计方案的确定必须充分考虑总体施工工期，在工程实施前便通过合理的设计来缩短施工工期。另外，在制订施工方案时，必须充分考虑各种影响因素，缩短工序转换时间；充分考虑新工艺、新材料的运用，合理缩短技术工期。

3.2.4　进度计划的及时调整

及时调整年度计划，按照总体计划要求明确年度计划，确保关键线路工期目标的实现。在方案实施之前，由业主组织施工、监理、设计各单位专业人员及施工一线专家对工期实现目标进行论证，列出可能影响正常进度推进的重点工程和关键节点，提出解决措施。

3.2.5　重点进度的督办制度

对一般性工程进度采用常规的进度计划管理，对重点工程项目进度实行专人（负责）、专事（处理）、专（门档）案的管理办法和主管领导督办的制度，迅速及时地解决管理过程中碰到的问题。

3.2.6　关键节点的学习借鉴

根据节点工期，分不同阶段组织相关人员对同类工程建设情况进行针对性地调查和学习，充分吸取其他项目在组织管理中的经验和教训，提前协调和研究应对方案，避免了与其他项目相类似的进度事故的发生，并取得明显的实质性效果。

3.3　“节”省投资的合理体现

在高质量、高安全条件下的合理化投入是珠江黄埔大桥投资控制的核心，其管理的基本思路是从管理中要效益，通过合理优化、强化管理、不断创新来节省工程投资，而不是靠不合理地压缩来节省投资。总投资26.77亿元，与国内外同类规模的桥梁工程相比造价明显偏低是大桥投资控制面对的困难，必须节省投资是对工程投资控制提出的实际要求。

3.3.1　设计合理是节省投资的主要途径

珠江黄埔大桥在不同阶段的合理设计中节约了工程投资（表3）。

珠江黄埔大桥的合理设计节约投资情况　　表3

设计阶段	比选方案	节省投资（亿元）
工可阶段	桥隧方案比较，选择桥梁	3.04
初步设计	桥梁方案设计，选择现方案	2.60
技术设计	锚碇基础优化，选择圆形基础	0.40
施工设计	北汊高压线拆迁方案，选择升高	0.75

3.3.2　全面的合同化管理

合同化管理是指在执行控制目标管理过程中，甲乙双方（业主与承包商）的责任和义务在招标文件的合同专用条款中给予明确，避免管理工作执行过程中可能出现的各种矛盾。在优秀的设计及管理前提下，合同化管理能最有效地减少工程变更和防止工程索赔问题。

3.3.3　科学的招投标管理

珠江黄埔大桥全部采用合理低价法进行公开招标。所谓合理低价法是由设计、业主和造价管理站根据严格的预算审核，确定在正常情况下完成招标内容所需的基本造价，以此为基础规定合理范围作为投标人投标时的最高和最低有效报价，以业主控制和有效报价的加权值作为标底价，接近标底低价者为最优报价。实践证明，合理低价法既能控制工程造价，防止承包人围标抬价行为，又能限制承包人低价抢标，防止低价中标可能出现的各种管理问题，合理地保护投资人和承包人双方的利益。通过招标，项目节约1.8亿元的直接投资。

3.3.4　合理分摊市场风险

为了避免因材料价格变化影响工程的进展，同时确保施工承包合同的顺利执行，工程使用的主要关键材料由业主统一采购。业主采购招标的控制价以当季度的信息价为依据，与材料供应商的结算价则采用中标价加季度材料差价的做法，它确保了材料结算价均处于市场价的合理范围内，材料价格变化风险全部由业主承担。通过业主提供主要材料的做法，项目为此节省0.8亿元投资。

对于工程所用钢箱梁、悬索桥主缆等特殊材料，业主根据市场调查，在满足总体工期条件下，选择最低市场价情况下进行招标，业主通过加大对承包方工程预付款和提前支付的做法，确保中标单位中标后第一时间锁定主要材料价格。

3.3.5 加强征地拆迁工作管理

征地价格和拆迁工作的开展受政策影响极大，总体趋势是越快越省，所以在工程建设前期，重点加大对征地工作的管理。另外，工程在特殊项目拆迁中，项目探讨性地采用邀请招标办法选用单位，最大限度利用社会资源为工程建设服务，并有效降低工程造价。

3.3.6 合理规划总体建设资源

统一规划好施工临时用电、临时道路的建设和临时施工用地的租用均能较好节省投资。

3.3.7 合理的融资管理

做好工程建设资金计划，通过降低资金占用比例减少贷款利息；合理地利用国家政策，最大限度降低银行贷款利息。

另外，在追求高质量、高安全条件下不忘适当的资金投入是合理化管理的体现，优秀工程奖、安全施工奖、安全设施专项资金及不锈钢模板表面的资金投入均为合同外的专项投入，对提高质量和安全具有积极意义。

3.4 “优秀”工程的“双奖”体现

珠江黄埔大桥在建设之初确定了创科技进步奖和优质工程奖的管理总目标，在实施过程中以优质、安全、创新作为创优主线，通过阶段性目标管理向管理总目标迈进。

3.4.1 优质目标的执行控制

确保工程交工验收一次性合格率100%和消灭施工质量通病的质量目标实现，除采取全面的精细管理，还采取一系列具体的执行控制管理措施。

（1）质量目标的合同化管理

施工承包合同中体现优质优价的管理思维，合同中明确了质量目标的保证体系和不能满足各阶段质量目标的违约责任。

（2）质量工作的格式化管理

格式化管理是指在工程建设过程，质量、安全、投资、进度目标执行过程全部采用统一表格和格式来管理。达到统一标准、统一格式、统一管理、提高效率、保证质量的“四统一保”目标。

（3）质量问题的督办和落实

监理—督办—落实的质量管理程序，质量依靠监理及其中心试验室按合同规定的职责实行严格的管理，业主单位实行全面的实时跟踪和督办，对任何质量问题必须追究和落实。

（4）质量管理专题会议制度

对关键工序和重大施工方案必须召开专家评审会，评审会除进行施工技术方案论证外，还对如何保证施工质量及质量管理要求进行专题论证，并以技术会议纪要形式明确消灭质量通病的内容及做法。

（5）施工质量技术交底制度

在分项工程及关键工序施工前，施工技术人员必须在监理工程师在场情况下对施工班组进行施工质量技术交底，并建立专门质量管理台账。

（6）主材质量的“三控”制度

涉及工程的主要关键材料均由业主统一采购，并采取供应商、承包商、监理三方独立检测的做法，确保工程主要原材料质量的稳定。

3.4.2 安全目标的执行控制

杜绝重大和一般性安全事故的安全目标执行控制，采取系统的控制措施，保证了施工内部和周围两个环境的安全。

（1）安全目标的合同化管理

承包合同中明确规定了施工安全管理目标和责任，明确了参建各方及其相关人员的安全责任，明确了施工方不能满足安全目标的违约责任。

（2）三级安全保障制度

施工、监理、业主三方均设立安全生产领导小组和工作组，三方均设置专职安全员，施工技术人员和班组长均为安全工作组成员，负责施工安全技术工作，工作组组织定期的安全检查落实工作。

（3）安全工作同步预防制度

与安全生产主管部门建立重点工程安全同步预防制度，利用主管部门的行政职能指导和规范承包人的安全生产管理工作。

（4）施工安全技术交底制度

在分项工程及关键工序施工前，施工技术人员必须在专职安全监理在场情况下对施工班组进行施工安全技术交底，确保安全工作贯彻落实到每个参建人员。

（5）重点工程的监控观测制度

对重点工程、关键工序在施工工序转换和加载阶段，必须对设备和工程主要受力部位的受力和变形进行监控和观测，确保结构安全。

（6）施工安全应急预案制度

提供评审的施工方案必须根据工程具体特点制订安全保障措施和施工安全应急预案，并将预案列入检查评比的范畴。

3.4.3　工程建设的创新工作

创新工作是实现优秀工程建设管理的基础，珠江黄埔大桥的创新工作主要体现在技术和管理两方面。

（1）技术创新

根据项目的特点和难点，针对性地开展了以“特大桥隧工程关键技术研究”为总课题的科研工作，研究特大跨径移动模架施工关键技术，步履式吊机同步吊装关键技术、悬索桥大型锚碇基础及上部安装设计及施工技术，地下连续墙施工技术工法等，并取得指导施工、加快工程进度、确保质量和安全、节约工程投资的实际成效。

（2）管理创新

通过总结、吸收和研究，形成了事前控制的管理思路，倡导在高质量、高安全条件下的合理化投入，开展公平竞争、廉洁、和谐、环保、文明的建设管理新模式；以合同化、程序化、格式化、信息化为实质内容的“3+1”化管理，创造性地建立了公路工程执行控制管理体系；以执行控制体系为理论基础，开发并运用了执行控制信息化管理系统。推行了“精”、“快”、“省”、“优”建设管理理念，起到了规范管理活动，提高管理质量，节约管理成本等作用。

4　结束语

广州珠江黄埔大桥在实践中建立并成功运用了公路工程执行控制管理体系，系统全面地推行了“精、快、省、优”的建设管理理念，实现了企业投资的经济效益和路桥产业作为公共设施的社会效益，既体现了路桥事业发展和社会进步的和谐统一，也体现了建设节约型公路的时代主题。

参考文献

[1] 张少锦等. 公路工程建设管理执行控制体系研究 [J]. 公路. 2006，11：124－127.

[2] 张劲文等. 高速公路建设项目管理现状及对策研究 [J]. 中南公路工程. 2003，9：37－39.

[3] 施大庆. 高速公路项目建设管理新思路和发展方向 [J]. 公路. 2005，8：318－321.

新光大桥的工程项目管理实践

李 跃 罗甲生 黄 平 郭 欣 朱亚敏

（广州市新光快速路有限公司）

1 工程概况

新光大桥是广州新光快速路跨越珠江沥滘水道的特大型桥梁，全桥长1083.2m，主桥为177m+428m+177m的三跨“飞雁式”中承式连续钢箱桁系杆拱桥，主墩采用三角刚架墩，引桥为50.4m+2×50m和2×50m+50.4 m的预应力混凝土连续箱梁，按6车道设计，全宽37.62m，设计荷载为汽车一超20级，挂车一120级，通航净高大于34米。

该工程由广州市新光快速路有限公司投资建设，四川省交通厅公路规划勘察设计研究院完成方案设计和初步设计，贵州省桥梁工程总公司—铁道专业设计院联合体以设计－施工总承包的方式承建主体工程，中铁山桥集团有限公司完成主拱钢结构制造分包。四川铁科建设监理公司承担了施工监理。工程于2004年1月1日开工，2006年6月底主体工程基本完成，9月28日大桥建成。2007年1月20日通车。全桥共浇筑混凝土10万余立方米，钢筋、钢绞线用量达1.4万t，钢结构制造安装约1.38万t，主体工程造价约4.5亿元。

为了抓好新光大桥建设，在策划阶段我们即制订了明确的质量、工期、投资控制及安全文明施工目标。整个工程建设管理过程都紧紧围绕上述目标展开，采用了现代工程管理的方法和工具，预先考虑了可能发生的各种问题，提出了预防、解决措施，保证了工程的顺利实施。

2 高效的业主组织管理

2.1 组建精干的管理组织机构，实现工程建设管理的高效运作

新光大桥是一个技术复杂、投资巨大、周期长、涉及面广、规模庞大、参建单位多、参建人员素质参差不齐的工程项目。为了保证工程建设的质量、工期和安全，建立一个强有力、权责一致、科学高效的项目管理机构是十分重要和必要的。

为此，2004年初在上级领导的支持下专门成立了新光大桥建设指挥部，负责建设决策、指挥、管理、组织、协调工作，以达到缩短管理链条，加大对大桥的管理力度的目的，全面实现质量、工期、投资、安全控制目标。指挥部指挥长由公司总经理亲自挂帅，聘请全国知名桥梁专家为常务副指挥长兼总工，负责日常工作，精选技术扎实、经验丰富、责任心强的管理人员，实现精干、高效组合。指挥部常务工作人员仅5人，人员结构呈老、中、青相结合，多种专业人才相结合，高、中级人才相结合的结构，工作中扬长避短，特长互补，责任到人，权责对称，配合默契，杜绝了内耗，形成了一个高效务实的项目管理团队，常驻现场办公，及时掌握第一手资料，发现问题，科学决策指挥。实践证明，新光大桥建设指挥部的组织策略是成功的，保证了工程的顺利和安全进行。

2.2 充分利用专家资源，为大桥工程提供技术支持

新光大桥运用了多项现代桥梁技术，达到了国际先进水平。要对这样高难度的工程进行有效管理，势必借助全国专家的力量。为此，在方案设计阶段我们就专门聘请了包括工程院院士在内的6名全国知名的桥梁设计、施工、管理、科研方面的专家、教授成立了业主专家组，并根据工程进展情况邀请特邀专家参加专题会议，出谋划策，组织专家对初步方案进行了6次评审，提出了很多宝贵意见，逐步完善了设计方案，对施工图进行了两次专家评审，提出了具体修改意见，保证了施工图的质量。在施工阶段，大桥建设指挥部要求承包商成立了乙方专家组，聘请了9名施工技术管理经验丰富的技术专家。指挥部多次组织专家会议，认真研究工程的重点、难点问题，与会专家前后达二百余人次，对钢板桩深水围堰、三角刚构主墩施工和主拱组拼、浮运、提升和焊接工艺进行了多次的评审，仅主拱整体浮运提升方案就召开了四次专家评审会，听取到各方面、各专业专家的宝贵意见，优化了施工方案，确保了施工方案的正确性。

3　强化制度建设，建立完善的质保、安全体系

为了抓好新光大桥工程建设，我们首先认真落实了项目法人负责制、招投标制、工程监理制、工程质量监督制和合同管理制。从工程一开始就建立健全了“企业自检、社会监理、业主管理、政府监督”的四级质量保证体系。首先，要求施工单位建立完善的质量保证体系，从源头控制施工质量；其次，要求监理单位制定了严格的监理制度，编制了详细的工程监理实施细则，具体指导监理工作。三是重点抓好业主内部管理制度、工程管理办法的制定，严格按合同、建设工程管理程序办事。针对设计－施工联合体模式的特点，建立了设计图纸三重审查制度（设计咨询、设计审查、专家审查制度）强化设计审查；制定了业主巡视制度、重大方案专家会议审查制度等，完善了内部管理。

4　设计－施工总承包管理模式得到成功的应用

设计－施工总承包的项目管理包模式具有很多的优点，在国际上的复杂大型项目中应用比较多，但在我国由于种种原因应用并不多。为了探索发挥这一模式的优点为我国的工程建设服务，新光大桥的建设采用了施工图设计－施工联合体总承包模式，成功进行了实践并取得了显著的经济效益，获益匪浅：

（1）承包商会要求设计人员尽量优化设计，以达到设计最优、造价节省的效果。例如，通过设计优化，将方案设计时的钢箱系杆改为边跨采用预应力混凝土系杆和主跨采用柔性系杆，不但较好地解决了刚性的钢箱系杆的温度应力过大的问题和边跨、主跨重量不平衡的问题，而且节约成本约3000万元。

（2）总承包联合体中的设计单位可以介入到临时设施的设计，有利于以先进施工技术方案来保证质量、降低工程成本、缩短建设周期，可以解决很多施工单位无法单独解决的难题。例如新光大桥临时提升塔设计、深水钢板桩围堰支撑体系结构设计等高难度技术问题通过联合体施工、设计方的共同研究，设计都得以妥善解决。

（3）联合体的设计、施工方基于共同的利益与风险考虑，相互积极配合，不需要业主介入设计、施工部门之间协调，减少了业主的协调管理工作。

（4）由于投标时要做大量施工图设计工作，实际上提高了投标门槛，有利于项目业主选择更有实力，更具良好信誉的承包商。

（5）法律关系明确，不管是设计还是施工问题都由总承包商负责，无法推脱责任。

（6）在基础施工图完成后即可开始施工，有利于缩短建设工期。由于采用了总承包模式，新光大桥建设周期比正常工期缩短了半年以上。

设计－施工联合体通过充分发挥各自在设计、施工方面的特长，相互沟通，相互渗透，最大限度地发掘了工程技术潜能，使得设计－施工总承包的优势在新光大桥建设中都得以充分发挥和体现。

5　灵活运用多种现代管理方法，提高工程管理的效率

在大桥工程管理中我们积极运用以系统工程原理、ISO质量管理、安全管理理论为基础的现代项目管理理论的方法，抓好质量、进度、费用等要素的控制、管理。

5.1　运用辩证法和矛盾论思想，注意抓工程建设的主要矛盾

新光大桥工程投资巨大，涉及到规划、勘察、设计、施工、监理、监控、分包商、供货商、技术服务单位几十家，是一个庞大的系统工程，高峰时期逾千建设大军云集施工现场，管理工作千头万绪。在工作中我们首先根据矛盾论和辩证法的思想，注意抓住工程的主要矛盾。工程一开始我们就全面分析了承包商、监理、工程本身和目前国内建筑市场现状的特点，重点抓工程主体各方管理人员的就位问题、监理管理、协调管理和计量审批四个主要方面；监理管理方面重点督促监理抓好质量、进度、费用、安全几大问题；工程质量管理则抓住主要难点如钢结构制造、主墩承台大体积混凝土施工、三角钢构施工和主拱提升施工的管理；在进度方面主要抓好主拱、主墩关键线路；安全方面主要抓好主拱大节段整体浮运提升、深水围堰、高支模等的安全，防止灾难性事故的发生；在费用方面重点注意计量审批、变更管理工作。

根据以往多座钢桥的建设管理经验，由于钢结构制造及安装处在关键线路上，且数量大、影响链长、影响因数多，不确定性很大，工期的拖延绝大部分都与钢结构制造有关。因此我们从工程一开始就注意抓钢结构设计进度，督促总承包选择有实力的钢结构分包商、涂料供应商及涂装施工队伍，为保证工程进度打下较好的基础。施工过程中我们多次派人赴设计单位、钢结构制造厂及钢拱拼装场检查、督促工程进度，

利用业主的优势解决了钢拱拼装场地等问题，请上级领导亲临钢结构制造厂加强协调督促进度，有效推动了钢结构工程进展，确保了大桥钢结构制造关键工序如期完成。

5.2 动态控制思想

我们在进度管理中运用了甘特图、网络进度计划技术、梦龙软件等技术、工具分析审核承包商的进度计划，紧紧抓住主墩、主拱施工的关键线路、关键节点不放，定期比较，动态反馈，及时采取各种措施加强控制，确保主体工期控制在30个月的时间内。同样，我们对质量、安全等主要目标也进行定期的节点审查与考评，提出相应的调整措施，以保证各阶段目标的顺利实现。

5.3 运用ISO质量管理体系

对于新光大桥这类技术复杂、施工难度特别高的特大型桥梁而言，稍有不慎就可能留下致命的隐患，因此确保工程质量是工程建设管理的核心。为此，我们重点对影响质量的各要素提出针对性的措施，要求承包商贯彻ISO质量保证体系。

（1）抓好人力资源要素。为此，我公司聘请了自己的专家组进行技术把关；在全国公开招标选择优秀的监理队伍和承包商；花大力气解决监理工程师和承包商项目经理、技术负责人等主要管理人员的就位问题，抓住管理人员的就位、考勤问题不放，制定了严格的违章处罚规定，并依此定期检查、考勤、奖罚，效果很好。大桥项目部、南北两岸施工处、监理的主要负责人和设计代表等都按投标承诺常驻现场，确保了工程主要管理人员的到位。

（2）重点抓好质量计划要素的管理。组织监理工程师认真审批总体施工方案和全部的单项施工方案。由于大桥的施工方法独特、新颖，无前人的经验可以借鉴，我们打破了常规，要求总承包联合体中的设计单位负责方案中重大、复杂的临时设施如主墩钢板桩深水围堰支撑体系方案、V型刚构模板支撑方案和主拱大段整体浮运提升方案等的设计，并组织设计咨询、审查单位审核、审查，再组织专家会议讨论审查，然后由监理审核，最后业主代表审批，通过五重审查措施保证了质量计划的正确、完善。

为了落实质量计划，我们严格要求施工方案按程序审批，要求承包商必须按经批准的施工方案施工，对违反建设程序擅自更改方案的现象进行了重罚。对重要的临时设施参照永久结构的验收方法，在施工过程中对主要临时设施进行阶段性设计、施工、监理、业主四方联合检查验收，确保了主要临时设施严格按计划实施。

（3）严格控制分供方要素。我们组织监理工程师对钢结构制造分包商进行了深入考察，最后批准业绩、信誉优良的制造商作为新光大桥的钢结构制造分包商。此外，还重点审查了新光大桥的主拱涂装、提升、浮运分包商、预应力系统、吊杆、系杆、钢材、混凝土、油漆供货商等的资质，重点加强对混凝土搅拌站的管理，在浇筑5、6号主墩大体积承台混凝土的过程中，要求监理部派专人到搅拌站多次检查了搅拌站的原材料水泥、粉煤灰、混凝土质量、降温措施，对进场温度超标的混凝土实行退货处理等。大桥的钢结构分包商最终在非常困难的材料供应条件下克服困难，保证了钢结构制造质量和进度，从而实现了主拱肋高精度合龙。

6 质量管理

6.1 抓好设计管理，确保设计质量

（1）注重选择好的设计、设计咨询和施工图审查单位。所选的设计单位要既能密切配合施工，又能坚持科学设计的原则。

（2）按实事求是的精神，给设计单位留合理的设计时间，不盲目抢进度，为此还将原工期目标进行了合理调整，同时，业主定期检查设计进展，保证了设计质量和进度。

（3）为了防止总承包商片面追求经济效益过度优化设计，导致大桥无法达到规定的使用寿命、功能和安全储备，我们引入了设计咨询机制，公开招标选定一家设计院负责施工图的复核把关，另聘请了一家设计院负责施工图的设计审查，实行双重审查制度，再组织专家会议审查施工图设计，为保证设计质量建立了第三重保障体系，防止设计、施工联合体联手降低质量标准，克服了设计－施工总承包模式的主要弊端。

（4）要求总承包联合体中的设计单位介入到临时设施的设计，解决了施工单位自身无法解决的复杂临时结构设计的难题。

6.2 按合同对监理进行管理，充分发挥监理的质量管理作用

在大桥工程建设管理中，我们根据监理合同，充分利用监理工程师的专业知识，发挥监理“三控制、

两管理、一协调”＋安全管理的作用，抓好工程建设的质量管理。工程质量的控制离开现场监理不行，业主放权于监理而疏于监管同样不行。招标前我们十分注意做好监理招标文件的编制工作和对监理单位的调查了解，以选出最合适的监理单位。标后我们注意做到不干涉监理工程师的正常管理工作，而按照合同、规范和公司工程管理办法督促监理人员及时到位、加强对施工单位的标后管理工作，加强对监理人员的教育、管理，严格监理程序，抓好工程的实物和资料质量，强化旁站监理工作，定期对监理工程师的工作进行考评、奖罚，通过对监理的管理，间接完成对大桥工程的管理；灵活使用业主的资金审批权力支持监理开展质量、进度、安全管理工作，如出现承包商不按程序违章施工、出现质量问题拒不整改时，坚决支持监理采取罚款、暂停计量进度款等手段，迫使承包商及时整改。

6.3 第三方质量检测监督机制是确保工程施工质量的重要措施

第三方质量检测监督是受业主单位单独委托而对工程质量进行独立质量检测的一种方式，因单独委托的检测单位具有独立性，有利于帮助我们了解项目的总体质量状况，及时发现问题、消除隐患，便于加强工程质量管理。为此我们专门聘请了大桥施工第三方施工监测、监控单位，聘请了大桥钢结构制造的第三方焊缝无损检测单位，对承包商的自检工作再进行随机抽样复检。桩基础抽芯试验利用业主聘请的第三方进行独立抽检。同时，我公司还与专业检测机构合作组建了中心试验室，加强建材的试验检测工作，确保试验检测频率。

7 加强技术管理

在技术管理方面我们积极创新、应用新技术、新设备、新工艺，取得了显著的成绩。

新光大桥主拱施工在我国大跨度拱桥施工中首次采用了低位拼装、大节段整体上船、浮运，大节段整体垂直同步提升技术。其中，168m 长、重 2850t 的主拱中段整体 56 小时内一次提升 85.6m 的高度，创我国特大型拱桥施工的纪录，在拱肋安装的大段提升法等方面具有重大创新和技术突破，总结出一整套大跨度拱桥主拱上船、浮运、提升工艺。通过大节段整体提升技术保证了整个大桥施工期间繁忙的珠江主航道仅封航 56 小时，经济效益无法估量。

拱肋钢结构制造中采用了三维精密数控钻床钻孔定位，广泛采用了大型数控焊接中心自动焊接、数控切割、精密数控等离子切割新技术等。新光大桥的主拱肋腹杆和弦杆合龙位置准确无误反映了钢结构制造达到了非常高的精度，保证了大桥整体质量水平达到国内一流的标准。

大桥采用了非常新颖的造型设计和泛光设计，将成为广州市的新景点，大量采用了 LED 新型光源，节省大量电能。系杆使用了新型低应力保护层索体系，将有效延长换索周期，创造出很大的经济效益。

在科研方面，开展了主跨、边跨拱脚结合段性能、大桥抗震、抗风、航道模型试验等多项科研工作，对设计起到了很好的指导作用。

8 经验与启示

通过对新光大桥两年多建设管理工作的实践，我们积累了十分宝贵的特大型工程建设管理的经验，为今后从事类似工作提供了很好的借鉴和启发。

8.1 承包商的选择方法仍有待改善

创建优质工程、精品工程，择优选定承包商是前提，承包商选得好就奠定了成功的基础，可以起到事半功倍的效果。但在这方面我国目前的评标制度还存在一些问题，特别是对高难度的工程报价分比例过高，业主难以对投标候选人的资金、设备、人力资源实力事先进行深入调查了解等，只能由随机抽出的专家在短短几天内评选出承包商，严重限制了对承包商的评价选择，导致了报价低于成本的承包商中标，造成履约时非常困难，教训很深刻。今后要重点加强对潜在投标人的前期调查了解和研究改善评标办法。

8.2 如何加强对监理的管理是业主面临的重要课题

监理服务质量的好坏完全取决于监理人员的素质，特别是与总监的素质、管理、协调能力关系很大。但目前的评标制度很难对监理队伍进行比较深入的考察。为了保证中标，监理单位投标时往往刻意隐瞒一些不利情况，拿自己单位的王牌总监及业绩优良的监理工程师资质来投标，中标后再找各种理由更换总监或监理工程师。评标专家组评标时往往不能对来自全国各地的监理单位的总监或高级监理人员的状况进行详细的调查，也不知其目前的工作量是否饱满，能否及时调往新中标工程任职，更加无法准确了解总监个人的工作能力、身体状况、性格等，只能“隔山买牛”。结果就是中标后投标承诺的总监或高监迟迟不能就位，更换的监理人员能力不足、人员不配套，或者难以形成强有力的大型、多工种管理团队。监理市场的恶性竞争导致监理费过低也是监理服务质量下降的一个重要因素。监理费用占工程总投资的比例非常小，但对工程管理质量的影响非常大，因此对新光大桥这样的高技术项目监理服务不能过分强调费用，而要保证合理的监理费用，重视监理单位实际监理人员配置、技术管理能力、协调能力、履约能力等条件的要求和审查，在监理过程抓好监理履约管理。

8.3 激励机制的问题

由于合同规定工程要拿到质量奖后才能兑现奖金，质量、进度、安全文明施工奖没有按工期进行分解，在工程实施过程中无法及时兑现，对设计、施工、监理人员来讲显得过于遥远，激励的作用不明显。另外没有设置进度奖，在激励方面存在缺陷。为此我们补充制定了各种奖励办法，把进度、质量、安全奖分解到各阶段分期考核、发放。但由于合同的限制，奖励的力度有限，实际操作起来比较困难，承包商、监理创优的积极性还没有完全调动起来。

在合同中加大质量奖、罚比例，把奖励规范化、合法化、合同化，将质量、进度奖励在合同中明确规定、分解细化，在施工过程中分期发放将给业主的工程管理人员以提供有力的经济杠杆手段，对促进质量、进度将会起到真正的激励、约束作用。

8.4 合同缺陷

一是合同订得太死。在工程实践中影响工程的因素非常之多，不可能一次就全部考虑清楚，如果合同订得太死，等于自己绑住自己的手脚，很多投标、签合同时的漏项、必须的变更也难于处理；或者手续过于繁琐，多次反复，很大程度影响工程的进展。

二是对承包商主要管理人员的就位条款不够详细具体。在目前市场条件下，承包商往往为了节省费用，主要管理人员有时同时在几个工程兼职，往往导致工程管理人员无法充分就位，难于管理。对技术管理难度很高的工程管理不到位就意味着巨大的风险。为此应制定具体详细的要求，如管理人员特别是项目总工、副总工必须在现场办公，对缺勤、兼职如何处罚等。否则当施工管理人员缺位、缺勤时缺乏处罚依据。

三是合同中有个别的不平等条款。为了承接工程，承包商不得不接受霸王条款，但霸王条款往往想把本应由业主承担的风险全部推到承包商身上，承包商最终无法承受导致工程无法进行时后果仍要由业主承担，而且可能成本更高。我们认为按照建设项目的各方各自承担自己最有能力承担的风险的原则制订合同才是比较合理的合同，公平合理的合同对项目整体来说是最有利的。

9 结束语

新光大桥桥型新颖、规模大、技术复杂，施工难度大，参建单位、人员多，针对这一系统工程，大桥建设的管理者首先建立了精干的管理机构，充分利用社会专家资源，运用辩证法思想，采用了多种国际上行之有效的现代工程项目管理方法、工具，采用了国际上通行的设计－施工总承包的管理模式，引入了设计咨询、设计审查、专家审查的多重设计审查制度，积极采用新技术，同时引入第三方监控、检测质量管理制度，有效地实施了工程的管理，降低了工程建设成本，明显缩短了建设工期，保证了工程质量和安全。本文介绍了新光大桥工程建设管理方面取得的成功经验，同时也总结了工程管理方面的经验教训，值得工程建设管理人员参考。

国家游泳中心业主委托工程项目管理实践

陈先明　王武斌　侯建刚　李晶华
（中国三峡总公司北京奥运游泳中心项目建设管理部）

1　工程概况

国家游泳中心是2008年北京奥运会主要比赛场馆之一，也是北京市政府指定的惟一一个由港澳台侨同胞捐资建设的标志性奥运场馆。奥运会期间，承担游泳、跳水、花样游泳、水球等四项比赛，共产生46块奥运金牌。奥运会赛后将成为一个多功能的大型水上运动中心，能为公众提供水上娱乐、运动、休闲、健身等服务。

国家游泳中心位于北京奥林匹克公园B区，主体建筑紧邻城市中轴线，并与国家体育场相对于中轴线均衡布置。工程占地62828m^2，赛时建筑面积约8万m^2，建筑物檐口高度31m，基底面积177m×177m，标准坐席17000个，其中临时坐席约13000个（赛后将拆除）。工程主体结构设计使用年限100年。批准工程总投资人民币约10.2亿元。

建筑物墙体到屋面统一采用一种基于“气泡理论”的新型多面体空间刚架结构，钢结构内外表面覆盖ETFE（聚乙烯—四氟乙烯共聚物）充气枕，实现了建筑和结构的完美统一。观众看台和室内建筑物为钢筋混凝土结构。

项目于2003年1月启动，2003年7月确定“水立方”设计方案，2003年12月24日工程正式开工，计划2007年底完工。经过四年的全面项目管理，国家游泳中心项目进展顺利，进度符合北京2008奥运工程总体要求，已完成工程质量优良，施工安全实现“零事故”，项目整体始终处于可控状态。

2　工程项目管理组织体系

2.1　项目管理体制

国家游泳中心工程建设实行项目法人委托项目管理单位，对项目立项、设计、施工和运营移交全过程、全方位地进行专业项目管理的全面项目管理模式。

北京市国有资产经营有限责任公司，作为国家游泳中心项目法人（业主），全面负责工程建设和建成后的运行管理，在整个工程建设管理中处于中心和主体地位。

中国长江三峡工程开发总公司（简称中国三峡总公司），受业主委托作为国家游泳中心的项目管理单位，代表业主行使全面项目管理的职责，派出专业管理技术人员，组建北京奥运游泳中心项目建设管理部（简称项目管理部），提供全过程、全方位完整的项目管理服务，具体组织工程建设。

经国际设计竞赛和合同谈判，确定中国建筑工程总公司、中建国际深圳设计顾问有限公司、澳大利亚PTW和ARUP工程顾问公司组成的设计联合体为设计单位。经公开招标，分别选择北京帕克国际工程咨询有限公司为施工监理单位，中建一局建设发展公司为建安工程施工总承包单位。

在整个工程建设管理体系中，形成以业主单位为核心、项目管理单位为枢纽、设计单位为龙头、施工单位为责任主体、监理单位为独立第三方的管理体系，对项目进度、质量、安全、投资、合同、环保、信息档案等各项工作均进行全面标准化、规范化管理。

2.2　项目管理组织机构

项目管理部机构设置本着精简高效、职责明确、动态管理的原则，骨干人员按20人左右设置，均由在大型工程建设管理岗位经过长期锤炼、具有较全面的项目管理经验和较高的专业技术水平的人员组成。项目管理部前期下设综合管理部、技术经济部和工程管理部等三个部门。工程开工以后，项目管理部机构设置调整为综合管理部、技术管理部、合同管理部、工程管理部和机电管理部等五个部门，以适应全面工程项目管理的实际需要。

3　项目进度管理

国家游泳中心项目于2003年1月开始组织国际设计方案竞赛，7月确定“水立方”实施方案并签订设计合同，9月完成现场详细勘察，12月中旬取得《建设工程规划许可证》和《建设工程施工许可证》等开工合法手续，12月24日工程正式开工。2004年7月完成土方开挖及基础工程桩的施工。2005年4月中旬完成全部地下结构施工，8月上旬完成全部主体混凝土结构施工。2006年4月10日实现主体钢结构安装封顶，12月26日如期完成外层膜结构气枕封闭。在项目进度管理过程中采取了如下主要措施：

（1）在工程开工前制定了工程总控制性计划，并制定分阶段或分项进度计划。在实施过程中，采用年度计划、月度计划、周计划进行计划分解，并根据实际情况进行计划过程调整。对基础混凝土灌注桩、基础防水、钢结构、膜结构、主要机电设备安装等关键工序采用日计划管理。事前计划审查与事后检查并举，严格过程控制。

（2）严格控制工程勘察设计工作进度。根据工程项目建设总体要求，分别在勘察与设计任务书中明确勘察与设计成果提交关键控制点，制定相应的奖罚条例，使工程勘察进度、设计进度与工程项目建设总体要求相协调。建立设计周例会、勘察设计专题会制度，适时敦促勘察设计进度。要求设计单位编制设计准备阶段计划、设计总进度计划和各专业设计的详细出图计划，包括设计图纸名称、设计责任人、校核人与批准人等内容，以便过程中跟踪检查。

（3）高度重视行政审批，按照项目建设程序，申领项目合法证件和办理合法手续，依法组织项目建设。工程建设需行政审查的主要内容包括项目建议书、可研报告审查、初设审查、建设用地规划许可证、建设工程规划许可证、施工图审查、建设工程施工许可证等7个项目，涉及20多个政府部门。根据审批项目及其相互关系，编制报审工作流程及进度要求，据此敦促设计单位提交相应设计成果，组织专题论证，按时完成各项行政审批工作。

（4）提前研究布置专项工作详细计划，在基础处理、混凝土冬期施工、泳池施工、主体钢结构施工、膜结构安装、主要专项工程交面等工作组织参建各方召开日进度协调会议，对促进施工进度起到了明显效果。

（5）协助组织有经验的施工队伍承担关键分项工程。主体钢结构安装初始阶段，协助总包单位选择具有丰富施工经验的专业公司负责构件加工和现场安装。通过国际竞争性谈判选择国外专业膜结构公司和国内优秀安装单位组成膜结构专业分包联合体。通过公开招标选择有优良业绩的系统集成商联合各个优秀产品制造商组成弱电专项分包单位。

（6）通过组织劳动竞赛促进关键专项工程施工进度。在钢结构安装中，制定劳动竞赛方案，加强对总包单位和监理单位在钢结构专项工程中的考核，及时组织研究处理施工中出现的问题，提前50天完成钢结构安装封顶。

（7）采取了多项措施保证钢结构和膜结构两个专项工程的顺利交面。科学规划两个专业的合同界面，在钢结构安装过程中及时组织向膜结构交面，协调利用现场主钢结构安装脚手架和塔吊的运输条件，提前将膜结构次结构安装到位。

（8）对膜结构等关键分包进行直接协调和管理，保证了原型测试、深化设计、施工准备和现场安装等工作按计划进行。高度注重中西方文化差异，尽可能防止由于文化差异导致双方误会的产生，同时对存在的矛盾隐患及时消除，为工程顺利进行提供了基础保障。

（9）对关键材料和施工资源重点跟踪并协调解决。针对钢材资源紧张、价格上涨的情况，协助总包单位落实了钢材资源，保证了钢结构安装按计划启动。针对混凝土浇筑时出现的“民工荒”、钢结构焊工资源难以落实、专用水泥供应紧张问题等，通过政府有关部门协调落实，保证工程进度。

4 项目质量管理

国家游泳中心以“长城杯”、“鲁班奖”和创奥运精品工程为质量目标，从设计质量、原材料、技术方案、验收标准到现场质量控制均实行了有效的措施。施工质量总体满足设计要求，验收合格率100%，未出现任何质量事故。项目顺利通过了北京市结构“长城杯”评审专家多次现场检查和阶段性验收，是获得北京奥运工程“安全质量优胜流动奖杯”最多的项目。

（1）制定设计质量管理实施细则，督促设计单位完善质量保证体系，建立内部专业交底及专业会签制度。对标准确定、结构设计、材料选择等重要问题严格把关，帮助设计单位优化设计方案避免设计浪费，确保工程整体安全性，提高工程项目的经济性。控制设计图纸的质量，依据相关规范或标准对相应阶段的设计深度进行检查，组织设计成果文件审查并跟踪修改完善。

（2）以设计单位为牵头单位，联合国内外有关科研院所组成科研团队，针对项目存在的钢结构、膜结构和室内环境等方面的技术难题，在政府有关科研基金的资助下开展科研攻关，取得多项自主创新成果，直接指导项目设计、施工，推进了我国钢结构、膜结构技术进步。

（3）组织施工图会审和技术交底，建立设计变更程序并严格控制。及时解决施工中遇到的技术问题，制定了技术洽商和技术措施审批流程，设置现场设计代表，组织对重大问题的专家会审论证。针对灌浆料规范中关于耐久性问题、桩基检验规范中关于取样数量问题、防水规范中关于桩头节点做法、混凝土规范中关于坍落度问题、试验规范中混凝土骨料碱活性试验问题等矛盾或不足之处，通过组织专家论证得到及时解决。

（4）施工均实行技术方案先行，对施工单位编制的施工组织设计和单项施工方案按程序严格审查。在总体工程施工组织设计的基础上专门制定基础处理工程、主体钢结构、膜结构等专项施工组织设计，以及土方开挖及边坡支护措施、试桩方案、桩基施工方案、垫层施工方案、承台坑支护方案、防水施工方案、钢筋施工方案、底板混凝土施工方案、竖向结构施工方案、模板施工方案、临电施工方案、临水施工方案、塔吊方案等单项施工方案。

（5）水立方钢结构是国际工程界首次采用的一种结构型式，为此突破现有钢结构施工验收规范的内容补充编写了专门的质量验收标准，通过专家论证后在北京市建委备案。ETFE 膜结构在国内首次使用，也是世界上面积最大、技术最复杂的气枕膜结构，在设计科研成果的基础上，以膜结构联合体为主编制了国家游泳中心 ETFE 膜结构技术及施工质量验收项目标准，填补了国内空白。钢结构与膜结构施工满堂脚手架引进了新型插件式脚手架体系，在实验论证的基础上编制了国内首部产品和施工验收标准。以上标准在实施过程中，根据施工实际情况实时组织专题研究和补充完善。

（6）加强原材料质量控制。对商品混凝土搅拌站开创性地实行延伸管理，对钢结构构件加工、膜结构气枕加工实现驻厂监造，其他主要施工材料和设备均通过对三家以上合格厂家进行择优选定并进行封样管理。

（7）现场施工普遍采取样板指路，对钢结构安装、膜结构安装、基础桩施工、预应力大梁浇筑等关键工序进行全过程旁站。混凝土及钢筋、钢结构原材料及焊接、膜结构原材料与热合、防腐涂装、沉降变形等实行第三方检测和监测。钢结构安装、卸载进行全过程模拟分析和跟踪计算。

5　项目安全、环保与文明施工管理

国家游泳中心施工安全、环保与文明施工管理得到北京市政府高度评价，实现了安全零事故目标，荣获“全国文明样板工地”称号，多次获得北京市政府有关部门颁发的“安全质量管理优胜流动杯”以及“绿色环保先进工地”等称号。

（1）成立业主单位牵头、各参建单位主要负责人参加的安全生产领导小组，统一领导和协调工程安全、环保与文明施工工作。形成以安全生产领导小组为核心、以专职安全管理人员为基础、以专项检查为单元、实行全员全过程安全管理的架构。项目管理部制定了项目安全、环保与文明施工管理办法，监理单位编制了监理实施细则，施工单位制定了施工环保措施，并随着工程进展不断补充完善。

（2）严格执行安全管理条例。与总包单位签署施工安全责任协议，强化安全法制观念，坚持特殊工种持安全操作证上岗制度和大型施工机械安装验收制度。

（3）加强现场日常安全教育、安全交底、安全考核和安全专项检查，督促安全隐患整改。实施安全、环保和文明施工日巡、周查、月检及节日和重大活动之前的联合大检查制度。

（4）组建脚手架、塔吊、机械设备、临电、消防、防汛、易燃易爆危险品、临边防护、边坡稳定及降水、环境卫生、钢结构作业安全、机电施工安全、文明施工等多个安全小组，分专业和工种进行定期专项检查、评审和跟踪整改。

（5）严格贯彻落实“绿色奥运”理念和《奥运工程绿色施工指南》，并在设计协议、施工监理合同、工程施工合同中对工程安全、环保与文明施工做出专门详细的规定，作为合同责任的一部分。严格审查原材料的环保检测报告，不合格材料禁止入场。

（6）现场按照“花园式工地”进行规划建设。建立国际奥委会官员、捐资代表和社会公众开放参观路线和模型室。施工过程中对工地沙土 100% 覆盖、路面 100% 硬化、车辆车轮 100% 冲洗、道路和场地 100% 洒水、闲置空地 100% 绿化。

6 结束语

近几年来我国工程建设大力推行工程项目管理，相继于2003年和2004年颁布了《关于培育发展工程总承包和工程项目管理企业的指导意见》和《建设工程项目管理实行办法》，对我国项目管理工作起到了极大的促进作用。目前普遍存在有施工单位、设计单位、监理单位、业主单位的工程项目管理等多种方式，而国家游泳中心采用业主委托专业项目管理单位的全面项目管理模式，项目管理单位结合工程实际情况，围绕项目进度、质量和安全管理，严格合同管理和投资控制，加强招标采购、风险、信息和档案管理，实行从项目立项至竣工移交全过程、全方位的项目管理，为保证国家游泳中心的顺利建设提供了基础保障，也为我国推行工程项目管理积累了宝贵经验。

广州大学城建设的组织与管理

蒙 琦
（广州大学城建设指挥部办公室）

1 广州大学城建设项目简况

广州大学城位于广州市番禺区小谷围岛及南岸地区，西邻洛溪岛、北望生物岛、东接长洲岛，与瀛洲生态公园隔江相望，位于广州城市南拓发展轴上，距广州市中心约17km。广州大学城总规划面积43km²，规划总人口为35～40万人。以资源分级共享的原则，其空间结构层次为城市—组团—校区。广州大学城的定位很高，它不单单是一个老校区的扩充或者聚集，而是利用高新技术含量的一系列配套组合而成的城市新区，按照"一流的规划、一流的设计、一流的建设、一流的质量"，把广州大学城建设成为全国一流的大学城。

广州大学城建设时序为近期建设小谷围岛，远期建设南岸地区。小谷围岛面积约17.9km²，计划4年内达到20万大学生，共分两期建设。第一期为确保2004年9月首批4万学生入驻开学必需的建筑和城市基础设施和公共配套设施，总投资约150亿元（含征地），包括约225万km²的139幢校区建筑，总长约66km的城市级市政道路，以及公共配套建筑。第二期为290万m²校区建筑和其余配套公共设施。广州大学城一期工程、二期工程分别于2003年7月、2004年7月开始动工建设，2004年9月第一期竣工投入使用，2005年9月第二期竣工投入使用。

广州大学城运用了目前在国际上具有先进水平的技术，建设了包括国内目前规模最大的设施，如综合管沟、分布式能源系统、区域性区域供冷系统、城市级分质供水系统、城市级一卡通、城市集中热水供应系统、城市级无化粪池污水收集处理系统等，实现了先进的规划理念和技术创新。

2 项目组织与管理的难点

广州大学城建设项目的最主要特点是建设规模十分庞大，系统非常复杂，而建设时间异常紧迫，给广州大学城项目的建设组织与管理工作带来了极大的困难，这些困难主要表现在以下两方面：

第一，庞大的建设规模使参与工程建设的队伍和人员数量也相应变得庞大。参与广州大学城建设的有270多家规划、设计、监理、施工、材料供应、咨询服务单位，形成了近1000多人组成多层级的管理团队，而一线施工及管理人员达10多万人。如何通过有效的项目组织与管理将各参建单位有机地联系在一起，使之在一种有序的组织体系下协同完成各自的工作，保证广州大学城的建设目标实现，是一个急需解决难题。

第二，管理规模如此大的建设项目，需要科学、合理地确定建设业主的定位。在发挥好政府和建设业主对组织项目的主导、核心作用的同时，如何充分利用好各种资源，实现对项目的有效控制，也就是说，在现有的社会和市场经济条件下，找到政府、建设业主和社会资源的结合点，实现各种资源的优化配置，精简组织结构，提高工作效率，保证各项工作能够满足实现广州大学城建设项目管理目标的需要，也是一个难题。

3 项目组织与管理的基本原则

为了克服上面所提到的两方面困难，贯彻广州大学城四个"一流"的建设方针，保证广州大学城的建设目标实现，在广州大学城建设项目的组织与管理策划过程中，主要考虑了以下几个基本原则。

3.1 以政府为主导、建设业主为核心、充分利用社会资源的原则

大学城建设项目规模大，涉及的工作形式和工作内容都非常繁杂和专业化，为了保证大学城建设如期完成，必须充分合理地利用社会资源，全面推行"小业主、大系统、专业化、社会化"管理的组织模式，将各种专业化的队伍引入大学城的建设管理组织中，并进行合理、有效的"二次整合"，形成特有的组织管理体系，以便发挥各自的特长，这不仅有利于工程建设，也为成立精干、高效的建设领导指挥机构创造了条件。

3.2 多系统管理、多层次控制的原则

大学城的建设项目管理不是简单意义上的单一项目的管理，而是一个系统的城市建设管理问题。因此，必须遵循复杂系统控制的基本原理，按照多系统管理、多层次控制方法的原则去建立项目的组织体系。

3.3 以建设目标为导向建立项目管理组织的原则

大学城项目建设的最终目的是高质量、低成本并按时完成项目既定的建设目标，合理高效的项目管理组织系统是实现这一目标的保证。因此，必须以项目管理的目标为依据，围绕着如何更好地实现项目的目标来建立项目管理组织。在大学城建设项目管理组织过程中，无论是管理层次的设立、管理部门的设置和管理职能的分工都是以实现项目管理的目标为出发点的。

3.4 分工明确、公开透明、阳光作业的原则

所有工作流程和工作程序必须公开透明，阳光作业，通过一套规范、透明的管理方法和工作模式有效地避免各种腐败现象，高效推进工程建设。

4 项目组织与管理的三大体系

4.1 精干高效的组织体系

为了按照既定的目标把大学城建设成为一流的大学城，做好建设项目管理的组织工作是实现建设目标的前提和保障。经过多方考虑，大学城构建了多层次交叉的矩阵式工程管理组织与控制网络系统，如图1所示。

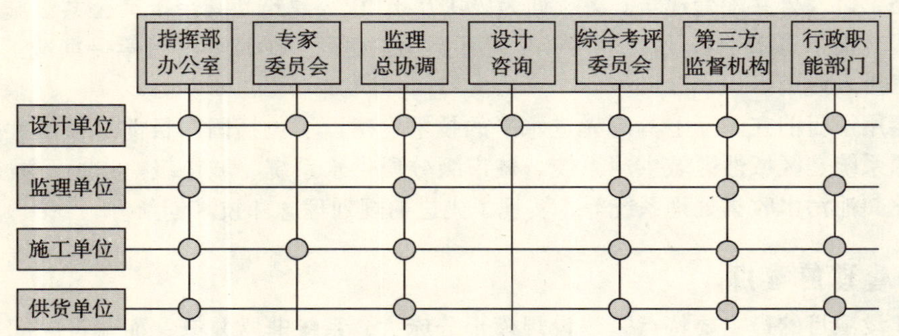

图1 大学城建设项目组织管理系统

大学城的组织管理工作是以广州大学城建设指挥部办公室为核心，组成了由专家委员会、监理总协调单位、设计咨询、综合考评委员会、第三方监督机构以及行政职能部门参与的工程建设管理系统，形成纵横交错的严密的组织、协调、监督和控制网络，对工程建设的设计单位、监理单位、施工单位和材料设备供货单位的工作实施系统的多道监督与控制，保障大学城的设计、采购和施工等工作的顺利进行，从而使大学城的建设管理形成了一套多方参与、多道控制的有效的工程项目管理组织系统。

4.2 严谨科学的制度体系

大学城建设工期异常紧迫，工作千头万绪，只有制定出规范化、标准化的工作制度体系，才能为各项工作开展做到有章可循、规范操作打下坚实基础。目前建设领域各种制度看似非常多，但普遍存在针对性不强、难以操作的情况，容易产生漏洞。为此，针对工程的规划设计、招投标、施工、监理、材料供应、工程质量综合考评、工程量造价审核等方面的实际情况，大力强化了各种管理制度的“深化设计”，从工程项目管理和指挥办组织内容管理两个方面制定了一系列行之有效的管理制度。

4.3 系统规范的标准体系

为了保证设计、施工等各项工作的有效开展，根据国家、行业和地方有关规范和标准，结合大学城建设项目的特点，建立了一系列细化的、全面的标准，包括设计标准、创优标准、验收标准、劳动竞赛考评标准等。其中仅设计标准中的建筑设计通则、管线设计通则的规范文本就多达23个。这些标准的制定，一方面为工程各方提供了工作的导向，另一方面也可以作为工作成果的评定准则。在有效督促工程各方按要求完成工作的同时，也减少了大量可能出现的误解和纠纷。

5　项目组织与管理的八大机制

目前尽管项目管理领域的理论研究在我国已经开展了十几年，但是如何将这些理论应用到大学城建设项目当中，将这些抽象的理论知识与大学城的建设相接合，使其能够具体指导工程项目建设工作，这是一个我们所面临的重要课题。

根据大学城建设项目的特点，结合项目管理的基础理论和实践，我们对大学城的建设项目管理的机制进行了针对性的深度设计，探索出了一套可操作性的管理机制：科学论证评审与决策机制、公开公平公正竞争的择优机制、多道设防的监管机制、劳动竞赛末位淘汰的奖罚激励机制、社会化专业化的服务保障机制、灵活机动的快速应变机制、强力有效的联动协调机制、工程建设同步推进的廉政建设机制。通过这套项目管理机制的运行来保证大学城建设项目的顺利进行，从而实现预定的建设目标。

6　广州大学城建设项目的成功

广州大学城建设由于采用上述组织与管理方式，在省市领导直接关怀和社会各界大力支持下，加上各参建单位的艰辛劳动，总的来说，这个项目还是取得了比较大的成功，主要有以下几个方面。

首先，项目管理的目标得到了全部实现。第一，保证了各高校 2004 年 9 月 1 日如期全面扩招、开学和正式运行；第二，工程质量大大高于同类项目的质量水平。2004 年在广东省、广州市建筑协会优良样板工程的评定中，广州大学城的优良项目比例占广州市 53%，而当年广州大学城的建设量相当于广州地区建设的 1/5；第三，实现了有效的投资控制，广州大学城一、二期工程的建设投资严格控制在概算范围之内，并直接节约了可观的建设投资。

其次，取得了项目的综合效益。在教育方面极大的优化了各方资源，实现了高等教育的发展，实现了各种资源的整合。同时，为探索新的办学理念、新的整改模式，形成新的教学运行管理机制，建立新的后勤保障机制，创造了条件。

第三，进一步优化了广州城市的空间布局，推动了广州的发展，实现广州市的城市发展南拓战略。而大学城的建设使广州的南拓得到了有效的整合，它已经成为了我们华南地区重要的人才培养基地和科技创新基地，将会发生一种具体效应，在实践中更加体现出来。

第四，广州大学城的建设探索出了集约化、节约型、可持续发展的城市新道路，探索出了政府项目管理的新的模式，实现了先进的规划理念和技术创新，获得了 2006 年度中国人居环境范例奖，积累了建设项目管理团队的丰富经验，并且它的成功得到了各界的认同，形成了巨大的影响。

7　启示与思考

在未来较长的一段时期内，我国都将处于经济的快速发展期，我国的城市化进程将进一步深化，政府性特大型的急难险重项目仍将不断涌现，探索政府性大型项目的组织与管理新模式具有重要的理论和现实意义。

广州大学城建设的成功模式和经验是值得研究和借鉴的，其意义也是非常深远的。主要体现在以下两个方面：

第一，政府主导集约化的建设组织模式，是确保政府性项目，特别是特大型急难险重项目的路径之一。对于政府性特大型的建设项目，政府在建设中处于主导地位，对各类资源进行科学整合，最大限度优化各种资源配置，使各种资源高度共享，合理利用，从而可以快速高效地完成项目的建设任务，避免了同类资源的切块建设、低水平建设和重复建设投入等现象，大大降低项目建设风险，节约大量的建设资金，确保以体现高效、节能、环保等先进理念的新技术的实施，实现可持续发展和项目综合效益最大化。

第二，“小业主、大系统、专业化、社会化”的组织管理模式和科学有效的管理机制的设计和构建是实现有效管理的重要保证。当前，我国政府投资建设的大型工程项目管理模式主要有大指挥部模式、政府办企业模式和代建制模式。其中大指挥部模式存在规模庞大，机构臃肿，管理欠专业化的问题，造成管理效率低下；政府办企业模式是由政府牵头组成具有一定盈利性质的公司负责项目建设，在项目的运作过程中，企业与公共利益间的关系往往相对比较模糊，如果缺乏有效监管，容易产生企业挤占公共利益的问题；代建制模式是政府各部门各自将项目完全委托给工程管理公司负责建设，若缺乏专业化、规范化的归口管理体制，盲目社会化，在市场环境不成熟、法制环境不健全的情况下，将会给项目带来很大的建设风险。

“小业主、大系统、专业化、社会化”的组织管理模式和科学有效的管理机制的设计和构建，避免了大指挥部模式下指挥部机构臃肿的缺点，能够真正体现公共利益，又通过社会资源的整合和利用提高了项目管理的专业化和管理的效率。同时，业主机构精简，管理层次非常少，强化了业主科学决策的水平，执行效率高。广州大学城所采用的“小业主、大社会、专业化、社会化”的管理模式，不仅保障了广州大学城的顺利建成，更重要的意义在于为目前我国国情下如何组织公共工程项目的建设，提供了一种可供借鉴的范例，真正体现了政府的主导地位，发挥了建设业主的核心作用，充分利用和优化配置了各种社会资源，避免了机构臃肿、管理欠专业化造成的管理效率低下，也避免了缺乏有效监管的盲目社会化，大大降低了项目建设风险，为我国在经济飞速发展时期如何快速有高效地进行项目建设探索出了一条行之有效的道路。

茹河流域水土保持生态环境工程建设管理应用研究

海青银[1]　马　斌[2]　李斌斌[2]
（1 固原市水务局；2 西安理工大学）

1　引言：工程管理项目背景

茹河，是黄河的三级支流，黄河流域泥沙、水土流失生态环境重点治理支流域之一。发源于宁夏固原市原州区开城乡水沟壕，流域总面积 2208 km^2，包括原州区东南部、彭阳县大部分地区，其中原州区境内面积 539.31 km^2，是原州区干旱和水土流失最为严重的地区，茹河流域固原项目区位于固原市东部，属典型的黄土丘陵沟壑区，总面积 654km^2，其中水土流失面积 595km^2，占项目区总面积的 91%。项目区涉及固原市原州区、彭阳县的 11 个乡镇，38 个行政村，总人口 5.41 万人，人口密度 83 人/km^2。

在黄河流域茹河支流域水土保持规划、设计、施工过程中，把工程建设管理纳入到流域生态环境治理工程、水土保持工程项目中具有重要作用和意义。在拦蓄、经济、社会和生态上均取得了显著成效。本研究结合茹河流域水土保持治理工程，从工程管理角度分析了茹河流域所取得的成果。

2　我国水土保持工程管理现状

首先，重建设、轻管理，建设有资金、管理无投入是水土保持工程管理存在的误区。水土保持从大中流域统一治理到以小流域为单元进行综合治理过程中，工程管理缺乏有效机制，管理滞后。片面理解工程管理的概念，以临时性措施代替永久性管理。其次水土保持工程管理体制不健全，管理责任不到位，经费不落实，最终导致工程有建设无管理，任工程自由地发挥作用。再者从农业耕作措施上看，耕作区域的水土保持工程或部分设施由农民自主管理，由于农民耕作理念和经营手段落后，加上短期内经济利益的驱动等原因，致使水土保持工程不能得到及时合理的维护和修复，工程效益逐渐降低，甚至出现一年建、二年无、三年水土流失仍依旧的现象。

3　工程建设管理在水土保持中的重要意义

水土保持工程管理是一门科学，水土保持工程建设和管理是分不开的。施加工程管理及其目标的实现，直接影响着水土保持工程设计功能的实现。包括两方面：一是对建设形成的水土保持设施，由水保监督管理机构进行监督管理，依照相关法律法规对人为损坏或降低水保设施功能的行为进行处罚；二是为保证水保工程效益的发挥，对工程本身进行的不可缺少的改造维修 、养护等工作。

本文研究的工程管理，强调的是第二个方面的内容。真正的最彻底的管理就是要把水土保持工程作为固定资产来管理，包括对其进行登记、维修 、养护 、折旧 、报废处理等。工程管理需要机构、人员和经费作为保证。水土保持工程管理存在这方面的问题，与水土保持工程的经济效益有关，尽管水土保持工程往往是生态效益和社会效益占主导地位，经济效益次之，但这也决不能成为忽视水土保持工程管理的理由。

4　工程建设管理在茹河流域水土保持工程中的应用

4.1　实行“四项制度”管理

所谓“四项制度”指的是：项目法人责任制、招标投标制、建设项目监理制和合同管理制。茹河水土保持工程首次围绕“四项制度”提出了有针对性的一系列管理措施和条例：（1）组建质量管理体系；（2）加强招投标管理，严把施工队伍关；（3）严格执行质量控制程序；（4）加大现场监管力度，防止质量失控；（5）采取预控措施，杜绝质量事故发生；（6）加强质量检测、有效控制和科学评价工程质量；（7）严格制定和执行合同。

建设监理制是建设项目实行“四制”管理的重要组成部分。建设监理的主要任务是受项目法人的委托，对建设项目进行投资、进度和质量控制，并协调有关各方的关系。水利工程建设监理的理论和实践为水土保持生态建设实行监理制打下了良好的基础，但水土保持生态建设监理工作与水利工程建设监理工作有较大差别。

为适应国家对水土保持生态建设工程实行基本建设管理的需要，推进全国水土保持生态建设工程的监理工作，水利部水土保持司和建设与管理司联合发布了《关于加强水土保持生态建设工程监理管理工作的通知》（保生［2000］31号），对水土保持生态建设工程监理的前期培训、资格认证、注册上岗等作出了具体规定。

监理的重点首先是质量控制，其次是进度控制，最后是投资控制。监理工程师要在项目设计和施工的全过程对工程质量进行控制；进度控制中运用网络图编制进度控制计划；对工程投资的控制主要在两个阶段：一是项目建设前期，协助项目法人进行投资决策，控制投资估算总额，对设计方案、设计标准和工程概算进行审查；在建设准备阶段协助确定标底，编制招标文件和组织招标投标。二是在施工阶段，审查设计变更，核实完成工程量，签发工程进度款支付证明书，处理索赔事宜，以控制工程的实际造价。

4.2　项目建设期管理

在建设实施过程中，要严格执行“四制”（即项目法人制、建设监理制、投招标制和合同管理制）制度；从项目建设开始，注重资料收集、整理、归档工作，加强项目技术档案的管理和研究利用，不断总结经验，提高项目建设的实际和施工水平；加强资金管理。在项目建设期管理中的核心是质量管理：生态修复治理要严格按照规划、设计要求进行实施，各地区质量监督部门要做好质量监督工作。建设单位要按生态修复治理的规模、任务，组织完成各项治理工作，负责项目资金的管理和配套资金的落实，聘请具有资质的监理单位开展项目监理工作，按项目管理办法组织季度、半年和年终检查验收，并按资金报账办法负责拨付治理经费。施工单位要建立内部质量管理体系，认真做好质量管理工作，及时组织人力、物力按期完成治理任务。监理单位要为建设单位负责，严格按监理规划和“三控制、两管理、一协调”的原则开展工作，制定总体进度计划和年度进度计划，对重点单项工程和重要工序进行重点监理。对坡面治理工程，严格按监理规划和技术标准操作。由于各级普遍严抓工程质量，确保了项目实施的进度和质量。

建立监督、管护队伍（包括人工巡护、执法监督、封育区林草管护员等）；制定配套法规，出台相关政策，建立乡规民约、规章制度和管理规定，鼓励和调动广大群众投入生态修复的积极性，为实现生态修复创造良好条件。加强项目建设管理，提高投资效益。水土保持生态修复监测体系的建设和实施，进一步改善了项目建设的管理手段和方式，强化项目建设的监管力度，确保投资效益的发挥。

4.3　项目运行期管理

项目运行期管理取得收获，首先各级领导重视是实施好项目的关键；其次是实行了项目法人制和工程监理制。茹河流域固原项目区从启动实施就明确了项目实施的责任主体，把四制管理作为实施好项目工程的首要工作紧抓不放。项目建设单位采取不定期的巡回检查，促进度、抓质量，发现问题及时纠正，促进了当年治理任务的完成。

实行项目拼盘式项目管理，项目从启动实施后，市委、市府就明确提出在项目建设中要整合有限的资源，即发动全社会积极参与项目治理，做到各投其资、各记其功。水利水保部门狠抓工程建设和质量，流域一开工就打通道路，道路的畅通不仅方便了当地群众的生产生活，而且更成为向全社会宣传和展示治理成果的窗口。林业和畜牧部门通过退耕还林还草工程的实施在项目区种植了大面积林草，仅原州区河川沟流域种植优质粟梨300多亩，为项目区的经济发展创出了样板。项目实行拼盘建设模式，治理速度之快、标准之高、规模之大是前所未有的，在宁夏全区境内为水保建设独树一帜。实现了治理一条流域，发展一方经济，富裕一方群众的目标。

水土流失、生态修复、项目效益的监测也是工程管理的重要方面。因地制宜，根据生态修复项目的具体要求，结合当地人力、物力和财力状况选择监测方法。监测的主要内容是：地形地貌监测，地面组成物质监测，植被状况监测，水文气象监测，水土流失监测，生态修复措施监测，生态效益监测，社会效益监测，经济效益监测。

5　茹河流域水土保持工程建设项目成果

5.1　完成的主要工程量和投资

治理期间、三年共完成投资5079.44万元，其中中央投资456.57万元，占总投资9%。地方配套3580.35万元，占70%，群众自筹1042.52万元，占21%（图1）。在总投资中，基本农田2941.05万元，占53.18%，植物措施2064.78万元，占37.32%，小型水保工程（包括小型淤地坝）448.1万元，占8.1%，道路建设78.00万元，占1.41%（图2）；按措施分布部位分：坡面工程4553.34万元，占89.64%，小型水保工程448.1万元，占8.82%，道路78.00万元，占1.54%。

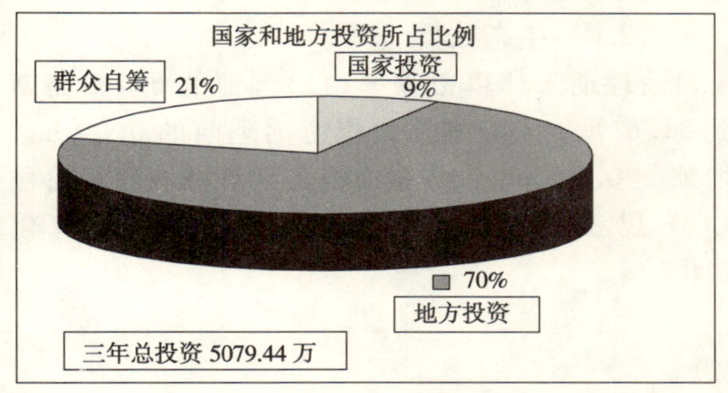

图1　国家和地方投资比例

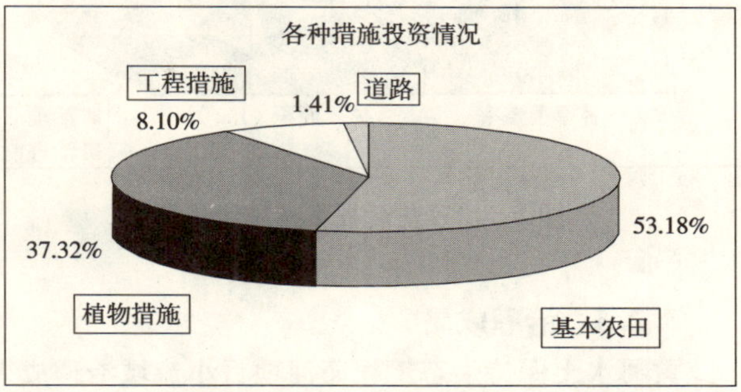

图2　各种措施投资比例

5.2　项目效益

5.2.1　拦蓄效益

治理期末各项治理措施拦泥99.66万t，占侵蚀总量78.3%，年拦蓄径流740.1万m^3，占径流量69.7%（图3，图4）。侵蚀模数由5000 t / km^2·a减少到1100 t/ km^2·a。

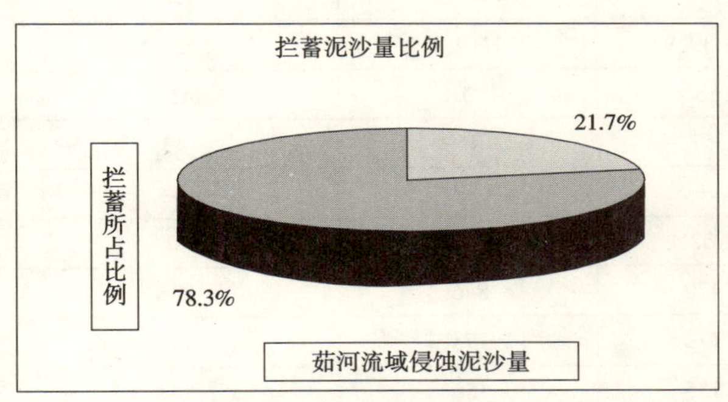

图3　治理后拦蓄泥沙量

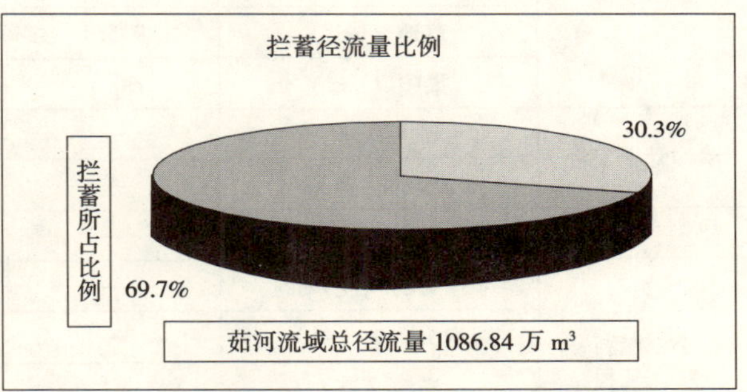

图4　治理后拦蓄径流量

5.2.2　经济效益

治理期末，粮食平均产量1539.58kg/ hm^2，总产量达到1123.58万kg，人均有粮达到504.06kg。各业总产值4192.70万元，比治理前增长1倍，人均纯收入1166.11元，比治理前增长0.9倍（图5，图6）。

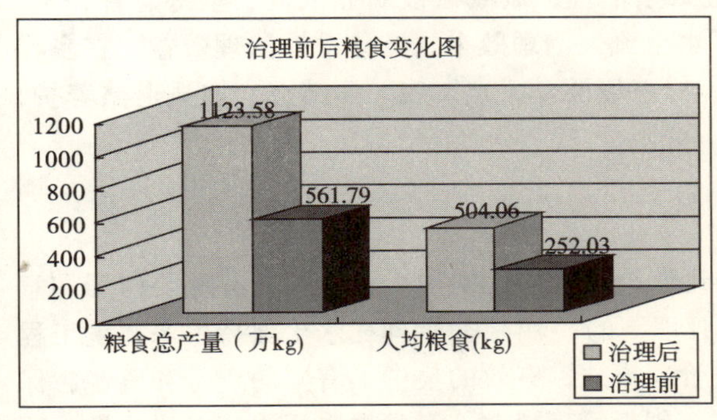

图5　治理前后粮食变化图

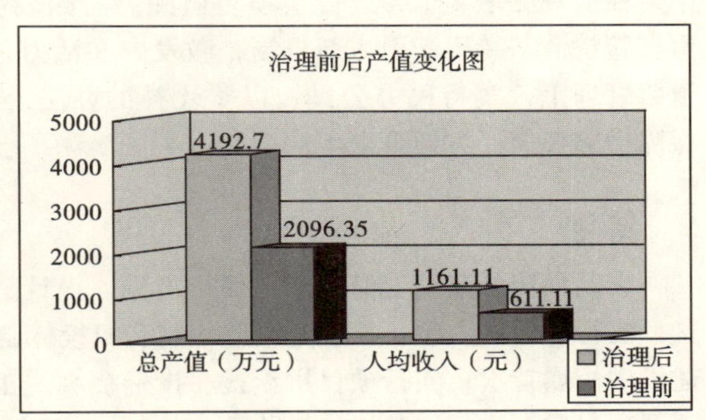

图6　治理前后产业总值变化图

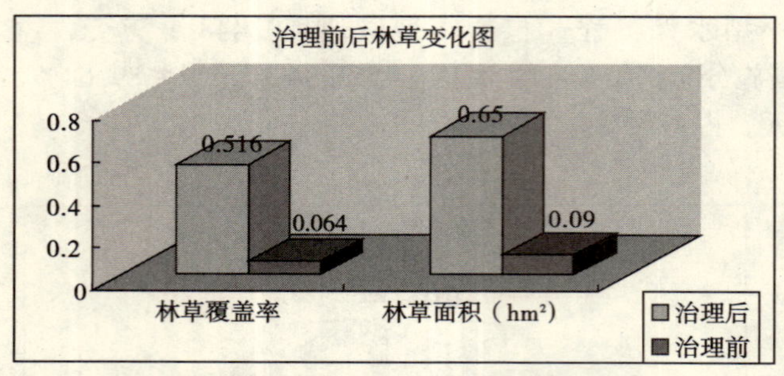

图7　治理前后林草措施变化图

5.2.3　社会效益

治理期末流域内农户薪柴占有量户均达到2.8t，牲畜、羊只饲草总量达到7847万kg，基本满足了饲草的需求量并有结余。

5.2.4　生态效益

治理期末林草覆盖率由治理前的6.4%提高到51.6%，人均林草面积由治理前的0.09 hm^2增加到0.65 hm^2，林草面积占到宜林、宜草面积75%以上。生态环境开始向良性循环转化（图7）。

5.2.5　治理成果

黄河水土保持生态工程茹河项目小流域治理成果见表1。

黄河水土保持生态工程茹河项目小流域治理成果表　　表1

措施类型		现状	计划批复	监理确认完成	累计完成
基本农田	水平梯田（hm^2）	3793	5635.43	5776.91	9569.91
林草措施	乔木林（hm^2）	1348.0	1289.4	1381.9	2729.9
	灌木林（hm^2）	149.7	6862.1	6984.2	7133.9
	经济林（hm^2）	538.6	1418.2	1488.5	2027.1
	草地（hm^2）	935.4	6439.9	4719.1	5654.5
	果园（hm^2）	50.4	156.4	190.8	241.2
治沟骨干工程	新建（座）	—	51	46	46
	加固（座）	—	—	—	—
淤地坝（座）		—	62	91	91
小型水利水保工程	谷坊（座）	—	470	846	846
	沟头防护（处）	—	172	173	173
	涝池（座）	87	135	156	243
	水窖（眼）	10854	300	500	11354

5.3　管理工作成效

项目下达封禁治理面积92km^2，新建设生物及刺丝围栏258km，竖立封育保护区边界与保护区标志牌140个，布设监测站点9个。实施3年来共完成刺丝围栏22.4km，生物围栏45.7km，竖立封育保护区边界牌80个，保护区标志牌60个，宣传牌9块。按照项目监测方案，布设样方监测点9个，径流观测小区4个，径流观测堰2个，进行了项目监测。监测表明，通过封禁治理，流域植被明显恢复。坚持建管并重，重在管护。坚持不断引入新机制，激发内在活力，提高了水土流失治理效果，充分发挥治理效益。在乡村道路管理上，实行民办公助、以奖代补的办法，县、乡、村三级驱动，点、线、面结合，加强道路养护，保障道路畅通，方便群众生产生活。

6　结论

在黄河流域茹河支流域水土保持规划、设计、施工、运营全过程中，施加工程管理具有重要作用和意义。实行项目法人制、工程建设监理制和招投标制、合同管理制的“四制”管理在水土保持生态环境工程建设中尚属首次；实行项目拼盘式、投资捆绑式工程建设管理模式，有效的集中了有限的资金和资源，保证了项目顺利进行；坚持建管并重，“三分治理七分管理”；创新管理机制，激发内在活力；组建质量管理体系，严格执行质量控制程序，加大现场监管力度，采取预控措施，防止质量失控，杜绝质量事故发生，有效控制和科学评价工程质量。该工程在拦蓄、经济、社会和生态上均取得了显著成效。

参考文献

[1] 赵振宇，乌云娜，黄文杰．我国建设项目管理现状与题问卷调查分析［J］．建筑经济．2005（6）：59－63.

[2] 张桂香，王士革．云南东川小江流域生态环境初探及保护对策［J］．水土保持研究．2006（12）：50－52.

[3] 曾大林．对水土保持监测工作的几点认识和设想［J］．中国水土保持．2000（10）：12－13.

[4] 成虎．工程项目管理［M］．北京：中国建筑工业出版社，1999.

[5] 董玉学．建筑项目建设监理［M］．北京：中国建筑工业出版社，2003.

[6] 李启明主编．土木工程合同管理［M］．南京：东南大学出版社，2002.

[7] 杨志让等．景观生态在小流域治理中的应用［J］．宁夏农林科技．2005（6）：49－51.

[8] 徐孙燕．工程建设监理资料的管理［J］．水运工程．2006（12）：103－104.

[9] 顾耀民，陈志灵，徐晶．宁东供水工程招标投标与合同管理［J］．中国农村水利水电．2006（11）：60－62.

[10] 常磊，刘伟民，常福礼．彭阳县水保生态建设的成效和做法［J］．中国水土保持．2004（8）：31－32.

试论建筑业市场准入制度的改革方向

卜炜玮　朱宏亮

（清华大学建设管理系）

1　引言

建筑业市场准入制度是对进入建筑市场提供产品和服务的主体资格进行限制和管理的制度。市场主体（即参与市场竞争的企业和个人）是一切工程建设活动的实施者，市场主体的素质对工程管理的水平有着决定性的影响。市场准入制度正是限制市场主体的素质和水平的管理制度，因此它在建筑业的管理制度体系中处于基础地位。

我国已建立起一套企业资质管理与个人执业资格管理相结合的建筑市场准入制度。其中企业资质是主要的市场准入限制，它不仅是企业进入市场参与竞争的通行证，也是政府部门对企业进行监管的主要依据。个人执业资格管理制度近年来发展迅速，目前已经建立起了八种个人执业资格管理制度，基本涵盖了建筑勘查设计、施工、咨询监理等各环节。现有的以企业资质管理为主的建筑市场准入制度不符合市场经济体制的要求，引发了一系列的问题，需要进一步改革。

2　企业资质管理制度的局限性

在计划经济时代，我国的社会处于“单位制”结构中。这种社会结构的特点是：资源通过单位（包括国家机关和企事业单位）来分配，国家通过单位实现对社会的全面控制。个人依附于单位，缺乏流动的自由。社会具有高度的稳定性。单位与员工之间的劳动关系也相对稳定。

在这种社会结构里，政府只需要对单位进行有效的管理，就可以通过单位实现对个人的控制。这种管理模式下，政府通过企业间接管理个人，减少了管理对象的数量，从而减轻了负担，节约了成本。从我国建筑市场发展的历史可以看出，在这个时期，以企业为管理对象的资质管理制度能够有效地规范建筑市场，是一种成本低、效果好的市场准入制度。在这种体制下，政府通过对企业进行管理，就可以有效地控制从业者个人的行为，因此并不需要设立个人执业资格。

然而，随着市场经济体系的确立，企业和员工之间稳定的依附关系被打破，专业人才的流动开始出现。为了有效管理流动的个人和不断变化的企业，政府建立了针对个人的执业资格制度，并对企业资质定期进行审查。伴随着市场经济体制的确立，20世纪90年代中期以后，我国个人执业资格管理制度迅速发展起来。

回顾两种市场准入制度的建立过程，就可以清晰地看到，正是从计划经济向市场经济转轨的大潮推动了个人执业资格管理制度的建立和完善。早在改革之初的1982年，在当时的城乡建设环境保护部发布的《建筑企业营业管理条例》中，我国就以法规的形式建立了对从事房屋建筑、土木工程的企业按技术资质和规模分级承接工程的建筑市场准入制度。7年之后，建设部颁布《施工企业资质管理规定》，标志着我国正式建立起对建筑施工企业进行资质分级管理的市场准入制度。建筑业个人执业资格管理制度的建立则要晚得多，直到1995年国务院和建设部先后颁布《中华人民共和国注册建筑师条例》和《建筑施工企业项目经理资质管理办法》，我国才初步建立起建筑业的个人执业资格管理制度。

企业资质管理制度产生于计划经济时代，并与计划经济时代的社会结构与经济管理方式相适应，具有时代和体制的局限性。因此，在我国的经济体制从计划经济转向市场经济后，企业资质管理制度已无法有效发挥作用。现有的市场准入制度仍然以企业资质管理为核心，由此引发了诸多问题。

3　现有建筑业市场准入制度的不足

3.1　不符合市场经济对生产要素流动性的要求

经济学理论告诉我们，生产要素的自由流动是实现资源有效配置的前提条件。只有确保资金、技术、人才和原材料的自由流动，才能实现资源利用效率的最大化。今天，我国已基本建立起开放的、自由竞争的市场经济体制，实现生产要素的自由流动理应成为制度建设的目标。在各种生产要素中，人是最活跃的。

人力资源的自由流动是市场经济的基本要求。然而，我国现有的建筑市场准入制度却成为人力资源流动的障碍。

按照现有制度的规定，拥有执业资格的个人必须受雇于企业才能在政府主管部门注册并承接业务。企业资质的评审条件中也包括了企业必须拥有的各类人才的数量。然而市场的供求关系是不断变化的，企业承接的业务量很可能与企业现有的专业人才数量不匹配。人才流动的障碍必然造成企业人力资源的浪费和经济上的损失。

如果某一企业经营不利，承包的工程数量较少，受雇于该企业的建造师（项目经理）就没有工作可干。同一时期另一家企业可能面临很多发展的机会，但是因为建造师数量不够或者资质不足而无法承包工程。按照现有制度的规定，企业与其聘用的建造师之间必须保持相对固定的雇佣关系。虽然建造师可以变更注册，但这将会使企业的资质受到影响，而资质影响到企业未来的生存和发展，因此这样做的企业并不多。企业资质管理制度的限制不仅使企业和个人蒙受损失，也造成了全社会人力资源的浪费。

3.2　无法有效地规范市场秩序

市场的规律是不可违抗的。市场的供求关系要求拥有执业资格的专业人才在不同企业间流动，而现有的准入制度限制了这种流动。人力资本的流动无法以合法的方式进行，就会转而以企业挂靠、借用或伪造执业资格证明、在资质申报中作假等违法的形式变相进行。这正是目前建筑市场秩序混乱，“挂靠”、“借用”等违法现象突出的根本原因。因为这种违法行为符合市场需要，有着内在的经济动力，能够让参与各方都得到好处，所以尽管政府三令五申，但与企业资质有关的违法行为丝毫没有减少。笔者去年在江浙一带考察时，就曾发现某地约有半数工程都不是由中标企业的项目经理来管理的。当地政府部门认为，本地的建筑市场长期以来都如此运作，并未出现大的问题，因此对这种现象采取了姑息纵容的态度。

大量的“挂靠”、“借用”违法行为泛滥，已经使企业资质与个人执业资格原有的对应关系不复存在。而政府部门仍然通过对企业资质进行监管的方式来实现对市场的管理。这就造成了一个严重的后果——政府对从业者个人的监管消失，工程的实际管理者也许并不是拥有执业资格的建造师。混乱的市场中，企业的资质不再具有信誉保障的作用，顾客也无法依靠企业的资质来预测自己即将得到的建设工程服务的质量。

3.3　人为构筑的壁垒限制了市场的充分竞争

对企业资质的严格要求，为市场树立了壁垒，对大企业起到了保护作用，不利于市场的充分竞争，容易造成市场的垄断。截至2006年底，全国共有建筑企业10万多家，其中特级资质企业仅有209家，一级资质企业也不过5486家。《建筑业企业资质管理规定》中对施工企业承包业务范围进行了严格的规定，大部分亿元以上的大型工程只能由特级或一级资质企业承包。资质成为进入市场的敲门砖，导致成立时间较短的新企业的生存与发展受到限制。不少具有较高资质等级的大企业，依靠“出借”资质和提供“挂靠”生存。因为缺乏本地从业经验，无法取得较高的资质等级，外国企业的进入也受到限制。

中国的企业资质管理制度是从日本学来的。然而日本的建筑业发展现状却值得我们反思。日本政府将建筑工程按工种分为28类，每类工程又按造价分成5个等级，企业必须具有相应等级的资质方能参加投标。这种限制造成了日本建筑市场封闭保守的特征。截至2002年，在日本开展业务的外资建筑企业仅有81家。对企业资质的限制一方面减弱了市场竞争，导致建筑服务报价居高不下，另一方面也导致了大公司对市场的垄断。据统计，日本建筑业前50家大企业的施工规模占全行业的1/4。

政府对市场的过多干预也创造了大量的寻租空间，为腐败的滋生创造了土壤。因为企业的资质都由政府评定，日本的建筑业巨头通常都与政府人士有着密切的关系，通过对政府施加影响进一步谋求自身的利益。

3.4　不合理地减轻了从业者个人的法律义务

在现行的建筑企业资质管理制度中，企业是法律意义上的市场行为主体，从业者个人只是作为企业内部的员工开展业务。即便因从业者个人的过错造成合同违约，主要的违约责任仍然要由其所在企业承担。这种制度安排不合理地减轻了从业者个人应负的法律义务。为避免风险，企业必然要减少从业者个人的权利，最终限制到从业者的自身能动性。从业者个人承担的风险较少，也是造成以分散从业者个人的执业风险为目标的从业保险制度在我国发展缓慢的重要原因。

3.5　缺乏从业者个人的信用记录

因为重视企业资质，轻视个人执业资格，所以目前我国只有建筑业的企业信用记录系统，而尚未建立针对从业者个人的行为和信用记录系统。顾客仅能依靠企业的资质和历史记录来选择承包商。然而在不少场合，对于工程的优劣，建造师个人的水平要比企业的资质更具影响力。在大量技术难度不大的工程实践中，也是由建造师来选定施工队伍、确定工程进度和施工方案的，企业对此基本不进行干预。因此，很多业主的招标，与其说是选择企业，不如说是选择建造师。仅凭企业的资质，业主难以判断即将采购的服务的质量。而信息的不足也导致高水平的建造师不能脱颖而出，低水平的建造师无法被淘汰，市场自身的优胜劣汰功能起不到应有的作用。

4 未来的改革方向

4.1 改革的最终目标

我国建筑业市场准入制度改革的最终目标应当是：取消企业资质管理制度，建立单一的通过个人执业资格进行管理的市场准入制度。

大多数发达国家没有企业资质管理制度，企业只要取得营业执照即可开展业务，参与工程投标。从业者以个人身份进入市场，参与竞争，签定合同，并承担法律义务。美国实行注册人员的个人市场准入管理制度。西班牙的建筑领域有5种个人执业资格，没有企业资质管理制度。在美国和西班牙，从业者必须取得执业资格才能进入市场承接工程。法国的建筑领域只有建筑师一种执业资格，法律规定建筑面积为170m^{2}以上的房屋建筑项目必须由建筑师完成，而对工程施工领域的从业人员没有准入限制。在建筑业执业资格制度的起源地——英国，建筑业的执业资格分为7类，分别由7个专业学会负责管理。法律对建筑业各类人员的从业没有任何限制。各种执业资格只是从业者个人水平的证明。即便没有这些执业资格，从业者也可以承接业务。在英国的建筑市场中，执业资格不是法律强制要求的市场准入许可，而是一种职业能力和水平的证明。由发达国家的建筑市场管理现状可以看出，没有企业资质管理制度，建筑市场同样可以井然有序。

取消企业资质管理制度，建立单一的通过个人执业资格进行管理的市场准入制度，是市场经济体制的内在要求，符合生产要素自由流动与资源利用效率最大化的原则。取消企业资质管理制度后，与资质有关的“挂靠”和“借用”等违法行为就会自然消失。而基于从业者个人执业行为记录的监管和考核，也会比目前针对企业进行的监管和考核更具针对性。取消按照企业资质招投标的限制，针对个人执业资格进行市场准入管理，可以促进市场竞争，降低行业的准入壁垒，进而促进全行业技术水平和管理水平的提高。因为政府不需要审批企业资质，与资质有关的贪污腐败现象也将得到遏制。

4.2 循序渐进的改革思路

在短期内取消现有的企业资质管理制度，必然会引发建筑市场的混乱。因此这项改革应当是一个循序渐进的过程，首先应当逐步弱化企业资质的功能，将工程招标时对企业资质的限制放宽，转而增加对包括建造师在内的从业者个人的执业经历和近期业绩的限制，在评标中将二者综合考察。行业主管部门对从业者的管理也应当更具弹性，将对从业者的管理与对其注册所在公司的管理分离。接下来，可以允许从业者在企业间自由流动，允许他们受聘于注册企业之外的公司承接业务。最终在条件成熟时，允许从业者以个人名义承接业务，完全取消企业资质管理制度。

4.3 配套的改革措施

政府应当尽量使用经济手段调节市场，充分发挥从业保险的作用。在很多发达国家，企业和个人历史上的业绩都会影响到各类工程保险的保费，进而影响企业和个人承包工程的利润。在这些国家，保险公司给出的费率替代了政府评出的资质，确保了市场的有序竞争。而要做到根据历史记录确定保费费率，就必然要建立一个全面的个人执业行为数据库。

当从业者个人成为市场活动的主角时，法律应当严格规定从业者个人的法律义务与违法责任。澳大利亚实行个人执业资格管理制度，建筑商（类似我国的建造师）以个人身份与业主签定合同，一旦发生合同违约或建筑商及其下属违反政府相关规定的情况，建筑商本人必须承担法律责任。在全面推行强制从业保险之后，由从业者个人对工程事故的损失进行赔偿就成为可能。因此并不存在从业者个人赔偿能力不足的问题。

发达国家的个人执业资格一般都由行业协会或学会进行管理；或者由行业协会或学会对个人进行培训和考核之后，政府依照考核结果进行审批。这样既可以减轻政府的负担，也可以充分发挥专家学者的作用。

我国对个人执业资格的管理也应当借鉴发达国家的先进经验，更多地发挥社会力量的作用，逐渐让行业协会和学会成为执业资格管理的主角。

5　结论

从以上分析可以看出，企业资质管理制度适应的是缺乏个人流动的单位制社会结构。现有的建筑市场管理制度无法有效地规范市场秩序，限制了市场竞争，不符合市场经济对生产要素流动性的要求。我国建筑市场准入制度的改革应当循序渐进，逐步弱化企业资质在工程招投标和行业管理中的地位和作用，强化个人执业资格的作用，并适时采取若干配套措施，最终完全取消企业资质管理制度，建立单一的通过个人执业资格进行管理的市场准入制度。

参考文献

[1] 中国建筑业的对外开放——之三：建筑业对外开放成效显著 [N]. 中国建设报，2007-01-12.

[2] 符曜伟，赵晖，刘晓艳等. WTO 主要成员国家和地区建筑市场准入制度和技术性壁垒分析与对策研究 [R]. 建设部，2002.

[3] 日本建筑业的现状及外国企业的市场准入情况 [EB/OL]. http: //www. cein. gov. cn/news/show. asp? rec_ no = 11351. htm

[4] 方东祥. 建设部赴美国、英国建筑师事务所及建筑市场管理制度考察团考察报告 [R]. 建设部，2005.

[5] 建设部赴英国、西班牙、法国建造师执业资格制度考察团. 2002 年建设部赴英国、西班牙、法国关于建造师执业资格制度的考察报告 [R]. 建设部，2002.

[6] 建设部赴澳大利亚、新西兰考察团. 建设部赴澳大利亚、新西兰建筑市场准入制度和建造师执业资格制度考察报告 [R]. 建设部，2005.

[7] 建设部赴美国、加拿大考察团. 建设部赴美国、加拿大建筑市场监管考察报告 [R]. 建设部，2005.

建筑市场信用体系建设现状与建议

王孟钧[1]　全　河[2]　何继善[1,3]　常　燕[1]

（1. 中南大学；2. 建设部；3. 中国工程院院士）

1　引言

近年来，我国经济快速增长，基础设施建设与城市化进程进一步加快，建筑市场信用问题日益突出。为规范建筑市场秩序，推进建筑市场信用体系建设，国家采取了许多措施，建设部从2002年起就开始实施和推进建筑市场信用体系的建设，2005年8月出台了《关于加快推进建筑市场信用体系建设工作的意见》，2005年11月启动长三角区域信用体系建设工作试点，2006年2月启动环渤海区域信用体系建设工作试点，2007年1月又以建设部文件正式印发了《建筑市场诚信行为信息管理办法》和《全国建筑市场各方主体不良行为记录认定标准》，对加强市场监管，转变政府职能，防止建设领域腐败和拖欠工程款起到了极大的促进作用。

然而，信用体系建设的任务仍然十分繁重而迫切。究其原因，许多政策和措施通常是针对某一具体问题而采取的治标之策，收效于一时，无法从根本上解决问题。因此，需要从系统的角度，多视角、全方位地分析和研究建筑市场信用体系建设问题。

我国建筑市场信用体系建设的首要命题是，必须真正立足中国实际，深刻认识我国建筑市场运行中出现的困难和问题，在借鉴西方成熟的建筑市场信用机制的基础上，进行全面的改革与创新。只有揭示建筑市场信用系统的本质特征，强化建筑市场信用机制和制度建设，才是建筑市场的治本之策。

2　建筑市场信用体系建设的理论依据

2.1　建筑市场信用体系的构成

建筑市场信用体系涉及面广，构成复杂，与社会信用关系密切，是我国社会信用体系的有机构成部分。所谓社会信用体系，实际上是一套治理机制，它把各种与信用建设有关的社会力量有机地整合起来，通过激励守信行为和惩罚失信行为，使信用主体行为的价值取向发生改变，并自觉自愿地从失信向守信转变，从而保障市场经济秩序正常运行和发展。

建筑市场信用作为行业信用的概念，其信用体系建设涉及各级建设行政主管部门、行业协会、建筑市场行为主体（业主、承包商、咨询机构等）、信用中介服务机构以及其他社会信用信息提供机构等，主要包括信用法规、信用制度、信用信息、信用评级、信用文化、信用机制、信用行为等主要内容，形成一个有机整体，共同承担塑造建筑市场信用的功能。建筑市场信用体系构成如图1所示，建筑市场信用立法与制度、信用评级、信用信息以及信用文化构成了建筑市场信用体系的“菱形结构”模型，分别位于“菱形结构”的四个顶点，而信用机制是整个建筑市场信用体系的运行机制。它们的落脚点都在信用行为，通过规范、拓展、保障、指导信用行为，最终目的是提高整个建筑市场的信用水平。

建筑市场信用体系建设任务艰巨而繁重，是一个庞大的社会系统工程，必须在理论分析和研究的基础上，有计划、有步骤地稳步推进。

2.2　建筑市场信用系统演进理论

演化理论是一门借鉴生物进化的思想方法和自然科学多领域的研究成果，研究经济现象和行为演变规律的经济学理论。它强调竞争和自然选择机制在经济行为主体演化中的作用，认为经济系统是一个持续发展的演化系统。建筑市场信用系统和生物系统一样是一个演化系统，它在外部环境和内部结构的互动中不断得以进化和修正。建筑市场信用系统的逻辑演进路径应该是从建筑市场单方主体基于惩罚、收益、声誉计算的自利选择，到以社会整体效益最大化为目的的约束防范措施出台，再到信用机制与制度的逐步建立，在信用制度被市场接受并强化后，最终形成信用文化及普遍的信用价值观，使信用系统不断优化和完善。

建筑市场信用系统的逻辑演进一般经历五个阶段，如图2所示。

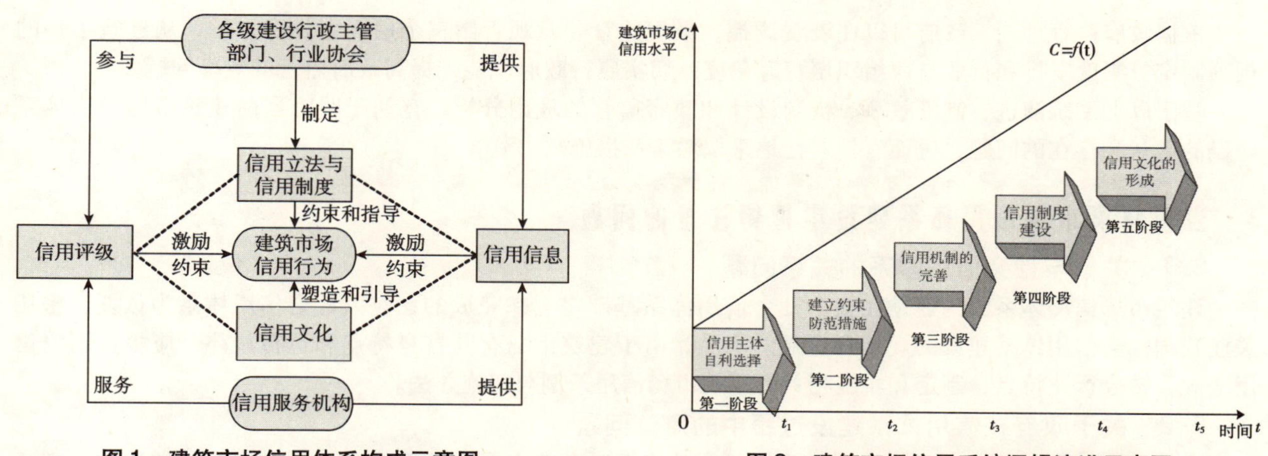

图1　建筑市场信用体系构成示意图　　**图2　建筑市场信用系统逻辑演进示意图**

然而，在我国从计划经济向市场经济转轨过程中，建筑市场信用系统的历史演进路径与逻辑演进路径发生了偏离，没有经历西方发达国家的渐进演化过程，导致大量信用缺失现象，影响了建筑市场信用建设的进程和成效。揭示建筑市场信用系统的逻辑演进路径，对于我国建筑市场信用体系建设工作具有现实指导意义。

2.3　建筑市场信用制度效率理论

制度效率是指制度在界定个体行为、协调人际关系以及解决利益冲突过程中所体现出来的效率。可从诸多方面进行描述：制度对个体的激励和约束的有效性大小；制度是否是稳定、可靠和安全的；制度是否能确保制度构建目标（如经济增长、社会公正等）的实现；制度是否与现有的社会经济环境相适应等。制度效率的一般函数形式为：

$$SE=f\ (x_1,\ x_2,\ \cdots x_i,\ \cdots,\ x_n)\qquad i=1,\ 2,\ \cdots,\ n$$

制度效率还可以体现在对市场机制（自发秩序）的纠正上，而不仅仅是维护上。另外，由于制度具有强制性、垄断性和排他性，因而，如果人们的自愿契约能更有效率（如当事人之间的自愿谈判能节约交易成本），那么，制度的强制性必须给自愿契约留有余地，制度效率也应体现在制度对自愿契约的合理保护上。

依据建筑市场信用制度效率理论，在信用制度安排和创新过程中，要注意制度变迁的类型和方式，要考虑制度的成本和收益，要遵循制度效率原则，以提高制度建设的经济性和有效性。目前我国建筑市场信用制度供给不足，制度建设任务繁重，只有牢固树立制度效率观，明确制度建设的目标和环境，才能使建筑市场信用制度建设取得事半功倍的效果。

2.4　建筑市场机制设计理论

研究表明，我国建筑市场信用缺失的根本原因不仅在于信用制度缺失，更在于信用机制不够完善。因此，不能仅注重建筑市场信用问题的表象，而必须注重系统隐藏的演进路径和机制问题。换句话说，我国建筑市场信用体系不应当仅仅停留在“制度建设”这样一个相对静态的层面上，而需要致力于构建动态的“机制完善”观，着力于建筑市场在特定演进阶段的信用机制设计问题。脱离了健全、合理的信用机制来谈建筑市场信用制度建设是不切实际的，离开了信用机制，任何制度尤其是正式制度将形同虚设。有的时候，“有法不依”比“无法可依”更糟。

建筑市场信用机制应具备信息传递、激励约束、资源配置和风险防范等功能，它们相互依存、共同作用，引导各信用主体的行为，促使建筑市场信用系统均衡协调进化。通过分析建筑市场信用机制的现实可能性及实现条件，揭示建筑市场信用系统运行与演进的关键环节，能为建筑市场特定环境下的机制设计提供逻辑框架，明确建筑市场信用机制设计的方向和侧重点。

2.5　建筑市场政府监管理论

在市场经济发展的不同阶段，政府和市场的能力与功能不一样。在我国特定的历史环境下，应认清政府监管与市场自治的边界及分工协作关系，明确当前形势下建筑市场信用体系建设中政府监管的必要性和有限性。

依据政府监管理论，政府可以在宏观调控、微观监管和微观管制三个层面上发挥作用，从建筑市场的规则制定、制度安排和行业自律组织培育等角度，切实履行政府职能，提高政府监管的效率问题。

基于以上系统演进、制度效率、机制设计和政府监管的理论分析，有利于明确当前建筑市场信用体系建设的现状和存在的问题，进而有针对性地采取对策和措施。

3 当前建筑市场信用体系建设中值得注意的问题

3.1 关于与社会信用体系的关系问题

建筑市场信用体系的构建是在整个社会信用体系基础之上来完成的，应以社会信用体系为依托，密切关注我国社会信用体系建设的规划和进展。当然，由于建筑市场有其自身特点和运行规律，应根据国家信用法规，结合行业特点，制定和实施相关的建筑市场信用条例与实施办法。

3.2 关于政府在信用体系建设过程中的定位问题

由于我国的市场经济还不成熟，目前信用体系建设需要政府来启动和推进，但必须有长期规划，遵循“政府推动、市场运作、权威发布、资源共享、法律保证、社会监督”的原则，分阶段实施，明确政府在信用体系建设中的地位和作用，重点在于信用环境的打造和信用演进路径的把握。从本质上来讲，“信用”是市场经济的产物，应该用经济手段、通过市场途径来解决问题。

3.3 关于信用机制的建立与完善问题

在建筑市场信用系统的逻辑演进过程中，建筑市场信用机制、信用制度和信用文化三者相互依存、逻辑演进，以引导各信用主体的行为，促使建筑市场信用系统均衡协调进化。完善的信用机制是保证建筑市场信用制度能够有效发挥作用的关键前提，这是很多学者在进行研究时所忽视的，信用机制是否有效的衡量标准在于违约成本的高低。显然，信用机制不健全是导致建筑市场信用缺失的一个重要原因。因此，如何建立一套切实可行的建筑市场信用机制，使守信者得到奖励，失信者受到惩罚，这是建筑市场信用体系建设的关键所在。应尽快建立与完善建筑市场信用机制，包括信息传递机制、激励约束机制、监督管理机制和教育培训机制。

3.4 关于信用制度和信用文化的建立问题

现阶段我国建筑市场严重的信用缺失状况说明我们的信用制度安排本身存在着大量的问题，或者说我国的信用制度是严重缺失的。高效的信用制度不仅有利于促进信用主体依法经营、信守承诺，还有利于通过制度约束，建立起有效的市场运行和监督机制。信用制度是信用体系建设的核心，应当逐步完善建筑市场信用制度，如信用管理制度、联合征信制度、信用公示制度、信用评级制度、信用担保制度、信用风险管理制度等。同时，应当建立长效的信用文化，将信用的内在自律和外在约束有机地结合起来，使得守信成为建筑市场主体共同认可的价值观和行为准则。

3.5 关于信用评级的标准、指标和方法的问题

信用评级带有很大的主观性，并且牵涉到评级对象的切身利益，如果指标选不好、标准不合理、方法不科学，评定结果的权威性会受到质疑，很难推行和实施下去，反而会加大信用体系建设的难度。当前，建筑市场信用评级的标准、指标体系和评定方法还有待深入研究，主要做好建筑市场主体信用行为标准、信用行为记录等基础工作，形成信用信息查询平台，增大信息的透明性和对称性，增强市场主体的信用意识。

4 建筑市场信用体系建设的建议与措施

4.1 完善建筑市场信用管理法规

建筑市场信用体系建设必须要有法律保障，立法先行。一方面国家有计划地制定颁发全社会信用体系的相关法律和行政法规，如现正在征求意见的《征信管理条例》等，这些法律、法规对整个建筑市场信用体系的建立起着指导的作用；另一方面，建筑市场应出台与建筑市场信用体系建设相应的部门规章和管理办法等。建筑市场信用管理法规建设，首先要修改或完善现行的建设法律和部门规章，整合现有的管理制度，使之适应建筑市场信用体系建设的需要。

从发达国家的经验来看，并没有专门针对建筑市场而制定的信用管理法律。但有一些专门机构关注和研究建筑市场的信用问题，如美国的发展建设实践委员会（ICPC）。ICPC 是美国全国信用管理协会

（NACM）下面的常设委员会，为国家信用管理协会成员提供建筑业相关信息，有计划地提高建筑业的信用管理水平，研究并改进建筑业的相关法律、信用以及财务行为。

目前，我国许多信用管理工作需要政府牵头和经办。随着信用管理行业发展和国际交流增多，发挥信用管理行业协会的作用有其重要性和可能性，建议在完善中国信用管理协会组织机构和章程的基础上，设立一个建筑业信用管理分会。

4.2　建立建筑市场信用信息数据库

建筑市场是一个开放系统，信息构成复杂，且散落在各处，单纯通过市场手段去收集很困难，仅靠行政手段收集数据远远达不到征信标准，信息的广度和深度均有待提高。在明确政府在建筑市场信用信息建设中地位和作用的基础上，建议按不同主体分别建立信息系统。建立以各级政府为主体和电子政务为基础的政务信息公共披露系统；以行业协会为主体和会员单位为基础的自律维权行业信用信息系统；以企业自身为主体和风险管理为基础的自我内控独立信用信息系统；以信用服务为主体和市场运行为基础的信用服务信息系统。建筑市场信用信息系统建设的目标模式应是政府、协会、企业、中介服务机构同步发展各自的信用信息系统，最终形成不同层面、互联互通、信息共享的建筑市场信用信息系统。

行业征信是社会征信大系统的有机组成部分，具有社会和行业两个服务功能。在数据来源、数据操作和数据应用等方面，建筑市场信用数据库与社会信用数据库的关系密不可分。一方面为社会征信系统提供重要信息，另一方面，应在社会征信系统的基础上建立建筑市场征信系统，注意信用信息的互联互通和信息共享。

4.3　推进和完善建筑市场信用评级

国际上一些著名机构（如标准普尔、穆迪）对建筑企业进行信用评级，其评级指标和评级方法均在统一的框架下进行，只是在行业分析和个别指标方面考虑了建筑企业的特殊性。另外，建筑市场信用评级除了企业信用、财务信用外，项目信用也是一个重要的评级内容，不同的信用主体，如业主、承包商、专业人士以及金融机构都围绕“项目”这个核心形成一个“信用链”。因此，项目信用评级更具有行业特征和实际意义。

一般的信用评级主要是由金融机构或评级机构对建筑企业信用状况、客观信用能力进行评价。而我国建筑市场的信用问题主要表现为企业的主观失信问题，且重点发生在建筑市场行为主体之间。因此，现阶段建筑市场信用等级并不是真正意义上或完全意义上的“信用评级”，而主要是根据“信用标准”对市场主体的“信用行为”和“信用记录”的一种考察和评判。

从整顿和规范建筑市场秩序为出发点的信用评级，带有较强的行政性和强制性，其评级目的、需求动力、强制评级的切入点以及信用评级的主导者都和发达国家有显著不同。为解决当前与长远、国情与国际惯例的矛盾，建议在学习和运用国际通用的信用评价模型的同时，加上行为规范评价内容，偏重于不良行为记录和履约意愿，服务于建筑市场准入与退出制度。

建筑市场信用等级评价可由政府主管部门、政府委托部门和民间机构分别进行，长短互补，各具特色。信用评级机构既可以直接接受被评企业委托进行信用评价，也可以接受任何市场主体委托为其交易对手进行信用评价。从长远来看，后者将是主流，并对规范市场行为产生重大影响。

4.4　建立工程保证担保制度

工程保证担保制度是建筑市场极为重要的信用保障手段。推行工程保证担保制度的主要目的不是失信行为的事后弥补，而是着眼于失信行为的预防并促进建筑市场主体基本素质和管理能力的提高。工程项目一般都经历招标投标、设计、施工和质量保修等几个阶段，每个阶段都有相应的保证担保，如投标担保、履约担保、业主支付担保和保修担保等。这些以合同履约为中心的担保品种，覆盖了工程项目的全过程，对保证建筑市场信用的实现起到重要作用。

我国《担保法》规定的5种担保方式为保证、抵押、质押、留置和定金。留置权是法律赋予当事人对其债权进行救济的一种有效方式。我国《担保法》第82条明确规定了留置权的标的物是“债权人按照合同约定占有债务人的动产”，将留置物仅限于动产，而将不动产排除在外。由于建筑物是不动产，因而不能行使留置权。《合同法》第286条规定的承包人优先受偿的性质实为不动产留置权。由于我国《担保法》对留置权标的物的限制和《合同法》第286条规定的缺陷，使承包人对建设工程行使留置权存在法律障碍。

为了有效解决建设领域拖欠工程款的问题，维护建设工程承包人和农民工的合法权益，应修改相关法律规定，将不动产留置物纳入《担保法》中，同时完善《合同法》第286条的规定，对于工程款优先受偿权的性质，应明确界定为留置权，明确规定承包人的留置权，明确赋予承包人对建设工程行使留置权的权利，并对留置的合理期限以及可留置的工程范围做出具体规定。

从信用风险控制促进业主和承包商自律，从而推动建筑市场信用关系健康发展的角度来看，工程保证担保无疑具有很大优势，但对遏制业主拖欠工程款而言，留置权是最为直接的手段，对治理当前严重的工程款拖欠问题具有较大的威慑力，应给予充分重视。

4.5 注重行为主体信用意识的培养和提高

信用意识培育和信用文化的形成是建筑市场信用系统演进的最高目标。而信用文化的形成，既需要政府积极引导，更需要信用机制和信用制度的长期熏陶和沉淀，并逐渐成为一种长效机制。应加大舆论宣传力度，加强信用教育和培训，引导企业加强信用管理，强化个人特别是各级政府公务员、企业主要经营管理者、专业人士和中介服务机构从业人员的信用观念；应充分发挥行业协会和各类中介机构在信用体系建设中的重要作用，改革和完善其信用自律机制；应重视新闻媒体和社会大众对各市场主体信用行为的监督作用，保证建筑市场信用系统的正常运行和演进优化。

5 结束语

建筑市场信用体系建设与完善是一项社会系统工程，具有长期性、艰巨性和复杂性，对此，必须保持清醒的认识。在国家加速社会信用体系建设之际，建筑市场信用体系全面建设的时机已经成熟。只要我们在理论指导下，以科学的态度，制定建筑市场信用体系建设总体规划和战略部署，明确工作思路，试点先行，由点到面，有目的、有计划、有重点地分步实施，定能使我国建筑市场秩序逐步好转，促进我国建筑业的健康发展和投资效率的稳步提高。

参考文献

[1] 王孟钧. 建筑市场信用机制与制度建设［M］. 北京：中国建筑工业出版社，2006.
[2] 林钧跃. 社会信用体系原理［M］. 北京：中国方正出版社，2003.
[3] 盛昭瀚，蒋德鹏. 演化经济学［M］. 上海：上海三联出版社，2002.
[4] 汪洪涛. 制度经济学——制度及制度变迁性质解释［M］. 上海：复旦大学出版社，2002.
[5] 王孟钧. 何继善. 建筑市场信用机制研究［J］. 中南大学学报（社会科学版），2003，9（8）：508－511.
[6] 王俊豪. 政府管制经济学导论［M］. 北京：商务印书馆，2001.
[7] Treiber，Donald. What is the ICPC?［J］. Business Credit. 1993，95（2）：40.
[8] Thompson，Gary. ICPC expends to local areas［J］. Business Credit. 1994，96（4）：8－9.
[9] 汪波. 国际工程市场学［M］. 北京：中国建筑工业出版社，1996.
[10] 李晓春. 建设工程适用留置权制度之立法思考［J］. 政治与法律. 2006，4：130－134.

我国大型建设项目沟通问题的调查及分析

台双良　王要武

（哈尔滨工业大学管理学院）

1　引言

1.1　背景

随着世界经济一体化以及改革开放以来我国国民经济的持续快速发展，每年都有大量的国内外资金投入到我国的工程项目建设中来。特别是自1998年我国政府采取积极的财政政策以来，每年的全社会固定资产投资均在20000亿元以上，并且还保持着10%～20%的增长率。这些固定投资的相当一部分用于大型建设项目。1998年以来，我国每年投资额在3000万元以上的建设项目都在1000个以上。

大型建设项目在我国的整个建筑业中占据了非常重要的地位，直接影响着整个国民经济的发展。大型建设项目是否成功，不仅关系到巨额投资能否顺利形成固定资产，也关系到能否拉动整个国民经济的进一步增长。许多大型建设项目直接影响到人民群众的生活质量与生命安全，如水利设施、道路、桥梁、矿场等等，其重要性是不言而喻的。

1.2　大型建设项目沟通的重要性

美国未来学家约翰·奈斯比特曾说，“未来竞争将是管理的竞争，竞争的焦点就在于每个社会组织内部成员之间及其与外部组织的有效沟通”。没有沟通，就没有管理，沟通是管理的灵魄，有效的沟通决定管理的效率。对于建设项目管理而言，由于其分散性，沟通的重要性显得尤为突出。项目建设过程中信息沟通的困难或紊乱直接导致大量的不必要开支，同时还会影响工程的进度和质量。据统计，信息沟通问题是导致诸如工程成本超支、工期拖延、质量缺陷以及索赔与争议等现象的首要原因。

因此，沟通对大型建设项目的影响是至关重要的。为了从整体上把握我国建设项目沟通的状况、沟通对建设项目效果的影响、建设项目采购模式等对沟通的影响等，发现工程实践中存在的沟通问题，笔者对我国的大型建设项目沟通进行了调查。

2　我国大型建设项目沟通问题调查

2.1　调查概述

2.1.1　调查方式

本次调查采用问卷和电话相结合的方式。问卷调查法的最大优点是能突破时空限制，对众多调查对象同时进行调查，便于对调查结果进行定量研究。

电话调查的优点在于搜集资料速度快、费用低，可以就沟通的总体情况得到定性的认识。电话调查的缺点是每次电话调查时间不能过长，无法涉及过于复杂的问题，并且不能定量研究。

比较以上两种调查可以看出，采用两种调查方法相结合的方式可以较好地收集到更能体现客观实际的信息。

2.1.2　沟通问题的简化和调查对象的选定

建设项目沟通是一个跨越空间和时间、多层次、多方位的问题，对其进行全方面的资料收集是不可能的，必须进行简化。就建设项目而言，信息的最大沟通量出现在施工阶段，因此本调查仅收集施工阶段的沟通情况。就参与方而言，本调查选取的是建设项目最重要的参与方，即业主方、设计方和施工方。

Gartner认为，组织之间最频繁的沟通发生在中间层的经理之间。本调查选择业主方、设计方和施工方的项目经理（或项目负责人）作为调查对象，因为这三方之间的沟通是整个建设项目沟通中最重要的部分，也最能体现出整个建设项目沟通的状况。

调查选定近三年内完成或在建的、总投资额均在5000万元以上的项目。根据现有条件，能联系到的建设项目主要有房屋建筑类、交通运输类、电力工程类和水利工程。

2.1.3 调查问卷设计

本问卷的设计是在电话调查的基础上完成的。本问卷主要分为三个部分。第一部分是关于建设项目实施效果的，包括三个问题，分别是调查工期、进度和质量安全事故的情况，以此作为建设项目效果的评价依据。第二部分是关于建设项目沟通状况的，包括三个问题，分别调查了建设项目的采购模式、各方之间的沟通方式以及所沟通信息的主要形式。第三部分是关于沟通效果的，分别搜集参与方对所接收到的信息的及时性、准确性、完整性、过载以及欠缺方面的情况，并据此来评价沟通的效果。

2.1.4 数据收集情况

本问卷基本上是在电话联系之后才用 E-mail 发出的，因此回收率较高。发出问卷 36 份，收回 32 份，回收率为 88.9%。

2.2 数据描述

2.2.1 背景信息描述

调查共涉及 21 个项目：房屋建筑工程 7 个，分别属于城市公用建筑、事业单位办公楼和房地产开发项目；交通运输工程 5 个，分别属于高速公路、铁路和桥梁；电力工程 6 个，分别属于送电工程、变电工程和火电厂；水利工程 2 个，主要是水电站；剩余的 1 个是工业加工工程，如图 1 所示。

回收的 32 份问卷中，来自业主方的 9 份，设计方 5 份，施工方 18 份，如图 2 所示。这里的业主方、设计方和施工方是按照工作角色来分类的，不是按具体的企业或组织。

调查到的 21 个建设项目中，按照采购方式划分，包括传统模式（设计招标施工模式）17 个，BOT 模式 3 个，设计建造模式 1 个，如图 3 所示。这个比例虽仅为所调查项目的采购方式分布状况，但能够大体反映出我国大型建设项目的采购类型及其分布。

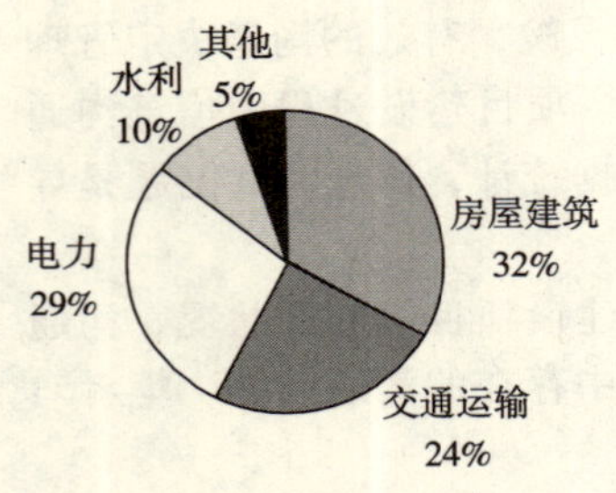

图 1 被调查的项目类型

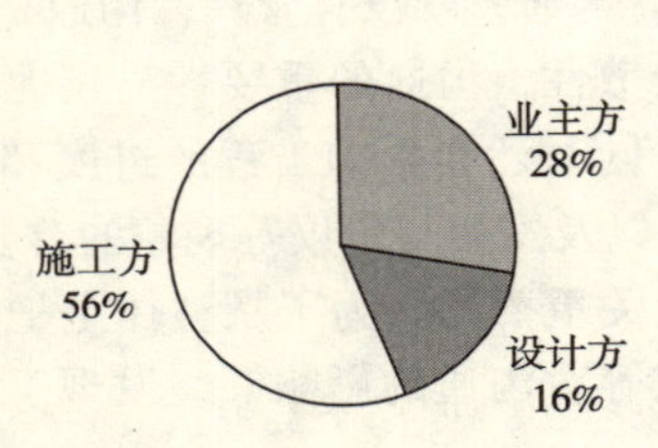

图 2 被调查的建设项目各参与方

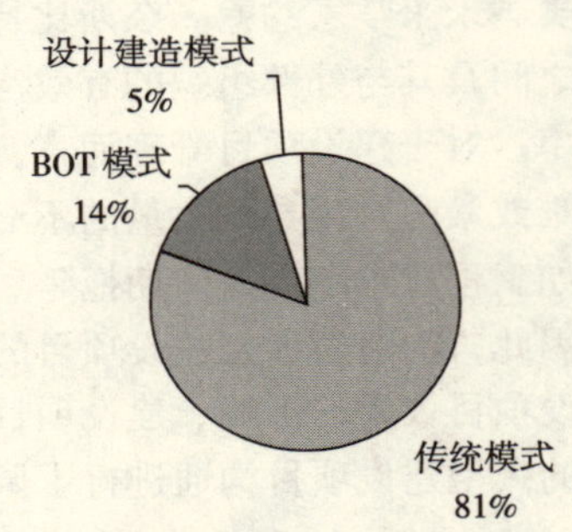

图 3 被调查的建设项目的采购模式

2.2.2 建设项目的实施效果描述

评价一个建设项目的成功与否是一个复杂的问题，仅靠简单的问卷是难以实现的。本调查对项目的实施效果予以简化，仅从进度、成本和质量安全三个角度来衡量。本部分共有三道题，分别关于进度、成本和质量安全状况。这三方面的权重分别为 0.3，0.3，0.4。每道题五个选项 a、b、c、d 和 e，赋予的分值依次为 5，4，3，2 和 1。运用 SPSS13.0，对收到的 32 份问卷进行统计分析的结果为：建设项目实施效果的平均分值为 3.35，最高分值为 4.23，最低分值为 2.87。

2.2.3 沟通效果信息描述

沟通的目的是通过信息传达来影响接收方的行为或思想。因此，沟通效果可以从信息接收方的角度进行评价。根据 Stephen R. Thomas 的研究，沟通效果可以进一步细化为五个方面：所接收到的信息的及时性、完整性、准确性、过载和短缺。这五方面的权重分别为 2.0、1.9、2.4、1.9 和 1.8。本部分共有五道题，分别关于上述五方面。每道题五个选项 a、b、c、d 和 e，赋予的分值依次为 5，4，3，2 和 1。运用 SPSS13.0，对收到的 32 份问卷进行统计分析的结果为：建设项目沟通效果的平均分值为 3.24，最高分值为 4.08，最低分值为 2.67。

2.3 数据分析

2.3.1 当前我国大型建设项目的沟通渠道

据统计，我国大型建设项目各参与方之间最主要的沟通渠道是面对面会议，占 55%。其次是工程联系单（又称为收发文或信函），占 26%。再次是电话和传真，分别占 10% 和 5%。采用 E-mail 和计算机网络进行沟通的比较少，如图4。据电话调查，虽然大型建设项目各方基本上都建立了自己的内部计算机网络，但由于互不信任，各方均不愿实现网络互联。所调查的建设项目中，只有一个建立了为所有参与方服务的计算机沟通网络。该项目采用的是BOT模式，主要施工方是筹资方，也就是业主成员之一。

2.3.2　当前大型建设项目所沟通的信息形式

据调查，有的设计院出于知识产权保护的角度，仅提供纸质的图纸。同时，因为法律效力和各方的利益冲突以及习惯等因素，各方之间的原始信息虽然绝大多数是电子形式，但仍然打印出来以纸质形式传递，如图5所示。

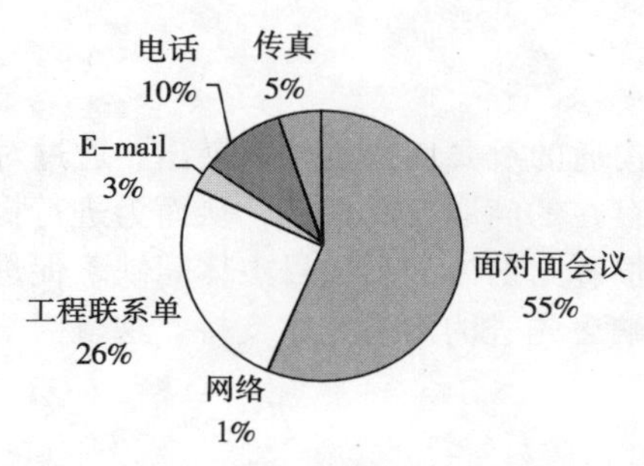

图4　主要沟通渠道

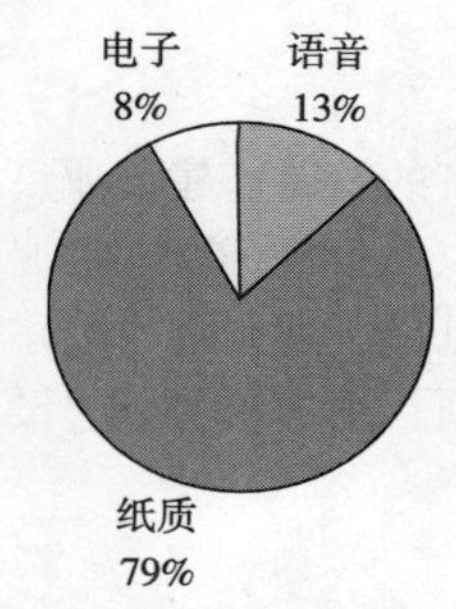

图5　沟通的信息形式

2.3.3　沟通对建设项目效果的影响

按沟通效果优劣排序，分别将沟通效果好的前10个数据作为A组，沟通效果差的后10个调查数据作为B组。分别计算两组的沟通效果（C）和建设项目效果（P）的平均值。结果如下：A组：$C\text{a}=3.49$ 和 $P\text{a}=3.52$；B组：$C\text{b}=2.93$ 和 $P\text{b}=3.20$。

由 $(C\text{a}-C\text{b})/C\text{b}=19.1\%$；$(P\text{a}-P\text{b})/P\text{b}=10.0\%$，可知，沟通状况改善19.1个百分点，可使整个建设项目的效果提高10个百分点。

2.3.4　采购模式对建设项目沟通的影响

32份答复中，BOT占7份，DB占2份，传统模式占23份。将BOT作为C组，传统模式作为D组，分别计算其沟通效果的平均值。结果如下：C组：$C\text{c}=3.52$；D组：$C\text{d}=3.18$。

由 $(C\text{c}-C\text{d})/C\text{d}=10.7\%$，可知BOT模式较传统模式的沟通状况好10.7个百分点。

3　我国大型建设项目信息沟通问题分析

3.1　我国大型建设项目沟通存在的问题

由调查可知，我国大型建设项目沟通的效率还不高，存在诸多问题。目前，我国大型工程建设中信息沟通方面存在以下深层次问题。

（1）沟通机制不良。沟通机制不良主要指建设项目组织缺乏激励各方积极沟通的机制。各参与方之间存在利益冲突，其权利义务是通过合同来明确的。这就导致合同各方为使己方利益最大化，互相猜忌和算计，没有沟通的愿望。实际调查也证实了这一点，无论是承包商还是业主均不愿实现网络互联。

（2）信息沟通方式。传统的信息沟通方式比较单一，缺乏多样性。目前，还是以纸张作为主要的信息载体，最大弊病就是成本太高。

（3）沟通内容。信息沟通的内容，主要是各类建设项目信息，存在以下问题：信息存储的整体状态无序；信息短缺和信息过载；信息的质量差。

（4）信息沟通路径方面。传统工程建设组织中，从最上层的业主到最基层的一线生产人员，中间存在许多管理层次，信息的传递要经过漫长而曲折的转换过程。

3.2　我国大型建设项目信息沟通问题的根源探究

经过深入分析，我国大型建设项目信息沟通问题的根源可以归究为以下三个方面：

（1）建设项目各主体之间缺乏促进沟通的激励机制（机制问题）。由于各参与主体相互之间利益并非一致，为了防止他方利用信息侵犯己方的利益，各方均倾向于信息保密，而不是共享。实质上，建设项目各参与主体之间完全可以通过采用先进的沟通技术提高效率来创造出更多的价值。

（2）建设项目沟通主体间落后的组织模式（组织模式问题）。在项目建设中表现为科层式的线性结构。其纵向沟通方式决定了任何信息只能通过层层传达给相应的接收方，结果必然导致信息的延误、失真等。

（3）建设项目沟通客体的无序（信息的有序化问题）。大型建设项目可能会牵涉到成百上千个专业工种。这些不同的专业工种之间呈分离状态，对工程建设有着不同的理解和经验，对相同的信息内容有着不同的表达形式。

（4）建设项目缺乏先进的沟通技术支持（技术问题）。建筑业对新的信息技术的应用能力与制造业等行业相比明显滞后。

4 结论

随着我国经济的发展，建设项目的规模越来越大，沟通的重要性也就越发突出。通过对我国大型建设项目沟通的调查以及分析，可以把握我国建设项目沟通存在的问题及其根源，从而为进行提高沟通状况的研究打下良好的基础。本文将我国建设项目沟通不佳的根源归纳为建设项目主体间缺乏促进沟通的激励机制、落后的建设项目组织模式、建设项目信息的无序和缺乏先进的沟通技术支持。这就为下一步的沟通研究提出了方向。

参考文献

[1] 王要武，李晓东，孙立新. 工程项目信息化管理—Autodesk Buzzsaw［M］. 北京：中国建筑工业出版社，2005：28－36.

[2] 丁士昭. 建设工程信息化导论［M］. 北京：中国建筑工业出版社，2005：53－59.

[3] 成虎，韩平. 论工程项目组织沟通［J］. 建筑经济. 1998，2：46－47.

[4] 王雪青. 国际工程项目管理［M］. 北京：中国建筑工业出版社，2000：140－159.

[5] Nash Dawood，Abi Akinsola，Brian Hobbs. Development of automated communication of system for managing site information using internet technology［J］. Automation in Construction. 2002，11：557－572.

[6] Gartner Group. Presentation at the 2001 Construct IT Members Meeting［C/OL］. 2001. http：//www.construct-it. org. uk.

[7] Stephen Richard Thomas. An assessment tool for improving project team communications［D］. Texas：University of Texas at Austin，1996：5－28.

对我国推行工程总承包建设方式若干问题的思考

刘东林 魏承坚
（福建省土木建筑学会工程管理研究分会）

由于工程总承包是国际上通用的建设方式，有利于工程总承包企业的规模化发展、充分发挥工程总承包企业的组织集成作用、搞好建设项目全过程的综合管理、防范风险、提高建设效率和投资效益，所以我国把发展工程总承包作为建设方式的发展方向。近年来，在建设行政主管部门的大力推动下，工程总承包方式取得了较大的发展，然而也遇到了许多问题，影响了发展速度和效果。这些问题主要是：对工程总承包的认识问题、市场各方主体的问题和政府宏观指导的问题。发展工程总承发包必须站在战略的高度、用科学的发展观、改革的手段、以市场主体为着眼点、从根本上创造条件。下面主要从提高认识、发展工程总承包市场主体和政府创造环境方面深入论述解决发展工程总承包遇到的问题的办法。

1 端正对工程总承包的认识

1.1 设计总承包和施工总承包不是工程总承包

有人认为，设计总承包和施工总承包就是工程总承包，这是对工程总承包概念的误解。所谓工程总承包，是指“从事工程总承包的企业受业主委托，按合同约定对工程项目的勘查、设计、采购、施工、试运行（竣工验收）等实行全过程或若干阶段的承包”。其由4大要素构成：(1) 业主（发包方）；(2) 工程总承包企业（承包方）；(3) 合同（依据）；(4) 工程项目（服务客体）。简而言之，工程总承包的本质就是承包企业为业主服务。

这里有两个问题需说明：一是施工总承包和设计总承包都只能算是传统意义上的承包方式，不能算是工程总承包。因为他们够不上“若干阶段”。二是工程总承包方式有许多种：以上所说的“若干阶段”可以有不同的组合；还可以前伸或后延，前伸到可行性研究和项目建议书，乃至项目投融资、策划等，后延到产品的销售、物业管理、回收资金等；根据业主在角色、能力等方面的不同与差异，又可以有代建、咨询和项目管理等不同管理方式。所以，工程总承包方式不只是Turnkey、EPC、DB、EP、PC等几种，还有其他更多方式，这就要求我们在实际运作中根据业主的需要和承包企业的能力，在考虑双方风险分配的基础上，用合同选择适用而可行的方式，而不拘一格或几格。

1.2 工程总承包不是生产管理方式

工程总承包对工程承包企业来讲是经营方式，是工程承包企业如何从业主手中取得任务的问题，是工程承包企业对外交往的问题；对建筑行业来讲是建设方式。这里要解决一个认识问题，即认为工程总承包是生产管理方式。生产管理方式是管理生产的方式，是生产中的计划、组织、指挥、控制和协调，所以工程总承包不是生产管理方式；由于它面对的是工程建设中的微观问题，所以，也不能称为行业管理方式或建设管理方式。

1.3 我国工程总承包的发展尚有四大问题

自1984年国务院颁发《关于改革建筑业和基本建设管理体制若干问题的暂行规定》后，我国即开始推行工程总承包。1997年发布的《中华人民共和国建筑法》中提倡进行工程总承包。2003年建设部发布了《关于培育和发展工程总承包和工程项目管理企业的指导意见》，为企业开展工程总承包指明了方向。2005年建设部又在颁发的《关于加快建筑业改革与发展的若干意见》中，号召大力推行工程总承包建设方式。2005年发布和实施了《建设项目工程总承包管理规范》。建筑业协会多次召开有关工程总承包的经验交流会。工程总承包推广面不断扩大；占承包总额中的比例不断增加，目前约占10%；在对外工程承包中，以此方式承担了许多EPC项目，工程总承包合同额大幅增长；中化工、中石化、中冶、中铁、中建等大型企业走在前列；进行工程总承包的企业提升了核心竞争力，取得了显著的经济效益和社会效益。

但工程总承包在我国的发展依然还存在下列问题：一是工程总承包的发展速度不快，与国际比较还很落后，国际上工程总承包占工程承包总额的50%左右（我国占10%左右）；二是业主缺乏对工程总承包方式的认识，尤其是在政府投资项目上缺乏积极性，因而使工程总承包市场的需求疲软；三是工程承包企业工程总承包的能力不强，勇气不足，难以承担工程总承包重任；四是法律、法规、政策、支持性措施等条件不足，甚至有些还成了进行工程总承包的障碍。

1.4　工程总承包是我国工程承包方式的发展方向

工程总承包是我国工程承包方式的发展方向，其原因有以下几点：一是工程总承包与传统的承包方式比较，具有许多优点，例如，有利于质量、进度和费用控制；二是有利于建立符合市场经济要求的工程建设新体制，与国际习惯承包方式的发展相沟通并发展国际承包；三是可以使进行单阶段承包的企业走出低利经营的低谷，不断提高经济效益，实现利益最大化；四是有利于防范风险，建立风险担保制度，有利于实现工程承包企业的规模化、管理集成化、业务专业化、资源配置优化，人力、资金节约化和纠纷最小化。所以建设行政主管部门在总结我国工程总承包的历史经验并进行发展趋势预测后做出"大力推行工程总承包方式"的决策。

2　工程建设业主需要解决的几个问题

工程建设业主是建筑市场的主体之一，是工程总承包的发包方，也是买方或被服务方，对发展工程总承包的作用是第一位的。

发展工程总承包，工程建设业主首先要对工程总承包有正确的认识。由于我国建筑业长期以来采用的是设计、施工、监理分别发包、分别管理的建设体制，业主受这一传统体制的影响，对工程总承包感到陌生，认识不到工程总承包模式的优点，习惯于自行管理；业主对工程总承包企业能否进行工程总承包的能力缺乏衡量的标准，对工程总承包企业无法信任；业主受自身利益的驱使，往往愿意分阶段分别发包工程和分别指定分包人。

因此，提高业主对工程总承包方式的认可是发展工程总承包的关键。其有三个方面的问题急待解决。

（1）要使业主认识到，工程总承包是工程建设社会化大生产的要求。社会化大生产要求工程承包企业进行规模经营，集成管理，全过程负责。分别发包割裂了工程建设的系统性和整体性，不利于提高建设的经济效益和社会效益，不利于工程承包企业的全面服务和协调管理，不利于业主的增值。

（2）发展社会化的咨询服务，为业主提供工程总承包实施后的管理服务组织和监督机制，以解决业主对工程总发包管理能力不足的问题。

（3）建立对业主行为的管理监督机制。由于体制的原因，我国政府只重视建筑行业管理和监督，即重视对承包人的管理，而严重忽视对发包人的管理和监督。建设部对业主管理基本没有职能，形成对市场主体管理的不平衡，使本应是建筑业发展动力的业主，反而成了制约建筑业发展的障碍，市场行为极不规范。因此，国家应明确业主建设行为的行政主管部门，立法规范业主的行为，建立监督机制进行到位的监督。

3　工程总承包企业要具备工程总承包的机制和能力

工程总承包企业作为工程的承包主体，进行工程总承包的关键是具备工程总承包的机制和能力。但是我国目前具有工程总承发包机制和能力的企业为数甚少，不能适应发展工程总承包的市场需求。怎样才能具备工程总承包的机制和能力？这里也要解决三个问题：

（1）通过改革和改组，把企业发展成为工程总承包企业。建设部建市［2003］30号文件《关于培育发展工程总承包和工程项目管理企业的指导意见》是将企业发展成为具有工程总承包能力企业的指导性文件。施工企业要具备设计承包能力和采购承包能力；设计企业要具有施工承包能力和采购能力；具有工程总承包资质的企业要提高管理能力、技术能力、资源能力，大力开展工程总承包业务；鼓励企业联合、合作形成工程总承包能力；有条件的工程总承包企业要向国际型公司发展，使之具有设计、施工、采购、项目管理全面功能，业务范围涵盖工程项目建设全过程，拥有与全面功能相适应的组织机构（项目管理部、采购部、设计部、施工管理部、试运行部等），拥有较强的融资能力，拥有战略管理能力、经营管理能力和自主创新能力，拥有先进的工程总承包项目管理技术和很高的工程总承包项目管理水平，拥有先进的工程技术和工艺，有扎实的基础工作，重视职工素质和培训，培养所需的强有力的经理人、技术、管理三种人才，建立国际销售网和采购网，有高水平的信息技术和网络技术。

（2）建立为业主服务的理念。业主满意理念是工程总承包企业的出发点和落脚点；工程总承包企业的一切经营活动都要紧紧围绕业主的需求，努力为业主增值，不断提高业主的满意度；站在业主的角度对市场需求进行分析和预测；在全过程的生产、经营活动中，充分尊重业主，做到诚信，使业主也以诚信为本，尊重企业的利益；使业主满意的工程项目管理是工程总承包企业壮大发展的管理手段。

（3）善于利用政府创造的环境。包括：体制改革环境；市场规范化管理环境；行业推动工程总承包事业发展的导向环境；健全市场协作和监督机制的环境；建立和健全有关工程总承包的法律、法规和政策环境；建立和健全有关工程总承包的标准、合同环境；建立和健全有关工程总承包的融资、保险、担保等经济服务环境；发展咨询服务业的导向环境；规范业主行为的环境等。

4 建立为工程总承包服务的中介服务组织

作为市场主体的业主和工程总承包企业具备实行工程总承包的条件以后，还要发展中介服务组织，为业主服务并对工程总承包企业进行监督。这个组织就是建设工程项目管理企业。怎样发展我国缺少的这类中介服务组织并提供到位的服务呢？

2003 年发布的（建市［2003］30 号文件《关于培育发展工程总承包和工程项目管理企业的指导意见》）和2004 年发布的（建市［2004］200 号建设工程项目管理试行办法），对如何培育发展建设工程项目管理企业和该类企业如何进行项目管理服务做出了明确的规定。根据文件精神和实际需要，应做到以下两点：

4.1 按照建市［2003］30 号文精神，培育和发展工程项目管理企业

具有工程勘察、设计、施工、监理资质的企业，通过建立与工程项目管理业务相适应的组织机构、项目管理体系，充实项目管理专业人员，按照有关资质管理规定在其资质等级许可的工程项目范围内开展相应的工程项目管理业务。

工程总承包企业可以接受业主委托，按照合同约定承担工程项目管理业务。

依法必须实行监理的工程项目，具有相应监理资质的工程项目管理企业受业主委托进行项目管理，业主可不再另行委托工程监理，该工程项目管理企业依法行使监理权利，承担监理责任；没有相应监理资质的工程项目管理企业受业主委托进行项目管理，业主应当另行委托监理。

使有关融资、担保、税收等方面的政策落实到重点扶持发展的工程项目管理企业。

大型设计、施工、监理等企业与国际大型工程公司以合资或合作的方式，组建国际型工程公司或项目管理公司。

项目管理企业应当具有工程勘察、设计、施工、监理、造价咨询、招标代理等一项或多项资质。

4.2 按照建市［2004］200 号文件的精神，积极进行建设工程项目管理

建设工程项目管理企业应做到：

（1）协助业主方进行项目前期策划，经济分析、专项评估与投资确定。

（2）协助业主方办理土地征用、规划许可等有关手续。

（3）协助业主方提出工程设计要求、组织评审工程设计方案、组织工程勘察设计招标、签订勘察设计合同并监督实施，组织设计单位进行工程设计优化、技术经济方案比选并进行投资控制。

（4）协助业主方组织工程监理、施工、设备材料采购招标。

（5）协助业主方与工程项目总承包企业或施工企业及建筑材料、设备、构配件供应等企业签订合同并监督实施。

（6）协助业主方提出工程实施用款计划，进行工程竣工结算和工程决算，处理工程索赔，组织竣工验收，向业主方移交竣工档案资料。

（7）进行生产试运行及工程保修期管理，组织项目后评估。

（8）进行项目管理合同约定的其他工作。

5 政府必须为工程总承包提供必要的环境条件

我国经济体制改革和发展的一条重要经验是，由政府号召、引导和推动而产生动力。政府制定工程总承包总体发展战略，发布法律、法规，制定政策、标准、制度，对发展工程总承包事业产生极大的号召力、引导力、支持力和推动力。

为推动工程总承包的发展，我国政府已经做了大量的法律、法规、政策支持、导向和号召工作。2006 年 10 月 30 日和 31 日，建设部和商务部联合主办了“推动工程总承包与对外工程承包高峰论坛”，建设部

黄卫副部长、建设部市场管理司王素卿司长都在会上讲话，代表政府对发展工程总承包进行行业导向和号召，再次掀起发展工程总承包的高潮。

为了推进发展工程总承包事业，应做到政府引导，行业推动，各方协作，齐抓共促，全面推进。政府层面应抓紧做好以下工作：

（1）修改《建筑法》、《招标投标法》，对工程总承包做出法律规定。

（2）修订（设计、施工）企业资质管理规定，对工程总承包企业的资质条件、营业范围和管理做出规定。

（3）制定工程总承包合同示范文本。

（4）制定规范建设工程业主行为的法规，规范业主行为；积极支持建设工程业主采取工程总发包模式，提供项目实施的市场准入平台；加强对业主市场行为的监督。

（5）制定政策，推动金融部门建立工程总承包的金融、保险服务体系，建立相应的税收制度，完善工程信用担保制度，为工程总承包市场主体提供经济支持和服务。

（6）政府和行业协会大力宣传工程总承包模式的优点，使发包方和承包方（尤其是发包方）均对工程总承包模式熟悉、认可，乐于采用。抓典型，搞试点，总结经验，开展交流，加强学习，有序推进。

6 结论

由于工程总承包方式可以提高工程建设水平和效益，是世界性的工程承包方式发展趋势，故我国已经选择工程总承包作为建设方式发展战略，也应当是相关建筑企业的战略选择。实施这项战略，是个大的系统工程，需要工程建设业主、工程总承包企业、工程中介服务企业等建筑市场的主体和政府主管部门在提高认识水平的基础上，共同努力，进行战略管理，方能实现这项发展战略。

工程建设的业主主要解决的关键问题是端正对工程总承包必要性和重要性的认识，积极支持采用工程总发包方式；总承包的企业要解决的关键问题是利用环境，发展自己，使自身具备工程总承包机制和能力；中介服务企业要解决的关键问题是加快发展，具备全面的、可进行社会化服务的工程项目管理能力，为业主提供全面的工程项目管理服务，并对工程总承包企业进行社会监督。

政府的工程建设主管部门要解决的关键问题是在国家健全相关法律的基础上，健全建设法规，制定政策、发布标准、建立制度，对发展工程总承包事业进行宏观管理，形成号召力、引导力、支持力和推动力，为工程总承包创造良好的环境。

近20多年以来，我国已经有了发展工程总承包的良好势头。进入21世纪以后，发展力度加大，发展速度大大加快，工程总承包企业的核心竞争力不断增强，建设经济效益不断提高。可以预料，只要把工程总承包这项系统工程运作成功，我国一定能够快速发展成为工程总承包强国。

参考文献

[1] 中华人民共和国建设部．关于培育发展工程总承包和项目管理企业的指导意见［S］．

[2] 中华人民共和国建设部．建市（2004）200号　建设工程项目管理试行办法．

[3] 王素卿司长讲话［J］．工程项目管理．2006，4．

国家审计业务管理流程再造：提高工程审计质量的必然要求

刘爱东 王 慧

（中南大学商学院）

1 前言

工程审计是一项系统工程，必须对从开始到完工的各个控制点进行控制，实行事前、事中、事后的全程同步监督，使工程建设的每一个环节都置于审计部门的监督之下，以确保工程质量，提高资金和投资效果，防范工程风险。工程审计的最终目标是确保工程质量、控制工程进度、降低工程成本、提高投资效益。可见，工程审计在工程管理中起着不可或缺的作用，它既是加强审计和经济监督的具体体现，也是重点强化工程全过程管理的具体方法，更是提高重大工程建设投资质量与效益的有力保障。

随着市场经济的不断发展，工程项目投资主体的日趋多元化与利益格局的多样化，强化工程审计监督力度，提高工程管理水平已成为人们关注的焦点。审计署审计长李金华 2007 年 1 月在全国投资审计培训班上强调投资审计要把工程质量放在首位，分析普遍性、倾向性的问题的产生原因，并有针对性地提出建议，促进地方投资管理水平的提高。许多学者围绕着如何提高工程审计质量、促进工程建设投资效益展开研究，主要侧重于从工程造价的有效控制、强化事前事中审计、工程审计的风险规避，以及全过程跟踪监督等方面。

然而要加强工程审计的力度，确保高水平的工程审计，就需要研究直接影响着业务质量的审计业务管理。审计业务管理，一般是指对一系列审计业务通过实施审计计划，配置人力、物力、财力和信息等各种资源，完成指导和领导、协调和控制等职能，最终实现审计工作目标的活动过程，包括计划管理、质量管理（控制）、资源管理与现场管理。它是审计工作质量与审计工作效率的保证。我国国家审计业务管理一直沿用以业务性质（内容）或行业属性，分部门、设科室来组织审计工作的方式。随着管理科学在理论与实践上的不断发展，借鉴现代管理理论成果和事务经验，推进审计管理创新，日益成为提高审计工作质量与效率、促进审计事业不断发展的必然要求和重要手段。因此，从审计业务安排的源头着手，以新的研究视角为切入点，借助 BPR 的管理理念和模式，对为改善工程审计质量为目的的国家审计业务管理进行重新、彻底的再造，在服务于审计工作目标的同时提高审计业务的效率，是笔者下面要尝试的问题。

2 业务流程再造的管理理念

Michael. E. Porte 最早将业务流程作为研究对象，他认为不同的企业有不同的价值链，而价值链是由一组业务流程所构成的，他主张通过分析构成企业价值链的各项流程来研究企业的竞争优势。20 世纪 80 年代末 Michael Hammer 在《企业再造》中进一步提出业务流程再造（Business Process Reengineering，BPR）理论，认为流程即“一系列的活动，这些活动合在一起，产生对顾客有价值的结果”，业务流程则是“一系列的业务活动”，BPR 则是通过对业务流程做根本性的重新思考和彻底的重新设计，以求在成本、高质量服务和速度等方面有显著的改善。

业务流程再造的内涵是基于信息技术的、为更好地满足顾客需要服务的、系统化的、企业组织的、工作流程的改进哲学及相关活动。它突破了传统劳动分工理论的思想体系，强调以“流程导向”替代原有的“职能导向”的企业组织形式，为企业经营管理提出了全新的思路。

（1）由职能管理向业务流程管理转变。传统的劳动分工理论将企业管理划分为多个职能部门，各职能部门组成一个树形或金字塔式的结构，这种“科层制”管理有利于专业化劳动技能与管理技能的发展，但在控制与协调同级部门间的工作时难度较大，存在许多无效工作。业务流程再造则强调管理要面向业务流程，以产出或服务顾客为管理中心，将决策点定位于业务流程执行之处，在业务流程中建立控制程序，以消除部门间的摩擦，降低管理费用和管理成本。

（2）注重整体流程最优的系统思想。传统劳动分工理论下，各个职能管理部门根据由作业流程分割成的各种简单任务所组成，各部门将精力集中于本部门个别任务效率的提高上，忽视了企业整体目标。而企业业务流程再造实际上是系统思想在业务流程再造中的具体实施，强调整体最优而不是单项作业任务的最优。

（3）以业务流程确定组织结构。业务流程再造中以适应“顾客、竞争和变化”为原则设计企业业务处理流程，根据业务流程管理与协调的要求设立部门，通过流程中建立的控制程序尽量压缩管理层次，提高管理效率。

（4）信息资源共享使用。传统的业务处理流程中，相同的信息往往在不同的部门都要存贮、加工和管理，其中产生了很多重复性劳动。随着信息技术的发展，信息处理完全可以由处在各不同业务处理流程中的人员完成。通过业务流程重组确定每个流程应采集的信息，并应用信息系统实现信息的共享使用。

3 审计业务管理流程再造的思路

我国审计机关以审计内容设置部门、分部门科室安排业务的机构设置与运行模式在过去的二十多年中发挥了积极作用，但随着我国经济体制改革的不断深入以及公共管理的需要，现有的审计业务管理流程已不适宜。较之国外发达国家的审计存在一定的差距，主要表现为审计管理水平低，在计划管理、质量管理、成本管理、规范化管理等方面存在问题，尚未形成一个系统、科学的管理体系。刘爱东（2002）从审计过程与执法过程两方面研究了我国国家审计存在的主要问题；闵青、张少明（2004）则将当前审计管理突出的问题归纳为“审计计划随意性较大”、“人力资源利用不合理”、“管理技术落后”等五个方面；而谷永优（2006）认为机构设置、监督制约机制、组织方式是制约我国审计业务管理的关键所在。因此，笔者认为借鉴现代管理理论成果和事务经验，推进审计管理创新是促进审计事业不断发展的必然要求。

3.1 审计业务管理流程再造的目标与原则

审计业务管理以保证审计工作效率与质量为出发点，以各类审计项目目标实现为目的，合理整合协调审计资源的活动。它包括路径、规则和角色，是整个审计监督管理活动的核心。路径即审计信息与资料流动的方向、目的地；而规则即对审计的技术、方法、政策、信息传递与控制的要求。角色则是定义工作岗位及人员的安排。

审计业务管理流程再造是国家审计管理协调机制建设的主要内容之一，（报告）目标在于强化对国家审计计划、查证、审理、执行等方面的监管，促进其协调有效地运作；整合资源，提升审计资源的利用率；提高审计质量，增进审计效果；推动审计工作规范化，增强国家审计的权威性；提高工作满意度，激发审计人员的积极性与创造性；推动我国审计管理的创新，完善审计管理理论体系，提升审计管理水平，实现提高审计社会效果的最终目标。对审计业务管理流程再造需要遵循以下原则：

（1）优化管理作业链。作业是构成业务管理流程的基本单元，是消耗资源、产生管理效果的根本。再造后审计业务管理流程的主要内容在于分解审计业务管理作业，通过资源动因、管理作业动因的分析，加强对业务管理关键点的控制，实现对管理作业链的优化，提高审计效率。

（2）结合审计过程各业务环节流程再造。审计业务管理流程再造应该与审计业务数据传递路径相配合、实现管理与业务一体化。同时，业务管理流程再造目的是不断改进审计机关的管理水平，优化业务管理流程结构、提高工作效率。只有依靠业务人员的配合与努力，才能围绕审计各环节进行过程控制。

（3）整体最优原则。审计业务管理流程不是对原有管理流程的修补，也不是追求单个审计部门作业的优化，而是强调整体的最优化。它要求从全局出发，按审计过程的各个环节进行管理，消除本位主义，理顺整个管理流程。

（4）成本效益原则。成本效益的权衡是管理流程再造所要考虑的经济因素。

3.2 审计业务管理流程的创新思考

基于以上目标与原则借助 BPR 的管理理念和模式，笔者认为可以考虑以“审计过程导向”替代现行的“职能导向”的审计机关组织形式，打破树形或金字塔式的结构，按审计过程中的各项职能设置业务部门，有利于同级部门间的控制与协调，消除部门间的摩擦，实现整体业务绩效的最优，提高审计业务管理的效率，如图 1 所示。

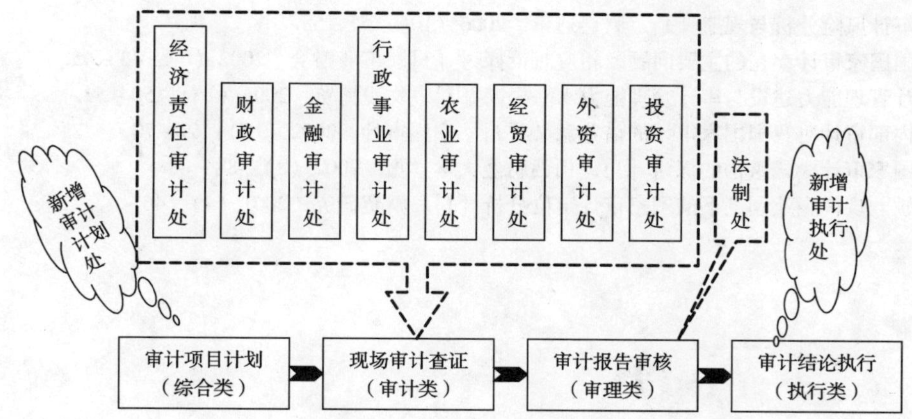

图1　审计业务机构设置整合

图1中，我国审计机关现行的以审计内容设置的部门、按部门科室安排业务的机构设置与运行模式被再造为按照审计职责划分的、相对独立的综合计划处、审计查证处、法制审理处和审计执行处全新的审计内部管理体制，即“四分离”审计业务管理模式。具体而言，“四分离”审计业务是指将审计机关内部与审计业务密切相关的职责和权力划分成四个部分，即审计计划权、调查取证权、案件审理（即处理处罚）权以及审计执行，同时对机关内部机构设置亦进行相应的整合以适应“四分离”审计业务管理模式变革，使各职责和权能分别由相对独立的不同部门承担，实现各部门互相监督制约、配合协作的审计业务运作机制和管理模式。各业务部门具体工作运行机理，如图2所示。

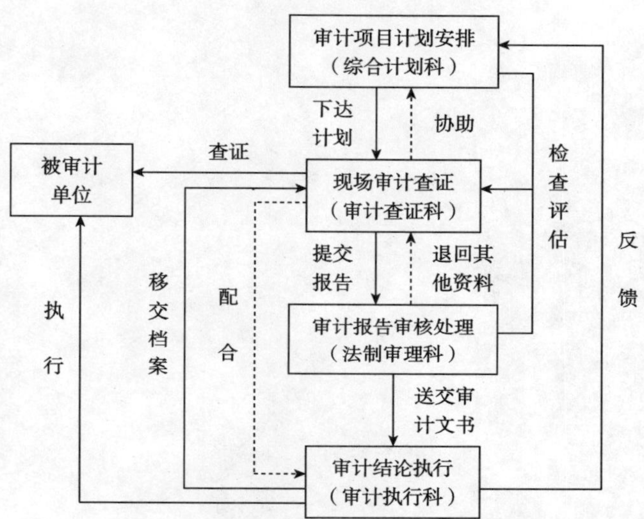

图2　“四分离”内部工作运行机理

“四分离”审计业务管理模式是对审计业务管理流程的创新性再造，是分工协作与分权制衡理论在审计业务管理方式中的充分体现，它不仅整合了审计已有的资源，防范了审计风险，保证了审计效率与质量，增强了审计结果的权威性，还将审计机关人、技、法等方面的建设落到了实处。它不仅能够强化审计业务管理，加强审计机关行政执法内部监督制约，提高审计质量和工作效率，更促进了廉政的机制建设，是审计内部管理体制的重大改革和创新。

4　结束语

实施审计业务管理流程再造并非单纯的业务制度修订的技术性问题，更是一种思维方式的转变。但多数审计机关常考虑通过制度建设强化审计内部管理，其目标仅是“运用制度建设来改善现有业务管理流程”，却未从根本上考虑“是否需要沿用现有的流程”，而后者正是审计业务管理流程再造的实质问题。审计业务流程再造既不是单纯地进行机构调整，也不是单纯地用制度来解决问题，而是一种管理上的创新。在审计业务管理流程再造中会面临如复合型审计人才缺乏、业绩考评标准有待改善、审计计划与项目审计周期存在差异、内部审计资源与国家审计资源的整合、人员对组织变革的抵触情绪、有关审计法律的变化等问题，这将需要一个逐步理顺的过程。

参考文献

[1] 罗洁愉．浅析我国建设工程审计现状与全过程跟踪审计［J］．广东土木与建筑．2006（1）：61－62．
[2] 倪进．工程项目投资审计［J］．广东科技．2006（4）：107－108．

[3] 林洁．工程审计风险分析与规避［J］．财会通讯．2006（10）：57－58.
[4] 刘爱东．我国国家审计存在的主要问题及相应对策探讨［J］．事业财会．2002（6）：43－45.
[5] 吴宗源．审计管理能力建设与审计管理能力水平提高［J］．文史博览．2005（16）：50－52.
[6] 刘力云．论内部审计对我国国家审计的借鉴意义［J］．中国审计．2002（12）：69－70.
[7] 胡茄．我国国家审计模式重构的探讨［J］．山西财经大学学报．2002（8）：88－89.
[8] 王向东，程敏．现代企业制度下的国家审计定位分析［J］．财贸研究．2001（4）：46－47.

基础设施建设征地现状研究

——基于陕西省农户调查资料分析

陈晓红　李　莉

（中南大学商学院）

长期以来，由于基础设施建设征地过程中普遍存在的土地补偿价格偏低、安置政策的实施不到位以及失地农民的就业、生活保障体系尚不成熟等问题的存在，使失地农民处境日益恶化，造成政府和失地农民矛盾加剧。近年来，由于征地问题引发的农民阻止施工的现象非常普遍，极大地影响了基础设施建设的顺利实施，降低了建设项目的社会效益与经济效益。

鉴于此，笔者于2006年5月至7月对陕西省关中公路环线马召至（西）汤峪公路途经的14个村庄（南枣村、北枣村、东寨村、复兴寨村、南留村、史务村、八家村、凤凰岭村、王家档村、兰梅塬村、北西沟村、三家庄村、谭家寨村和宣窝村），随机走访了50户农户和5位项目部经理，采用深入座谈和填写调查表的方式展开调查。调查问卷包括4个方面的内容：被调查农户的基本情况、征地过程中农民的权益保护、农户对现行征地政策的认知、项目经理对现行征地政策及其落实情况的评价。笔者希望能通过对农户和项目经理直接进行的专题性调查，让农民和项目部经理对当前的征地政策及其落实情况进行评价，以此来了解农民对征地政策的认知状况、被征地农户的权益保护情况及征地政策对工程建设的影响，旨在为政府部门的征地决策提供参考依据。

1　被调查农户的基本情况

1.1　农户人均纯收入水平分布区间较为广泛，整体处于较低水平状态

其中，人均纯收入水平处于1501～2000元范围的最为集中，占到25.16％，如表1所示。

被调查农户人均纯收入水平分布状况　（单位:%）　表1

选项	500元以上	501～1000元	1001～1500元	1501～2000元
比例	8.12	13.48	15.22	25.16
选项	2001～2500元	2501～3000元	3001～3500元	3500元以上
比例	11.33	10.15	6.43	10.11

1.2　收入结构出现了根本性的变化

调查显示：大多数农户都进行多种经营，但外出打工已成为农户收入来源的主渠道，传统的主要收入来源——种植业已退居次位，农户直接从事第二、第三产业的收入也有增长（表2）。

主要收入来源不同的农户所占比重　（单位:%）　表2

选项	种植业	养殖业	外出打工	第二、三产业	其他	不确定
比例	21.12	6.25	38.67	15.15	2.96	15.85

注：“主要收入”指占家庭总收入50%以上的某项收入；“其他”指亲友馈赠、社会救助、土地转租收入等；“不确定”是指农户各项收入占家庭总收入的比重都低于50%的情况。

1.3　农地状况

50户农户共有耕地255亩，户均5.1亩，人均1.13亩。人均承包土地在1亩以下的农户占35.71％，1～2亩的占42.86％（表3）。由此可见，被调查地区的耕地资源比较稀缺。值得注意的是，其中有3户农户因耕地全部被征而沦落为无地农民，占样本的6％。这说明，农民失地的现象必须引起关注。

被调查农户人均承包土地面积的分布 （单位:%） 表3

选项	1亩以下	1~2亩	2~2.5亩	2.5~3亩	3亩以上
比例	33.62	45.75	8.64	4.53	7.46

2 征地过程中农民的权益保护

2.1 征地补偿标准的宣传力度

调查显示，大部分村反映（占64.29%）征地补偿标准在村里公布过，有54%的农户认为征地补偿费用偏低，见表4、表5。

征地补偿标准是否公布 （单位:%） 表4

选项	是	否	不知道
比例	64.29	28.57	7.14

农户对征地补偿费用的满意程度 （单位:%） 表5

选项	偏高	一般	偏低
比例	8.00	38.00	54.00

2.2 “四费”分配

对土地被征用后，土地补偿费和安置补助费如何使用，附着物补偿和青苗补偿费如何分配的调查统计显示，57.14%的村是把征地补偿费和安置补偿费全部分配给被征地农户，只有14.29%的村的征地补偿费和安置补助费在由集体统一支配，见表6、表7。

从被调查村的具体实践看，有些做法与我国《土地管理法实施条例》的规定：“土地补偿费归农村集体经济组织所有”相抵触。附着物补偿和青苗补偿费的分配基本是全部分配给被征地农户，这与实施条例的规定相一致。

土地征用后征地补偿费和安置补助费如何分配 （单位:%） 表6

选项	全部分配给被征用农户	部分分配给被征用农户	集体统一使用
比例	57.14	28.57	14.29

土地征用后青苗补偿费和附着物补偿费如何分配 （单位:%） 表7

选项	全部分配给被征用农户	部分分配给被征用农户
比例	92.86	7.14

2.3 土地征用后的土地调整

一半的村进行了调整，一半的村不再进行调整，汇总为两个方面：

（1）如果进行调整的，其土地调整时间有及时调整、三年一调，也有五年一调的。

（2）征地后不准备进行土地调整。究其原因有三：一是被征用地属于二轮承包前的机动地；二是上级部门未许可，村民没同意；三是被征地农户只要求瓜分征地款，实行农转非，永久放弃对集体土地的承包经营权，对调整时不要土地的农民，按其所被征土地的份额给予补偿。

2.4 土地征用对农户生存的影响

调查结果显示（表8），有一半的农户觉得土地被征用，以后的生活没有了保障。即使对一些农业收入已经不是主要经济来源的农户看来，土地也永远是最大的财富，是一种不能放弃的福利，它代表了农民的生存权利。

土地征用对农户生存的影响　（单位:%）　表8

选项	没有	极少	有一些	比较大
比例	12.00	10.00	28.00	50.00

3　农户对现行征地政策的认知

3.1　农户对国家现行征地政策的了解程度（表9）

农户对现行征地政策的了解程度　（单位:%）　表9

选项	完全了解	了解一点	不了解
比例	6.00	72.00	22.00

3.2　农户对土地被征用的态度及表达不满意的方式（表10、表11）

农户对土地被征用的态度　（单位:%）　表10

选项	支持	反对	无所谓
比例	56.00	26.00	18.00

农户对政策征地工作不满意的表达方式　（单位:%）　表11

选项	在乡县或市政府静坐	禁止施工	不表示或其他
比例	16.00	78.00	6.00

3.3　失地农户对保障措施的要求

在调查问卷中，笔者对失地农民设计了三类保障方案（即在城镇就业、市价补偿、补偿金分为三部分使用），供农民选择。调查结果显示，每一种方案都有过半数的农户表示赞成，赞成率分别为52%、86%和58%。这是农民在与现行较低的补偿标准对比之下做出的选择。在我国现行的土地征用制度中，征地补偿构成、补偿标准基本上沿用了计划经济时期的做法，与土地市场价格严重脱节。可以明显看出，农民对三种方案中的市价补偿方案更感兴趣，赞成率高达86%，反对率仅为8%；而其他两种方案都有30%及以上的农户明确表示反对（表12）。

农民对不同失地保障措施的态度　（单位:%）　表12

保障方案	赞同	反对	无所谓
在城镇就业	52.00	32.00	16.00
市价补偿	86.00	8.00	6.00
补偿金分成三部分使用	58.00	30.00	12.00

笔者将“在城镇就业”的方案设计为将失地农民的户口转成城镇户口，并使他们实现就业，此后，不再采取什么补救措施。农民对这种方案的赞同率达到半数以上。这说明，“城镇户口 + 就业”对农民还是有吸引力的。但是，也有近1/3的农民明确表示了反对意见。看来有相当部分的农民对失地后通过就业保持其长期的经济福利水平并不乐观。受自身素质和就业市场的制约，失地农民就业难，暂时的就业并不意味着以后不会失业，尤其是农村人口老龄化将会对这一方案提出更大的挑战。

将失地“补偿金分成三部分使用”，即一部分用于失地农民的生活费补贴，一部分用于养老保险，一部分用于扶持再就业。这样一种方案似乎既解决了近忧，也解决了远虑，但因资金由相关部门管理，从而受到部分农民的置疑。调查显示，有30%的农户明确表示反对，因此，此方案的操作将面临一定的困难。

调查显示，农户对通过“市价补偿”，直接参与土地收益升值分配的方案最为赞同。其原因可能是：其一，近年来，在征地补偿过程中农民的收益流失过大。在现行法律框架下，集体土地所有者无权将自身的土地向收益更高的城市用地转换，土地发展权被剥夺了，不仅如此，非公共利益性质的征地行为对土地发展权的剥夺并无丝毫的补偿。政府官员在征地过程中利用权力寻租，剥夺农民的权益，农民难以从土地升值中获益。其二，农民希望通过进入土地市场实现土地发展权。随着城市用地的扩张，在城市设施可及的地区例如城乡结合部，农民一般已经通过出租简易房屋等方式从中获利，这促使农民形成了较强的市场意识。利益最大化的现实理性使农民要求直接按市场价值对征地予以补偿。

4 项目经理对现行征地政策及其落实情况的评价

4.1 项目经理对国家现行征地政策的了解程度（表13）

项目经理对现行征地政策的了解程度 （单位:%） 表13

选项	学习过	听说过	不知道
比例	20.00	80.00	0.00

4.2 项目经理对国家征地政策落实情况的评价（表14）

项目经理对国家征地政策落实情况的评价 （单位:%） 表14

选项	满意	一般	不满意
比例	20.00	80.00	0.00

4.3 项目经理认为征地受阻对工程建设的影响（表15）

征地受阻对工程建设的影响 （单位:%） 表15

选项	影响巨大	影响较大	影响较小	没有影响
比例	20.00	80.00	0.00	0.00

4.4 项目经理认为征地阻力来源及其主要原因（表16、表17）

征地的阻力来源 （单位:%） 表16

选项	农民集体	当地政府	其他
比例	100.00	0.00	0.00

征地受阻的主要原因 （单位:%） 表17

选项	国家征地政策	当地政府的组织协调	村干部的协调工作
比例	40.00	40.00	20.00

5 对调查结果的总结与政策建议

5.1 征地制度的效率损失

从投资者的角度，都偏向于希望以较低的征地补偿费用取得土地，但是，在征地权行使过程中，用地单位以较低水平的征地赔偿费取得土地并不一定导致较高层次和最佳用途的土地利用，反而可能造成土地利用的低效率，从而带来社会成本，我国城郊大量存在的土地征而不用、低度利用的现象就是一个很好的例子。这种效率损失是由土地和资本的替代性引起的，土地相对价格高，则导致土地替代型土地利用方式，即集约利用土地；反之，导致资本替代型土地利用方式，即粗放利用土地。

征地补偿标准过低给投资者带来的另一种效率损失是延迟成本和交易费用的增加。由于征地补偿标准低，容易引起农民的抗争，征地单位和农户往往陷入无休止的讨价还价，这就会引起延迟成本问题，延迟成本包括对工程进度的影响、高额利息、最佳市场时机的丧失等等；与此同时，长时间的谈判引起的谈判成本，谈判破裂后征地单位借助法律强制征地、农户不断上访以及法律诉讼，构成了征地过程中的交易费用。特别是较大的开发项目，涉及的土地面积大，被征用的村和农户数量较多，交易费用和延迟成本对土地开发有很大的影响，一些建设项目因受到当地村民阻挠而迟迟无法进场施工。

5.2　合理确定征地补偿价格

调查显示，农民对于现行征地制度中的失地补偿措施具有更为强烈和明确的改革要求。农民关心的焦点是，征用土地要按市场价值补偿，以不低于原生活标准作为安置补偿适度原则的下限已难以让被征地者认同。这说明，农民在对土地权的认识中已经深刻地包含了土地发展权。当前，许多地方政府都试图“以地生财”，导致我国实施的世界上最严格的耕地保护制度难以得到认真的贯彻执行，其症结在于现存体制仍然把政府强制征地视为农地征用的惟一合法途径。因此，确立土地转用的市场转让权；改变政府征用农民的土地只按照农业用途给予补偿的做法，加大征地过程中的公众参与程度，增加透明度，探讨让农村集体土地与国有土地处于平等产权地位的问题；让开发商与农民直接讨价还价，这样，可以避免土地要素市场人为的价格扭曲，提高土地的利用效率。

5.3　严格界定征地补偿费用途

依法征收农民集体所有的土地，必须按照规定进行补偿安置。要严格界定征地补偿费的用途，并合理确定支付发放比例。土地补偿费支付给享有被征收土地所有权的农村集体经济组织，农村集体经济组织如不能调整质量和数量相当的土地给被征地农民继续承包经营的，必须将不低于70%的土地补偿费主要分配给被征地农民。土地被全部征收，同时农村集体经济组织撤销建制的，土地补偿费应全部用于被征地农民生产生活安置。土地补偿费中扣除直接支付给被征地农民的部分后，其余部分支付给被征地的农村集体经济组织专门用于被征地农民参加社会保险，发展第二、第三产业，解决被征地农民的生产和生活出路，兴办公益事业。土地补偿费必须实行专款专用。征地补偿费中的安置补助费要根据不同安置途径确定支付对象。有条件的农村集体经济组织或用地单位统一安置被征地农民的，依照法律法规规定，安置补助费支付给农村集体经济组织或安置单位；经被征地农民申请，并与享有被征收土地所有权的农村集体经济组织签订协议不需要统一安置的，安置补助费可以全额发放给被安置人，由其自谋职业。村集体经济组织在发放安置补助费之前，必须对发放的对象、方式、范围进行严格界定，综合考虑年龄、职业、户口等因素。

地上附着物及青苗的补偿费根据征地补偿登记，依照征地安置方案确定的标准，支付给地上附着物及青苗的所有者。任何单位和个人不得截留、克扣、侵占和挪用征地补偿费。征地补偿费不得用于偿还集体经济组织的债务，上交税款、发放工资等。

5.4　强化征地补偿费的监管

国土资源部门要根据批准的征地方案，把征地补偿费用直接拨付给被征地村组；农村经济经营管理部门会同有关部门要监督农村集体经济组织按程序确定征地补偿费的分配方案，督促农村集体经济组织按方案在规定的时间内将征地补偿费中应该补偿给被征地农民的部分落实到农户。征地补偿费用必须在征地补偿安置方案批准之日起三个月内全额支付给被征地的农村集体经济组织和农民，不得延期、分期支付。对拖欠征地补偿费的，不得发放建设用地批准书，不得办理供地手续，更不得发放土地使用权证书；项目不得开工建设，被征地的农村集体经济组织和农民有权拒绝建设单位动工用地；政府停止受理和审查该地区的农用地转用和征地报件。

坚持公开、公正的原则，强化征地补偿费用的监管。支付给农村集体经济组织的征地补偿费用，要实行专户储存。国土资源管理部门要严格按照有关法律法规和政策规定，切实履行审查、监督、指导的职责，加强用地审批后的跟踪检查。地方各级政府要组织监察、审计、国土资源、农业、民政等部门，对土地补偿费、安置补助费的落实、分配和使用情况进行监督；督促农村集体经济组织落实民主理财的各项制度，定期检查征地补偿费的收支状况，重点检查土地补偿费是否实行专款专用，是否用于被征地农民购买保险，发展第二、第三产业，兴办公益事业和农村公共设施建设。

5.5　拓宽安置渠道，妥善解决被征地农民的生产生活问题

因地制宜，多渠道妥善安排被征地农民的生产和生活，从根本上保障农民的长远生计。征收城市规划

区外的农村土地，特别是耕地资源和土地后备资源比较丰富的地区，可优先考虑进行农业安置，通过利用农村集体机动地、承包农户自愿交回的承包地、承包地流转和土地开发整理新增加的耕地，使被征地农民有必要的耕作土地，继续从事农业生产。以调地方式安置的，必须符合《农村土地承包法》的有关规定。以留地方式安置的，依据土地利用总体规划和城市规划，可以在土地征收后划出一定数量的建设用地由农村集体经济组织或农民按统一规划开发经营。对有长期稳定收益的项目用地，在农民自愿的前提下，被征地农村集体经济组织或者农民经与用地单位协商，可以以征地补偿安置费用入股，或以经依法批准的建设用地土地使用权作价入股；农村集体经济组织和农民通过合同约定，以优先股的方式获取收益。确实无法为因征地而导致无地的农民提供基本生产生活条件的，在充分征求被征地农村集体经济组织和农民意见的前提下，可由政府统一组织实行异地移民安置。

加快建立城乡统一的劳动力市场和平等就业机制，完善城乡一体的就业服务体系，为被征地农民向城镇转移就业创造宽松环境。强化农村劳动力转移就业培训，提高被征地农民的劳动技能，引导其向非农产业转移就业。征地单位在同等条件下应优先招录被征地农户的劳动力，为具有就业能力的农民提供就业机会。对因征地而导致无地的农民，政府要结合小城镇建设、户籍制度改革、城中村改造等，逐步建立失地农民养老保险和最低生活保障制度，以保障被征地农民的长远生计。

5.6　严格征地程序，维护被征地集体和农民的知情权、参与权和申诉权

在征地过程中，切实维护农村集体和农民的合法权益。在征地依法批准前，国土资源部门要将拟征地的用途、位置、补偿标准、安置途径等以书面形式告知被征地农村集体组织和农户。在征地依法报批前，国土资源管理部门应告知被征地农村集体经济组织和农民，对拟征土地的补偿标准、安置途径有申请听证的权利，当事人申请听证的，国土资源部门应当依照有关规定和要求组织听证。签定的征地协议、被征地农民知情、确认的有关材料应作为征地报批的必备材料。

严格执行征地公告制度、征地补偿安置公告制度和征地补偿登记制度。经依法批准征收的土地，除涉及国家保密规定等特殊情况以外，应向社会公示征地批准事项。征收土地方案经批准后，政府应及时按规定公告征收土地方案和征地补偿安置方案，积极做好宣传解释工作。对补偿标准和安置途径有争议的，要按照法律法规的规定做好协调和裁决工作。

参考文献

[1] 王习明．中国农民组织建设的现状——中国农民组织建设入户调查问卷分析报告［J］．中国软科学．2005，9：7-15.
[2] 刘海云．征地补偿制度与失地农民边缘化关系研究［J］．东北大学学报（社会科学版）．2006，9：363-366.
[3] 陈信勇，蓝邓骏．失地农民社会保障的制度建构［J］．中国软科学．2004，3：15-21.
[4] 冯宗容，杨勇．显化集体土地资产的征地价格确定［J］．经济理论与经济管理．2005，6：64-67.
[5] 曹宗平．论我国征地制度的内在缺失［J］．经济学家．2005，5：60-65.
[6] 汪晖．乡结合部的土地征用：征用权与征地补偿［J］．中国农村经济．2002，2：40-46.
[7] 邢明娟，卢有杰．我国土地转用制度的社会净损失［J］．城市发展研究．2005，5：61-63.
[8] 黄云鹏．土地管理——宏观调控的政策选择［J］．宏观经济管理．2005，4：11-14.
[9] 吕彦彬，王富河．落后地区土地征用利益分配［J］．中国农村经济．2004，2：50-56.
[10] 李一平．失地农民基本生活保障制度：浙江的证据［J］．改革．2005，5：70-75.

流域化水电开发工程管理模式：和谐管理理论的分析和启示

席西民　曾宪聚

（西安交通大学管理学院，中国管理问题研究中心）

中国能源供需矛盾日益突出，科学有效地开发水能资源，实行水电企业流域化、集团化科学管理势在必行。由于这一类大型水电开发工程所表现出的特殊性，使得目前应用的“项目级管理”和“组织级项目管理”也表现出了相应的局限性。流域化水电开发的管理实践迫切需要管理理论和管理模式的创新和突破。

尽管关于利益相关者理论本身还存在争论（Donaldson，1995；西尔伯斯通，1996；Clarkson，1995），但在主流的企业理论和战略管理中，尤其是越来越重视商业伦理和企业的社会责任的21世纪，利益相关者的思路与方法受到了众多企业和组织在管理实践中的推崇（Weiss，2003；米切尔，2004）。在“水电企业流域化、集团化、科学化管理理论和方法研究”课题中，本课题组以和谐管理理论为指导（席西民等，1987～2007），立足于流域水电开发过程中各利益相关方的价值实现和价值创造，力图探索和分析“利益相关人级”的流域水电开发管理新模式。作为阶段性的成果之一，本文以负责雅砻江流域开发的二滩水电开发有限责任公司（以下简称二滩公司）为例，集中考察了“如何使当前工程建设过程中的组织管理模式与既定的战略目标更加协调匹配”的关键问题，希望从具体的工程管理实践中抽象出对该类企业具有普遍借鉴意义的工程管理模式。

本文的结构安排如下：首先，运用利益相关者分析方法，以雅砻江流域水电开发为例，分析了大型水电开发工程管理模式的关键问题与核心任务；然后，在和谐管理理论的框架下，考察了与水电开发大型工程管理模式紧密相关的重要问题及其改进的内在机理，为该类企业的战略实现和组织模式改进提供系统化的理论视角；最后，聚焦于具体的多项目、多目标的水电开发工程管理模式问题，提出了与流域化开发战略相匹配的组织管理模式的改进建议。

1　流域化水电开发：战略实施与组织模式变革

对于流域化水电开发，一方面，应该认识到，每一个工程都有不同的条件和特点，并不存在一个通用的固定模式（陆佑楣，2005），另一方面，也要看到，范例性的项目对于其他水电开发项目具有重要的借鉴意义（雅砻江流域水电开发高级论坛，2004）。雅砻江流域的水能资源十分丰富且相当集中，是中国不可多得的优质水电能源基地。负责该流域水电开发的二滩公司坚持“流域、梯级、滚动、综合”的方针，对于其他流域水电开发企业就具有这种范例性的借鉴意义（李惠敏，徐长义，2004），二滩公司为实现流域化、集团化和科学化管理的战略目标，制定了相应的“四阶段发展战略”（如表1所示）。本节以之为例，分析和辨识流域水电开发管理中的关键问题。

雅砻江流域水电开发的“四阶段战略”　表1

阶段规划	战略目标
第一阶段（2000年前）	总装机330万kW（已实现）
第二阶段（2015年）	实现新增容量1140万kW，总装机达1470万kW； 成为区域电力市场举足轻重的独立发电企业； 基本形成现代化流域梯级电站群管理的雏形
第三阶段（2020年）	总装机达到2300万kW； 国际一流大型独立发电企业
第四阶段（2025年前）	总装机达到约3000万kW； 全流域项目开发填平补齐

分析二滩公司既定的“四阶段战略”可以看出，在已实现的第一个战略阶段其目标主要集中于单一项目的工程建设管理；而在第二个战略阶段则是多项目建设统筹管理，多电站集中控制、联合调度管理，项目建设、电力生产和经营管理三大目标协调发展。从现实来看，二滩公司第二阶段战略目标实际上就是要实现“三个转变”，即在“十一五”乃至更长的时期内，公司必须要实现：（1）从单一项目建设管理向多项目建设管理的转变；（2）单一电站运行管理向电站群集中管理的转变；（3）从区域电力市场经营管理向跨区电力市场经营管理的转变，从而基本形成现代化流域梯级电站群的经营管理雏形。在这一重大转变的关键时期，多任务、多目标同时并举，多项目同时开工、交叉作业，这就必然要求重新构建能够与这种交叉作业和集成化管理需要相适应的集团化和科学化管理模式。这一时期的基本特点成为战略实施及其重大管理问题解决的前提和出发点。

在实地考察和高层访谈的调研基础上，项目组认为，二滩公司在当前最为重要且紧急的任务和问题主要表现为：（1）多个项目如何协调管理？（2）在建项目与运营、销售如何协调管理？（3）在管理实践当中所发展演化出的“锦屏模式❶”如何改进？（4）在已有的开发管理过程中所积累的经验和知识如何转移和共享？本文在和谐管理理论的框架下，通过利益相关者方法（Stakeholder approach）（Freeman，1984；Weiss，2003），考察了二滩公司现阶段关键的实际问题及其背后的理论问题，下面通过图1进行进一步的分析说明。

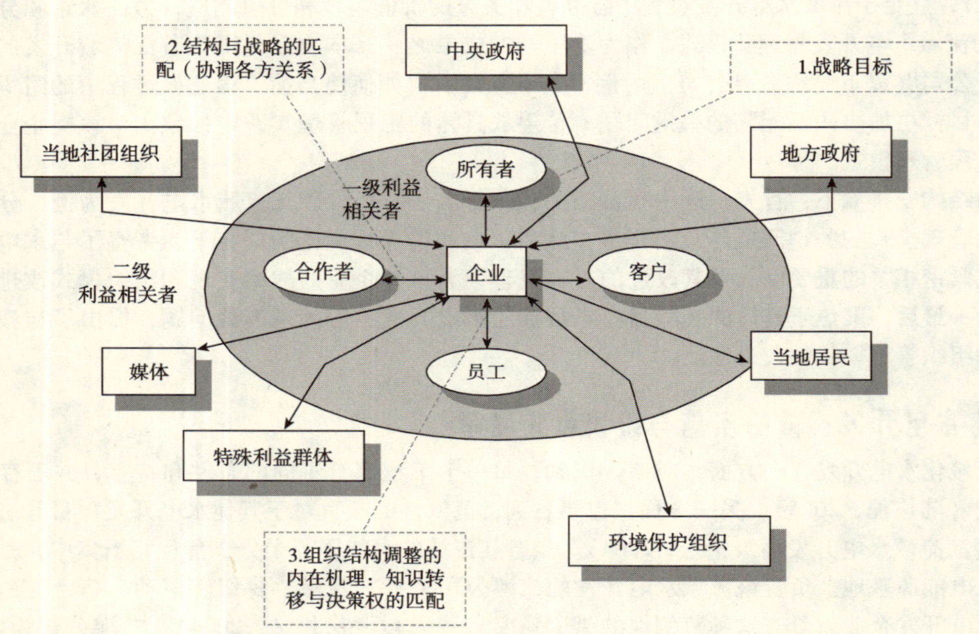

图1　利益相关者分析视角下的流域化水电开发管理模式及其关键问题

一级利益相关者和二级利益相关者的利益诉求，尽管会有一些不同乃至分歧，但从全流域水电开发及其可持续发展的根本上来说则是一致的。为了更好地实现共同的目标，在当前战略转变的关键时期，首先要处理和协调好一级利益相关者之间的关系。所谓一级利益相关者是站在流域开发核心企业的角度来讲的，如图1所示，主要包括所有者、合作者、客户和企业员工。以二滩公司为例，其所有者是指国家开发投资公司（拥有48%的股权）、四川省投资集团公司（拥有48%的股权）以及中国华电集团公司（拥有4%的股权）。客户主要体现在川渝市场、华中市场和华东市场上。合作者主要包括设计、监理、承包商、供应商、咨询机构和金融机构等。

二滩公司目前所面临的上述四个关键问题都是和一级利益相关者紧密相连的。其中，问题（1）和问题（2）在本阶段集中体现为如何理顺业主与监理、施工和设计的关系问题，核心是业主与监理的关系问题。

❶ 锦屏一、二级电站是雅砻江下游的控制性工程，在雅砻江开发中起着承上启下的关键作用。二滩公司成立了锦屏管理局，作为业主派出机构加强对锦屏工程的管理。目前“锦屏模式”存在的问题主要是其“大业主、小监理”模式所产生的问题。

问题（3）的核心是如何理顺流域开发核心企业总部与管理局的关系，在工程协调管理当中，主要的问题仍然体现在应如何处理业主与监理的关系上。这三个实际问题的背后实际上是一个“组织结构与战略如何保持动态匹配”的理论问题，其主要功能就是要协调和理顺设计、监理、承包商、供应商、咨询机构与业主之间的关系。问题（4）既涉及关乎公司发展和员工成长的组织学习和知识积累问题，也涉及组织变革与战略匹配的内在机理问题，具有重要的理论和实践意义。经过分析和聚焦，以上四个问题可简要概括为“既定战略的实施以及与之相匹配的组织模式调整”问题，其实质就是组织结构与战略的关系问题。其间的内在联系在图1中得到了更为直观的体现：围绕着公司既定的“战略目标”（如虚线框1所示），需要有与战略保持动态匹配和一致性的组织结构和管理模式，以利于协调好各方关系（如虚线框2所示），而这一动态过程则反映了知识与决策权匹配的内在机理（如虚线框3所示）。

实际上，组织结构与战略的关系从来都不曾淡出过战略管理研究和实践的核心区域，不管是管理研究上的经典名著，还是现实实践中的案例支撑，都有力地说明了：成功的企业战略实施与控制总是和成功的组织结构的调整与匹配紧密联系在一起的。（Daft，2001；Chandler，1965；钱德勒，2002；Whittington，1999）二滩公司应结合自身的实际情况，在变革过程中同时采取行动，选择恰当的组织管理模式以使其战略实施与结构的调整达成动态的匹配和一致。

2 组织管理模式变革：和谐管理理论的系统化分析

要实现水电开发的流域化、集团化和科学化管理，对工程组织管理模式的分析和判断就不能孤立进行，应当从战略管理的高度将其放在一个体系化的框架之内加以考察。

经过二十年的探索和进一步的发展与深化，和谐管理理论已经建立了包括“和谐主题”、“和则（能动致变的演化机制）”、“谐则（设计优化的控制机制）”、“和谐耦合（系统耦合的协同机制）”等在内的一套富有特色的概念体系和分析体系，并逐步形成了较为完整的理论框架（席酉民等，1987～2007）。和谐管理

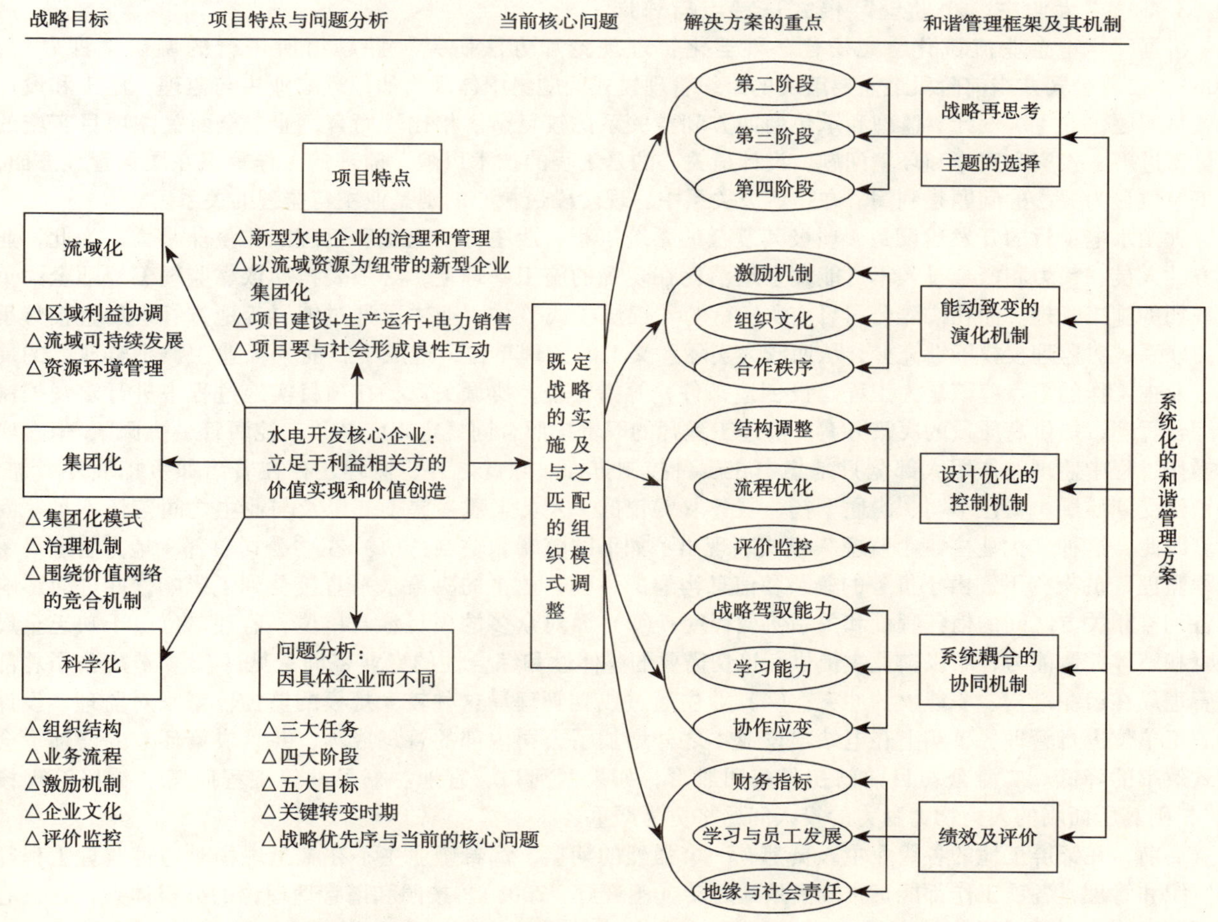

图2 流域化水电开发企业的战略目标与组织模式变革：和谐管理理论的视角

就是组织为了达到其目标，在复杂多变的环境中，围绕一定阶段的核心任务或核心问题，以科学的“理性设计与优化”和环境诱导下的“能动致变与演化”的双规则耦合互动为手段提供问题解决方案的实践活动。和谐管理理论开辟了一个全新的对于组织管理的认识途径，更有利于解决现代管理在复杂性、应变性和整体性上所面临的三大挑战。从这个意义上，和谐管理理论有助于为流域化水电开发的组织管理模式变革提供一个系统化的研究框架。

在和谐管理理论的视角下，流域水电开发的组织管理模式改进不应被简单视为组织结构的调整问题，而应是一个围绕其战略目标和阶段主题，与激励机制和组织文化的完善以及战略驾驭能力和学习能力的提高等方面紧密联系的整体演进过程。图2从和谐管理理论的角度更为直观、也更为系统地指出了与组织模式变革相适应的重要配套措施。

要实现阶段性的战略目标，流域化水电开发公司应致力于发展出包括如下三个方面的治理和管理新模式：第一，通过借鉴项目总控模式和监理总协调人制度等方面的经验，改进“大业主、小监理”模式，建立并完善水电开发企业和谐管理的控制机制，重点解决组织结构调整和业务流程优化问题；第二，通过激发组织成员的动力提高组织成员能力，并为之提供相应的组织条件，建立并完善水电开发企业和谐管理的演化机制，通过激励机制和组织文化建设以及战略性人力资源管理来为组织模式的变革提供根本动力与人才保证，重点解决当前极为重要且紧急的人才储备、梯队建设和人员激励问题；第三，通过提高公司的战略驾驭能力和组织学习能力，建立并完善和谐管理的耦合协同机制。战略驾驭能力主要体现在治理结构与管理的协调发展上，组织学习能力则重点解决流域化水电开发过程中所积累的经验和知识如何共享的关键问题，从而更有效地实现多项目的协调管理和流域的可持续发展。鉴于文章的篇幅，课题组将另文对其加以深入的研究，下文则集中探讨目前亟需解决的工程管理模式问题。

3 水电开发工程管理模式变革：借鉴和融合

3.1 “大业主、小监理”模式：特点与弊端

根据“水电企业流域化、集团化、科学化管理理论和方法研究”课题组所进行的调研（课题组，2006），二滩公司在当前阶段最需要解决的组织管理模式问题集中体现为如何理顺业主与监理、施工和设计的关系问题。业主、设计、监理和承包商四方利益关系比较复杂。相比较而言，业主全面关注项目实施的质量、进度、投资和安全和环境问题，设计最关心的是工程的技术风险，监理的工作重点在质量管理方面，施工单位最为关心的问题是利润。在这四方关系中，现阶段最核心的则是业主与监理的关系。

大型水电项目的开发建设是一项极其复杂的系统工程，业主方的组织和管理工作量非常大，为此，业主方的人员、精力和资金投入不可能太多地消耗在现场的施工管理上，必须委托和依靠监理工程师全面负责现场的施工管理。而在二滩公司目前所实行的“锦屏模式”中，业主可通过锦屏等地方管理局直接与承包商联系，对监理授权不够充分，从而成为实际意义上的监理单位，造成了目前“大业主，小监理”的局面。业主工作的重点应该是为工程建设创造条件，筹措资金，协调关系，在项目实施过程中进行宏观控制和综合管理，提供高质量的决策方案。监理工程师的职责按照合同规定则应是“三控两管一协调”，但在实际操作过程中监理的作用大部分只是集中在质量控制方面。除此之外，监理还存在着诸如负担额外增加、公正性受到质疑、责任不明、沟通不畅、服务取费较低、人员素质参差不齐以及与业主之间信任不足等问题。因此，这种“大业主、小监理”模式表现出了如下的弊端和缺点：（1）在“公司总部＋地方管理局＋工程监理”的架构下，由于事务的繁杂和信息沟通的不畅，业主的决策水平直接受到了影响，并进而影响到各利益相关方之间的信任程度和关系协调程度；（2）面对众多的项目参与单位，监理单位由于缺乏全局视野和整体控制能力，难以向业主提供其迫切需要的整体性和综合性的专业咨询意见；（3）造成公司总部与管理局在组织结构、职能上的冲突；（4）业主通过成立管理局这种较大规模的监控体系来对监理、设计和施工单位进行管理，事实上在电站建设成本之外增加了公司内部的管理成本，并且决策环节的增加也会导致效率的降低。二滩公司目前已初具集团雏形，如果两河口、官地、桐子林等工程照搬“锦屏管理模式”，则其所面临的人力物力财力的投入问题将更为严重。

目前，在锦屏工地的各级业主人员都有一个强烈的期望，都希望业主不在施工现场时通过监理工程师的组织和管理，各项工作都能正常和高效地运转（王音辉，2005）。按照和谐管理理论的分析体系，在核心问题已经明确之后（吸收“小业主、大监理”的优势来改进“大业主、小监理”的模式），首先就应该考虑进行组织结构的调整，并对制度安排和业务流程进行优化改进；其次，应致力于建立并增强各利益相关

者之间的信任与合作关系；最后，还要通过提高战略驾驭能力和组织的学习能力，促进知识在组织内部的共享、扩散、积累和创造。通过对大型工程建设管理模式的考察，本文认为项目总控和监理总协调人制度在解决"大业主、小监理"所带来的问题方面有其可借鉴之处。

3.2 业主、项目总控与监理总协调相结合的管理模式：借鉴与融合

项目总控（Project Controlling，PC）模式是指以独立和公正的方式，对项目实施活动进行综合协调，围绕项目目标投资、进度和质量进行综合系统规划，以使项目的实施形成一种可靠安全的目标控制机制（贾广社，2003）。项目总控以现代信息技术为手段，以信息收集、信息处理和编制各种控制报告为其核心内容，以经过处理的信息流来支持项目最高决策者进行规划、协调和控制（Kung& Paulson，1998；贾广社，王广斌，2003；陈建华等，2005），其信息输出的系统过程如图3所示。

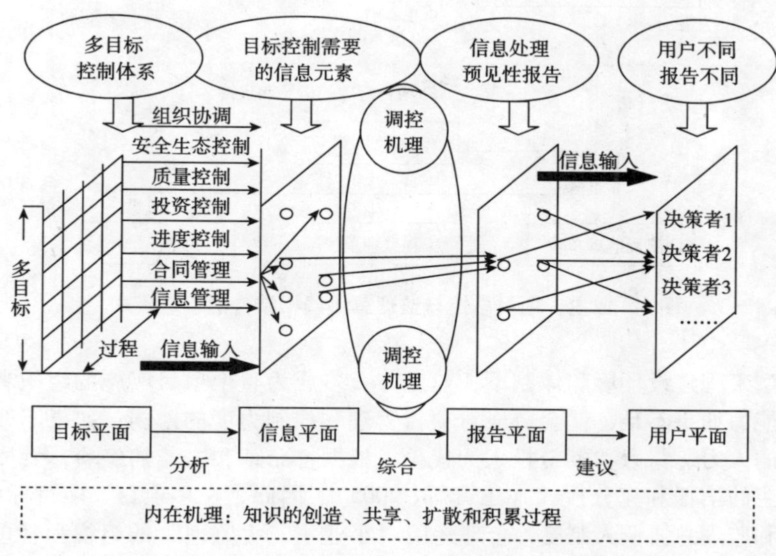

图3 项目总控输出信息的系统过程与内在机理

注：1. 本文在"三控两管一协调"的基础上，于多目标体系中补充了"安全控制"和"生态管理"，这是因为，"安全、质量、投资（成本）、进度、生态"是流域水电开发过程中要时刻关注的目标，同时也体现了以人为本以及人与自然和谐相处的基本理念；

2. 课题组成员曾另文考察了知识问题对组织结构调整的影响机理（李毅学，曾宪聚，2007），因而将知识的创造、共享、扩散和积累过程作为一个从根本上影响战略实施及其组织管理模式变革的内在过程加以注明。

项目总控单位处理信息的前提是及时地获得真实可靠的项目实施信息，因此，在建设参与单位之间建立项目通讯组织是信息交流的需要，也是项目总控工作的必备条件。因此，需要赋予项目总控单位相应的权力，这需要改变目前锦屏模式中的"大业主、小监理"的模式，而加大监理方的权责。但项目总控单位是顾问型咨询和决策支持单位，并不具有项目管理的指令权，项目总控模式本身也不能作为独立的工程管理模式发挥作用。此时，可考虑吸收"监理总协调人"制度在"小业主、大监理"方面所具有的优点。在监理总协调人制度中，监理协调总监和施工监理总监、专业总监的关系是管理者与被管理者的关系，监理总协调总监可按照业主授权的范围，代表业主对施工监理总监、专业总监进行统筹管理。"监理总协调人"制度主要体现为"业主（总代表）—监理总协调—施工监理—施工承包商"的组织模式（佘立中，2005，2006）。当项目总控单位对项目监理机构发挥指导、监督和管理职能的时候，从一定程度上就演变成为监理总协调人制度；而当其发挥决策支持作用的时候，项目总控单位就又回到了决策者智囊团的角色上来。具有借鉴意义的三峡工程监理实践也表明，在三峡工程建设过程中，工程监理单位实质上处在业主委托的工程承建合同管理者与工程承建合同关系协调人的地位（杨浦生，2003）。中国三峡总公司建设管理运行框架概括为"三个层次，两个结合"，即通过确立决策层、管理层和执行层三个层级的职责，将工程建设管理与现代企业制度相结合，将综合部门归口管理与项目管理部门直接管理相结合。综合部门为实施工程管理项目提供协调和服务，进行总体控制和监督；工程项目管理部门按权限职责进行落实，及时反馈实施信息和问题，提请综合部门指导和协调（贺恭，陈文斌，2001）。因而从这个意义上看，监理总协调人制度因获得

合理的充分授权，与工程监理单位直接发生联系并对之进行协调管理，有利于效率的提高。同时可在制度上实行备案制，以保留后审追究责任的权限。

项目总控和监理总协调人制度可在围绕工程目标实现的过程中，实现一定程度的融合，如图4所示。这种融合既有利于“小业主、大监理”管理体制的建立，也有利于为业主的战略性、综合性决策提供工程管理咨询意见。

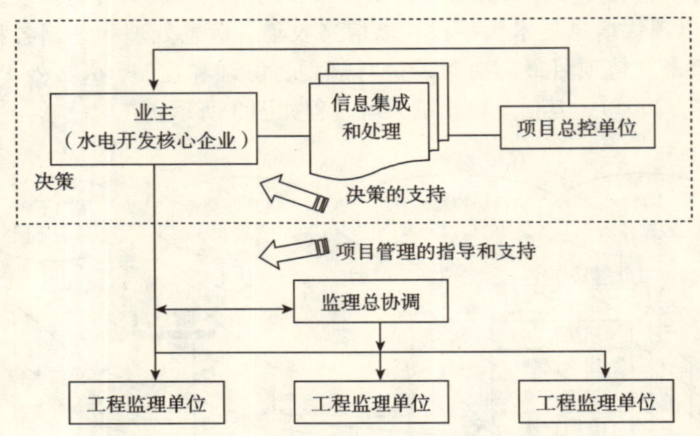

图4　业主、项目总控与监理总协调相结合的管理模式

在目前中国的大型工程建设环境和体制下，业主方大多成为整个项目实施的组织者和集成者，业主方对工程管理的水平和能力如果不足，就会造成对项目管理和控制力度的薄弱；如果不改变这种大业主的思路，则势必又以过多的人力、精力和资金投入为代价。根据鲁布革和二滩的经验，发挥监理工程师作用的关键之一就是要有业主的信任和充分授权（王音辉，2005）。因此，在多项目、多目标的水电开发过程中，可通过借鉴项目总控和监理总协调人制度，合理运用“小业主，大监理”的组织和管理方式，让监理在众多利益相关方所参与的流域水电开发过程中发挥更重要的作用。

根据和谐管理理论求解问题的思路和策略，可以看出，业主、项目总控与监理总协调相结合的管理模式有利于吸收“小业主、大监理”的优势来改进“大业主、小监理”的模式，其内在优势表现为：（1）通过成立项目总控单位并引入监理总协调人制度，有利于公司内部组织结构的调整并保持组织职责的一致性，而信息集中处理的要求则有利于业务流程的优化改进，从而有利于谐则体系的建立；（2）在谐则体系的基础上，业主、监理、设计和承包商等利益相关方之间信任关系的建立，有利于激发组织成员的积极性和能动性并达成组织的合作秩序，和谐体系的建立也有利于风险和监控成本的降低；（3）信息的充分流动和集中控制会有利于促进知识在项目内部、各项目之间的共享、扩散、积累和创造，从而有利于组织员工的学习和成长；因之也更有利于业主决策水平的提高，从而提升企业的战略驾驭能力和项目实施的绩效，最终实现利益相关方的协调共赢。这一工程管理模式对于流域化水电开发企业处理好业主、监理、设计和承包商等核心利益相关者之间的关系具有较为普遍的借鉴意义。

4　结论

水电企业的流域化、集团化和科学化管理是一项复杂的系统工程。限于文章的篇幅和讨论主题，本文以负责雅砻江流域开发的二滩公司为例，集中考察了“如何使当前工程建设过程中的组织管理模式与既定的战略目标更加协调匹配”的关键问题，从具体的工程管理实践中抽象出对流域化水电开发类企业具有普遍借鉴意义的工程管理模式。但同时也应认识到，得到广泛承认的工程项目管理模式是通过实践总结出来而非设计出来的，课题组将在下一步的研究中对围绕该关键问题的重点措施及其内在联系加以分析和展开，并深入研究流域化水电开发多目标、多项目和谐管理模式的整体演化机理，以提出企业决策及其实施的建设性方案，以期能对流域化水电开发类企业产生理论上的指导和借鉴作用。

参考文献

[1]“水电企业流域化、集团化、科学化管理理论和方法研究”课题组．二滩水电开发有限责任公司管理现状调研报告[R]．2006，10．
[2] Alfred D. Chandler. Corporate strategy and organization framework [M]. New York: Harper Press, 1965.
[3] Clarkson M. A stakeholder framework for analyzing and evaluating corporate social performance [J]. Academy of Management Review. 1995, 1.
[4] Donaldson T, Preston L E. The stakeholder theory of the corporation: Concepts, evidence, and implications [J]. Academy of Management Review. 1995, 1.
[5] Kung L S, Paulson B C. Information management to integrate cost and schedule for civil engineering projects [J]. Journal of constriction engineering and management. 1998, 5.
[6] Richard Whittington, Andrew Pettigrew, Simon Peck, Evelyn Fenton, Martin Conyon. Change and complementarities in the new competitive landscape [J]. Organization Science. 1999, 5.
[7] Richard. Daft. Organization theory and design [M]. 7th Edition. Southwestern College Publishing Company, 2001.
[8] 阿尔弗雷德·D·钱德勒．战略与结构——美国工商企业成长的若干篇章[M]．昆明：云南人民出版社，2002.
[9] 布鲁斯·米切尔．资源与环境管理[M]，北京：商务印书馆，2004.
[10] 陈建华，林鸣，马士华．基于过程管理的工程项目多目标综合动态调控机理模型[J]．中国管理科学．2005，5.
[11] 贺恭，陈文斌．三峡工程八年来建设管理经验综述[J]．中国三峡建设．2001，11.
[12] 贾广社，王广斌．大型建设工程项目总控模式的研究[J]．土木工程学报．2003，3.
[13] 贾广社，项目总控：建设工程的新型管理模式[M]．上海：同济大学出版社，2003.
[14] 西尔伯斯通．关于“相关利益相关者”的争论[J]．经济社会体制比较．1996，3.
[15] 李惠敏，徐长义．雅砻江流域水电开发及启示[J]．中国三峡建设．2004，2.
[16] 李毅学，曾宪聚．知识的转移及对组织结构的影响[J]．科学管理研究．2007，2.
[17] 陆佑楣．从哲学高度不断认识水电工程[J]．中国三峡建设．2005.
[18] 佘立中．大型工程项目管理的 WSR 系统模式实证分析[J]．土木工程学报．2006，6.
[19] 佘立中．监理总协调人制度在大型项目管理中的运用与研究[J]．建筑经济．2005，4.
[20] 王音辉．水电建设监理的作用与发展[J]．建设监理．2005，1.
[21] 席酉民等．和谐管理理论的研究框架及主要研究工作[J]．管理学报．2005，2.
[22] 席酉民，葛京等．和谐管理理论：案例及应用[M]．西安：西安交通大学出版社，2005.
[23] 席酉民，葛京，韩巍，陈健．和谐管理理论的意义与价值[J]．管理学报．2005，4.
[24] 席酉民，韩巍等．和谐管理理论研究[M]．西安：西安交通大学出版社，2006.
[25] 席酉民，韩巍，尚玉钒．面向复杂性：和谐管理理论的概念、原则及框架[J]．管理科学学报．2003，4.
[26] 席酉民，韩巍．管理研究的系统性再剖析[J]．管理科学学报．2002，6.
[27] 席酉民，井辉，肖宏文，曾宪聚．和谐主题与和谐机制一致性关系的实证研究[J]．管理科学学报（录用）.
[28] 席酉民，井辉，曾宪聚，肖宏文．和谐管理双规则机制的分析与验证[J]．管理学报．2006，5.
[29] 席酉民，尚玉钒．和谐管理理论[M]．北京：中国人民大学出版社，2002.
[30] 席酉民，唐方成．和谐管理理论的数理表述及主要科学问题[J]．管理学报．2005，3.
[31] 席酉民，王洪涛，唐方成．管理控制与和谐管理研究[J]．管理学报．2004，1.
[32] 席酉民，肖宏文，王洪涛．和谐管理理论的提出及其原理的新发展[J]．管理学报．2005，1.
[33] 席酉民，曾宪聚，唐方成．复杂问题求解：和谐管理的大脑耦合模式[J]．管理科学学报，2006，3.
[34] 席酉民．和谐理论与战略[M]．贵阳：贵州人民出版社，1987.
[35] 雅砻江流域水电开发高级论坛专辑编委会．雅砻江流域水电开发高级论坛专辑[C]．二滩公司，2004.
[36] 杨浦生．三峡工程监理应用手册[M]．北京：中国水利水电出版社，2003.

中国国际工程承包企业SCP范式分析

杨 光 黄文杰 赵振宇

（华北电力大学工商管理学院）

1 引论

随着国际承包市场的蓬勃发展和中国国际承包企业的迅速壮大，对两者的研究也不断深入，无论是对ENR排名的剖析，还是理论角度的探讨，都已经积累了丰富翔实的资料和丰硕的成果。现有文献一方面集中在中国承包商的现状的数据分析与处理上，另一方面，侧重于从具体的施工、设计等领域探究新的承包方式、新的市场变化。将中国承包商按照成熟的理论框架内分析，并从组织环境角度研究中国承包商发展的文献很少，本文在对中国承包商进行SCP范式分析的基础上，结合国际市场环境，论述了中国承包商在发展中的瓶颈与机遇。

2 SCP产业组织分析范式

1959年，结构主义代表人物贝恩（J. S. Bain）在其《产业组织论》中对市场结构（market structure）、市场行为（market conduct）以及市场绩效（market performance）进行了系统的阐释，形成产业组织理论中的S→C→P分析框架。Scherer（1970）又进一步界定了三者的逻辑关系：S决定C，进而由C决定P。但是斯蒂格勒（G. J. Stigler）认为这种单向的逻辑因果关系忽视了长期的市场结构变化，故在此基础上提出了双向的逻辑因果关系（图1）。图中的实线表示的是单向因果关系；虚线表示的是双向因果关系。

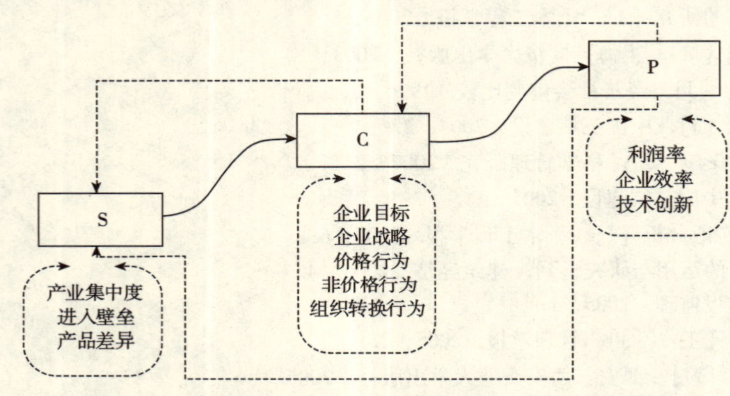

图1 单因果与双因果SCP分析范式

尽管有学者对上述模型中要素的成分持有怀疑态度，如对“产品差异”在市场竞争中地位的认识不同（高鸿业，1999），但是并不妨碍SCP范式在我国的产业组织研究中的广泛应用。陈晓红（1990）对中国的国有企业进入与退出壁垒进行了研究；马建堂（1993）以实证的方法研究了中国主要行业的市场结构，并提出协调市场结构、合理化市场行为与提高市场绩效的建议。李小东（2005）系统地运用SCP范式分析了中国建筑业组织，并提出组织合理化模式与策略。

3 国际承包工程的SCP范式分析

3.1 国际承包工程市场结构

3.1.1 产业集中度与专业结构

J. S. Bain按照集中度CR_4、CR_8，将美国的产业竞争与垄断分为六种类型。按照这种标准，1997年中国建筑业集中度CR_4、CR_{10}分别为1.06和2.35，而同期日本为7.25、14.18，美国为4.24、6.42，中国建筑业的集中度要远低于后两者，处在原子型市场结构，即企业数目极多，不存在集中现象（李小东，2001）；2001年的相同的指标数据提高到8.54、12.01，说明中国建筑业的改制和重组改变了产业集中度，然而很多大集团公司是依据行政方式与部门隶属关系组建的，并没有形成成熟的集团公司，也缺乏集团运营能力（金维兴等，2006）。

2001年，建筑企业新资质就位前中国综合施工企业与专业企业的比例为74:26，与美国（28:72）、日本（41:59）相比，结构上是倒置的；2002年资质就位后，据国家建设部的统计资料显示，施工总承包企业

33652 家（占比 51.3%），专业总承包企业 30999 家（47.2%），劳务企业 960 家（1.5%），专业结构与 2001 年新资质就位的比例 74:26 相比，得到了优化。但是，综合性企业和专业性企业在从业人员、总产值、利税总额和人均劳动生产率上差异较大，具体比较见表 1。

2003 年中国综合性建筑企业与专业性企业主要指标的比较　　表 1

专业类型	企业数量（个）	从业人员（万人）	总产值（亿元）	利税总额（亿元）	劳动生产率（元/人）
综合性企业	29359（60.30）	2106（87.25）	19744（85.53）	1042（81.50）	16937
专业性企业	19323（39.70）	308（12.75）	3340（14.17）	237（18.50）	21198
综合/专业	1.52	6.84	5.91	4.40	0.80

注：括号内的数据为占比，单位是%。

3.1.2　进入壁垒

进入壁垒是打算进入某产业的新厂商必须负担的高于该产业内的老厂商负担的成本（G. J. Stigler, 1979）。进入壁垒中又包含若干子因素。由于建筑产品的单件性、生产周期长和劳动密集等特征使得建筑业缺乏一般意义上的规模经济条件，规模经济效果很弱（卢有杰，1999），从而得出应该避免单纯为追求企业规模而进行的企业合并和集团化。但是从另一个角度看，国际市场上专业承包商在规模化采购上具有价格优势，大型承包商在招投标上占据主动地位，大集团可以通过有效管理来摊薄管理费用等，发展大型企业集团是符合国际承包商向大型化、一体化发展趋势的。申立银（2006）从规模经济、资本需求等角度分析了建筑行业进入壁垒。在资本需求方面，垫资、拖欠工程款、业主资信以及带资承包模式的拓展形成了资本壁垒；专业程度较高的承包领域存在技术壁垒；"软货币"和"硬货币"、汇率变化形成汇率壁垒；在高端市场，各类人才对承揽、实施国际工程有决定性作用，因此存在人力资源壁垒；各国对待外资进入、行业安全、建筑产品质量等有不同的要求，并且形成法律法规或者以行业标准、行政干预等形式出现，因此存在着法律壁垒、行业标准壁垒；各国企业对待跨国承包商的态度不一，存在一定的抵制壁垒，如图 2 所示。

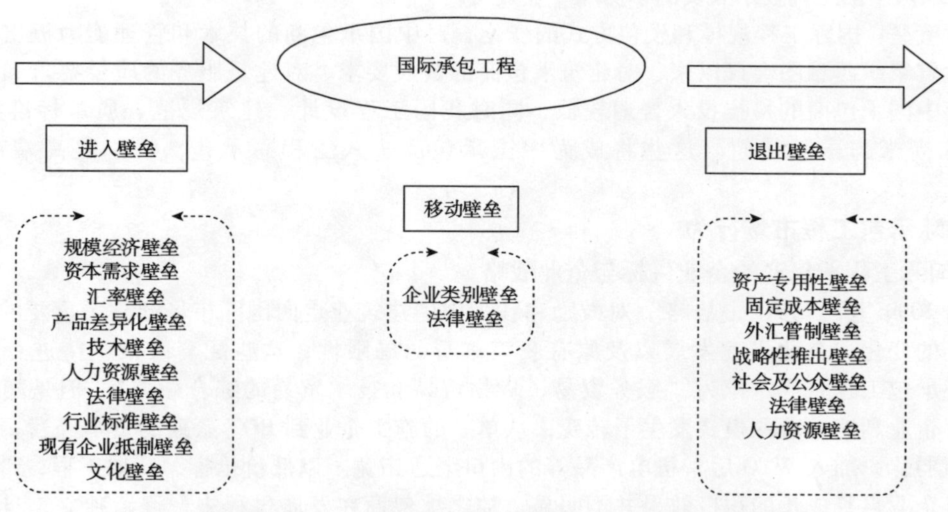

图 2　国际承包工程的行业壁垒（改编自申立银《建筑业企业竞争力》）

（1）**规模比较**：从 2003 年 ENR 提供的营业额数据，可以得出中国承包商在平均营业额上仅是美国的 43.8%，是日本的 26.9%，是欧洲的 11.5%；总营业额则分别是上述比较对象的 31.3%，10%，66.6%。而入选的 47 家企业营业总额仅占全球总额的 5.96%。同时中国承包商所承揽的项目平均规模偏小，1999～2002 年的合同项目平均规模仅为 372 万美元。

进一步地，从 2003 年中美欧日的营业额看，可以得出中国承包商在平均营业额上仅是美国的 43.8%，是日本的 26.9%，是欧洲的 11.5%；总营业额则分别是上述比较对象的 31.3%，10%，66.6%。而入选的

47家企业营业总额仅占全球总额的5.96%。同时中国承包商所承揽的项目平均规模偏小，1999～2002年的合同项目平均规模仅为372万美元。2003年ENR225排名第一的斯堪斯公司（Skanska AB）的国际市场营业额为115.04亿美元，第二位的霍赤蒂夫（Hochtief AG）是102.52亿美元，两者均超过了中国国际工程总营业额。中国排名第一的中国建筑工程总公司国际市场营业额为19.54亿美元，分别仅为两者的16.99%和19.06%。2003年ENR225企业国际工程营业额对比见表2。

2003年ENR225企业国际工程营业额比较 表2

国家	入选企业数	国外营业额	占国际市场总额比	平均营业额
中国	47	83.33	6.0	1.77
美国	66	266.46	19.1	4.04
欧洲	54	833.06	59.6	15.43
日本	19	125.04	8.9	6.58

注：国外营业额、平均营业额的单位是（亿美元）；占国际市场总额的单位是（%）。

（2）资金需求：承包方式的变化，已经在事实上形成了资金壁垒。尽管我国承包商已经适应带资承包项目，但是按照项目金额计算，每个项目的规模都极为有限。垫付工程款的项目，单一项目造价没有超过3亿美元的，BOT形式的单项金额，没有超过3000万美元的，融资能力已经成为中国承包商进一步发展的“瓶颈”。中国企业由于融资渠道狭窄，很多大型的项目和EPC、PMC、PPP项目无法承接（赵书华，李雪，2005）。

（3）资质与标准：各国建立的不同建筑市场准入制度，大体分为两类（申立银，2006）：一是对专业技术人员实行职业资格注册制度，对企业不实行资质管理，这种法规政策在欧美国家广泛实施；其二是亚洲的一些国家，主要是日、韩、新加坡及我国的港台地区实行企业资质与个人职业资格双重管理。因此，虽然大多数发达国家和地区建筑市场是开放的，对外资企业给予国民待遇，但其普遍实施的专业执照或企业许可、人员注册资格制度，仍对中国企业的进入有着很强的技术壁垒。此外，一些国家在专业人员的资历认可方面，不承认中国工程技术人员的学历和专业资历。

（4）技术壁垒：国际工程规模和发包方式的变化，对中国承包商的技术和管理能力提出了更高的要求，特别是世贸组织西雅图会议以来，对建筑承包商的资质要求、对建筑服务的质量要求和环保要求大幅度提高，而中国承包商的科技投入普遍较低，同时我国工程设计、建筑规范、质量标准和专业工程师的资格认证尚未与国际接轨。这些将成为中国承包商进入工程总承包，特别是高端市场的技术壁垒。

3.2 国际承包工程市场行为

3.2.1 国际工程承包商的企业目标与企业战略

在过去的20年里，“走出去战略”对鼓励和壮大中国建筑业走向国际市场起到了重要的作用，但是由于国际市场的变化、企业迅速发展以及原有政策本身的局限性，这些配套政策亟待进一步修订和完善。我国对外承包工程企业定位为“服务贸易、货物贸易和技术贸易的综合载体”，但是随着国际建筑市场的变化，企业利润的获取模式发生了转变，从单一的施工企业到BOT系列的资本经营，带动产品出口的功能逐渐弱化，加入WTO后，机电产品等的出口渠道拓宽。以低价抢标，获取工程，带动机电产品出口，对建筑企业自身成长的积极效果并不明显。加之承包商在发展过程中，逐渐独立，身份也不断变化，从载体到独立的企业，独立融入到国际市场中，势必需要按照“全球化思维”，来确立企业目标和战略。

3.2.2 价格行为与非价格行为

价格行为，一是体现在降低工程价格，低价抢标。究其原因，结合工程项目周期和价值链来分析，我国绝大多数国际承包商处于分包施工这一孤立的价值链上，劳动力低成本是其惟一的竞争工具。正是由于缺乏实现差异化的竞争技能，承包商在国际工程的买方市场中就只有压价的选择。而纯粹的价格竞争只能适用于D. Miles提出的成本核心策略。价值链定位的趋同性，使得国内企业在国际市场上的相互协作性差、低端重复的无序压价竞争成为必然。针对这种定位，卢有杰（2005）认为应当确立资本输出带动商品输出和劳务输出的观念；另外长期的低价竞争策略会在业主市场形成对中国承包商的低价依赖（陈峰，2005）。二是垫资施工。国际上大型承包商由于资本雄厚并且往往有金融业的支持，带资承包成为他们构筑核心竞争力和高利润项目资本壁垒的重要手段。垫资施工用项目的融资能力来表述见图3，大型承包商本身具有良好的资信（往往还有政府的支持），能够充分利用国际融资工具，获得低风险、低成本、稳定的资金，甚至设计与其融资能力相匹配的承包模式，在构筑壁垒的同时降低服务成本，并保证工程项目的顺利进行，从而提高承包商的国际竞争力。

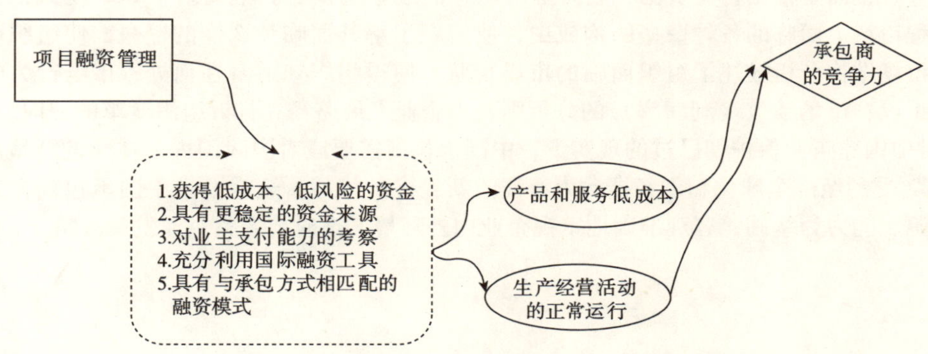

图3 项目融资管理与承包商的竞争力关系

非价格行为包括质量、工期、技术、设备、资质、业绩、施工方式、管理方式，李晓东（2005）对房建、专业性企业按照价格因素和非价格因素进行统计检验，结论为房建企业最主要的三类竞争手段是降低价格、提高质量和控制工期；而专业性企业的排序是提高质量、控制工期、降低价格。专业性企业的竞争优势在于其隐性知识的积累及其能够转化为企业的核心竞争力。因此中国承包商更应注重非价格因素在竞争中的作用。

3.3 国际承包工程市场绩效——工程利润率

M. S. Hunt（1972）和 Porter（1970）认为在“战略群组”内部企业间的竞争比群组外其他企业之间的竞争更加激烈，由于采用相同或相似战略，所以竞争越激烈，“战略群组”内企业的利润受到的威胁也就越大。这一观点可以用来分析行业结构和行业内企业的盈利情况。

中国国际承包商低利润率的原因，一是工程总承包的标底范围的差异，发达国家大承包商标底包括利润率较高的融资、前期规划、设计、采购施工以及咨询业务，而我国承包商一般只承包设计采购施工阶段（李进峰，2005）；中国的施工企业在对外设计咨询（包括勘探、规划、可研等）这类高附加值服务方面获利极少（金维兴等，2004）；二是经营领域主要集中在房建、土木工程和交通，缺乏与国际大型承包商合作与联盟，致使中国承包商在陌生领域获利较少（金维兴，2006）；三是管理水平的差距，国内企业在实施总承包时，更多地采用行政手段而不是合同管理手段。从图4可以看出，国际承包市场上，国内利润率与国际利润率走势基本相同，而中国建筑业上市公司从2000年至2002年三年的净利率分别为2.68%、1.39%、1.67%，毛利率则一直在11%左右徘徊，不但大大低于国内其他行业（18%的平均毛利率，9%的平均净利率），而且大大低于同期国际承包商平均利润率（2002年国际承包商的国内和国际平均利润率为7.7%，7.2%；2003年为6.0%，6.8%），在2002年ENR排名16名的中建总公司2002年的净利率仅为1.3%。我国工程企业真正参与国际上高利润项目市场竞争的机会还比较少。以融资服务为例，国内企业融资模式单

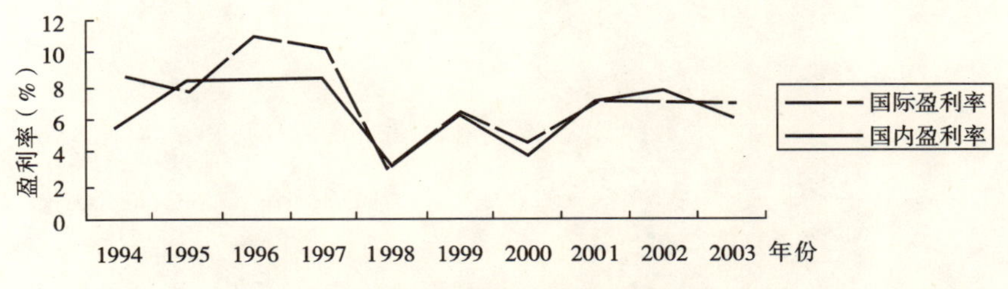

图4 国际承包市场盈利率走势图

一，无法有效地从不同金融机构获得成本最低、收益最大的金融服务，这样工程企业实现高利润就无从谈起。有些国家声誉很高的公司由于国内外汇管理体制的原因，造成其融资困难，因此，许多要求带资承包的大型项目无法承接，同样也影响了企业利润率的提高。

4 结论

20 世纪 90 年代以来战略理论的发展是基于内部资源、能力进行企业战略选择的，企业战略不再是外部环境的被动适应者，而是根据自身资源、能力主动调整的战略选择者。本文基于 SCP 范式，从中国国际承包商在国际工程市场上面临的各种壁垒的构成中，使组织了解其面临什么样的壁垒，使组织设计的内容进一步明确；而市场结构分析描述了组织面临的市场现状，使得组织知道身在何处；市场行为的分析则使得组织了解竞争手段；市场绩效（利润率）的分析则提出企业发展路径，告诉组织变革的方向。

在 WTO 对中国建筑业保护期已过的现实下，中国承包商需要应对国际国内一体化的环境压力，企业战略的“长期性”受到经济全球化和创新推动为特征的新经济的挑战，这就要求中国承包商在进行战略选择时，以自身资源、能力为基础，客观准确地审视企业内外环境，适时地调整企业发展战略。

参考文献

[1] M. S. Hunt. Competition in the Major Home Appliance Industry [D]. Harvard University. 1972.
[2] 卢有杰. 经济全球化与国际建筑市场 [M]. 北京：清华大学出版社，2005.
[3] Tom Burns, G M. Stalker, the management of innovation [M]. London : Tavistock, 1961.
[4] J L Johnson et al. Market-forced strategic flexibility: conceptual advances and an integrative [J]. Model, academy of marketing science journal. 2003, 31: 74 – 99.
[5] Michael A Hitt. Strategic management: competitiveness and globalization (Concepts) [M]. 6th edition. Thomson Learning. 2005.
[6] S Das, P K Sen et al. Impact of strategic alliances on firm valuation [J]. Academy of management journal. 1998, 41: 27 – 41.
[7] 斯蒂芬·P·罗宾斯. 管理学 [M]，第 4 版，258 页，北京，中国人民大学出版社.
[8] 姚先成. 国际工程管理与现代建筑企业 [M]. 北京：中国建筑工业出版社，2004.
[9] Hutt, Stafford et al. Case Study: Defining the Social Network [R]. 2003: 53.
[10] D. L. Ferrin. the use of rewards to increase and decrease trust: mediating processes and differential effects [J]. Organization science. 2003. 14, 1: 18 – 31.
[11] S. J. Carson, A. Madhok. Information processing moderators of the effectiveness of trust-based governance in interfirm R&D collaboration [J]. Organization science. 2003, 14 (1): 45 – 46.
[12] 廖玉萍. 建筑业产业结构调整策略研究 [J]. 建筑经济. 2006, 5.
[13] 叶勤. 企业战略理论的竞争优势观及其演进 [J]. 经济评论. 2004.

法国高速铁路经济社会效益评价方法对我国铁路可行性研究的借鉴与启示

王　东　杨　瑛
（铁道部经济规划研究院）

可行性研究是建设前期工作的重要步骤，是编制建设项目设计任务书的依据。对建设项目进行可行性研究是基本建设管理中的一项重要基础工作，是保证建设项目以最小的投资换取最佳经济效果的科学方法，可行性研究在项目投资决策和项目运作建设中具有十分重要的作用。

铁路作为国民经济系统的基础设施具有特殊的地位和作用。社会经济效益评价是基础设施项目决策的重要前提和依据，也是工程项目可行性研究的重要内容，同时也是项目后评价的重点内容之一。由于我国建设项目评价体系正处于与国际接轨并不断完善的过程中，学习国外的先进经验，建立具有指导意义的运输基础设施社会经济效益评估方法和模型对我国铁路建设具有重要意义。

世界铁路的发展方向是客运高速和货运重载。在中国铁路中长期路网规划中，客运专线项目建设占有重要地位，对于客运专线项目，不同于既往的传统铁路建设项目，其经济评价分析必须在传统研究方法基础上不断完善创新，借鉴国际高速铁路的研究方法对我们无疑具有很好的参考价值。

本文结合图例分析研究法国跨国工程咨询机构在进行法国高速铁路（TGV）可行性研究中有关分析和评价经济社会效益的基本要素所运用的模型与方法。这一机构的主要业务领域是铁路及城市有轨交通，其研究成果在同行业中具有权威性和领先地位。

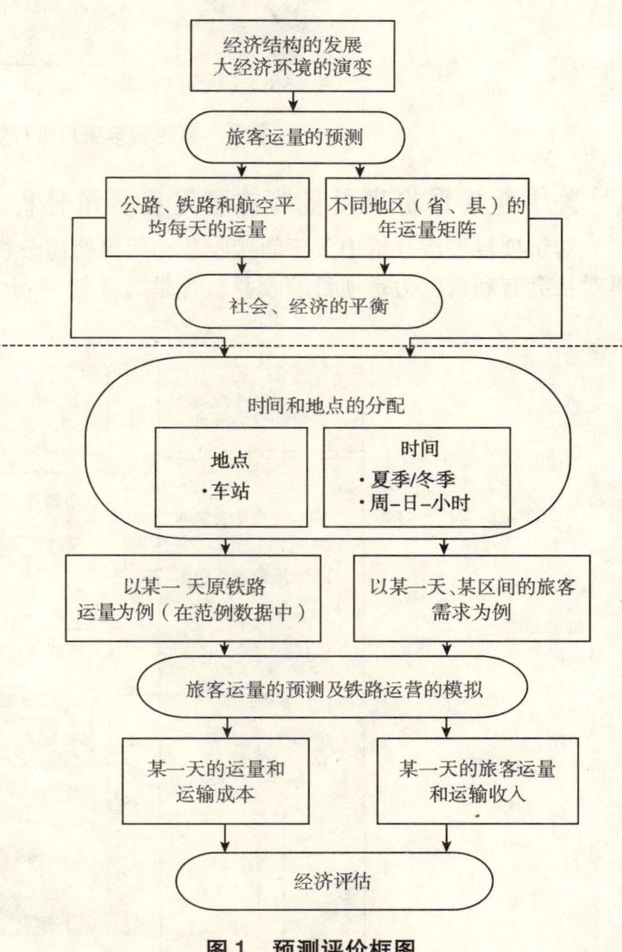

图1　预测评价框图

1　关于预测评价分析

预测评价的分析分为两部分（图1），一部分是以经济结构、经济环境的演变为基础，按各种运输方式、各个地区进行统计分析；一部分按站点、时刻模拟的样本进行经济评估。分析的精细度高，以站点和天为分析单位，而我国工程项目目前选择的时间刻度基本采用年。在我们的预测评价中，若要提高分析的精度，缩短分析时限，是一种可行的途径。

2　关于高速铁路成本分析

在对高速铁路的成本分析（图2）中依然采用的是有无对比方法，但在成本因素中除了投资和运营费用外，还考虑了项目前后的运营收入损失，这一方法认为采用新项目后，提高了运营收入，如果仍沿用旧项目，这些收入就成为费用损失。国内在铁路项目成本分析中，成本包括投资和运营成本支出，将项目前后的运营收入损失作为一种成本在目前的分析中是未加考虑的。

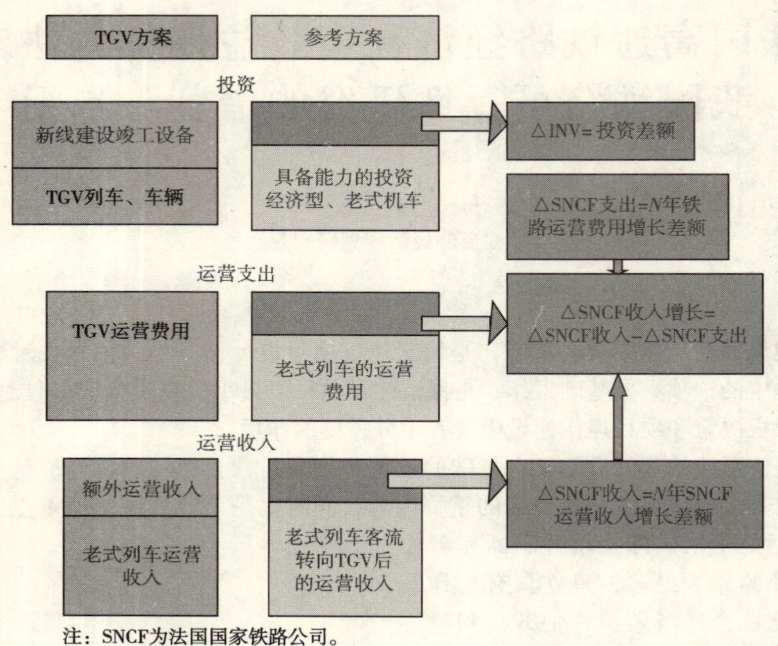

图2　高速列车项目可行性研究中考虑的成本因素

3　关于经济评价中间接收益和间接费用分析

对于项目经济分析中关于间接收益和间接费用分析（图3），分析的基本思想是以社会系统为对象，凡是对社会有利就作为是项目的收益，凡是对社会不利的就作为是项目的费用。由于国家制度的区别，一些

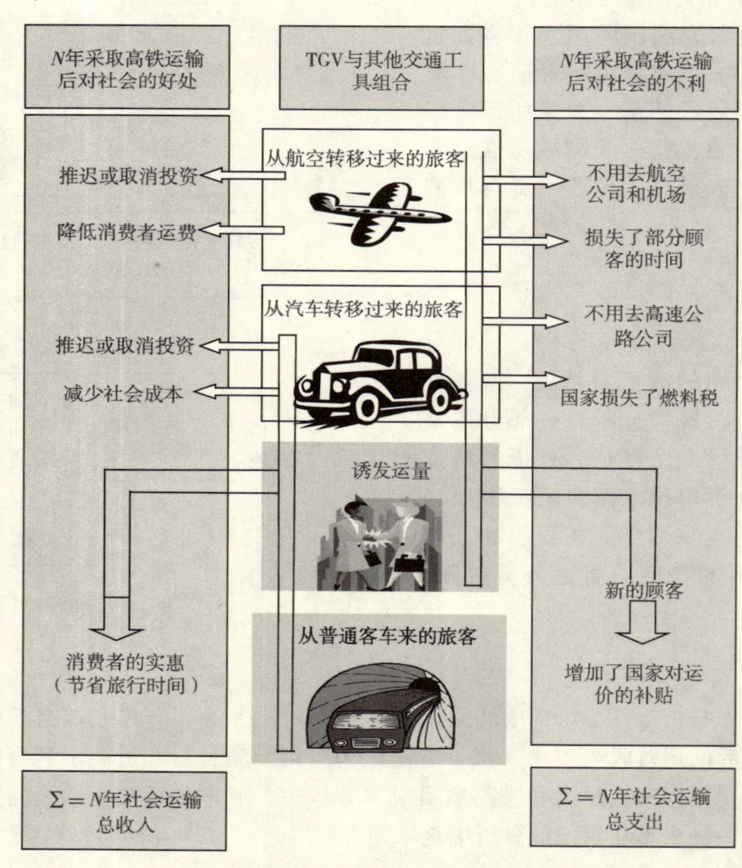

图3　经济评价中间接收益和间接费用分析

税费和补贴作为社会支出，在我国没有相应因素，但这种分析思想是值得我们充分借鉴的，目前铁路项目在间接效益和间接费用的分析中，一些项目考虑的因素还很简单，缺乏系统完整的指标体系，我们可以根据上述思想对现有分析的指标内容进行丰富和补充，使得我们的分析更充分、更全面。

4　高速铁路项目的社会效益评价体系

在分析项目的社会效益时，首先确认所有的经济活动都必须在法律制度的框架内进行。各种运输方式形成的运输体系与城市布局、土地规划、环境和能源构成相互影响、相互作用的动态体系。

基础设施所产生的社会经济效益是其作为社会公共设施所具有的外部性特征的一种体现。评估交通运输基础设施项目的社会经济效益是从社会的角度来综合评价该项目对社会福利的影响。交通运输基础设施的建设和改善会对道路使用者和周边地区，以及政府公共部门产生直接和间接的影响（图4）。

交通设施的建设和改善首先会对道路交通的使用产生影响，这是运输基础设施项目社会经济效益中最为核心的部分，世界各国对这部分的研究也最为充分。

交通设施的建设和改善也会影响周边地区的环境、居民生活、经济以及政治稳定。这其中首先是对环境的影响，包括空气污染、噪声、景观的变化、生态系统和温室效应的影响。对居民生活的影响可以分为应急网络的扩大、交流机会的增加、获得公共服务机会的增加以及对人口的影响。对地区经济的影响可以从工业产量、就业和收入、商品价格、以及固定资产价值这些指标的变化来考察。基于我国幅员辽阔，少数民族众多的实际情况，交通基础设施的建设对加强民族交流，增进地区政治稳定也起到一定作用，因而在对周边地区的影响中应考虑对地区政治影响的指标。对政府公共部门来说，道路项目的建设对财政支出和财政收入都有影响，如果该项目由政府负责投资和运营，则对政府公共部门的影响应包括项目的收益性，具体指标为通行费收入、建设成本和维修成本。

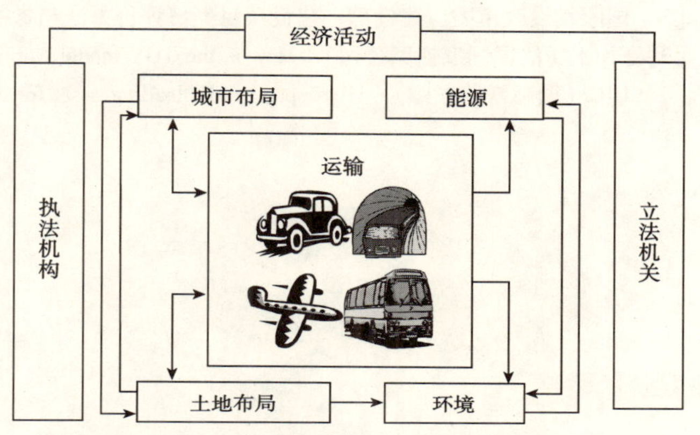

图4　关于高速铁路运输市场的社会经济环境分析示意图

5　关于高速铁路系统的经济分析方法

图5说明了项目可行性分析中财务分析和经济分析的分析思路，包括需求分析、方案分析和效果分析。经济发展的要求和与其他运输方式的竞争对高速铁路运输提出了需求，服务质量、产品价格和运输计划会对运输需求发生影响。基础设施投入、机车投入决定运输的成本。产品需求和价格决定收入水平的高低，收入和成本决定铁路运营企业的赢利状况，并决定社会效益的赢亏情况。

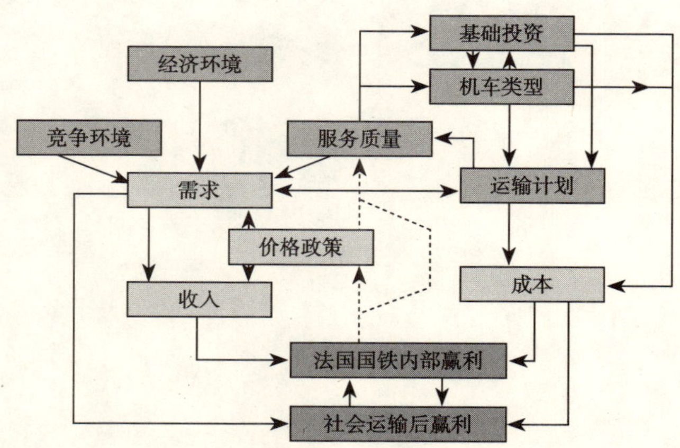

图5　高速列车系统的经济方法框图

6　启示与思考

社会经济效益分析是建设项目可行性研究的关键，是项目决策科学性的重要依据。国外在对铁路项目评价中，其社会经济评价在项目可行性决策中的地位非常重要。任何规划或者重要基础设施建设实施前，都必须要进行社会经济评价。而且交通基础设施建设项目更强调其社会效益，强调交通运输发展的对经济发展的可持续性作用，我国铁路建设决策也充分体现了经济社会评价的重要性，充分考虑了铁路运输的社会公益性。

基准参数是动态的，需要根据经济、社会、环境的发展进行调整来体现政府的政策调控。发达国家近年来有将社会折现率调低的趋势，法国政府在社会折现率的选取上，已由过去的8%，推荐选择4%。我国经济评价的基本参数也在不断调整，社会折现率由12%调整为10%，2006年又调整为8%。随着社会经济形势的不断变化，政府逐步认识到衡量项目对社会经济发展贡献的重要性，这种调整非常必要，而且反应时间越快，才能更贴近客观实际的真实状况，及时体现政府的政策趋向。

结合项目和社会实际，完善评价方法，提高评价的科学性和准确性。在项目决策中，法国政府非常注重项目能否满足社会需要，高质量地服务社会，促进区域经济的发展。需要强调的是，随着经济的发展和改革的深入，对建设项目预测评价的水平和深度的要求也随之提高了。一般来说，预测评价的基本方法和模型各国的差异并不大，关键在于结合本国情况对样本和参数的调整。不断提高预测的科学性和准确性，确保评价的权威性和可信性，对从事预测评价工作的工程人员是一个需要永恒追求的目标。

参考文献

[1] 铁道部经济规划研究院. 瑞典和法国高速铁路经营与管理考察报告 [R].
[2] 国家发展改革委，建设部. 建设项目经济评价方法与参数 [M]. 第三版. 北京：中国计划出版社，2006.
[3] SNCF（法国国家铁路公司）. How is the TGV model working [R].
[4] UIC（国际铁路联盟）. High speed rail's leading asset for customers and society [R].

发展工程总承包的经验与思考

林锦胜
（上海建工（集团）总公司）

如何发展工程总承包是中国建筑企业近几年来的热点问题。广州，这个中国最具活力的城市，永远不缺少新的发展思路、新的创业精神。在开展工程总承包方面，广州建筑业无疑也是走在了全国的前列。在610m的世界第一高塔——广州新电视塔的建设中，广州建筑集团和上海建工集团成立了联合体，共同进行工程的建设和总承包管理，建设中积累的总承包管理经验和成果必将对今后大型项目的总承包管理提供宝贵的借鉴。

以下结合上海建工集团工程总承包的发展历程，浅论工程总承包方面的一些经验和思考。

1 上海建工集团近年来的发展概况

上海建工集团有着50余年的发展历史。20世纪90年代以来，我们抓住上海城市大发展的机遇，坚持实施技术创新，不断深化体制机制改革，大力调整产业和产品结构，积极拓展国内外市场，实现了较快的发展。目前，集团拥有总资产300多亿，下辖全资、控股企业200余户。除集团本部具有“房屋建筑和市政公用工程总承包双特级资质”，能够运作特大型工程总承包项目外，我们还有5家具有特级资质的土建企业，5家涉及设备安装、基础施工、钢结构吊装、装饰装潢、园林绿化等方面的大型专业施工公司，1家具有甲级设计资质的设计院，2家规模化生产的商品混凝土及构件制品公司。2006年，上海建工集团的综合营业额和新签合同额双双突破500亿大关，实现建筑业产值425亿元。集团的综合营业规模在美国ENR（工程新闻纪录杂志）排出的2006年世界最大225家国际工程承包商中列第35位，在国内建筑企业排名第6位。

工程业绩方面，“上海十大经典建筑”，从早期的展览中心，到东方明珠电视塔、金茂大厦、浦东国际机场、南浦大桥、大剧院、科技馆等，全部出自集团建设者之手。还包括已经建成的世界首条投入商业运营的高速磁浮工程，世界同类桥梁中跨度居第一位的卢浦大桥，中国首座跨海大桥——东海大桥，亚洲最大的国际赛车场——上海国际赛车场，国内最大的地下空间综合开发项目——上海铁路南站。集团在国内承建了北京国家大剧院、京西宾馆、江阴长江大桥；特别荣幸的是，我们在广州参与建设了世界最高的广州新电视塔。另外，在美洲、非洲和亚洲等地承建了一批有影响的品牌工程。在参与这些标志性建筑和重大工程建设过程中，上海建工集团获得了60余项“鲁班奖”，70余项国家和上海市科技进步奖，在国内和国际建筑市场形成了良好的品牌形象。

2 企业工程总承包的发展历程

上海建工集团近年来的发展，得益于上海城市加快建设步伐赋予我们的良好机遇，离不开社会各界的关心支持和集团全体员工的共同努力，同时也是我们主动实施战略转型，大力发展工程总承包的结果。上海建工集团探索开拓工程总承包的发展道路，大致经过了三个阶段。第一阶段，是探索阶段；第二阶段，是起步阶段；第三阶段，也是我们目前正在经历的成长阶段。

第一阶段，探索阶段。

工程总承包理念，发端于20世纪50年代的国际建筑市场。国外一些大型建筑企业通过不断的收购兼并和管理经验的积累，拓展了业务领域，也积蓄了实力，开始为项目业主提供总承包管理服务。目前，国际上已经形成了比较成熟的模式。而在国内，工程总承包只有20年的发展历程，虽然取得了不少成绩，但总体而言，国内建筑市场工程总承包的发展水平、国内企业的总承包能力，还不能和国际知名企业抗衡。作为上海建工集团来说，我们比较早的接触到工程总承包的概念。比如，我们在20世纪80年代参与建造的“日本大林组、鹿岛”总包的花园饭店、上海商城等一些外商投资的工程总承包项目。开始对工程总承包概念进行了初步的探索，直到“金茂大厦”的工程总承包。

第二阶段，起步阶段。

成功实施“金茂大厦”的工程总承包，标志着上海建工集团在工程总承包上的正式起步。作为当时世界第三、中国第一的超高层建筑的总承包商，我们不但在工程技术上实现了一系列重大突破，在管理模式上也实现了跨领域的拓展。金茂大厦的工程总承包，是按照国际惯例运作的，是一种比较完全的总承包管理模式。

金茂大厦工程总承包的特点：一是总承包管理范围的全覆盖。当时，参与工程建设的相关单位有美国的SOM设计事务所和加拿大、日本、新加坡、香港的设计公司，也有日本大林组、法国西宝营建集团、香港其士集团这样的知名企业，其他分包商和分供应商包括了来至7个国家和地区的70余家企业。作为总承包商，我们通过国际招标，将全部分包商都纳入了总包的管理范围，形成了以总包商为中心的指挥协调系统和良好的现场秩序。这也是我们首次指挥“多国部队”协同作战。二是总承包管理功能的全方位。对深化设计、设备采购、现场施工、专业分包、安装调试等实施功能性的系统管理，最终实现总承包商对业主的功能交付。三是确立了一切从合同出发的管理基本原则。工程总承包管理最核心的就是“管合同”，合同是至高和最终的。应该说，在金茂大厦之前，我们从未做过类似的工程总承包项目；而在金茂大厦以后，我们有信心、也有能力完成更大、更多的总承包工程。所以，金茂大厦是上海建工集团发展工程总承包的一个里程碑。

在成功实施金茂大厦的工程总承包管理以后，上海建工集团在各方面的支持下，全力拓展工程总承包的业务领域。从总承包模式上说，目前国际通行的大致有4种。按照参与工程建设的时间、参与的深度划分，包括全过程参与的BT、BOT、BOOT项目，总承包商参与工程的投资、建设、运作；第二种模式不包括前期的投资策划和后期的物业管理，是从工程立项到建设结束，主要是CM（Construction Management Approach，工程管理）、DB（Design Build，设计-建造）、设计-采购-施工（EPC）与交钥匙（Turn-Key）方式；第三种模式主要是管理总承包，总承包商不参与设计，或不参与施工，包括设计—管理模式（Design-Manage）、管理承包模式（Management Contracting）；第四种是施工总承包，总承包商同时也是土建分包商。这几种模式，上海建工集团都有所涉及。

BT和BOT项目，我们在延安中路高架、中环线和铁路南客站等项目中进行了应用。1994年，上海建工集团改制并发起成立了“上海建工股份有限公司”。上市公司募集了一定的资金，并把我们最擅长的基本设施建设领域作为投资重点。同时，上海的市场环境也非常需要有新的基本设施建设新形式来带动一些热点。在这样的形势下，我们逐步加大了对高速公路、高架道路的投资力度，以资本经营带动生产经营，取得了非常好的效果。

工程管理CM项目，主要是浦东国际机场一期、二期。我们作为总承包商配合政府、投资商参与浦东国际机场的工程总承包管理。在浦东国际机场一期工程建设中，我们发挥集团在土建、基础施工、钢结构吊装、设备安装、装饰装潢等方面的综合优势，集成了多系统、全方位的技术优势和管理职能，仅用了2年半的时间就完成了这一30万m^2的特大型项目，工程的质量、进度得到了政府、法国设计师和社会各界的高度赞誉。浦东国际机场一期工程获得了鲁班奖，我们开发出的成套施工管理技术也获得了国家科技进步二等奖。更重要的是我们为政府提供了一条全新的建设大型工程项目的管理思路和承包模式。这方面，我们主要是利用企业综合实力上的优势，提供人力资源，提供技术支撑，提供管理经验，分担了政府在重大公共设施建设上的管理压力。一期工程成功地完成以后，现在我们又开始参与到二期工程的建设中。

设计-建造（DB）模式、设计-采购-施工（EPC）模式的交钥匙项目，我们主要做过一些外商在上海的工业厂房。比如，飞利浦在上海的DB工业厂房项目、沃尔沃（VOLVO）建筑设备金桥厂区（一期）工程EPC项目、越南国家体育馆EPC项目、特立尼达和多巴哥国家艺术中心EPC项目。在上海做外商的项目，我们可以发挥本地企业的优势，协助业主做好前期策划、工程协调、开业准备等方面的管理工作，大大缩短业主熟悉中国市场的时间。在国外做EPC项目，我们可以带动相关企业的设备和劳务出口，形成综合效益，拓展国际市场。

十多年来，上海建工集团的工程总承包得到了很好的发展。目前，集团的总承包项目超过100项，2006年完成的总承包产值达到112亿元，占到了集团建筑业产值的25%。

第三阶段，成长阶段。

从我们对中国建筑市场的认识来看，未来几年中国的建筑市场在“奥运”和“世博”两大概念的支撑下，将继续保持高速增长。上海“十一五”期间在城市基础设施建设方面有许多大项目，为集团进一步拓展市场提供了广阔的空间。为了更好的抓住上海的机遇、全国的机遇，集团党委、董事会根据上海市委、市政府和市国资委对我们的要求，在广泛开展“战略机遇期和集团可持续发展”大讨论等活动的基础上，制订了建工集团的“十一五”发展规划。提出：“到2010年，要把上海建工建设成为一个具有较强国际竞争力的大型建设集团，进入全球225家最大建筑承包商前25名”，提出了“提升总承包、总集成能力，拓展产业链，拓展地区经营”的总体发展思路。这标志着上海建工集团发展工程总承包的历程，踏上了新的成长之路。

同时，我们切实感到，发展工程总承包不但符合世界建筑业的发展方向，也是我们中国建筑企业在加入WTO以后，应对激烈竞争，开拓国际市场，必须要重视的一个问题。一个大型建筑企业，依靠低成本竞争的这条路是走不长的。如何来提升竞争的层次，在建筑产业链的高端环节，利润率比较高的领域，在设计、采购以及前期策划、后期服务等方面建立新的核心能力，这才是一条可行的、有前途的道路，也是上海建工集团在“十一五”期间保持快速、健康、可持续发展的必然选择。

3 工程总承包管理的主要做法与体会

3.1 重视制度建设，完善管理体系

工程总承包的过程管理是一种有序的管理，加强总承包管理必须要重视制度建设。这方面，我们的主要做法是，围绕进度、成本、质量等总承包管理的目标，制订系统化的管理制度。包括建筑师例会制度、施工技术协调会制度、图纸深化协调会制度、分包施工协调会制度、安全生产巡视制度、施工日报周报月报制度、分包进场施工前工程总交底制度、指定分包付款审核制度、总包内部例会制度等，将其纳入总包管理大纲，作为重要组成部分。正是由于重视制度建设，重视过程管理，做到了管理思路超前，管理全面到位，才能在所承建的一系列工程总承包工程中，特别是在土建与安装、安装与装饰实施立体交叉施工的情况下，加强组织协调，相互创造条件，形成整体合力，体现了总承包体系管理的应有作用和组织多工种、大兵团联合会战的能力，有效地加强了对项目建设过程的总承包管理和控制。

3.2 增强方案深化和优化能力，提高技术管理水平

在工程总承包的技术方案管理方面，增强满足业主和设计师意图的深化设计功能，通过CAD技术展现了土建和安装详图、机电布线、装饰详图的深化设计能力和协调能力。同时，针对新技术、新材料、新工艺在工程施工中的广泛应用，按照科技支撑创新、创新支撑发展的原则，增强工程总承包管理的核心能力。通过科技创新，我们在总承包管理中分别攻克了上海科技馆中心区域卵形大厅安装施工技术，上海国际赛车场在软土地基上符合国际标准的赛车道地基加固和卸载工艺，铁路南站主站屋屋盖的吊装工艺，东海大桥主通航孔海上施工平台、海上混凝土防腐蚀工艺及主桥安全工艺和磁浮列车专线导轨梁精加工及吊装工艺。集团的技术创新能力对工程总承包能够形成较强的支撑。

3.3 合同管理是加强总分包纽带的关键

在工程总承包实践中，坚持以合同管理为龙头，对促进工程总承包的全面管理起到了重要作用。作为总承包方，对分包管理的焦点就是要通过合同管理这个环环相扣的经济关系，加强对分包的制约和管理，来实现项目业主的最终利益，满足总包对业主的承诺。这方面，我们一是通过采取建立分包进场总交底制度、分包协调会等措施，以经济手段明确分包在进度、质量安全、文明标化等方面的合同责任；二是以合同形式明确，凡进入总包管理范围的专业分包，在具备满足专业施工所需装备能力的同时，还必须提供该专业相应的工艺标准、验收规范等技术资料，以便于总包对分包的专业施工进行验收；三是以合同为依据，加强对分包的付款控制；四是充分运用好合同这个经济手段，处理好分包界面争议、共用设施、场地道路、产品保护、签证索赔等方面可能出现的问题。可以说，许多高难度的工程总承包项目能够最终实现总包对业主的承诺，与我们加强了合同管理，用这个环环相扣的经济关系加强对分包的管理是分不开的。

3.4 完善信息工作，加强基础管理

加强总承包信息管理是适应已经来到的国际竞争国内化市场格局的一个重要环节。在工程总承包管理中，我们始终强调做好包括文件资料等在内的信息资料管理工作，按照国际总承包惯例约定，做好管理过程中各种往来文件资料的传递，培养良好的职业信誉和严谨的工作方式。针对总承包工程资料与工程交付使用同步的合同要求和惯例，强调文件资料的及时性和信息管理的到位，建立分级的工程管理文件处理机制，提高往来文函的质量，实现全面、全过程管理。努力充实完善总承包信息管理及总承包管理本身的内涵，努力应用各种现代化管理手段和方法，来实现工程总承包管理的目标。

当然，对比国际先进的工程总承包企业，我们还有不小的差距。一个是融资能力不强，二是成套工艺

设计和国际化的采购能力不够。主要还是缺少对国际市场的了解和项目运作的经验。从管理水平和技术创新上，我们不怕与世界上任何知名建筑企业竞争。

4　展望和建议

从企业自身来说，我们首先要进一步做好目前承接的一批工程总承包项目，特别是上海建工集团所高度重视的广州新电视塔工程，要继续以“精品工程”为标准，优质、高速、安全地管好、做好。同时，我们提升工程总承包的管理水平：一是提高能满足业主和建筑师设计意图的，包括融资、设计、采购在内的全方位总承包能力，逐步向新的生产方式和生产经营管理模式过度；二是进一步增强支撑工程总承包的技术创新体系，瞄准一批能够充分反映国际建筑技术先进水平，技术含量较高的项目对象，比如我们正在建设的广州新电视塔等，加快有针对性的技术开发；三是积极实施走出去，积累经验，增强与跨国公司竞争的工程总承包能力，不断优化人才结构，引进和培养国际化的人才。

广州建筑市场的工程总承包，无论是公开性、开放性、透明性都走在了全国的前列。打破了以往计划经济条件下的条块分割，敢于引进竞争，提高城市建设的效率。首先，上海建工集团愿意为广州的城市建设多做贡献，特别是发挥我们工程总承包管理优势上，特别是在市政基础设施建设的更多领域和更深层次上有更多的参与机会。在广州的居住环境改造、住宅小区建设、新兴工业区建设和大型公共设施工程总承包方面，我们也非常希望扩大参与面，贡献我们在总承包管理和工程技术上的能力；其次，在共同拓展国内外市场上，我们衷心希望加强与广州企业的相互合作。一方面，我们与各企业可以联合投标的方式共同拓展市场，资源共享，形成合力；另一方面，我们也希望和更多的企业在拓展市场方面，有更多的合作机会，把上海建工在工程方面的能力集成到诸位的核心竞争力中去，互利互惠，双赢发展。

基于还款系数的城市居民购房能力研究

刘晓君 钟石头
（西安建筑科技大学管理学院）

1 文献综述

在衡量居民购房能力时，房价收入比已经成为常用指标，即：

$$a=\frac{PS}{R} \tag{1}$$

其中，a 为房价收入比，P 为销售单价（元/m^2），S 为住宅建筑面积（m^2），R 为居民购房当年的家庭收入（元）。

但是房价收入比的科学性及合理取值范围一直受到质疑。联合国人类住区（生境）中心所发布的《城市指标指南》中的定义：房价收入比是指“居住单元的中等自由市场价格与中等家庭年收入之比”。中国人民大学副教授沈久云在《对房价收入比科学涵义的再探讨》一文中指出：这里的“收入”，既不应采用居民家庭总收入，也不应采用居民家庭可支配收入，更不应采用一个地区（国家）上述两个指标的平均数值，而应是在合理划分收入档次后，不同收入居民家庭可支配收入中扣除了基本生活消费支出后可用于购置住房的那部分收入（支出）。世界银行资料指出：在发达国家，平均每套住宅的价格总额与家庭收入的比例在（1.8～5.1）：1之间，……在发展中国家一般在（4～6）:1之间。清华大学张红教授在《房地产经济学讲义》一书中对“4～6”倍的提法表示质疑，并比较了1998年世界各国的房价收入，指出北京市与国际经济发展水平相当的城市的房价收入比相差不大。由于房价收入比在衡量城市居民购房能力时存在较大的争议，导致我们无法正确衡量和估计城市居民的购房能力。

2 房价收入比的局限性

居民购房时，按照所在城市住宅销售单价乘以所选购房屋的建筑面积计算该套住宅价格，一般先支付20%（或30%）以上的首付款，首付款比例的大小视购房者支付能力而定（一般情况下，不会太高，特别是对于年轻工薪阶层而言），其余房款由银行用房屋抵押贷款支付，购房者在约定的年份中逐月偿还房屋抵押贷款本息。

从以上过程可以看出，购房者不但要考虑现实支付能力，也要考虑未来支付能力（未来家庭收入）。一般情况下，购房者使用抵押贷款额大于首付款的数额。所以家庭未来收入预期对居民购房能力影响更大。贷款利息作为居民支付给商业银行的资金使用费，也是影响居民购房能力的重要因素。

通过以上分析，可以看出房价收入比作为衡量居民购房能力的常用指标，存在以下不足之处：

（1）居民购房时，大部分家庭要使用房屋抵押贷款，由于房屋抵押贷款还款期较长，居民家庭收入在这么长时期内将会有较大的变化。而房价收入比在衡量居民购房能力时，只是衡量居民目前购房支付能力，没有考虑未来家庭收入的变化，与实际不符。

（2）房价收入比在衡量居民购房能力时，没有考虑居民在抵押贷款偿还期内要支付贷款利息，与实际情况不符。

（3）房价收入比 a 假设居民在未来的 n 年内将全部家庭收入用于支付房价款，在第 n 年末支付完毕。可实际上居民每年只可能拿出一定比例的家庭收入去购房，假设与现实不符。

（4）房价收入比的合理取值范围难以确定，居民很难说出什么水平下的房价收入比是可以接受的，所以在此问题上仁者见仁、智者见智，至今无法形成统一的认识。

为了克服房价收入比的以上缺陷，我们在尊重社会现实的前提下，构造了一个新的指标：居民家庭收入用于支付抵押贷款的比例，简称还款系数，用字母 λ 表示，以求正确衡量居民购房能力。

3 还款系数的构造

为便于分析，作出以下假定：国民经济在未来一段时期稳定增长，居民收入持续增长；国家的房地产政策基本保持不变，住房需求随着社会经济的发展而增长，住宅销售价格保持平稳增长；居民完全使用抵押贷款购房，居民当前家庭收入为 R 元；家庭收入增长率为 r；抵押贷款利率为 i；居民还款期限为 n 年，居民在第 n 年末完全偿还抵押贷款，居民家庭收入每年用于支付抵押贷款的比例相等，即还款系数为常数。

由以上假定可知，抵押贷款额与居民每年偿还贷款现值存在以下关系：

$$PS=\frac{R\lambda\ (1+r)}{1+i}+\frac{R\lambda\ (1+r)^2}{(1+i)^2}+\Lambda+\frac{R\lambda\ (1+r)^n}{(1+i)^n} \tag{2}$$

对式（2）整理得：

$$\lambda=\frac{PS}{R}\times\frac{i-r}{1+r}\left[1-\left(\frac{1+r}{1+i}\right)^n\right]^{-1} \tag{3}$$

其中，$\frac{PS}{R}$即为房价收入比，把式（1）代入式（3）得还款系数 λ 的计算公式：

$$\lambda=\overline{a}\times\frac{i-r}{1+r}\left[1-\left(\frac{1+r}{1+i}\right)^n\right]^{-1} \tag{4}$$

一般情况下，首先确定一个合理的还款期限 n，计算居民所在城市的还款系数 λ。然后，调查该城市居民愿意接受的还款系数 λ′和居民非生活基本支出比例 λ″。通过比较确定该市居民的购房能力及市场运行状况。

（1）当 λ 与 λ′接近时，表明居民购房能力较强，房地产市场运行良好；

（2）当 λ≥λ″时，表明还款系数大于家庭能够用于非生活支出的比例，无法偿还的住房贷款，住房价格高于居民的购买能力，房地产市场泡沫已经形成。我们把 λ″称为房地产市场运行的“红色警戒线”。

4　运用还款系数进行城市居民购房能力敏感性分析

居民购房能力敏感性分析是通过研究居民购房能力影响因素发生变化时，居民购房能力评价指标发生的变化。其中，使居民购房能力评价指标值出现较大变化的影响因素，即为敏感因素，并通过敏感度指标来确定敏感因素。

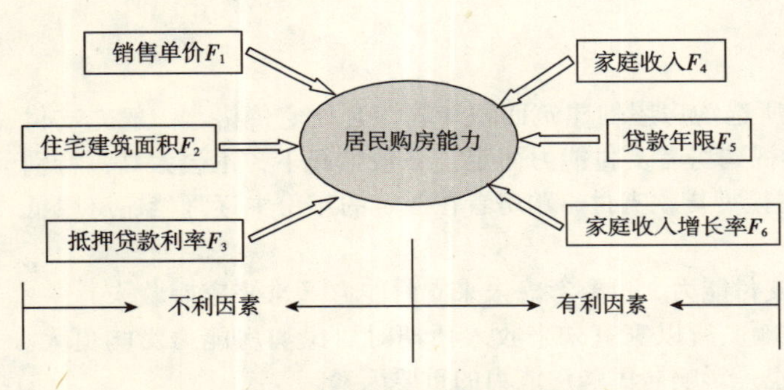

图 1　影响居民购房能力的因素

还款系数在评价居民购房能力时，不但考虑了住宅的销售单价、建筑面积、居民的收入状况等因素对居民购房能力的影响，而且还考虑了未来家庭收入的变化情况、抵押贷款利率以及居民期望抵押贷款年限对购房能力的影响。因此，当抵押贷款年限一定的条件下，影响居民购房能力的因素如图 1 如示。

一般情况下，将影响居民购房能力的因素 F_1 ~ F_6 设若干级别变动幅度（本文取 ±5%、±10%、±15%）。然后计算与每级变动相应的还款系数的值，建立一一对应的数量关系，并用敏感性分析图和敏感性分析表的形式表示。

敏感度计算公式如下：

$$\beta=\frac{\Delta\lambda}{\Delta F} \tag{5}$$

其中，β 为还款系数 λ 对购房能力影响因素 F 的敏感系数；$\Delta\lambda$ 为购房能力影响因素 F 发生 ΔF 变化时，还款系数 λ 的相应变化；ΔF 为购房能力影响因素 F 的变化率。

利用式（5）计算影响因素 $F_1\sim F_6$ 的敏感度 $\beta_1\sim\beta_6$，并根据敏感度的值，对影响因素进行降序排列，排在第一位的影响因素，即为敏感因素 F^*。敏感因素对居民购房能力的影响最大，相关部门可以据此制定更有效的提高居民购房能力的政策，以提高居民的购房能力。

5　实证分析

（1）计算还款系数

西安市2005年房价收入比$a=9.7$，人均收入增长率$r=12.6\%$，抵押贷款年利率$i=5.814\%$，表1计算出了还款期限$n=10\sim20$年时，对应的λ值。

各还款期限对应的λ值　　表1

还款期限（年）	λ_n（$n=10\sim20$）	还款期限（年）	λ_n（$n=10\sim20$）
10	68.1%	16	34.7%
11	59.9%	17	31.5%
12	53.1%	18	28.7%
13	47.3%	19	26.2%
14	42.5%	20	24.0%
15	38.3%		

城市居民购房抵押贷款期限在10～20年之间，取$n=15$（一般人为12年为宜，考虑到没有支付首付款，适当延长贷款年限），2005年西安市居民还款系数为38.3%。

（2）评价购房能力

通过调查，了解到西安市居民比较愿意接受“三三”制的消费原则，即家庭收入的1/3用于支付基本生活费用，1/3用于存储以备后用，1/3用于购房，即取$\lambda'=33.3\%$。

$\lambda_{15}=38.3\%>\lambda'=33.3\%$，表明西安市的住宅价格已经超出居民的期望价格，中低收入者感到房价高，应引起高度关注。

居民的基本生活支出占家庭收入的比例为恩格尔系数，非基本生活消费占家庭收入比例为：1－恩格尔系数。

西安市2006年上半年恩格尔系数为35.7%，则西安市居民非生活基本消费比例＝1－35.7%＝64.3%＞38.3%，$\lambda''-\lambda_{15}=26.0\%$，西安市居民目前还款系数距“红色警戒线”还有26.0个百分点，表明西安市房地产市场运行总体情况基本良好。

（3）西安市居民购房能力单因素敏感性分析

西安市2005年家庭收入为28883.67元，收入增长率为12.6%，抵押贷款年利率为5.814%，商品住宅销售均价为3098元/m²。取抵押贷款年限为15年，每套住宅按建筑面积90m²计。

取影响因素$F_1\sim F_6$的变动幅度为±5%、±10%、±15%6个级别，计算相应还款系数值，绘制如下的西安市居民购房能力敏感性分析表（表2）和敏感性分析图（图2）。

敏感性分析表　　表2

影响因素＼还款系数＼变化率	－15%	－10%	－5%	0%	5%	10%	15%
建筑面积F_1	32.5%	34.5%	36.4%	38.3%	40.2%	42.1%	44.0%
销售单价F_2	32.5%	34.5%	36.4%	38.3%	40.2%	42.1%	44.0%
贷款利率F_3	35.3%	36.3%	37.3%	38.3%	39.3%	40.3%	41.4%
家庭收入F_4	45.0%	42.5%	40.3%	38.3%	36.5%	34.8%	33.3%
还款期限F_5	48.7%	44.8%	41.4%	38.3%	35.5%	33.0%	30.8%
收入增长率F_6	44.6%	42.4%	40.3%	38.3%	36.4%	34.5%	32.8%

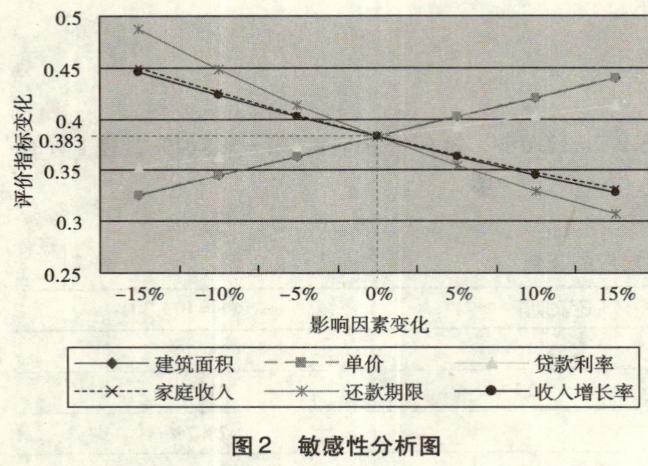

图2 敏感性分析图

(4) 计算西安市居民购房能力影响因素敏感度。

$$\beta_1=\frac{|44.0\%-32.5\%|}{30\%}=0.383$$

$$\beta_2=\frac{|44.0\%-32.5\%|}{30\%}=0.383$$

$$\beta_3=\frac{|41.4\%-35.3\%|}{30\%}=0.203$$

$$\beta_4=\frac{|45.0\%-33.3\%|}{30\%}=0.39$$

$$\beta_5=\frac{|48.7\%-30.8\%|}{30\%}=0.597$$

$$\beta_6=\frac{|44.6\%-32.8\%|}{30\%}=0.393$$

由以上计算结果可以看出：在西安市，居民购房能力的敏感因素为居民期望还款期限（即$F^*=F_5$）。

按照“三三”制的消费原则，居民以家庭收入的1/3支付抵押贷款，居民期望的还款系数为33.3%。

①当居民期望还款期限上浮10%时，其对应的还款系数为33.0%，小于居民期望的还款系数33.3%，居民期望贷款年限对城市居民购房能力影响最大；

②当家庭收入、收入增长率上浮15%，建筑面积、销售单价下浮15%，它们对应的还款系数才小于居民期望的还款系数33.3%；

③当贷款利率下浮15%，其对应的居民期望还款系数仍高于居民的期望还款系数，贷款利率的微小浮动对居民购房能力影响不大。

6 提高居民购房能力的几点建议：

结合以上分析数据，我们给出几点提高居民购房能力的建议：

(1) 从抵押贷款期限看，居民期望贷款期限延长一个百分点，还款系数降低0.597个百分点，延长居民期望贷款期限可以有效地提高城市居民的购房能力。

保持经济快速稳定增长，使居民对未来充满希望，将会有效地提高居民的购房能力。事实正是如此，一些刚步入社会的工薪阶层，家庭收入不是很高，但对自己未来收入持乐观态度，借助国家住房抵押贷款，较早的购买住房，增加了房地产市场的有效需求。

(2) 从家庭收入F_4、收入增长率F_6来看，提高居民的家庭收入及家庭收入增长率，将有效地提高居民的购房能力。

(3) 从并列排在了第四位的建筑面积F_1与销售单价F_2看：降低销售单价和减小建筑面积在提高居民购房能力方面同等重要。

如果通过强制措施降低住宅销售单价来提高居民的购房能力，将违背房地产市场规律，扭曲市场供求机制，抑制开发商开发新住房的积极性，不利于房地产市场的长远发展；如果通过降低套型面积的方法，既可以提高居民的购房能力，又对市场供求机制影响不大，尊重了市场经济规律。

2006年6月国家发布“国六条”严格控制建设大户型住宅，鼓励发展中小户型住宅，是在尊重市场经济规律的前提下，有效提高居民购房能力的举措。

参考文献

[1] 张红．房地产经济学讲义［M］．北京：清华大学出版社，2004.
[2] 龙奋杰，向肃一．中国城市住宅市场的结构差异性分析［J］．城市发展研究．2006，7（4）：114-117.
[3] 沈久沄．对房价收入比科学涵义的再探讨［J］．中央财经大学学报．2006，6：75-79.
[4] 陈颖，王幼松，刘汉民．房价收入比真实性分析［J］．广东广播电视大学学报．2006，1：68-70.
[5] 李伦亮．城市住宅开发市场的经济学分析［J］．合肥工业大学学报（自然科学版）．2005，12：1597-1601.

解析公共工程竞标制度之问题

罗　维　颜敏仁　苏直评
（国立高雄第一科技大学）

1　前言

公共工程之推动对于人民之生活质量与带动国家经济发展有相当重要之影响，故如何以最经济的方式来完成具备质量之公共工程一直为政府工程单位元之目标。竞标制度系世界各国公共工程使用最为广泛之决标制度，其执行过程具有简单、明确、公平之优点（Rankin et. al 1996，Crowley and Hancher 1995）。而业主亦能透过厂商间之价格竞争以追求经济效益（Clough 1994）。然而由于仅凭价格决标之情况下，厂商可能意外地或故意地提出异常低价而得标。当厂商在不具合理报酬，甚或亏损之条件下施工时，为了弥补投标价格上之损失，常采取包含（1）偷工减料以降低施工成本，（2）透过索赔方式要求业主赔偿等方式以获得合约外报酬（Beyond-Contractual Reward）（Lo et al. 2007），因此不但可能影响工程之质量甚至业主亦须投入额外处置成本。其产生之问题不仅是单一项目的失败，而是长期及整体性，当厂商可以取得此种合约外报酬时，厂商持续地以异常低价抢标后再设法图取不当利益之投机行为，使得正当经营且重视成本革新之厂商不易得标、厂商不重视工程质量、业主付出更高之成本。

尽管许多现象显示竞标制度所产生之问题，但却少有研究对于整个制度面与厂商定价行为之关联性，以及竞标制度失灵之缘由作有系统之解析。因此，本研究用系统动力学（System Dynamics）分析营建厂商在竞标制度下之行为。系统动力学将多重复杂且相互影响之变量，整合为循环关系，称为回馈环路（feedback loop）。本文将含有回馈环路之系统称为回馈系统（feedback system），并将厂商之行为归纳为具有正面效果之价格竞争回馈系统、厂商成长回馈系统，以及具有负面效果之投机性竞标回馈系统，最后透过计算机仿真分析各个回馈系统对营建市场之影响。

2　竞标制度所建构之正面回馈系统及其影响

本节分析在竞标制度下，厂商之定价行为所形成之两个进步系统：（1）价格竞争回馈系统，（2）厂商成长回馈系统。

2.1　价格竞争回馈系统

根据经济学之 Bertrand 价格竞争模型描述厂商之价格竞争行为（Carlton and Perloff 2000），厂商知道市场只有少数几家厂商，且彼此之行为会互相影响，因此他们在做决策之前，通常会推测竞争对手的行为或可能的反应，而后再根据猜测结果作出对自已最有利的行为或决策。为完成此一决策过程，投标者需要先行评估市场上竞争对手之可能价格，此时过去的标价便是一项重要参考信息（本文将之称为市场价格）。因此，市场价格与厂商之投标价格便形成了一个回馈环路（图 1 的 R1 环路）。当市场价格愈低，厂商之投标价格则须愈低，亦导致市场价格更低。借由 R1 环路之作用，可使厂商逐步地降低报价以求得工程承揽机会，达到节省公帑的目的。

Runeson 和 Raftery（1998）从个体经济之观点提出营建厂商之价格决策与市场之供需情形有关。亦即市场供需的改变将影响市场之竞争程度（Ngai et al. 2002）。Carr（1983）提出，每一标案的竞争程度不同，而厂商多会依不同之竞争程度而调整其标价。过去有关工程标价设定之研究多以竞争厂商家数以代表项目市场上之竞争程度，竞争厂商家数与厂商投标价格之间具有反向之影响关系，当竞争家数愈多，厂商之投标价格愈低（De et al. 1996）。此外，由于厂商会依市场上之获利情形而选择退出或加入市场（Gruneberg and Ive 2000），故竞争厂商家数与市场价格具有同向之影响关系，当市场价格愈高，竞争家数将愈多。最后市场价格—竞争家数—投标价格之间将形成一个平衡型回馈环路（B1 环路）。

2.2　厂商成长回馈系统

Gransberg 和 Ellicott（1996）提出，竞标制度可迫使厂商设法在技术与管理方面有所创新，方能降低生产成本并增加竞争力。Fu et al.（2003）之研究结果亦显示，有经验的厂商确实因为学习效应而在市场上具有更高之竞争力。当厂商降低其成本后，将有更多承揽工程之机会，并提高营业收入及获利，进而投入更多之研究发展（R&D），提升厂商之技术与管理能力而形成"厂商成长回馈系统"（图2），引导厂商往持续进步之方向发展。

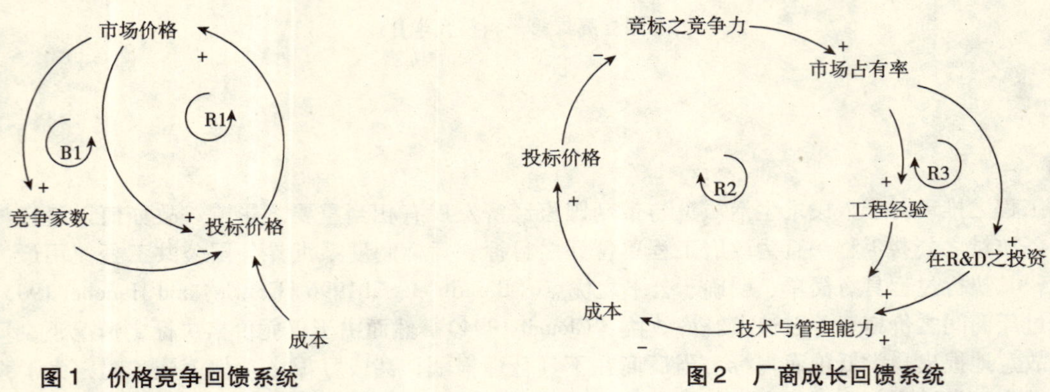

图1 价格竞争回馈系统　　图2 厂商成长回馈系统

2.3 "价格竞争回馈系统"及"厂商成长回馈系统"对市场价格之影响

本研究透过计算机仿真（采用软件为 ithink 6.0.1），厂商依"价格竞争回馈系统"及"厂商成长回馈系统"定价时之市场价格走势。假设多数厂商之成本随着时间会因管理方法与生产技术之纯熟而逐渐降低，经过计算机仿真结果显示（参考图3，x 轴所显示之数值为发包次数；y 轴所显示之数值为市场价格），市场竞争机制下之市场价格会由业主所设定之预算（Bx）为起点，随着时间与竞争而呈现递减之走势，直至接近厂商变动成本之程度，为其均衡价格，同时因为每次竞争家数不稳定之缘故，各段时间之市场价格存有波动现象（参照图3中之 RMP 曲线）。

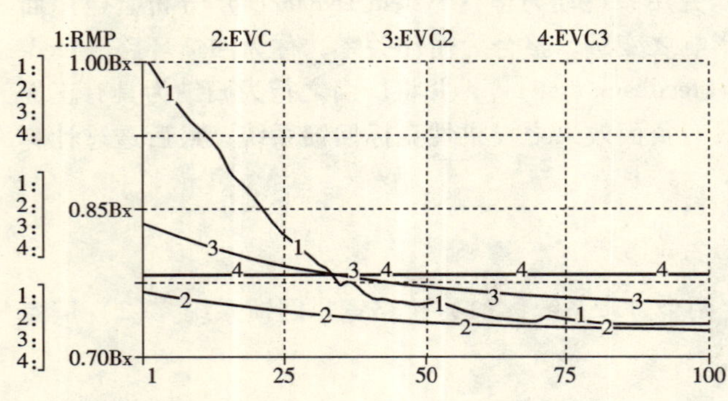

图3 厂商成本因素有变动时之市场价格走势

注：在本研究中，厂商之成本曲线可能有 *n* 条，本图所列之成本曲线仅为代表。

在竞争的过程中，成本的革新乃为厂商在市场上竞争之一重要利基，愈具成本优势之厂商会具有愈多之获利空间，惟长期而言，市场价格会随着最低变动成本之厂商而下降，若厂商之成本无法降低或降低速度跟不上具成本优势之厂商（EVC 曲线代表市场中最具成本优势之厂商成本，EVC 2 曲线代表一般厂商之成本，EVC 3 曲线代表完全不变之厂商成本），则很明显可知，长期而言，因为市场价格已低于其底限，该厂商已不具备市场竞争之条件。

3 竞标制度下潜在之负面回馈系统及其影响

竞标制度虽然具有客观性，却亦因仅考虑价格因素，业主可能将工程决标给异常低价之厂商。一般而言，厂商因为厂商专业能力不足或匆促算标所造成之数量遗漏而意外提出异常低价之情形可经由厂商能力逐渐地提升后加以改善。真正需要重视之问题是厂商故意压低价格之行为。Doyle and DeStephanis（1990）曾指出，有许多厂商往往会详细检视业主所制定之投标须知、工程合约文件，并利用图说之错误或含糊的语意来索赔。该类型厂商会在投标时先以低价得标，日后再透过索赔来获得报酬（Crowley and Hancher 1995）。Ho and Liu（2004）曾分析索赔与厂商投标行为之关系，认为当厂商预期透过索赔可获得报酬时，会促使厂商压低价格抢标。Lo et al.（2007）认为当厂商预期市场上有合约外报酬可图时，即可能将预期可得到之合约外报酬作为其降低投标价格并获取工程承揽权之筹码，形成"投机性竞标回馈系统"（图4），导致厂商一再以恶性降价之方式操作工程投标，其包含之回馈环路分别说明如下：

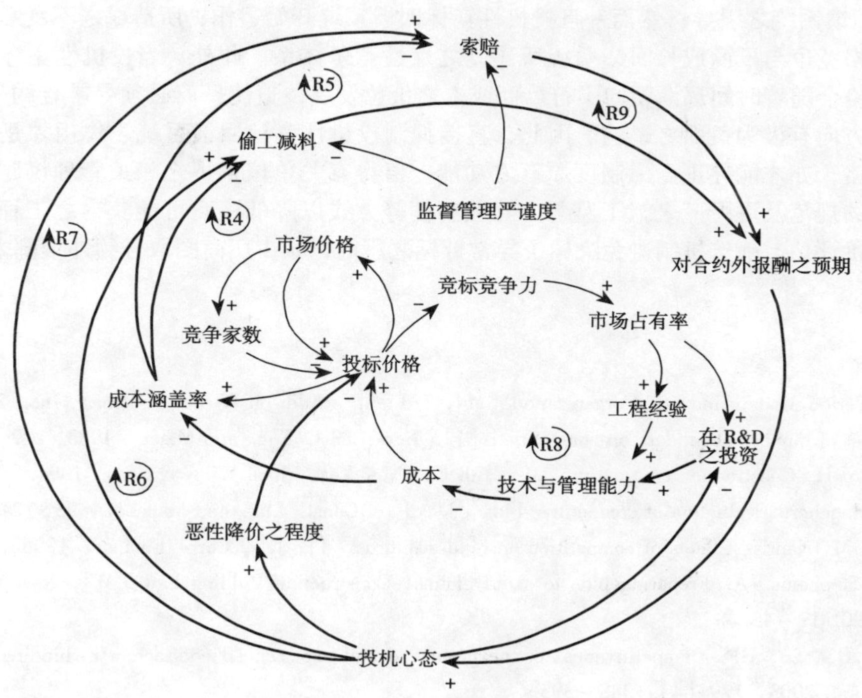

图 4 投机性竞标回馈环路系统

（1）厂商是否会采取投机行为系以“厂商成本涵盖率”为判别基准，若厂商之投标价格无法完全涵盖其成本，则表示厂商面临亏损，此时会促使厂商追求合约外报酬以弥补亏损。厂商成本涵盖率愈低，厂商企图采取之偷工减料行为与索赔事件将愈多，因而提高了厂商对合约外报酬之期望与投机心态，最后导致厂商一再的寻求合约外报酬，形成了 R4 及 R5 环路。

（2）所谓厂商的投机惯性系指当厂商过去曾具有获取不正常报酬之经验，基于追求最大利润之企业目标，通常亦有一仿效习性，因该厂商认为有合约外报酬可图，故日后无论合约价格是否合理，厂商皆会意图仿照过去获取合约外报酬之方式以增加其利润（Williamson 1985），形成了 R6 及 R7 环路。

（3）Rooke et al.（2004）曾研究营建厂商索赔之行为并指出投机性厂商倾向通过索赔获取利益更胜于通过成本革新以获得利润。由此可推论，当厂商存有投机心态，希望以合约外报酬来获得利益时，其对于技术革新、成长之意愿与实质投入之资源亦会大幅减低，形成了 R8 及 R9 环路。

本研究加以模拟营建厂商定价时同时包含“价格竞争回馈系统”、“厂商成长回馈系统”及“投机性竞标回馈系统”之情形。承前所述之模拟案例，假设长期而言，厂商平均可获得工程金额 10% 之合约外报酬，则计算机仿真后之市场价格虽然仍因市场竞争而逐渐降低，但是很明显地，市场价格已一路降低至厂商成本以下（参考图 5），迫使不寻求合约外报酬之厂商，因无法提出相同之价格而逐渐丧失竞争力。然而，对于定价时已考虑合约外报酬（图 5 以 EBCR 表示）之厂商而言，虽然市场价格低于其成本，但若计算“市场价格 + 期望之合约外报酬”之总所得报酬后，则仍然显示可高于其成本而获得利润。

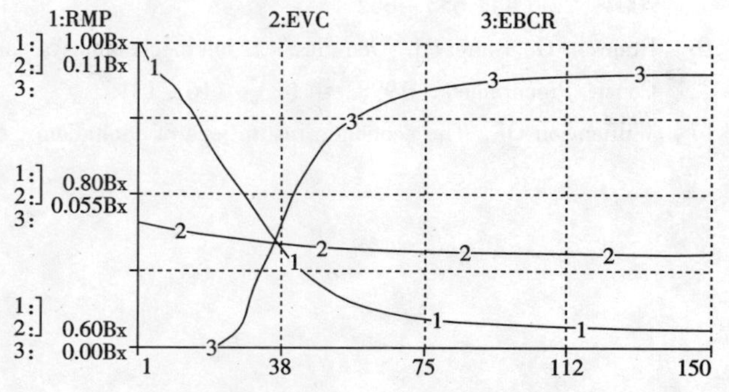

图 5 厂商定价考虑合约外报酬后之市场价格走势

4 结论

本研究结果显示竞标制度与厂商行为所构成之因果关系中所隐含之投机性竞标回馈系统是营建市场低价抢标与质量低落之背后驱动行为结构。当其尚未被厂商启动时，营建市场价格尚会依循“价格竞争”与

“厂商成长”等回馈系统之引导；然而一旦投机性竞标回馈系统开始运作，所造成之不良影响会不断扩散而削减或瘫痪以价格竞争与厂商成长回馈系统所建立之良性竞争体系。此外，当投机性竞标回馈系统已开始作用时，市场价格会随着时间逐渐朝向不符厂商成本之价位发展，迫使厂商必须寻求合约外报酬方能生存，对于厂商之发展方向有极为负面之影响。因此，直接抑制投机性竞标回馈系统之作用才是政府对营建市场较有效之管理策略，亦才能导正竞标制度原有之功能。值得有关单位重视之相关管理议题包含：业主以更周密、完善之合约规范及更严谨之施工监督、管理制度等方式以降低厂商可能获得之工程合约外报酬；或者通过适当的标价评估、筛选机制避免决标予异常低标之厂商以减少厂商图取合约外报酬之情况。

参考文献

[1] Carlton DW, Perloff Modern industrial organization [M]. 3rd edit., Addison Wesley Longman, Inc. 2000.

[2] Carr RI. Impact of number of bidders on competition [J]. J. of Const. Eng. and Mana.. 1983, 109 (1): 61-73.

[3] Clough, Richard H. Construction contracting [M]. 6th Ed. New York: John Wiley & Sons. 1994.

[4] Crowley LG, Hancher. Evaluation of competitive bids [J]. J. of Const. Eng. and Mana.. 1995, 121 (2): 238-245.

[5] De S Fedenia, M Triantis. Effects of competition on bidder returns [J]. J. of Corp. Finance. 1996, 2: 261-282.

[6] Doyle WJ, DeStephanis. A. Preparing bids to avoid claims, Construction Bidding Law [M]. New York: John Wiley & Sons, Inc. 1990. 17-45.

[7] Fu WK, Drew DS, Lo, HP. Competitiveness of inexperienced and experienced contractors in bidding [J]. J. of Const. Eng. and Mana.. 2003, 129 (4): 388-395.

[8] Gransberg DD, Ellicott MA. Best value contracting: breaking the low-bid paradigm [J]. AACE TRANSACTIONS. 1996.

[9] Gruneberg SL, Ive, GJ. The economics of the modern constrcution firm [M]. Macmillan, Basingstoke. 2000.

[10] Ho, SP, Liu, LY. Analytical model for analyzing construction claims and opportunistic bidding [J]. J. of Const. Eng. and Mana. 2004, 130 (1): 94-104.

[11] Lo W Lin CL, Yan MR. Contractor's opportunistic bidding behaviour and equilibrium market price level in construction market [J]. J. of Const. Eng. and Mana. 2007.

[12] Ngai SC Drew DS Lo HP, Skitmore M. A theoretical framework for determining the minimum number of bidders in construction bidding competitions [J]. Const. Mana. and Eco. 2002, 20 (6): 473-482.

[13] Ng ST, Skitmore RM. Project owner and consultant perspectives of prequalification criteria [J]. Building and Environment. 1999, 34 (5): 607-621.

[14] Rankin JH, Champion SL, Waugh LM. Contractor selection: qualification and bid evaluation [J]. Canadian J. of Civil Eng., 1996, 23: 117-123.

[15] Rooke J, Seymour D, Fellows R. Planning for claims: an ethnography of industry culture [J]. Const. Mana. and Eco., 2004, 22 (6): 655-662.

[16] Runeson G, Raftery J. Neo-classical microeconomics as an analytical tool for construction price determination [J]. J. of Const. Procurement. 1998, 4 (2): 116-131.

[17] Williamson OE. The economic institutions of capitalism [M]. New York: Free Press, 1985.

轿车整车产品开发流程优化与工程管理

杨善林
（合肥工业大学管理学院）

1 前言

轿车工业发展水平在很大程度上反映一个国家的基础工业的实力。在加强自主创新、建设创新型国家的进程中，坚持走拥有完全自主知识产权的创新开发之路，是我国轿车工业发展的时代要求。轿车整车产品的自主开发能力是轿车企业的核心竞争力。

随着全球经济一体化进程不断加快，轿车产业所处环境发生了深刻变化，市场竞争日趋激烈。这就要求我国轿车企业必须研究开发过程中的流程优化与工程管理问题，创建具有特色的轿车整车产品开发系统平台，快速开发出高质量的整车产品，以满足瞬息万变的市场需求。

轿车整车产品开发具有多阶段、多层次、多部门和多合作单位、多类型任务、多工具方法等特征，是一项高维度的综合集成的系统工程。本文以某汽车公司轿车整车产品开发为研究对象，优化设计了具有共性的轿车整车产品研发主流程以及分阶段流程；提出了轿车整车产品开发协同管理方法与体系架构，探讨了产品开发平台和基于开发平台的柔性化开发方法。

2 轿车整车产品开发流程优化和设计

2.1 流程优化方法

轿车整车产品开发流程是一个综合集成的过程，流程优化是分级进行的：一方面需要对主流程进行优化设计，另一方面必须针对具体的二级流程进行优化设计。在轿车整车产品开发流程优化过程中可采用并行工程方法、项目管理方法、装配尺寸偏差源快速诊断法、相似系统工程方法、知识管理方法等优化方法，下面重点阐述轿车整车产品开发主流程优化的基本思路和两种主要优化方法。

2.1.1 主流程优化的基本思路

并行工程是对产品及其相关过程进行并行的一体化设计的一种系统化工作模式，轿车整车产品主流程优化的基本思路是：根据轿车整车产品开发过程的内在规律，综合考虑轿车整车产品全生命周期中的各种因素，例如市场需求、进度、质量、风险、成本等，运用并行工程的思想和优化方法，设计轿车整车产品开发的主流程。图1是某公司轿车整车产品开发的一般模式。

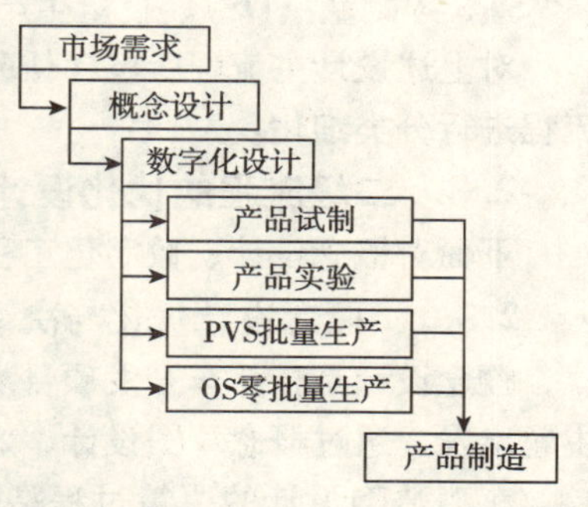

图1　产品并行工程设计示意图

2.1.2 基于关键链项目管理的优化调度方法

关键链项目管理（Critical Chain Project Mana-gement，简称 CCPM）是约束理论的创始人、以色列物理学家高德拉特博士于1997年提出的。在进行整车产品开发过程中的任务安排或调度时，以缩短开发周期为优化目标，建立了基于关键链的优化模型：

$$\mathrm{Min} SFT_J$$
$$S.t.\ SST_j - SST_i \geqslant d_{ij}$$
$$\sum_{j \in A_t} r_{jk} \leqslant R_{kt} \qquad k = 1,2,\cdots,K; t = 1,2,\cdots,T$$
$$P(AFT_J \leqslant (SET_J + PB)) \geqslant P_0$$

设有 $j=1, 2, \cdots, J$ 项工作，有 $k=1, 2, \cdots, K$ 种资源，SET_J 表示第 n 项工作的计划完成时间，即项目计划工期；SST_j 为工作 j 的计划开始时间；d_{ij} 表示工作 i 相对于工作 j 的提前时间；A_t 为在 t 时间段正在进行的工作集合，r_{jk} 表示工作 j 所需的第 k 种资源的量；R_{kt} 表示在 t 时段正在进行的工作所需要第 k 种资源的总量；AFT_J 为第 n 项工作的实际要求完成时间；PB 为项目缓冲区尺寸；P_0 为项目按计划完工的期望概率。

目标函数是项目工期；约束条件分别代表紧前关系约束、资源约束和保证项目按计划完工概率大于事先给定的期望完工概率。

对上述模型应用启发式算法求解，应用基于优先规则的并行调度算法对任务进行反向调度，获得最小化任务周期的近优调度计划；然后在近优调度计划中识别关键链和非关键链，并设置任务缓冲区以保证任务计划在执行过程中的稳定性。

2.1.3 考虑时间及风险因素的并行度决策方法

（1）并行度的定义

设有 n 项不间断的工作，各项工作的完成时间为 t_i，记 $T=\sum_{i=1}^{n}t_i$，各相邻工作的开始时间之间的间隔为 S_i，记 $S=\sum_{i=1}^{n}S_i$，则并行度定义为：$d=1-\frac{S}{T}$。

（2）基于时间与风险因素的并行度决策模型

$$\mathrm{Min}C(d)=f(d)+g(d)$$

$$S.t.\ d=1-\frac{S}{T}$$

$$SST_j-SST_i\geqslant d_{ij}$$

$$\sum_{j\in A_i}r_{kj}\leqslant R_{kt}$$

其中，d 为并行度；$f(d)$ 为考虑时间因素的成本，是关于 d 的减函数；$g(d)$ 为考虑风险因素的成本，是关于 d 的增函数。

2.2 主流程的优化设计

通过对某公司现有开发流程和管理的总结和提炼，应用上述有关优化理论和方法，对整车开发的主流程进行分析，优化设计出主流程各主要阶段和主要节点。

主流程阶段和节点如图2所示。

轿车产品设计主流程经历产品规划阶段、先期整车产品开发阶段和整车产品开发阶段，其中产品规划阶段包括产品型谱规划和项目立项论证活动；先期整车产品开发阶段包括项目预研究活动，以项目工程启动为终点；整车产品开发阶段包括数字化样车设计、代表样车（PR）试制、标准样车（VP）试制、试生产（PVS）、零批量（OS）、批量生产（SOP）、市场投放（ME）等子阶段。

对上述设计主流程所包含任务活动可以按概念设计、数字化工程设计、试制、实验、生产制造等二级流程进行分类细化。

2.3 二级流程的优化设计

下面对概念设计、数字化工程设计、试制、实验等二级流程的优化设计作简单阐述。

2.3.1 概念设计优化与决策

概念设计是指整车开发项目从项目预研究到整车造型冻结这个阶段的工作，是一个从顾客语言、设计主题出发，通过概念草图设计、效果图设计等不断具体化的过程，最终形成一款车型。

车型造型设计的决策过程是隐性目标决策问题。在某轿车整车产品开发系统中，有两种车型造型设计方法：基于整车的造型设计方法，基于造型件的设计方法。为了支持基于整车的造型设计方法，建立了车型造型设计方案库；为了支持基于造型件的设计方法，建立了造型件库和约束库。在车型造型设计方案库的支持下，运用基于交互式进化计算的造型优化与决策程序，实现基于整车的造型设计；在造型件库和约束库的支持下，运用基于交互式进化计算的造型优化与决策程序，实现基于造型件的造型设计。

2.3.2 数字化工程设计优化设计

数字化工程设计阶段是指整车项目从油泥冻结开始到数字化样车冻结结束的设计过程，数字化工程设计阶段的工作比较多、层次复杂，分别涉及到前期分析、工作准备、结构设计和发动机、底盘设计等环节。

在数字化工程设计流程中，通过对任务进行分解，绘制轿车整车产品数字化工程设计网络图，找出关键路线，进行各节点、各项工作的参数计算，并在此基础上进行相关工程进度优化、成本优化和资源优化。

新产品开发基本程序按产品开发项目节点控制可分为：P_0阶段、P_1阶段、……、P_9阶段。

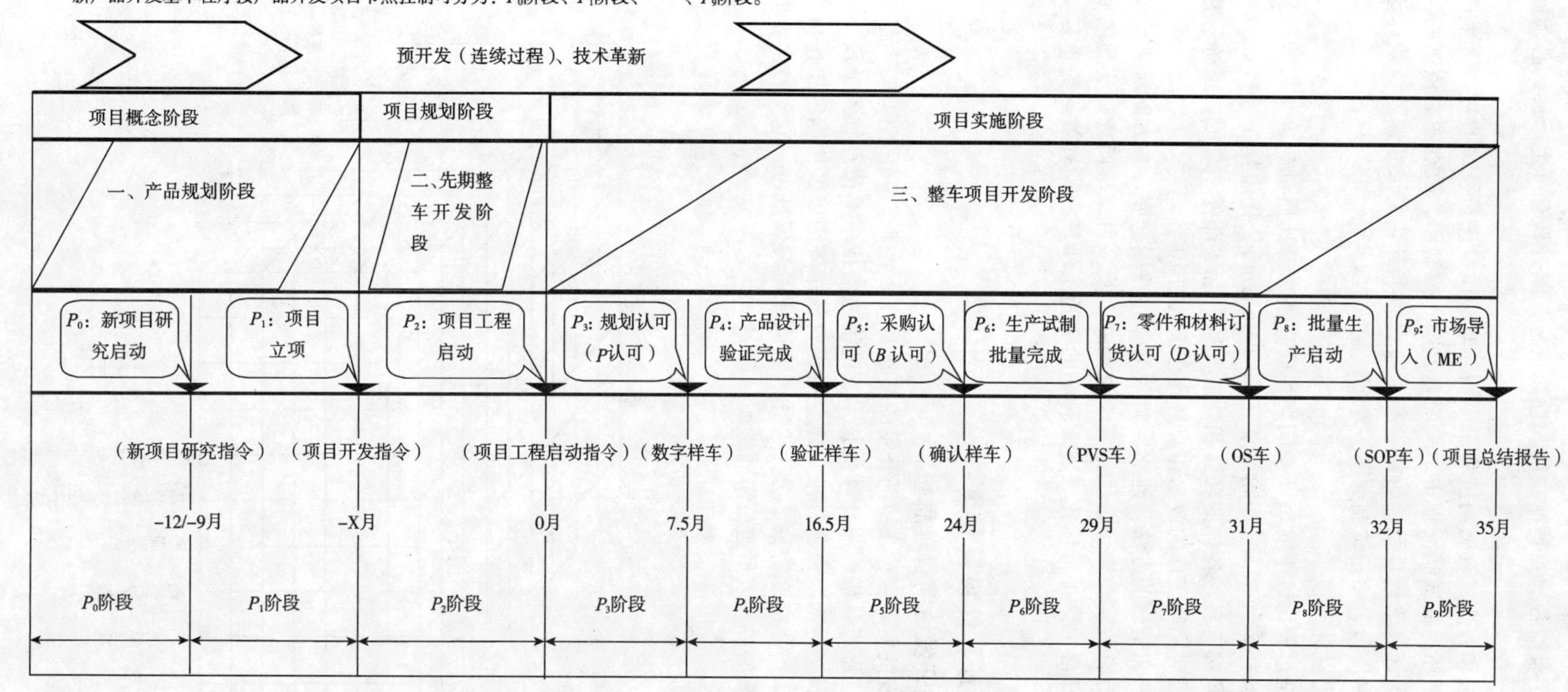

注：从P_0～P_9阶段共设有10个项目节点及项目门，用来确保产品开发项目在每阶段所有活动的标准已经得到满足，产品和过程已达到适宜的成熟、稳定的条件，可以进入产品开发的下一个阶段。整个新产品开发过程以P_2点（项目工程启动）作为整个项目计时和考核的起点，整个开发周期为35个月，而从新项目预研究指令到P_2节点时间大概为−9～−12月，不计入新产品的开发周期。

图 2　主流程阶段和节点示意图

2.3.3 试制流程优化

数字化工程设计的数字车能否满足预期功能和性能指标，能否具有可生产性，必须通过试制流程，试制出样车。

应用全面质量管理思想和方法，对试制过程中多辆样车的质量进行持续改进，每生产一辆样车就完成了一个质量管理的PDCA循环。在试制流程中，采用直方图、控制图、散点图、鱼刺图、三坐标质量符合度检测法、白车身制造质量连续改进指数评价法、基于知识的车身装配尺寸偏差源快速诊断法等方法，不断监控试制流程，提高试制质量，缩短试制周期，降低试制成本。

2.3.4 实验流程优化设计

实验贯穿轿车开发的全过程，对于缩短开发周期、提高轿车设计质量起着非常重要的作用。一般轿车开发过程的实验工作分为标杆车（Benchmark）、骡子车（Mulecar）、代表样车（Prototype）和领航车（Pilot）等四个阶段，每个阶段都有各种各样的功能和性能实验，有零部件、总成、系统、整车等多个级别实验，实验工作的管理和安排对实验工作的效率和质量具有很大的影响。

在实验流程中，应用知识管理的方法，建立实验数据库和数据仓库，一方面对实验项目和实验过程进行管理，另一方面挖掘提炼有关实验知识，优化实验流程和实验项目，从而提高实验的质量和效率。并应用上述优化方法，对实验日常工作进行优化，建立科学的实验工作日程，有效避免重复实验，提高实验的效率。

3 轿车整车产品开发过程的协同管理

3.1 轿车整车产品开发协同管理思想

针对轿车整车产品开发的复杂度，在协同开发的基础上，总结提炼了轿车整车产品开发协同管理思想。轿车整车产品开发协同管理思想是指利用计算机技术、网络通信技术等信息技术手段，建立规范的流程和程序，设置节点和确定节点交付物及完成标准，建立过程责任矩阵图以及协同的工作机制，支持工作群体成员在共享环境下的协同工作、交互协商、分工合作、共同完成开发任务。它支持多个时间上分离、空间上分布，而工作又相互依赖的协作成员进行协同工作。

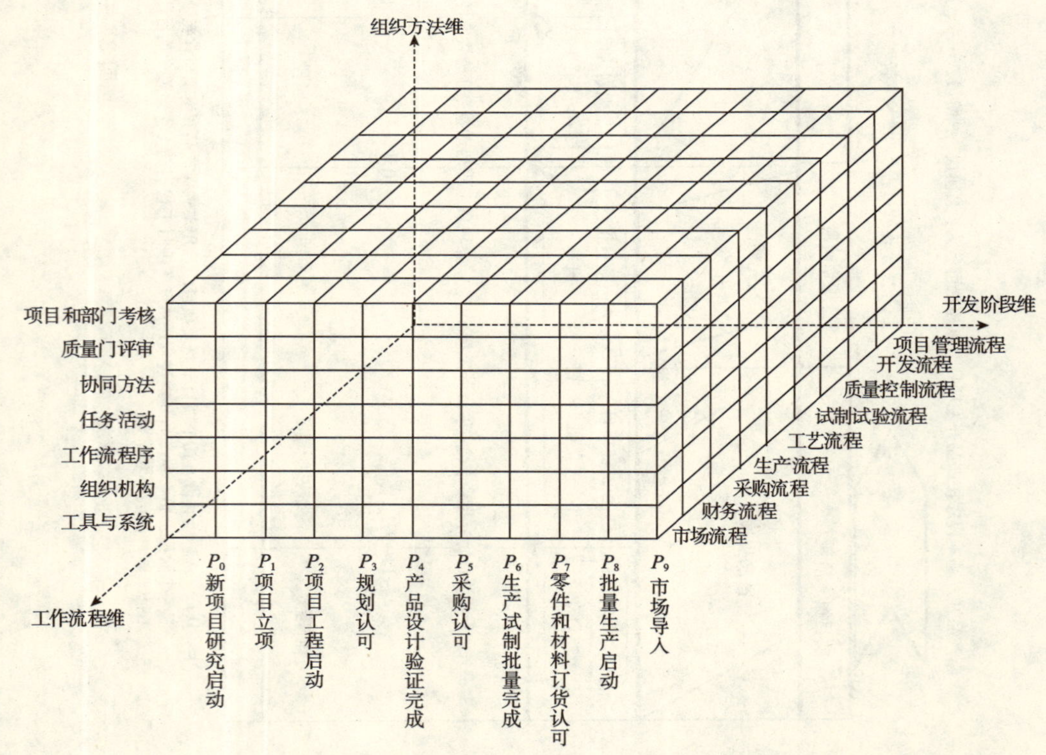

图3 轿车整车产品开发工程管理体系框架示意图

协同管理要求参与人员按照规定的流程、程序、职责分工和交互接口进行工作，要求明确自己工作在整体工作的作用和影响，要求产品开发人员在设计一开始就考虑整个生命周期中从概念形成到报废处理的所有因素，包括用户要求、设计制造、质量控制、成本核算等。使产品在开发的早期就能及时发现产品开发全过程的问题，从而缩短了产品开发周期，提高产品质量，降低成本，增强企业在市场上的竞争能力。

3.2　轿车整车产品开发协同管理体系

针对某汽车公司的具体情况，总结整车开发过程中存在的协同问题，探讨整车开发过程中各环节的协同机制，提出了基于开发阶段、工作流程、组织方法三维结构的协同工程管理体系结构框架，如图3所示。

在图3中，开发阶段维、工作流程维和组织方法维组成一个立体结构，即在整车设计开发每一个阶段的工作都有相应的工作流程和组织管理方法支持。在实际运作过程中，设计了项目门及其考核体系、各部门的责任矩阵、标准工作流程规范及协同管理机制等，实现项目评审和部门考核的有机统一，体现整车产品开发的协同管理思想。

4　轿车整车产品柔性化开发方法

4.1　轿车整车产品设计开发平台

轿车整车产品设计开发平台由组织管理、开发流程、技术工具、资源库、信息系统和开发设备等几大要素构成，组织管理要素由研发团队、管理规范、管理流程、管理软件组成，开发流程要素由概念设计、数字化工程设计、试制、试验等流程组成，技术工具要素由CAX、DFX、建模工具、辅助工具等构成，资源库由数据库、模型库、方法库、知识库、特征库、构件库组成，信息系统主要由产品数据管理系统和项目管理信息系统构成，开发设备主要由设计设备、试制设备和试验设备组成。

轿车整车产品开发平台体系结构如图4所示。

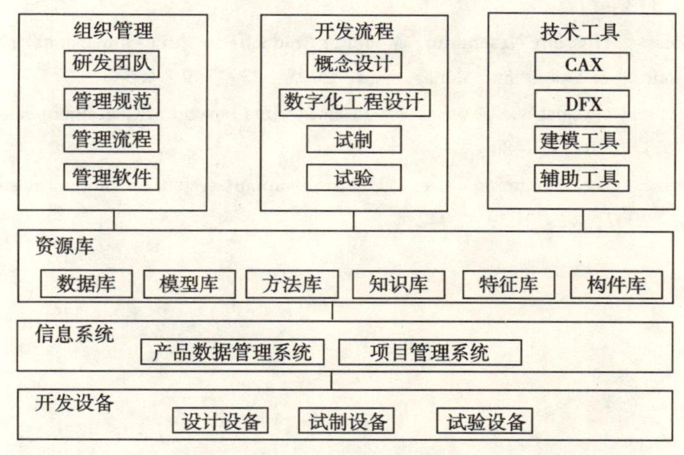

图4　轿车整车产品开发平台体系结构示意图

在整车产品开发平台中，资源库是开发平台的核心。一方面，通过不断积累、提炼轿车整车产品开发过程中的信息，形成相关数据库、模型库、方法库和知识库；另一方面，从设计需求出发，应用协同设计、并行工程的思想，不断规范和优化设计流程，建立有关数据库、模型库、方法库、知识库、特征库、构件库，使得轿车整车产品开发建立在统一、共享的资源库中。

在共享的资源库基础上，通过项目管理流程、设计开发阶段控制流程、开发技术与设备有机组合，能根据不同产品和项目的特征，建立不同的产品开发平台，实现开放式的设计架构，以提高轿车整车产品开发的协同设计水平。

4.2　基于开发平台的柔性化开发方法

在上述开发系统平台基础上，提出知识驱动的柔性化开发方法，即将在轿车开发过程中获得的经验和最佳流程等知识积累起来，形成相应的数据库、模型库、特征库、构件库和知识库，并且在统一的环境下进行管理和利用，为提高新产品的开发质量和效率，缩短开发周期，降低开发成本，减少对个别专家的依赖创造了有利条件，同时为实现整车产品的柔性化开发奠定了基础。

以概念设计为例说明柔性化开发方法。利用知识库，概念设计的具体步骤可以调整为：

（1）概念草图设计；

（2）通过对概念草图的研究，建立车型配置表；

（3）利用知识库，创建多种概念车；对概念车进行评估，根据评估结果可能修改配置表，进而修改概念车，直至满意为止；

（4）利用知识库，进行总体布置设计。

5 结论

轿车整车产品开发流程与工程管理是轿车生产企业核心能力组成部分，本文探讨了流程优化方法和协同管理思想，对开发流程进行了优化设计，构建了轿车整车开发工程管理体系框架，并分析了如何在开发平台中进行柔性化产品开发。在某汽车公司的实际应用表明，通过优化整车开发流程，建立有效的协同管理机制，整车产品开发周期缩短了3～6个月，开发成本降低了10%～15%。通过项目门和并行度对产品质量和风险进行有效控制，从而提高了整车产品的开发质量，降低了开发风险。

参考文献

[1] W D Li, J Y H Fuh, Y S Wong. An internet-enabled integrated system for co-design and concurrent engineering. Computers in Industry, 2004, 55: 87－103

[2] Herman Steyn. An investigation into the fundamentals of critical chain project scheduling. International Journal of Project Management, 2000, 19: 363－369

[3] Graham K Rand. Critical chain: the theory of constraints applied to project management. International Journal of Project Management, 2000, 18: 173－177

[4] Charles H Fine, Boaz Golany, Hussein Naseraldin. Modeling tradeoffs in three-dimensional concurrent engineering: a goal programming approach. Journal of Operations Management, 2005, 23: 389－403

[5] H. Steyn. Project management applications of the theory of constraints beyond critical chain scheduling. International Journal of Project Management, 2002, 20: 75－80

[6] Lida Xu, Zongbin Li, Shancang Li, Fengming Tang. A decision support system for product design in concurrent engineering. Decision Support Systems, 2007, 42: 2029－2042

浅谈英国可再生能源技术及管理

向建平[1]　何继善[2]

（1. 英国 LOUGHBOROUGH 大学可再生能源研究中心；2. 中国工程院院士，中南大学）

1　引言

早在20世纪，面对建立在以化石燃料为主、高耗能基础之上的传统工业化发展模式，以及目前日益增长的世界经济和人口造成了一些诸如气候变化、生物多样性危机、资源贫困化、水荒、洪灾等全球性或局域性的问题，英国政府开始把建立在可持续发展战略和低碳经济模式基础上的能源政策的取向确定为能源安全、能源多样化、能源效率和有竞争力价格的能源的可持续供应。并确定到2010年，把可再生能源占全国电力总供给的百分比提高到10%。为支持技术开发并协助工业界实现可再生能源义务指标为减少排放做贡献；维持并开发英国相关的技术，帮助英国企业拓展国际市场使其获得相应的份额；为工业、大学和国外机构提供合作平台，增强工业界与科学基地的联系；鼓励与可再生能源有关的基础科学研究等，英国政府已投入数亿英镑就太阳能、风能、生物燃料、水能、海洋能（热能、波浪能和潮汐能）、燃料电池和其他能源形式的利用进行研究开发和示范。近20年来，英国这种由政府政策导向的可再生能源管理模式，已使英国建立起了从大学教学和科研到工业界的可再生能源的生产、销售和管理的较完备的体系。为了使读者能了解和借鉴英国可再生能源管理体系的先进经验，本文首先介绍英国可再生能源发展的情况，可再生能源管理体系，包括政府政策，大学可再生能源管理课程和工业界的可再生能源管理策略。随后讨论英国再生能源技术发展状况与趋势。最后笔者谈谈个人对中国可再生能源管理教育专业的建立对中国可再生能源的起步和系统发展的关系。

2　英国可再生能源管理体系的形成和发展

早在1988年，英国政府为了支持与鼓励可再生能源的开发利用，在未来开放的市场环境下参与竞争，构建了以非化石燃料义务（Non-Fossil Fuel Obligation）和化石能源税（Fossil Fuel Levy）为核心的法律框架。确定可再生能源项目在市场公开招标，中标公司因而取得为期15年的发电合同，取得合同后可办理用地、电业许可、商业贷款等一系列手续。其生产的可再生能源电价高出入网价格的部分由政府用征收的化石能源税补偿。2001年英国首相根椐其内阁评估和改革局的英国可再生能源前景的报告，宣布政府将追加一亿英镑支持可再生能源技术的发展。为了完善激励机制、促进可再生能源的更大发展，英国政府推出为期25年的可再生能源义务（Renewables Obligation）和气候变化税（Climate Change Levy）接替非化石燃料义务和化石能源税。其主要内容大致有以下几个方面：

（1）可再生能源义务要求电力供应商在其供应消费者的电量中必须有一定比例来自可再生能源，其比例与政府确定的该年度可再生能源在电力总供给所占比例目标同步浮动（如2002年为3%）。

（2）电力供应商可以选择投资可再生能源项目自己发电、从其他可再生能源发电商购买所需额度或赎买并以限定价格供应消费者。

（3）开征工业、商业和公共等耗能部门的气候变化税。

（4）使用小型水电站（装机能力10兆W以下）和由可再生能源提供的电力以及热电联供（CHP）系统生产的热、电资源免征，同时为了保证就业，对钢铁等高耗能企业给予适当减免。

为实现政府能源和可再生能源发展战略目标，促进新技术的研究和开发，增强英国能源工业在国内和国际市场的竞争能力，支持农村发展，政府采取政策引导和资金引导双管齐下的方针加速新能源和可再生能源的研究、开发与示范。确定此后一段时间能源领域的研究开发重点为二氧化碳气体的螯合技术，提高能源效率（热电联供）技术，氢能源的生产与贮存，核能（包括核废料处理）技术，太阳能光电技术，以及海洋潮汐能。

由于政府政策对可再生能源发展的倾斜，各大英国电力公司开始出台一系列策略发展可再生能源，包括投资招标吸引以大学为主的研究联盟，奖励使用和建立可再生能源系统的客户等。个人、社团和商界也加入了投资和研究的队伍。

下面通过两个实例来讨论与以上有关的可再生能源管理问题。

2.1 工业界实例

Powergen 是英国最主要的能源供应公司之一。该公司设有可再生能源总经理，并率先将各可再生能源发展计划和生产一体化，目前包括风能、生物燃料和水能。公司管理方面包括现有资产的管理和新项目的发展计划。为促进可再生能源的发展计划和实行公司对环境保护和国家的义务，公司推出一系列发展与计划包，如 Powergen Green Plan，Solarnet，Powergen HeatPlants，technologies and innovative 和包括可再生能源的能源产出通告（表1与表2）等。如 Solarnet 公司向安装了太阳能设备的家庭购买闲置和多余的太阳电能。另一方面，建立基金支持社区可再生能源生产和包括大学在内的国家级研究项目联盟，如 Green Plan Fund，PowerGen-led consortium 等。

Powergen 公司的发展与计划包（1）　表1

Powergen	Electricity Source		
	Powergen Fuel Mix %	E. ON UK Total	UK Average %
Coal	53.62	41.95	35.20
Gas	35.99	33.88	36.80
Nuclear	7.84	17.09	20.90
Renewable	0.20	3.80	4.20
Other	2.35	3.28	2.90
Total	100	100	100

Powergen 公司的发展与计划包（2）　表2

Powergen	Environmental Information	
	Carbon Dioxide Emissions (g/kWh)	High Level Radioactive Waste (g/kWh)
Coal	477	0.000
Gas	130	0.000
Nuclear	0	0.001
Renewable	0	0.000
Other	12	0.000
Total	619	0.001

2.2 大学可再生能源教育实例

LOUGHBOROUGH 大学可再生能源研究中心已有 10 年多可再生能源专业办学经验。该研究中心集研究生教学和科研于一体，每年来自全世界的全职硕士研究生约 40 人左右，博士生约 20 多人，并有远程教育硕士。硕士研究生中的大多数学生有丰富的工作经验，包括银行高级管理，空军技术官员，电气、机械、土木、管理等各行各业的毕业生，一般已具有本科以上的学历。研究中心开设的课程包括 Sustainability，Policy and Environmental Management，并请世界可再生能源企业界权威专家担任客座教师，其教学分量高达 35%。另一方面，工业界常在研究中心作工业和学术报告，在大学设点招募实习学生，并支付学生工资。由于英国各专业采取教授职位单一制（教授职位单一制指每专业只能有一名全职教授）以及全球公开聘用制。被聘教授可来自世界其他大学、工业界和社会其他机构，但通常具有博士学位。专业行政领导通常由该教授担任。其他全职和半职教师（通常具有博士学位），也担任一部分专业行政管理工作。全职教师通常是研究项目的发起、申请和领导人。与英国各大学其他专业一样，LOUGHBOROUGH 大学可再生能源研究中心聘用了两位终生全职教师（但取决于他们个人是否愿意终生侍奉此职以及该专业是否能立足于大学），三位兼职教师及几位研究人员。表 3 列举了研究中心目前进行的项目，包括与英国 POWERGENHE 和 SUPEWRGEN 两大能源供应公司合作的国家级可再生能源研究项目，欧州可再生能源研究项目等。项目管理基本上采取半年一次的项目汇报，参与者包括股份持有者，如能源供应公司，项目具体工作者、领导者等。除此之外，项目负责人，如财经、技术和总管等常不定期制定和修改工作流程，检查和讨论项目决策等。

LOUGHBOROUGH 大学可再生能源研究中心项目一览表 表 3

	项 目	资 金
1	An ETSU project (with DTI funding) for extended monitoring of the PV roof for the Centre for Renewable Energy Education and Demonstration at Delabole (Work in progress)	£22500
2	Participation in a thematic network on energy in the built environment, co-ordinated by University College Dublin (Completed 2003)	€6000
3	An EPSRC project to characterise and model the performance of amorphous-silicon arrays for BIPV systems (Completed 2003)	£192197
4	An EPSRC project to develop a Master's training course in renewable energy systems technology (Work in progress)	£371257
5	An EPSRC project to develop an electrical energy supply and demand tool for the urban environment (The Solar City) (Work in progress)	£201911
6	A Faraday Partnership project for the integration of new and renewable energy in buildings (Work in progress)	£75000
7	An EPSRC project to study the effect of tide, sea state, and atmospheric stability on offshore winds (Work in progress)	£63219
8	An EPSRC project to study the impacts of and limits to widescale embedded generation from microchips and photovoltaics (Work in progress)	£130358
9	An ESF-funded project to develop renewable energy skills training programmes within the East Midlands (Work in progress)	£274000
10	An EU-funded project to study condition monitoring for offshore wind farms (Work in progress)	€161426
11	A project funded by the Small Business Service to study the feasibility of a small low-cost wind turbine unit (Work in progress)	£19305
12	An EPSRC project to study the impact of climate change on the electricity supply industry and other utilities (Work in progress)	£186388
13	An EU CRAFT project to develop a novel battery for solar systems (Work in progress)	€49600
14	A project funded by HE-ESF to develop flexible training programmes for the sustainable energy sector (Work in progress)	£97800

3 英国再生能源技术现状与趋势

因版幅和时间的限制，本节只根据笔者五年多从事可再生能源研究项目的经验略谈几点。目的在于让读者大致了解英国再生能源技术现状与趋势，给读者在可再生能源研究方面一个粗浅的参考。

至目前为止，英国陆地风力发电技术很完善，但民众更关心噪声和风景破坏问题，所以英国正大力发展近海风力发电。由于海洋风力发电环境险恶，风能机必须有更高的可靠性和状态监控。可靠性和状态监控目前是英国和欧洲科研和工业界的主题。关于海洋发电，有专家认为，利用海浪和潮汐涨退发电可以提供英国所需电力的五分之一。英国碳基金会呼吁英国政府大力支持海浪和潮汐发电的构想；这个基金会协助英国公司开发减少温室气体排放的科技。在现阶段，利用海浪和潮汐发电的成本比较高，但是，碳基金会的报告指出，生产成本将会降低，现阶段投资将有助英国在有关科技的应用方面在国际间占领导地位。作者之一于 2001 ~ 2003 年参与了海洋波浪垂直波直接驱动发电系统的研制。此外，太阳光伏能系统、燃料电池系统和氢能储存系统也是英国目前大量投资的高端科技项目。图 1 是 LOUGHBOROUGH 大学可再生能源研究中心项目之一。表 4 是由英国工程和物理科学研究协会（EPSRC）主导并与其他公司和机构，如碳基金会（Carbon Trust）合作的研究项目投资情况。

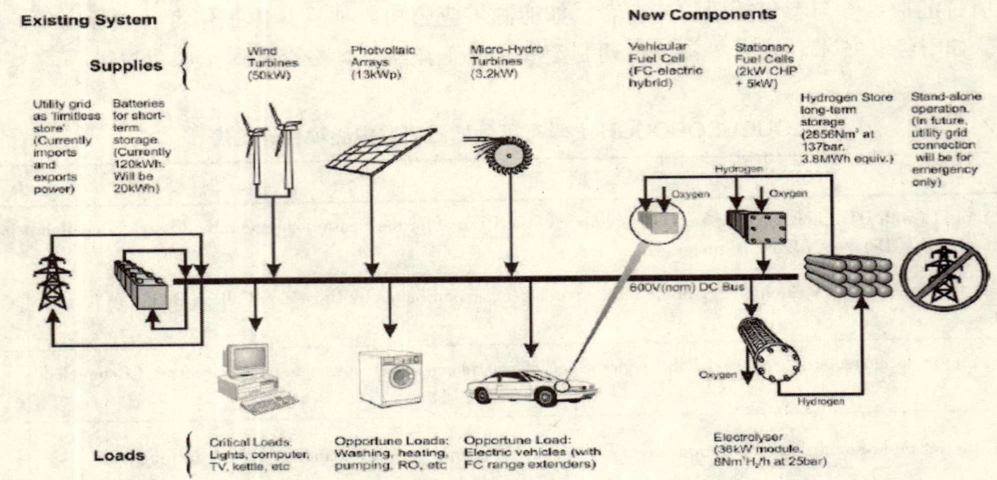

图 1　WEST BEACON 农庄能源系统

EPSRC 主导的项目一览表　　表 4

	项　目	资　金
1	Marine energy—energy from the seas around our coastline. Led by Robert Gordon and Edinburgh Universities	£ 2.6 million over 4 years
2	Future network technologies—ensuring the continuance a reliable supply of power to the UK. Led by Imperial College London and the University of Strathclyde	£ 3.4 million over 4 years
3	Hydrogen energy—producing, storing, distributing and using sustainable hydrogen as an energy carrier. Led by the Universities of Oxford and Bath	£ 3.5 million over 4 years
4	Biomass, biofuels and energy crops—using fast growing crops as a renewable fuel supply. Led by Aston and Leeds Universities.	£ 2.9 million over 4 years
5	Photovoltaic (solar cell) materials—generating electrical energy from sunlight using advanced wafer silicon and thin film devices. Led by the University of Wales, Bangor and the University of Durham	£ 3.1 million over 4 years
6	Conventional power plant lifetime extension—extending the useful lives of our existing power stations. Led by Alstom and Loughborough University.	£ 2.1 million over 4 years
7	Fuel cells—clean, highly efficient devices for producing power. Led by Imperial College London and the University of Newcastle upon Tyne	£ 2.1 million over 4 years
8	Highly distributed power systems—assessing the impact of smaller generators and incorporating these into the grid. Led by Strathclyde and Loughborough Universities	£ 2.6 million over 4 years
9	Energy storage—developing new materials to advance rechargeable lithium ion battery and supercapacitor technologies. Led by the Universities of Strathclyde and Surrey	£ 2.2 million over 4 years
10	Excitonic solar cells—exploring the potential for the next generation of photovoltaic devices, focussing on organic and dye sensitised photovoltaic systems. Led by the University of Bath	£ 1.1 million over 4 years
11	Wind energy—harnessing one of the UK's most abundant natural resources as a major source of renewable energy	—
12	Energy infrastructure—developing the UK transmission and distribution network to meet the challenges of decentralised and intermittent electricity generation and life extension	—
13	Biofuel cells—fuel cells that mimic, reproduce or use biological systems	—

4　启示与建议

鉴于可再生能源系统的复杂性、累积性和宏观性，建议建立中国可再生能源管理教育专业，率先培养一批与国际接轨的可再生能源计划和管理人才，以促进中国可再生能源系统性的快速发展。

参考文献

[1] 英国科技主要优势领域（空间技术和能源部分）[EB/OL].
http：//uk. cistc. gov. cn/embassymember/browse. asp？id = 45297&site = 6011&column = 6020.
[2] CREST Annual Report 2006 [R/OL]. http：//www. lboro. ac. uk/departments/el/research/crest.
[3] The Supergen Wind Energy Technologies Consortium [EB/OL]. www. supergen-wind. org. uk.
[4] Rupert Gammon，Amitava Roy，John Barton，Matthew Little. The Hydrogen and Renewables Integration（HARI）Project [R].

动态联盟在跨区电网建设项目全寿命周期管理中的应用研究

黄健柏　李增欣　薛　亮　刘维臻

（中南大学商学院）

动态联盟的概念最早于1991年由美国利海大学的艾科卡研究所在一份为《21世纪制造业企业战略》的研究报告中提出。1992年，William · Davidow 和 Michael · S. Malone 给出了动态联盟的定义：“动态联盟是由一些独立的厂商、顾客、甚至同行的竞争对手，通过信息技术联成临时的网络组织，以达到共享技术、分摊费用以及满足市场需求的目的。动态联盟没有中央办公室，也没有正式的组织图，更不像传统组织那样具有多层次的组织结构”。

由此可见，动态联盟是两个或两个以上企业或者特定事业部和职能部门，为实现某种共同的目标，通过公司协议或联合组织等方式而结成的一种网络式的联合体，是那些欲结盟的企业在自愿互利的原则下，出于降低交易费用、减少不确定性、实现优势互补等目的，以契约方式结合起来的共同提高企业市场竞争力的合作模式。它是以信息技术为基础，在全球经济一体化的环境下，为响应市场机遇，由多个各有专长的敏捷型企业组成的临时联盟。联盟内的企业共同承担风险，分担义务并共享成果。

项目全寿命周期动态联盟管理是从项目的全寿命周期的视角，进行建设项目目标的规划和控制的管理理念。它运用管理集成的思想，在管理目标、管理组织、管理方法和管理手段等各方面进行有机集成，使项目的业主方、承包方及运营方等主体在公共的、统一的管理语言和规则以及集成化的管理信息系统的支持下协调运转，实现建设项目全寿命周期目标。

1　跨区电网建设项目全寿命周期管理及其动态联盟的定义

所谓跨区电网建设项目全寿命周期管理，是指以国家电网公司为业主方，针对跨区电网建设项目，包括基建、大修、技改等工程项目，从电网建设项目的全寿命周期视角，进行电网建设项目目标的规划和控制的项目管理方式。它运用集成管理的思想，从电网建设的目标、组织、方法和手段等方面进行有机集成，使电网建设项目从规划、设计、施工、运行到退役各个阶段得到统一、连续、共通式的管理，使电网建设项目的业主方、承包方和运营方等主体协调运转，实现电网项目的全寿命周期目标。

跨区电网项目动态联盟是立足于跨区电网建设的特点，以电网建设项目联合体为基础，吸收动态联盟的思想，针对具体的跨区电网大型施工项目，突破原有电网企业的有形界限，充分利用外部资源，通过电网业主单位、设计单位、建设单位、运营单位之间的最佳资源组合，创造出卓越的联合优势，以达到电网建设、运营的最佳全寿命周期管理而进行的临时组合，依靠现代化的网络通讯达到资源共享、优势互补。项目结束后，原来的资源组合方式予以解散，即使企业之间继续合作，也要针对新的工程项目重新组合资源。

2　动态联盟应用于跨区电网建设项目全寿命周期管理中的可行性

2.1　跨区电网建设项目的特点

（1）电网建设项目可以按建设项目性质、建设项目规模、电压等级进行分类。按建设项目性质分类，可分为：

①新建项目：指从无到有、“平地起家”的建设项目。

②扩建项目：指为增大供电能力或提高电网的稳定性，在现有的变电所中增加主变压器数量、增加供电间隔或在原有的线路上增加导线数量的项目。

③改建项目：指对原有变电所进行技术改造，如改造设备、改善主母线结构；在线路中改进铁塔强度、提高绝缘子绝缘强度等。

④恢复项目：指原有固定资产因某种原因（人为、自然灾害、战争等）全部报废或部分报废，而投资

重新建设的项目。

按建设投资规模分类：按国家电力公司规定的标准，电网建设项目分为大型、中型、小型三类。投资额在1亿元以上的属于大型项目；投资额在3000万~1亿元的项目属于中型项目；3000万元以下的项目属于小型项目。

按电压等级分类：电网建设项目按电压等级分为：

①500kV超高压输变电工程。

②220kV高压输变电工程。

③10~66kV配电工程。

（2）电力是具有自然垄断性的行业，属于公用事业，同时又是关系国计民生的重要基础产业。电力行业具有资本高度密集、建设投资额巨大等特点，并具有网络产业特征。这就决定了电网建设项目既有一般项目的共同属性，又有其特殊性。电网建设项目的主要特点有：

①项目投资额巨大，技术复杂。电网建设项目投资额巨大，其在实施过程中涉及到的专业多，自动化程度高，纵向、横向衔接紧密，各专业间相互配合、相互制约。

②配套协调单位多。送电线路一般都很长，大部分项目在野外施工，施工现场比较分散，作业点较多。需要跨越的建筑物、设施、河流等障碍物很多，这就要和很多的产权单位沟通。如铁路、水运、海港码头、消防、环保、银行、电信及地方政府等。

③建设过程周期长。电网建设项目严格遵照基本建设程序运转，从项目建议书开始，经过项目决策期、项目实施期到项目竣工投运，是个有序的过程。在国家加大对电网建设投入的同时，发改委对电网建设可行性研究报告的批复非常严格。

④投资收益低，项目投资无风险。电网建设是基础设施建设项目，具有自然垄断性，以前主要由国家筹资建设。国家电力公司成立后虽然由政府出资建设改为国家电力公司通过资本市场筹资建设，但贷款的偿还和收益的取得要靠电价来获得，而电价的波动对国民经济的影响很大，这就使得电网建设的投资收益很低。虽然电网建设项目的投资收益很低，但垄断经营同样保证了资金的安全性，可以说电网建设项目的投资风险为零。

⑤项目的决策依据主要是系统的可靠性。由于单个电网建设项目不能独立产生经济效益，所以也无法对项目计算出投资收益、投资风险。项目的决策主要依据负荷增长预测、供电可靠性等技数参数，而不是像其他行业建设项目的投资决策很大程度上决定于项目的经济评价。

2.2　动态联盟的特点

（1）组成动态联盟的成员企业应能在各自领域提供自己的核心能力；

（2）各盟员企业具有更强的相互信任和依赖性；

（3）运用高新信息网络技术保证盟员企业进行协同运作；

（4）是为满足市场需求机会而联结在一起；

（5）在竞争者供应商和客户之间的合作，使得人们很难定义一个组织的起点和终点，因而具有组织无边界的特点。

2.3　二者管理模式的共同点

（1）具备一个领导核心。动态联盟是有领导核心的联盟。跨区电网建设项目中，国家电网公司的事业部组织——建设运行部就是一个跨区电网建设项目专门负责部门，即可成为动态联盟的业主方代表，对动态联盟的运作起全局指导协调作用。

（2）项目涉及面广，参与单位多。跨区电网建设是动辄上十亿的大型工程，涉及地域面积广大，牵涉的部门众多，资源、信息的协调量十分巨大，这都为动态联盟的实施提供了广阔的空间。

（3）跨区电网建设已具备一定信息化基础。信息交流设施是动态联盟企业的关键部分之一，国家电网公司经过几年努力，已逐步形成了功能完善的计算机网络系统。

3　动态联盟纳入跨区电网建设项目的必要性

跨区电网项目之所以能够实现动态联盟的根本原因在于社会、经济和技术的迅速发展。其动因主要包括三个方面：

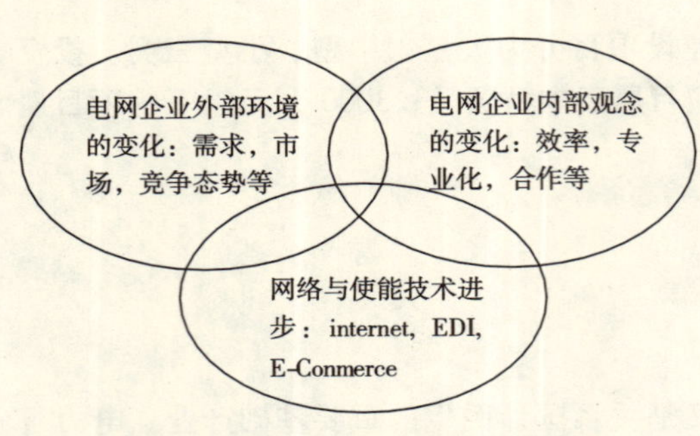

图1 跨区电网项目实现动态联盟的三个动因

一是国家电网公司外部环境的变化。近几年来，我国电力市场需求增长十分迅猛，需求质量也在不断提高，供电服务无论从量还是从质上来讲，都对公司提出了新的高要求，这是推动公司强化跨区电网建设项目运作的主外因。

二是公司内部组织与管理观念的变化。目前国家电网公司提出了建设“一强三优”（电网坚强、资产优良、服务优质、业绩优秀）现代公司的发展目标和三个转变（从管设备向管理资产转变，从职能主导型向流程主导型转变，从运行电网向经营电网的转变）的任务，对跨区电网建设运行提出了更高的要求。如何应用先进的管理思想与管理方法，对跨区电网建设项目进行系统化、集成化的管理，以实现跨区电网运行安全性、经济性和高效性的目标，成为目前国家电网公司亟需研究的问题之一。

三是作为上述变化的技术推动，网络时代的到来和使能技术方面的发展与进步，新的管理理念和方式都需要良好的技术支撑，实施动态联盟将十分有助于公司的知识积累以及技术进步，如图1所示。

电网工程项目建立全寿命周期的动态联盟管理模式，能够较好地解决传统模式下各阶段相互分离和信息共享困难等问题。动态联盟是建立在信息技术基础上的组织集成，其柔性的组织能随管理目标的不同而变化，它构建在网络化的协同环境之上，通过单一的产品数据源减少数据的重新输入和传递过程中的扭曲和失真，加快信息请求－反馈的节奏，也节约了信息获得的成本。在盟主的指导下建立良好的信息交流机制，保证信息畅通地交流、准确地传播，其扁平和网状的组织结构有利于建设项目全寿命周期中各组织间的沟通和合作。

4 跨区电网建设项目动态联盟的管理模式设计

跨区电网工程是一个巨大且技术密集的系统工程，由于工程项目的很多子项目和关键环节都属于开创性活动，这些活动投资大，涉及环节多，实施过程复杂，具有较大的风险。在这种情况下根据工程建设的进程，公司通过招投标与不同单位签订项目合作协议，负责对合作单位的选择和项目管理，实际上是业主单位与其他合作单位动态结盟的过程，业主单位是动态联盟的盟主，具体模式如图2所示。

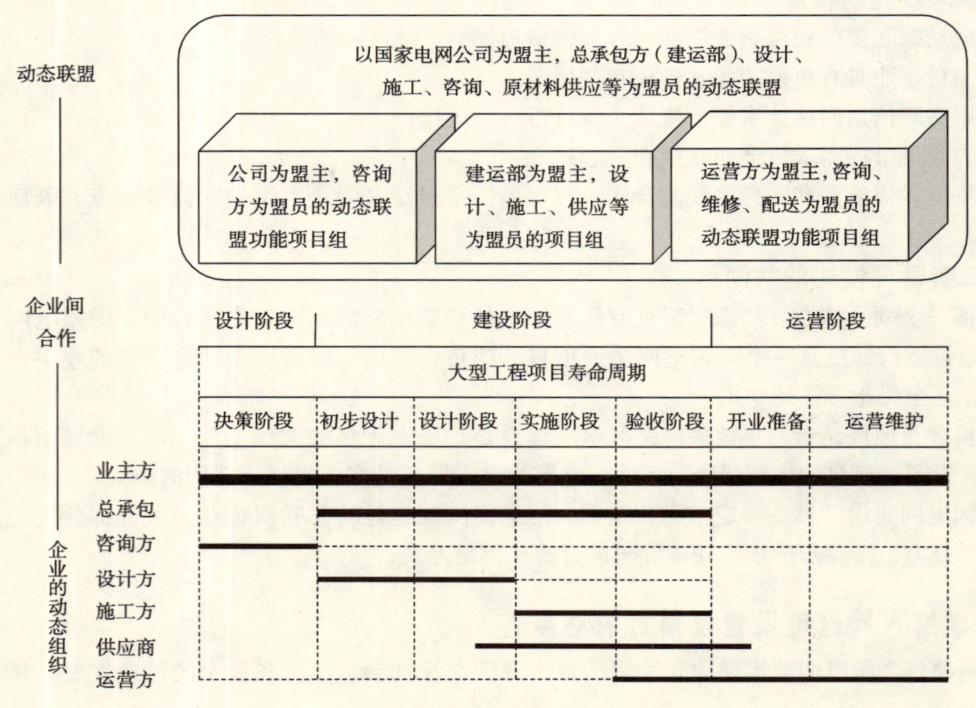

图2 动态联盟的管理模式

通过动态联盟的方式，选择在电网建设项目的某些环节上（如咨询、设计、关键工序施工及关键设备等）有实力的承包方组成动态联盟。在信息集成、设计施工过程集成的基础上，实现在项目上的企业集成，形成一个虚拟的电网项目建设企业。

跨区电网建设项目动态联盟组织，采用基于 Teamwork 的组织形态。组织结构是柔性和动态的，可以适应项目的全寿命周期管理目标的变化。盟员和盟主之间的关系以合同为法律依据，以信任和合作为基础。盟员按盟主所规定的技术规范和数据完成任务。项目的成功和增值是他们共同的目标，只有实现共同目标才能实现各自利益的最大化。

跨区电网建设项目全寿命周期动态联盟模式以业主方（国家电网公司）为盟主，由盟主的决策层、阶段性联盟的组长组成上层领导小组，指挥和调控整个联盟的运行。盟主的管理核心由建设目标转移到全寿命周期目标，让实施方及运营方尽量地介入项目，使规划和决策能够面向实施和运营。随项目的进展由首先得到机会并具有项目建设的特定阶段所需的核心资源的企业作为盟主，与盟员企业派出的动态组织，组建项目各阶段的动态联盟功能项目组。

5　跨区电网建设项目动态联盟的组织结构设计

跨区电网全寿命周期动态联盟的实施需要一定的支撑体系，而组织结构正是其组织支撑，它为动态联盟管理模式提供了所需的组织保障。

对于当前国家电网公司跨区电网项目全寿命周期动态联盟组织的设计，我们主要遵循以下思路：在公司总部层面，基本保持现有组织模式——事业部体制（一部两公司）不变，依照动态联盟管理的集成化、动态化理念和要求，构造规范、系统的整合机制。

5.1　跨区电网建设项目全寿命周期动态联盟的动态联合管理小组

所谓动态联合管理小组，是指由建设项目业主方（国家电网公司建设运营部）、设计方（电力设计院）、运营方（网省公司、运营公司）、项目管理方（建设公司）和设备管理方（网省公司、运营公司）共同推选代表组成的，针对跨区电网项目动态联盟运作的领导小组。

设立该领导小组主要基于以下几个方面的考虑：设计方、项目管理方、设备管理方都是代表业主方利益提供专业咨询服务的，没有根本上的利益冲突，易结成联合班子。为实现项目全寿命周期动态联盟管理，项目管理方和设备管理方提供咨询服务的时间向决策阶段延伸，使他们加入联合管理小组在时间上成为可能。业主方、运营方、设计方、项目管理方和运营管理方组成的联合小组拥有整个项目生命周期组织、管理、经济、合同、技术等方面的知识和经验。如图 3 所示。

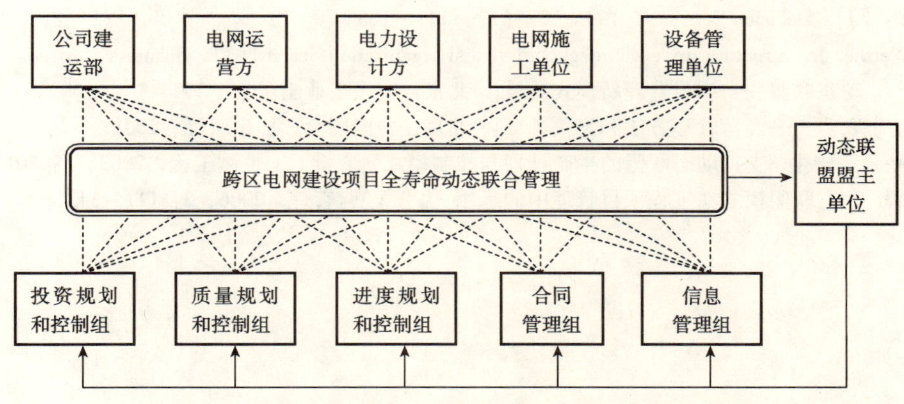

图3　跨区电网建设项目全寿命动态联合管理示意图

5.2　动态联合管理小组各阶段构成

联合班子在全寿命周期不同阶段以动态方式组成，联合班子不同阶段人员动态组成，如图 4 所示，图中的相对面积表达了在不同阶段每方的决策力度大小以及组成人员的多少。

(1) 设计阶段的组织结构。在电网建设项目的设计阶段，以业主方（国家电网公司）为盟主，以总承包方（建运部）为主体，金融机构、工程（运营）咨询方等为盟员的动态联盟功能项目组。其目标是进行

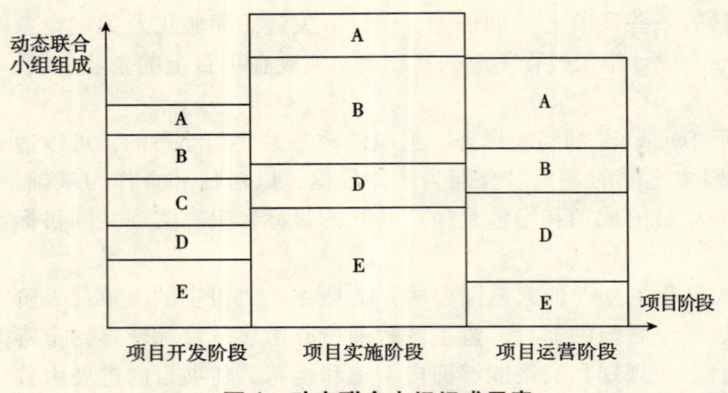

图4　动态联合小组组成示意

A：设备管理方；B：电网施工方；C：设计方；
D：运营方；E：国家电网建运部

跨区电网项目的设计，是一个创新的过程。为了实现电网建设项目全寿命周期目标，运营方或其委托的承包方在设计阶段必须介入，形成联合班子。使电网建设项目的设计能够面向运营。

（2）建设阶段的组织结构。建设阶段以总承包方（建运部）为阶段性盟主，设计、施工、供应商和咨询方为盟员组成联盟项目组。联合班子的构成为业主方的决策层、总承包的领导层和运营方，协调阶段性联盟的运转。本阶段业主方管理重点是使电网建设项目的方案能够面向运营，设计面向施工，做好协调和控制，以保证项目的全寿命周期的目标。

建运部与其他企业进行垂直方向的联合，组成阶段性的动态联盟组织，协调和控制联盟组的运行。垂直方向上的联合主要通过建设子公司进行，主要体现为供应链上下游企业之间的联合，如与设计、分包、材料设备供应企业以及劳务方等进行的合作。合作形式主要有形成供应链、分包和插入兼容等。

（3）运营管理阶段的组织结构。运营管理阶段，在业主的指挥和协调下由运营方（网省公司）为阶段性的盟主，组建运营联盟组。合作伙伴有运营咨询方、维修方及物流配送等。在建运部的协调和全寿命周期的信息系统支持下，实现决策和建设阶段信息的共享。运营是跨区电网建设项目实现全寿命周期的重要阶段，在多变的市场环境中要实现差别化和低成本的供电服务，同样要在网络环境的支持下联合其他组织形成良好的服务网络。为了充分实现工程的全寿命周期价值，运营阶段的联盟组应该具有高度的柔性和快速反应能力。

参考文献

[1] Rajneesh Narula, John Hagedoorn. Innovating through strategic alliances: Moving towards international partnerships and contractual agreements [J]. Technovation. 1999, 19: 283-294.

[2] Rai A, Borah S, Ramaprassad A. Critical success factors for strategic alliances in the information technology industry: An empirical study [J]. Decision Sciences. 1996, 27 (1): 141-155.

[3] William B, Werther Jr. Structure-driven strategy and virtual organization design [J]. Business Horizons. 1999: 13-18.

[4] 林鸣，马士华．动态联盟——项目管理新模式［M］．北京：电子工业出版社，2003.

[5] 徐小军等．动态联盟——经营管理方法和案例［M］．北京：中国国际广播出版社，2001.

[6] 王岩，曹春平，王宁生．支持动态联盟的生产计划与控制模式研究［J］．控制工程，2003，5：201-204.

[7] 李文，刘文辉．动态联盟模式在工程项目管理中的运用［J］．经营管理，2006，3：111-113.

非经营性政府投资项目管理模式研究

倪国栋 王建平
（中国矿业大学建筑工程学院工程管理研究所）

1 引言

我国在对政府投资项目管理上采用的制度主要包括：基本建设程序制度、项目法人责任制、招投标制度、合同管理制度、建设监理制度、项目审计制度、财政管理制度、项目后评价制度、重大工程稽查制度。对于经营性政府投资项目，在传统管理体制下，尤其是采用了项目法人责任制后，解决了项目在投资、产权与管理责任上关系不清晰的弊端，总体管理状况较好，但对于非经营性政府投资项目，管理中存在诸多问题，主要表现在：项目投资失控现象严重；建设单位管理效率低下；组织者违规操作现象严重；政府监管效果不明显。

2 非经营性政府投资项目传统管理模式评析

传统管理体制下非经营性政府投资项目管理模式主要包括：基建处型、工程指挥部型、政府部门型。采用传统管理模式的优势和存在的问题如表1所示。

传统管理模式的比较分析　　表1

模式	主要优势	存在的问题
基建处型	• 基建队伍稳定，对建设程序较为了解； • 灵活机动，能很快获得审批，并进行工程建设； • 在基建工程较多的单位可以发挥一定的专业优势； • 适合于小型项目	• 管理人员大型项目管理经验不足，管理力量有限，容易发生工程问题； • 机构广泛设置，占用大量人力和设备； • 建设单位受自身利益的驱使，项目的建设标准及投资规模难以控制，“三超”现象和“钓鱼”工程时有发生，物力、财力浪费现象严重； • 工程淡季易造成人员闲置，价值得不到充分利用
工程指挥部型	• 利于发挥政府强大的协调能力，方便协调各方面的关系； • 便于支配各种资源，能保障工程的顺利实施； • 一些指令能很快得到落实	• 管理主体的责任不明，出现工程问题，不容易追究当事人的责任； • 由于受领导意愿和喜好干扰，不易科学决策； • 临时抽调工作人员，工作中需要磨合期； • 项目建完后机构即解散，造成人员浪费，不利于积累管理经验； • 管理组织机构组建成本高，费用开支大，浪费现象突出； • 监管效果不明显，易造成腐败
政府部门型	• 有一定的专业性； • 利于积累工程管理的经验； • 方便协调各方面的关系	• 缺少竞争机制，不符合市场经济要求； • 易形成垄断，发生寻租，滋生腐败； • 管理人员投资控制的积极性不高； • 只适用于建设项目较多的部分行业

3 非经营性政府投资项目的管理效果不理想的原因分析

3.1 非经营性政府投资项目很难落实项目法人责任制

《关于实行建设项目法人责任制的暂行规定》中虽然规定对于非经营性政府投资项目可参照执行，但一般都无法真正落实项目法人责任制，因为公益性和事业性项目建成后不存在运营机制，建设管理主体不需要对项目的资金筹措、债务偿还和资产的保值增值负责，没有必要组建公司性质的项目法人。鉴于非经营性项目的投资无偿性和责任无约束性，无论是由使用单位、建设主管部门、资产管理部门、工程指挥部，还是由投资主管部门来充当建设期业主，都缺乏控制投资的动力，且易造成“投资、建设、管理、使用”多位一体，政府行政管理部门碍于各方关系和政治压力，往往监管效果很差。

3.2 非经营性政府投资项目建设单位管理水平有限

建设单位要参与基本建设程序中各阶段的工作，由于非经营性政府投资项目的建设单位的许多组织成员不是专业项目管理人员，不具备相应的专业技术和管理经验，往往只重视施工阶段的管理而轻视前期策划和准备工作，工程项目管理效率低下，难以保证工程质量、工期和投资效益。另外，对于一次性业主管理方式，易造成管理人才的浪费，工程管理经验得不到推广，建一个项目，交一次学费，使得非经营性政府投资项目的建设管理水平始终在低层次徘徊。

3.3 建设监理制在非经营性政府投资项目建设过程中的作用更加弱化

在建设监理制推行的过程中，业主的不信任和过多干涉、监理费用不高以及监理企业的管理水平不高，三者已形成了恶性循环，对于一些技术复杂、工期紧、管理水平要求高的大型项目，单纯采用监理制效果并不理想，对于非经营性政府投资项目，监理效果就更差，原因主要有：（1）政府业主出于对自身利益的考虑或对监理单位的不信任，不肯过多放权；（2）建设单位与监理单位的管理机构和职能存在交叉和重叠，政府业主常会干预监理工作；（3）监理单位考虑到各方影响而不想因工程事宜得罪政府业主，许多事情都由管理经验不足的政府业主决策和拍板，习惯性地将自己的管理地位降低。

3.4 非经营性政府投资项目的重要委托环节缺少合同约束机制

非经营性政府投资项目从公众产生项目需求到项目交付使用存在着多次委托过程：纳税人→各级人大→政府各职能部门→传统项目业主→咨询机构和各类承包商，在各委托环节易产生委托代理问题，委托人往往处于不利的地位。解决委托代理问题的重要举措便是委托人与代理人签订完善的委托代理合同，对代理人的行为进行激励和约束。在非经营性政府投资项目建设过程中，多个委托环节都没有通过合同进行明确和限制，其中，政府将项目建设任务委托给传统的项目业主负责实施的环节尤其重要，但通常情况下，该委托环节只是通过行政管理的途径进行委托，出现工程问题很难追究责任。

4 非经营性政府投资项目管理模式的改革

4.1 管理模式改革的思路和要点

4.1.1 从管理体制上实现“投、建、管、用”四分离

在现有体制下，政府投资主体和行政管理主体相对稳定且运作模式较为成熟，而项目使用主体不可改变，因此，应当从建设管理主体入手进行变革，通过政府的规章制度对项目的建设管理主体进行明确，要选取新的管理主体负责项目的建设实施，从而弥补项目法人责任制的不足，截断建设实施主体与政府投资主体、行政管理主体以及使用主体的同位一体的关系，最终通过明确投资主体、建设管理主体、行政管理主体、使用主体等的职责、权力和义务，实现“投、建、管、用”四分离，各主体能够在各自的利益诉求和职责范围内，形成互相制约的运作机制，有利于项目目标的控制和实现。

4.1.2 对市场经济体制下的政府角色进行合理定位

在市场体制下，市场对资源配置始终起着基础性作用，市场在社会经济活动中处于主导地位，政府对经济活动的介入和干预，只是辅助性和补助性的，对市场活动进行干预的前提是市场的失灵。政府投资项目作为一种公共产品不一定要由政府自己生产，要充分发挥市场配置资源的基础性作用，尽可能发挥社会专业化资源的优势，通过竞争委托生产，取得最佳效益，政府只要指定“生产多少”就可以了。大量证据表明，如果能减少政府在提供商品和服务方面的作用，整个经济将从中受益，目前西方国家的公共产品由政府生产的比重越来越小，大部分改由私人公司承担。因此，政府在政府投资项目管理中的角色定位应当是：提供充分竞争的建筑市场环境和交易场所，做好投资决策工作，通过制订完善的监督管理机制实施行政管理，而不是参与具体经济生产活动。

4.1.3 对政府投资项目实现专业化的建设管理

在项目建设过程中存在多个项目管理系统，而业主方的项目管理位于整个项目管理系统的核心位置，业主的管理水平和管理态度对项目成败至关重要，选择建设管理主体应十分慎重，其基本条件应满足：具备项目建设管理的专业经验和管理能力；要有对项目建设目标实施严格控制的动力和积极性；能够通过严格的委托合同进行限制；便于政府和公众的监督和管理等。笔者认为，由社会化专业化的工程项目管理公司承担起建设管理的任务最为合适，就其目前的市场发展现状来看也是可行的。

4.1.4 加强相关的制度建设

由于非经营性政府投资项目建设管理的一个先天不足就是真正的项目业主缺位，不论选择谁为项目建设管理主体，都解决不了真正的项目业主缺位问题。因此，政府必须加强与项目建设相关的制度建设，对各项目干系人进行激励和制约，要进一步加强合同管理制，还要制订完善的监管和激励机制来保障项目的实施。

4.2　管理模式改革的途径

为了改变非经营性政府投资项目的管理现状，我国当前正在大力推行“代建制”，但尚没有统一明确代建主体和代建实施办法，各地的实施方式也不尽相同，主要有两种：一是由政府专门机构进行集中代建，二是选择社会化的工程管理公司负责代建。从目前来看，由政府机构集中代建仍存在不少问题：（1）不符合政府和事业机构改革的大方向；（2）没有完全解决政府角色混淆问题，集业主和政府管理职能于一体，易产生“建、管”不分带来的传统问题；（3）容易造成机构膨胀臃肿，人员素质得不到保证，耗费大量的财政资金；（4）只有行政权威的激励和约束，缺少对投资控制的内在约束机制；（5）易导致组织舞弊和权力“寻租”现象的发生，腐败问题不可避免；（6）委托环节缺少合同制约，项目出现问题时难以落实责任主体，经济责任仍由政府或国家承担。

因此笔者认为，要想彻底进行管理模式的改革，应当推行“企业代建制”，即政府选择专业化的工程项目管理企业（代建单位）作为项目法人负责非经营政府投资项目的建设实施，严格控制项目的投资、质量和工期目标，竣工验收后将项目移交给使用单位或资产管理单位的制度。“企业代建制”具有突出的先进性：（1）对非经营性政府投资项目建设管理主体进行了明确，解决了多头管理和分散管理的不良局面，弥补了项目法人责任制的缺陷；（2）建设管理主体实现了专业化，有利于项目控制，也有利于在中国推行全过程的工程项目管理工作，促进与国际接轨，同时弥补了建设监理制的不足；（3）政府可以通过严格的合同文件对代建单位进行激励和约束，调动其对项目控制的积极性和主动性，扩大了合同管理制度在政府投资项目中的实施范围；（4）将公共物品的生产推向市场，通过市场竞争来选择代建单位可以减少交易费用，且能够有效转变政府职能，促进体制改革；（5）项目使用单位和资产管理单位可以大大减轻建设管理的工作负担，更好地做好本职工作。因此，企业代建制不仅起到对传统建设管理体制的完善作用，而且从微观上可以解决部分目前存在的问题，具有重要的推广价值。

4.3　管理模式改革的目标模式及其实施要点

4.3.1　管理模式改革的目标模式

由以上分析得出，非经营性政府投资项目管理模式改革的目标模式应当为“企业代建模式”。企业代建模式是指在实施“企业代建制”过程中形成的以代建单位为核心，由政府投资方、使用单位、监理单位以及各类承包商共同参与配合，通过严格的工程合同对各方行为进行限定的一种组织实施方式。代建单位作为建设项目的管理主体，有在政府监督下对建设资金的支配权，同时承担相应的责任和风险，可以以项目业主的名义与勘察、设计、监理、供货、施工等企业签订合同，同时监督合同的履行情况，通过开展专业化的工程管理工作，获得管理费，还可以根据代建合同获取投资节余奖励。

企业代建模式的项目组织主要由政府行政管理部门、政府投资方、使用单位、代建单位、监理单位、设计单位、施工单位、材料设备供应单位等项目干系人构成，在分析代建单位与各干系方关系的基础上，可得出企业代建模式的基本组织结构，如图1所示。

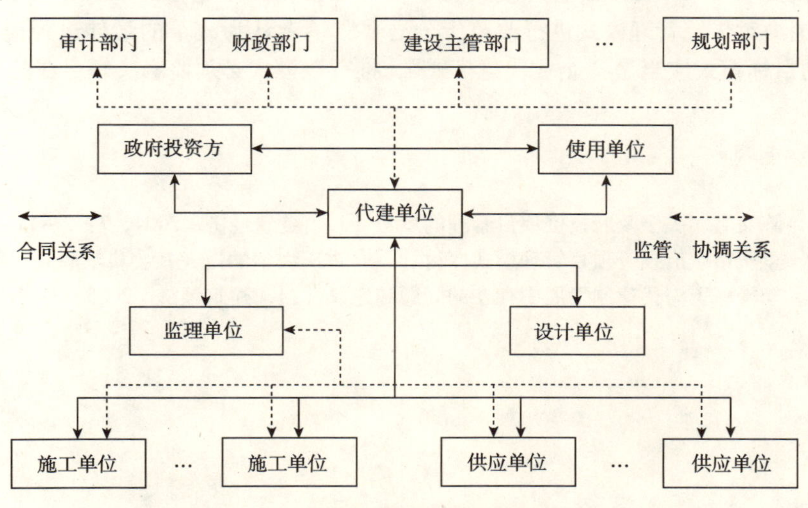

图1　企业代建模式的基本组织结构

4.3.2 企业代建模式的实施要点

企业代建模式能否高效率、低成本地运行，主要决定于代建各方的高效配合，而高效配合的前提是要明确代建各方的责任、权利和义务。目前，实际情况不容乐观，一个普遍的现象就是代建单位处于弱势地位，责任、权利和义务不对等，承担的义务多，收费少，管理责任大，权力小，这种现象已影响了从事代建业务的工程项目管理公司的正常发展。因此，要想落实好企业代建模式，就必须对代建单位责任、权利和义务进行定位，应保证其责任、权利和义务相匹配。笔者认为，代建单位的责任主要应体现在合同违约责任和因管理不善造成他人损失的赔偿责任；其权利应能保证各项管理工作的顺利实施，不受到不当干涉；其义务主要是履行合同条款，尽己所能地将代建项目管理好。

5 企业代建模式的委托代理问题

5.1 委托代理问题评析

实施“企业代建制”后，并没有减少非经营性政府投资项目在管理中存在委托的层次，相反项目干系人之间的委托代理关系变得更加复杂，委托人在对各拟选代建单位的技术管理、经营业绩等信息不很清楚的情况下，仅依据费用低很容易选择到资信差的代建单位，发生逆向选择。且在工程建设过程中，政府投资方和使用单位只能观察到项目建设的结果，而无法直接观察到代建单位的努力程度和工作状态，形成新的信息不对称。代建单位可利用自身的信息优势欺骗政府和使用单位，通过减少工作投人甚至采取与承包单位勾结等行为来损害政府和公众的利益。因此，政府投资方、使用单位和公众作为项目委托人，如果不能解决企业代建模式中的委托代理问题，不能对代理人的行为进行有效的控制，那么可能会出现更多新的问题，与推行“企业代建制”的初衷相悖。

5.2 委托代理问题的解决思路

首先，通过公开招标选择合适的代建单位，选择的依据包括：企业资质；资金实力；同类工程管理经验；工程管理能力；代建方案和项目管理大纲的合理性和可行性等。

其次，建立起多渠道的代建激励机制，对代建单位的行为进行激励，内容包括：（1）采用多种激励手段，比如投资节余分成、工期奖励、质量奖励、声誉奖励等；（2）在政府投资方、使用单位和代建单位之间对代建风险进行合理分配；（3）建立合理的代建管理费取费标准。

最后，建立起全方位的代建约束机制，对代建单位的行为进行限制，内容包括：（1）建立代建监管体系，包括政府部门的监管、使用单位的监管、行业协会的监管、代建单位自身的监管、公众的监督；（2）交纳履约保证金或银行履约保函；（3）建立对代建单位的考核和绩效评价体系；（4）对代建单位实行必要的业务限制；（5）其他措施，如设定质量保证金、合同违约的罚款措施、通过媒体曝光等。

6 结论

非经营性政府投资项目采用传统的管理模式对于推广社会化和专业化的工程项目管理以及构建和谐社会不利，在全国范围内对传统管理模式进行改革十分必要，笔者认为改革的最佳途径应当是大力推行“企业代建制”，改革的目标模式应当是“企业代建模式”，推行该模式必须要解决好存在的委托代理问题。

参考文献

[1] 乌云娜，庞南生，陈文君．关于政府投资项目管理的思考［J］．建筑经济．2004，7：9－11.

[2] 王建初，曾德珩．重庆市政府投资项目管理模式探讨［J］．重庆大学学报（社会科学版）．2002，9（2）：13－16.

[3] 王洪强，翟小兵，李峰．上海代建制发展中存在的问题和建议［J］．建筑经济．2005，3：16－18.

黄河水利工程建设安全监督管理体制与机制研究

赵寿刚[1] 周 莉[2] 李建军[2] 常向前[1]

(1. 黄河水利科学研究院；2. 黄河水利委员会建设与管理局)

1 前言

近年来，国家对安全生产工作十分重视，党的十六大、十六届三中全会和中央经济工作会议，对安全生产工作提出了新的要求。十六大报告指出："高度重视安全生产，保护国家财产和人民生命安全。"十六届三中全会在决议中明确提出了"完善安全生产监督管理体系"、"实施安全生产许可制度"、"建立健全各种预警和应急机制、提高政府应对突发事件和风险的能力"等要求。国家采取的一系列重大措施，显著加强了对安全生产工作的管理和组织领导。

安全生产监督是一系统工程，目前的安全监督管理体制在业务分工上还存在着严重的条块分割，容易造成安全监管的盲区。尤其是我国水利工程建设安全监督工作起步较晚，各项管理制度还不完善，安全生产形势仍不容乐观，水利工程建设安全监督作为一项系统工程，管理体制还未理顺，如何在现行法律法规框架内，尽快建立黄河水利工程建设安全监督管理体制，完善运行机制，预防和减少安全事故的发生，保护人民群众生命、财产安全，构建和谐社会，显得尤其迫切，并具有重大的现实意义。

2 国外发达国家工程建设安全监督管理概况

西方发达国家在进入高速工业化初期，安全生产事故频频发生，但自20世纪70年代前后，发达国家相继制定并颁布职业安全与健康法规，各行业安全状况均有不同程度的改善，80年代事故死亡人数大幅度下降，进入90年代以后已经很少发生一次死亡3人以上的重大事故，各国的事故死亡人数呈稳定下降的趋势。

从第二次世界大战结束后的20世纪50年代初至70年代初，主要资本主义国家利用第三次科技革命的新成果，加强国家对经济的宏观管理，使资本主义进入一个持续高速发展的"黄金时代"，其中联邦德国和日本经济发展尤为迅速。从发达国家制定职业安全与健康法规的时间来看，大多集中在20世纪70年代：美国于1970年颁布了《联邦职业安全与健康法》，日本于1972年颁布《劳动安全卫生法》，而英国于1974年10月、1975年1月、1975年4月分三批颁布了《劳动安全卫生法》。其后德国、加拿大等国也分别制定并颁布了职业安全与健康立法。发达国家纷纷在20世纪70年代推出比较完整和系统的职业安全健康法规有深刻的历史背景。从20世纪70年代以来，信息革命和知识革命席卷全球，知识经济逐步在世界范围内崛起，工业经济走向衰落，世界发达国家进入了以网络经济和知识经济为特征的第二次现代化的发达经济发展阶段。发达国家在持续发展的"黄金时代"，由于安全生产相对于经济发展表现出明显的滞后性，伤亡事故显著增加。经过这段高速持续的发展之后，主要资本主义国家生产力达到了相当高的水平，这就从根本上为安全生产立法提供了有利条件。

3 我国工程建设安全监督管理概况

3.1 我国工程建设安全监督管理现状

目前，我国工程建设安全监督管理的现状总体情况有所好转但不容乐观。纵观1991年至2005年我国的安全生产状况，我们可以看到：15年事故总死亡人数为1666997人，年均死亡111133人，1991年我国各类伤亡事故死亡79442人，2002年上升至峰点，为139393人，2003年首次出现下降，2005年死亡127089人。2005年，全国建筑业（包括铁道、交通、水利等专业工程）共发生事故2288起、死亡2607人，事故起数和死亡人数分别下降11.4%和6.5%（据国家安全生产监督管理总局《全国安全生产各类伤亡事故统计表》）。其中，房屋建筑和市政工程共发生建筑施工事故1015起、死亡1193人，与上年相比，事故起数下降了11.28%，死亡人数下降了9.89%；其中共发生建筑施工一次死亡3人以上重大事故43起、死亡170人（未发生一次死亡10人以上的特大事故），与上年相比，事故起数上升了2.38%，死亡人数下降了2.86%（《2005年全国建筑施工安全生产形势分析报告》，《中华建设报》）。

截止到2006年8月31日，全国共发生各类伤亡事故433003起，死亡70846人，同比分别下降11.3%和10.6%，其中煤矿企业发生事故1824起，死亡2900人，同比分别下降13.6%和25.5%。这说明，经过多年的治理，事故起数和死亡人数虽然有较大幅度下降，安全生产形势总体趋向好转，但是并没有发生质的变化，依然十分严峻。

“十五”期间，党和国家采取了一系列措施加强安全生产工作：颁布实施《安全生产法》和一系列法律法规；国务院作出《关于进一步加强安全生产工作的决定》，改革调整国家安全生产监管体制，确立“政府统一领导、部门依法监管、企业全面负责、群众参与监督”的安全生产工作格局；出台了一系列经济政策，加大安全投入；对人民群众普遍关注、事故多发的行业和领域开展安全专项整治，依法严惩违法违规行为。

3.2 我国工程建设安全监督管理存在的问题

当前全国工程建设安全生产存在的主要问题是：

（1）一些部门和企业领导对安全生产的重要性依然认识不足，没有真正把安全生产摆到重要的位置，没有摆正安全与发展、安全与生产、安全与效益的关系，责任心不强，措施不得力，工作不深入，有关安全生产规定和要求得不到有效贯彻执行。

（2）政府安全监管薄弱，安全监管力度不够，监管工作不到位。

（3）建筑市场管理矛盾依然突出，建筑市场亟待规范。

（4）企业安全生产基础工作不扎实。一些跨地区从事建筑活动的施工企业，对外埠工程项目部管理松弛，以包代管现象严重；部分企业不按规定设置安全生产机构和配备安全生产管理人员；近年来建筑领域大量采用新技术、新材料、新工艺，而建筑行业从业人员75%以上为农民工，施工企业技能和安全培训教育却不能满足需要，操作人员安全意识薄弱，对新技术、新材料和新工艺的安全技术性能掌握不充分。

（5）安全生产责任制没有真正落实，安全生产防范体系不健全，防范工作不到位，事故隐患未能及时发现和整改，对已发现的问题采取措施不坚决，处理不严格。

（6）从业人员整体安全素质不高，大部分一线作业人员特别是农民工安全意识不强，缺乏基本的安全知识，自我保护能力差。

（7）技术管理弱化，专项施工方案的编制、审核、审批不规范，一些重大技术方案未进行审查、审批或把关不严。技术交底内容简单，针对性差，无法正确指导施工。

（8）监理单位还没有真正履行安全监理职责，没有像抓质量一样抓安全。安全监理力量不足，对有关安全生产的标准规范不清楚、不熟悉、不掌握，不能有效地开展工作，不能及时发现和消除事故隐患，安全监理的作用没有真正发挥。

4 我国水利工程建设安全监督管理概况

4.1 水利工程建设安全监督管理现状

水利工程建设施工由于其工程的特殊性而使得水利工程建设安全问题显得更为突出。水利工程与一般建筑工程相比较，水利工程施工存在更多、更大的安全隐患：

（1）水利工程往往规模较大，施工单位多，现场工地分散，工地之间的距离较大，交通联系不便，系统的安全管理难度大。

（2）涉及施工对象复杂，单项管理形式多变。有土石方工程，有在潮汐、洪水期间的季节施工，有开敞的基坑开挖支撑处理（如大型闸室基础），有封闭的地下洞室开挖衬砌、封堵工程，有大型的电气、机械设备的安装。这些工程施工涉及大型施工机械使用、爆破、隧洞开挖、立模、扎筋、混凝土浇筑等地面、高空、水下作业。施工难度大，技术复杂，极易造成安全隐患。

（3）施工现场为多工种交叉进行，无法进行有效的封闭隔离，对施工对象、工地设备、材料、人员的安全管理增加了难度。

（4）水利工地需要大量劳动力，招用的农民工普遍文化层次较低，素质普遍较低，加上水利工程工种多变，缺乏业务培训的农民工安全适应应变能力相对较差，增加了安全隐患。

因此，水利工程施工与一般建筑工程施工比较，水利工程施工存在更多、更大的安全隐患。不仅关系到生产建设者的安全，还关系到千百万人的生命安全。

4.2 水利工程建设安全监督存在的主要问题

4.2.1 水利工程安全法规不健全，执法环境有待改善

水利工程安全法规不健全，与《安全生产法》、《职业病防治法》相配套的法规有待完善；安全法规执行不严、落实不力；安全法规适用性和可行性有待提高；全社会安全生产法制观念有待加强。

4.2.2 现行水利工程安全运行机制与市场经济体制不相适应

水利工程建设安全生产工作运行机制与市场经济发展不相适应。没有强有力的综合安全监察体制，政府监管体系不完善；中介技术服务水平较低；社会监督作用较小；企业安全管理模式不合理、安全法规执行不力。

4.2.3 安全的执法、监督、监察、管理手段有待加强

与一些发达国家相比，我国水利工程建设生产安全监管力度不强；执法与管理职能需要协调；综合安全监管缺乏足够的执法权威；对中小企业安全监督管理不到位；安全监察力量薄弱；安全监察缺乏有效的技术保障手段。一些地方政府监管不到位，地方保护主义严重。有的官员甚至与违法者相互勾结，为不具备安全生产条件的企业开绿灯。

4.2.4 水行政主管部门安全监管工作有待加强

一是部分地区水行政主管部门未能深入分析本地区安全生产形势，针对薄弱环节采取的事故防范措施不到位，安全生产工作主动性和预见性差，水行政主管部门安全监管存在盲点。二是未能合理组织利用建设系统各种管理资源和充分发挥各个管理层次、环节的整体效能，未能形成安全生产监管的合力。三是部分地区水行政主管部门对安全生产违法违规行为和重大事故执法不严、处罚不力，缺乏强有力的手段措施，对有关责任主体的震慑力不够。

4.2.5 水利工程建设各方主体安全责任未落实到位

一是部分施工企业安全生产主体责任意识不强，重效益、轻安全，安全生产基础工作薄弱，安全生产投入严重不足，安全培训教育流于形式，施工现场管理混乱，安全防护不符合标准要求，未能建立起真正有效运转的安全生产保证体系。二是一些建设单位，包括有些政府投资工程的建设单位，未能真正重视和履行法规规定的安全责任，任意压缩合理工期，忽视安全生产管理。三是部分监理单位对应负的安全责任认识不清，对安全生产隐患不能及时作出应有处理，《建设工程安全生产管理条例》规定的安全生产监理责任未能真正落实到位。

5 黄河水利工程安全监督管理体制与模式

参考国内外建筑行业的安全监督与管理模式，结合我国水利工程的具体实际，借鉴建筑工程质量监督管理体制与模式的经验，水利工程建设安全监督管理模式也应采用统一管理、分级负责的管理模式。

安全监督实行以抽查为主的监督检查制度，采用定期检查与随机抽查相结合的方式。在监督工作中，还需采取一些有效的手段，需要建立有关制度，提高安全监督工作的成效。

5.1 黄河水利工程建设安全监督管理机构设置及其职责

依据相关的安全监督管理的法律法规，水利部对全国的水利工程建设的安全生产实施监督管理，黄河水利委员会（以下简称黄委）以及委属有关单位都设有质量与安全监督机构。各部门安全监督机构具体职责如下。

5.1.1 黄委水利工程安全监督机构主要职责

（1）贯彻执行国家有关安全生产的法规、政策，起草或者制定黄河水利工程建设安全生产管理的法规、标准，并监督实施；

（2）制定黄河水利工程建设安全生产管理的中长期规划和近期目标，组织建设工程安全生产技术的开发与推广应用；

（3）指导和监督检查黄河水利工程建设安全生产监督管理工作；

（4）统计和掌握全河工程建设安全生产动态；

（5）负责对黄委企业申报资质的安全条件审查，行使安全生产否决权；

（6）监督检查黄河水利工程施工现场安全管理和防护措施，纠正违章指挥和违章作业；

（7）组织黄河水利工程建设安全大检查，总结交流安全生产管理经验；

（8）参与黄河水利工程建设重大事故的调查和处理。

5.1.2 所属单位水利工程安全监督机构主要职责

（1）贯彻执行国家、水利部有关工程建设安全监督管理的方针、政策、法律与法规以及黄委的有关规章；

（2）管理本单位安全监督工作，并建立健全安全监督的各项规章制度；

（3）对管理范围内水利工程建设项目实施安全监督检查；

（4）参与水利工程安全事故调查和处理；

（5）掌握所属区域内水利工程建设安全动态，及时上报安全监督工作中发现的重大问题；总结交流安全监督工作经验。

5.2 黄河水利工程建设安全监督管理制度建设

5.2.1 依据法律实施安全管理

在我国，与水利工程建设相关的主要法律包括《劳动法》、《建筑法》、《安全生产法》、《建设工程安全管理条例》、《水利工程建设安全生产管理规定》等。这些法律法规共同组成了对水利工程建设安全进行监督和管理的最基本的法律依据，它们对保护施工安全提供了重要的保障。

5.2.2 施工企业资质管理制度

针对参加黄河水利工程建设的施工单位，其施工企业资质必须符合不同工程等级的施工企业资质要求。

5.2.3 施工许可证制度

建设工程主管部门审核发放施工许可证时，对建设工程是否有安全施工措施进行审查把关。没有安全施工措施的，不得颁发施工许可证。

5.2.4 安全生产许可证制度

按照《安全生产许可证条例》（国务院令第397号）、《建筑施工企业安全生产许可证管理规定》（建设部令第128号）和水利部《关于建立水利建设工程安全生产条件市场准入制度的通知》（水建管［2005］80号）规定，国家对施工企业实行安全生产许可制度。安全生产准入制度的建立，促使施工企业规范其安全生产条件，从源头上防止和减少水利工程施工安全事故，实现安全生产。

5.2.5 建立三类人员考核任职制度

从事黄河水利工程施工单位的主要负责人、项目负责人、专职安全生产管理人员应持有经建设行政主管部门考核合格的证明方可任职。

5.2.6 意外伤害保险制度

《建设工程安全生产管理条例》明确了意外伤害保险制度。意外伤害保险是法定的强制性保险，由施工单位作为投保人与保险公司订立保险合同，支付保险费，以本单位从事危险作业的人员作为被保险人，当被保险人在施工作业人员发生意外伤害事故时，由保险公司依照合同约定向被保险人或者受益人支付保险金。该项保险实行强制办理，以维护施工现场从事危险作业人员的利益。

5.2.7 危及施工安全的工艺、设备、材料淘汰制度

依据国务院建设行政部门会同国务院其他有关部门制定并公布的目录，对严重危及施工安全的工艺、设备、材料实行淘汰制度。

5.2.8 安全生产事故报告制度

近年来，国家又先后发布了《国家突发公共事件总体应急预案》、《国务院关于全面加强应急管理工作的意见》等一系列文件，对事故报告制度进行了进一步明确，要求实行月报告制度。水利部也下发了《关于建立水利突发公共事件月报制度的通知》，对水利工程建设安全事故月报报送工作进行了具体安排，现该项工作已顺利开展。月报制度的实施，为全面及时了解掌握各类突发事件的基本情况和发展趋势，进一步做好统计分析和预防应对工作奠定了基础。

5.2.9 群防群治制度

对建设工程安全生产管理实行群防群治制。在建设工程安全生产中，应充分发挥广大职工和工会组织的积极性，加强群众性的监督检查，发挥新闻媒体、社会团体等对安全生产的监督，以预防和减少生产中的伤亡事故。

6　黄河水利工程安全监督管理运行机制体系

6.1　黄委主管部门对建设工程的安全监督管理

黄委工程建设行政主管部门及其他有关部门对黄河水利建设工程安全生产的监督管理工作，就是为实现建设工程的安全生产要求和保障建设工程从业人员在安全方面的合法权益服务。实现生产安全，不仅是安全监督管理部门的职责，更是建设工程各有关单位及广大从业人员的职责和权益。安全生产目标的实现，主要靠建设工程各有关建设工程安全生产的责任管理单位及广大从业人员的努力。因此，主管部门的安全监管工作，不仅要管理，更要服务。其本身就是一项全面提供法律、技术、检查、整改和信息等多方面服务内容并在需要情况下具有强制性行政处理权的监督管理服务。通过这一服务，促使建设工程各有关单位（特别是兼具责任主体和受害主体的建设单位和施工单位）提高认识、遵守法律、发展施工安全技术、完善安全生产管理，以实现越来越高的安全生产的发展要求。

6.2　安全监督管理的基本体系框架图（图1）

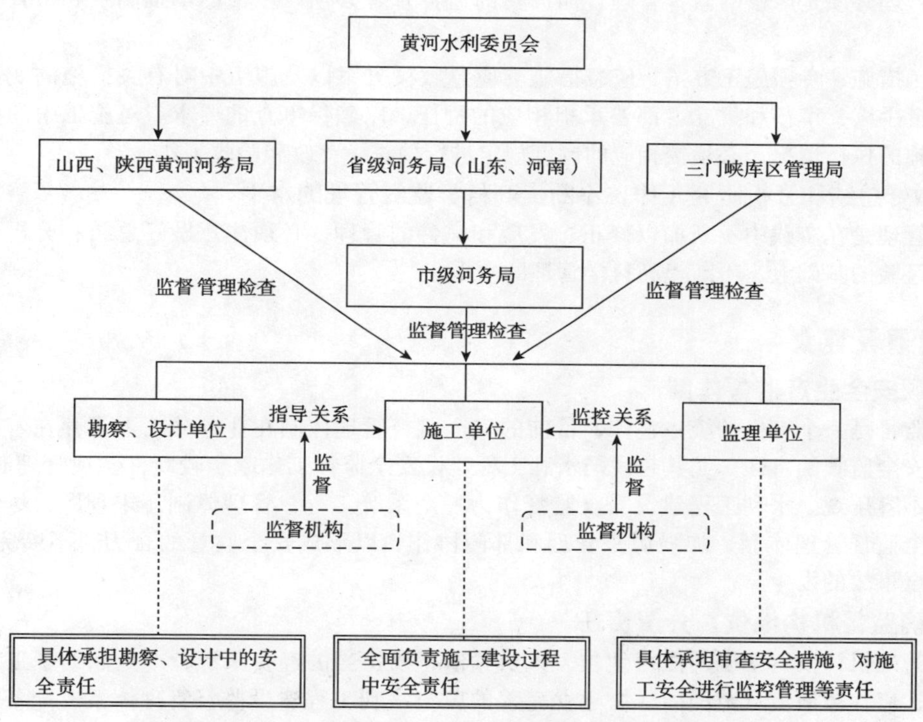

图1　黄河水利工程建设安全监督管理体系基本框图

6.3　安全监督管理具体环节

安全监督机构应该进行工程建设的科学安全监督管理，注意把握以下4个前后衔接的基本环节：第一环节为充分掌握3项基本依据（安全生产的法律、法规和强制性标准；安全生产工作经验；安全生产事故教训）；第二环节为研究掌握三类内在规律（事故发生规律；安全防范规律；管理工作规律）；第三环节为健全安全保证体系（由组织、制度、技术、投入和信息等5个保证体系所组成）；第四环节为全面落实6项安全工作管理（安全教育培训工作管理；对各级人员安全责任的管理；对安全作业环境和条件的管理；对安全施工操作要求的管理；对安全检查与整改工作的管理和对异常、应急事态处置工作的管理）。

以上构成了安全监督科学管理的驱干或主线，前一环节为后一环节的前提、依据或基础，而后一环节为前一环节的目的或结果，且又可反过来发现前一环节的不足和问题，以促使其改进和完善。主管部门对安全生产的监督管理工作是站在全局的高度，依据第2环节的全局性把握，对施工单位（企业、项目）的第三、四环节进行安全生产监督。此外，应急救援预案工作和属于规则管理与约定管理的有关事项也应纳入科学管理的体系之中，前者处于第三环节、且应以施工安全保证体系为其基础；后者处于第四环节，构成并列关系。

6.4 安全监督管理的几项重要措施

6.4.1 贯彻“安全第一，预防为主”的方针

安全监督科学管理应在坚决执行“安全第一、预防为主”方针和高度重视施工安全的工作要求的认识基础上，通过认真学习、领会和掌握我国现行有关安全生产和施工安全的法律、法规、强制性标准及其他标准、规定，认真总结、提炼和掌握在安全生产工作方面的成功经验以及认真总结、收集和接受各种施工安全事故的教训，充分掌握进行工程建设监督管理所必须的基础性依据资料。

6.4.2 在落实各级人员安全责任的基础上实施最为严格的监督管理

一般的要求和教育很难达到严格监督管理的要求，必须认真地落实各级人员的安全责任，即必须将安全监督管理的要求，落实到每一位相关的人员身上。严格监督管理的一个重要方面是要求各级安全人员做好有关安全要求执行情况的记录，对不认真做好相应安全工作和执行安全措施规定的人员，及时进行严肃教育、乃至追究安全责任。

6.4.3 将审批、检查、整改工作作为实施科学监督管理要求的保证手段

科学监督管理必须是严格的监督管理，而严格的监督管理必须以严格的审批制度和检查、整改作为保证手段。

对安全施工措施、专项施工方案、应急措施与应急救援方案以及施工中对有关措施的变动等，都应当履行严格的审批手续，审核和批准者都要承担相应的责任，以确保审查的要求。对施工中的各项安全工作和安全施工措施的执行情况，必须按相应的制度规定进行检查、整改和验收工作。

6.4.4 做好总结和分析研究工作，不断提高科学监督管理的水平

科学监督管理是在实践中不断加以修正、发展和完善的管理，必须注意做好总结和分析研究工作，以便在积累实践经验的基础上，不断提高科学管理的水平。

7 存在的问题及建议

7.1 理顺安全生产监督体制

安全生产监督是一个有机的统一整体，目前的安全监督管理体制在业务分工上还存在着严重的条块分割，容易造成安全监管的盲区。尤其是我国水利工程建设安全监督工作起步较晚，各项管理制度还不完善，安全生产形势不容乐观。水利工程建设安全监督作为一个系统工程，管理体制还未理顺，尽快建立黄河水利工程建设安全监督管理体制，加强源头管理和部门协作，以形成安全监管的合力，不断完善运行机制，预防和减少安全事故的发生。

7.2 明确监督机构地位，分清责任

目前监督管理机构没有明确的法律地位，人员紧缺，没正当的经费来源，严重制约了工程安全监督工作的正常开展；应在黄河流域范围内尽快建立完善的黄河水利工程建设监督管理体系，配备安全监督专职人员，明确责任，建立各项规章制度，保证黄河水利工程的安全建设。

7.3 加大安全投入，强化安全监管

对安全生产高度重视、遵重科学、措施得当，事故是可以预防和大大减少的。建设工程项目的安全设施，作为整个工程项目的一部分，而且是重要的一部分，要有设计、施工、验收到投入使用的过程。但是，由于多种原因，导致很多建设工程项目完成后，安全设施不完善，甚至根本没有安全设施，最终造成生产经营单位先天不足，不具备起码的安全生产条件，事故不断发生。为此，法律规定建设工程项目的安全设施，必须与主体工程同时设计、同时施工、同时投入生产和使用，安全设施投资必须纳入建设项目概算。

7.4 增强安全监督管理机构的权威性

安全监督管理要具有权威性，它体现了国家意志，任何单位和个人应当服从这种监督管理；安全监督管理要具有强制性，任何单位和个人不服从这种监督管理，都将受到行政和法律制裁；安全监督管理具有综合性，监督的对象并不局限于某一单方主体，而是建设单位、勘察单位、设计单位、施工单位、监理单位以及生产销售用于建设工程的建筑构配件、安全防护用具和机械设备等产品的单位、检测单位等各方责任主体。

7.5 尽快建立安全监督人员资格管理制度

水利工程安全监督责任重大，业务工作专业性强，这就对安全监督员从业资格提出了很高的要求。在

国务院有关取消和调整行政审批项目的决定中，取消了原水利工程质量监督员资格审批，质量监督岗位资格由建造师执业资格代替，并设立过渡期。水利部正在和人事部、建设部研究质量监督员认定为建造师执业资格的有关事宜，安全监督员从业资格问题应参照上例一并解决。下一步应严格安全监督人员资格管理，实行定期的培训考核制度，提高安全人员素质和管理水平，安全监督管理人员实行持证上岗。

7.6　安全监督管理机构缺乏保障，经费无着落

工程安全监督管理是一项政策性、技术性、专业性很强的复杂、细致而又责任重大的工作，关系到工程的安全性能、职工及人身和财产安全，涉及到施工中的每一道工序。安全监督管理的好坏直接与安全监督管理部门的整体素质相关，必须要有一个完整可靠的管理机构、一套全面科学的管理方法和系统的、行之有效的安全管理规章制度与之相适应。但现有的机构不健全，专业技术人员没到位，影响了安全监督管理部门的整体素质提高。而安全经费的不落实，也导致了工程安全监督管理工作难以落到实处。为保护人民的生命和国家的财产，必须健全执法机构和人员，保证必要的经费，在任何情况下建筑安全监督机构只能加强，不能合并或削弱。政府应赋予安全监督管理统一执法的权力，维护建筑安全监督管理部门的形象、公正性和权威性。其次，黄委安全监督管理部门作为依法行政的责任主体，依法流域内的工程建设安全实施监督管理，是具体实施监督的机构，不应是直接的专业技术责任主体。专业技术责任主体应由社会中介服务机构和有执业资格的责任人来承担；监管部门不直接收取经费，而由财政拨给。要建立健全政府安全监督机构，完善安全管理体系，就必须加强监督机构建设。加强监督机构建设与建立健全安全法规，是适应市场经济法制化管理的根本。

参考文献

[1] 李世蓉，兰定军．建设工程安全监理［M］．北京：中国建筑工业出版社，2004.

[2] 杜荣军等．建设工程安全管理 10 讲［M］．北京：机械工业出版社，2005.

[3] 蔡健．建设工程质量安全技术监督管理［M］．北京：中国建筑工业出版，2004.

[4] 方东平，黄吉欣，张剑等．建筑安全监督与管理［M］．北京：中国水利水电出版社，知识产权出版社，2005.

[5] 完善措施 狠抓落实．安全发展为治黄事业创造更加安全文明的环境—徐乘副主任在全河安全生产工作会议上的讲话［EB/OL］，2003．http：//10.4.0.21.

大型复杂工程建设管理主体与综合集成

——兼论我国工程建设指挥部模式

盛昭瀚
（南京大学工程管理学院）

1 大型工程复杂系统

1.1 大型工程复杂系统特征

大型工程作为人类依据一定的科学技术原理，以造物为核心的实践活动，除了具有工程既受相关自然规律支配，又体现时代和工程建设者意志、精神等工程基本特点外，还具有规模宏大、涉及面广、技术密集、影响深远、投资强度高等诸多“显性”特点。而从系统科学出发，大型工程则又深刻地表现出复杂系统多方面的行为和特征。例如：

（1）大型工程一般是一个开放的大系统，与社会、经济、文化与自然环境有着复杂的关联；

（2）大型工程具有众多干系人，他们之间以及工程建设多元化目标之间存在着冲突和博弈；

（3）工程的“全局”不能简单归纳为工程各“局部”之和，即工程整体具有工程局部不具有的行为和性质；

（4）工程本身具有过程动态性和人、财、物流动性；

（5）工程建设过程既包含建设管理主体对工程的组织，又包含工程范围内的自组织过程，而且这种自组织主要是工程建设主体自学习、自适应、自协调的结果；

（6）工程建设具有强烈的路径依赖性，工程的初始状态、初始条件均可能通过工程系统中复杂的关联性而辐射和放大，并对工程产生强烈的整体影响。

1.2 基于复杂系统的工程认识论

既然大型工程是复杂系统，就应该依据复杂系统的基本概念认识和审视工程，这其中主要包括：

（1）工程技术本身的集成性特征和技术上跨越大的特点，更需要全过程综合集成；

（2）要充分考虑到工程与环境的协调，要在工程全生命周期内考虑工程的可持续发展；

（3）要充分关注工程各干系人之间的利益的博弈和协调；

（4）要充分把握工程建设中组织与自组织的相互作用，注意工程建设过程中建设管理的动力机制的演化；

（5）要充分运用整体论与还原论的统一来实施工程建设管理。通过工程整体性思维对工程进行降维和分解，并以工程现场的项目管理增强工程管理的操作性。

2 大型工程建设管理是复杂系统工程

2.1 复杂工程系统工程

系统工程是组织、管理系统的技术，因此，大型工程的建设管理需要系统工程技术，但仅仅运用传统系统工程技术中强调的建模、仿真、优化等是不能解决复杂工程系统的建设管理问题的，需要新的组织、管理复杂系统的系统工程方法和技术，这是工程系统工程的发展，称之为复杂工程系统工程。

2.2 复杂工程系统工程的方法论

复杂工程系统工程，即大型工程建设管理任务主要包括：对工程复杂性进行分析；对复杂的工程（物理载体）硬系统进行组织；构建一个复杂系统（建设管理系统，软系统）驾驭上述的复杂硬系统。为此，在整个工程的建设管理过程中，必然要运用以下原则：定性、定量方法的结合与相互补充；专家经验、知识和智慧的融合；数据、信息和知识的集成；人、机结合，以人为主；总体—局部—总体的思维；宏观—微观—宏观的思考；结构化与非结构化模型的共用；程序化与非程序化方法的结合；分析—综合—实践—再分析……；静态—动态—静态……。

以上每一条原则实际上都是工程建设管理某一方面经验的总结，具有普遍性和原则性，即具有工程方法论意义。但是，对于大型复杂工程而言，仅仅运用其中某一条或少数几条原则已经不够了，也就是说，仅仅依据某个单一的工程方法论已不能胜任大型复杂工程的建设管理，需要对多个工程方法论进行更高层次的综合，形成新的工程方法论，只有这样，才能解决复杂工程的建设管理问题。

2.3　综合集成概述

组织、管理大型复杂工程的方法论是指对上述单一方法论的进一步综合与集成而形成的方法论，即所谓的综合集成方法论，简称综合集成。综合集成作为复杂系统工程方法论是钱学森先生自20世纪80年代末至90年代初提出并不断完善的重要思想。

对大型工程建设管理而言，综合集成的本质就是根据工程的需要，把（各方面的）专家经验、知识和智慧融汇起来；把（各种）信息、数据和资料结合起来；把各种必要的工具、技术和方法汇集起来；采取人机结合，以人为主的方式，有效地解决工程建设中重大决策、资源整合和配置、科技创新、现场管理、人际关系协调等建设管理问题。

综合集成方法论的意义在于它旨在产生单一管理方法甚至单一管理方法论所不具备的工程建设管理所必需的“整体性”智慧和能力，依照系统科学的语言，就是实现了工程建设管理能力的“涌现”。特别重要的是，通过综合集成，在工程建设过程中产生了一个与大型复杂工程（物理）系统相匹配的复杂工程管理系统，并通过它来驾驭工程（物理）系统，实现工程建设管理的目标。

2.4　工程建设管理主体概述

和工程建设需要主体一样，综合集成也需要主体，而且从上面的分析可以看出，工程建设的主体实际上就是综合集成的主体。

所谓工程综合集成主体首先可以理解为是一个群体（组织），它一般由各相关领域专业人员组成，并由经验丰富、知识面广、熟悉系统工程的专家担任领导，形成团队。另外，也可以直接把工程综合集成主体理解为是一个实施综合集成的工作平台、工作系统或相应的工作制度和机制。因此，工程综合集成主体虽然要处理、解决大量的具体工程问题，但最重要、最本质的任务则是构建相应的综合集成平台，并通过有效的制度和机制实施对工程建设的管理。

3　几种典型的工程建设管理模式分析

3.1　工程建设管理主体能力

综上可以认为，在一定意义上，工程建设管理主体的能力就是它构建综合集成工作平台及进行制度设计和创新的能力，即在一定环境与条件下，有效运用不同工具、方法和技术，汇集各方面专家经验、知识和智慧，整合和配置各种工程建设资源并产生新的解决工程问题的“系统力”、“整体力”的能力。综合集成主体之工作精髓不在于它自身拥有以上必须的所有资源，而在于它能有效地实现对系统内外、局部的、单项的能力进行“综合集成”，并有有效的制度、机制与具体的手段和方法给予保证。

由此就不难理解，任何一种大型工程建设管理模式其本质都是建设管理主体依据自身综合集成能力大小以及与工程建设环境相协调的一种制度设计和制度选择，同时也是其构建综合集成工作平台的一种方式。因此，任何一种可行的工程管理模式，都具有时代与国情的适应性和合理性，同时随着主体能力的提高和宏观环境的变化，任何一种管理模式哪怕其名称依旧，它的体制、机制及流程也会与时俱进。因此分析和比较不同的工程管理模式不宜概念化，而主要从主体能力及与工程环境的协调性上分析较为科学。

越是具有完备综合集成能力的主体，其管理职能越涉及到工程建设全过程和全方位，越具有工程全系统性。

3.2　几种典型的工程建设管理模式

工程建设管理模式按照不同的分类标准有多种分类方法，例如按照项目生命周期将工程建设管理模式可以分为设计—招标—建造（DDB）、设计—建造（DB）、建设工程管理（CM）、建造—运营—移交（BOT）、设计—采购—建设（EPC）、项目总控模式（PC）、项目管理模式（PM）等。

从业主角度来进行分析，根据其参与工程建设管理的程度可以将工程建设管理模式分为业主自主管理模式、业主委托承包商承包建设模式、业主聘请管理承包商模式。

（1）业主自主管理模式。这种管理模式是业主与设计、施工单位签订合同，业主组成相应机构直接行使对项目的管理。在我国，这种业主自行管理形式从20世纪50年代开始一直延续到今天，如大型项目的“指挥部”模式，随着市场经济发展的不断完善，“指挥部”模式已赋予了新的内涵。

（2）业主委托承包商承包建设模式。这种管理模式是以工程建设全过程或以全过程中某一阶段为边界，承包商受业主委托按合同约定负责相应边界内所有建设管理工作。根据合同关系、承包范围、风险划分、计价方式的不同，承包方式可分为设计—采购—施工总承包、设计—施工总承包等。由于相关公司在项目开发和融资、工程设计和施工经验以及是否具有相应资格证书等综合集成“能力指数”水平不一，因此，承包公司只能“量力而为”，业主也会从降低工程风险考虑，选择某一种管理模式，这里的综合集成主体即为总承包商或由总承包商牵头的，由设计、施工单位组成的联合体。

（3）业主聘请管理承包商模式。业主聘请管理承包商作为业主代表或业主的延伸，对工程项目进行管理。该模式主要用于业主缺乏工程管理能力，而由某专业公司代业主行使工程项目管理，管理承包商需要具有较强的从工程立项到竣工的统筹安排和综合集成管理能力，事实上具备这样能力的公司为数不多，这里的综合集成主体即为管理承包商。

3.3　工程建设指挥部解读

在我国，大型工程一般都是由政府投资，具有风险大、影响大、管理难度大等特点，政府往往是全程参与工程建设，成立“工程建设指挥部”自行管理。

如何看待“指挥部”这种工程管理模式呢？为此，首先要分析我国现阶段工程建设的基本环境：

（1）大型工程一般为公共基础设施，只有依靠政府来提供，既然如此，政府就必然对这类工程的建设进行管理，而不致于“失职”；

（2）虽然政府也可采用“代建制”，但一系列保证“代建制”规范执行的法律、法规目前在我国还不齐备，而且建设市场上严重缺乏综合能力强、能胜任总承包的建设企业；

（3）由于市场体制尚不完善，因此不能完全依靠市场来配置工程建设资源和解决工程建设过程中所有的复杂性问题，这时需要运用政府和行政力量进行直接整合；

（4）政府还承担直接通过对大型工程建设管理培育国家核心企业、推进科技进步等多方面非工程责任。

这样，当前我国政府以指挥部制为模式直接介入和参与大型工程建设管理是合理的。进一步地，评价“指挥部”制管理模式关键有两条，一是看它能否构建工程建设管理必需的综合集成平台，设计出有效的制度和机制；二是能否与不断发展变化的我国政治、经济环境相协调。

4　工程指挥部模式在苏通大桥实践

苏通大桥是我国交通部规划的国家沈阳至海口高速公路江苏境内跨越长江的过江枢纽工程，位于长江下游河口，全长34.2km，其中跨江大桥长8.2km，北、南接线分别为15.1和9.2km，全线采用双向6车道高速公路标准，全桥采用主跨1088m双塔斜拉桥，是目前世界最大跨径斜拉桥。

苏通大桥工程规模大、难度高，在技术上极具挑战性，是典型的复杂系统。工程在市场经济条件下，按照项目法人责任制度、招投标制度、工程监理及合同管理制度等“四项制度”实施建设。工程建设管理是一项开放的复杂系统工程，建设组织管理必须采取高效的综合集成方法。

必须承认，政府整合人才资源的优势最为突出。苏通大桥工程建设管理采用指挥部制，指挥部主要由设计、科研和建设管理三类人员组成，并由经验丰富、知识面广且具有工程管理战略思维的专家担任指挥部领导。因此，指挥部不仅在人员素质上具有专业知识的多元化和完备性，而且表现出工程管理专业公司的特征。

苏通大桥建设指挥部既是工程建设管理主体，又是综合集成主体。作为前者，它要在一系列重大前期决策的基础上进行总体分析、总体论证、总体设计、总体规划和协调，提出具有科学性、可行性和可操作性的总体方案，具体包括：研究、分析工程与环境的协调；确定工程的价值观和目标；工程设计；系统分解、降维；集成资源；建立组织构架和管理体系；分解目标、落实技术途径，实现方法。而作为综合集成的主体，苏通大桥建设指挥部最根本的任务则是通过制度设计和创新，构建有效的支撑工程建设管理的综合集成平台，形成工程建设管理的“系统能力”。

为此，苏通大桥工程采取了“省部协调领导提供组织保证，专家技术支持提供智力资源，项目公司筹措和银行贷款，指挥部实施建设管理”的组织模式。不难看出，这一模式充分体现了政府不同部门、政府与市场、行政与企业、制度与文化、专家与专家之间的综合集成，并将综合集成方法论融汇到工程现场的项目管理中，另外指挥部还通过整体论与还原论的统一，形成苏通大桥建设管理体系，见图1。

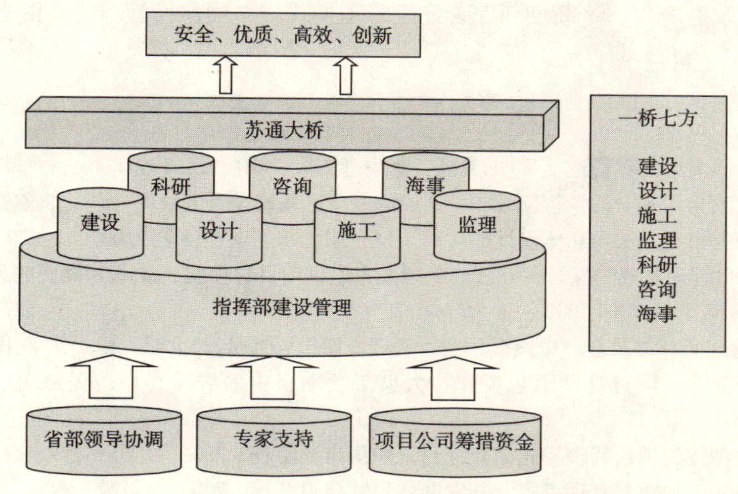

图1　苏通大桥建设管理

指挥部在建设管理实践中，通过规章、制度、协议、程序、会议、标准、约定、细则、接口、研讨、模型等具体手段和方法实施综合集成。

例如，在大桥重大前期决策过程中，最初从国家政治、社会经济全局出发，从宏观上论证过江通道立项的必要性，进一步，从微观上研究过江方式的可能性。在这一阶段（包括预可行性分析、工程可行性分析、甚至初步设计、技术设计等）又有一系列微观专题被确立，如桥隧对比、安全性分析、技术难度分析、桥位、桥型选择、资金筹措方式等均要经过多次定性、定量方法相结合、多次资料、数据综合分析和多次专家咨询的论证，逐步由粗到细，由大概到精确，同时又在新的层次上产生更精密的问题，如主桥是五跨还是七跨，防震标准如何制定，是否设立永久防护等等，逐一分析、逐一解决，并进入新的工程建设阶段，解决新的问题。

不难看出，在这一过程中，充分体现了苏通大桥指挥部在建设管理中充分运用了总体—局部—总体、宏观—微观—宏观、实际—理论—实际以及渐进式演变等综合集成思想，同时又在操作上有效运用定性与定量、自然科学与社会科学、群众智慧与专家智慧、国内资源与国外资源、专题研究与总体研究、经验与创新等综合集成具体方法，并最终得出了一系列结论：（1）从国家发展战略出发，要发展南通过江通道；（2）通道优选方式为建立苏通大桥；（3）苏通大桥建设组织模式要符合当前国情，尤其是发展社会主义制度集中力量办大事的优势；（4）充分发挥市场经济作用，提升运用市场手段整合资源的能力；（5）在技术支持上不一味追求单项技术的先进和突破，而宜采用以“整体优化”为目标，以“系统集成”为技术创新战略；（6）形成一套完整的关于苏通大桥建设管理的思路、方案和制度等一系列管理成果。

在解读苏通大桥建设指挥部作为综合集成主体的同时，还有一点十分重要，即苏通大桥指挥部模式与传统的计划经济体制下的工程指挥部模式相比已有重大区别，其目的主要是为了适应市场经济体制。当前工程指挥部是两块牌子、一套人马，即与“江苏省苏通大桥建设指挥部”并列的还有“苏通大桥有限责任公司”。公司作为工程建设项目法人（业主）全面负责工程建设资金的筹措、偿还以及建成后的大桥工程运营管理，工程建设中的许多市场行为，如筹资、招标、监理、合同管理等都必须表现为规范化的公司行为。由此可见，今天，我们所说的“工程指挥部”，更应该将其看作是一个政府与市场共同作用的复合主体，是我国当前既符合国情，又尊重宏观环境约束的工程管理制度设计，是走向成熟的中国工程建设管理制度在一个历史阶段的产物，是适应我国大型复杂工程需要的，是能够发挥社会主义“集中力量办大事”优势的科学模式。它有其合理性，有其优势，当然也有其不足和弊端，例如，政府人员参与工程管理，有产生权力寻租的潜势，指挥部工作流程容易打上行政部门工作的烙印，指挥部组成人员如果综合素质欠缺，就无法胜任其担当的重大的综合集成任务等等。但任何制度的优越性都是相对的，以上问题有发生的可能性，也有通过制度创新进行约束、改革和完善的可行性，如苏通大桥指挥部就建立起一套行之有效的廉政监督机制与创建学习型组织的机制。

综上所述，理论与实践告诉我们，评判一种适合大型复杂工程建设管理模式（包括指挥部模式）需要本着实事求是的态度，特别是该模式是否具有构建综合集成平台的必要性和效能，是否适应开放系统的环境变化要求。充分履行政府职责，不断创新完善建设管理模式是工程建设管理的必由之路。

参考文献

[1] 王晓平，崔冠杰．中国大型工程管理［M］．武汉：华中理工大学出版社，1993.

[2] 钱学森，于景元，戴汝为．一个科学新领域——开放的复杂巨系统及其方法论［J］．自然杂志．1990，1.

[3] 于景元，周晓纪．综合集成方法与总体设计部［J］．复杂系统与复杂性科学．2004，1：20－26.

[4] 丁士昭．国际工程项目管理模式的探讨——暨对我国重大工程项目管理模式改革和发展的思考［C］．中国建筑学会工程管理分会2003年学术年会．2003：1－6.

[5] 中国（双法）项目管理研究委员会．中国现代项目管理发展报告［M］．北京：电子工业出版社，2006.

[6] 王秀芹，陈勇强，汪智慧．项目管理承包模式在大型工程项目中的应用［J］．天津大学学报（社会科学版）．2006，5：187－190.

[7] 陈柳钦．国际工程大型投资项目管理模式简介［J］．中国市政工程．2006，1：55－59.

[8] 高小康，张建新．国际工程项目管理模式及其发展［J］．建设监理．2006，4：27－29.

[9] 贾广社，高欣．大型建设工程的新型管理模式——项目总控制［J］．科技导报．2002，5：44.

[10] 汪文忠．工程总承包——大型施工企业发展的必然趋势［J］．建筑，2004，9：28—30.

长江三峡水库移民综合监理

梁福庆
（国务院三峡办移民管理咨询中心）

长江三峡水库移民综合监理是我国水库移民工程管理工作的一项创新。三峡水库移民综合监理这一区域性综合性全方位全过程的新型综合技术经济管理制度和方法，在促进三峡工程移民工作全面贯彻实施开发性移民方针，促进领导机关决策民主化、科学化，提高移民管理机构管理水平和管理效益，有效监测移民工程建设的进度、质量和投资，确保移民任务、资金“双包干”任务的顺利落实和移民迁建安置阶段性任务的圆满完成，确保移民搬迁安置目标顺利实现，促进三峡工程库区移民迁建、资源开发、经济发展、环境保护以及可持续协调发展等方面发挥了重要作用，取得了显著的效果。

1　三峡水库移民综合监理的由来及作用

1.1　三峡水库移民综合监理是三峡库区百万移民迁建安置工作需要的产物，是移民工程建设监理工作上的一个创造

长江三峡库区移民工程是举世瞩目、异常艰巨繁杂的，体现在以下几个方面：（1）淹没范围广：淹没涉及湖北、重庆两省市20个县（区、市）的277个乡镇、1680个村、6301个组；（2）淹没动迁人口多：淹没动迁人口达到84.62万人，最终安置人口高达120万人；（3）迁建任务重：需要迁建2个城市、11个县城、116个集镇、1599个工厂以及公路、桥梁、电力、通讯、文物等众多专业设施项目以及环保、地质灾害治理、水污染治理项目建设；（4）涉及面宽：涉及农业、工业、交通、城镇建设、资源开发、环境保护、社会文化等10多个方面；（5）移民补偿投资巨大：按1993年5月价格静态计算，有400亿元，平均每年有数十亿元；移民时间连续集中：从1993年至2009年的17年时间要分四期连续移民，完成百万移民迁建安置任务；（6）移民搬迁安置目标明确：通过搬迁安置，实现百万移民“搬得出，稳得住，逐步能致富”的搬迁安置目标。

为克服以往移民单项监理的局限性，适应范围广、项目多、数量大、时间长和实现搬迁安置目标的三峡工程百万移民搬迁安置监理工作需要，三峡工程移民监理工作在认真总结国内外移民监理工作的经验教训基础上，结合工程建设监理“三控制、一协调、两管理”的原理，吸收世界银行移民监评工作办法，于1994年酝酿筹备具有区域性、综合性、全方位、全过程监理特点的移民综合监理，1996年开始试点，1997年全面实施并推广到全库区20个县区市。

1.2　三峡移民综合监理的作用

1.2.1　三峡移民综合监理是领导决策机关和移民管理机构的“眼睛”及“智囊”

移民综合监理通过及时系统连续不断地动态反映和提供全面准确的移民迁建安置信息，帮助领导机关和移民管理机构及时全面了解移民工程建设和移民搬迁安置的动态情况及总体情况，协助他们有针对性地进行宏观调控；同时，及时发现和揭示移民迁安工作中的重大矛盾和重大问题，提出解决其问题的建议及对策，为领导机关民主决策、科学决策提供参考和依据，当好业务“参谋”和“智囊”，为移民管理机构的科学管理出力服务。

1.2.2　三峡移民综合监理是严格实施移民规划、计划的“卫士”

三峡移民综合监理是保障移民规划、移民计划正常有序实施的有效监督手段。它通过区域系统性的监理，及时发现移民迁建安置活动中的一些地方和单位随意调整规划，任意超规模超标准，造成投资缺口及土地资源浪费的行为及现象，并报告有关移民管理机构进行处理。同时，它对列入移民计划的项目积极进行有关工作协调，努力创造实施条件，促进移民计划任务有序进行和如期完成。坚决维护移民计划实施的严肃性，对擅自调项或挪用移民资金的情况进行监理，并及时向移民管理机构反映情况，提出处理意见。

1.2.3　三峡移民综合监理是移民迁安工作的“预警系统”

三峡移民综合监理工作的重点是对移民迁安工作的信息收集统计，科学分析，及时揭示移民迁建安置

工作过程中的重大矛盾，发现移民迁安工作中有关质量及效益的重大问题、突发问题，从而为及时有效地采取措施控制移民迁安工作质量、进度、投资，保证移民任务、投资完成“双包干”任务顺利落实，保障移民迁安的整体质量和综合效益建立起高效的“预警系统”。

1.2.4　三峡移民综合监理是提高和确保移民迁建安置工作整体质量和综合效益的有效措施

移民综合监理通过对移民迁安工作区域性全方位全过程的监测、评价，及时发现单项移民工程建设之间的互相影响、互相冲突等问题，发现移民迁安与库区的环境保护、资源开发、经济发展的不协调等矛盾，及时向移民管理机构反映，采取有力措施进行解决，促使移民工程建设项目协调配合，促进移民安置与库区环保、资源开发、经济发展等良性互动，可持续协调发展，切实提高和确保移民迁安工作的整体质量和综合效益。

1.2.5　三峡移民综合监理是帮助各级政府和移民管理机构改进移民管理工作，进行技术服务的“助手”

移民综合监理单位通过参与各地有关移民工程管理文件的起草、修改，协助推行移民工程建设“四制”，帮助规范移民工程管理工作和库区移民建筑市场秩序，促进移民工程建设有序正常地进行。同时，移民综合监理单位通过咨询服务和技术服务，帮助各地优化移民工程设计，合理节省移民投资。

1.2.6　三峡移民综合监理是维护移民和安置区原住居民合法权益的重要手段

移民综合监理通过监测、咨询服务，向移民群众宣传解释有关法规政策，使移民群众懂得安置政策，明白安置去向，知道补偿标准，能够自觉维护自身的正当权益。同时，移民综合监理通过综合监测和正确协调移民迁安与库区原住居民的利益关系，防止损害安置区原住居民利益的现象，促进移民安置和库区经济共同良性发展，切实维护移民和安置区原住居民的合法权益，促进移民在安置区的正常融合，促进建设移民和谐社会。

2　三峡移民综合监理的组织实施及主要成效

2.1　三峡移民综合监理的组织实施

三峡水库移民综合监理工作由国务院三峡办负责，湖北省、重庆市移民局分别管理实施。湖北、重庆两省市移民局委托选定的社会监理单位进行综合监理，并签订有关委托合同。监理单位接受委托后，着手制订综合监理规划和实施细则，分别经湖北省、重庆市移民局同意后具体实施。监理单位以县（区）为综合监理单元，在县（区）设立综合监理站，并按县（区）、省市、全库区三个层次进行综合监理工作。

到2005年底止，三峡工程库区现有长江工程监理咨询公司和国电公司中南勘测设计院三峡移民监理部2个移民综合监理队伍，并在全库区设立了移民综合监理工作站18个，工作范围覆盖了全库区20个县区，现有移民综合监理工作人员180多人。移民综合监理人员中绝大多数是大学文化，并有工程建设、地质勘察、经济管理、工程审价、环境保护等专业人员，人员专业结构较为合理，其中具有监理工程师资格的超过70%。

为搞好移民综合监理工作，1994年后，国务院三峡办、移民局相继制定了《长江三峡工程建设移民监理规定》（试行）及《长江三峡工程建设水库移民综合监理管理暂行办法》等9个移民监理法规，使移民综合监理工作基本做到了有法可依，有章可循，能够规范、有序地开展三峡水库移民综合监理工作。同时，移民综合监理单位编制了《长江三峡移民综合监理规划》、《移民综合监理实施细则》以及《移民综合监理人员行为准则》等规章制度，促进移民综合监理实践操作的规范、统一、科学；及时研发和实施了《长江三峡工程水库移民综合监理指标体系》及其软件系统，规范了移民综合监理指标统计工作；建立了系统完善的移民综合监理档案，并进行了计算机联网，逐步使移民综合监理信息管理工作进入规范化、现代化和科学化的轨道。

同时，移民综合监理建立健全了便捷的信息传送系统，如图1所示。

综合监理单位定期按程序向移民主管部门报送移民综合监理季报、年报，不定期提出简报及专题报告，并对移民迁建安置中的重点、难点问题及突发问题进行深入细致的分析研究，及时提出合理化建议或现实可行的对策，为领导机关和移民主管部门有关决策提供帮助；同时，建立了突发事故24小时报告和重大事件及时报告制度，及时报告、反映重大地质灾害、重大移民工程质量及重大移民搬迁安置等问题。

目前，移民综合监理信息传送系统传送的信息、建议等已成为及时全面地反映三峡移民迁建安置情况

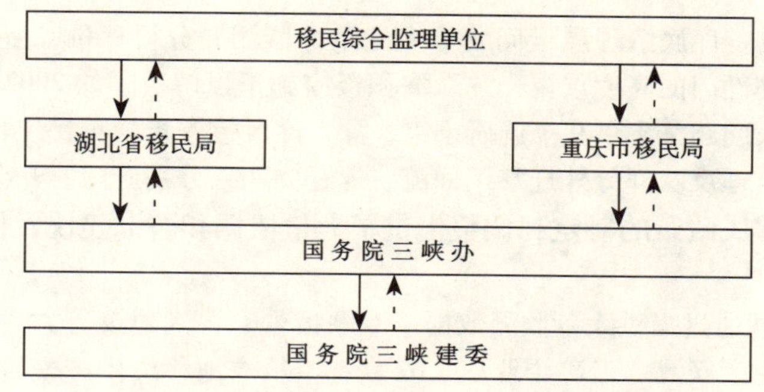

图1　信息传送系统示意图

注：实线为综合监理季报、简报、专题报告等信息传送；虚线为有关信息反馈。

的重要资料，成为领导机关和移民管理机构的重要参阅文件资料之一。

2.2　三峡移民综合监理主要成效

2.2.1　开创了移民综合监理新路子，建立健全了一套新型的移民监理工作机制

三峡工程移民综合监理是对三峡移民迁建安置情况进行区域性全方位全过程综合系统的连续监测、咨询的一种新型综合技术经济管理制度和方法。它开创性地提出和实施了以区县为单位，综合系统全过程地监测、分析评价移民搬迁安置情况，并按区县、省市及全库区三个层次汇总报送信息的移民综合监理新路子。它按照三峡工程移民工作管理体制，建立健全了移民综合监理工作以县区为单位，实施“统一管理，省市负责”的管理模式。建立健全了组织机构、规章制度、信息报送、成果运用等移民综合监理工作制度。建立健全了以社会中介单位担当移民综合监理工作并提供移民综合监理信息及监理成果，移民管理部门组织管理并运用移民综合监理成果，领导决策机关掌握并运用移民综合监理信息及监理成果等3个方面运作的一套新型移民监理工作机制。从而在有效促进三峡工程库区各地全面贯彻落实开发性移民方针和移民政策法规，促进领导机关决策民主化、科学化，帮助提高移民管理机构管理水平和管理效率，监督移民规划、计划的执行，规范移民工程建设管理，预警移民搬迁安置的重大问题，保证移民工程建设正常进度和工程质量以及移民任务、资金“双包干”任务顺利落实，保证移民搬迁安置工作的正常进行和移民搬迁安置阶段性任务圆满完成，保障移民合法权益，促进三峡库区移民、经济、资源、环境可持续发展，建设移民和谐社会等方面都发挥了重要作用，确保了三峡工程一期（1997年）、二期（2003年）、三期（2006年）移民搬迁安置阶段性任务的顺利完成。

移民综合监理这一新型的综合技术经济管理制度和方法，还得到了国家发改委、国家经贸委及水利部移民开发局的肯定和认可，并在全国水库移民工作中推广应用。

2.2.2　及时、全面反映和提供三峡移民搬迁安置的动态信息、重要信息和突发事件信息，充分发挥了三峡移民领导决策机关和移民管理部门的“耳目”作用

10年来，移民综合监理通过季报、半年报、年报和专题报告等信息报送方式，共提供了监理季报、半年报、年报等600余份，监理评估报告、咨询建议报告、专题简报等数百份，共计上亿字（含数据）。从而及时、准确、全面地反映和提供了县区、省市和全库区移民搬迁安置情况信息，包括农村移民搬迁安置、城镇迁建、集镇迁建、工矿企业搬迁、专业项目复建、文物保护、生态环境保护、地质灾害防治、库底清理等9大类移民工程实施的进度、质量、投资完成等信息，以及突发重大工程事故和重大事件信息，帮助领导机关和移民管理部门及时了解和全面掌握移民搬迁安置工作信息和有关情况，为国务院三峡办及省市、县区政府和移民管理部门在移民规划管理、计划管理、移民工程进度控制、资金使用控制、质量控制、移民工程建设“四制”推行、移民“双包干”政策的贯彻落实及移民工程的组织协调等方面发挥了重要作用，有力促进了移民迁建安置任务的正常进行和按期完成。

2.2.3　及时反映和揭示移民搬迁安置工作的重大问题和主要矛盾，为保证移民搬迁安置工作正常进行和顺利完成发挥了重要的预警作用和参谋咨询作用

移民综合监理通过跟踪监测和定期分析评价移民工程建设和移民安置中的重大问题，尤其是针对移民迁建安置的关键点、滞后点和薄弱环节，如移民“双包干”贯彻落实问题、移民工程建设“四制”推行情况、农村后靠移民安置质量问题、城镇占地移民生产安置问题、工矿企业职工安置质量问题、集镇迁建滞

后问题、城镇居民建房问题、库底清理质量问题等实施跟踪监测和分析评价，所反映和提供的信息及建议引起了领导机关和移民管理部门的高度重视，并采取积极措施予以解决。如2002年初，国务院三峡办针对综合监理发现和提出的重大问题派出了9个调研小组，深入库区检查指导移民工作。2005年与2006年，国务院三峡办针对移民综合监理反映部分外迁移民回流、返迁问题，分别专门召开会议进行研究解决。

2.2.4 为三峡工程移民政策的制定和调整提供了大量依据和咨询建议，促进了领导机关决策民主化、科学化

10年来，移民综合监理通过提供大量监测数据、专题报告、咨询建议等方式，为上级领导机关考虑和制定库区的农村后靠移民生产安置、工矿企业职工安置、城镇占地移民生产安置、城镇纯居民商业门面还建、库底清理质量及“两个防治”（库区地质灾害及水污染防治）等政策提供了基础数据、信息依据和咨询建议，有力地帮助和促进了领导机关决策的民主化、科学化。如2002年开始，国务院三峡办每半年定期举行一次三峡移民工程综合监理报告分析评价会，形成关于移民迁建进展情况的分析报告，供领导决策参考。同时，移民综合监理报告中的许多基础数据和建议还被国务院有关领导讲话及有关文件参考、采纳。1998年移民综合监理报告中的部分数据及建议被国务院办公厅《关于三峡工程库区移民工作若干问题的通知》（国办发［1999］53号文）所采纳。2005年与2006年移民综合监理报告中关于三峡库区移民搬迁安置问题的咨询建议被国务院三峡工程建设委员会采纳，成为移民投资调概增资77亿元的决策参考依据之一。

2.2.5 开展大量的技术咨询工作，帮助和促进了移民管理部门提高管理效率和管理水平

综合监理通过技术咨询服务，已成为各地移民管理部门的重要技术支持和工作助手。如综合监理单位先后派出20余人次，对三峡库区18区县有关移民管理人员进行技术培训；推行综合监理质量巡视制度，帮助移民管理部门有效控制移民工程质量。据不完全统计，通过综合监理工作已防止质量隐患200余起，避免重大质量隐患30余起；运用网络技术，帮助奉节、丰都两县优化统建房施工进度方案，有效缩短了工期，促进了两县移民迁建任务的完成等。据统计，1998年以来，综合监理提出的合理化技术建议为有关县区直接或间接节约投资上亿元。

2.2.6 成为了三峡移民监管体系的重要组成部分

一是移民综合监理报告成果现已作为各级移民管理部门改进和加强移民工程建设管理工作的依据之一，其成果应用得到了各级领导的重视，起到了重要的监督作用。二是移民综合监理先后四次参加了国务院三峡建委组织的移民工程稽察工作，成为了国务院三峡建委对三峡移民工程例行稽察的重要技术力量。三是移民综合监理作为重要技术力量参加了三峡工程一期、二期、三期移民工程验收工作，所提供的《长江三峡工程移民工程建设综合监理报告》分别作为了三峡工程移民验收重要成果之一。

2.2.7 创新丰富了我国水库移民监理工作

10年来，三峡工程移民综合监理不断进行业务创新和理论总结，创新丰富了我国水库移民监理工作。一是研发了移民综合监理工作模型、指标体系和报表格式，研发使用了移民综合监理指标管理系统软件，初步实现了三峡工程移民综合监理信息的系统管理、规范管理和现代化管理。二是认真总结三峡工程移民综合监理工作实践，组织编写了《三峡工程移民监理读本》一书并出版发行，创新和丰富了我国水库移民监理理论。三是研究编写了多篇移民综合监理的学术论文，并在近几届中国水利学会及全国水库经济专业委员会年会上交流和在国家级刊物上发表，在全国扩大了三峡工程移民综合监理的影响，树立了榜样。四是专门组织编制了三峡工程移民综合监理教材，在多期培训班上专题讲授移民综合监理有关知识。五是移民综合监理这一新型的综合技术经济管理制度和方法，得到了国家有关部委的肯定或认可，并在全国水库移民工作中推广运用。

3 进一步完善三峡库区移民综合监理工作的对策

3.1 进一步完善移民综合监理法规，依法有序地开展移民综合监理工作

要进一步完善三峡工程库区移民综合监理管理办法，使其与国家有关法规完全协调。同时，考虑到我国世贸入关、国际菲迪克条款引进和应用的现实，修改、完善移民综合监理办法时还要考虑与国际接轨问题，要增添有关内容，使其适应我国入关后的移民监理工作。

3.2 进一步加强综合监理队伍建设，优化专业知识结构，提高整体素质和业务能力

要采取有计划培训、考试、执证上岗等多种方法，提高综合监理人员素质和监理资格，使具有监理工

程师资格的人员达到90%以上。同时，采取外聘、借用等多种形式，合理配备综合监理急需的工程审价、注册咨询工程师、经济管理、生态环境保护及社会学等方面人员，切实加强综合监理队伍建设，优化综合监理人员的专业知识结构，提高综合监理队伍整体素质和业务能力。

3.3　采取多种措施，进一步提高和确保移民综合监理工作效率和工作质量

一是要努力扩大移民综合监理面。要把库区资源环境保护、移民后期扶持、水库管理、建设移民和谐社会等纳入移民综合监理范围。二是千方百计地提高和确保移民综合监理工作的时效性。综合监理季报、半年报、年报要争取在规定的时间内报送；监理简报、咨询建议等要及时报送，努力提高综合监理工作效率和工作质量。三是要注意研究及改进综合监理的监测评价方法和手段，保证监测评价数据和反映的问题真实准确，反映问题的内容全面、深刻。四是要进一步加强对移民迁建突出事件和重大事件的监测、反映工作和反映力度，充分发挥综合监理的预警作用。五是要加强专题监测、调研工作，剖析重点问题，敢于揭示和及时反映深层次矛盾和重大问题。六是要大力加强对移民迁建安置工作前瞻性问题的研究和反映，及时为领导有关决策提供咨询建议意见。七是要努力使移民综合监理工作及成果的方式、手段多样化，不断提高综合监理工作的效率和质量。八是要进一步加强对移民工程管理工作的反映力度，注重技术服务，大力帮助改进和提高移民工程管理工作的效率和质量。

3.4　加强移民综合监理信息机制建设，促使综合监理工作规范化、程序化、科学化

一是要加强移民综合监理计算机网络管理建设。对移民综合监理信息全部进行计算机收集、归纳、汇总、传送及反馈等管理，并建立移民综合监理计算机动态管理模型，进行综合监理信息科学管理。二是要在全库区进一步推广应用移民综合监理软件系统，使移民综合信息管理做到规范、统一。三是要进一步建立健全移民综合监理信息档案，使各地的移民迁建安置工作信息系统全面、科学规范地收集建档，有序管理和存查利用。

3.5　进一步建立健全移民综合监理成果运用机制，搞好移民综合监理成果运用工作

移民综合监理成果运用既是移民综合监理工作的落脚点和目的，又是检验移民综合监理单位工作质量和移民管理部门管理水平的“试金石”，更是关系到移民综合监理生存和发展的大事，必须下大力气抓好移民综合监理成果运用工作。一是要进一步建立健全运用移民综合监理成果制度。移民管理部门要建立健全运用移民综合监理成果制度，定期研究综合监理成果运用问题，提出改进其成果运用的方法和措施，推动移民综合监理成果运用工作正常进行。二是要努力改进和完善移民综合监理成果运用方法。省（市）、县区移民局要定期组织有关业务处（室）认真阅读研究移民综合监理成果的相关内容，提出评价意见，并结合各自工作实际提出运用移民综合监理成果，改进业务工作的具体建议，汇总形成省（市）、县区运用成果移民综合监理成果的意见，供领导参考和决策，并遵照领导的决策意见上报下发省（市）、县区的分析研究和运用意见，同时负责将改进综合监理工作的建议书面向综合监理单位转达。各综合监理单位要认真听取、采纳省（市）、县区的意见，以改进工作，提高服务质量。三是移民监理管理部门与综合监理单位要携手合作，共同建立健全交流联系制度，时刻加强沟通，密切配合，共同协作搞好移民综合监理成果运用工作。

3.6　科学改进移民综合监理管理工作

首先要完善综合监理合同管理工作。要进一步补充完善移民综合监理合同，补充完善综合监理单位的责权利及奖惩办法，并严格督促合同全面执行，从而充分调动综合监理单位的工作积极性和责任心，提高和确保移民综合监理工作效率和工作质量。其次要大力加强对移民综合监理单位的检查、指导和督促工作。采取定期检查和随时巡查相结合的办法，加强对综合监理单位工作情况和工作质量的检查和指导工作，促进和确保综合监理工作效率和工作质量。第三要切实加强对移民综合监理成果运用的督导和管理工作，促进移民综合监理工作跃上新台阶，开创新局面。国务院三峡办监理管理部门要加强移民综合监理成果运用的督导工作。移民综合监理管理部门要为同级领导机关如何运用移民综合监理成果提供组织保证和实施意见。综合监理单位要为委托方运用综合监理成果提供技术指导和工作方便。第四要科学改进和合理完善移民综合监理管理工作。要积极开展移民综合监理理论研究，不断用理论来指导综合监理实践工作；要采用简报、召开座谈会、参观学习等多种方式，注重移民综合监理工作实践经验的总结和交流，推动三峡综合监理工作整体水平的提高；要加强对移民综合监理单位的工作指导和技术服务工作，各地移民监理管理部门要通过及时传达贯彻国家有关法规、政策精神，传达国家发改委、建设部等上级部门最新出台的文件、

规定、标准和技术资料等方式，加强对移民综合监理单位的工作指导和帮助，促进他们改进工作，提高工作效率和质量。

参考文献

[1] 梁福庆．浅论三峡水库移民综合监理 [J]．水力发电．2001，5.
[2] 三峡工程移民监理读本 [M]．北京：中国三峡出版社．2001.
[3] 梁福庆．三峡移民监理工作 10 年 [J]．中国三峡建设．2004，3.

铁路客运专线建设融资战略及运作模式

刘伊生　叶苏东　吕海军　郭婧娟

（北京交通大学经济管理学院）

1　引言

为了满足国民经济的发展和人民生活水平的提高对铁路的需求，政府制定了《中长期铁路网规划》，拉开了大规模、高标准的铁路建设序幕。为实现该规划所确定的目标，需要投入资金2万亿元以上，年均投资约需1000～1300亿元。特别是“十一五”规划期，是我国铁路建设投资的高峰期，年均投资将是“十五”期间年均投资500～600亿元的5至6倍。而目前，每年可用于投资的铁路建设基金和运输企业折旧等共计约1000亿元，巨大的资金需求已经成为我国铁路建设和发展迫切需要解决的问题。

近年来，为解决我国铁路建设投融资问题，尽管政府采取了一系列投融资改革措施，但是我国铁路建设投融资体制的市场化程度仍然较低，需要研究新的开发模式，寻找替代融资方式。

2　我国铁路建设投融资存在的问题

到目前为止，大多数铁路建设项目仍由铁道部直接负责筹措资金、组织建设，并承担还贷责任；企业的投融资主体地位尚未确立起来，缺乏内在的投资控制机制和资金滚动发展机制，不能充分发挥国有资本对社会资金的引导和带动作用。其突出表现在以下三个方面：

（1）投资主体单一。由于铁路建设投资额巨大、回收期长、盈利性和资产流动性比较小，除广深铁路外，基本上没有民间资本和外商直接投资参与铁路基础设施建设。

（2）筹资渠道狭窄。我国铁路建设投资主要来源包括政府投资和国内银行贷款。其中，铁路建设基金和国家开发银行的贷款共占70%以上，这使得铁路的长期债务现已高达2000多亿元。

（3）社会融资力度不够。自1995年以来，铁道部共9次发行铁路建设债券，共筹集资金236.6亿元；在2005年，中海信托投资有限责任公司通过定向发行银信合作结构化信托融资产品，为铁道部募集的30亿元低成本资金。这些资金只占所需资金的很小一部分。

3　发达国家和地区轨道交通工程建设融资启示

综观发达国家和地区轨道交通工程建设投融资的实践，对于深化我国铁路客运专线建设投融资改革的启示主要体现在以下几个方面：

（1）政府承担基础设施投资的主要责任。基础设施的准公共物品特性以及对社会经济发展的巨大促进作用，使得政府对基础设施建设投资具有不可替代的作用。不仅仅是中央政府，各级地方政府也均对铁路建设承担相应责任。

（2）以法律形式明确受益者的负担。如日本在战后实行了基础设施建设经费的“分担制”，不但考虑了各种基础设施中中央政府与地方政府的分担比率，而且考虑了政府与民间资金的分担比率，极大地促进了各种基础设施的建设。法国巴黎至斯特拉斯堡的东部TGV高速铁路也实施了合理的分担体制。

（3）建立有效的监管及法律框架。私人投资要求有透明的监管制度，而政企分开是有效监管的前提。当监管、政策制定、投资、运营补贴、基础设施管理和列车运营都集中在一个单独的部门时，潜在的私人投资者就会发现在自己需要的时候找不到一个独立的仲裁机构，这将会大大阻碍私人资本进入铁路建设。

（4）制定鼓励私人及其他部门投资的有关政策法规。鉴于基础设施投资规模巨大、投资回收期长，项目现金流“前低后高”、盈利率较低等特征，各级政府通过提供土地和附属设施直接减轻开发商的初始投资负担，或通过税收和利息减免给予间接的资助，或提供低息贷款或贷款担保及发行中央或地方政府信用担保的基础设施建设债券，或提供产业发展基金，以及从已有设施的收入转移以保证新项目建设的融资等措施，鼓励私人投资。

（5）以资本市场融资为主、政府援助为辅、适度利用国外资本进行融资。资本市场融资在铁路发展过程中占据重要地位，政府资助是铁路建设的必要保证。美国早期铁路公司基本都是以股份制形式组建的，股票融资和债券融资成为其主要融资方式，尤以债券融资为主，基本上达到铁路建设总投资的2/3以上。德国、日本等国在早期也是依靠资本市场和政府援助建立了铁路网络。

4 铁路客运专线建设融资战略指导思想

借鉴发达国家和地区轨道交通工程建设投融资经验，为解决我国铁路建设资金需求问题，铁路客运专线建设投融资应贯彻“政府为主导、市场化运作、持续创新、合作共赢”的战略思想。

（1）政府为主导。在政府、铁路运营企业、境内外其他企业法人及投资机构多方参与的投资格局中，要发挥政府的投资主导作用。中央政府应为投资建设铁路客运专线创造良好的法律环境，制定税收、利率、运价、补贴、土地等方面的优惠政策，在项目审批、资金筹措、工程实施推进等方面发挥主导作用。按照“谁受益、谁投资”的原则，地方政府也应该分担一定比例的建设投资，并对征地拆迁、工程实施的推进承担相应的责任。

（2）市场化运作。在铁路客运专线公司组建以及铁路客运专线建设和运营过程中，都要实现规范、透明的市场化运作。规范、透明的市场化运作，将会为形成相互信任的、持久稳定的多元投资主体结构奠定坚实的基础。

（3）持续创新。在推进铁路客运专线建设投融资多元化的进程中，要持续不断地进行管理体制和融资方式的创新，解决铁路行业的行政垄断、运价管制、运量分配、收入清算等方面的问题，不断完善股权融资、债务融资及项目融资方式。

（4）合作共赢。在铁路客运专线建设和运营的市场化运作中，应实现参与各方的合作共赢。这种合作不应拘泥于资金额度和投资形式，同时应保障各类投资者的知情权、话语权和参与决策权；应采取多种方式保证参与各方的利益，适当给予工程量、运量分配、长期财务收益方面的好处，实现“谁投资、谁受益”的良性循环。

5 铁路客运专线建设融资运作模式

基于上述战略指导思想，铁路客运专线建设应从公司和项目两个层面实施融资。

5.1 公司融资

公司融资应成为铁路客运专线建设融资的基本渠道，应利用独资、合资、合作经营方式，组建有限责任公司或股份有限公司。以股权融资为主，债务融资为辅，通过使用企业债券、可转换债券、结构化信托融资、银团贷款等方式，拓宽债务融资渠道。公司化融资的关键是以政府为主要投资主体，吸纳地方政府、国内外企业和金融投资机构参与。潜在的投资主体及其资金来源如表1所示。

公司融资的投资主体及其资金来源　　表1

投资主体	资金来源
中央政府	中央财政投入，铁路建设基金，铁路投资基金，既有线、设备、材料折价入股或出售，拆迁收入等
地方政府	土地作价入股，地方财政及税收返还，线下建设部分和车站作价入股，客运专线沿线土地增值收益等
国内企业/国外企业	以企业自有资金入股（以投资回报为目的投资者，铁路设施的使用者）；以部分工程建设或劳务作价入股（大型工程承包商）；以材料、设备、技术和能源投资入股（材料供应商、设备供应商、能源供应商）
投资机构	资金来源包括：社保基金、保险资金等

5.2 项目融资

作为建设融资的补充方式，铁路客运专线可采用PPP（Public Private Partnership）项目融资方式。在吸引私人投资进入铁路客运专线建设领域时，新建铁路客运专线是否与既有铁路联合统一运营管理，决定了铁路客运专线不同的融资开发模式。

5.2.1 与既有铁路联合统一运营管理时的融资模式

鉴于短期内铁路客运专线完全民营化的可能性不大，在采用PPP融资方式时，投资铁路客运专线的私营机构不直接参与运营。在私人投资无法直接从项目收益中回收的情况下，可尝试采用下列几种融资模式。

（1）建造—移交—贷款（Build - Transfer - Lend）融资模式（简称 BTL 模式）。在 BTL 模式中，由发起人负责铁路客运专线的筹资和建设，待工程竣工后移交给铁路运营公司（回购人），回购人以该铁路客运专线作抵押（必要时，安排适当的担保），将应付的回购价款转为贷款，在偿还期内分期偿还回购价款（回购价 = 项目总投资 + 合理的回报）及利息，还贷与运营情况无关。在这种融资模式中，私营机构主要承担设计、施工的建设风险（如延期完工、超预算等），其运营风险则由回购人承担，其他风险（如利息波动等）分担通过合同谈判确定。

（2）建造—租赁—移交（Build - Lease - Transfer）融资模式（简称 BLT 模式）。在 BLT 模式中，由发起人负责铁路客运专线的筹资和建设，待工程竣工后出租给铁路运营公司进行运营，以租金收入回收项目投资及合理的回报，特许期满后无偿（或作价）移交给铁路运营公司。在这种融资模式中，私营机构主要承担设计、施工的建设风险（如延期完工、超预算等），其运营风险则由铁路运营公司承担。BLT 融资模式与 BTL 融资模式的不同之处在于：①以租金代替分期付款；②特许期一般要比分期付款期长；③风险分担也有些不同，如没有利息波动的问题。

（3）建造—维护—移交（BMT，Build - Maintain - Transfer）融资模式。在 BMT 模式中，开发商只负责筹资建造中标的一段铁路并进行完工后的运行维护工作，保证铁路的正常运行环境和运输能力，但不负责运营；在特许期（由建设期和维护期两部分组成）内，政府任意使用该段铁路，并以适当的方式偿付开发商的投入。虽然政府最终支付项目的全部建设和维护费用，但是政府或相关的铁路运营公司在使用铁路客运专线时可获得经济效益和社会效益。

应用 BMT 融资模式的关键是合理地设计偿付方式。对铁路客运专线而言，可以尝试采用影子价格或运能/运量价格的偿付方式。采用影子价格偿付方式时，政府定期（每年或每月，具体间隔由谈判商定）根据实际使用情况以商定的影子价格向开发商支付使用费。采用运能/运量价格偿付方式时，只要铁路处于正常运行条件并具有设计的运输能力，不管是否使用该铁路，政府都需按年（或月）以商定的运能价格向开发商支付使用费，此外，再根据实际运量，按商定的运量价格支付使用费，以补偿因使用而增加的磨损及其他费用。

5.2.2　与既有铁路分开独立运营管理时的融资模式

采用与既有铁路分开运营管理时的融资模式时，项目公司具有独立自主的经营管理权，私人融资方案只受投资回报率及相关风险的影响。因此，根据项目的盈利情况，采用适当的融资方式，实现双赢。如果项目的投资回报率不理想，政府应适当投入资金，与社会投资者共同进行项目的投资、建设和运营，共担风险、共享收益。政府资金可投入到铁路客运专线建设项目的建设阶段或运营阶段，从而形成两种运作方式：SBOT（Subsidize in Building-Operate-Transfer）模式和 BSOT（Build-Subsidize in Operation-Transfer）模式。

（1）SBOT 模式。将铁路客运专线建设项目分为两部分，即非盈利性部分（如线下工程等）和盈利性部分（如动车组、车辆设备等）。非盈利性部分由政府出资的投资公司负责建设，而盈利性部分则由民营机构出资成立的运营项目公司来完成。待非盈利性部分完工后，项目公司通过租赁协议，获得该部分工程，与盈利性部分一起构成完整可独立运营的客运专线，通过运营该客运专线回收投资并获得合理利润。非盈利性部分的租金高低取决于整个项目的盈利性，例如，在项目成长期，政府将公益性部分无偿或象征性地租赁给 PPP 项目公司，以保证其正常收益；在项目成熟期，政府收取一定比例的租金，防止民营机构有超额利润。项目特许期满后，项目公司无偿地将项目资产移交政府或续签合同。这样便形成了“建造—租赁—移交 + 建造—运营—移交”（BLT + BOT）组合开发模式。

采用 BLT + BOT 组合开发模式的优越性在于：①可缩小项目公司的融资规模；②运营项目公司可以享受租金免税的优惠政策；③运营项目公司可以利用设备（动车组、车辆设备等）进行租赁融资；④可为站前线下工程的分段建设创造条件；⑤站前线下工程可以由政府建造或提供资助，从而增加了铁路客运专线建设项目对私人资本的吸引力。

（2）BSOT 模式。政府与民营机构共同确定项目后，由民营机构负责投资、建设和运营。政府部门以预测客流量和实际票价为基础，预先核定项目公司的运营成本和收入，对产生的运营亏损给予相应补贴。政府以运营期内客流量的年平均增长率 $a\%$ 为控制标准，项目投入运营后，如果实际客流量比预测客流量减少的幅度超过 $a\%$，政府则按照合同规定给予民营机构相应的补贴；如果实际客流量达到了预测客流量的 $1+a\%$ 以上，则超出部分将由政府部门和民营机构按照一定的比例共享。在此模式中，预测客流量可以三年为一个周期进行调整，目的是要控制民营机构产生超额利润，保证其正常收益。

我国铁路客运专线在一定程度上具备了实施PPP融资方式的条件。铁路客运专线采用PPP融资方式的优越性在于：①可缓解政府的预算压力和债务负担；②有利于推广先进技术和管理经验；③可降低投资风险；④有利于效率与公平相结合。

6 结束语

无论是公司融资，还是项目融资，必须贯彻实施“政府为主导、市场化运作、持续创新、合作共赢”的战略指导思想，这样不仅能够发挥中央及地方各级政府的主导作用，而且将有利于充分利用全社会力量加快铁路客运专线建设，进而实现铁路网中长期发展规划。

参考文献

[1] 中国铁路赴日本、韩国考察团. 日本、韩国铁路考察报告［J］. 铁道经济研究，2002，4：2-8.

[2] 铁路城际客运系统建设融资考察组. 铁路城际客运系统建设融资考察与建议［J］. 铁道运输与经济. 2005，27（6）：1-5.

[3] 于军. 关于我国铁路融资方案研究［J］. 中国铁路. 2005，8：25-28.

政府投资项目代建制管理模式研究

黄　庆　黄喜兵　张　杨

（西南交通大学）

代建制在我国源于厦门。从1993年开始，厦门市在深化工程建设管理体制改革的过程中，针对市级财政性投融资社会事业建设项目管理中“建设、监管、使用”多位一体的弊端，以及由此导致的工程项目难以依法建设、工程建设项目管理水平低下等问题，通过采用招标或直接委托等方式，将一些基础设施和社会公益性的政府投资项目委托给一些有实力的专业公司，由这些公司代替业主对项目实施建设，并在改革中不断对这种方法加以完善，逐步发展成为了现在的项目代建制度。

厦门市从2002年3月开始在土建投资总额1500万元以上的市级财政性投融资建设的社会公益性工程项目中实施项目代建制度，制定了《厦门市市级财政性投融资社会事业建设项目代建管理试行办法》。之后，陆续有宁波、北京、贵州、上海、重庆、四川等地推行代建制。

2004年国务院出台的《国务院关于投资体制改革的决定》中明确提出：“对非经营性政府投资项目加快实行代建制，即通过招标等方式，选择专业化的项目管理单位负责建设实施，严格控制项目投资、质量、工期，建成后移交给使用单位。”至此，近几年来在一些地方试行的代建制，在中央政府的文件中被正式推出。之后，各地迅速地颁布了本地的代建制实施办法，在非经营性政府投资项目中推行代建制。

代建制方式可以在一定程度上克服“投资、建设、监管、使用”四位一体的政府投资工程管理模式所带来的非专业化、低效率、低质量等弊端。但是，代建制是改革政府参与政府投资项目建设实施方式的一项新的管理制度，在实施过程中难免会遇到一些问题。因而，为了使代建制能够在实际工作中顺利实施、发挥其应有的作用，我们迫切需要解决的问题是如何在实际操作中进一步完善代建制这一新的管理制度。

1　对非经营性政府投资项目推行代建制的初衷

非经营性政府投资建设项目是全社会固定资产投资项目的重要组成部分，因其具有投资大、公益性等特点，为经济和社会发展作出了巨大贡献。但是，长期以来，我国政府投资项目基本上都是由使用单位通过组建临时基建班子（如工程指挥部等）进行建设管理。这些基建班子由于是为了建设某一项目临时成立的一次性工作机构，虽然他们也尽心尽力地工作，应该说为我国基本建设事业也作出了不小的贡献，但是由于基建班子一般在项目建成后随即撤消，他们的经验不能够积累，因此，难免因为经验不足导致出现各种管理不善的现象，如决策不够成熟，前期及实施阶段各环节之间相互脱节，工程建设周期长，工作效率不高，投资效益低下等问题。因此由于在建设实施方式上存在一定问题，非经营性政府投资项目投资效益往往不能最大化。

在代建制中，使用单位不再过多地介入项目前期服务、建设施工及材料设备采购等环节的招标定标活动，而由经验丰富的代建单位代为实施。通过实行代建制来打破现行政府投资体制中“投资、建设、管理、使用”四位一体的模式，使各环节彼此分离、互相制约。因此，对非经营性政府投资项目推行代建制，由专业化的代建单位帮助政府负责项目的建设管理，其初衷是为了有效规范政府和部门的行为，提高项目管理水平、提高项目建设期的资金使用效益、有效降低运营期的成本和费用，从而最大限度地发挥项目投资效益。

2　对非经营性政府投资项目推行代建制过程中出现的主要问题

2.1　各地对代建制的理解、操作方法不统一

目前全国仅有《国务院关于投资体制改革的决定》中关于代建制的上述规定，但没有更进一步的解释，更无全国统一的实施办法。各地均依据自己对代建制的理解，建立各地的实施办法。全国各地的实施办法中关于实行代建制的范围、代建阶段、代建单位的资质要求、代建单位的选聘方法、代建单位的法律定位、代建服务取费标准以及对代建单位的监督等方面的规定很不统一。甚至一省之内各地不相同、各市与所在省的规定亦不相同，如四川省与成都市的作法就不一样。

下面以各地关于代建制的适用范围为例，说明关于代建制的规定是不统一的。

《宁波市关于政府投资项目实行代建制的暂行规定》中规定："凡建筑安装工程投资200万元以上且市财政性资金投入在200万元以上、建设单位不具备自行管理条件的建设项目，都应实行代建制。"

《广州市政府投资建设项目代建制管理试行办法》中规定："从2005年7月1日开始，财政资金投资占50%以上，投资额5000万元以上的市政项目，均纳入"代建制"范围。"

《四川省政府投资非经营性项目实行代建管理的暂行办法》中规定："凡政府投资在500万元以上的非经营性建设项目必须实行代建管理。"

《成都市非经营性政府投资项目代理建设管理暂行办法》中规定："市本级政府投资占总投资50%（含50%）以上，并且总投资在500万元以上的非经营性政府投资项目，适用本办法。"

《北京市政府投资代建制管理办法（试行）》中规定："政府投资占项目总投资60%以上的公益性项目适用。"

《武汉市非经营性政府投资项目实行代建制管理办法（试行）》中规定："政府投资占总投资50%以上，并且城建、交通基础设施类项目总投资在2000万元以上（含2000万元，下同），其他（含园林、绿化）项目总投资在500万元以上的非经营性政府投资项目，按照本办法的规定实行代建制。"

《郑州市政府投资项目代建制管理办法（试行）》中规定："本市行政区域内总投资500万元以上（含500万元）且政府投资占项目总投资50%以上（含50%）的建设项目，以及全额使用政府投资的建设项目，按照本办法规定实行代建制。"

《焦作市政府投资项目代建制管理办法》中规定："本市行政区域内总投资300万元以上（含300万元）且政府投资占项目总投资50%以上（含50%）的建设项目，以及全额使用政府投资的建设项目，按照本办法规定实行代建制。"

从上述地方规定可以看出，目前我国关于代建制的规定明显不统一。

2.2 关于代建阶段的认识不足、规定混乱

既然设立代建制的初衷在于解决政府进行建设管理专业性不强，不能有效发挥投资效益的问题，就应当实行建设过程的全过程代理，让代建单位尽早介入。因为国内外大量实践经验表明：控制工程造价的关键在于施工以前的投资决策及设计阶段，而项目决策作出后，控制工程造价的关键就在设计阶段，而在初步设计阶段，影响工程造价的可能性为75%～95%，而至施工图设计结束，影响工程造价的可能性为35%～75%，施工开始后，通过技术措施及施工组织节约造价的可能性为5%～10%。代建机构具有专业管理人才、专业管理经验的优势，若能在项目可行性研究阶段、设计阶段介入，可以主动利用价值工程原理、通过限额设计等手段使项目的决策更科学、设计文件更好地体现项目使用功能，使控制工程造价的工作更主动、控制效率更高，也有利于项目的寿命周期成本控制，从源头上解决项目前期工作不够深入的问题，并从根本上做到最大地发挥非经营性政府投资项目的投资效益的目的。

目前各地关于非经营性政府投资项目的代建阶段认识有较明显的不足，由此导致对代建阶段的规定混乱。如目前贵州省实行代建的政府投资工程项目，多从概算获准批复后开始实行代建，到竣工验收后结束。而北京、上海、成都等地则可以根据项目的具体情况，分别实行全过程代理和分阶段代理，分阶段代理包括前期工作阶段代理和建设实施阶段代理。四川省则规定在项目可行性研究批准后开始代建。

2.3 代建单位履行职责的宏观法律环境不健全

我国建筑法等相关法律法规中关于建设活动主体的表述中有建筑施工企业、勘察单位、设计单位、工程监理单位、建设单位等单位，尚无关于代建单位法律地位的描述。因而可以认为代建单位履行职责的宏观法律环境尚不健全。建设实施过程中出现了很多令代建单位尴尬的情况。如在工程验收时，各表格中均无代建单位签字之处；另外，在实际操作中，无法得到政府规划、建设、环保、消防、质监、人防等方面的认可，办理各种手续时，代建单位会遇到各种阻碍与不便。目前各地都采取的是变通的方式，如成都规定代建单位为代理业主，在办理各种手续时由代建单位会同使用单位申报办理。

2.4 无法科学有效地认定代建单位的企业资质和从业人员的资格

由于如前所述在我国目前关于建设从业单位的规定中尚无代建单位的相关表述，因此，在代建制的实施过程中，各地普遍面临着具有什么资质的单位可以作为代建单位、拥有何种执业资格的人可以从事代建工作的现实问题。

目前，各地一般对代建单位的资质有自己的规定，而对确定代建单位后，具体从事代建工作的人员应该具有何种资格一般没有进行规定。而且，各地对代建单位资质的规定也不一致。

如天津规定：从事建设工程项目代建活动的代建单位，应当具备下列三个条件：（1）有综合工程勘察、设计、监理、施工、招标代理、工程造价咨询等一项或多项资质，且从事过与工程项目管理相关的建设工程，有同类建设工程项目管理的业绩；（2）有满足项目管理需要的专业技术人员（有同类或相近项目的管理业绩）；（3）法律、法规规定的其他条件。

郑州规定：从事建设工程项目代建活动的代建单位，应当具备下列条件之一：工程设计甲级资质、工程监理甲级资质、工程造价咨询甲级资质、施工总承包一级及以上（含一级）资质、房地产开发一级资质。

重庆规定：从事建设工程项目代建活动的代建单位，必须具有综合甲级工程设计资质、综合甲级监理资质、施工总承包一级以上资质、综合甲级工程咨询资质之一，并具有相应资产、专业人员、同类工程建设管理经验以及与建设管理相适应的组织机构和项目管理体系的企业才能向重庆市建设行政部门申请取得代建单位资质。

2.5　对代建单位的约束激励机制不健全

代建单位提供的代建服务是依靠其专业化的高级管理技术人才来实施的项目管理工作，特别是在项目前期阶段，体现的是代建单位、代建人员复杂的智力劳动。目前在试点中各地普遍执行的代建取费标准是参照财政部制订的“建设单位管理费”，后者与代建成本在涵盖的阶段、支付的范围和内容等方面存在很大差异，不能完全补偿实际发生的代建成本。采用这样的标准，很可能导致代建单位通过其他方式谋取利益，而我国目前尚不具备对代建单位进行有效约束的机制。这样就使得在政府投资非经营性项目中实行代建制面临着不小的风险。而且，我们可以想象，采用这样的标准，难以聘请到真正高素质的专业人才提供有深度的价值服务，不易达到代建的目标。

关于对代建单位的激励措施，很多地方在“代建制”管理办法中都设立了投资节余奖励规定，其目的是鼓励代建单位千方百计控制投资，节约建设资金。但在实际工作中由于代建单位一般处于弱势地位，难以要求委托人认真兑现节余奖励承诺。因此，设置节余奖励的实际效果并不明显。另一方面，由于目前我国的工程造价管理模式还不够科学，还在很大程度上依赖于传统的定额管理。实践证明，定额管理制度下确定的概预算价格即代建工程的封顶价格与市场形成的工程成本价格相差较大。因此，这种规定可能对代建单位的行为产生误导，使其通过某些不正当手段谋求更大的利益。代建单位可能与政府有关职能部门、设计单位、施工单位等串通，通过非法手段来扩大自己的收益。而各地基本没有如何对代建单位的这种行为进行有效约束的办法。

3　完善代建制管理模式的建议

上述代建制实施中出现的主要问题都需要我们不断总结经验教训，不断地进行调整改进，以利于代建制的顺利推进。但我们认为最大的问题在于对代建制的认识、理解问题。只有大家对于代建制有了清晰的认识了解，才能采取有针对性的措施。

其实，早在20世纪80年代，我国进入改革开放的新时期，通过对我国几十年建设工程管理实践的反思和总结，已经认识到建设单位的工程项目管理是一项专门的学问，需要一大批专门的机构和人才，建设单位的工程项目管理应当走向专业化、社会化的道路。为此，建设部于1988年提出建立建设监理制。实行建设监理制的初衷就在于改变陈旧的工程管理模式，建立专业化、社会化的建设监理机构，协助建设单位作好项目管理工作，以提高建设水平和投资效益。

由上述关于建设监理制的提出动机来看，与我国目前欲实行代建制的初衷应该说如出一辙。而且，按照国际惯例，建设监理的实施范围包括工程建设投资决策阶段和实施阶段。工程建设监理的总的工作内容是控制工程建设的投资、建设工期和工程质量，进行工程建设合同管理，协调有关单位的工作关系。我国建设部在1988年11月28日发布的《关于开展建设监理试点工作的若干意见》中就指出：建设监理单位受委托从事建设监理业务，一般包括下列内容：（1）建设前期的投资决策咨询：如投资项目的机会研究，建设项目的可行性研究；（2）设计阶段监理：审查或评选设计方案，审查设计实施文件、选择勘察、设计单位，代签或参与签订勘察、设计合同或监督合同的实施；代编或代审概、预算等；（3）招标阶段监理：准备招标文件，代理招标、评标、决标，与中标单位商签工程承包合同；（4）施工阶段监理：审查工程计划和施工方案；监督施工单位严格按规范、标准施工，审查技术变更，控制工程进度和质量，检查安全防护设施，检测原材料和构配件质量，认定工程质量和数量，验收工程和签发付款凭证，审查工程价款，整理合同文件和技术档案，提出竣工报告，处理质量事故等。只是在我国目前主要体现在建设工程施工阶段，而且主要是控制工程质量。

因此，我们认为：前述关于代建制实施过程中的问题，无需另行设计解决方案，我们只需要将我国已经实行的建设监理制回复到其本位即可。即：政府将非经营性投资项目委托给建设监理单位，由建设监理单位实施全方位、全过程的项目管理。由建设监理单位在工程建设投资决策阶段和实施阶段对非经营性政府投资项目的实施进行监理，由监理单位控制工程建设的投资、建设工期和工程质量，进行工程建设合同管理，协调有关单位的工作关系。由监理单位对非经营性政府投资项目提供一条龙服务。

关于建设监理制，应该说在我国已经普遍开展，而且在相关法律法规中早就有了明确的规定，监理单位与履行职责相适应的法律地位已经具备，由其全面负责项目建设的组织管理，可以避免实施过程中出现的尴尬与不便。这样如果按照建设监理制的相关规定来处理非经营性政府投资项目代建制问题，目前代建制实施过程中的问题的解决就容易得多。当然，我国目前实行的建设监理制度，由于各种原因，目前主要体现在建设工程施工阶段，而且主要是控制工程质量，与实施全方位、全过程的项目管理尚有不小的差距，但业内人士已经发现并正着手解决此问题。

当然，按照这样的思路来推行代建制，还有一些需要完备的地方。如服务取费问题，按照目前的监理取费标准也好，建设单位管理费也好，其实都还比较低，国家目前正在根据代建服务的费用构成，对现行代建服务费的计取标准和方法给予适当的调整。如资质问题，从事代建的监理单位应该比目前的监理公司具有更全面的能力，而目前无论是从业资格法规还是现实中均无能够具备工程建设全过程包括咨询、勘察、设计、施工、监理、招标代理各方面资质的合适单位。因而，我们认为应当要求从事代建的监理单位应当具有一定数量的具备相应执业资格的咨询工程师、建筑师、建造师、结构工程师、监理工程师、造价工程师、投资建设项目管理师等的专业队伍。这样通过招标确定的代建单位就能够提供我们希望的一条龙服务，也就能较好达到我们选择代建单位帮助政府实行专业化管理的目的。此外，在发展中可能还会出现其他一些问题，需要我们不断地完善这项制度。

参考文献

[1] 陈应春. 代建制源起及其特殊文件框架设计的法律思考［J］. 建筑经济. 2004，11：17－19.

[2] 国发〔2004〕20号. 国务院关于投资体制改革的决定［G］. 2004.

[3] 川办发〔2006〕16号. 四川省人民政府办公厅关于印发《四川省政府投资非经营性项目实行代建管理的暂行办法》的通知［G］. 2006.

[4] 成办发〔2006〕22号. 成都市人民政府关于印发《成都市非经营性政府投资项目代理建设管理暂行办法》的通知.［G］. 2006.

[5] 孟宪海等. 代建制相关问题之研讨［J］. 建筑经济. 2005，12：9－12.

[6] 焦作市政府投资项目代建制管理办法［EB/OL］. http：//www.cnaec.com.cn/show.asp？id＝183114.

[7] 周世玲. 贵州省政府投资工程代建制情况研究［J］. 建筑经济. 2006，5：36－38.

[8] 祈玉清. 谨防政府投资项目代建制中的风险［J］. 宏观经济管理. 2006，1：61－63.

[9] 李静. 代建制中的风险及其规避措施［J］. 建筑经济. 2006，3：13－16.

[10] 陶学明等. 工程造价计价与管理［M］. 北京：中国建筑工业出版社，2004.

[11] 中国建设监理协会. 建设工程监理概论［M］. 北京：知识产权出版社，2006.

工程项目进度网络中工时的相依性调查及分析

赵延龙[1]　莫俊文[1,2]

(1. 兰州交通大学土木工程学院；2. 天津大学管理学院)

1　引言

传统的CPM/PERT网络计划技术有两大假设：一是确定性假设，二是独立性假设。前者假设各工序的持续时间是确定的，工序之间的逻辑关系也是确定的；后者假设各工序的持续时间是相互独立的。随着各种建模方法和仿真技术在工程进度计划与控制中的应用，这些假设正在逐步被放松。多年来，有大量文献研究了工序持续时间的不确定性：如文献（Herroelen，2005）分别研究了工时为正态分布、三角分布、贝塔分布等不同分布的随机网络计划问题；文献（Kanmoham madi，2003）研究了工时为模糊变量的网络计划问题；还有文献研究工时为灰色变量或区间数的网络计划问题。研究工序间逻辑关系不确定性的文献也有不少，如GERT、柔性网络计划等。以上文献从不同角度考虑了工程进度网络中的不确定性，但都是在假设工序持续时间为相互独立的基础上进行建模或仿真。而在工程实践中，由于工序间共同因素的影响或人为的控制，各工时之间可能存在高度的相依性。如恶劣的天气可能会使同时进行的不同工序延期；关键线路上紧前工序的拖延可能会使组织者设法缩短紧后工序的持续时间等。这些都使一工序持续时间的变化影响另一工序持续时间的变化，从而使工时变量不再是相互独立的。作者的文献（Mo，2006）等曾考虑了工时之间的线性相依关系，但没有针对实际的工程项目进行实证调查与统计分析，也没有对工序间相依性产生的原因进行系统分析。本文通过对多个实际工程项目的调查，分析同一项目进度网络中工时之间的统计相依性，并分析相依性产生的原因、对其进行系统分类，为进一步的研究提供实证。

2　相依性调查设计

2.1　调查背景与假设

本文基于以下背景和假设：

（1）只考虑同一项目中不同工序之间的相依性，不考虑不同项目之间的相依性；

（2）只考虑进度网络中工时的随机性，不考虑认知的模糊性、数据的粗糙性以及其他不确定性；

（3）尽管工程项目具有单一性特征，多个项目不一定具有可统计性，但只针对单个项目难以分析工序间相依关系的普遍性，因此调查对象包括多个项目。

2.2　调查设计

具体的调查对象包括三组建筑工程项目，第一组是某建设单位近几年建成的10个项目，第二组是某施工单位近2年完成的10个项目，第三组是某省当年（2006）完成的10个不相关的项目。

调查内容涉及工程概况、工程进度计划、实际工程进度、施工日志等。设计的调查表部分如图1所示。

2.3　问卷设计

问卷调查主要面向工程管理行业的专家、学者、工程师、项目经理等，针对工程项目进度网络中工时的不确定性、相依性、风险控制等问题展开，部分问卷内容如图2所示。本项目发出问卷300份，收回有效问卷237份，回答不同题目的人数不一。

3　相依性调查统计分析

3.1　相依性指标

由于工程项目的单一性，对工序的持续时间无法进行大量取样，因此难以计算相关系数等相依性指标。

工程进度调查表（一）

项目名称：________________

建设单位：________________ 监理单位：________________

施工单位：________________ 设计单位：________________

项目经理：________________ 工 程 师：________________

计划工期：________________ 实际工期：________________

施工预算：________________ 实际造价：________________

计划进度网络图：表（二） 实际进度网络图：表（三）

里程碑计划：表（四） 里程碑计划完成情况：表（五）

关键工序的计划工时与实际工时：表（六）

施工中发生的设计变更及其对进度的影响：表（七）

施工中影响进度的因素有哪些？影响了哪些工序？产生了什么影响？表（八）

……

图1 工程进度问题调查表的部分内容

工程进度网络中的工时问题问卷

姓 名：________________ 工作单位：________________

职务职称：________________ 专业年限：________________

1. 您认为工程项目进度网络中的工时是：________

   A：确定的 B. 不确定的

2. 您认为工时的不确定性是由于________

   A：人的认知存在模糊性 B：工时本身是随机的 C：其他原因________

3. 您认为工时的变化服从：________

   A：某种概率分布______ B：完全没有规律

4. 您认为一个工序的工时变化是否会影响另一个工序的工时变化________

   A：是 B：否

5. 您认为工时变化的相互影响主要存在于________

   A. 前后工序之间 B：并行工序之间 C：其他________

6. 您认为不同工序的工时之间存在________

   A：函数关系 B：相依（相关）关系

7. 您认为工时之间存在相依（相关）性的原因是________

   A：一些共同因素的影响 B：人为的组织和控制 C：其他________

8. 您认为受共同因素影响的不同工时是否会同时增大或减小________

   A：是 B：否

9. 若某关键工序拖延，您认为后续工序的持续时间一般会________

   A：相应延长 B：缩短 C：不好说

10. ……

图2 工程进度问题问卷的部分内容

考虑到仅有工程项目计划进度网络与实际进度网络的工时数据，我们提出一种工时变化的协调性指标（concordance，τ）来度量工时之间的相依性。

设（X_1，Y_1），（X_2，Y_2）是随机变量（X，Y）的两个独立样本，X，Y 间的协调系数为：

$$\begin{aligned}\tau_{XY} &= P\ \{(X_1 < X_2,\ Y_1 < Y_2)\ \cup\ (X_1 > X_2,\ Y_1 > Y_2)\} \\ &= P\ [Y_2 > Y_1 \mid X_2 > X_1]\end{aligned} \tag{1}$$

设一对（2个）相邻工序（X、Y）的计划工时和实际工时分别为（X_1，Y_1），（X_2，Y_2），则这两个工序之间的协调系数亦可用式（1）表示。

对于含多个工序的工程项目进度网络，如果部分工序的实际工时同时大于或同时小于计划工时，我们则认为这一部分工序的工时变化是协调的，该项目中工时变化的协调度（%）可被定义为：

$$\tau = \frac{\text{工时变化协调的工序数}}{\text{进度网络中工序总数}} \times 100\% \tag{2}$$

考虑到一个项目中由不同原因引起的工时变化方向与协调性各异，比如并行工序间大多存在正相依性，序列工序间很可能存在负相依性。为了更合理地描述工序间的相依性，可以定义不同的协调系数。

设某项目进度网络中有 p 组并行工序，每组有 n_1，n_2，…，n_i，…，n_p 个工序，其中 k_1，k_2，…，k_i，…，k_p 个工序的工时变化协调，且 $k_i \geqslant n_i/2$。则我们定义该项目的并行工时协调度（τ_p）为：

$$\tau_p = \left(\frac{k_1}{n_1} + \frac{k_2}{n_2} + \Lambda + \frac{k_p}{n_p}\right)\Big/P = \frac{1}{p}\sum_{i=1}^{p}\frac{k_i}{n_i} \times 100\% \tag{3}$$

设某项目进度网络中有 s 组序列工序（s 条线路），每组有 m_1，m_2，…，m_j，…，m_s 对相邻工序（此处只考察相邻序列工序之间的相依性），其中 l_1，l_2，…，l_j，…，l_s 对工序的工时变化协调。我们也可以定义该项目的序列工时协调度（τ_s）为：

$$\tau_s = \left(\frac{l_1}{m_1} + \frac{l_2}{m_2} + \Lambda + \frac{l_s}{m_s}\right)\Big/S = \frac{1}{s}\sum_{j=1}^{s}\frac{l_j}{m_j} \times 100\% \tag{4}$$

协调度（τ）描述工时的正相依性。为描述序列工序工时之间的负相依性，可定义负相依度：

$$\tau^- = 1 - \tau \tag{5}$$

图 3 所示的工程进度网络中，有 2 组并行工序，各含 3 个工序，每组都有 2 个工序的工时变化协调，故该进度网络的并行工时协调度为：

$$\tau_p = \left(\frac{2}{3} + \frac{2}{3}\right)\Big/2 = 67\%$$

图 3 中，有 4 组序列工序，各含 4 个工序，即 3 对相邻工序，该进度网络的序列工时协调度、负相依度分别为：

$$\tau_s = \left(\frac{1}{3} + \frac{1}{3} + \frac{1}{3} + \frac{1}{3}\right)\Big/4 = 33\%$$

$$\tau_s^- = 1 - 33\% = 67\%$$

$$\tau_{sc}^- = 2/3 = 67\%$$（关键线路 A－B－F－H 的负相依度）

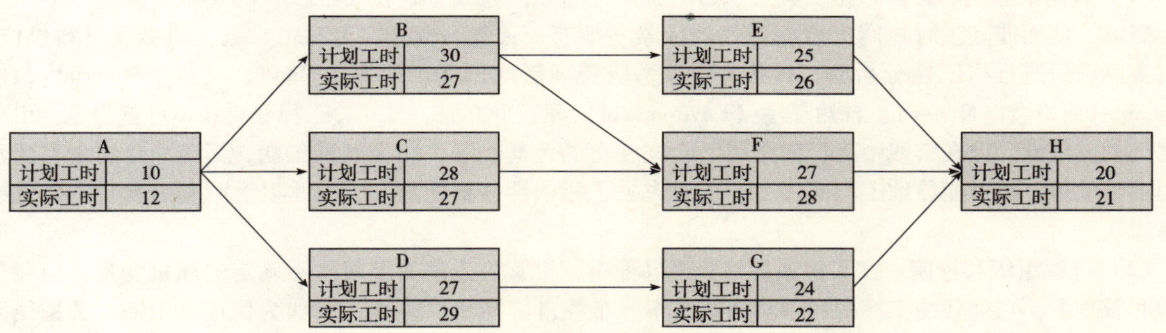

图 3　某进度网络及工时数据

3.2　统计结果分析

以上述指标为依据，对调查的 30 个项目进行了统计分析，见表 1。在计划进度网络与实际进度网络的对比中，剔除或整理了工程变更、不可抗力等主客观意外因素引起的变化。

统计结果表明，各组项目均存在普遍的并行相依性，并行工时的协调度平均在 65% 以上，最大值分别达 80%、79%、74%，说明项目中工序间存在较强的正相依关系；而各组项目的序列协调度尽管比较小，平均为 42%、40%、41%，但也说明各线路上存在较强的负相依性，负相依度相应为 58%、60%、59%；另外，项目进度网络中的关键线路上大多存在较强的负相依性，各组的关键线路负相依度平均值分别为 66%、69%、64%，最大值分别达 86%、90%、73%。

收回的 237 份问卷中，认为工时是不确定的有 218 人，占 92%；有 79% 的人认为一个工序的工时变化会影响另一个工序的工时变化，即接近80%的人认为工时之间存在相依性；认为前后工序之间有工时相依性的占76%，有63%的人认为并行工序之间存在工时相依性；对于工时之间产生相依性的原因，有87%的人选了“受共同因素的影响”，有79%的人选了“人为组织的原因”。

项目工时的相依性统计分析表　　表1

第一组				第二组				第三组			
序号	τ_p	τ_s	τ_{sc}^-	序号	τ_p	τ_s	τ_{sc}^-	序号	τ_p	τ_s	τ_{sc}^-
1	0.77	0.30	0.75	11	0.79	0.46	0.77	21	0.69	0.41	0.68
2	0.69	0.61	0.66	12	0.69	0.29	0.67	22	0.71	0.36	0.60
3	0.58	0.34	0.69	13	0.66	0.33	0.70	23	0.54	0.37	0.57
4	0.63	0.58	0.61	14	0.56	0.40	0.63	24	0.68	0.42	0.73
5	0.57	0.33	0.70	15	0.64	0.45	0.66	25	0.74	0.43	0.70
6	0.80	0.38	0.69	16	0.71	0.54	0.90	26	0.71	0.38	0.63
7	0.61	0.41	0.47	17	0.70	0.34	0.59	27	0.66	0.45	0.65
8	0.66	0.45	0.62	18	0.58	0.38	0.64	28	0.69	0.49	0.73
9	0.74	0.47	0.58	19	0.61	0.39	0.71	29	0.59	0.42	0.66
10	0.60	0.37	0.86	20	0.62	0.44	0.68	30	0.70	0.35	0.49
平均	0.66	0.42	0.66	平均	0.65	0.40	0.69	平均	0.67	0.41	0.64

4　工时的相依性分析

4.1　相依性产生的原因

根据调查和问卷结果，工程项目进度网络中工时之间产生相依性的原因主要有两大类：一是共同的影响因素造成工序持续时间的相互影响，产生相依性；二是项目实施过程中人们对工序进行组织，对工时进行控制，使工序间产生相依性。

（1）共同的影响因素。根据所调查项目的施工日志和问卷结果，在工程项目的实施过程中对不同工序产生影响，从而使其工时之间产生相依性的因素主要有：天气、资金、劳动力、施工机械、材料供应等。在对实际项目进行相依性分析时，可按4M1E系统梳理影响因素，即人（Man）、材料（Material）、机械（Machine）、资金（Money）、自然环境（Environment）等五个方面。另外，工程变更和不可抗力也会引起工时之间的相依性，但在实践中工程变更属于合同变更的范畴，可以相应顺延工期，而诸如地震之类的不可抗力一旦发生，就可能导致工程的停工，从而失去了相依性分析的意义，因此以上两类因素在本研究中不予考虑。

（2）进度组织和控制。在工程项目的实施过程中，尽管各工序的工时是不确定的随机变量，但项目的组织和管理者不可能任由工序的持续时间按概率分布各自“随机”变化。譬如为保证总工期，关键线路上某工序一旦拖延，管理者必然会设法缩短后续工序的工时；若某工序提前完成，后续工序也会做出相应的调整，以适应进度、成本管理的需要。随着管理水平的提高和各种管理方法的应用，人们对工程项目实施的控制力度越来越大，工序间的这种组织相依性也会越来越强。

4.2　相依性分类

对工序工时之间的相依性，可以从不同角度对其进行分类：

（1）按照网络计划结构，可以分为并行相依性和序列相依性。在同一时段内进行的不同工序，由于共同环境、工作面冲突、资源约束等因素的影响，其工时会产生变化趋同或此消彼长的相依关系。而处于同一线路上的工序，前工序是否按时完成，必然会影响后续工序的工时安排，因此会产生序列相依性。

（2）按相依性产生的原因，可以分为因素相依性和组织相依性。如前所述，天气恶化会使同期进行的工序同时拖延；工作面冲突、资源约束等可能会使不同工序的工时延长，也可能会缩短一个工序的工时而延长另一工序的工时；由相同的工作班组完成的工序，其工时之间可能会产生正相依关系。另一方面，人为的组织必然会使工时之间产生相依性，此处不再赘述。

（3）按相依工序的工时变化方向，可以分为正相依和负相依。工时变化趋同的相依关系被称为正相依。工时之间此消彼长的相依关系可称为负相依。

（4）按相依工序的工时变化性质，可以分为线性相依和非线性相依。工时之间的变化关系大体呈线性的，被称为线性相依。工时之间存在复杂的非线性关系的，被称为非线性相依。从理论上讲，线性相依是非线性相依的一种特殊情况。由于工程项目的特殊性，目前在实践中尚难以度量和分析工时之间的非线性相依性，这也是我们下一步的努力方向。

5 结论及展望

通过对多个实际工程项目的调查，用本文提出的相依性指标对项目的工时数据进行了统计分析，结果表明各项目的并行工序、序列工序之间存在较强的工时相依性，受共同因素影响的多个工序间、关键工序间的相依性尤其普遍。结合调查内容和专家问卷，分析出工时相依性产生的原因主要在于受共同因素的影响和项目的组织与控制。工时的相依性可以从不同角度分为：并行相依性、序列相依性，因素相依性、组织相依性，正相依、负相依，线性相依、非线性相依等。

下一步需要在本文实证研究的基础上，展开对工时相依的进度计划与控制模型的理论研究，并在其基础上研究进度计划的动态更新。

参考文献

[1] J J Moder, C R Phillips, E W Davis. Project management with CPM, PERT and precedence diagramming [M]. 3rd Ed., New York: Van Nostrand Reinhold. 1983.

[2] W Herroelen, R Leus. Project scheduling under uncertainty: survey and research potentials [J]. European Journal of Operational Research. 2005, 165: 289－306.

[3] S Kanmohammadi F Rahimi, M B B Sharifian. Analysis of different fuzzy CPM network planning procedures [J]. Proceedings of the 2003 10th IEEE International Conference on Electronics, Circuits and Systems, 2003. ICECS 2003, 3: 1074－1077.

[4] 杨应玖，杨毅，杨念. 论灰色网络计划技术［J］. 武汉水利电力大学学报. 1998，31（3）：94－99.

[5] S Chanas, P Zielinski. The computational complexity of the criticality problems in a network with interval activity times [J]. European Journal of Operational Research. 2002, 136 (4). 541－550.

[6] A A B Pritsker, W W Happ. GERT: Graphical Evaluation and Review Technique; Part I Development [J]. The Journal of Industrial Engineering. 1998, 17 (5).

[7] 钟登华，刘奎建，杨晓刚. 施工进度计划柔性网络仿真的不确定性研究［J］. 系统工程理论与实践. 2005，2：107－112.

[8] Mo Junwen, Yin Yinlin, Gao Mingxia. Modeling correlation in project scheduling networks [C]. Proceedings of IE&EM' 2006 and AIE&M' 2006. 2006.

[9] D D Mari, S Kotz. Correlation and Dependence [M]. Singapore. Imperial College Press, 2001.

[10] Mo Junwen, Yin Yilin, Gao Mingxia. State of the art of correlation-based model of project scheduling networks [J]. IEEE Transactions on Engineering Management. Accepted in Dec－4, 2006.

[11] 莫俊文，尹贻林，考虑相依随机性的工程项目进度计划及其更新模型［C］，中国工程管理论坛论文集. 2007，广州.

考虑相依随机性的工程项目进度计划及其更新模型

莫俊文[1,2]　尹贻林[2,3]
（1. 兰州交通大学土木工程学院；2. 天津大学管理学院；3. 天津理工大学管理学院）

1　引言

如本章《工程项目进度网络中工时的相依性调查及分析》所述，在工程项目进度网络中，各工序的持续时间并不是相互独立的，而是相依的。伴随着工程项目进度问题的不确定性分析及风险评估研究，学者们建立了一些考虑工时之间相依性的解析、仿真或专家系统模型。解析模型主要从经典概率论、结构设计矩阵、网络图约简、线性相关系数、影响图等角度考虑工时的相依性；仿真模型主要有蒙特卡洛仿真、离散－连续集成仿真，或在专业软件平台上进行二次开发；专家系统则主要确定工时之间的线性相关系数。这些方法主要考虑共同因素（如天气等）影响下若干工序的相依性，对一个项目进度网络中的各种相依关系没有进行系统的研究；相依性的度量为线性相关系数，相关系数矩阵难以直接估计且须满足正定条件；工时之间的相依性没有应用在进度计划的动态更新上。国内学者也研究过工序间相关的网络计划方法，主要涉及网络图时间参数的计算，未考虑工时的不确定性。本文将贝叶斯网络与进度计划网络相结合，建立工时的相依随机网络结构；用直观的协调系数度量工时之间的相依性，分析工时的条件分布，对工程进度计划进行动态更新；建立专家系统框架。

2　基于贝叶斯网的工时相依随机网络模型

2.1　贝叶斯网络（BN）

贝叶斯网络（BN，Bayesian Network）又称信念网络（Belief Network），是一种基于概率推理的有向图解模型，通过可视化的网络模型表达问题领域中变量的依赖关系和关联关系，适用于不确定性知识的表达和推理。贝叶斯网络主要由两部分构成，分别对应问题领域的定性描述和定量描述：

（1）一部分为有向无环图，通常称为贝叶斯网络结构，由若干个节点和连接这些节点之间的有向边组成，每个节点对应一个问题领域的随机变量。有向边代表节点之间的依赖或因果关系，连接边的箭头代表依赖关系影响的方向性（由父节点指向子节点），节点之间缺省连接则表示节点所对应的变量之间条件独立。

（2）另一部分为反映变量之间关联性的局部概率分布即概率参数，通常称为条件概率表，概率值表示子节点与其父节点之间的关联强度或置信度。

假定有一个包含 n 个变量的随机变量集 V，用 G 表示有向无环图，L 表示有向边的集合，P 表示条件概率分布集，则一个贝叶斯网络模型用数学符号表示为：

$$BN=(G,\ P)\ =(V,\ L,\ P) \tag{1}$$

其中：$G=(V,\ L)$，$V=\{V_1,\ V_2,\ \Lambda,\ V_n\}$，$L=\{\ (V_i\rightarrow V_j)\ \mid V_i,V_j\in V\}$，$P=\{P\ (V_i\mid V_{i-1},\ V_{i-2},\ \Lambda,\ V_1),\ V_i\in V\}$

根据概率的链规则，用 Pa_i 表示变量 V_i 的父节点集，则其联合概率分布为：

$$P(V)\ =P(V_1,V_2,\Lambda,V_n)\ =\Pi_{i=1}^{n}P(V_i\mid Pa_i) \tag{2}$$

在贝叶斯网络中，节点 V_i 条件独立于给定父节点集的其他任意非子代节点集，这种条件独立性假设大大简化了贝叶斯网络中的计算和推理问题。

在应用领域中构建贝叶斯网涉及3个步骤：（1）分辨出建模领域中重要的变量及其可能取值，并以节点表示；（2）判断节点间的依赖或独立关系，并以图的方式表示；（3）获得贝叶斯网定量部分所需要的概率参数。

2.2　基于BN的相依随机网络计划结构

CPM/PERT网络计划是根据工序（活动）之间逻辑关系绘成的进度计划图，是工程实践中应用最为广泛的进度计划与控制工具。由于不能反映工序之间的相依关系，网络计划图在项目风险管理、计划更新等方面不能发挥更大的作用，这也使考虑相依性的工程进度问题研究往往与工程实践相脱节。单代号网络计划（AON，activity on node）与贝叶斯网络（BN）都是有向无环图（DAG），都以节点表示问题变量，以有向边表示变量间的关系；所不同的是，前者描述变量间的前后逻辑关系，而后者描述变量间相互影响的相依关系。本节探讨 AON 与 BN 相结合，描述工时之间相依性的网络计划结构。

工时之间的相依性可分为序列相依性与并行相依性。对于序列相依性，可以直接用 CPM/PERT 网络图的有向边表示前后工序的相依关系，从而将 CPM/PERT 网络图直接转化为 BN－网络图。图 1 为某 BN－网络图，A，B,... 代表工序名称，a，b... 代表工时变量，箭线 A→B 表示 A、B 间的相依关系。在图中，同一个序列（线路）上的 A、B、C、F 之间都存在相依关系，但根据贝叶斯网络的条件独立性假设，A、C，B、F 间不必直接相连。对于并行相依性，实践中有两种情况：

（1）共同的紧前工序使不同的紧后工序之间产生相依性，如图 1 中，工时变量 a 的变化可能会引起工时变量 b、d 的相同变化，工时变量 b 的变化可能会引起工时变量 c、e 的相同变化，这时 b、d，c、e 间就会产生相依性；

（2）共同的时空、物质、环境等因素使并行工序间产生相依性，图 1 中，A 工序完成后的恶劣天气可能会使 B、D 工序都拖延，C、E 实施中的资金短缺可能会使 C、E 工序都拖延，这些因素使 b、d，c、e 间产生相依性。根据贝叶斯网的条件独立性假设，第一种情况下的并行相依性已经被 BN－网络图中的序列相依关系所体现。如图 1 中，b、d 相依，但条件独立于 a，c、e 相依，但条件独立于 b。第二种情况下，可在 BN 图上针对并行工序添加共同的因素变量，使并行的工时变量相依，但条件独立于因素变量。如图 2 中，W 表示天气、M 表示资金，w、m 分别表示天气变量和资金变量，矩形表示变量取值为离散（如［好，坏］），以便与连续的工时变量相区别，相依的工时变量 b、d 条件独立于共同的天气变量 w，c、e 条件独立于共同的资金变量 m。

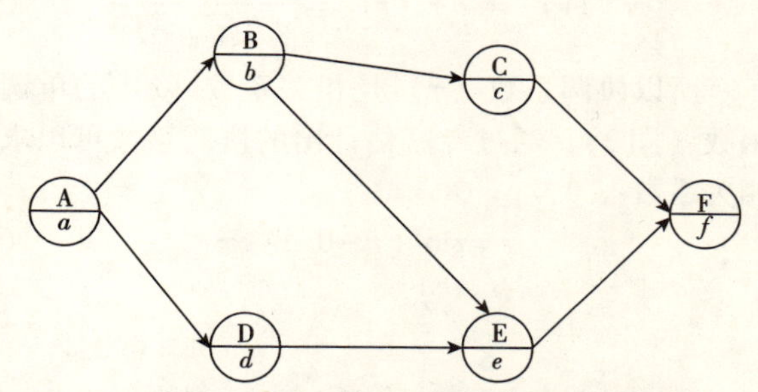

图 1　工时之间序列相依的 BN－网络图

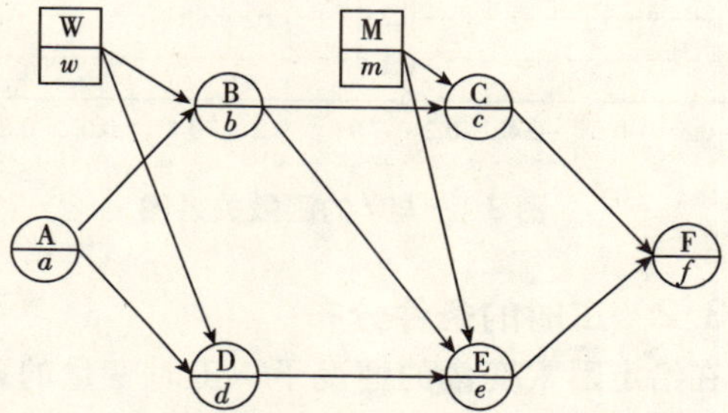

图 2　工时之间并行相依的 BN－网络图

在一个考虑序列相依性及并行相依性的 BN－网络图中，假定有一个包含 n 个工时变量的随机变量集 V，有一个包含 m 个因素变量的随机变量集 W，用 G 表示有向无环图，L 表示工时变量间有向边的集合，K 表示因素变量与工时变量间有向边的集合，P 表示条件概率分布集，则该贝叶斯进度网络模型用数学符号表示为：

$$BN=(G,\ P)\ =(V,\ W,\ L,\ K,\ P) \tag{3}$$

其中：$G=(V,\ W,\ L)$，$V=\{V_1,\ V_2,\ \Lambda,\ V_n\}$，$W=\{W_1,\ W_2,\ \Lambda,\ W_m\}$，$L=\{(V_i \to V_j)\ |\ V_i, V_j \in V\}$，$K=\{(W_i \to V_j)\ |\ W_i \in W, V_j \in V\}$，$P=\{P(V_i\ |\ V_{i-1},\ V_{i-2},\ \Lambda,\ V_1,\ W_1,\ \Lambda,\ W_j,\ \Lambda,\ W_m)$，$V_i \in V,\ W_j \in W\}$

2.3　概率参数

BN－网络计划中的概率参数包括两部分：一部分是节点变量的概率分布，描述节点变量即工时变量和因素变量的不确定程度；另一部分是节点变量间的条件概率分布，描述节点变量的相依程度。在工程实践中，工时分布一般可根据实际情况选用正态分布、三角分布、β 分布、对数分布等，本文假设工时变量为正态分布；因素变量一般由专家确定离散的概率分布集。对于因素变量与工时变量之间的条件分布，可由专家直接估计不同的因素条件下工时的条件分布；工时变量由于均为连续，无法直接确定其条件分布，可以先估计相依度（如相关系数等），再进一步推算条件概率分布。

3 相依性度量及进度计划更新

3.1 相依性度量

相依性包括向限相依性、尾部相依性、协调相依性、特殊情况造成的相依性等，相依性度量的方法相应有不同的指标，但应用最广泛的还是Pearson的相关系数（r）。

$$r_{XY}=\frac{E\left(X-E(X)\right)\left(Y-E(Y)\right)}{\sqrt{Var(X)\ Var(Y)}} \tag{4}$$

如果有大量的试验数据，很容易计算出样本间的相关系数（r）。考虑到工程项目的一次性和单件性特征，针对一个项目中一个工序的持续时间不可能收集到大量的样本数据，所以工时之间的相依度只能由专家进行估计。而由式（4）可以看出，即使经验非常丰富的专家也很难直接去估计一个工程项目中工时之间的相关系数。

本文采用一种比较直观的相依性指标——协调系数（τ）来度量工时之间的相依性。设（X_1，Y_1），（X_2，Y_2）是随机变量（X，Y）的两个独立样本，X，Y间的协调系数为：

$$\begin{aligned}\tau_{XY}&=P\left\{(X_1<X_2,\ Y_1<Y_2)\cup(X_1>X_2,\ Y_1>Y_2)\right\}\\&=P\left[Y_2>Y_1\mid X_2>X_1\right]\\&=1/2+1/\pi\ \arcsin r\end{aligned} \tag{5}$$

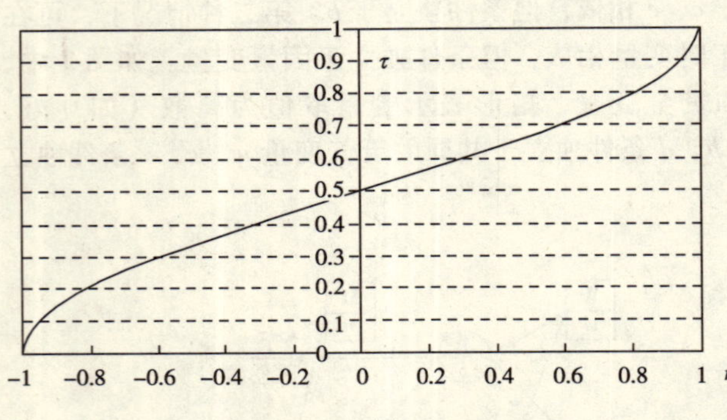

图3 τ与r的函数关系图

τ_{XY}表征变量X、Y的变化是否协调，比相关系数更直观，更容易估计，$0\leqslant\tau_{XY}\leqslant1$。$\tau_{XY}=1$，表示$X$、$Y$的变化完全协调，$X$增大，$Y$也增大；$\tau_{XY}=0$，表示$X$、$Y$的变化完全不协调，$X$增大意味着$Y$减小。注意到

$$\tau'(r)=\frac{d}{dr}\tau(r)=\frac{1}{\pi}\frac{1}{\sqrt{1-r^2}}>0 \tag{6}$$

所以协调系数（τ）是相关系数（r）的单调增函数（图3），通过专家估计出的协调系数可以求得相关系数：

$$r=\sin(\tau-0.5)\pi \tag{7}$$

3.2 工时的条件分布

在给定因素变量的情况下，工时变量的条件分布由专家直接进行估计。如天气变量$W=\{W_1,W_2\}$，受天气影响的工序A的工时变量T_A的条件分布可估计为：

$$T_A\mid W=W_1\sim N(T_{A1},\sigma_{A1}^2),\ T_A\mid W=W_2\sim N(T_{A2},\sigma_{A2}^2) \tag{8}$$

两个相依的工时变量之间的条件分布可由它们之间的相关系数求得：

对于BN-网络计划中的两个工序A、B，其工时变量分别为T_A、T_B。假设（T_A，T_B）为双变量正态分布，均值为（μ_A，μ_B），协方差矩阵$\Sigma=(\sigma_{ij})$，其中$\sigma_{11}={\sigma_A}^2$，$\sigma_{22}={\sigma_B}^2$，$\sigma_{12}=r_{AB}\sigma_A\sigma_B$，$r_{AB}$为$T_A$、$T_B$间的相关系数。则

$$E(T_B\mid T_A=x)=\mu_B+r_{AB}\frac{\sigma_B}{\sigma_A}(x-\mu_A),\qquad Var(T_B\mid T_A=x)=\sigma_B^2(1-r_{AB}^2) \tag{9}$$

3.3 进度计划的动态更新

在工时的条件分布已知的情况下，我们可以将已完工序的持续时间作为新的“证据”，去更新未完工序的工时分布。同理，当环境因素等发生变化时，可根据式（8）去更新受影响工序的工时分布。

设有两个工序A、B，A是B的紧前工序，其工时变量T_A、T_B为正态分布：

$$T_A\sim N(25,4^2),\qquad T_B\sim N(30,5^2)$$

T_A、T_B间的相关系数为：$r_{AB}=0.6$

则由式（9），给定T_A的情况下，T_B的条件分布为：

$$T_B\mid T_A\sim N(11.25+0.75T_A,4^2) \tag{10}$$

若工序 A 的实际工时为 20，工序 B 的工时分布可被更新为：

$T_B/T_A=20\sim N\ (26.25,\ 4^2)$

4　专家系统框架及算例

4.1　专家系统框架

根据本文的研究思路与内容，要完成一个工程项目的相依随机进度计划并对其进行动态更新，设计的专家支持系统需能实现以下工作：

(1) 明确工序间的逻辑关系，绘制单代号（AON）网络图；

(2) 分辨工时的影响因素，明确工时的并行相依关系和序列相依关系，完成 BN－网络计划图；

(3) 估计工时变量的均值和方差，估计因素变量的取值及概率；

(4) 确定工时变量间的协调系数（τ），进一步确定相关系数（r），得出工时变量的条件分布；

(5) 估计因素变量给定的条件下工时变量的条件概率；

(6) 当部分工序已经完成或者影响因素发生变化时，根据(4)、(5) 的结果更新后续工序或受影响工序的工时分布；

(7) 更新总工期的均值及方差，更新工程进度的风险评估值。

以上步骤中，(1)、(2) 确定基于 BN 的相依随机进度网络结构，(3) ~ (5) 度量工时变量之间的相依程度，(6)、(7) 更新进度计划参数。因此，一个基本的专家系统框架至少由相依结构、相依性度量、参数更新以及输入、输出共五大模块组成，见图 4。

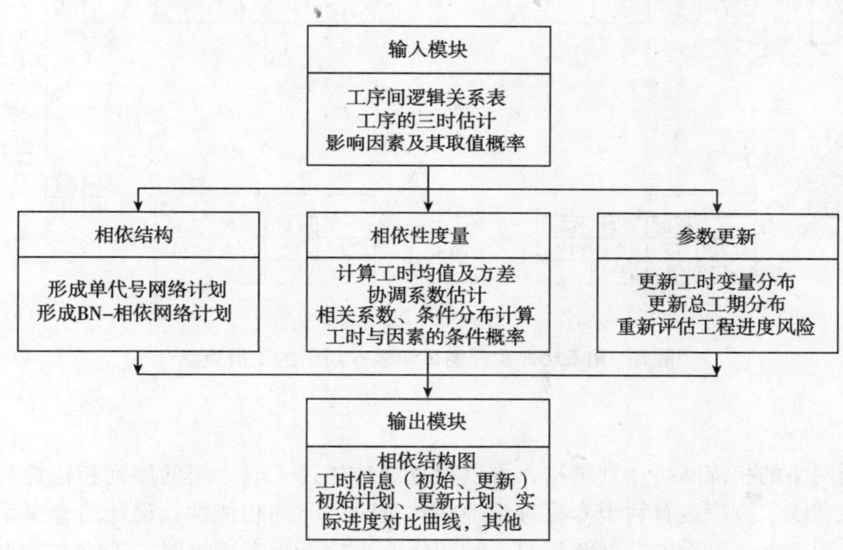

图 4　专家系统基本框架图

对于该专家系统的实现，作者建议几种方式：

(1) 用 Java、C++、VB 等面向对象的编程语言直接开发。这种方式要求开发者精通软件工程、信息系统开发等知识，熟练掌握编程语言和技巧。

(2) 在 Microsoft Project、P3 等专业的项目管理软件平台上进行二次开发。这种方式可以利用专业项目管理软件已有的网络图生成、时间参数计算等功能。

(3) 借助 Excel 工作表等软件的宏命令实现。这种方式相对比较简单、方便，但只能用于工序较少的项目，而且不能自动生成相依网络计划图。

4.2　算例

为节省篇幅，以图 2 所示的 BN 网络计划为例，用 Excel 工作表实现本文所述的方法。图 2 中各工序的逻辑关系、工时分布，以及实施过程中的实际工时、影响因素及其概率如表 1 所示。专家估计的工序间协调系数（τ）及推算的相关系数（r）见图 5。

各工序的基本情况表 表1

工序	紧前工序	$E(T_i)$	$Var(T_i)$	实际工时	影响因素	因素概率（好，坏）	$E(T_i)$ | 因素（好，坏）
A	—	10	3^2	12	—	—	—
B	A	20	5^2	21	*W*（天气）	(0.7, 0.3)	(18, 22)
C	B	14	3^2	14	*M*（资金）	(0.6, 0.4)	(13, 15)
D	A	18	5^2	19	*W*	(0.7, 0.3)	(16, 20)
E	B、D	15	3^2	14	*M*	(0.6, 0.4)	(14, 16)
F	C、E	5	2^2	5	—	—	—

以实际工时和影响因素为新证据对后续工序进行更新，用Excel计算的结果如图5所示。计算步骤为：

（1）按式（7）计算相关系数（*r*）；

（2）按式（8）计算受因素影响的工时分布；

（3）按式（9）计算工时的条件分布；

（4）工时更新。

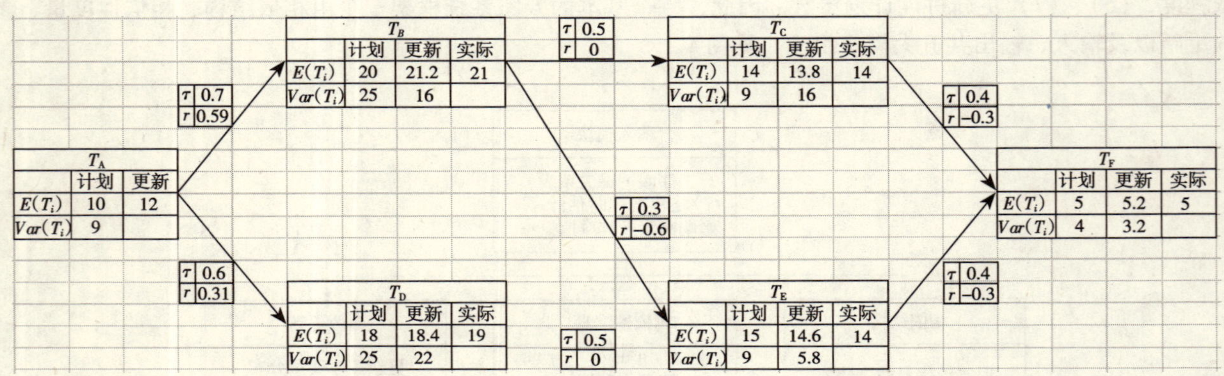

图5 用Excel实现图2和表5所示的工时更新

5 结论与展望

用基于贝叶斯网络的相依网络计划结构，可以很直观地描述工时之间的序列相依性和并行相依性；本文提出的协调系数和因素概率表有利于专家直观地估计工时之间的相依性；设计的专家系统框架可以在不同条件下实现。由图5也可以看出，更新后的工时期望值更接近于实际工时，工时方差小于初始计划的方差。因此，考虑相依性的进度计划及其更新模型能较好地预测和控制工时的不确定性，有利于减弱工程进度风险。

以上模型在工时不符合正态分布族的情况下不再适用；模型中的相关系数（*r*）只能度量工序间的线性相依关系。笔者下一步拟在工时为多种常见分布和考虑非线性相依关系的条件下展开深入研究。

参考文献

[1] 赵延龙，莫俊文. 工程项目进度网络中工时的相依性调查及分析［R］. 中国工程管理论坛论文集，2007.

[2] Mo Junwen, Yin Yilin, Gao Mingxia. State of the art of correlation-based model of project scheduling networks［J］. IEEE Transactions on Engineering Management. Accepted in Dec-4, 2006.

[3] L J Ringer. A statistical theory for PERT in which completion times of activities are inter-dependent［J］. Management Science, 1971, 17 (11): 717 - 723.

[4] M Carrascosa, S D Eppinger, D E Whitney. Using the design structure matrix to estimate product development time［C］. Proceedings of DETC' 98, ASME Design Engineering Technical Conferences, Atlanta, Georgia, USA 1998.

[5] S M T Fatemi Ghomi, M Rabbani. A new structural mechanism for reducibility of stochastic PERT networks [J]. European Journal of Operational Research. 2003, 145: 394－402.
[6] M Ranasinghe, A D Russell. Treatment of correlation for risk analysis of engineering projects [J]. Civil Engineering Systems. 1992, 9: 17－39.
[7] J R van Dorp, M R Duffey. Statistical dependence in risk analysis for project networks using Monte Carlo methods [J]. Int. J. Production Economics. 1999, 58: 17－29.
[8] R I Carr. 'Simulation of construction project duration [J]. J. Constr. Div., ASCE. 1979, 105 (2): 117－128.
[9] J C Woolery, K C Crandall. Stochastic network model for planning scheduling [J]. J. Constr. Engrg and Mgmt, ASCE. 1983, 109 (3): 342－354.
[10] H N Ahuja, V Nandakumar. Simulation model to forecast project completion time [J]. J. Constr. Engrg. Mgmt., ASCE. 1985, 111 (4): 325－342.
[11] A Touran, E D Wiser. Monte Carlo technique with correlated random variables [J]. J. Constr. Engrg. and Mgmt., ASCE. 1992, 118 (2): 258－272.
[12] D M Wall. Distributions and correlation in Monte Carlo simulation [J]. Construction Management and Economics. 1997, 15: 241－258.
[13] S M AbouRizk, R J Wales. Combined discrete-event continuous simulation for project planning [J]. J. Constr. Engrg. and Mgmt., ASCE. 1997, 123 (1): 11－20.
[14] A Sawhney, S M AbouRizk. AP3-advanced project planning paradigm for construction [C]. Winter Simulation Conference Proceedings. 1994: 1153－1158.
[15] W C Wang, L A Demsetz. Model for evaluating networks under correlated uncertainty-NETCOR [J]. J. Constr. Engrg. and Mgmt., ASCE. 2000, 126 (6): 458－466.
[16] R E Levitt, J C Kunz. Using knowledge of construction and project management for automated schedule updating [J]. Project Management Journal. 1985, 16 (5): 57－76.
[17] S Cho. An exploratory project expert system for eliciting correlation coefficient and sequential updating of duration estimation [J]. Expert Systems with Applications. 2006, 30: 553－560.
[18] 王诺. 网络计划技术中各工序间相关性的若干研究 [J]. 系统工程学报, 1997, 12 (2): 65－72.
[19] 王仁超, 褚春超等. 考虑工序间两类依赖关系的网络计划方法 [J]. 天津大学学报. 2004, 37 (4): 312－317.
[20] F V Jensen. Bayesian Networks and Decision Graphs [M], New York: Springer, 2001.
[21] W Herroelen, R Leus. Project scheduling under uncertainty: survey and research potentials [J]. European Journal of Operational Research. 2005, 165: 289－306.
[22] D D Mari, S Kotz. Correlation and Dependence [M], Singapore: Imperial College Press, 2001.
[23] D V Gokhale, S James Press. Assessment of a prior distribution for the correlation coefficient in a bivariate normal distribution [J]. Journal of the Royal Statistical Society. Series A (General), 1982, 145 (2): 237－249.

缓解资金冲突，实现和谐管理

张健峰[1]　王青娥[2]　陈辉华[2]
（1. 武汉天兴洲道桥投资发展有限公司；2. 中南大学）

1　问题的提出

在大型工程项目的实施过程中，业主方与承包方作为项目的主要参建方，有着完全一致的总目标：“密切协作，顺利完成工程项目”。但是，基于各自不同的立场及角色责任，在对“质量、安全、工期、资金”四大目标因素的理解及侧重点上，却又存在不同程度的差异。在不同的阶段，这些差异会形成大小不同的矛盾和冲突。因此，“结局是愉快的，过程却是痛苦的”，成了大部分工程项目实施的真实写照。

近年来，笔者先后以业主方或承包方主要负责人身份，参与主持了多项投资过亿的大型工程项目。其中包括：香港将军澳地下铁道C602工程（造价9.7亿港元，任承包方联合体中方总经理）、广州新光大桥（造价4.2亿元，任业主方项目指挥部常务副指挥长兼总工程师）、武汉天兴洲长江大桥（任大桥公路分建段及引线工程业主方公司副总经理）等。在这些大型项目的实施过程中，最常遇到的情况是：承包方感到资金不足的巨大压力，并将这种压力通过各种形式转嫁给业主方。这种所谓“资金冲突”使得业主方与承包方之间摩擦不断，矛盾重重，给和谐管理带来很大困难；如果处理不当，将对工程质量及工期造成极大影响或损失。曾见到个别项目，甲乙双方因资金纠纷处理不当，只得诉诸法律、对簿公堂；最后结果是承包方被清场出局，工期严重延误，给双方都带来很大损失。因而，从实现和谐管理的目标出发，缓解或消除资金冲突，是重大工程项目管理中应给予高度重视的课题。

本文分析了承包方与业主方在对待资金问题上的不同处境及不同思路，着重分析了形成承包方资金压力的主客观原因，对于业主方如何正确处理资金冲突，以达到和谐管理目标的思路、对策与措施进行了探讨。

2　形成承包方资金压力的主客观原因分析

2.1　甲乙双方不同的角色责任导致不同的立场

从宏观角度看，若把工程视为一个广义的商品，那么业主方与承包方的关系就相当于买方与卖方的关系。业主方出资给承包方，购买的商品就是工程。出于买方与卖方这一相互对立的立场，一方希望付出代价不要太大，另一方不但不能亏本，而且希望获取尽可能多的利润。这是形成矛盾的根本原因。

2.2　承包方的“低价中标”或薄利保本

在招标阶段，工程的造价是业主方与承包方（即投标方）相互博弈的主要焦点之一。

作为承包方，一般情况下，是由集团公司、母公司或总公司（以下统称总公司）来作出投标的决策的。决策内容包括是否投标、投标的目的、投标策略以及以哪个分公司（工程处）去投标。在确定参加投标后，就要解决“如何投标”的问题。也就是要确定投标的目的，并根据目的采取的相应的投标策略。

投标的目的不外乎开辟新市场（打市场、创牌子、做广告）、保住老市场、守土战略、获取较大利润等。根据不同目的所采取的相应投标策略，是有很大差别的。例如，有的公司为免担风险或争取较大利润，采用增大报价的办法；而相当多公司从占有市场份额（不论新市场、老市场，还是守土战略）出发，一般在编标报价上，都采用薄利保本报价即保本不亏、略有盈利的策略。而在香港这种竞争十分激烈的工程市场上，有的外来大公司在一个大项目结束、而尚无理想的后续项目时，为避免队伍设备的大规模及长战线转移，往往采用亏损报价等低价中标的策略，先拿下一两个项目，守住阵地以待来年。

2.3　业主方在招标阶段设置的拦标价过低

业主方在招标阶段考虑欠周，也是造成日后在资金问题上留下隐患的重要原因之一。业主方的失误，一是对拦标价的确定。有的业主并未经过认真调查及测算，将拦标价定得过低，结果使得承包方干得很苦，业主方也不好受；二是造价因素在计分中所占比例。以往有的项目，业主方鼓励低价中标，即谁报价最低谁中标（相当于报价计分比例接近100%）。为避免这一不良后果，现在一般将报价的计分比例设在60%左右。而且报价排列顺序不按由低到高，而是按接近各家报价的平均值的程度决定分值。

2.4　对于施工过程中发生的某些费用应由谁承担，双方看法不一致

项目中标后，是由下属分公司组成项目部来承包实施的。项目部要负责在这些薄利保本及低价中标的项目中，精心操作，防止亏损。承包方的项目经理是施工项目的第一责任人。有的项目经理还要与总公司法人签订“承包责任书”，其中对重奖重罚的条文均有明确的量化指标。签约之后，实现“质量、安全、工期、造价”四大目标的重任，就落在项目经理的肩上。项目经理处于所有矛盾的焦点。在项目中，项目经理责任最大、担子最重、也最辛苦。当然，完成任务后，收获也最大。

然而，四大目标压力的分量是不一样的。“工期”目标一般只是在后期，才对项目部形成压力；而“质量”目标与“安全”目标对于有经验的承包方来说，一般不会形成过大压力。但是，目前我国大型工程项目大多采用总价包干的模式，这就使得“造价”即资金问题，处于承包方首要考虑的第一位问题，并贯穿施工全过程始终。对于项目经理而言，完成项目保本不亏是其底线，而完成一定利润指标并尽可能多盈利，是其首要目标。因此，从开工之日始，至竣工之日止，项目经理始终处于资金压力状态之中。他必然要在合同内及合同外尽量寻找“资金”机会。

其实，对于有经验的业主方来说，有关造价及资金拨付的规则，在招标文件及合同条文中大多已有明文规定。但是，一则是大型工程面临情况往往较为复杂，一纸合同很难包罗万象，必然存在种种合同外情况或“边缘”状况；二则是对于合同条款的理解，双方往往“南辕北辙”；这就导致对于施工过程中发生的某些费用应由谁承担，双方看法很不一致。

2.5　工程进度款拨付滞后，给承包方造成资金压力

工程进度款拨付滞后，给承包方造成资金压力主要表现在三个方面：

（1）进度款拨付周期长。审核环节至拨付到位最多长达三个月之久，在一定程度影响了项目的施工进度和投资效益。资金拨付周期长的原因主要有：一是大多数项目在资金管理上注重资金审批程序和环节的设置；二是部分项目的建设或代建单位在关键资金使用和确定中间拨付金额方面缺乏决断力；三是审核和拨付流程中无效环节设置过多，审核内容重复，导致审核和拨付周期过长；四是审核环节没有规定完成时限，时间长且脱节。

（2）建设资金没有及时到位和足额拨付。其原因主要是：一是业主因企业自身经营状况和资金供应等方面的原因，资金不到位，工程进度款不能按合同约定足额、及时拨付；二是施工单位往往出于承接工程任务等方面的目的，施工合同中降低了对工程预付款和进度款拨付的要求。

（3）设计变更的后续工作缓慢，影响资金及时到位。因工程设计变更等原因，需增减工程量的，所增减的工程价款本应当与工程进度款同步按期拨付，然而在实际操作中，设计变更的后续工作进展缓慢，因设计变更发生的价款很难及时到位，影响承包方施工的正常开展。

3　业主方的思路、对策及措施

在项目进展过程中，业主方要有充分思想准备听到承包方“哭穷”，业主代表最经常听到的话就是：“因为缺资金，所以进度要受影响！”（因为有经验的承包方项目经理都知道，“进度”问题是业主方的“软肋”）。可以说，“有钱没钱都哭穷，肥猪瘦猪都哼哼！”这是不少工程项目相当普遍存在的现象。

一般说来，承包方项目经理在下列几种情况下最易反映“资金不足”问题：（1）新工序开始时；（2）重大设计变更时；（3）外部条件变化、遇到较大困难时；（4）领导视察时；（5）受到表扬，工作得到肯定时；（6）受到批评警告，或要求他们整改时……。

无论是在哪种情况下，通过什么形式反映的问题，都应引起业主方的高度重视，认真对待。

业主方处理好资金问题的思路、对策及措施，应着重考虑以下几方面问题：

3.1　正确对待和理解承包方的困难及要求

应该说，在业主方与承包方这一对矛盾统一体中，业主方处于主导地位。业主方应充分认识到，承包方的实际困难，最终会转嫁到业主方来。只有进行换位思考，承认差异、理解差异，认清业主方自身的职责、权限，认真分析及充分理解承包方的思路及难处，才能正确处理甲乙双方的关系与矛盾，为顺利推进工程进展创造和谐的环境，实现和谐管理的目标。对于出现的资金问题，应认真分析原因，在合同框架下，分别不同情况，采取不同对策，切实解决问题。

3.2 从源头上采取措施，在招标合同中尽量消除可能给承包方带来资金困难的因素

事实上，招标文件及合同条款的缺陷是一把双刃剑，不仅不利于承包方，也极大地束缚了业主的手脚。

(1) 尽量减少低价中标现象的出现，业主应组织有丰富施工和造价审核经验的人员，对投标的拦标价及限价进行认真细致的审核，确保标价合理准确。另外，为防止投标人有意低价中标，招标人最好在招标文件中对施工措施费设置最低金额（即明确施工措施费报价不得低于某一比例）。

(2) 制定合理的风险分担比例：切不可企图将所有风险转给承包人，这样做的结果往往适得其反。因此，有关风险费分担的条款，应在进行实事求是分析的基础上，对于业主方与承包人承担的风险费作出清晰的界定。要考虑承包人承受风险的能力，同时也要注意不要把业主的手脚捆得过死。例如：过去有的合同规定主材价格上涨的风险全部由承包方承担。可考虑将条文修改为："业主对费用一般不作调整，包括人工费，水、电的价格及其所有的建筑材料的价格。下列情况除外：主要建筑材料价格剧烈波动时，将根据国家相关法律法规等，调整个别材料结算价格"；或"对于主结构钢材由于价格大幅度波动引起的价差，按下列比例分别由承包方与业主方分担……"。

(3) 在技术难度较大的项目招标中，对于施工方案的惟一性不作硬性规定；或者允许投标人在按标书要求完成规定的施工方案报价外，还可增加一个替代方案。其目的都是为了减少承包方的资金风险。

(4) 对于备用金的使用，合同中应尽可能为备用金的使用留下伏笔。因为工程进展中，肯定有大量不可预见的因素（合同以外补遗或新增因素）需要资金，必须动用备用金；但却往往由于缺乏足够的合同依据及相应条款而难于操作。

总之，在政策法规允许及不损害业主方利益的前提下，从招标文件及拟定合同开始，就尽可能地为承包方多争取一些权益，提供一些方便，解决承包方在项目实施中确实存在的客观困难。从总体上说，对顺利完成项目是有利的。

3.3 在合同框架内经过充分协商，分析原因、明确性质，分清责任、确定对策

项目进展中处理资金冲突的依据，是合同。处理的原则是经过充分协商，分析原因、明确性质，分清责任、确定对策。具体来说，也就是应该认真研究以下6个问题：(1) 是否真的缺钱？(2) 什么原因缺钱？(3) 所缺资金应归哪类？(4) 应该谁来买单？(5) 资金缺口有多大？(6) 什么时候买单？

这几个问题，是业主方与承包方解决资金问题的焦点。

在对于承包方提出的资金问题进行分析时，要着重弄清下列问题：

(1) 哪些是合同中已有明确规定的？

(2) 哪些是投标时已约定及承诺的？

(3) 哪些是由于双方对合同理解不一致而引起的？

(4) 哪些是合同未能包括的？

(5) 哪些是签约后客观情况发生变化的？

(6) 哪些是属于设计变更的？

(7) 哪些是因工程进度款拨付滞后引起的？

对于第(1)~(3)类问题，要通过双方的充分沟通，在合同的框架下统一认识，解决问题。对于第(4)~(5)类问题，在双方协商后，通过补充协议（或补充合同）来解决。而第(6)类及第(7)类，即设计变更及工程进度款拨付不及时引起的资金问题，业主方应负主要责任，必须认真下功夫，加以解决。

3.4 处理好设计变更环节的程序性问题

大型工程项目进展中，不可避免会出现大量设计变更或工程变更问题。对每项变更，除了要明确它的必要性、技术可行性以外，很重要的一条是要判明变更是因何原因引起、是由哪一方提出的？以确定应由谁来"买单"。同时应尽快启动设计变更程序，完善设计变更相应手续。若应由业主方承担，就应该使资金尽快到位。因为设计变更引起的工程量（工程费用）的增加，是由承包方先期投入的。而设计变更相关的审批环节若过繁过慢，资金迟迟不到位，必将给承包方带来巨大压力。

3.5 加强工程进度款拨付管理，确保资金及时到位

为了保证在规定的时间内（一般为60天）进度款拨付到位，可从以下几方面加强工作：

3.5.1 加强造价咨询管理，做好计量支付工作

(1) 造价咨询人员要深入施工现场，在监理的配合下，加强与承包方的沟通与联系，及时了解掌握现

场工作进展和相关情况，有效开展造价咨询工作，确保造价咨询工作与工程进度同步，即确保量、价审核同步开展。

(2) 严格掌握进度款拨付流程，即按照“计划报送→现场计量→报表申报→资料审核→业主审批→资金拨付”这6个环节，将60天的时间分阶段落实到各个环节及具体责任人身上。

3.5.2　承包方对进度款拨付的责任

工程进度款能否按时拨付，承包方同样负有极大的责任。首先，必须确保工程质量，把工程的每一道工序做好；这是按时完成计量支付的基础及前提。没有这一条，就谈不上资金的拨付。其次，施工方的计划部门要及时、全面、准确、有序地按照合同规定及管理办法的要求，提供必需的各种相应原始资料、数据、凭证、报表等。对计量支付工作给予全力配合。

3.5.3　做好工程进度款拨付工作的原则

(1) 及时，即时效性：要在规定的时间内完成该环节应完成的工作。

(2) 全面，即完整性：按规定的要求提供年、季、月度计划；按合同的要求提供“已完成工程验工数量表”、“已完成工程验工计价表”及符合竣工文件要求的所有内业资料、形象进度说明及工程数量计算单等；资料要完整齐全。

(3) 准确：即拿出的所有数据及相关资料都要真实、准确、有据、可靠；不得大而化之、模棱两可、想当然，更不能弄虚作假。

(4) 有序：即注重程序性，严格按规定程序进行操作。避免返工，力争一步到位。

4　结束语

在大型工程项目的实施过程中，会出现各种问题、各种矛盾。业主方能否正确处理好出现的问题，妥善地化解各种矛盾，以实现和谐管理的目标，是检验及衡量业主方管理水平的重要标准。

资金冲突是大型工程项目普遍存在的问题，有时问题还呈现十分复杂的局面。若处理不当，对项目的顺利实施危害极大。然而不管问题有多复杂，困难有多大，只要甲乙双方都认识到目标是共同的，通过充分沟通和协商，没有解决不了的问题和克服不了的困难。

作为业主方，要正确对待和理解承包方的困难及要求，从源头上采取措施，在招标合同中尽量消除可能给承包方造成资金困难的因素。在项目实施过程中，对于承包方提出的资金问题，应针对不同情况进行具体分析，在合同的框架下及政策容许范围内，尽可能为承包方解决实际存在的困难。尤其要处理好工程款按时拨付及设计变更带来的资金问题。

“过程也许痛苦，结局必然快乐！”相信通过工程界同仁的不断实践、探索、努力和总结，我们的项目管理水平一定得到提高，和谐管理的目标一定能够实现。使得大家在项目实施过程中不再痛苦，过程也与结局一样充满快乐。

构建政府投资项目后评价管理体系

王红岩　安冬冬
（东北财经大学）

1　构建政府投资项目后评价管理体系的必要性

长期以来，政府投资项目的建设和实施都是社会公众和舆论关注的焦点，提高政府投资项目效益是我国投资体制改革的主要目标之一。我国宏观经济的不断发展，对政府投资项目的建设和运营提出了更高的要求，原有的管理监督手段和方式也需加以改进和完善，对政府投资项目进行后评价的必要性日渐显现出来。项目后评价是项目监督管理的重要手段，也是投资决策周期性管理的重要组成部分，是为项目决策服务的一项主要咨询服务工作。项目后评价以项目业主对日常的监测资料和项目绩效管理数据库、项目中间评价、项目稽查报告、项目竣工验收的信息为基础，以调查研究的结果为依据进行定性和定量的分析评价。项目后评价的开展，不仅有利于政府投资项目的全过程管理，而且有利于提高项目决策的科学化和民主化，对加强政府投资项目监督管理、提高投资效益有着重要的意义。

随着我国市场经济体制的不断完善，项目后评价工作的重要性逐渐被人们认同，一些政府投资项目也开始进行后评价工作。但是，政府投资项目后评价机构建设缓慢，缺乏有效的管理机制已经成为我国发展政府投资项目后评价工作的瓶颈制约。我国目前评价机构的状况是：中央政府部门中，发展和改革委员会（以下简称发改委）重大项目稽查办公室负责对国债重大项目的建设实施组织稽查，国家审计署按照《审计法》的有关规定对国家投资项目进行绩效审计，财政部对项目资金使用情况进行检查。在行业部门中，有一些设立了评价机构，如交通部由其下属的交通规划研究院负责项目的评价工作；也有一些部门，虽没有设立专门的评价机构，但是有相应的机构负责项目的评价工作，如铁道部，由计划司负责项目评价工作的安排，委托其下属的设计研究院进行项目的评价工作。地方政府和行业部门已经建立的项目后评价机构缺乏规范性，没有统一的组织和要求，其发挥的作用差别很大。目前，我国尚未建立独立的、权威的国家级后评价机构，无法对全国的政府投资项目后评价工作进行统一的组织、管理、指导和协调，这严重制约了我国政府投资项目后评价工作的深入开展。完善的管理体系是政府投资项目后评价工作开展的组织基础，所以，建立和完善的政府投资项目后评价管理体系势在必行。

2　政府投资项目后评价管理体系的构建原则

政府投资项目后评价管理体系的构建，不仅要考虑政府投资项目后评价工作自身的特殊性，而且要充分考虑我国的具体国情，管理体系内部的职责划分要明确，具有相对的独立性，以便顺利开展工作。

2.1　独立性原则

独立性原则是建立政府投资项目后评价管理体系的首要原则。政府投资项目涉及的部门较多，利益关系比较复杂，所以，政府投资项目后评价工作受到外部干扰的可能性也较大。只有严格遵循独立性原则，政府投资项目后评价管理体系才能避免受到外部干扰，保证政府投资项目后评价工作的客观性和科学性，实现项目后评价工作的作用和意义。

2.2　可行性原则

政府投资项目后评价管理体系要具备可行性，即建立的管理体系必须能够正常的运转。这就要求管理体系具备相关的法律保障、合理的组织架构、高素质的后评价人才和稳定的经费来源等。只有这样，政府投资项目后评价管理体系才能稳定、高效地运转，完成后评价任务。

2.3　权威性原则

权威性是建立政府投资项目后评价管理体系的重要原则，这是项目后评价工作能够长期、有效存在的基础。管理体系的权威性能够保证其评价结论的权威性，使其评价结论可以成为追究决策者和实施者的行政责任、经济责任和法律责任的重要依据。

2.4　协调性原则

由于政府投资项目自身的特点，其涉及的部门较多，如使用单位、建设单位、财政部门、发改委、审计部门、环保部门等，所以在项目后评价的过程中，不仅需要各方面的专业知识，而且需要这些部门的大力协助，同时，后评价结论中有关的内容也要及时地反馈到这些部门，督促这些部门追究相关的责任，并且为今后的投资决策和管理提供相关的经验和教训。因此，良好的协调性是政府投资项目后评价管理体系高效运行的保证。

3　政府投资项目后评价管理体系的构成要素

根据政府投资项目后评价管理体系的构建原则，政府投资项目后评价一般应包括以下三个要素。

3.1　管理机构

建立独立的管理机构，是政府投资项目后评价工作公正和准确的保证。管理机构的主要职责包括：对政府投资项目后评价进行计划、组织、协调和控制；负责对项目后评价工作进行检查、监督、信息发布等；制定项目后评价政策、法规、办法和和原则，使政府投资项目后评价规范化；汇集后评价反馈意见，及时地将后评价成果向有关部门反馈。中央管理机构由国务院的相关部委或组织承担，地方分级管理机构由省（自治区、直辖市）、市（地区）政府中与中央管理机构对应的部门承担，中央管理机构和地方分级管理机构共同完成政府投资项目后评价的管理工作。

3.2　执行机构

执行机构总体上说就是具体从事投资项目后评价的组织或单位，一方面管理机构在其认为可行的情况下，可以对某些政府投资项目直接进行项目后评价，另一方面是外部机构，即接受管理机构委托的进行项目后评价的中介机构，如咨询公司等。这两种机构形式各有优劣（见表1），一般来说，项目后评价管理机构为了更好地管理项目后评价工作，应该有计划的开展一定数量的后评价工作，而大量的后评价工作应该交由外部机构来完成。执行机构通常由具有资格认证的专业人员组成，也可根据实际需要聘请相关领域的专家参与项目后评价工作。

后评价执行机构优缺点比较表　　表1

后评价执行机构选择	优　点	缺　点
后评价管理机构	（1）对项目了解全面，工作难度较小； （2）信息反馈迅速； （3）节省费用	（1）人力资源不足； （2）可能存在片面性； （3）易受人为干扰，客观性、公正性较差
外部中介机构	（1）可以及时实施后评价； （2）客观性、公正性较强；	（1）对项目缺乏了解，与有关单位合作困难； （2）责任心不强； （3）费用较高

3.3　研究机构

研究机构要有计划地对项目后评价理论、方法和指标等进行研究，负责项目后评价人员培训，与国外定期进行学术交流活动。同时，研究机构要积极培养和锻炼一批专业人才，推动我国政府投资项目后评价体系的不断完善。通常研究机构的职责应由具备相关条件和基础的大学或科研机构来承担。

4　政府投资项目后评价管理机构设置的方案选择

在政府投资项目后评价管理体系的三个主要构成要素中，管理机构的设置要相对复杂，需要考虑的因素较多，涉及的方面也较广，其中地方分级管理机构可以依照中央管理机构的具体设置方案进行对应的调整来组建，所以，中央管理机构如何设置是整个政府投资项目后评价管理机构设置的关键。

4.1　备选方案

对于政府投资项目后评价管理机构的设置方案，目前的研究和实践主要有以下两种基本观点：一种观点认为应该设立一个直属于国务院的全国政府投资项目后评价管理小组（或办公室），这个管理机构或者是重新组建的，或者由发改委、国有资产管理委员会、财政部、审计署和中国人民银行等与政府投资项目有关的部门组成；另一种观点认为应该在国务院某个与政府投资项目有关的部委内部设立政府投资项目后评价的管理机构，该管理机构受所属部委的领导和管理，如在发改委、财政部或国家审计署等内部设立政府投资项目后评价管理机构。上述两种观点基本上涵盖了政府投资项目后评价管理机构设置的五种可能方案，这五种备选方案的具体情况如下：

方案A：新组建的直属于国务院的管理机构。成立全国政府投资项目后评价领导小组，将其作为国务院的一个直属机构，对全国的政府投资项目后评价工作进行统一的管理，并且协调各个方面的资源和信息，保证项目后评价工作的顺利进行。

方案B：由各相关部门组成的直属于国务院的管理机构。由发改委、国有资产管理委员会、财政部、审计署和中国人民银行等与政府投资项目有关的部门共同组成政府投资项目后评价管理机构。这个方案的组织结构类似于矩阵式的组织模式，针对一个或一类项目，从各个部门抽调有关人员，组成由组长（或负责人）领导的工作小组，负责项目后评价的管理工作。工作小组成员在接受自己所在部门领导的同时也接受工作小组的领导，形成了双重的指挥链。

方案C：在发改委内设立管理机构。国家发展和改革委员会是统筹政府投资项目审批和管理的综合部门，具有项目前期评估的经验，熟悉政府投资项目的决策和建设过程，因此，可考虑在发改委内部设立政府投资项目后评价的管理机构。目前，北京和江苏出台的有关政府投资项目的管理办法中，将政府投资项目后评价的管理职责划归于发改委。具体地来说，可以在发改委新建专门的后评价中心，也可以扩展重大项目稽察办的职能，在重大项目稽查办内设立后评价管理办公室。

方案D：在财政部内设立管理机构。由于财政部投资评审中心承担中央财政投资项目预（概）算、决（结）算的审核，对加强政府投资项目监管发挥了重要的作用，所以可将财政部投资评审中心的现有职能进行扩展，承担政府投资项目后评价管理的职责。

方案E：国家审计署内设立管理机构。国家审计署的主要职责包含了对中央财政预算、省级政府预算的执行情况以及国际组织和外国政府援助、贷款项目的财务支出进行审计，所以，政府投资项目是国家审计署的审计内容之一。鉴于国家审计署在国家经济运行中的独立性和权威性，可参照美国总会计办公室的做法，在原有审计的基础上，加强其评价功能。在国家审计署下设置政府投资项目后评价的管理机构，负责全国的政府投资项目的管理和控制。

4.2 方案比选

上述关于政府投资项目后评价管理机构设置的五种方案的优缺点如表2所示：

政府投资项目后评价中央管理机构设置方案比较表　　表2

方案编号	方案描述	优　点	缺　点
方案A	新组建的直属于国务院的管理机构	（1）便于集中、统一管理； （2）独立性较强，避免外界干扰； （3）具有权威性； （4）及时地反馈和解决问题	（1）与各部门协调困难； （2）不熟悉项目情况，需要花费更多时间和精力
方案B	由各相关部门组成的直属于国务院的管理机构	（1）便于协调； （2）具有全面性	（1）职责难以落实，内部管理难； （2）可能出现偏袒某个部门的行为； （3）易受到人为的干扰； （4）效率低
方案C	在发改委内设立管理机构	（1）熟悉项目情况； （2）具备前期评估和项目监管的经验； （3）效率较高	（1）已参与前期审批，可能会影响后评价结果的客观性； （2）权威性相对较差
方案D	在财政部内设立管理机构	（1）熟悉资金使用情况； （2）具备前期评审经验	（1）局限性，不熟悉其他方面； （2）缺乏全面评价的经验； （3）权威性较差； （4）与其他部门协调困难
方案E	在国家审计署内设立管理机构	（1）具备政府投资项目审计的经验； （2）熟悉项目的实施状况，尤其是财务状况； （3）独立性较强	（1）具有局限性； （2）不了解项目全面评价； （3）有些评价内容超出了其本身的职责范围

方案B的组织结构形式类似矩阵型结构。这种组织结构拥有双重的指挥链，机构中的职员拥有两个上司，即他们所属部委的领导和后评价管理机构的领导，这样可能会出现不同的领导发出相互冲突的命令或优先处理的要求，造成许多执行方面的混乱，从而不能保证管理机构的正常运行，影响其工作效率。所以，方案B虽然在一定程度上兼顾了政府投资项目所涉及的各个部门，但是其在管理和运行方面的可行性较差。

方案D中的财政部门和方案E中的审计部门在其日常工作中，虽然涉及到了政府投资项目后评价的一部分内容，但是局限于资金使用和监督的角度，缺乏项目全面评价的经验，对后评价工作进行管理有一些难度，而且在与其他部门的协调过程中可能会出现一些问题。

方案A具有政府投资项目后评价管理机构设立所要求的独立性、权威性，是最为理想的选择。但是，这种方案的实施需要高效的政府行政体系和完善的投资体制作为支撑，否则很难发挥其作用。在现有的体制下，这种方案的组建成本和实施成本可能会较大。

相比之下，方案C略逊于方案A。发改委对政府投资项目的决策和实施比较熟悉，而且重大项目稽察办的工作已取得了相当的成就，积累了丰富的经验，这会对政府投资项目后评价的管理提供一定的帮助。在北京、江苏等地，发改委已经成为政府投资项目管理机构的选择。在现有的投资体制下，由发改委负责政府投资项目后评价是一种成本较低的选择。

综上所述，对于政府投资项目后评价管理机构，在现阶段方案C是较为可行的选择，待条件成熟时可以采用最为理想的方案A。

5　政府投资项目后评价工作的经费来源

稳定的经费来源是政府投资项目后评价工作能够正常运行的后勤保障。开展政府投资项目后评价工作的经费来源主要有三个方面：一是在初步设计概算时，按总概算第一部分费用（即工程费用）的1%～3%计列为后评价费用，将后评价费用计入项目总投资；二是建立政府投资项目后评价基金，每年在财政基建预算内统筹安排一定数额的资金，专项用于项目后评价；三是由财政每年专项安排，专款专用，集中支付。应该说，为完善政府投资项目的决策、规划和建设，提高政府投资效益，每年耗费一定数量的资金搞好政府投资项目后评价工作是值得的，也是必要的。从本质上说，这三种方式的经费都来源于财政收入，在实际实施的过程中，可以根据实际情况制定经费来源计划。

参考文献

[1] 姚光业．投资项目后评价机制研究［M］．北京：经济科学出版社，2002.

[2] 李丽红，高喜珍，崔木花．财政投资项目后评价管理机制研究［J］．商业经济．2004，5.

[3] 张长春．组建统一的外部专业监督机构 提高投资监管水平［J］．中国经贸导刊．2005，1.

[4] 张长春．政府投资的管理体制．北京：中国计划出版社，2005.

[5] 唐学文，刘思峰，方志耕．关于加强政府投资项目后评价工作的设想［C］．管理科学与系统科学研究新进展——第8届全国青年管理科学与系统科学学术会议论文集．2005.

香港青马大桥的工程管理方法

刘正光

（茂盛（亚洲）工程顾问有限公司）

1 概述

为使香港经济持续增长，并继续于下一世纪担当世界贸易、商业和交通的枢纽，香港已完成一项世界最庞大的基础建设计划，投资额达1600亿港元。该计划的关键部分是在大屿山北的赤腊角岛修建一座新的国际机场。大屿山新机场与市中心之间的交通，则由一条设有6~8条行车道的快速干道和一条通往港岛区的34km长高速铁路加以连接。青马大桥及汲水门大桥为此连接新机场的惟一道路网络中的重要一环。

大型桥梁之中，以青马大桥规模最大。青马大桥为主跨长达1377m的吊桥，是世界上最长的公路铁路两用吊桥；而汲水门大桥则为主跨430m的斜拉桥，是世界上第二长之公铁两用斜拉桥，这两座大桥均采用双层桥身设计，上层桥面有两条三线行车道，下层有两线机场高速火车路轨及两条单线行车紧急/维修通道。这两座大桥之建造期都为5年，并已于1997年5月通车。大桥工程质量极高，从通车到现在，已约有十年，运作良好，桥面铺装，防锈油漆，钢结构，钢索等各构件并没有损坏，不用修理，极为难得。

青马大桥采用之科学工程管理方法，成效卓着，为工程界赞赏，其后与兴建新机场有关的基建工程项目都采用，有效地推进和提高了香港的工程管理水平。

2 整体工程管理

关于“可持续发展”的定义，有很多方法来解释。在香港，通常的说法是“香港之可持续发展，是平衡这一代及后代的社会、经济、环保及资源的需求。通过社会大众及政府的推动，可在本地、国家及国际上，同时获得蓬勃的经济，社会程序及高质素之环境”。青马大桥之规范、设计、建造、维修及项目管理，都是按这方向而制定的。

青马大桥建设规模大，技术难度高，设计创新，工期要求急，工程质量要求高，所以当局特别成立了一个名为“青衣至大屿山干线工程管理处”（以下称工程管理处）的工作单位，负责监督青马大桥的工程。该单位的成员由路政署内对桥梁工程具有深厚专业和工程管理知识的工程师组成，为一支高质素的监理队伍。其主要工作是策划及兴建三道大型的桥梁，即青马大桥，汲水门大桥及汀九大桥。

在规划兴建青马大桥期间，路政署内极缺乏设计及建造吊桥的专才，因而须引进国外先进技术，委聘顾问工程师协助设计大桥。路政署的主任工程师和顾问工程师一齐工作，制定了大桥的设计标准及规范，其后拟订大桥的详细设计和工程合约书。顾问工程师的职责包括编制投标书和施工图纸、协助甲方招标、评估各工程招标的造价与技术质量的优劣，以及推荐每项合约的承建商。工程管理处在复核这些推荐后，再与承建商进行商讨及签署合约。在大桥施工期间，路政署派出工程师与顾问工程师事务所的工程师一齐同于工地工作，监管大桥的建造。路政署的工程师，因此可从工作中汲取兴建吊桥的实际工作经验。在其后的汀九大桥工程之中，因路政署的工程师已累积了足够建造悬索桥的经验，能够自行直接监理汀九大桥的建造，毋须再聘用顾问工程师。这些培养后之工程师，他们的专才也应用在近期之青龙大桥及昂船洲大桥之特大桥梁工程项目。这也是可持续发展项目管理的目的之一。

在建造大桥期间，最高决策者为青衣至大屿山干线工程管理处处长，他代表甲方行使一切工程合约内所赋予的权力。工程管理处大约有一百名工作人员，其中约一半是专业工程师，其余则为技术人员及一般事务文员。工程管理处主理青马大桥的人员只占总人数的1/3左右。路政署也为员工提供内部进修课程，并鼓励他们在工余时间到香港大学、理工大学进修，既可吸取新知识，亦可获取更高学术资格，增加晋升的机会。

3 施工监理

施工监理是通过驻工地人员对工地施工进行全方位的监理。施工监理要集中于做好工程质量监理、工程进度监理、工程费用监理、安全和环保管理及合同管理等工作。

3.1 工程进度监理

工程进度是合同管理的重点之一，业主、驻工地总工程师始终关心工程进度，经常保持主动权。

在建筑工程正式开始前，承建商须提交一份兴建工作程序计划表，列明每项工序的施工细节及先后次序。表中列明关键路线，工序之里程碑也明确地显示。青马大桥工程甚为复杂，计划表须以网络分析方法来表示。此表要常与工程实际进度表互作比较，一旦发觉进度未如理想，找出原因，便会作出必要的调整，作相应的弥补措施，控制进度以达原来的目标。驻工地人员每天均须填写工地日志，记录每日进度及每天发生的重要事项、承建商工人数目，以及各种机械的种类和数量。日志须每日交予承建商工地代理人查对及签名核实，以便日后发生合约纠纷时作为存照。

为了有效地监管承建商的工作，工程管理处把一些合约内甲方的权力下放予驻工地总工程师，例如签发因应工地实际情形而更改的施工图纸；定线工作；批准工地的安全及防护措施与计划；填写工地日志；负责及批准建筑材料的品质控制及测试；工作质量；要求进行缺陷修补或返工；基于安全理由而指令停工；更改（增加或减少）工程细则或工作的数量（只限价位港币30万元以下）；保留工作记录，以及签发证明用以发放分包商应得款项等。不过，对于较重大的事情，工程管理处不会把权力下放，而会由处长亲自审批，例如保养期的起始及结束日期、批准承建商所提出的分包商、批准工作程序表、延长完工时间、指令承建商实施一些加速工作措施、签发完工证书、更改（增加或减少）工程细则或工程量（价值港币30万元以上）、指令停止某部分工程或全面停工，以及与承建商仲裁和议定施工索赔款额等。

3.2 质量监理

工程质量监理是监理的中心任务。为了保证青马大桥工程的质量，工程管理处指定承建商的投标书须包括一份完整的“质量计划书”，计划分成三大部分，即工程质量手册、检查及检验计划以及质量程序制度。其内容须针对设计、选购材料及建造期内不同工序与情况而制定。计划书列明每一步骤均须由独立人士校核或审查，以切实履行质量控制程序及职责。

青马大桥工程合约记述了每项工程所要求的材料质量、数量、工作质量及施工程序。桥梁必须按工程规格而建造。我们订有一套完善的“土木工程标准规格”，包括土方，混凝土，沥青，钢筋，预应力，钢结构，支承，伸缩缝等之规格。

我们要求在工地外生产的材料必须符合土木工程规格标准中所订规格。一般而言，材料生产商的产材试验证书均可予信赖。青马大桥很多构件都在香港以外生产，如桥身构件分别在英国及日本制造；鞍座及吊索的钢丝在英国；桥身两旁的不锈钢盖板片则在澳大利亚；桥辅助钢结构在南朝鲜；桥支撑在意大利；铁道伸缩缝在奥地利；道路伸缩缝在瑞士；升降机在日本；机身箱形组件则在广东东莞组合。为了保证构件的质量在运送香港前已达到既定标准，工程管理处委托在当地的独立检定机构，定期到工厂或工地按工作质量手册进行审核，而工程管理处的工程师也作不定期的检查。在质量控制方面，亦须对材料作抽样试验。例行的材料试验由政府的工务中央试验室进行。香港其他一些合乎资格的材料试验室，例如香港大学、理工大学及一些私人材料试验室，亦有从事材料试验。如有需要，也会对结构物或其构件，如支撑和铁道伸缩缝作足尺核验，以保证符合工程质量的要求。

3.3 工程费用监理

青马大桥建造合同为72亿港元，工程费用监理是要控制合同价及控制施工新增费用，以达到对工程实际造价的控制，在严格监管下，大桥在没有超支下完成。

传统的香港土木工程合同，乃根据英国土木工程师学会的蓝本而订定，并视乎需要略加修改，以配合香港的情况。为免工程建筑费用超出预算及确保工程能依期完成，大桥的工程合同内增添了一些特别条款，并作出了若干修订，俾使甲方（即路政署）能够更有效地控制工程成本和进度，以及鼓励承建商按施工程序进行工程。

普通合同的工程建造费用，会按照已完成的工作量清单来计算应发放予承建商的工程费。一般的计量期为每月一次。假设本月底完成了100m^3 土方，就会按100m^3 乘以合同所订的每立方米土方报价发放款项。不过，修订的大桥工程合同是按合同中固定的施工进度表或称里程碑而付款的。根据合同所订，地基、吊塔、桥身、锚碇等每项工序都有本身的施工进度表及里程碑。假设合约规定地基工程在开工后12个月就应完工，首月须完成工序的5%，次月须完成12%，第三个月须完成20%等等，承建商于投标时可根据自己订下的工作程序、工作方法及公司所拥有的机械资源，决定是否需修改合同内甲方所定的施工进度表和里程碑。不过，一旦签订合约，此施工进度表就成为合法文件，双方必须切实遵守。在动工后，若承建商在第一个月完成5%的地基工程指标，便可获得相应的建造费，即地基工序总包价的5%。若只完成了4%，则不会获发任何费用。此工序的工程款项将被冻结，直至该里程碑（即完成工序之5%）完成为止。然而，即使承建商完成了6%的地基工程，亦即超逾所订要求，也只能按5%计算应得费用。在此制度下，承建商定会尽力按进度表工作，以求得到应得的费用和利润，而甲方也可作出稳定的财政安排及掌握放款进度，更有效地控制财政。

另一特别条款是将工程合同设定为固定价格合同（Fixed price lump sum contract），即工价不会按物价通胀而调整。一旦批出合同，合同价格就固定不变，不会因通胀而调整，开工时的合同价格与完工时的合同价格维持一样。换言之，承建商在标书上所订造价，应包括施工期内的人工及建筑材料的通胀率。承建商可自行以长期合约或期货方式向海外的材料制造及供应商订购所需材料，藉此减低价格波动的风险。合同也规定施工期也不会因台风或受雨水期的影响而延期。因而承建商要承担这方面的风险。当然甲方也同时承担天灾、战乱等方面的风险。

3.4 合同管理

工程合同为确定项目签约双方互相的权利义务关系的协议。对于一项工程来说，依法签订的合同文件就相当于签约双方的法律。双方按合同的精神，一致地开展工作，履行自己的职责，完成合同任务。因而合同管理十分重要。除了按规范的合同条件实施工程管理和保证支付外，变更与索赔是常见的合同问题。业主和承建商之间出现的变更、索赔、延误和争议首先应由顾问工程师作独立性的评价和决定。如双方仍不接受，争端最终应付诸仲裁，这样的仲裁是最终的，而且对双方均具有约束力。为此，合同加入调解和仲裁协议条款，有效、省钱、又省时间地解决合同纠纷。

工程合同内的其他条款，基本上与普通工程合同一样。例如“承建商工作表现信用状”为合同价的10%，倘若承建商在建造期内表现恶劣，进度欠佳，甲方大可撤销工程合同，然后再度公开招标，把馀下的工程交由其他承建商完成，新旧工程合同工程费之差额，则由原承建商承担，而该信用状的款项则由甲方没收。由于青马大桥为通往新机场的惟一通道，如未能如期完成，社会大众将蒙受极大的影响和损失。因此，合同内订明若工程不能如期完工，承建商须支付巨额罚款。若在规定完工日期后才完工，每天罚款为135万港元，如所拖延期限超逾30天，之后每天罚款为345万港元。总罚款上限为9亿港元。

甲方在1990年底，向世界著名之桥梁承建商发邀请信，作投标资格预审。有11家国际联合体表示有兴趣投标，他们提交有关工作经验、财政状况及公司资源等资料。经审核后，有5家联合体通过投标资格预审。1991年7月，甲方向他们发放投标书及文件。可惜其后有一家联合体退出，只有四家联合体参加，他们包括世界著名承建商，大体分为英、日，欧洲，日本和南朝鲜为主的联合体。投标截止期为1991年12月。合同在1992年5月批发于英国和日本之联合体，工期为5年。

3.5 施工安全管理

青马大桥有很多任务工序须于高空及地平线下进行，难度高于一般的土木工程项目，因而对工地安全措施尤为重视。工程合同规定每200名工人要有一名合资格的安全主任负责安全措施，而承建商要定期向工人贯输工地安全知识、举行小型安全研讨会及提供安全训练。驻工地总工程师之下有一位高级工程师负责监察工地安全问题，他每天和承建商之安全主任，在开工前一齐巡视工地，保证施工环境安全。在任何时间，发觉工地安全受危险严重，可以下指令停工。并每月举行工地安全管理委员会，检讨安全方案的实施情况。如果每月的安全记录良好，承建商会获得奖励，但如果连续多月工地的安全记录恶劣，工伤事故特多，则承建商会受到惩罚，严重者将被禁止参与竞投政府的其他工程。

模板设计不良或模板和支手架不足，可造成不良的后果，并可能引致工人伤亡及令永久结构受损。临时的结构的设计均由承建商负责。为了保证临时性结构的设计及建造达到既定的安全标准，规定承建商须聘请符合资格要求的工程师对临时结构作独立的审核。

正如质量管理一样，承建商也要编写一本“安全计划书”，详细记录高层主管人员的责任，安全制度，检查方案，监督和控制措施，安全培训计划，纪律警告制度，发生意外之紧急措施，奖励计划等。

3.6 信息管理

青马大桥的施工管理是一项极为复杂的系统工程。在预定工期内，工程各项工作都要按照议好的计划和程序协调地进行施工作业。工程管理处建立一套完整的信息管理系统，对工程作主动、有效和及时地全盘、全过程目标控制。

工程管理处每天收到的信息十分多，包括顾问工程师、驻工地总工程师、承建商、政府各部门、材料供应商等，大量信息往来包括信函、报告、会议记录、备忘录、简报等。这些信息通过计算机及网络系统作处理，分类及储存。因而网络中的各个工作站都可以共享这些信息资源，大大增加了工作效率。

3.7 环保监测之审计

在设计时完成之环境评估报告已识别了在建造期间会发生问题的地方。因而相应之解决方法，都加上在工程合约的投标文件中，以方便承建商跟从。

承建商也编写一份详细的“环保计划手册”，详细列明高层主管人员的责任，管理队伍的组织结构，培训需要，检讨机制，施工废料管理计划等。

工地也成立特别小组，进行符合监测及按订下之基本准则评估建造工序，在环保方面之表现。并对承建商之工作，在园景、噪声、空气污染、废物引起及水质等之影响作审计工作。任何对环境有重大影响之工作，一经确定，会发出指令，由承建商去补救。

4 结论

世界级的青马大桥能够在没有超支的情况下如期建成，而且质量水准极高，可以说是一项世界纪录。这项庞大的工程如此成功，实有赖完善的工程管理制度以及所有参与者的共同努力。清楚明确的分工及完善的指引，使全体工作人员充分认识到工程管理制定的重要性，并且在这良好的制度下各擅其职，紧密合作，最终成就了这项规模宏大的工程。通过这项工程管理方法，路政署训练了很多桥梁工程师，令可持续发展的精神得以发挥。主跨达1377m的青马大桥，已于1997年5月落成启用。其美观的设计造型，已成为香港的一项特有标志，与美国旧金山的金门桥分庭抗礼，互相辉映。

这套科学化的管理方法，现已推广至其他大型土木工程项目，有效地提高香港工程管理水平。

附录：

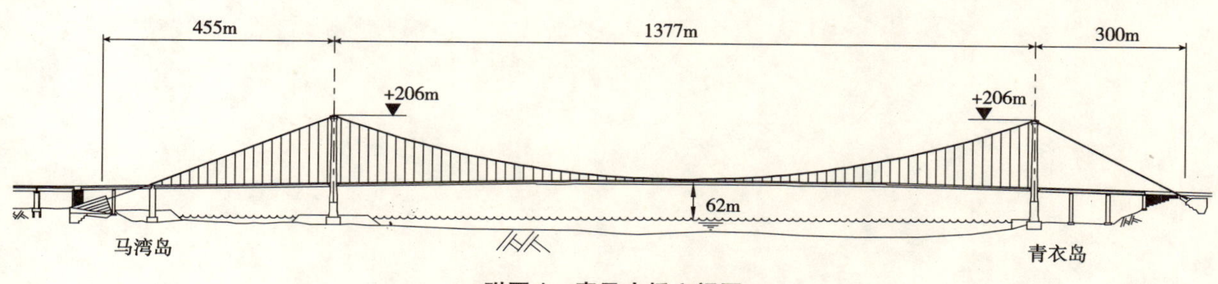

附图1 青马大桥立视图

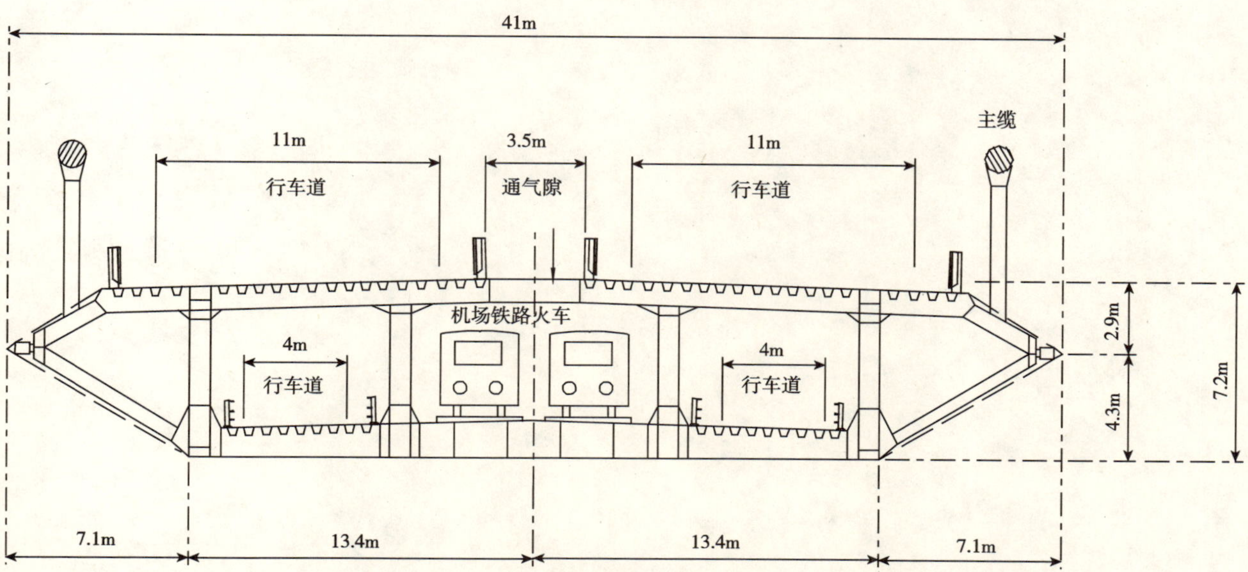

附图2 青马大桥横切面图

参考文献

[1] 刘正光．香港青马大桥的设计［J］．"土木工程学报"1992，25（5）．

[2] Beard A S，H，Norie，C K Lau. The planning and implementation of the lantau fixed crossing［C］. Proceeding of the International Conference "Bridge into 21st Century". Hong Kong. 1995.

[3] Highways Department［R］. Contract document for the Tsing Ma Bridge Contract，1992.

隧道工程项目设计系统的风险管理

胡　昊[1]　张英隆[1]　范益群[2]
（1. 上海交通大学工程管理研究所；2. 上海市隧道工程轨道交通设计研究院）

1　引言

隧道工程项目是集多个学科门类的复杂系统工程，具有项目投资大、技术复杂、建设工期长、建筑安装实物量大、项目涉及面广、参与人员多等特点，为了确保该类工程建设目标（投资、进度、质量）的实现，在项目实施过程中迫切需要进行有效的风险管理和控制。设计阶段在整个项目的生命周期中属于中前期，实施设计系统的风险管理有助于及早识别风险源和不确定因素并采取相应的安全设计措施，便于工程项目风险的回避、减轻、转移和控制。同时，设计阶段的风险分析评估和规避控制是制订安全的地下工程施工建设和运营方案的关键，也为系统运行后风险评估工作制度化奠定了良好基础。

2　隧道工程项目设计阶段风险管理的研究现状及特点

2.1　隧道工程项目风险管理的研究现状概述

自1970年代以后，国外关于隧道工程风险分析的研究陆续取得了一定的成果，但多以概念建立和定性研究为主，而定量的研究往往止步于可靠度的计算。隧道工程的风险分析代表人物 H. H. Einstein 教授在20世纪90年代初期比较系统地阐述了风险分析在山岭隧道工程中的应用，开发出由于地质及环境不确定性产生风险的计算机辅助分析工具。国际隧协（ITA）在2002年10月由 Sϕren Degn Eskesen 和 Per Tengborg 等撰写了"Guidelines for Tunnelling Risk Management"，为隧道工程（以岩石隧道为主）的风险管理提供了一整套参照标准和方法。2004年国际隧协年会专门设置了安全、费用与风险的专题，韩国 SK 工程建设公司（SK Engineering & Construction Co.）总裁 Woong-Suk Yoo 在年会上介绍了从承包方角度控制隧道工程风险的实践和经验，发表了题为"Korean Risk Management Practices：a Contractor's Perspective（SK E&C）"的论文。

我国在隧道工程方面的研究和实践时间都比较短，当前处于发展阶段，因此，风险分析在隧道工程中的应用研究还比较少。随着我国轨道交通的发展，以及大力发展西部地区所遇到的隧道建设问题，使得这一领域在近几年受到了前所未有的关注。而2002年以来以同济大学为主进行的沪崇通道的风险评估项目进行了全面而深入地研究，提交了包括前期选线、施工风险管理、环境保护、运营事故控制以及财务分析等涉及工程建设各个方面的风险管理专题报告，可以说是国内将风险分析技术应用于隧道工程中的第一个大型项目。马英健（2003）、徐艳（2005）等诸多学者也就设计阶段风险管理的重要性和设计单位风险防范措施等方面进行过研究和论述。但总的来讲，国内关于设计阶段风险管理的研究尚处于起步阶段，尤其在设计系统的风险管理方面，急需建立实施完整的风险管理体系，以提高隧道工程项目施工建设和运营使用的安全性。

2.2　设计系统风险管理的特点

隧道工程设计阶段的风险管理与其施工和运行维护阶段有着很大的差异，管理对象主要针对系统规划研究和方案设计，具体来讲具有如下特点：（1）风险分析的目的着重于从架构的层面发现系统的深层隐患，而不是工程项目施工建设和运维阶段的查缺补漏。（2）风险评估主要依据工程勘察中的信息、历史的统计数据以及现有设计规范、行业规定、类似工程项目的经验借鉴等。（3）风险管理的主管方（系统安全保障人员）需要与部门（分系统）设计技术负责人（包括接口系统的技术负责人及施工方案技术负责人）、专业设计人员（包括接口系统的设计人员及施工方案设计人员，如有需要，还应包括系统运营及维护负责代表等）进行广泛的交流，对系统风险管理目标形成深入广泛的认识。（4）风险管理重点是工程系统架构和子系统层面，而不仅仅局限于具体的施工方法、运营系统防灾减灾和设备维护维修措施；方法上主要依据工程勘察的信息收集、历史统计数据的收集和参与风险管理人员的专业知识，同时借助现代化的信息处理和风险分析软件工具；具体实施时，注重进行子系统划分和二级子系统的划分，可应用层析分析法等综合评价方法进行风险评估。（5）由于在设计阶段，已有的风险管理和风险控制是否能够完全将风险降低到可以接受的程度尚缺乏实践的检验，因此对于风险等级的认知可能存在偏差，风险管理的工作需顺次移交至工程施工和运维阶段。

3 隧道工程设计系统风险管理体系

成功的隧道工程项目风险管理依赖于对风险因素的及早识别和有效的应对措施。本文中，上海市隧道工程轨道交通设计研究院（STEDI）和上海交通大学（SJTU）的研究人员共同提出了通过建立设计系统风险管理体系（SS❶—Gate System），以规范和指导隧道工程设计阶段的风险管理。

3.1 设计过程的阶段划分

ITA 隧道工程风险管理指南（“Guidelines for Tunnelling Risk Management”）将隧道工程项目的风险管理划分为三个实施阶段：初步设计阶段（Early design phase），招投标和合约谈判阶段（Tendering and Contract negotiation），建设阶段（Construction）。上文提到的韩国 SK 工程建设公司从工程承包商的角度建立了隧道工程风险管理体系（Q – Gate System），将隧道工程建设分为工程方案比选等 6 个阶段。本文的研究人员参考《市政公用工程设计文件编制深度规定》及上述研究成果，并结合设计系统的自身特点，将隧道工程设计过程按照时间顺序划分为 3 个阶段 6 道“管理门（SS – Gate）”，每个阶段和每道 SS – Gate 都有各自风险管理的内容和特点，一道 SS – Gate 的任务完成后，依次进入下一道 SS – Gate（参见表 1）。

SS – Gate System 的阶段划分和风险管理任务　　表 1

<table>
<tr><td rowspan="3">项目研究和方案设计阶段</td><td>SS – Gate 1</td><td>预可行性研究</td><td>（1）主要风险因素识别和风险程度分析；
（2）初始风险清单的建立；
（3）防范和降低风险的主要措施</td></tr>
<tr><td>SS – Gate 2</td><td>工程可行性研究</td><td>（1）推荐方案总体描述；
（2）风险因素及程度分析；
（3）防范和降低风险措施；
（4）从风险控制角度对优化设计方案提出合理化建议</td></tr>
<tr><td>SS – Gate 3</td><td>扩初设计</td><td>（1）编制扩初设计要求文件中有关风险控制的内容；
（2）对重要风险问题组织专家论证，提出咨询报告；
（3）分析扩初设计对工程风险管理的目标，提出风险管理的对策与建议</td></tr>
<tr><td rowspan="2">设计操作阶段</td><td>SS – Gate 4</td><td>初步设计</td><td>（1）编制初步设计阶段风险分析及风险管理计划；
（2）进行以风险分析为中心的结构设计及设备、材料等准备工作</td></tr>
<tr><td>SS – Gate 5</td><td>施工图设计</td><td>（1）编制施工图设计阶段风险分析及风险管理计划；
（2）跟踪审核设计图纸，及时发现并提出图纸中的问题</td></tr>
<tr><td>运营阶段</td><td>SS – Gate 6</td><td>运营组织维护设计</td><td>（1）隧道运营监控系统和通讯预警系统的设计；
（2）救援系统的设计；
（3）可靠度，可用度及可维护度（RAM）定性评价</td></tr>
</table>

3.1.1 项目研究和方案设计阶段

SS – Gate 1：预可行性研究。对工程项目作出粗略的评价，为投资决策提出深入研究的参考意见。

SS – Gate 2：工程可行性研究。对工程项目的可行性作出详细论证，详细识别工程概况并描述推荐方案的优缺点。

SS – Gate 3：扩初设计。细化方案设计，为设计操作阶段的实施做好准备。

3.1.2 设计操作阶段

SS – Gate 4：初步设计。根据拟建工程的任务书和现场地形资料并经过调研分析和综合考虑后作出的设计方案图、说明书和工程概算，供主管部门审核。

❶ SS 为两研究单位 SJTU 和 STEDI 的首写字母。

SS－Gate 5：施工图设计。根据审定和批准的初步设计和现场勘测资料，并经详细计算和细部考虑后作出的施工图设计，其内容应能满足土建、安装工程施工的要求。

3.1.3　运营阶段

SS－Gate 6：运营组织维护设计。为使隧道工程关键系统的设计符合安全运营的要求，应完成相应的运营监控系统、通讯预警系统及救援系统的设计，并对这些关键系统及接口作出可靠度、可用度及可维护度（RAM）定性评价。

3.2　SS－Gate System 的实施内容

根据上述设计过程阶段的划分，按照国家现行的地基基础与隧道设计规范，并参考了 ITA 隧道风险管理指南和国内外有关的系统安全保障理念（包括安全、可靠度、可用度及可维护度）和标准，提出表 2 所示的隧道工程设计系统风险管理体系（SS－Gate System）的具体实施内容。

SS－Gate System 具体实施内容　　　　表 2

项目研究和方案设计阶段			设计操作阶段		运营阶段	风险管理内容
预可行性研究	工程可行性研究	扩初设计	初步设计	施工图设计	运营组织维护设计	
SS－Gate 1	SS－Gate 2	SS－Gate 3	SS－Gate 4	SS－Gate 5	SS－Gate 6	
√	√	√	√			初步危害分析
				√		施工图设计危害分析
		√	√	√	√	设计安全审查
√	√	√	√	√	√	安全及风险管理
			√	√	√	可靠度、可用度及可维护度定性评估

3.2.1　初步危害分析（PHA）

初步危害分析亦提供一个对整体系统初步的危害评估及对系统内潜在风险的分析。而后，就评估的结果做出可行的风险控制及减低措施的建议，工作内容参见表 3。

初步危害分析报告内容表　　　　表 3

项　目	内　容
评估方法	阐述评估范围、参与评估的人员名单及其职位、所采用的评估方法（例如：会议审查或资料审查）
评估结果	（1）对已识别的危害做出统计，包括“不可接受”、“不理想”、“可容忍”、“可接受”危害的总数； （2）其他需要跟进事项
参考技术文件	技术规格书、系统设计书及设计图、现有的运营程序等
危害记录表	记录所有已识别的危害
危害分析会议记录	（1）“会议审查”评估方法，加入会议记录； （2）“资料审查”评估方法，加入危害记录的文件传送记录

3.2.2　施工图设计危害分析

施工图设计危害分析包括系统及子系统、接口、运营及维护危害分析、施工方案安全风险分析等，将组织会议审查评估小组、通过“会议审查”进行评估。按照施工图设计阶段的深度要求，建立与表 3 格式相仿的施工图设计危害分析报告内容表。

3.2.3　设计安全审查（DSR）

设计安全审查用以评估在设计上对安全的考虑是否足够，通过审查已进行的系统安全保障工作，就其结果做出其他风险控制及减低措施的建议，务求满足系统的设计安全要求。设计安全审查报告表见表 4。

表4

设计安全审查报告表

项　　目	内　　容
审查系统	概述需要审查的系统、子系统、接口等
系统安全保障工作审查	(1) 汇报已进行之系统安全保障工作的进度与成果; (2) 汇报安全及风险管理进度，对系统的危害进行统计，包括“不可接受”、“不理想”、“可容忍”、“可接受”危害的总数
设计安全审查会议	详述会议的目的、进行程度及结论
参考技术文件	参考文件如系统设计文件、设计图、技术规格书、现有的运营程序等
附　　件	设计安全审查会议记录、危害记录表

3.2.4　安全及风险管理

根据国际惯例，安全及风险管理的目的是确保各设计部门能够在整个项目生命周期内采用一致的管理方式处理系统潜在危害及其风险，它既可以提供一个标准及统一的形式去记录危害、监察和管理风险，亦能够通过风险评估矩阵去进行风险评估，以系统规划相应的风险处理措施。安全及风险管理阶段内容见表5。

表5

安全及风险管理阶段示意表

危害阶段	说　　明
1	识别新危害及建议风险处理措施
2	审查并落实风险处理措施
3	于施工或及后阶段对风险处理措施进行验证
4	危害转移至运营单位作进一步风险处理或持续监察
5	危害已大致消除或作持续监察

3.2.5　可靠度、可用度及可维护度定性评估

为使关键系统的设计符合安全运营的要求，系统安全保障工作对这些关键系统及接口做出可靠度、可用度及可维护度（RAM）定性评价，评估内容包括：

(1) 故障模式及影响分析。整个故障模式及影响分析的主要步骤包括四部分：①系统功能分析及功能框图编制，对整个系统的功能进行分析。②故障模式及影响分析，对每项功能进行故障分析，包括故障模式、成因和相关的运作模式，系统安全保障人员就其经验，提议有关的故障检测方法及故障处理方法，并记录于备注项目内，以供专业设计人员参考，并根据以上数据，进行故障影响的严重性分析。③根据故障影响的严重性分析结果编制安全及可靠性关键部分清单。系统安全保障人员提供这些数据给予系统专业人员及设计人员进行跟进，并针对系统中明显的单点故障（Dominant Single Point Failure）提议合适的故障处理措施，进一步完善系统设计。④编制故障模式及影响分析报告。

(2) 系统可靠度、可用度及可维护度定性评估。根据系统及子系统的功能要求和特性，详细分析系统、子系统、功能关系对整体可靠度、可用度及可维护度的相互影响，以确定该设计是否能够满足可靠度、可用度及可维护度要求。系统可靠度、可用度及可维护度定性评估将在《系统可靠度、可用度及可维护度定性评估报告》体现。

4　总结与展望

隧道工程项目在建设实施过程中充满着不确定性因素，为降低诸多风险因素对工程项目造成的不利影响，有必要在隧道工程设计系统中实施有效的风险管理，从而及早识别风险源和不确定因素并采取相应的安全设计措施。

本文以风险管理理论为基础，以隧道工程设计过程的时间顺序为主线，结合隧道工程项目实施的特点，将隧道工程设计系统的风险管理工作分为项目研究和方案设计阶段、设计操作阶段和运营阶段三个阶段，

并细化为预可行性研究、工程可行性研究、扩初设计、初步设计、施工图设计、运营组织维护设计6道“管理门（SS - Gate）”，通过为每道 SS - Gate 管理门设置相应的风险管理任务和分配风险管理工作内容，建立了“SS - Gate System”隧道工程设计系统的风险管理体系。

在以上工作的基础上，本文研究人员将结合工程实例，在具体的实施中进一步修正完善“SS - Gate System”隧道工程设计系统的风险管理体系，以其指导并促进安全、完善的隧道工程施工建设和运营方案的形成。

参考文献

[1] International Tunnel Association Working Group No. 2. Guidelines for tunnelling risk management [R]. 2002.

[2] Woong-Suk Yoo. Korean risk management practices：A contractor's perspective (SK E&C) [C]. ITA-AITES 2006 Keynote Lecture & Open Session. 2006.

[3] 马英健，杨贵金，田杰芳. 对设计单位风险管理的探讨 [J]. 建筑设计管理. 2003，3.

[4] 徐艳，吴峥嵘. 强调设计阶段的风险管理 [J]. 设计管理. 2005，1.

[5] 中华人民共和国建设部. 市政公用工程设计文件编制深度规定 [G]. 2004，3.

军工固定资产投资项目后评价指标体系研究

魏法杰　李　娜　周晟瀚

（北京航空航天大学国防经济与管理研究中心）

1　军工固定资产投资项目后评价理论

后评价是指在项目建成投产后一段时间，对已完成项目的目标、执行过程、效益和影响进行的系统地、客观地分析、检查和总结，以确定目标是否达到，检验项目或规划是否合理和有效率。其处于承前启后的位置，是一种提高项目投资控制和决策水平的重要手段。军工固定资产投资项目后评价是在固定资产投资项目建成投产后，根据项目可行性研究预期目标，对前期准备工作、建设实施、生产运营情况及其项目经济效益进行综合分析与研究，全面、客观地考察项目的实际情况，分析论证实际情况与前评估预测目标的偏离程度及其产生的原因，总结经验教训，提出改进意见，并为提高建设项目投资决策科学水平与投资效益提出切实可行的对策与建议。其意义在于验证项目决策的科学性，研究项目实施的合理性，总结项目运行中的经验教训。

为了保障后评价工作的顺利开展，在国外相关实践中一般都通过法律法规明确赋予后评价工作以独立地位，并强制实施项目后评价。如世界银行从 20 世纪 70 年代发展后评价体系开始就给与其明确的法律定位，把后评价工作作为世行项目的必备要素，同时以明文规定了世界银行业务评价局（Operational Evaluation Department，OED）客观独立的工作标准。并在相关文件中，将这种客观独立性概括为四个方面的制度安排：组织独立、行为独立、利益冲突回避和外部影响保护制度。根据经济合作发展组织发展援助委员会（OECD/DAC）定义，独立评价指由局外实体或个人进行评价，评价者不受被评对象责任人的控制。而根据后评价的目的定义，相关法律法规同时应明确赋予后评价工作以监督及责任追究的职能。这样的安排有利于确保组织机构权威性和相对独立性，进以保证工作的客观性。

目前国内外开展后评价工作基本都赋予其反馈信息和总结经验教训的职能。这一职能范围的界定得到了广泛的认同。而世界银行、亚洲开发银行等机构则进一步赋予后评价工作以责任追究职能。其中世界银行为了强化投资决策约束机制，建立具有可操作性的责任追究制度，进一步将责任监督的范围从项目实施过程中延展至前期决策及后续可持续性评价。对赋予后评价工作责任追究职能，各界尚有不同观点。不过中国其他职能部门已经明确认同了后评价工作的责任追究职能。而中国部分职能部门也已经明确认同了后评价工作的责任追究职能。如国资委在《中央企业固定资产投资项目后评价工作指南》中对后评价工作职能做了明确界定：项目后评价报告应作为企业重大决策失误责任追究的重要依据。国资委在 2006 年全国国有资产监管法制工作会议上进一步提出，将完善和加强责任追究制度，对造成国有资产重大损失的有关领导人员，要依法依纪追究责任。国资委已经将建立领导责任追究制度作为未来对国有企业领导者监管的三大重点环节之一。而根据其定义，国有资产重大损失的领导责任追究制度主要包括两个方面，一是重大决策失误的领导责任追究制度，二是重大资产损失的领导责任追究制度。

军工固定资产投资项目后评价是在可行性研究、项目前评价、项目审计基础上进行的评价，具有监督功能，与项目前评价、实施监督，项目审计有机结合在一起，构成了对投资活动的监督机制，它们相互之间有联系，但不能相互替代。具体的联系与区别见表 1，相同点是基本理论和方法是一致的，主要的区别是实施阶段、标准、作用和内容有所差异。

其中前评价是在项目建议书和可行性研究阶段进行的。它是在项目开工前对拟建项目的必要性和可能性进行分析，论证项目实施的社会经济条件和状况，为建设项目方案的比选、决策提供科学、可靠的依据。

项目后评价与可行性研究、项目前评价、项目审计的区别　　表1

<table>
<tr><th rowspan="2"></th><th rowspan="2">相同点</th><th colspan="4">区别</th></tr>
<tr><th>实施阶段</th><th>标准</th><th>作用</th><th>评价内容</th></tr>
<tr><td>可行性研究</td><td rowspan="5">原则和方法上都使用定量定性相结合的方法，理论基础相同</td><td>最初阶段</td><td rowspan="2">国家标准</td><td rowspan="2">支持投资决策</td><td rowspan="4">项目立项、可研、实施竣工过程问题</td></tr>
<tr><td>前评价</td><td>起点</td></tr>
<tr><td>中期评价</td><td>项目中间</td><td>国家标准</td><td>监督检查</td></tr>
<tr><td>审计</td><td>完工后</td><td>国家法律</td><td>检查是否违规</td></tr>
<tr><td>后评价</td><td>量产后</td><td>投资方要求，与前评价比较</td><td>信息反馈、投资准则修订、责任追究</td><td>涉及全过程的深层次问题，及未来预测</td></tr>
</table>

2　军工固定资产投资项目后评价机制建设

军工固定资产投资项目通常具有单一性、前沿性和不可预测等特点。且军工固定资产投资项目建设周期普遍较长，风险性较高。军工固定资产投资项目的受益范围难以明确界定，通常很难使用精确的定量评价方法。因此在军工固定资产投资项目后评价工作中不可避免要使用定量与定性相结合的方式。而且在具体后评价工作中必须注意严格区分项目之外风险造成的问题和项目自生问题，以避免错误的责任划分。军工固定资产投资项目在实际运作过程中存在着诸多的问题，按照项目过程较为突出的特点在于：

（1）军工固定资产投资项目的决策程序具有专项性，往往是根据现实国防需求特事特办，在投入上具有政策性，不完全遵循普通的项目程序，因此也可能会有间断发生；

（2）项目的实施具有较大的波动性，受政策性因素影响较多，可能因为政策原因有搁置、再启动的情况发生；

（3）国防产品市场具有定向性，订货具有多品种小批量的特点，受国家政策影响难以准确预测；

（4）因为产品市场难以预测的特点，项目的效益也具有多变性，难以准确预测项目未来效益；

（5）项目影响重大，但是又具有隐蔽性和长期性，在一定时期内可能难以直接评估其影响。

这些突出特点有合理性成分，也有长期计划经济遗留的问题。在实际后评价工作中，对这些特点必须综合考虑。一方面对项目的大背景必须有前提界定，如果项目是在特定情况下以违反常规的形式展开，但确实是国防需要的，也取得了较好的效果，那在评价时就必须考虑这种前提背景，遵循合理性原则；另一方面对于项目程序的评价必须依从相关法律规定，确定项目手续是否履行了严格的法定程序。也就是说军工固定资产投资项目后评价的总原则是在项目大背景之下对于项目具体情况做具体分析。根据军工固定资产投资项目特点进行指标体系设计必须考察设计指标的功能。一般而言后评价的指标宜尽量选用不依赖主观因素的客观指标。这就要求作为反映军工固定资产投资项目特点的后评价指标体系应具备信息收集、描述、解释、评价功能和预测等功能。

这些突出特点有合理性成分，也有长期计划经济遗留的问题。在实际后评价工作中，对这些特点必须综合考虑。一方面对项目的大背景必须有前提界定，如果项目是在特定情况下以违反常规的形式展开，但确实是国防需要的，也取得了较好的效果，那在评价时就必须考虑这种前提背景，遵循合理性原则；另一方面对于项目程序的评价必须依从相关法律规定，确定项目手续是否履行了严格的法定程序。也就是说军工固定资产投资项目后评价的总原则是在项目大背景之下对于项目具体情况做具体分析。

总之，军工固定资产投资项目后评价的总原则是在项目大背景之下对于项目具体情况做具体分析。开展军工固定资产投资项目后评价工作不仅有利于军工固定资产投资项目的综合评价，亦可用于辅助后续军工固定资产投资项目投资决策，修正现有决策准则的不足。解决军工固定资产投资后评价工作中现存的问题有赖于以下几个方面的机制建设：

（1）指标规范化机制建设，深入分析军工固定资产投资项目特点，制定一套可操作的后评价工作规范，并建立一个具有自适应性的后评价指标体系；

（2）长期评价机制建设，在长期的工作规划中，进一步明确后评价工作的职能定位。这是确立后评价工作权威的重要保证，也是确保组织可信度，提高后评价工作效率的必然要求；

（3）经验积累机制建设，建立长期军工固定资产投资项目后评价制度，积累并形成后评价专家知识库，为长期工作积累经验。

对此国外有学者也做了类似的分析，如有日本学者就利用后评价工具进行了东京湾铁路线建设投资及收益问题的分析，并取得了满意的结果。因此结合军工固定资产投资项目后评价工作特点，做有针对性的深入研究将有利于提高军工固定资产投资决策水平。

3 军工固定资产投资项目后评价指标体系设计

根据军工固定资产投资项目特点进行指标体系设计必须考察设计指标的功能。一般而言后评价的指标宜尽量选用不依赖主观因素的客观指标。这就要求作为反映军工固定资产投资项目特点的后评价指标体系应具备信息收集、描述、解释、评价功能和预测等功能。

军工固定资产投资项目经济效益后评价是整个固定资产投资项目后评价的核心内容之一，是对建成投产后的固定资产投资项目的经济效益及其影响因素的再评价。但是由于军工固定资产投资项目对于经济效益的要求通常是居于国防需要之后，或者只是军工固定资产投资项目的副产品，因此在评价指标体系中，经济效益的权重难以量化归类。一般是根据项目的投资、费用、效益的实际数据资料，通过对项目运营状况的实地调查研究，对军工固定资产投资项目所产生的经济效益进行全面的考察与评价。财务后评价一般包括盈利能力后评价与清偿能力后评价。具体指标如表2项目财务后评价主要指标概况。

项目财务后评价主要指标概况 表2

内容	经济效益后评价基本报表	财务后评价主要指标	
		静态指标	动态指标
盈利能力后评价	财务现金流量表（全部投资）	后评价静态全部投资回收期	后评价财务内部收益率 后评价财务净现值 后评价财务净现值率
	损益表	后评价投资利润率 后评价投资利税率	
	经济现金流量表（全部投资）		
清偿能力后评价	资产负债表	资产负债率 流动比率	
	借款还本付息计算表	后评价借款偿还期	

这里动态指标与静态指标的区别在于是否考虑了资金的时间价值因素，静态指标是将资金看作静止、固定的实际数值而设置的指标，其优点是使用简单、计算方便，但不能真实反映实际经济效果。动态指标则是考虑了资金的时间价值因素而设置的指标，其优点在于能够真实地反映军工固定资产投资项目的实际经济效果，但计算较复杂。进行军工固定资产投资项目经济效益后评价时，应将动态指标与静态指标相结合使用。

根据一般理论和相关规定，军工固定资产投资项目后评价工作应该综合采用逻辑框架法和指标体系法。由于军工固定资产投资项目的后评价指标体系是一个复杂的系统，具有相当的复杂性，因此一般将指标体系分若干层，再讨论各层所包含的指标、参数。遵循上述指标体系建立原则和设计思路，借鉴已有的一些后评价指标体系，设计指标框架如表3所示。在该示例中实际上是三层指标体系，加上起到数据收集作用的参数层。实际后评价工作中，总体层、准则层和指标层是评价的关注对象，而参数层基本不参与评价。在层次之间是一种高层调用紧邻低层指标的关系。

后评价指标体系示例 表3

总体层	准则层	指标层	参数层
军工固定资产投资项目后评价指标体系总评价 A	目标评价指标 B_1	具体指标 C_{11}	指标 C_{11} 参数 ζ
			指标 C_{11} 参数 ξ
		具体指标 C_{12}	……
			……

续表

总体层	准则层	指标层	参数层
军工固定资产投资项目后评价指标体系总评价 A	目标评价指标 B_i	具体指标 C_{21}	……
			……
		具体指标 C_{22}	……
			……

在目标指标体系中综合了定量及定性研究模型，以充分覆盖后评价目标集。表 2 中设计的指标框架是一个简化的示例。这个框架还需要结合指标解释说明以及具体范例进行操作。在实际运用中，从军工固定资产投资项目后评价指标体系总评价 A 到准则层目标评价指标 B_i 是采用了逻辑框架法进行分解操作。实践中逻辑框架法是一个覆盖广泛，跨度很大的实用方法。这一方法主要包括了项目的目标层次、成果和评价指标、指标界定和评价以及成功的重要外部条件。从项目决策流程分析包括了项目总目标、子目标以及项目在理想状态下的投入和产出情况。其中理想状况的情况来自于对项目资料和历史情况的分析。而对决策目标的评估则来自于对项目累积资料的整理。根据逻辑框架法可以按时间和空间对评价内容进行扩展。最终逻辑框架的范围可以覆盖整个项目生命周期中所有牵涉环节。这时逻辑框架法的内容将富含大量的项目信息。对逻辑框架的总结基本就可以形成对整个项目的后评价研究报告。

根据一般理论和相关规定，军工固定资产投资项目后评价工作应该综合采用逻辑框架法和指标体系法。实践中逻辑框架法主要包括了项目的目标层次、成果和评价指标、指标界定和评价以及成功的重要外部条件。逻辑框架法可以按时间和空间对评价内容进行扩展，最终覆盖整个项目生命周期中所有牵涉环节。这时逻辑框架法的内容将富含大量的项目信息。对逻辑框架的总结基本就可以形成对整个项目的后评价研究报告。由于军工固定资产投资项目的后评价指标体系是一个复杂的系统，具有相当的复杂性，因此一般将指标体系分若干层，再讨论各层所包含的指标、参数。在层次之间是一种高层调用紧邻低层指标的关系。

在具体操作过程中，还需要对项目的指标层进行分析，首先收集具体指标参数，然后根据通用的方法进行加权指标处理。这种推理得到的评估指标具有比逻辑框架法更好的客观性。问题在于从指标体系法推导出来的项目子目标评价与逻辑框架法得到的同一指标可能存在出入。某些情况下这些差异会很大，甚至影响到最终的总评价结论。如图 1 所示，在对军工固定资产投资项目需求分解时采用的是自顶向下的垂直分解模式。而对指标的评价则采用从具体指标反推评价准则直至后评价总体目标的模式。这两种模式的差别也正是造成必须进行参数调节的原因。为了弥合不同评估方法之间的误差，需要根据项目分解与指标集成模式的特点进行参数确定和调节修正。为了弥合不同评估方法之间的误差，具体实践中选取典型项目个案设计了如图 2 流程，以分别测定各因子及参数。在图 2 中的流程图是基于军工固定资产投资项目分解与指标集成模式的特点进行的。只有通过参数调节流程的操作才有可能弥补不同方法带来的评价误差。根据不同项目类型反复进行以下流程，经过实践检验之后可以作为推荐典型赋值水平在一定时期内稳定使用。在应用中同时安排调节因子和修正因子，针对不同行业和技术特点持续改进模型准确性。

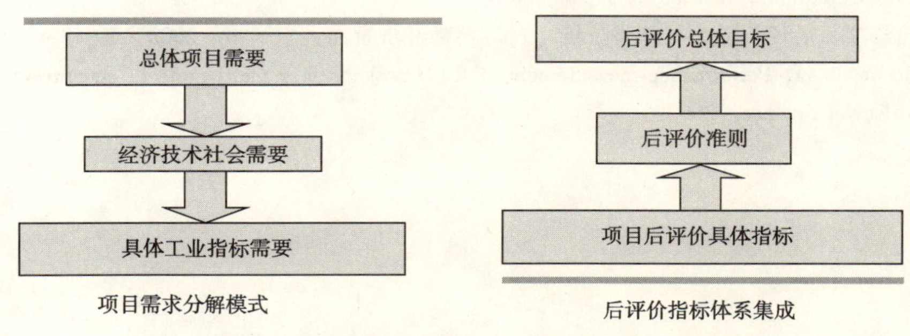

图 1　国防固定资产投资项目分解与指标集成模式

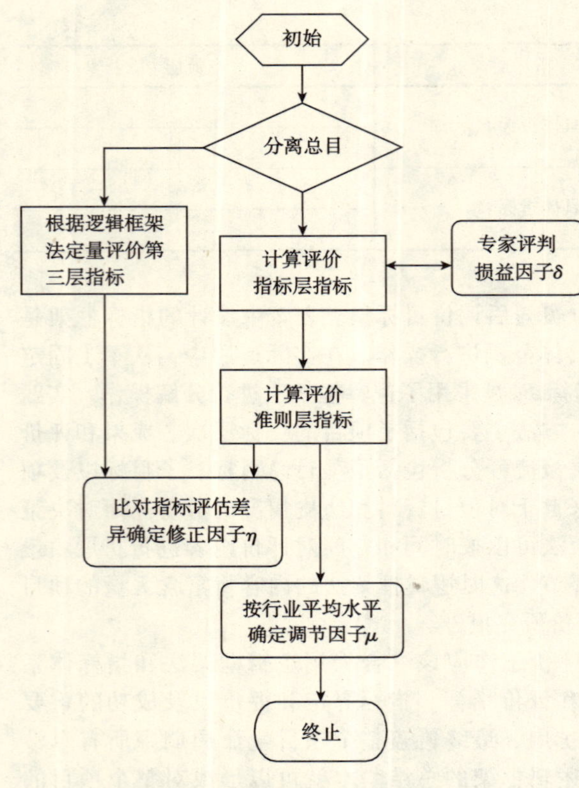

图2　参数调节操作流程图

4　结论

由于军工行业的特殊性，军工投资主要由政府以财政资金安排，以军品需求为主要决策依据，这种投资方式客观上要求国家相关部门必须对军工固定资产投资进行更加严格和全面的监管。传统的军工固定资产决策程序受到客观条件的制约，普遍缺乏科学性和严谨性，甚至完全不按科学的决策程序进行。改革开放之后，军工固定资产投资项目的情况有了改观，但并未完全摆脱原有的问题。军工固定资产投资项目论证不充分、设计不合理、工程施工质量差等问题时有发生。国外如印度国防研发组织研究也指出类似的问题，在已有的评价机制中，项目不同时期的评价相互脱节。这种不连贯的评价体制造成项目焦点的紊乱以及责任划分的模糊。相关经验显示对军工固定资产投资项目进行后评价是加强政府对国防工业调控能力的重要方式。

目前军工固定资产投资后评价工作主要由国防科工委军工项目审核中心负责组织。军工项目审核中心是国防科工委为转变政府职能而成立的，主要负责组织对军工项目监督、检查、审计和后评价工作。军工审核中心的成立标志着中国军工项目审核工作正式走上规范化、专业化道路。自2005年组织对若干建成项目开展后评价试点工作以来，引起了各部门和项目相关单位的重视，效果非常明显。把项目后评价纳入军工固定资产投资项目的评价体系，是完善国防科技工业评价机制的重要举措，具有重要的现实意义。

本文通过对军工投资项目特点进行分析，着重分析了军工投资后评价的机制建设和指标设计的相关问题。并发展了一个指标体系分析及参数调整程序。相关的实践证明，该指标设计流程是符合中国军工投资项目特点的。

参考文献

[1] World Bank Operations Evaluation Department. Independence of OED [EB/OL]. 2003. http：//www. worldbank. org/.

[2] OECD/DAC. Glossary of key terms in evaluation and results based management [EB/OL]. 2005.

[3] 国资委. 中央企业固定资产投资项目后评价工作指南 [EB/OL]. http：//www. sasac. gov. cn/

[4] 黄淑. 全国国有资产监管法制工作会议上的发言 [C]. 上海. 2006.

[5] 张建华. 军工固定资产投资项目后评价管理 [J]. 中国投资. 2007，1.

[6] Toshiji Takatsu，Keiichi Sato. A study on post evaluation of railway project，funded by urban developer [C]. The Annual Conference of The City Planning Institute of Japan. 2004.

[7] 姚光业. 我国投资项目后评价动力与障碍分析 [J]. 首都经济贸易大学学报. 2003，5：63-64.

[8] Pillai，A S，A Joshi，et al. Performance measurement of R&D projects in a multi-project，concurrent engineering environment [J/OL]. Elsevier Science. 2002.

跨区电网建设项目全寿命周期管理目标体系初探

黄健柏　李增欣　薛　亮　殷智远

（中南大学商学院）

项目全寿命管理是将三个相互独立的管理过程 DM、OPM 和 FM 通过集成和统一化后形成的一个新的管理系统。其目标是项目全过程的目标，不仅要反映建设期的目标，还要反映项目运营期的目标，是两种目标的有机统一。

所谓跨区电网建设项目全寿命周期管理，是指以国家电网公司为业主方，针对跨区电网建设项目，包括基建、大修、技改等工程项目，从电网建设项目的全寿命周期视角，进行电网建设项目目标的规划和控制的项目管理方式。它运用集成管理的思想，从电网建设的目标、组织、方法和手段等方面进行有机集成，使电网建设项目从规划、设计、施工、运行到退役各个阶段得到统一、连续、共通式的管理，使电网建设项目的业主方、承包方和运营方等主体协调运转，实现电网项目的全寿命周期目标。

纵观项目管理的历史发展可见，项目目标对项目管理理论和方法的发展有前导作用。只有研究并建立科学的建设项目全寿命期的目标体系，才能有相应的建设项目全寿命期的管理理论和方法体系。

1　跨区电网建设项目全寿命周期管理模式的特点

（1）电网建设项目承包方应对国家电网公司（业主）承担合同规定的阶段建设或运营责任，业主必须对整个建设过程进行充分有效的协调。一般地，在全寿命承包模式下的各承包方对项目所涉及的技术有较充分的掌握，并能对项目全过程实施管理。这样，业主就可以从更高层次上（电网建设运营的全过程）对承包方进行监督和管理，使责任进一步明确。

（2）电网建设各承包方在此模式下提供的服务将包括自项目开工起至项目终止的全过程。业主对工程建设的参与一般限于合同管理、质量监理以及各阶段协调。在合同规定的范围内，承包方对工程建设过程享有较充分的自主权。

（3）电网建设项目设计、承包方对项目的整体交付时间承担责任。因此，业主对工程项目的投产基本上有一个比较正确的评估，计划工期更有保证。

（4）全寿命管理模式是一种固定价格的建设模式（除非发生合同规定的价格调整情况）。因此，业主对工程造价有一个比较客观的了解，使得电网建设工程投资控制能得到有效保证。

（5）在电网建设项目全寿命管理模式下，业主承担的责任主要包括征地、政策处理、筹措资金，并按合同进行支付、聘请监理公司对施工进行监理等。如果由于此类问题导致工期延长或价格超支应由业主负责。

（6）对我国具体情况而言，全寿命管理模式能很好的满足实行项目法人责任制的要求，较好解决建设项目责任主体不明，责任不清的问题，能防止项目管理落入传统的习惯思维和“套路”中，是治理电网建设项目的一种有效手段。全寿命管理工程管理以合同的形式，约束了出资者、管理者、承包方等各方的责任、权利、义务，从而建立一种三者相互约束和激励的机制，对质量、投资、工期及安全等预期目标实行严格控制和有效约束。

2　跨区电网建设项目全寿命周期目标构建原则

（1）系统原则。以系统的眼光对待项目建设目标，而不是仅仅将其分解成各自独立的阶段性任务完成目标。跨区电网建设项目全寿命目标既有全程统一的目标，亦有各阶段相对独立的子目标，各子目标相辅相成，最终为达成统一目标而服务。

（2）集成原则。建设项目是一个复杂系统，要建立基于全寿命周期的目标体系，需要自设计规划阶段开始就将整个项目生命周期的组织、管理、经济、合同、技术等方面的知识和经验进行有效集成，以便于所确定的项目建设目标能够得到各阶段相关关系方的统一理解，而不会出现对于同一目标，各阶段理解上的偏差。应从跨区电网建设项目的整体出发，反映项目全寿命期的要求。不仅包括电网建设期的目标，如选站、选线、设计规划及施工招投标、基建施工管理等，更注重电网的运营阶段目标，如安全性、运维费用最优化等。

(3) 沟通原则。建立共同的项目语言和工作平台，以实现灵活、有效、及时的信息沟通，便于建设项目各关系方管理的信息的交流，避免关系方管理信息内容传递的延误或中断，为项目目标体系在各关系方之间的协调创造氛围。不仅应注重国家电网公司和最终用户的需求，而且应包括政府、投资者、各阶段承包者和电网所在区域周边相关利益群体的需求，使管理目标能为各个方面接受，使大家形成共识。

(4) 调整原则。要明确项目整体管理的思想和目标，确定项目各阶段具体目标，并在全寿命周期管理的不同阶段运用动态控制原理进行控制和调整。跨区电网建设项目周期长，施工地域广，涉及各方面利益复杂多变，任何一个环节出现变动，都会对整个项目的建设及运营产生巨大的影响。因此，其目标设计必须考虑灵活性原则，随项目状况变化而变化。

(5) 各阶段运作要充分考虑其他阶段的目标，特别是项目策划和实施阶段要考虑项目运营目标的影响，自策划阶段就开始贯彻最终用户的需求，准确、全面的定义项目目标，以实现建设项目运作的优化。

(6) 社会性原则。应反映社会大环境、历史、价值、美学、文化对项目的要求。项目目标应体现和追求对社会和对历史的贡献，如近年来国家电网公司提出的“绿色电力”目标，即在跨区电网建设过程中努力追求实现“大容量、低损耗、远程化、占地省”，这就是社会协调发展对跨区电网建设提出的新要求的集中体现。

(7) 与企业目标一样，跨区电网建设目标不仅包括项目建设各方从现实性思维出发的目标，还应有高层次的价值观念，能反映出项目的组织文化和品位，反映管理者（特别是项目决策者）良好的管理理念、思维方式、管理哲学、伦理道德和价值观。

3 跨区电网建设项目全寿命周期目标的构成

第一，质量目标。质量目标追求设计规划质量、基建工程质量、最终项目安全运行、服务质量的统一性，更着眼于电网建设工程技术系统的整体功能、技术标准、安全性等。质量目标包括：

(1) 电网建设项目设计质量。包括相关设计标准，电网系统的均衡性和协调性、设计工作质量，各阶段技术标准，可施工性等。

(2) 电网基建工程施工质量。包括材料质量，设备质量，施工质量体系，各分部工程质量，施工过程的健康安全和环境保护，工程总体质量。

(3) 电网运营质量。包括跨区电网的功能，输配电服务质量，运营的可靠性，运营的安全性、可维修性。

第二，经济目标。经济目标应综合考虑电网的全寿命期的相关的费用和收益，全寿命期的费用目标可分解为：

(1) 全寿命期费用：电网建设总投资，运营成本，运行维护成本，单位生产能力投资，社会成本，环境成本等。

(2) 收益：运营收益，年净收益，总净收益，投资回报率等。

第三，时间目标。时间目标不仅包括建设期、投资回收期、维修或更新改造的周期等，还要考虑如下因素：

(1) 跨区电网工程的设计寿命。设计寿命是由电网预定功能、构成材质、设备、地域气候等确定的寿命。

(2) 服务寿命。服务寿命由工程能否满足预定的服务需求确定，包括物理服务寿命，电网工程的各个组成部分在满足预定服务需求前提下的物理寿命，它与设计寿命有直接关系。经济服务寿命，经济服务寿命由两个因素决定：①在电网各个部分满足预定服务功能需求的前提下其维修价值小于重建价值的时点，经济服务寿命会随着电网的更新改造，国家要求的变化，用户需求的变化而变化。②由市场决定的寿命，科学技术的进步导致原有电网设备无形损失加大，用户需求激增导致突破原有电网容量的极限等，使原有电网失去价值。

第三，相关利益者满意目标。跨区电网项目是许多独立参与者的“合作项目”，跨区电网建设的成功必须经过项目相关者各方面的共同努力，包括国家电网公司、承包商（包括设计者、供应商、基建单位）、政府、所在地的周边组织等。要达到满意目标，即是指不仅要让电网建设项目各方达成自身目标，更要让建设项目的其他相关利益者（诸如用电方、站线周围居民、地方政府等）达到其满意目标。国外曾研究许多项目案例，将项目成功的因素分为4个方面，67个相关因素。其中参与者各方的努力程度、积极性、组织行为、支持等是一个主要方面，而这些由他们对项目的满意程度决定。没有各方面的满意则不可能有成功的项目。项目相关者的满意程度可以用满意度指标进行评价，要使项目相关者满意，必须分析研究他们各方的目标、利益和对项目的企求：

（1）电力用户：输配电价格，安全性，电力服务的人性化等。

（2）投资者（政府、公司自身）：投资额，投资回报率，降低投资风险等。

（3）电网建设业主：工期、功能、建设造价。

（4）建设工程承包商和设备、材料供应商：工程价格，工期，企业形象，关系（信誉）等。

（5）政府：发展地区经济，增加地方财力，改善地方形象，政绩显赫，就业等。

（6）生产者：工作环境（健康、安全、舒适、人性化），工作待遇，工作的稳定性等。

（7）项目周边组织：保护环境，保护景观和文物，工作安置，拆迁安置或赔偿，对项目的使用要求等。

第四，环境目标。跨区电网建设项目是一项环境牵涉面极大的系统工程，因此必须运用全寿命期分析方法，研究其设计、施工和运营，到最终生命结束对环境的影响，以求得全寿命期内对环境的最佳影响。

（1）项目与生态环境的协调。这涉及到在电网建设、运营、最终报废过程中不产生环境污染，符合法律规定的环保指标；保持健康的生态，如防止植被的破坏，水土流失，动植物灭绝等；节约使用自然资源，特别是对不可再生的资源，如土地、水、矿物资源等。

（2）电网系统的站、线造型、空间布置与环境整体和谐。

（3）建设规模应与当时经济能力相匹配，符合环境（包括国情、地方情况），同时又有先进性和适度的前瞻性。

（4）在项目的建设和运营过程中符合法律，不带来承担法律责任的后果。

（5）项目应符合上层系统的需求，对地区、国民经济部门发展有贡献。

第五，可持续发展目标。跨区电网建设项目的可持续发展的内涵指：

（1）电网建设项目对地区和城市可持续发展的贡献。项目必须符合城市和地区的可持续发展的要求，促进地区和城市的可持续发展。

（2）电网项目自身的可持续发展能力。电网建设项目一般按照当时的需求状况或预测的未来需求状况设立目标，则其决策和工程设计具有现实性，针对当时的市场需求，考虑10年到15年时间；但工程的使用期（设计寿命）达50年，甚至80年，则在工程寿命期中必然经常更新改造，必须持续地开发以适合新的需求，应包括如下内容：

①跨区电网建设项目服务功能的稳定性和持续性，能长期地符合需求。

②跨区电网更新和进一步开发能力，电网项目应能低成本地、便利地进行功能的更新，结构的更新，产业结构的调整和再开发。

③跨区电网项目与地区经济的联合与一体化，能够为地区经济发展提供持续的电力支持。

④具有防灾能力，包括有灾害的监测预报能力和灾害防御能力，灾害的易损性和损失小，对灾害应急反应快，灾后恢复重建的可能性大等。

4　跨区电网建设项目全寿命周期目标系统

4.1　基于目标相互作用关系的目标系统解析

跨区电网建设项目各个目标相互作用、相互影响和制约，众多的子目标构成了以质量目标、经济目标和时间进度目标为主体的目标系统。如图1所示的跨区电网建设项目全寿命目标系统。

对于跨区电网建设项目来讲，目标系统的重心在质量目标和经济目标之上，即要在项目全寿命周期内，系统整合业主方、设计方、施工方和运营方之间的分目标，就项目整体功能的实现形成统一的目标体系。

该目标体系与传统目标体系的不同在于：

其一，以跨区电网建设项目全寿命周期为范围，将项目全寿命周期各个阶段的目标加以统一，使跨区电网建设项目在工程设计阶段就能够得到全过程关照。

其二，该目标系统实现了内外两个全过程化。从内部来看，各个分目标，如质量目标，经济目标都实现了建设项目的全过程化，都面向跨区电网工程的全寿命周期。质量目标不仅仅考察工程建设质量、设备

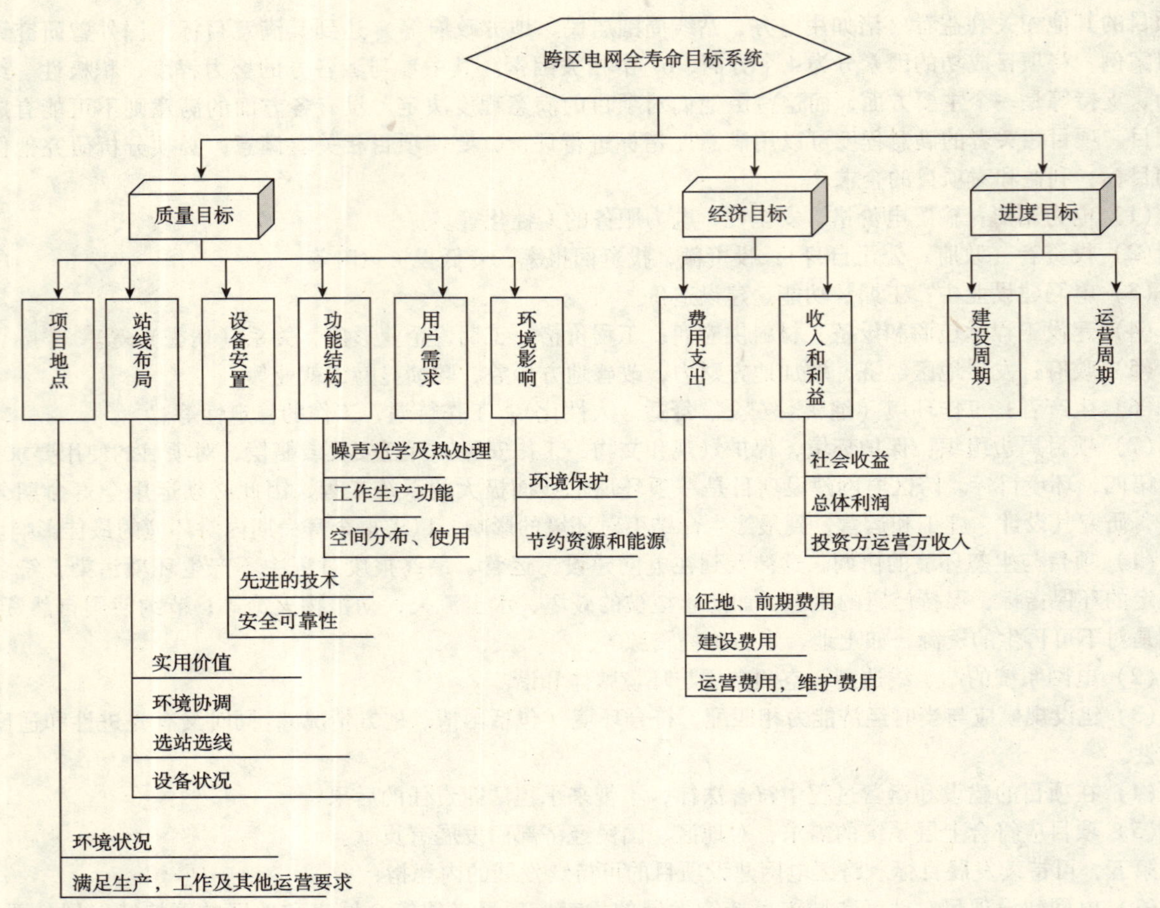

图1 跨区电网建设项目全寿命目标系统

安装质量，还要考察技术先进性，与运营要求的适合程度等等。

从外部来看，整个目标系统也实现了全过程化，这体现在目标体系本身立足于项目全寿命周期，并随着工程项目的进展而不断动态调整。

4.2 基于全寿命周期各阶段划分的目标系统解析

在跨区电网建设项目决策阶段，应对项目的目标进行明确的定义，它不仅要反映建设期的目标，还应反映项目运营期的目标，经综合考虑确定跨区电网建设工程项目的全寿命管理目标。此目标系统包括设计阶段、施工阶段以及运营阶段的各个目标，所以是项目全寿命周期目标。

如图2所示项目全寿命周期各阶段，结合跨区电网建设项目实际，各个阶段的子目标内容主要为：

（1）决策阶段子目标的构成

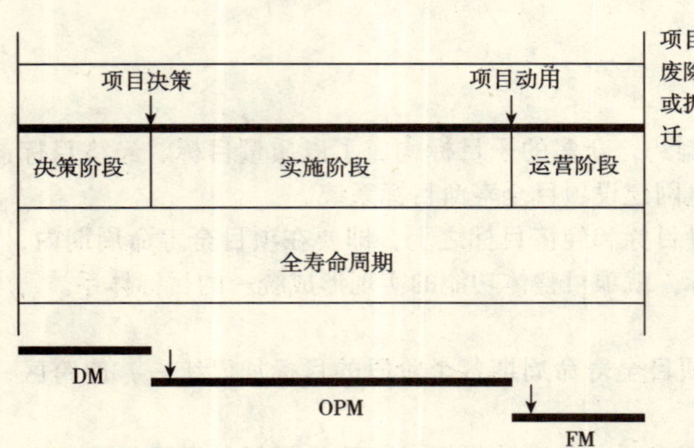

图2 项目全寿命周期阶段划分

①质量目标：电网建设项目的技术设计质量，选站选线，设备、功能选型匹配，项目管理机构的组成；

②经济目标：决策阶段的费用控制（前期费用、设计费用），投资的方式及构成，预算质量，投资、预算控制方案及控制机制设计，各阶段投资分配，预期投资回收期，预期电网工程营运收益；

③进度目标：设计、可行性研究、前期测评、预算方案、报批流程的进度状况。

（2）施工阶段子目标的构成

①质量目标：设备材料招投标、采购、安装，施工方案设计质量，施工人员控制，施工工序安排及控

制，施工监理质量，施工过程对于运营方建议的采纳，零缺陷转交；

②经济目标：设备材料招投标、采购、安装费用，施工过程费用控制，施工期间投资构成（自有资本和借贷资本比例），税收等；

③进度目标：与决策阶段进度对比偏离情况，实际进度调整。

（3）运营阶段子目标的构成

①质量目标：安全事故频度、程度，实际供电与决策阶段预测的对比情况，设备状态维护，大修、技改方案及执行状况；

②经济目标：营业额与年投资回收预期对比，各项营运利润费用指标，运行维护费用控制，电网推广运营等。

该三个阶段的子目标与全寿命周期目标的关系如图3所示。

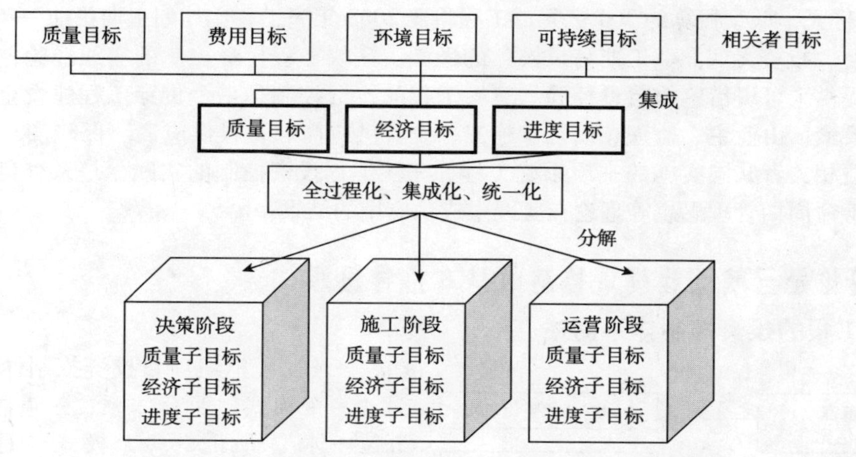

图3　三个阶段子目标与全寿命周期目标的关系

以上三个阶段的子目标一方面拥有相对独立性，另一方面又相互联系、相互影响，它们是全寿命周期三大目标的具体体现。

参考文献

[1] J H M Tah, V Carr. Information modeling for a construction project risk management system [J]. Engineering Construction and Architectural Management. 2000, 7 (2): 107 – 119.

[2] The Project Management Institution Committee. A guide to the project management body of knowledge [R]. PMI, 2000.

[3] Kumaraswamy Mohan M, Thorpe Antony. Systematizing construction project evaluations [J]. Journal of Management in Engineering. 1996, 12 (1): 34 – 39.

[4] Kuishreatha Manoj, Deshpande V B. Effective tool for functional evaluation of intricate cases in construction projects Source [J]. SAVE (Society of American Value Engineers) Proceedings. 1996: 6 – 33.

[5] N Viswanadham, S Gaonkar Roshan. Partner selection and synchronized planning in dynamic manufacturing networks [J]. IEEE Transactions on Robotics and Automation. 2003, 19 (1): 117 – 130.

[6] 国家电网公司建设运行部. 跨区电网规章制度汇编 [G]. 北京：中国电力出版社，2005.

三峡工程投资控制实证分析

胡韫频[1]　田靖民[2]　梁　晶[3]

（1. 武汉理工大学土木工程与建筑学院；2. 武汉市青山区建筑管理站；3. 武汉地产开发投资集团有限公司）

1 引言

三峡工程作为我国重大工程项目的代表，是当今世界瞩目的规模宏伟、技术复杂的特大型水利枢纽工程。该工程概算投资2039亿元，历经14年建设，截止2006年4月，已完成投资1260亿元，预计工程总投资将控制在1800亿元，低于概算约200亿元，工程将于2008年完工，比计划工期提前一年，该工程跳出了我国重大工程项目“投资无底洞、工期马拉松”的怪圈。三峡工程投资控制的实践经验，为我国重大工程项目的投资控制提供了可资借鉴的宝贵经验。三峡工程的投资控制是一个贯穿工程建设全过程，涉及到与投资相关的各个要素，由业主、监理、设计、施工、设备供应商和材料供应商、保险商、银行以及政府主管部门等各个利益相关者共同实施的一项系统工程，三峡工程投资控制的实践，是系统科学、新制度经济学和工程项目全寿命周期管理思想等理论在实践中成功应用的结果。

2 系统科学理论是三峡工程投资控制的基本指导思想

2.1 三峡工程的投资控制体系简述

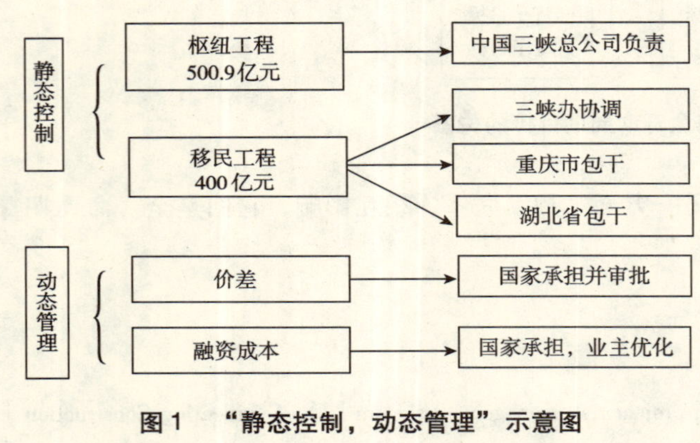

图1　“静态控制，动态管理”示意图

三峡工程枢纽项目投资控制体系可以简单概括为“一个模式，两套体系、三道防线、四项措施、五位一体”。所谓“一个模式”是指“静态控制、动态管理”的投资控制模式（图1）；“两套体系”是指“概算价体系”和“成本价体系”两套价格体系；“三道防线”是指“合同价、合同实施控制价和执行概算”三道投资控制防线；“四项措施”是指“优化设计、招标管理、合同管理、风险控制”四项投资控制措施；“五位一体”是指“五位一体的管理理念”，即正确处理质量、进度、功能、造价、安全五个要素之间的关系，以实现投资效益为中心展开各项管理活动。

2.2 三峡工程的投资控制是系统科学理论的体现

2.2.1 三峡枢纽项目的构成是一个复杂的系统，其结构组成和实施过程都具有复杂性

三峡枢纽项目的实施过程是一个多主体参与、受多因素影响的系统。该系统处于社会经济大系统中，和外部环境发生着各种各样的联系。三峡工程的建设过程，渗透着社会、经济、政治、技术、文化的影响，其实施需要投入巨大的人力、物力和财力等社会资源，这些社会资源，通过投资决策、勘察设计、建设准备、施工建设和竣工验收等环节的实施，最后形成三峡工程的实体，实现防洪、航运和发电三大效益。

2.2.2 三峡工程的投资控制，不是仅仅针对静态投资的一种孤立的控制

工程投资分为静态投资和动态投资。其中，静态投资主要由建设方案和现场条件决定，对于建设项目系统来说，属于内部因素，是通过建设主体的努力可以控制的一部分投资；而动态投资则主要是受外界环境制约的因素决定的那部分投资，如价差和因利率、汇率变动而引起的融资成本的变化。三峡工程所独创的“静态控制，动态管理”的投资控制模式，就是针对影响投资的系统内部因素和系统外部环境的不同而分别实施的对“静态投资”的动态控制和对“动态投资”的动态管理。静态投资与动态投资之间是正相关的。静态投资越高，则价差调整越多，筹资成本也越高，因此，通过对静态投资以及价差和资金成本的控制，就实现了对动态总投资的控制。

2.2.3　按照“五位一体”的投资控制理念，对三峡工程投资实行综合控制

工程投资的控制不是对投资的单一控制，投资只是工程项目管理系统中的要素之一，它与工程质量、进度、安全、风险等其他要素之间是相互联系、相互制约的关系，三峡总公司按照“五位一体”的投资控制理念，对三峡工程的投资控制进行了统筹考虑，综合平衡。三峡工程“五位一体”的控制理念见图2所示。

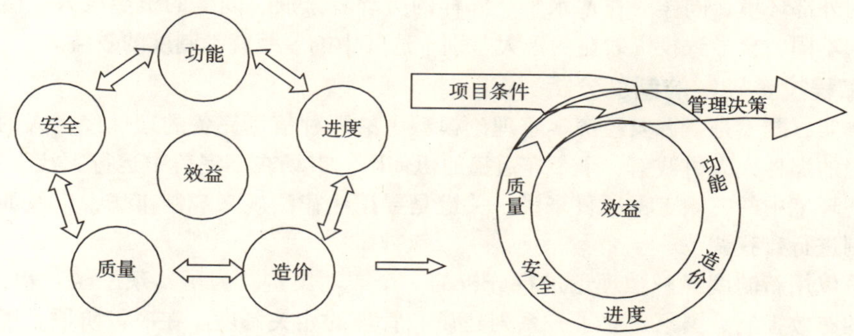

图2　三峡工程“五位一体”的控制理念

2.2.4　三峡工程投资控制系统是一个定值控制与随动控制相结合，顺馈控制与反馈控制相结合的多级递阶控制系统

三峡工程投资控制系统是一个定值控制与随动控制相结合，顺馈控制与反馈控制相结合的多级递阶控制系统。例如，静态投资500.9亿元就是业主控制静态投资的最高限额（确定的目标值，定值控制），不得突破，而价差部分是根据每年的物价上涨指数，经过有资质的中介机构测算后，报上级主管部门审批后执行（随动控制）。再如，对于设计变更的控制，在现场地质条件与设计不符时，现场实际情况的信息由施工方提出，经监理方和业主会签后送达设计方，设计方在做出设计修改的同时会将该变更产生的投资变化信息反馈给业主和监理方，由业主最后决策是否采用该项变更，这就是一个顺馈控制与反馈控制相结合的多级递阶控制过程。

2.2.5　三峡工程的投资控制过程是一个信息的获取、传递、变换、整理、存贮的过程

信息技术的发展、应用和普及给社会、经济、科技、文化等诸多方面带来了巨大的变化。三峡工程建设的顺利实施也得益于对信息技术的采用。三峡工程管理系统（TGPMS）、三峡通信网和三峡的网络系统等大型信息系统，覆盖工程建设的全过程，对三峡工程的顺利实施起到了巨大的推动作用。TGPMS是一个涵盖总公司各工程管理部门及设计、监理、施工等单位的工程管理信息系统，它是实现对三峡工程的计划、进度、成本、质量、资金、工程技术和文件、材料设备采购、工程施工及合同管理等高效统一、规范协调的管理和控制体系，形成了一个从三峡工程管理的实施层、管理层到决策层以及各种层次对外联系的信息体系，从而提高了三峡工程整体管理水平，为决策层提供分析决策所必需的准确而及时的信息。通过信息的高效统一管理，将设计、监理、施工等单位的各种信息统一进来，实现对三峡工程管理全过程、全方位信息控制与管理的战略目标。

3　制度对提高三峡工程投资控制效率起了决定性的作用

3.1　制度的涵义

制度从广义上来说，可以理解为人为制定的规则、程序和伦理道德的行为规范。新制度经济学认为，制度提供的一系列规则有社会认可的非正式约束（Informal Constraints）、国家规定的正式约束（Formal Constraints）和实施机制构成。非正式约束是人们在长期交往中无意识形成的，具有持久生命力，并构成代代相传的文化的一部分。正式约束是指人们有意识创造的一系列政策法规。正式法规包括政治规则、经济规则和契约，以及有着一系列的规则构成的等级结构，从宪法到成文法和不成文法，到特殊的细则，最后到个别契约，他们共同约束着人们的行为。人们总是在现实制度所赋予的制约条件下活动，好的制度可以提高整个社会效率。如果制度缺失或不完善，社会成员的互动效率下降，人们将为了自身利益最大化而陷入无休止的争斗之中。

3.2 制度的作用

制度是约束人们行为的一种规范，制度是一种“游戏规则”；同时，制度又是一种稀缺要素。新制度经济学的分析表明，制度短缺或制度供给的滞后与资金、劳动力、技术之类的要素短缺一样，会制约经济发展。制度具有“资产专用性”，制度短缺不能由其他要素来替代。制度的形成是多种利益集团经过多重博弈的结果；制度形成还受人们的观念、历史，文化传统及习惯等因素的影响等等。同样地，对于不同的工程项目而言，同样的外部环境、同样的技术水平、同样的劳动者素质、同样的资金投人，由于建设管理体制及内部制度安排的不同，会导致投资效益的极大差别，这其中的差距就是制度的效益。

3.3 三峡工程投资控制的制度分析

市场经济的真实，既不是新古典经济学家理论模型中的那种信息完备的理性经济人的最大化，也不是道德哲学家所设想的那种人人讲诚信、个个守道德的伊甸园。市场在不完美中运行，社会在不完美中发展。对于处于转型经济环境中的三峡工程项目来说，关键是要用法律法规来规制市场，以及如何运用内嵌于其中的制度运行机制进行自我调节。

三峡工程是可以用新制度经济学理论进行分析的一个成功案例。为了实现三峡工程的各项建设目标，包括对工程投资的有效控制，国家建立了一系列建设和管理的相关制度。在决策阶段，国家委派有关部门按照国家基本建设程序进行数十年的前期准备工作；在实施阶段国务院成立了三峡建委，下设移民局、三峡办，还成立了专门负责三峡工程建设的项目法人——三峡总公司。对三峡工程实行了项目法人制、招标投标制、建设监理制和合同管理制等四项工程管理制度，而且建立了科学的决策体系，严密的质量、安全、进度、投资和风险控制体系，以及对项目法人、设计、监理、施工等参与方的奖惩制度。建立规范健全的管理制度，既可以约束人，又可以激励人，还减少了工程建设过程中的交易成本。总之，一系列的制度安排是三峡工程得以顺利实施的坚实保证。

另外，专门为三峡工程制定了一些特殊的政策，建立了一系列激励制度。有效地调动了项目法人合理控制投资的积极性。三峡总公司作为三峡工程建设的项目法人，为了调动参加各方的积极性和创造性，也制定了相应的激励制度。比如，为调动设计单位的积极性，2000 年与长江水利委员会设计院签订了勘测设计总协议，并明确了限额设计和优化设计的奖惩规定，建立了设计管理的有效机制，为优化设计和控制投资奠定了基础。

在三峡工程的建设过程中，国家除了在资金、政策等物质方面给予三峡工程特别支持之外，在舆论宣传、综合协调等方面也给予了三峡建设者极大的荣誉和精神激励。三峡总公司积极发挥项目法人的龙头作用，结合工程建设实际，倡导三峡工程项目文化建设，激发各参建单位的历史责任感、民族自豪感，在建设三峡工程物质的大坝的同时，也筑起了一座象征着“三峡精神”的精神的丰碑。

三峡工程依靠建设项目管理相关的各项法律法规提供的制度环境以及其内部运行的各项制度安排，降低了各项交易费用，保证了该工程建设的顺利实施，实现了三峡工程的投资结构优化，并把工程投资控制在初步设计概算以内，提前实现了各项计划目标。为我国其他重大工程的建设提供了可资借鉴的宝贵经验。

4 全生命周期管理思想的应用避免了对投资的割裂控制

三峡工程的投资控制贯穿工程建设的全过程，跨越决策、实施和运营阶段三个阶段。在三峡工程的决策和设计阶段，三峡工程建设方案的论证和设计方案的选择，充分考虑了三峡工程的建设费用和建成后的运营、维护费用，考虑了三峡工程建成后的泥沙问题、航运问题、安全问题、环保问题等，并分专题进行了详细论证，体现了从全过程和全生命周期控制投资的思想。

4.1 决策阶段

从 1919 年，孙中山先生在他的《建国方略·实业计划》一文中提出了开发三峡水力资源，改善川江航运的设想，到 1992 年七届人大五次会议审议通过兴建三峡工程，决策过程长达 70 余年，工程决策经历了项目意向形成及预可行性研究阶段、项目可行性研究论证阶段和项目的综合评估及立项审批阶段。由此可以看出，对于是否兴建三峡工程以及采取什么方案兴建，国家的决策是非常慎重的，其间论证的焦点除了安全、航运、生态环境以及工程技术问题之外，一个关键因素就是建设投资和后续费用国力能否承受，即建设资金来源和投资控制的问题。为慎重起见，国家专门组织了投资估算专家论证组，历经数年反复测算修订，最终确定了 1994 年经国家批准的三峡工程初步设计静态总概算为 900.9 亿元（1993 年 5 月价格水平），其中枢纽工程500.9亿元，水库淹没处理及移民安置400亿元。1993年根据当时拟定的工程资金来源、利息水平和物价上涨的预测，估算计入物价上涨及施工期贷款利息的动态总投资约为2039亿元。项目的论证决策过程就是投资测算越来越精确的过程，从投资估算到批准的初步设计概算，三峡工程的投资控制目标得以确定。

4.2　实施阶段

三峡工程的实施阶段从1993年开始，至2009年竣工，周期长达17年。从开工到现在，三峡工程经历了14年的时间。在工程建设过程中，三峡总公司采用“静态控制、动态管理”的投资控制模式，以500.9亿元的初步设计概算作为控制枢纽工程静态投资的最高限额，通过优化设计、规范招投标、严格合同管理、加强风险控制、实行技术创新和管理创新等措施对静态投资实施控制；以总额控制，总体包干的方式将移民安置费包干给四川省和湖北省；通过多渠道融资，多途径降低融资成本以及分年度测算审批价差的方式控制动态投资。

4.3　运营阶段

三峡工程因为建设周期长，枢纽建筑物分期建设、分期投入使用，在建设期间就实现了建设与运营的搭接与无缝交接。以2003年三峡左岸电站2号、5号机组并网发电为标志的发电；以2004年7月8日，三峡双线五级船闸正式通航为标志的通航；以2006年5月20日，三峡大坝全线建成，达到海拔185m设计高程；以及2006年6月6日三期围堰拆除爆破，2006年汛后蓄水至156m，三峡工程由围堰挡水发电期进入大坝挡水发电期，并提前2年开始发挥效益的防洪，三峡工程防洪、航运、发电效益均已在建设期全部或部分实现。等到三峡右岸机组全部建成投产、升船机建成投入运营，全部工程完成竣工验收以及竣工决算以后，三峡工程才算正式进入运营期。那时，对于三峡工程的投资控制主要是要保证三峡工程的专款专用，保证三峡工程的发电收益用于归还三峡工程的借款，以降低三峡工程的筹资成本。另外，就是要严格按照设计要求，做好三峡工程的运营维护以及旅游等相关产业管理，以实现三峡工程全生命周期内的最大收益。

5　结论及启示

5.1　结论

（1）系统科学理论是三峡工程投资控制的基本指导思想；

（2）制度对提高三峡工程投资控制效率起了决定性的作用；

（3）全生命周期管理思想的应用避免了对投资的割裂控制。

5.2　启示

（1）重大工程项目投资控制是重大工程实现过程中的一个系统；

（2）要用全生命周期的观点来看待重大工程项目的投资控制，在全生命周期的不同阶段，投资控制的内容不同，方法不同，影响程度也不同；

（3）实施阶段投资控制主要包括两个方面：一是过程控制，二是要素控制，其中，要素控制渗透到施工的全过程。三峡工程的“静态投资，动态管理”属于实施阶段的投资控制方法。这个方法在我国重大工程建设中具有创新性。与实施过程并行的还有融资成本控制，三峡工程在这方面做得也很好。要素控制渗透到整个施工过程，也属于“静态控制，动态管理”的范畴。三峡工程能够有效地控制投资，虽然在客观上存在许多有利因素，但是，从工程管理的角度来看，投资控制确实卓有成效。要素控制的目标，必须以保证过程控制为前提，要素之间相互制约、相互影响，如何把握平衡是要素控制的难点所在。三峡工程“五位一体，综合平衡”的做法是值得其他重大工程项目借鉴的。

参考文献

[1] 三峡总公司总会计师细算“三峡帐”［EB/OL］. http：//www.hb.xinhuanet.com/jdwt/2006-05/18/content_7055548.htm.

[2] 陆佑楣. 三峡工程建设项目管理的实践［J］. 中国三峡建设，2002，1：1－9.

[3] 中国三峡总公司. 长江三峡水利枢纽审计工作汇报材料之三［R］. 2006，3.

[4] 金和平. 三峡工程管理系统的设计、开发与实施［J/OL］. http：//www.tgpms.com.cn/news/files/004/65.pdf.

[5] 卢现祥. 西方新制度经济学［M］. 北京：中国发展出版社，2003：1－40.

[6] 李维森. 美国体制不“安然”——评布赖斯的《安然帝国梦》[J]. 21世纪经济报道. 2003，1.
[7] 胡韫频，吴学军，郭树元等. 对三峡工程投资控制的新制度经济学分析 [J]. 人民长江，2006，2：14-16.
[8] 中国三峡工程报. 弘扬“三峡精神”促进工程建设 [EB/OL]. http：//www.ctgpc.com.cn/news/view.

2010年上海世博会信息化集成与管理系统研究

李永奎　乐　云　何清华

（同济大学经济与管理学院）

信息化包括信息资源的开发和利用以及信息技术的开发和应用，其发展大体可分为三个阶段，如图1所示。由于我国信息技术的应用起步较晚，因此在第一、第二阶段都落后于国际水平，进入21世纪以后，我国大力推进信息化进程，信息化的发展理念逐步和世界接轨，突出表现在领域信息化和企业信息化当中。2010年上海世博会要充分利用现代高科技，要充分利用现代信息技术，必须借鉴最新的信息化管理理念。

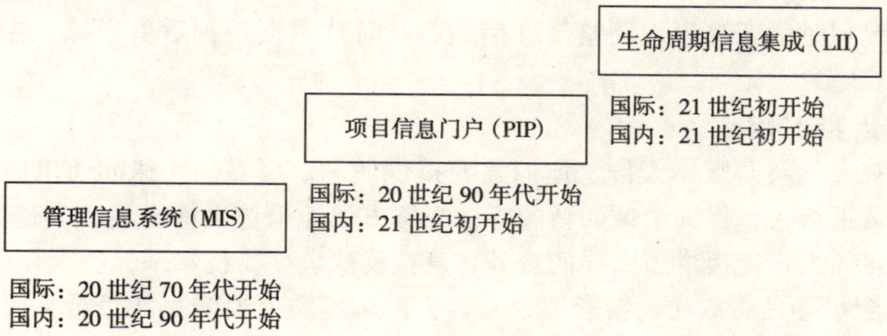

图1　信息化发展的三个阶段

2010年上海世博会是继2008年北京奥运会后我国举办的又一次全球盛会，在2010年5～10月间，在5.28km^{2}内将有超过200个国家或国际组织参加，参观人数将达7000～8000万人次，日均参观人数将达40～80万人次，规模均超过以往各届，因此将有可能碰到难以想象、前所未有的问题，如安全问题、排队问题、交通问题、能源问题、食品问题和气候问题等。要解决这些问题，首先必须依靠现代科技力量，包括信息化、数字化的手段。然而，历届世博会的实践证明，仅仅依靠尖端科学技术的方法和数字信息化的手段还远远不够。上海世博会的成功举办，从更高层次上来说，涉及到技术的集成、信息的集成、组织的集成、设施的集成以及管理的集成。

1　需求分析

人群，是世博会的主体。从本质上讲，上海世博会要取得成功，要实现“城市，让生活更美好”的目标，就必须满足世博会相关人群的各类需求，同时，信息化必须为满足这些人群的需求提供支撑。因此，就有必要对世博会相关人群的需求进行重点分析，并以此作为构建世博会信息化的基础。

1.1　参观人群的需求

现场参观人群是2010年上海世博会的主要人群，包括来自上海、长三角、国内其他地区以及境外（20%:30%:45%:5%），这些人群的需求包括远程了解世博信息、网上预约购票、交通工具和交通路线选择、酒店入住、现场购票、排队服务、寄存服务、参观引导、园区交通服务、气象服务、咨询服务、紧急帮助、饮食服务和特色服务等，对这些人群的服务也是体现“城市，让生活更美好”的关键。

此外，还包括多达十几亿到不了世博会现场但又想一睹世博会盛况的参观人群，他们需要通过电视、报纸、广播和互联网等了解上海市城市建设的相关信息、世博会的相关信息以及未来科技发展的相关信息等。

1.2　参展人群的需求

参展人群的活动范围相对固定，他们的需求除对展览基础设施的要求外，还包括了解展位布局与展位信息、物流与仓储服务、销售管理、参观人群预警与管理、信息通信与信息服务、应急通信保障、后勤供应和水电气供应等。

1.3 园区管理和服务人员的需求

园区管理和服务人员包括安保人员、售检票人员、设施管理人员、物流供应人员、交通调度人员、客流疏导人员、卫生管理人员和志愿者等等，他们的管理和服务内容不同，活动范围也不同。对于园区管理和服务人员而言，他们需要完整、及时、准确地了解和掌握世博园区内所有类型的信息，包括各类设施和供应系统的运行信息、参观人员的状况信息、参展人群的需求信息、物流信息、交通信息，以及反恐、突发事件（自然灾害、火灾、医疗急救等）信息等。

1.4 后备保障人群的需求

后备保障人群包括公安、消防、保安、抢修人员、搬运工、施工队、急救人员等，他们的调人具有突发性和不可预知性，因此后备保障人群应随时待命，等候决策指挥控制人群的指令和调度。

1.5 决策指挥控制人群的需求

决策指挥控制人群是保证世博会正常运行的关键人群，是世博会的首脑和心脏，因此需要从非常宏观的角度，从最高的层次，及时、准确、完整掌控世博会各项活动、各类设施和各个系统的运行信息，根据世博会进展的实际情况随时动态决策，调整管理措施，及时地调度各种后备资源，在突发事件发生时要能快速地启动应急措施或应急设施。

1.6 新闻媒体人群的需求

上海世博会将迎来大批新闻媒体人群，他们需要提供便利、可靠、快速的通讯服务和信息服务，如为记者提供话音接入和数据接入，保证全球的新闻媒体能够方便地采访世博会场和高速同步发布文稿、图片、视频等信息，对新闻媒体人员能提供怎么样的服务将直接反映世博科技水平，特别是信息化水平。

2010 年上海世博会举办是否成功、精彩、令人难忘，从本质上说就是能否最大限度的满足上述各类人群的各种需求，特别是满足参观人群、园区管理人群和决策指挥控制人群等三类核心人群的需求。从历届世博会的实践经验来看，要满足这些人群的需求，首先需要依靠尖端科技的方法，特别是信息化手段，但是，更需要组织措施和管理措施。从全国范围来看，上海市城市总体组织与管理水平堪称一流，也成功举办过类似 APEC 会议、F1 方程赛这样的国际化、高层次、大规模的活动，但世博会无论从规模上、参加人数上、复杂程度上、技术难度上、危机及风险上都更超过以往各类活动。在上海、国内乃至世界上都是第一次，困难相当大，其中最难的也是最关键的是如何将各种高科技手段集成起来，形成“整体合力”。

2 上海世博会信息化集成与管理系统名称、内涵与理念

2.1 名称与内涵

首先，上海世博会信息化集成与管理系统不是信息系统，也不是管理信息系统（MIS），管理信息系统已有其特定的内涵。其次，上海世博会信息化集成与管理系统也不是一个纯管理问题，也不单涉及管理的体制、制度与组织建设。信息化集成与管理系统是解决如何应用高科技手段，特别是信息化方法来提高决策、指挥与管理水平。它是通过组织的集成和管理的集成来实现技术的集成、信息的集成和设施的集成，最终实现所有尖端科技和所有信息化手段的“整体合力”，为世博会的运营管理服务，为世博会中各类人群服务。

2.2 上海世博会信息化集成与管理的理念

（1）所有尖端科技手段充分发挥作用并形成“整体合力”；

（2）会展期为核心，并兼顾建设期及后续使用期的生命周期信息集成；

（3）为决策者和管理者高效、准确的决策提供强有力的支撑；

（4）为参观者、参展者提供最大限度的方便，享受高科技的服务；

（5）为世博园的后续利用，实现上海城市信息化提供支撑。

3 上海世博会信息化集成与管理系统总体框架

3.1 系统总体框架

上海世博会信息化集成与管理系统功能框架在组成内容上可表述为“3111”，即：服务于建设期、会展期和后续利用期 3 个阶段；1 个全过程、全方位的信息化集成与管理平台；1 个决策控制指挥中心和 1 个信息发布与服务窗口，如图 2 所示。

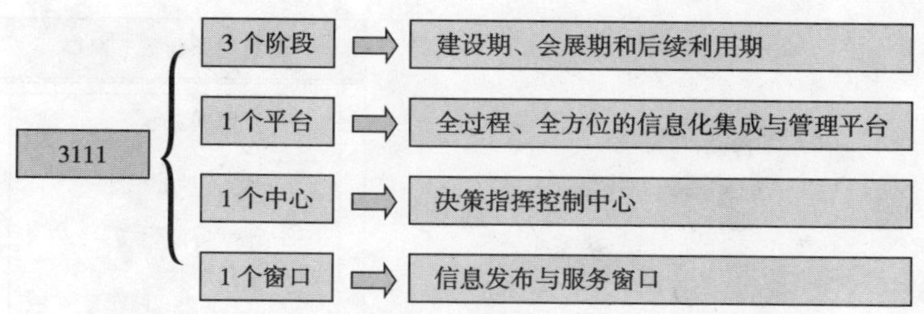

图2　上海世博会信息化集成与管理系统功能总体框架

该总体功能框架可以分为三个层面，即：专业服务、信息化集成与管理平台、决策控制指挥中心和信息发布与服务，如图3所示。

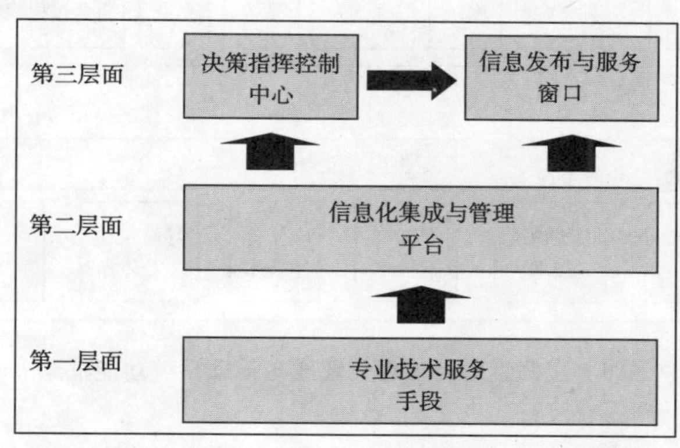

图3　上海世博会信息化集成与管理系统的三个层面

3.2　构建思路

上海世博会信息化集成与管理系统的功能框架构建的总体思路是：

（1）以地理信息系统（GIS）、人脸识别技术、智能IC卡技术、电子标签技术、虚拟现实技术、导航定位技术等技术手段为基础，形成第一层面的专业技术服务手段。

（2）基于生命周期信息集成的理念，以会展期为重点，构建面向园区管理与服务人群、后备保障人群等的信息化集成与管理平台。该平台具体内容包括安保系统、售检票系统、设施和运营系统、物流系统、客流引导系统、交通系统和生命周期全过程控制管理系统等七大子系统，作为2010年上海世博会信息化集成与管理系统的第二层面，它是本系统的核心。

（3）在信息化集成与管理平台的基础上，构建面向决策人群的决策指挥控制中心。

（4）建立面向参观人群和参展人群等的信息发布与服务窗口，从而实现上海世博会信息化的全面集成与管理，具体如图4所示。

3.3　子系统构成

作为核心功能的信息化集成与管理平台由以下七大子系统组成：

（1）售检票系统：包括智能门票管理、售票系统、检票系统等；

（2）设施和运营系统：包括基础设施智能化管理、参展商和展品管理、场内餐饮管理系统、世博礼品综合管理、远程虚拟世博会等；

（3）交通系统：包括智能交通综合管理、智能停车管理、场内交通组织系统等；

（4）客流引导系统：包括场内人流管理系统、无障碍服务系统、智能导游系统等；

（5）物流系统：包括物流与仓储管理系统、食品供应管理等；

（6）安保系统：包括食品卫生管理、医疗救护系统、消防应急系统、反恐防恐系统、城市安全与防灾、气象检测系统、公安布控系统、风险预警应急系统、地理及空间信息系统等；

（7）世博会项目生命周期全过程控制系统：包括规划可视化管理、项目信息门户、设施管理系统等。

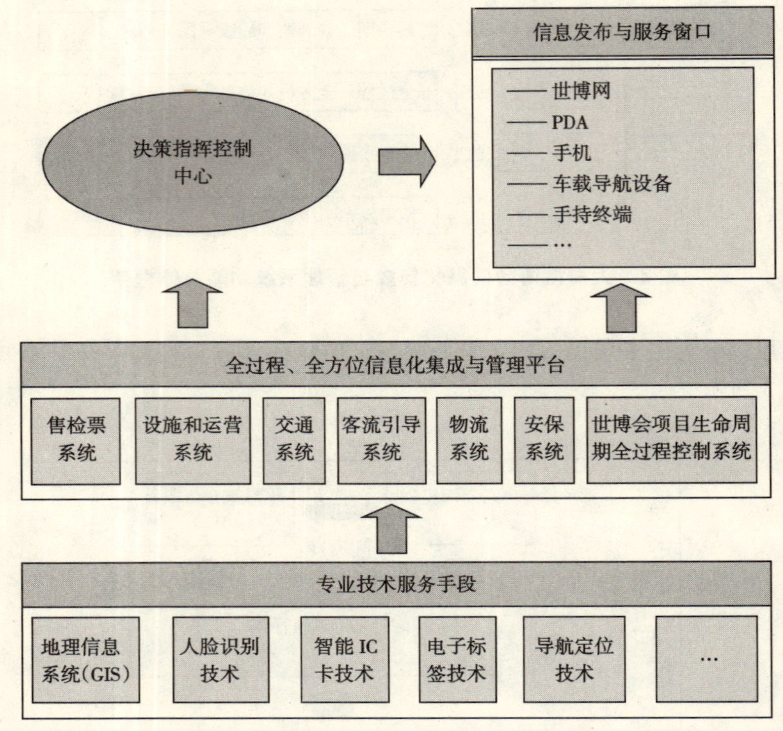

图4　上海世博会信息化集成与管理系统功能框架

4 结束语

上海世博会信息化集成与管理系统的建设将真正实现世博会“园区内智能化，园区外信息化”的目标，世博会结束后形成一整套成熟的大型活动成套信息系统，实现“以数字世博为抓手，推进数字上海的建设”的目标。

时代赋予上海新的历史使命，建立2010年具有国际顶尖水平的上海世博会信息化集成与管理平台，将有力地保证上海世博会的成功举办，实现“最成功、最精彩、最难忘”的既定目标，同时也将极大地推动上海城市信息化的进程。

参考文献

[1] 丁士昭．建设工程信息化导论，北京，中国建筑工业出版社，2005：23.

[2] 上海世博会筹备工作全面启动 中国方案创“世界纪录”［EB/OL］．http：//www.china.org.cn/chinese/sy/1120028.htm，2006，2.

[3] 黄耀诚．信息化拨亮世博主题［EB/OL］．2005，12．www.expo2010china.com.

[4] 李逸平．科技，让世博更精彩［EB/OL］．2004，9．www.expo2010china.com.

[5] 杨东援．世博科技面面谈之——世博会与交通［EB/OL］，2005，4．www.expo2010china.com.

[6] 2005 日本国际博览会，IT 事业的核心系统［EB/OL］．2005，3．http：//www.expo2005.or.jp/cn/ticket/it_project.html.

地铁工程建设安全监管系统的设计及开发研究

丁烈云　周　诚

(华中科技大学土木工程与力学学院工程管理系，华中科技大学控制结构湖北省重点实验室)

1　问题的提出

随着国民经济的快速发展，我国地铁工程进入了蓬勃发展阶段，据统计2010年前北京、上海、广州、天津、深圳、沈阳、杭州、南京、武汉等地将再建约25条城市轨道交通线路，国家将投资地铁土建安装工程约2500多亿元。与此同时由于地铁工程多建于热闹繁华的市区，地层条件的不确定性及周围环境的复杂性增加了地铁施工的难度和地铁建设的风险，埋下了地铁施工过程中事故频发的隐患，例如2003年7月1日，正在施工中的上海地铁四号线发生特大涌水事故，致使地面发生沉降，引起隧道部分结构损坏及周边地区地面沉降，造成3幢楼房严重倾斜、下沉，直接经济损失约为1.5亿元人民币；2007年2月5日，南京牌楼巷与汉中路交叉路口北侧地铁施工处因发生渗水造成路面约50~60m^2的局部塌陷，并造成地下自来水管断裂、煤气管道破裂，致使塌陷区北侧约10m的金鹏大厦沿街一面小部分被烧，事故引起交通阻塞，部分供电、供水、供气及电信中断。据不完全统计，2001~2007年全国地铁施工四级以上事故共发生22起(见表1)，如此严重的地铁建设安全现状对发展滞后的传统工程建设安全管理手段提出了严峻的挑战。在我国对建筑业安全问题日益重视、政府建筑安全管理模式正处于变革之中的今天，如何加强地铁工程建设安全监督管理、防止和减少地铁施工过程中的安全事故、保障人民群众生命和财产安全，既是考验政府执政能力的重要指标，也是建设社会主义和谐社会的客观要求。

2001~2007年全国地铁施工四级以上事故不完全统计表　　表1

序　号	时　间	发生地区	事故类型	事故诱因	事故后果
1	2001年5月25日	深圳地铁	基坑坍塌	坑壁支护失稳	1人死亡
2	2002年4月19日	深圳地铁	吊臂折断	不明	2人死亡
3	2003年7月1日	上海地铁	地表沉降坍塌	冷冻法失效	直接经济损失1.5亿
4	2003年10月8日	北京地铁	支架坍塌	支撑架失稳	3人死亡
5	2004年3月17日	广州地铁	塌方	不明	1人死亡
6	2004年4月1日	广州地铁	地下连续墙塌方	暴雨	附近民房倾倒下沉
7	2004年9月25日	广州地铁	大面积塌方	水管爆裂	事发路段居民停水
8	2005年7月14日	深圳地铁	塌方	地下水管涌	
9	2005年7月19日	北京地铁	路面隆起	不明	
10	2005年7月21日	广州地铁	基坑支护坍塌	不明	2人死亡1人失踪
11	2005年8月1日	北京地铁	汽车式起重机事故	吊车翻倒	1人死亡
12	2005年9月24日	北京地铁	龙门吊倾倒	路面塌陷	
13	2005年10月18日	北京地铁	简易房倒塌	涌水	
14	2005年10月25日	北京地铁	钻机倒塌	不明	
15	2005年11月3日	广州地铁	物体打击	隧道壁电缆组坠落	2人死亡
16	2005年11月7日	广州地铁	塌方	溶洞	
17	2005年11月30日	北京地铁	基坑倒塌	水管爆裂	
18	2006年1月3日	北京地铁	塌陷事故	污水管爆裂	
19	2006年1月4日	广州地铁	地陷事故	地下水流失	
20	2006年2月27日	北京地铁	龙门吊事故	钢丝绳折断	3人死亡

续表

序　号	时　间	发生地区	事故类型	事故诱因	事故后果
21	2006年4月24日	广州地铁	机械事故	凿岩机风管脱落	1人死亡
22	2007年2月5日	南京地铁	地陷，火灾	渗水	

2　地铁工程建设安全监管系统的构建背景

亟待解决的地铁建设安全监督管理问题，无论从理论角度还是应用角度，目前仍处于一种零散的、尚未成体系的状态。地铁工程建设是一项复杂的系统工程，涉及触发事故的地质结构、水文气象因素众多，再加上施工过程中土建结构多样化、组织专业性强、技术设备复杂、时空效应明显等特点，使得传统建设安全管理方法无法适应地铁建设工程安全监管的需求，表现在缺乏对地铁建设安全问题的系统认识，安全数据的采集和动态汇总十分困难；缺乏对地铁工程安全知识的综合利用，无法获得有效的安全决策支持；缺乏对地铁工程建设安全的集成控制，信息沟通与共享非常不足。这些问题集中反映在两个方面：

（1）地铁工程建设安全知识管理严重不足。地铁建设领域在长期发展和现场管理过程中积累了丰富的安全风险管理控制的实践经验知识，这些知识一部分是以国家和地方颁布的安全技术规程等显性方式存在，另一部分是以隐性方式零散的保存在各专业人员的头脑中的实践经验等。但从目前施工企业、监理或安全监督机构管理现状来看，大都缺乏统一、系统、规范的收集和保存途径，以致大量历史经验没有发挥其应有的价值。

（2）地铁工程建设安全监管技术与手段落后。与地铁工程安全紧密相关的数据一般以纸面的形式保存，数量大且实时变化，使得管理者难于及时查找保存并重复利用，若要随时掌握动态的数据并加以统计汇总，更显得十分困难。同时，这些信息的传递方式是金字塔式的纵向沟通方式，层次多、效率低、费用高、干扰大，极易因信息交流沟通失误造成损失。

解决上述两个方面问题的根本途径是利用信息化技术改造传统的地铁建设安全管理和控制过程，把散落整个地铁建设领域的数据分析知识、施工工法知识、工程风险知识加以提炼、整理、系统化存储，从而构建各种专业化安全知识库，并在此基础上进行深层次的数据分析和挖掘，以提供安全决策支持，提高安全监管中决策层的决策能力和决策水平。与此同时发挥计算机处理和运算优势，利用海量存储、快捷检索、传递便捷的特点，把大量纷杂的信息进行有序的组织处理，提高数据管理的效率，有效地实现具有监督跟踪、应急反应能力的“集成化”、“协同式”安全监管模式。

3　地铁工程建设安全监管系统的总体设计

地铁工程建设安全监管系统总体设计的思路是：在全面分析地铁工程建设安全监管信息结构特征后，综合提炼业内先进企业及专家知识经验，采用以本体论为代表的智能信息表达工具，进行地铁建设工程领域数据分析、施工工法与风险知识库的设计研究，并以此为基础充分利用以XML和WEB服务为代表的信息处理技术，研究构建面向Internet的地铁工程安全监管各责任主体和有关主管机构的开放式安全监管信息系统。

3.1　地铁工程建设安全知识库的构建

构建地铁工程安全知识库是设计研究地铁工程建设安全监管系统的基本工作之一。地铁工程安全知识主要包括以各种结构分析、力学分析模型为基础的数据分析知识；以各种工法标准、施工流程规则为基础的施工工法知识；以各种安全风险源、工程事故案例为基础的工程风险知识。将这些获取的知识结构化表示后，实现人的知识向计算机的存储转移，用计算机程序模拟和预测工程安全状态，推理和诊断工程风险事故，以产生出与专家相同的决策结果。因此，安全知识的获取、表示、组织和存储是建立地铁工程安全知识库的基本任务。以地铁工程风险知识库为例，其构造过程如图1所示。

（1）工程风险知识的获取。在地铁工程安全监管中，风险控制点是为保证工程安全而确定的重点控制对象、关键部位或薄弱环节，因此风险知识主要是指风险控制点的设置、特征、临界状态以及处理方案。在实际构建过程中，应进行充分的实地调研、收集整理、分析研究等工作，重点在于分析影响地铁建设安全的风险信息与施工工序、地理环境、操作规程之间的关系，地铁建设过程中风险控制点基本分类如表2所示。

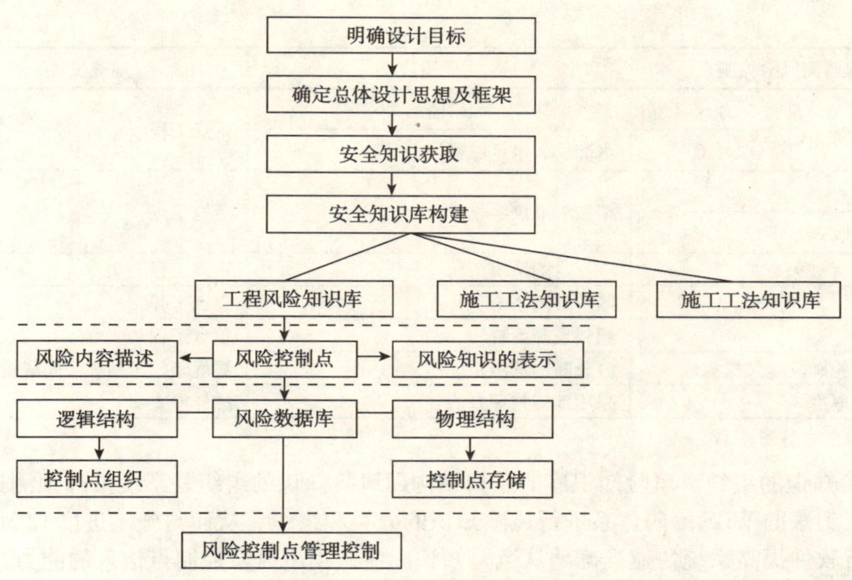

图1　地铁工程风险知识库的构建过程

地铁建设过程中风险控制点基本分类表　　表2

序号	风险控制点类别	风险控制点控制内容
1	施工参与人员风险控制点	如分包商资质审核、技术人员素质、技能水平、上岗证书等
2	工程设计风险控制点	如技术交底、图纸会审、设计变更等
3	工程监测风险控制点	如地基验槽、沉降观测等
4	工程物资、材料风险控制点	如材料设备的出厂合格证、质保证书、新产品新材料的检测、鉴定及准用证明等
5	工程施工风险控制点	如明挖基坑施工、盖挖逆作基坑施工、隧道区间矿山法、新奥法施工、盾构进出工作井与掘进施工等

（2）工程风险知识的表示。工程风险知识的表示是用风险控制点的形式将地铁安全领域的知识表达出来，是风险控制点内容和结构的统一体。风险控制点内容是指自身的基本属性与特征属性集合，如表3所示工程监测风险控制点的内容；而风险控制点结构则是用计算机语言表达的风险控制点内容，一般采用面向对象的知识表示方法。

地铁建设过程中工程监测风险控制点基本分类表　　表3

编码	工程监测风险控制点	主要手段	地理位置	等级
01	地表沉降	精密水准仪	线路中心线及附近范围内	A
02	重要建筑物沉降及倾斜	倾斜监测系统、精密水准仪、全站仪	中心线附近范围内建筑物	A
03	爆破振动观测（如果有）	测振仪	爆破作业工点	A
04	地下水位观测	地下水位计	根据地质情况确定	A
05	管线沉降	精密水准仪	对沿线及穿越的管线	A
06	建筑物裂缝观测	应变仪	地面建筑物	A
07	建筑物基础托换工程监测：除地表沉降及建筑物倾斜外，包括桩基承载力与托梁力学行为监测	精密水准仪 倾斜监测系统 应变监测系统	基础托换工程处	A
08	隧道周边位移	周边位移计	暗挖工点	B、A
	基坑壁水平位移	倾斜监测、单点位移计	明挖或盖挖车站、连续墙	

续表

<table>
<tr><th>编码</th><th colspan="2">工程监测风险控制点</th><th>主要手段</th><th>地理位置</th><th>等级</th></tr>
<tr><td rowspan="2">09</td><td rowspan="2">地中位移</td><td>水平</td><td>多点位移计、倾斜监测</td><td rowspan="2">重点工程</td><td rowspan="2">A</td></tr>
<tr><td>垂直</td><td>水准仪、多点位移计</td></tr>
<tr><td rowspan="2">10</td><td colspan="2">拱顶沉降</td><td rowspan="2">精密水准仪、收敛计</td><td rowspan="2">暗挖工点</td><td rowspan="2">B、A</td></tr>
<tr><td colspan="2">净空竖向收敛</td></tr>
<tr><td>11</td><td colspan="2">锚索应力（如果有）</td><td>应变量测系统</td><td>重点工程</td><td>A</td></tr>
<tr><td>12</td><td colspan="2">桩变形</td><td>倾斜量测系统</td><td>重点工程</td><td>A</td></tr>
<tr><td>13</td><td colspan="2">支撑内力</td><td>倾斜量测系统</td><td>重点工程</td><td>A</td></tr>
<tr><td>14</td><td colspan="2">开挖断面轮廓及超欠挖测量</td><td>激光断面量测系统</td><td>浅埋暗挖车站和区间隧道</td><td>A</td></tr>
<tr><td>15</td><td colspan="2">喷混凝土厚度</td><td>采用地球物理方法</td><td>抽样检查</td><td>A</td></tr>
</table>

（3）工程风险知识的组织。风险知识库的逻辑结构即风险知识的组织是系统推理预测过程的核心部分。统一采用地铁施工工法的 WBS 编码体系进行风险知识的分类和组织，从而与施工进度 CPM 相关联，利用成熟的施工进度分析软件提高系统快速准确地从风险知识库中调用出风险控制点信息的能力。

（4）工程风险知识的存储。工程风险知识库采用数据库进行存储，可以分为工程风险数据库、地理信息数据库、工程进度数据库三种。其中核心的工程风险数据库主要用于存储工程风险控制点信息，包括工序编码、风险编码、风险内容、预期后果、图文资料、操作规程、风险等级等。

3.2 地铁工程建设安全监管数据流程的构建

为了改善地铁工程建设安全监管中信息沟通传递不畅的现状，需要在地铁工程安全知识库的基础上设计系统的信息传递机制，这主要包括上行和下行两条不同的数据流程。其中上行数据流程主要是将地铁施工现场的各种安全信息采集到系统中进行分析处理后传递到决策层，下行数据流程主要是将决策层的各种安全指令通过系统分配到相应的施工现场，如图 2 所示。

3.3 地铁工程建设安全监管系统的总体框架

地铁工程建设安全监管系统的建设，旨在为地铁工程项目各责任主体、建筑安全监督管理机构和有关行政主管部门的安全监督管理提供专业化服务支持。这就不仅需要功能强大的各种软件支持，还必须借助可靠的硬件系统、网络服务、数据管理、安全保障等一整套的配置。因此地铁工程建设安全监管系统是一个集成的、功能强大的 B/S 分布式应用系统，涉及范围广泛，需要综合计算机网络技术、设计方法学和各种相关的软件系统。其总体框架如图 3 所示。

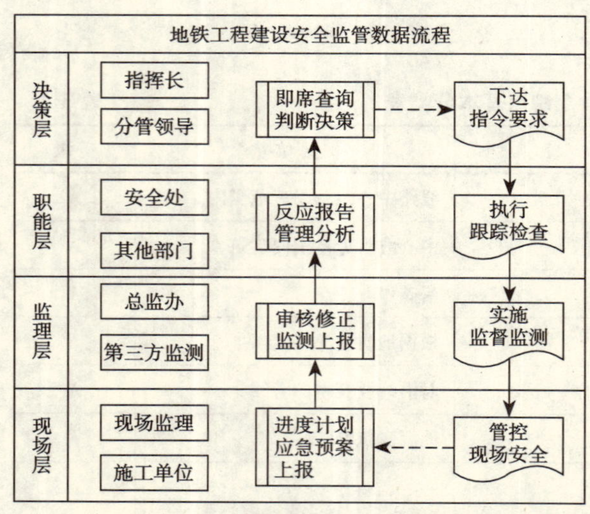

图 2 地铁工程建设安全监管数据流程

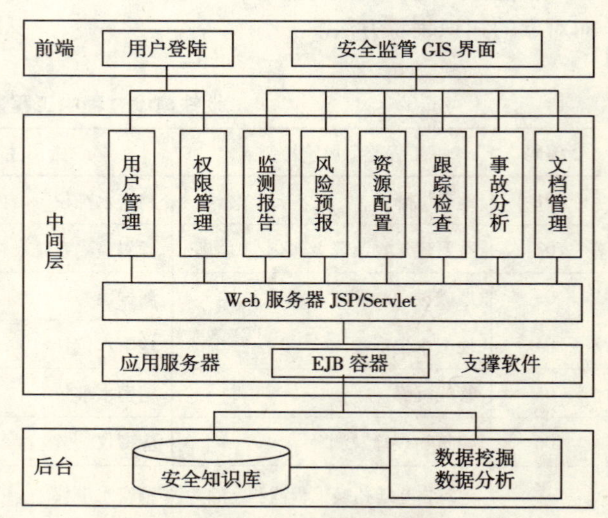

图 3 建筑工程质量控制平台总体框架

3.4 地铁工程建设安全监管系统的功能体系

针对目前地铁工程建设安全监督管理面临的诸多压力，可设计开发基于不同业务范围、具有特定功能和结构的应用服务功能，包括监测报警子系统、风险预报子系统、预案配置子系统、跟踪检查子系统、事故处理子系统和安全办公子系统，共同组成系统的功能体系，如图4所示。

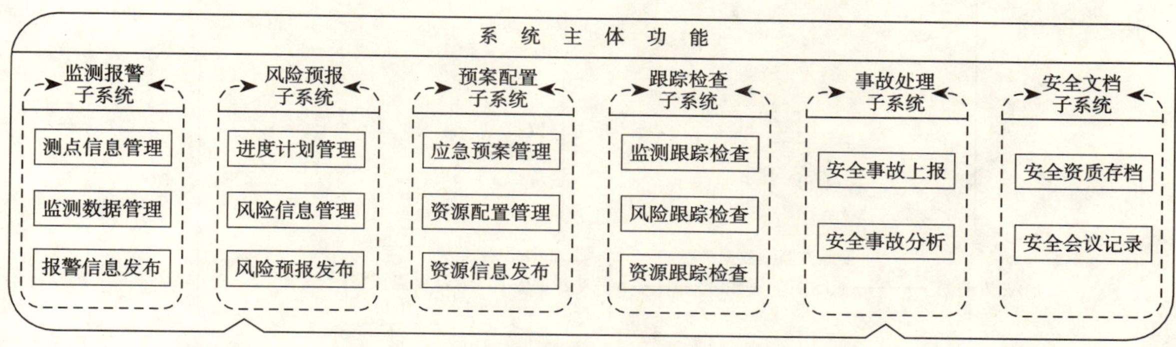

图4　地铁工程建设安全监督系统功能体系

4　地铁工程建设安全监管系统的功能开发与应用

针对地铁工程建设安全控制涉及面广，数据结构复杂，使用主体要求各异的特点，地铁工程建设安全监管系统的开发是在本体论、控制论、信息论等理论的指导下，基于J2EE、Web Services技术构建分布式多层结构，前台开发采用JAVA语言，后台采用Oracle9i数据库构建地铁工程建设安全监管的整体信息系统；并运用平台无关的XML数据传输和交换技术，实现业务模型资源与系统实现技术的分离，以提升管理系统的技术无关性；同时采用GIS/CAD平台技术、智能终端PDA数据采集技术、VR可视化技术、多媒体技术等，用于构建适应安全监管多责任主体和行业主管部门宏观安全监督需求的并具有信息开放性和功能集成性的安全监管系统。系统主要的应用包括以下几种。

4.1　监测报警子系统功能应用

系统以地铁工程中普遍实行的第三方监测为基础，通过GIS/CAD平台集成地铁工程沿线布置的测点位置信息，构建覆盖地铁工程施工全范围的工程监测风险控制点网；设计各种类别的专业性监测数据报表填写模板，引导形成高效率的监测数据采集机制；通过数据分析模型制定各类监测点的“二套指标”（总允许变化指标和每天允许变化指标）和“二值”（警戒值、临界值）等，从而科学、全面、动态、形象的反映地铁在建工程的安全现状，并以报警发布的形式重点提示决策者注意工程建设过程中的安全隐患和问题。监测报警子系统的数据传递与功能界面如图5所示。

4.2　风险预报子系统

系统以地铁工程的详细施工进度计划为基础，运用本体论工具提炼、标准化地铁施工中相对固定且具有复制特性的施工工法；分析识别施工工法中工序级别的风险信息及安全操作，构建具有自主学习功能的工程风险知识库；利用GIS/CAD平台集成包括地质水文资料、管线资料、周边构筑物资料等在内的地铁施工沿线基础地理信息与天气信息；通过建立上述信息的智能化绑定、修正机制，提供国内地铁安全风险预报领域具有时间进度、空间位置、气象背景的风险分析、风险评价等决策支持，从而以各种颜色为级别定期自动发布风险预报，实现安全管理的根本性转变，即变被动安全管理为主动前馈型的安全管理。风险预报子系统的数据传递与功能界面如图6所示。

4.3　其他子系统

预案配置子系统以地铁工程各施工标段的应急救援预案为基础，设计包括应急救援人员、设备、物资等信息的专业数据填报模板；经过审核后由GIS/CAD平台动态显示实时的预案配置情况，并通过短信平台等通讯手段发布给有关人员，方便决策者掌握真实可靠的信息，重点管理未落实到位的资源，从而实现资源的合理安排和科学调度，具备应对地铁施工过程中各种突发事件的能力。

跟踪检查子系统在上述三个子系统的基础上，通过设计编制智能终端PDA上使用的嵌入式检查填报表格，建立智能终端PDA和系统的实时通讯传输机制，保证安全监察人员做到严格督察监测点报警出现的原因，重点巡查风险预报中提示的危险源，有效抽查应急资源配置的落实情况，并将跟踪检查的结果即时传回系统，从而实现效率高、针对性强、干扰因素少的安全监察。

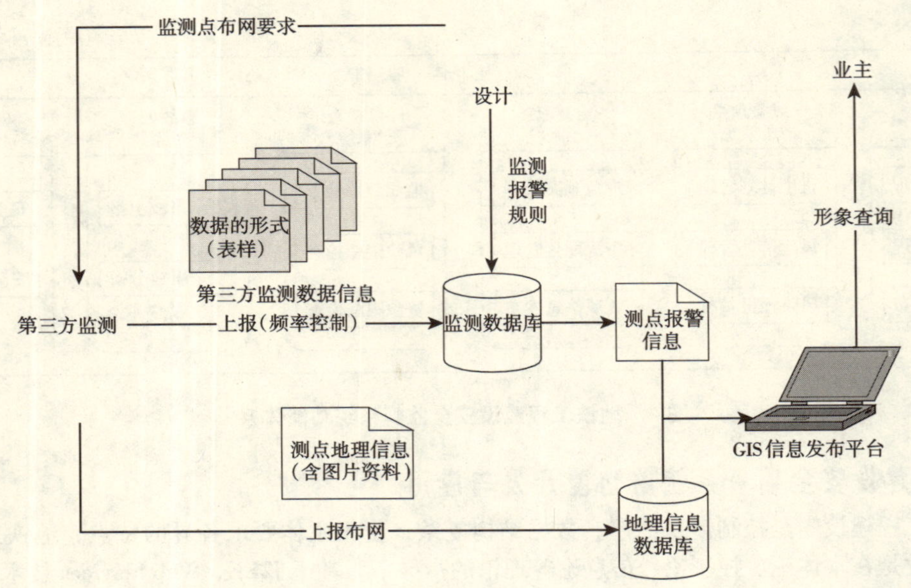

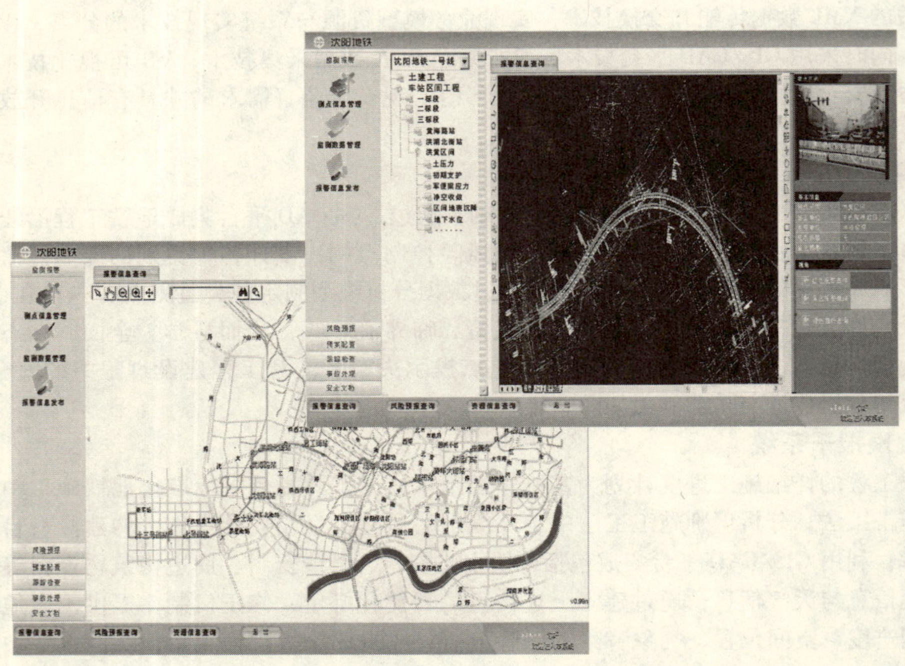

图5　监测报警子系统数据传递与功能界面图

事故处理子系统利用PDA通讯技术和网络技术迅速上报事故险情，根据险情通过检索引擎快速检索工程风险知识库中的风险信息以及瞬时应急救援人员、设备、物资分布情况，启动事故鱼刺分析排查和救援调度运算，从而实现安全监督系统的应急反应能力和事故快速处理能力。

日常办公子系统主要用于地铁建设安全业务的日常管理和无纸化办公的实现，主要包括：归档地铁工程所涉及的各种安全文档，如安全教育文档、安全工作计划、安全会议纪要等；通过网上工作平台可用于各种安全责任状、安全生产合同、安全报告的批复、审阅，安全工作月报的提交等；收集各种安全规范，建立专业人员资质数据库，方便安全管理人员查询等。

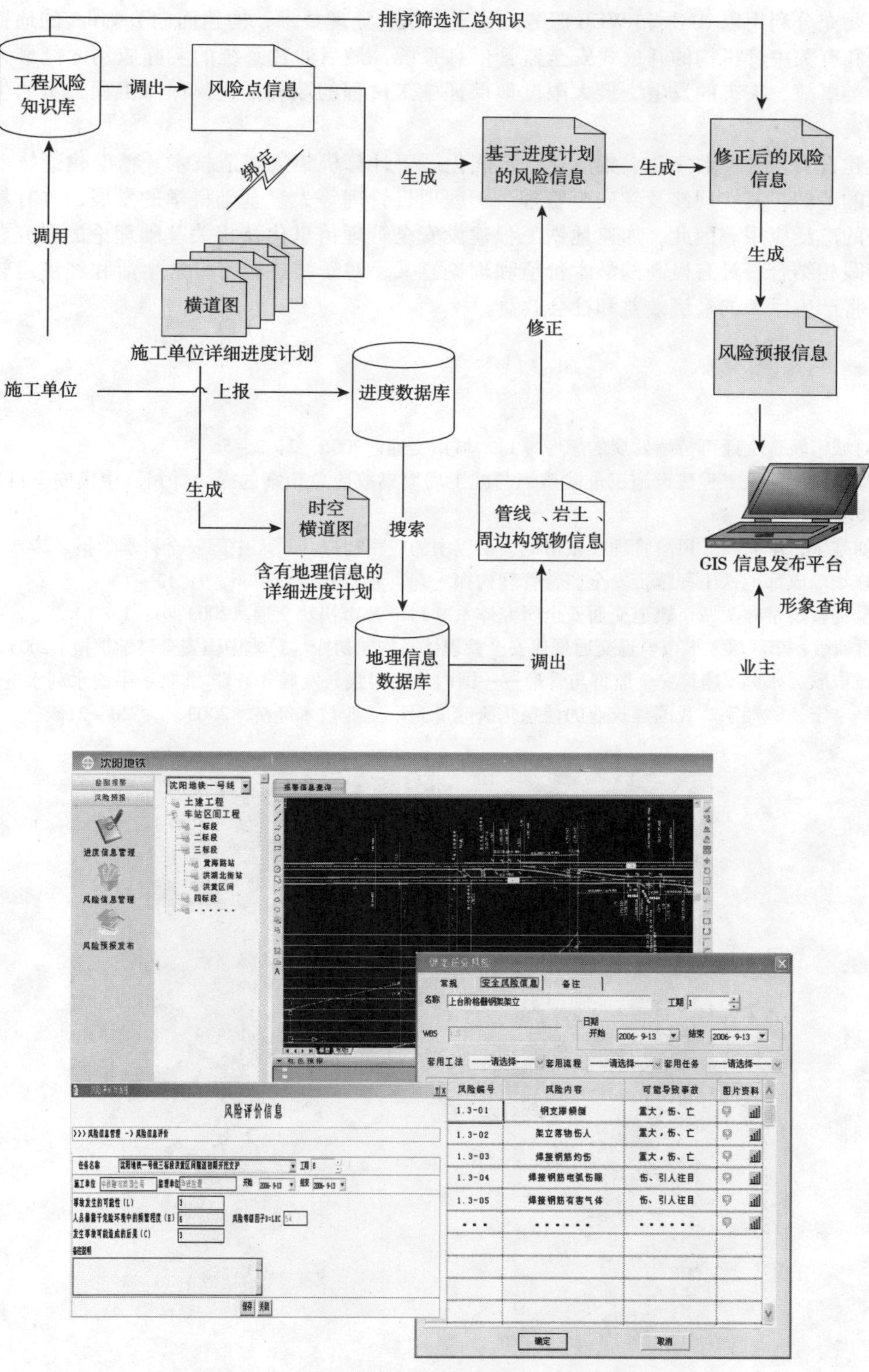

图6　风险预报子系统数据传递与功能界面图

5　结语

地铁工程是一项复杂庞大的系统工程，其建设过程中面临着诸多的安全隐患，迫切要求各责任主体和有关主管机构加强地铁工建设安全控制，但是目前地铁工程建设中安全知识管理严重不足，现有的安全监管技术与手段不能满足地铁工程建设安全控制的需要。要解决地铁工程建设安全监管问题，首先必须在综合提炼地铁工程建设领域专家知识经验的基础上，进行地铁建设工程安全知识库及安全监管数据流程的设计研究；其次要充分利用以XML和WEB服务为代表的信息处理技术，构建面向Internet的地铁工程安全监管各责任主体和有关主管机构的开放式安全监管信息系统，最后通过系统的实际应用才能最大程度的降低建设过程中各类事故、灾害的发生，最大限度地保证施工过程的顺利推进，保障工程人员的生命安全，减少国家财产损失。

地铁工程建设安全管理数字化、集成化、智能化属于计算机集成建造技术、精准建造技术等许多建筑业信息化技术的范畴，其实现涉及到安全管理、工程项目管理等大量基础科学的发展，并有赖于各种信息技术在建筑业的广泛应用。因此，加速地铁工程建设安全管理信息化及相关基础理论的研究，并与地铁工程项目建设实践相结合，具有极高的学术价值和理论意义，对于维持城市日常生活和经济运转具有重要的现实意义，必将产生巨大的经济效益和社会效益。

参考文献

[1] 李晓松．对城市轨道交通可持续发展的思考［J］．城市交通．2006，2：2－5.

[2] 周荣义，黎忠文．地铁工程建设施工危险辨识与施工坍塌事故应急预案的探讨［J］．中国安全科学学报．2005，12：93－96.

[3] 路美丽，刘维宁，李兴高．风险管理在城市地铁工程中的应用初探［J］．中国安全科学学报．2005，5：27－29.

[4] 张佳，付修华．成都地铁工程施工安全监督管理初探［J］．建筑安全．2006，9：13－15.

[5] 张殿业，金键，杨京帅．城市轨道交通安全研究体系［J］．都市快轨交通．2004，4：1－3.

[6] 崔艳萍，唐祯敏，李毅雄．城市轨道交通现代安全管理体系构建初探［J］．中国安全科学学报．2005，3：43－48.

[7] 方东平、黄吉欣、张剑．建筑安全监督与管理——国内外的实践与发展［M］．北京：中国水利水电出版社，2005.

[8] 郑远挺，马丰宁，陈翔宇．我国建筑业的信息化研究［J］．工业技术经济．2003，2：20－21.

基于 Multi-Agent 人工智能的跨流域调水系统优化调度仿真研究

王仁超[1] 徐兴中[2]
(1. 天津大学建筑工程学院；2. 水利部河北水利水电勘测设计研究院)

1 引言

南水北调中线工程约穿越大小河流 700 条，建有各类建筑物 1757 座，包括 20 余座大型水库，20 余座中小型水库和大量的堰坝、井泉以及渠道等，同时汉江流域、长江流域以及供水 15.5 万 km^2 的区域和用水区域均具有发生各种程度旱情和区域洪水的风险，甚至同丰、同枯现象。建立这个控制范围广、水源及其调节性能多样，渠系联结复杂以及各地区、各部门用水保证率要求各异、具有多输入、多输出特点的大系统，实现调水系统的联合优化调度，系统模型在运行过程中势必受许多不确定性因素的影响，并且具有非结构化和非线性特性，必须采用比传统方法更加合适的仿真方法。

2 Multi-Agent 系统

2.1 Multi-Agent 系统的相关理论

Multi-Agent 系统是指由多个 Agent 组成的系统，协调合作形成的问题求解网络。每个 Agent 被认为是一个物理的或抽象的实体，能够作用于自身和周围环境，并可与其他 Agent 通信。如同一个人无法完成许多复杂和巨大型的任务一样，单个 Agent 也无法设计有足够的能力来解决面临的许多问题，因此采用多个 Agent 进行协作，通过任务分解和任务协调提高整个系统的能力。另外，通过 Agent 之间的合作还可以克服单个 Agent 知识不完全、处理的信息不确定等的特点。图 1 展示了 Multi-Agent 系统的标准结构。

Multi-Agent 系统根据物理实际和系统目标的要求，将系统的相应实体，或特定功能抽象为 Agent。Agent 之间的通信与交流需要以一定层次的协议作基础，Agent 为实现自己的和（或）系统的特定功能，它们之间需要交换信息和（或）提供服务，多个 Agent 以一定的方式组织在一起以实现相互协调，Agent 之间的高层次交互包括协商和竞争等，可以用逻辑模型进行表达和实现。

2.2 Agent 的定义和属性

Agent 是完成某种任务能在一定环境中自主发挥作用、有生命周期的计算实体，是一个目标驱动的构成（如图 2），它通过感知器与外界通讯进行感知，并根据感知结果及内部状态的变化独立地通过效应器控制自身的行为。通讯模块是 Agent 参与活动，感知外界的接口，并分离出通讯参数和通讯内容；控制模块根据传来的消息的内容查询 Agent 能力以决定是否接受委托的任务，消息发送器做出“接受/拒绝”的回答和发布请求信息；能力是对外界环境呈现服务的描述，是目标驱动的自身功能说明，刻画 Agent 能做什么。

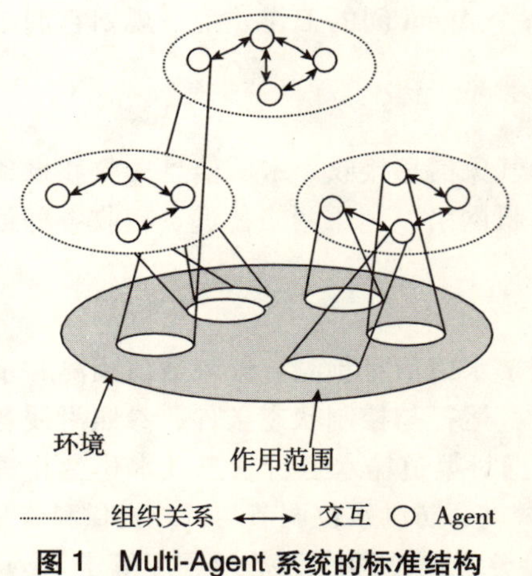

图 1 Multi-Agent 系统的标准结构

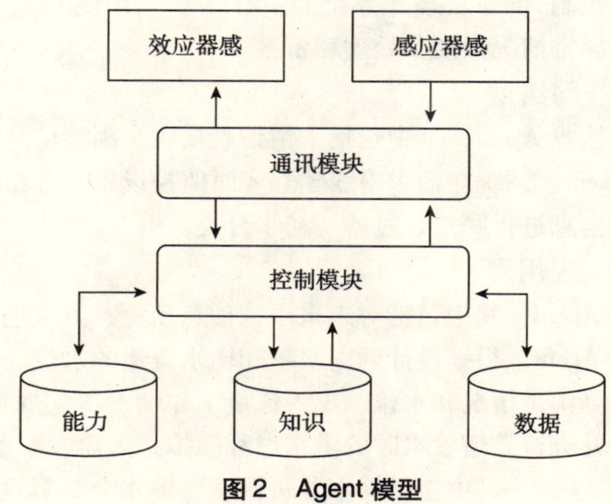

图 2 Agent 模型

Agent 具有自主性、社会能力、被动响应能力、主动响应能力、自适应性等属性，使 Agent 能够在没有环境或其他 Agent 干预下完成其大部分功能，控制其内部状态，主动和其他 Agent 和（或）周围环境交互，进行基于自身目标和信念的活动。因此基于 Agent 的建模方法比一般的方法更为适用于具有高度局部性和分布式处理特征的领域，而支配其运行的基本规则是一些离散化的决策过程。

2.3 基于谓词逻辑的 Agent 的决策规则与表示

谓词逻辑根本目的在于把数学中的逻辑论证符号化，允许表达那些无法用命题逻辑表达的事情，计算机推论用基于谓词逻辑的演绎推论来求解问题。

谓词表示的命题时可分为谓词名和个体两个部分，一般形式为：

$$P(x_1, x_2, \cdots, x_n)$$

P 是谓词名，x_1，x_2，…，x_n 是个体。谓词逻辑中，常量符号、变量和函数符号用于表示项，量词和谓词符号用于构造句子，而句子则表示对象。谓词逻辑的语法元素表示有：个体符号、常量、变量符号、函数符号、谓词符号和连接词，其中个体符号、常量、变量符号、函数符号和谓词符号用字母的不同形式表示，连接词用 ¬、∧、∨、→、符号表示。

任何函数符号和谓词符号都取指定个数的变元。单独一个个体是项（包括常量和变量）。若函数符号 f 中包含的个体数目为 n，则称 f 为 n 元函数符号，而 t_1，t_2，…，t_n 和 $f(t_1, t_2, \cdots, t_n)$ 均是项。若 P 为 n 元谓词符号，称 $P(t_1, t_2, \cdots, t_n)$ 为原子。在原子中，若 t_1，t_2，…，t_n 都不含变量，$P(t_1, t_2, \cdots, t_n)$ 是命题。

对谓词的刻画和个体间的关系用量词表达：

全称量词（$\forall x$），它表示“对个体域中所有（或任意一个）个体 x”，读为“对所有的 x”，“对每一个 x”或“对任一 x”。

存在量词（$\exists x$），它表示“在个体域中存在个体 x”，读为“存在 x”，“对某个 x”或“至少存在一个 x”。

∀和∃后面的 x 叫做量词的指导变元或作用变元。

像命题逻辑一样，谓词逻辑可以由原子和 5 种逻辑连接词，再加上量词来构造复杂的表达式，这就是谓词逻辑中的公式。逻辑知识表示的主要特点是建立在某种形式逻辑基础之上，并利用了逻辑方法研究推理的规律，即条件和结论之间的蕴涵关系。谓词逻辑具有完备的逻辑推理算法，采用一种接近自然语言的形式语言表达知识并进行推理，其表示法对如何由简单陈述句构造复杂的陈述句有明确的规定，各个语法单元（如连接词、量词）和合式公式定义严格，各条知识都是相互独立的，它们之间不直接发生关系。

谓词逻辑具有自然语言的众多优点，在知识表达上具有巨大的应用效应，所以基于 Agent 的通讯决策建立在谓词逻辑表达之上，可以更好地实现其自主性、自适应性等特性。

3 南水北调中线系统调度分析

基于分层的思想以及功用差异原则将南水北调中线系统仿真模型细化成不同的 Agent，以期 Agent 之间能协同合作，实现整个系统的优化。

中心控制 Agent 是整个系统的中心环节，用于监控、协调各个 Agent 间的工作并统一规划它们之间的行动，和对异常情况做初步处理和备案。

3.1 网络层

信息接收 Agent，其中包括水情信息接收、雨情信息接收、气象信息接收、水质信息接收和设备信息接收等子 Agent。系统在输水沿线建立实时监控设施，分布式计算机网络，利用网络传递、接收各种信息，并且同时对信息进行筛选、过滤、初步分类。

3.2 应用层

预测 Agent，其中包括对未来雨情信息预测、洪水进度预报、水情信息预测、气象数值预测和水质分析预测等子 Agent。根据设计调引水量和输水渠道的水位、流速及其运行与控制状态条件，参照沿线各地的气象预报、降雨量情况和水位、出入流量工作情况等实时监测数据对渠道输水运行状态及水位变化进行相关的预测，并进行渠道输水时的洪水过程模拟，为需、输水运行调度、防洪水位调节与调控提供科学依据。

调度 Agent，其中包括需水分析调度、输水分析调度、水价分析调度和应急备用调度等子 Agent。担负全系统的重要信息分析、处理功能，由该系统执行中心控制 Agent 的指令，实现各自领域内对子系统进行优化调度控制与合理经济运行管理，以及对于紧急情况的动态策略反应，应急方案制订和备用系统启动。

3.3　数据显示层

规划数据库 Agent，其中包括各 Agent 的地址、水价运行规则、地形地图属性、输水调度规则和防灾决策规则等子 Agent。保存，记录系统各部分运作的规则，作为系统运行的约束条件。

原始数据库 Agent，其中包括水库原始运行数据，水情原始数据、电力系统运行原始数据、枢纽建筑数据、雨情原始数据、冰情原始数据和气象原始数据等子 Agent。记录系统各部分和各个时段的运行情况，以供系统和工作人员查询，同时将系统最新的数据保存。

数据显示 Agent，其中包括水库径流显示、调度信息显示、设备安全显示和系统运行显示等子 Agent，通过计算机系统可视化显示预报结果和系统各个部分的运行情况实时监控，作为工程资料备案。

南水北调中线系统 Multi-Agent 模型功能设计如图 3 所示。各个层次既相互独立又有机关联，实现对干渠沿线、支渠和输供水网点各渠段实时监测和监控，同时对数据进行分析处理，制定对策方法，拟订实施方案，形成调水过程中的实时评价、预报、调度、管理和决策支持，从而最终实现南水北调工程输水调度管理和决策支持系统技术集成运行。

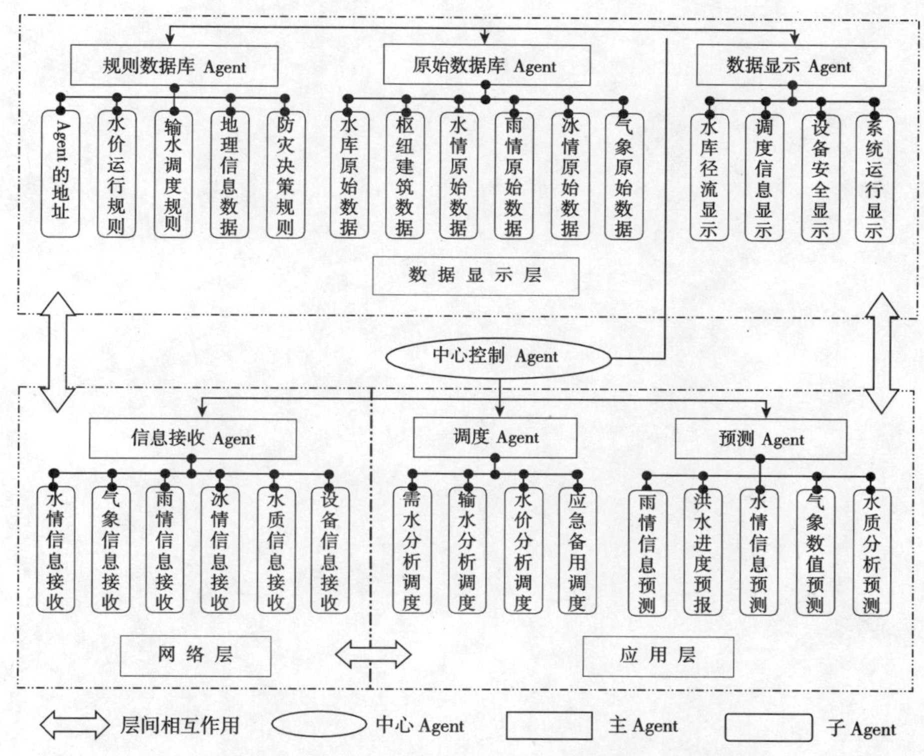

图 3　南水北调中线系统 Multi-Agent 仿真模型功能设计

4　结论

对长距离复杂输水系统进行仿真优化管理运行中，由于系统本身的复杂性和目标间不可公度性，难以通过目标函数与约束条件的解析模型来描述系统的优化调度问题。以 Agent 理论为指导，引入基于谓词逻辑的决策规则表示方法，通过对问题领域知识和模型领域知识的面向对象表示，实现了南水北调中线工程智能构造 Multi-Agent 系统。建模过程中充分考虑供需双方的影响和包括环境、市场、安全等众多因素，使该系统能感知雨情、水情、冰情、设备运行情况以及水质情况等因素的动态变化，做出实时反应，并在一定程度上提出合理的决策方案，协调整个系统运行，可在 Windows2000 平台上采用 Microsoft Visual Studio. Net 工具开发设计实现。

参考文献

[1] 范玉顺，曹军威. 多代理系统理论、方法与应用［M］. 北京：清华大学出版社，施普格林出版社. 2002：122－123，150－152.

[2] 王世杰，叶世伟. 人工智能原理与应用［M］. 北京：人民邮电出版社. 2004：63－86.

[3] 李清龙，王路光，张焕帧，闫新兴. 水环境承载力理论研究与展望［J］. 地理与地理信息科学. 2004，1：87－89.

[4] 杨汉成，索丽生，陈守伦. 基于 Agent 理论的水资源管理系统研究［J］. 水利水文自动化. 2002：1－4.

[5] 胡舜耕，张莉，钟义信. 多 Agent 系统的理论、技术及其应用［J］. 计算机科学. 1999：20－26.

[6] 冯珊，黄景平，闵君，沈冲. 用于复杂系统建模与仿真的面向智能体技术［J］. 系统仿真学报. 1999：161－166.

[7] 高霈生，田忠禄，闫继军，王国新. 南水北调工程输水调度管理和决策支持系统的技术集成研究［J］. 水利水电技术. 2004：74－78.

[8] S Campadello，H Helin，O Koskimies，P Misikangas，M Makela，K Raatikainen. Using mobile and intelligent agents to support nomadic users［J］. In Proceedings of ICIN 2000. Idera，2000.

[9] Michael Wooldridge. An introduction to multiAgent systems［M］. Publishing House of Electronics Industry，2003：75－77.

第二篇

工程管理理论与方法

以科学发展观指导工程建设

傅志寰

（中国工程院院士）

工程建设是改造世界的实践活动。工程活动往往是技术要素、经济要素、管理要素、文化要素等多种要素的综合集成。工程常常是个复杂的系统。为寻求工程的最佳的构建方案，人们对于每一项目本身都要进行广泛、深入研究。同时也要看到，工程活动既体现人与自然的关系，又体现人与社会的关系。任何工程都不是孤立存在的，即使工程本身是个大的系统，它也是更大系统的一部分，像铁路、水利设施与自然、地理、经济、人文环境密不可分一样。因而，任何工程活动都会受到外部条件的影响和制约。作为工程管理，除了要分析每一个项目自身的特点，也要研究与其他系统的相互联系、相互作用。

工程建设必然要对其管理者提出很高的要求。管理者的思想、理念、文化素养、审美观点，自觉或不自觉地要反映在工程决策、设计、施工和运营之中。为了保证工程的水平和质量，应该要求管理者不但要懂得专业和管理知识，而且还要有正确的工程理念。工程理念是工程管理的重要内容，贯彻工程活动的始终，在某种意义上是工程活动的灵魂。为此，我想对一些有关工程理念的问题谈几点认识。

1 工程与人

工程活动来自于人的需求。建造房子是为了居住，修建水库是为了防洪和灌溉农田，建设铁路是为了适应国土开发和经济社会发展。工程活动主体是人，工程活动的目的还是为了人，工程活动还会影响人的利益。如何处理好工程与人之间的关系，是工程建设应该解决好的一个重要问题。我国是社会主义国家，工程建设应该体现经济效益与社会效益相统一。建设项目尤其是公共工程，其决策、设计、施工、运行必须考虑广大公众的需要和利益。工程建设必须以人为本。

历史的经验值得总结。符合经济和社会发展需要的、为民众造福的工程有强大的生命力。都江堰水利枢纽，二千年来造就了成都平原的繁荣，李冰父子的功绩一直被人们所传颂。新中国成立以来，在工业、农业、交通、文化、国防领域工程建设取得了伟大的成就，为我国实现现代化打下坚实的基础。其中很多工程，已经成了百姓心中的丰碑，广大群众引以自豪。

目前各地都在加快建设，许多城市面貌焕然一新，工作、生活条件得到改善，群众得到很多实惠。随着经济发展和社会进步，工程活动与公众社会关系越来越紧密。工程建设必须优先考虑公众的利益，只有如此才能为建立和谐社会做出贡献。然而，不能不看到，目前不少地方甚至贫困地区领导干部热衷于搞“面子”工程，建大广场，修宽马路，盖豪华政府办公大楼。而对于像搞好污水处理、改善居民饮水质量直接为老百姓造福的“隐形”工程却不感兴趣，引起群众不满。

在工程活动中，充分考虑相关群众利益和改善工人的劳动条件，是社会普遍关注的问题。三峡工程建设由于照顾了各个方面的利益，所以得到了包括库区在内的广大群众的支持和配合。相反，西南某水利工程因为移民安置工作做的不好，引发了群众闹事，影响了社会安定。青藏铁路建设中，为了解决高原缺氧问题，采取了有效措施，保护了职工的健康。然而，有些工程却没有给工人以应有的安全劳动条件，导致伤亡事故频发，成为舆论关注的焦点，煤矿就是典型的例子。

为什么会出现公众不满意的现象？原因是多方面的，而深层次原因是少数干部和工程管理者偏离了以人为本的工程理念。这也表明，正确处理工程与人的关系并不容易。

2 工程与资源环境

工程活动是人类改造自然的手段，而工程活动必须遵循自然规律。每个国家、地区都有不同的自然条件，作为工程，应该充分利用其优势。我国南方多雨，自古大量兴修水利，形成了发达的农业；以色列天旱缺水，能源匮乏，发展了滴灌和利用太阳能技术；北欧多雪，房屋多为尖顶并形成独特的建筑风格；埃及地处沙漠，天气炎热，农舍特征是土墙、小窗户，在烈日下能够保持清凉。如此等等，人类在利用和改造自然进行工程活动方面获得了丰厚的回报。但是人们在从事生产建设时，违反自然规律的活动也时有发生，受到了惩罚，出现了工程的异化。这样的例子不少：围湖造田导致洪水泛滥；过度开垦造成土地荒漠；滥采滥挖不但破坏了资源，也改变了水的流向致使一些河流干涸。2005 年，美国新奥尔良市发生的因飓风导致大水淹没的灾难，是城市建设无节制向自然索取遭到报复的结果。

众所周知，我国耕地、水和矿产等重要资源的人均占有量很低。随着经济的发展和人口的增加，对资源总量的需求更多，环境的压力更大。因此必须保护好资源和环境，不仅要安排好当前的发展，还要为子孙后代着想。

工程建设要坚持可持续发展的原则，在工程决策、设计、施工和运行中应该把是否与生态环境相和谐作为重要条件加以考虑。我们不能再走一些发达国家走过的“先污染，后治理”的老路，否则，为发展经济付出的代价就太高了。近些年来，不少地方没有充分认识到这一点，受“有水快流”思潮的影响，搞了许多小矿山、小水泥、小炼焦、小钢铁，不但大量浪费了资源，而且严重污染了空气、河流。有的为了加快经济发展，急于招商引资，无偿出让大量宝贵的耕地，不惜牺牲环境，接受别人淘汰的项目。即使一些大的工程，为了减少投资，也没有做到“三同时”，造成严重后果。这里有一个得与失的问题。这样做，得到的是建设速度，失去的是发展质量；得到的是一些干部眼前政绩，失去的是民众的长远利益。一些地方已经喝不到干净的水，呼吸不到清洁的空气，土壤污染严重危及农产品的安全；环境污染和生态破坏造成巨大的经济损失，严重危害群众的健康。

有些人认为，目前我国处于发展重化工业的阶段，大量消耗资源、污染环境是经济发展的必然代价，这对于发展中国家是难以避免的。其实这是一种误解。目前普遍流行的“重化工业阶段不可逾越”的“霍夫曼定理”是不完善的，因为这一理论只是反映了早期工业化国家的情况，而当今世界已经发生很大变化。中国作为后起国家，应避免重走别人走过的弯路。靠投资维持重工业的增长是不可持续的，不能先污染后治理。如能端正工程理念，实现管理创新，推进技术进步，我们有可能搞得更好。

3 工程与民族文化

工程往往是文化的载体。北京故宫，雄伟的城楼，浑厚的红墙，它是中国建筑风格的代表。米兰大教堂，挺拔的尖顶，精美的雕塑，是欧洲风格的典型。而当我们看到圆顶的清真寺时，自然会想到这是穆斯林地区。工程属于物质范畴，文化属于精神范畴，但唯物辩证法认为在一定条件下两者可以相互转换，即物质可以变精神，精神可以变物质。中国的长城、埃及的金字塔、希腊的神庙既是伟大的建筑也是民族精神的象征。广义而言，作为工程活动的成果——工业产品中的名牌飞机、汽车、电子计算机也可称作一国文化的有机组成部分。

新中国成立以来，本着“洋为中用，古为今用”的原则，我们既吸收了国外先进经验，又继承了中华民族的优良传统，创造了很多标志性工程，例如北京五十年代的十大建筑、武汉长江大桥。尤其应该指出，改革开放以来，全国各地通过引进国外先进理念、技术并结合国情加以发展，大大提高了我国工程建设水平。如水利工程、航天技术、钢铁生产、机器制造以及电力、铁路、公路建设都取得了很大成就，对此世界有目共睹。但是必须指出，近些年来，有些人的崇洋心态令人担忧。他们看不起自己，不作调查，不作分析，一概认为洋的好，包括洋理念、洋设计、洋产品、洋名字。明明是国产装备物美价廉，也非要大量进口不可；明明是为中国人建造的住宅小区也要起个洋名字，叫什么“瑞士花园”、“挪威森林”。这种不正常的心理现象要引起重视。诚然，在全球经济一体化发展的趋势中，还要向发达国家学习，否则我们将会继续落后。但是中国有五千年文明，我们有责任发扬民族自强精神，弘扬中华民族的优良文化传统，而不能拿了别人的放弃自己的。不能忘记“民族的才是世界的”的道理，只有如此我们才能深刻理解为什么远在云南的丽江小镇会受到中外人士的青睐。值得欣慰的是，不少城市建设已经注意打造自己的风格，突出了当地的文化底蕴，给人耳目一新的感觉。经验表明，我们只有不断推出具有民族特色的工程和自主品牌的产品才能令人刮目相看。

4 工程与自主创新

工程活动的灵魂在于创新，著名的工程都在闪耀创新的光辉，南京长江大桥、上海东方明珠电视塔、神州宇宙飞船就是很好的例证。目前随着建设的快速发展，高水平的工程大量涌现，广大群众为之振奋。但是也应该指出，平庸的作品也不在少数。一些城市建设缺乏个性，有的建筑物照抄大都市或国外的著名设计，与当地的建筑风格很不协调。在工业产品上由于缺少自主创新和品牌，虽然我国被称为“世界工厂”，但在国际竞争中往往充当打工者的角色。

工程创新不足，是发展中国家的通病。南美20世纪六、七十年代一些迅速发展起来的城市，栋栋大楼像是同一面孔，缺乏个性和地方特色。不少国家的产品缺乏自主品牌。这种现象给我们一个重要启示是，不注意技术和工程创新，一味依赖别人，即使一个比较发达的国家（例如二战后的阿根廷经济总量占世界第六）也会在国际竞争中落伍。

当然，自主创新并不排斥引进技术，恰恰相反，我们需要学习消化吸收国外一切先进的东西。一些适用的先进技术可以实行“拿来主义”，直接采用。但是必须强调，核心技术是难以买到的；有的虽然能够买来，但如我们自己没有一定的水平，不仅很难消化，甚至没有讨价还价的资格，只能“挨宰”。即使能买来的先进技术也是一时的，只有人的创造力才是永久的。创造力只能依靠自己不懈的奋斗，进行长期精心培育和磨砺，根本不可能买到，而没有创造力的产业是没有希望的产业。特别应该指出，目前一些发达国家把我国当成对手，敏感的先进技术特别是军事核心技术是不会转让的。在这种情况下，不推进自主创新就难以保证国家的安全。温家宝总理强调指出，自主创新是支持一个国家崛起的筋骨。由此更可以看出自主创新的重要意义。工程活动作为创新的重要载体，应该在全面建设小康社会中发挥更大的作用。我国大规模建设是工程创新的极好机遇，如果我们紧紧抓住不放，定会大有作为。要想屹立于世界民族之林，我们就必须坚持自主开发与引进国外技术相结合，坚持自主创新。这就是要有创新的理念、创新的工程（产品）、创新的管理方法、创新的机制和创新的体制。

5　工程与产业布局

如上所述，构建任何一个工程都必须开展深入的调查研究。这里讲的是对工程个体的研究。那么作为一个地区、一个流域甚至全国的产业布局要不要从整体上进行研究？我认为这不但必要，也是当务之急。

例如煤炭生产，不只是要对单个煤矿开展研究，而且要对整个产业进行分析。煤炭生产有大煤矿和小煤窑，到底如何建设发展？目前问题是遍地开花的小煤窑条件很差，既是事故的重灾区又是资源浪费和环境污染的策源地。不解决小煤窑问题，大煤矿的生产将受很大影响和制约。因为前者私挖乱采，争夺资源、蚕食大矿、造成并发事故。又如黄河、长江上下游各省如何搞好工程建设布局，包括用水量、排污量必须统筹考虑。应该强调，某些设计从单个工程来看可行，但从整体来看问题不小，所以只研究工程个体是不够的。再如在处理工程与环境关系方面，我们原来只注重对建设项目开展环境影响评价，但建设项目只处于战略决策链（战略—规划—计划—项目）的末端，建设项目的环境评价只能对小范围的环境损害采取措施，无法从源头上保护环境，难以指导政策和规划制订，也不能解决开发建设活动中产生的宏观影响和累积影响。最近有人提出要搞战略环境评价，就是想弥补项目环境评价的不足。事实证明，整体研究的效果往往优于个体研究之和。由此看来，对工程活动也需要从更高的层次以更大的尺度加以观察，弄清产业内各工程之间、产业与产业之间以及产业布局与大环境的彼此联系、相互作用。应该强调的是，目前经济社会发展中提出的许多问题如建设节约型社会、发展循环经济，不但需要分析工程项目本身，更要求从地区甚至全国产业布局的高度观察和研究问题，也只有这样才有可能会取得事半功倍的结果。

6　多管齐下，搞好工程建设

实践证明，拥有正确的工程理念，是搞好工程建设的重要前提。而要搞好工程建设需要采取包括树立正确工程理念在内的综合措施，多管齐下。

要深入地开展关于可持续发展的教育，普遍使工程决策者、建设者清醒认识到我们国家人均资源占有量较低，地大物不博，形成忧患意识，从而树立节约资源、保护环境、自主创新、走新型工业化道路的理念，克服浮躁、急功近利的心态。

在目前条件下，很多地方领导干部实际担当了工程决策者的角色，所以必须要使领导干部真正认识到，工程建设必须遵循速度与效益相统一的原则，探寻一条科技含量高、经济效益实现好、资源消耗低、环境污染少的路子，努力实现“绿色”发展。

要完善领导干部和工程管理者考核评价体系，进一步落实投资约束、节能降耗和环境保护等目标责任制和责任追究制。使工程的决策、管理者更加注重建设的质量和效益。

同时，国家要在财政、税收、金融方面制定和完善支持节约资源能源、保护环境和自主创新的配套法律、法规、政策和技术标准，鼓励有效利用资源、减少污染，支持工程建设采用新技术，走内涵扩大再生产的道路。实践表明，不计成本，不惜巨额投资，不考虑对土地等资源的消耗，建设一个高水平的工程并不难，难就难在既要保证工程的水准又能节约投资和资源。资源和环境成本具有典型的外部性特征，尽快开征资源税和环境污染税，必须促使其外部成本内部化。对破坏性开采，严重浪费资源的，依法予以严厉处罚。要利用好经济杠杆，提高稀缺资源的价格，抑制消费，厉行节约。

综上所述，工程活动是人类有目的、有计划地改变自然的活动。工程活动是技术、管理、经济、文化、社会等多种要素的集成。工程是个系统。必须把工程建设，放在经济—社会大系统中加以考量。工程建设必须坚持以人为本，坚持节约资源、保护环境，坚持发扬民族文化，坚持自主创新，使工程建设与经济社会发展更加和谐。总之，要搞好工程建设，离不开科学理论的指导。搞好工程建设的管理，必须树立正确的工程理念。这一切的关键是全面落实科学发展观。

中国管理学界的社会责任与历史使命

郭重庆
（中国工程院院士，同济大学）

中国正处于一个伟大的历史变革时期，正面临着人类历史上，不论从任何尺度来说，都是规模空前的经济转型和社会公平的挑战，一方面取得了最迅速的经济增长，另一方面各种经济与社会矛盾显化，焦点与热点问题涌现，学界自然不能置身其外，不同的学界面对着不同的挑战。

科技界正迎来所期盼的自主创新的东风，但面临的挑战是如何用自己的科研成果证实科技第一要素的地位，而不是两张皮的现实。政府驱动，而又明显带有技术驱动色彩的自主创新，最怕的是脱离市场需求，最终事与愿违，落得科技与经济的脱节。

经济学显然是个显学，受到人们的追捧，尽管处在是非的旋涡之中，但经济学界仍然试图解释特殊的中国经济现象，主流的学者们用市场化、效率优先的视角直率地表达观点，而不是回避，尽管成为众矢之的。

社会学界的声音愈益引起人们的注目，尽管久违了，他们热衷于中国社会断裂的讨论，并认同社会的撕裂，进而提出和谐社会的构想，维护社会弱势群体的利益，关注社会公平。尽管社会学者在中国近代在政治上处境并不好，但他们深入社会实践，实证的科学态度令人敬佩。

中国管理学界的历史传承较少，近20年来埋头引入消化西方管理学的理论、方法、工具，略显稚嫩，对中国经济与社会发展的管理实践插不上嘴。需求不足与供给不足同时存在，问题是摆脱自娱自乐尴尬处境的出路何在？

1　中国经济与社会发展面临的挑战与其说是一个资金与技术问题，勿宁说是一个管理问题

生产力要素（知识、劳动力、资本）都只是一种资源，只有通过企业家与公共管理者的管理，才能转化为财富和社会进步。知识没有一定的创新体系（即公私机构的知识生产、传播、应用网络）和制度环境的保证，科技成果很难转化为现实生产力，而现实生产力又甚难转化为效益，导致科技与经济的脱节，先进的科技未必能促进经济与社会的发展。劳动力生产要素也只有通过组织、调动才能充分发挥人的潜能和能动性。资本要素同样只能通过有效的管理才能获得预期的回报。相反，疏于管理，资本反而会导致灾难性的后果，如东南亚金融危机和日本十年的经济低迷。

诺贝尔奖得主斯蒂格列茨认为：“影响一个国家和地区发展的关键因素除了物质资本、人力资本和知识以外，另一种资本是社会和组织资本，变革的速度和模式取决于这种资本的形成，国力的增长也取决于这种社会和组织资本。”中国有让世人羡慕的高储蓄率、高外汇储备、高 FDI、庞大的科技队伍、用之不竭的劳力资源，因此，中国不缺钱、劳动力、科技，惟独稀缺的是社会组织资本，这是转型国家的共同点，也是中国的当务之急。社会组织的管理也是生产力。

2　中国管理学发展正处于一个历史转折

中国管理学和管理教育的前20年（从20世纪80年代中期恢复办学迄今）才短短的20年，却是辉煌的20年，队伍及硬、软件设施的建设是突飞猛进的20年，难于找到另一个学科有如此迅速的发展，应该说其基本骨架已经搭起，已经走过了学习、借鉴、模仿，从文本到文本写读书报告的阶段，中国管理学和管理教育已经成熟，这应是个基本评价。

现在面临着后20年的路如何走的问题。这里包括学科发展的战略目标、路径和重点优先发展学科的选择。

首先面对的是一个发展思路问题。

中国管理学的发展思路很像冯友兰先生对中国哲学发展思路的表述：中国哲学应从“照着讲”转到“接着讲”。

中国管理学也是应从对外来管理学“照着讲”的阶段，走向“接着讲”的阶段。

这是一个历史现象：中国近代学术思想历经多次外来文化的传引和影响，但到头来都是本土文化逐渐消解融合外来文化。

管理思想根植于一国社会组织和民族文化之中，因此必须本土化。中美两个核弹之父，一个邓稼先，一个奥本哈默，两种管理思维，两个都成功了，有人说但若两个互换个位置，可能都不成功。也就像20世纪80年代中期日本人颠覆了美国世界制造业的霸主地位，美国人不服，麻省理工（MIT）深入丰田总结出精益生产（Lean production）经营理念：贴近客户，善待员工，低成本，零缺陷。它根植于日本民族文化传统，美国人很难学到手，就像日本人很难学到美国人的创业、冒险的创新精神，只长于模仿一样。中国管理学的发展也必然有这样一个过程：从引入、解读，到中西“体”、“用”之争，从晚清开始我们就经历过多次“体”、“用”之争，但都回归到西为中用和“接着讲中国”。如果要使中国管理学得到发展，对当今世界管理科学产生重大影响，我们必然要从“照着说”向“接着说”转变，现在就要看中国管理学界如何“接着讲中国”了。

至于如何“接着讲”，仍可援引类似北大汤一介先生关于中国哲学“接着讲”的路径：

2.1 接着中国传统管理文化讲

中国传统管理文化是中华民族智慧的宝藏，就连诺奖得主的巴黎宣言也说：“人类迎接21世纪的挑战，必须从2500年前的孔子那里寻求智慧。”更何况寻求中国传统管理的智慧。眼下管理精英们和社会公众的国学热可作旁证。

2.2 接着西方管理学讲

不再是照本宣科，而是掌握西方管理学的真邃，融合中国管理思想，逐步形成中国化的若干管理学流派，立足世界管理学界。

2.3 接着中国近现代管理实践讲

包括马克思、毛泽东的管理思想；中国人濒临经济崩溃的边缘时独特的处理化解危机的能力；调整自己，拨乱反正；处理SARS公共危机；适应经济全球化；以及近年崛起的粤商、浙商的非凡经营能力等等都是值得“接着讲”的命题。

2.4 后20年中国管理学发展的战略目标

建立中国现代管理学，将管理学中国化。

它的特征是融合古今中外管理思想精髓，能够指导中国经济与社会发展的管理实践问题，对民族的伟大复兴和对人类的发展作出贡献，这就是中国管理学界的社会责任与历史使命。

有可能首先突破的学科：宏观管理与政策学科，由于经济与社会热点问题多，需求急迫，近年国家自然科学基金宏观管理与政策学科申请量猛增，2006年占申请项目总量的44%，且均直面中国管理实践问题。

3 对中国管理学健康发展的几点认识

3.1 管理学是个致用的科学，中国管理学界应直面中国管理实践

学术研究背离中国管理实践，学术本身就意义不大，只有脚踏中国实地，中国管理学的世界地位才能显现。

学习、借鉴、合作是必不可少的，但目的在于得到如何治学、治组织、治国的能力，解决本国的管理实践问题。

研究中国情景嵌入和中国情景依赖的管理科学是中国管理学界的责任，因为没有人能够替代我们，这种研究对中国和对世界都是至关重要的。

3.2 突破管理学研究的承袭思维，多做些中国管理实践的实证研究

尽管中国管理学研究的历史积累和挖掘较少，处于弱势和“拿来”的境地，但不能老是承袭，老是“拿来”，老是停留在克隆一个美国商学院的追求上，老是靠“吃别人嚼过的馍”过日子。对中国管理问题的研究不能完全套用西方，特别是美国的管理观念和术语，因为毕竟语境不同。应提倡对中国管理实践多作些实证研究。

目前管理学院在处理学术研究和教学上，过于偏重培训教学，偏重MBA，这也是由于竞争，人们对学

位的不懈追求和院长们对市场的敏锐把握，管理教育需求很旺，但院长们也应冷静地思考长远和学术地位。

3.3 队伍建设应从培育科学精神和科学方法做起

中国管理学界队伍还很年轻，队伍建设和学术研究既要反对循规蹈矩，也要反对急功近利，趋炎附势和学术失范。要提倡科学精神和科学方法。竺可桢把科学精神定义为不盲从，不附和，虚怀若谷和专心致志的求是精神。李约瑟把科学方法定义为严密的逻辑推理和严格的数学分析。要有质疑、批判、反思精神，“创造性的破坏”的创新才能产生。在学术上我们要提倡敢于挑战权威，敢于挑战自我，敢于挑战传统，敢于引领未来。我们看到在老一辈管理学者的培育下，新生代已经成为一支中坚力量。相信中国可以出现像泰勒和德鲁克那样的管理大师，涌现出大批善于联系中国管理实践的管理学者、企业领袖和公共管理精英，应该相信历史唯物主义：中国伟大的管理实践是英雄辈出的沃土。

3.4 建立科学的学术评价体系

这是大学教改的一个核心问题，一个看不见的指挥棒。现在存在一个所谓与国际评价体系接轨（即在世界顶级管理杂志上发表论文）的追求，但又面临背离中国管理实践，隔靴搔痒的问题。实际上我们要在学术成就与对经济社会发展贡献；学科发展与国家目标上寻求一个平衡点、接合点。但单靠管理学院自我救赎很难，这取决于大环境，现在大环境的评价体系出了毛病。对一般硬科学有所谓国际“接轨”，“统一的评价体系”，但对像管理类软科学来说有点难，有学者就提出“什么是轨?”，“不接轨又怎么样?”有几篇在顶级杂志上发表的文章，有了排名靠前的商学院，中国企业的竞争力就会提升？中国制造业在价值链中的尴尬处境就会改变？这的确是一个挑战性的问题，但应该有信心，有目标，把着力点放在研究透中国的管理问题上，中国的就是世界的，世界必然认同，国际一流也就水到渠成。

3.5 一个悖论

有的管理学者提出一个悖论：一国有竞争力的成功企业与领袖型企业家的出现不一定与一国成功的商学院相联系，日本与德国似乎就是两例。这到底是商学院的错，还是两者并不一定有相关性？国内外对商学院的质疑是普遍存在的，并且大多是来自商学院内部的声音，如“商学院的终结？成效不足，养眼有余”（斯坦富菲弗），“商学院如何误入歧途”（南加州大学本尼思）以及MBA的颠覆者麦吉尔大学的明茨伯格，问题还是出在理论与实践的背离，对学术性过于关注和追求，而导致对管理实践的忽略。

TCL的李东升处于国际化的熬煎中时，我们学界为何不从并购的财务陷阱、文化差异、市场风险、组织控制等研究上帮他一把，而作壁上观？上汽韩国双龙也苦于处理罢工风潮。20年前日本企业走出去时，据说美国学者给其出谋划策，轮到中国企业的国际化时谁来出点子？

3.6 寻找科学前沿，寻找科学领袖

今年自然科学基金管理科学部正满十周岁，年资助金额也已超亿元，自然科学基金的任务是寻找科学前沿，寻找科学领袖，但寻找似乎并非易事，人家的前沿并非我们紧迫的前沿，领袖又牵涉到一个评价体系。撒银子是个很潇洒的活儿，但撒到好处，却是个学问和责任，需要大家的指点。

参考文献

[1] 汤一介. 中国现代哲学的三个“接着讲”[N]. 解放日报，2006-05-15（13）.
[2] 马浩. 与国际接轨：企业社区和大学社区中的商学院 [N]. 经济观察报，2006-03-27（48）.
[3] 马浩. 重思MBA教育 [N]. 经济观察报附刊CEO，2006，5（22）.

我国工程管理面临的挑战

张寿荣

（中国工程院院士）

1 工程管理的范畴

无论是我国《辞海》或《大英百科全书》中，都没有“工程管理”的辞条。迄今为止，对工程管理范畴界定比较清楚的是中国工程院2000年明确的四个范围：

（1）工程建设实施中的管理（包括规划、论证、设计、施工、运行过程中的管理）；

（2）复杂的新型产品，设备、装备的开发、制造、生产过程中的管理；

（3）重大的技术革新，技术改造、转型，转轨及国际接轨中的管理；

（4）涉及产业、工程、科技的重大布局，战略发展研究的管理。

按以上四个范围，我国目前的固定资产投资均属于工程管理的范畴。

2 我国当前固定资产投资规模巨大

20世纪90年代以来，我国固定资产投资规模增长加速。进入21世纪固定资产投资规模高速增长。2000年投资规模为3.26万亿元，到2006年增长为10.98万亿元，增至2000年的3.36倍。固定资产投资与国内生产总值GDP之比在50%以上。固定资产投资规模之大，堪称世界之最。见图1、图2。

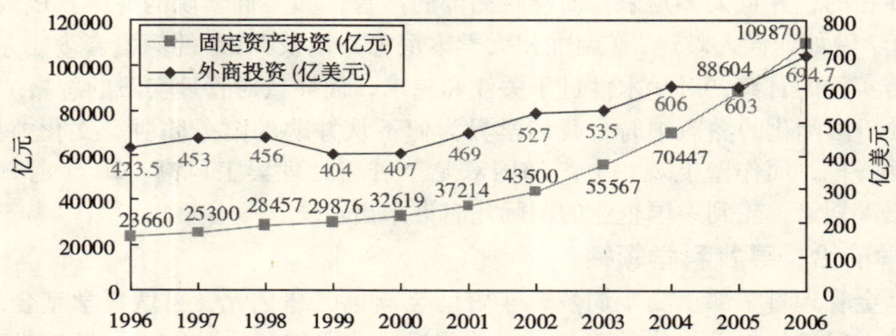

图1 1996～2006年我国全社会固定资产投资及实际外商投资的演变

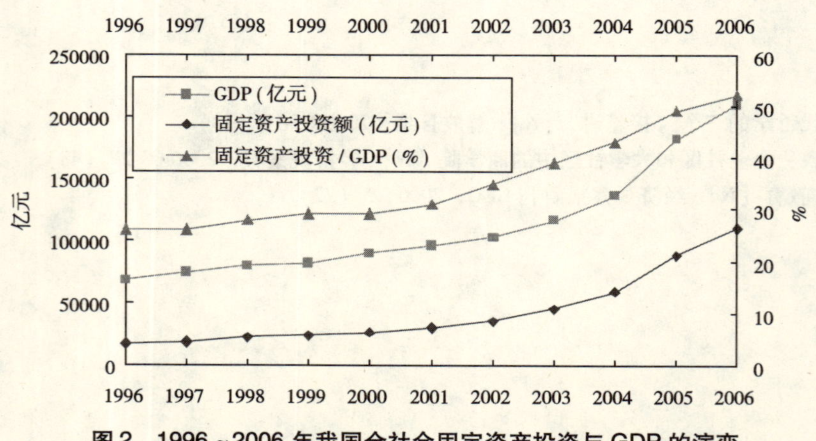

图2 1996～2006年我国全社会固定资产投资与GDP的演变

工业化过程中，经济发展的表现形式为工农业产品的增长。生产产品的硬件表现为工厂、机器等生产工具和手段，利用资源（包括劳动力、能源、原材料、土地、水、技术、管理以及地球资源生态系统）把资源转化为产品。工业产品的生产过程实质是资本的流动过程，见图3。

产出中获取资源的资本，如钻机，油田及采矿设备，油船等生产资源性产品。产出中农业资本，如拖拉机、收割机、粮仓、灌溉系统等生产农业产品。产出中服务资本，如医院、学校、银行、商店等提供保健、教育等社会服务和个人服务的产品。最终消费品包括不再转化为资本的产品，例如食品、服装、汽车、家用电器、住宅等。工业投资是用来扩大工业资本总量的投资，用来增加更多的生产线，机床、发电设备、轧钢机等。工业资本在流动过程中既有正反馈，也有负反馈，见图4。

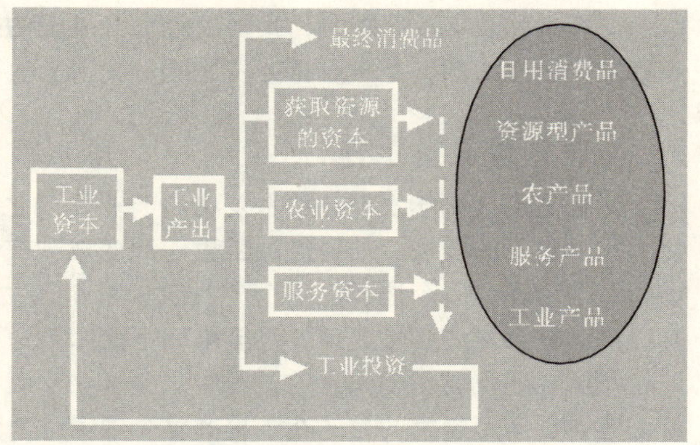

图3　社会经济活动中的资本流动过程

工业资本的运行过程中可能出现三种情况：增长、减少、平衡。投资率高于折旧则增长，投资低于折旧则减少，增减相当则处于平衡。由图1、图2可见我国固定资产的高速增长必然推动GDP呈现指数增长。投资是我国经济增长的主要动力。

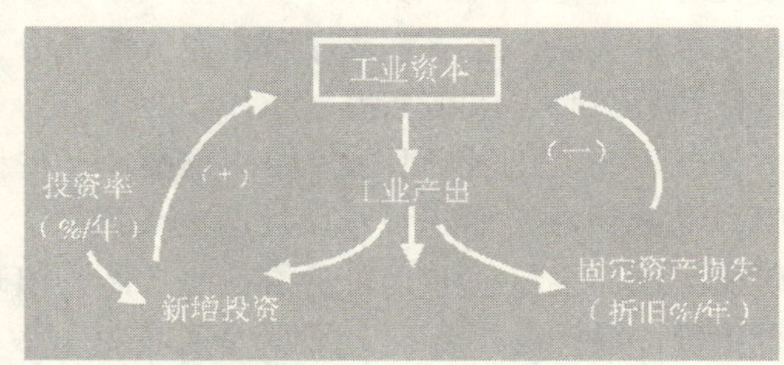

图4　工业资本流动过程中的正负反馈

我国已建成数以万计大大小小的工程，同时数以万计大大小小的工程仍在建设之中。改革开放以来，我国已建成举世瞩目、世界一流水平的大工程，如长江三峡工程，青藏铁路工程，载人航天工程等。数以万计的工程建成和投产，推进了我国的工业化进程，提升了我国的综合国力。但必须看到我国工程项目实施过程中效率低、浪费大的问题也是惊人的。根据国家统计局公布的数据，我国固定资产投资形成固定资产的比例是不高的，而且是逐渐降低的，见图5。

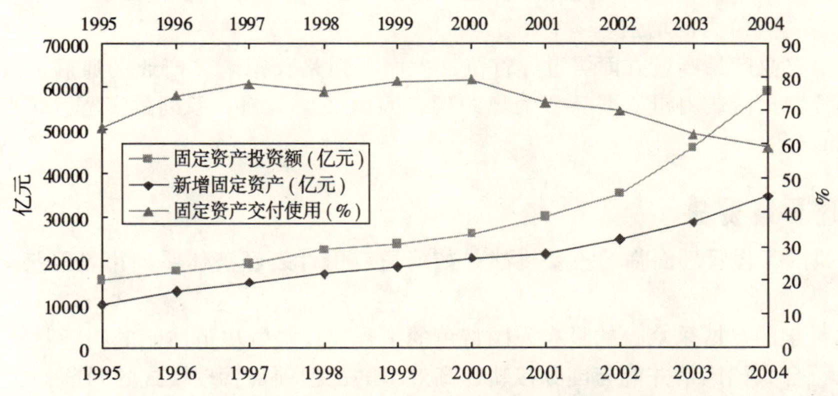

图5　1995～2004年我国城镇固定资产投资额及新增固定资产的比例

国家统计局公布的2004、2005、2006年固定资产投资完成情况中城镇新增固定资产量与图5数字有出入。但形成新增固定资产的比例也不高，见表1。

2004～2006年我国城镇固定资产投资完成情况　　表1

年　份	2004	2005	2006
固定资产投资额（亿元）	58620	75096	93472
新增固定资产（亿元）	31169	40879	50324
固定资产交付使用（%）	53.17	54.43	53.83

由图5和表1数据表明，我国固定资产投资的效益是不高的。这种状况是不能适应建设节约型社会和和谐社会的要求的，是不可持续发展的。我国工程总体管理落后的现状必须改变。

3 工程管理的重要性

工程是连接科学发现、技术发明与产业发展之间的桥梁。科学技术转化为现实生产力，科技成果的转化，技术创新的实现，都要经过工程活动变成现实并检验其可靠性和有效性。工程创新是创新活动的主战场。一个国家，一个地区、一个产业或一个企业，如果不能在工程创新的主战场上取得实实在在的进展，其经济和社会发展必然迟缓，甚至徘徊不前。

我国在建设创新型国家的进程中，关键在于我们能否在工程创新这个主战场上取得显著进步和突出成就。建设创新型国家的目的在于提高整个国家综合竞争能力，离不开一系列创新性工程的实施。

实现新型工业化的过程是不断进行工程创新的过程。先期工业化国家的实践表明：工程创新是一系列技术创新和大量集成创新的具体体现。新型工业化道路是对传统工业化道路的否定。我国的工业体系基本上是按传统工业化模式形成的，基本上属于粗放型。要将我国的现有工业体系改造为资源消耗低，环境污染少，技术含量高，经济效益好和人力资源充分发挥的新型工业体系，必须对现有工业体系进行调整和重组。调整和重组必须依靠工程创新。

由于工程在创建创新型国家中的重要性，在我国实现工业化过程中工程管理的重要性在于：

（1）关系我国全面建设小康社会的大局。

建设小康社会过程中，在全国各地必然将出现成千上万个大小不一的工程项目上马。这些工程项目决策是否正确，设计是否合理，质量是否良好，效率的高低，工程目标能否实现，决定了工程项目的成败。绝大部分项目的成功，是全面建设小康社会的支撑条件。这就要求我国提高工程管理的总体水平。

（2）关系我国新型工业化目标的实现。

在我国当前资源瓶颈制约，环境负荷沉重的条件下，实现工业化，就必须走资源消耗低，环境污染少，而且充分利用我国人力资源优势的新型工业化道路，而要做到这点就必须依靠科学技术进步，提高经济增长的科技含量和效益。为此，必须调整和重组我国的经济结构，必须实施一系列的调整和重组的工程。这些工程作用的发挥，是我国实现新型工业化的前提。这就要求不断改进我国的工程管理。

（3）关系我国综合竞争力的增强。

我国已在诸多工农业产品产量方面居世界首位，大而不强是我国诸多产业的通病，改变“大而不强”，关键在于将我国经济增长模式由粗放型转变为集约型，因而必须实施一系列的工程。增强综合竞争力要求不断提升工程管理的有效性。

4 我国工程管理面临挑战

四年前我认为我国工程管理面临的主要挑战是如何适应由计划经济体系向市场经济体制的转变，当时提出三个问题：

（1）如何建立科学的，博采众长的具有我国特色的工程建设投资决策体制的问题；

（2）如何建立符合我国国情并能与国际接轨，高效率的工程项目管理模式的问题；

（3）如何提高我国工程管理队伍整体素质的问题。

今天看来，上述三个问题并未解决。我感到工程管理面对的更为迫切的挑战并不仅是上述三个问题，最重要的是社会对工程管理重要性认识不足的问题。

建国以来，我国建设了数以万计的大大小小的工程，大工程采用工程指挥部的形式管理。工程指挥部是临时组成的，从有关部门抽调一批干部，包括行政干部、技术人员，以指挥部形式对工程进行管理。指挥部成立之初，由于组成人员缺乏工程管理经验，走了不少弯路，出了一些问题，交了学费。到工程结束时，一部分组成人员积累了一定经验，而指挥部随工程结束而解散，积累的经验得不到传承。另一项大工程启动，重新组织指挥部，重新抽调一批干部，从头做起。小工程的管理，不可能组织指挥部，仅指定负责管理人员。改革开放以后，借鉴国际经验，某些大型工程实行了建设单位法人负责制、招投标制，项目管理制。许多大型工程进展良好。但我国工程建设规模大，项目众多。总体上看，工程管理水平低，损失浪费严重，不能适应建设节约型社会的目标要求。

我国工程管理总体落后的现状与社会对工程管理重要性认识不足是分不开的。在学科的设置上，管理科学与工程是一级学科。长期以来工程管理连二级学科都不是。20世纪90年代后期，大学才开始设置工程管理专业。工程管理实质上是一门交叉学科，涉及自然科学、工程技术、管理科学、系统科学、生态科学。提高工程管理的总体水平，必须要培育一支素质高的工程管理专业队伍。在这一点上，社会上的认识是不足的。工程管理与其他学科的关系见图6所示。

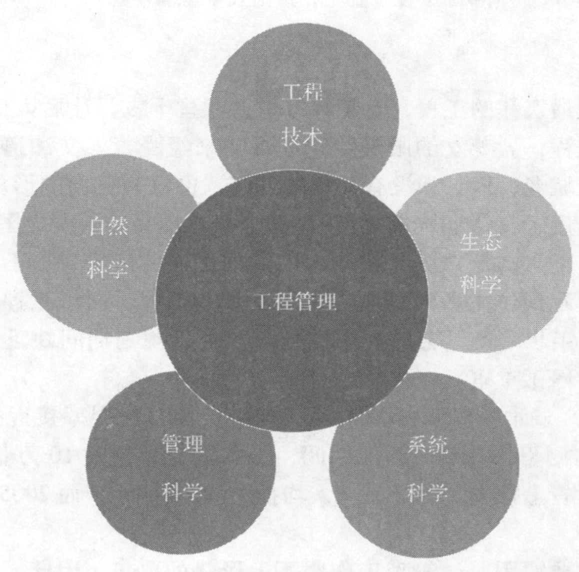

图6 工程管理与其他学科的关系

社会对工商管理的认识与对工程管理的认识完全不同。20世纪90年代我国出现了工商管理热。近几年热度有所减退，但仍受到社会特别是工商界的重视。工程管理所涉及的经济活动在我国国内生产总值中所占的比例是十分高的。如前所述，2006年我国固定资产投资与国内生产总值之比超过了一半。固定资产投资的绝大部分涉及工程管理。工程管理应与工商管理同样得到社会的重视。我国工程项目形成固定资产比例低是公认的，我国工程管理现状不适应我国建设资源节约型社会的需要已是社会的共识。解决我国工程管理中存在的问题，首先要提高社会对工程管理重要性的认识，这是我国工程管理面临的最主要的挑战。

在美国工程管理也是一个比较新的学科，但发展很快。近几年，工程专业大学学生入学人数持平或有所减少，而工程管理入学学生大量增加，我国工程建设规模比美国大，工程管理应当受到更大的重视。只有这个问题得到解决，我国工程管理才能健康协调发展。

工程管理：管理对国民经济的深度介入

刘人怀

（中国工程院院士，暨南大学管理学院）

长城称得上是中国历史上最宏伟的工程，它延绵万里，横亘千古，让后人惊叹那个时代意志力的博大。长城虽然宏伟，却不是民心工程，孟姜女的眼泪让它千百年来经受着人文和道德的双重拷问。中国历史上还有一个工程，它的资历比长城老，但它却没有显赫的名声，也没有突出的形象，长城早已失去实际功能，它却至今仍在发挥着原有的作用，它"润物细无声"，至今仍在灌溉着天府之国。它就是都江堰水利工程。

不但历史上的重大工程有优劣高低之分，在新中国的国民经济建设中，不同工程的功效和后果，更是有着天壤之别。我们经历过、看到过太多的豆腐渣工程、政绩工程、面子工程。最近的一个例子是，俗称"鸟巢"的国家体育场、2008 年北京奥运会的标志性建筑，由于规划期间缺乏对投资的合理评估，到了建设阶段投资大幅增加，一度要停工重审。

《中国固定资产统计年鉴》显示，1958～2001 年我国投资项目失误率接近投资项目的 50%！我国的建设投资最近几年增长迅速，据测算，"十一五"期间，平均每年将超过 10 万亿元。如果按照这种失误率，我国今后平均每年要在建设投资上损失 5 万亿元，人均损失约 3800 元，而 2005 年农村居民人均年纯收入为 3255 元。

造成这种浪费和损失的主要原因是，管理工作跟不上形势的要求。因此，为了提高管理水平，工程管理领域迫切需要大量既精通管理业务又具有战略眼光的工程管理人才，让管理深度介入国民经济成为中国经济建设的迫切需要。

历史上，管理对国民经济的介入，曾经产生过许多激动人心的成果：古典管理理论造就了英国、法国，这是第一代经济强国；科学管理和行为科学管理造就了美国，这是第二代经济强国；而企业文化理论造就了日本，这是第三代经济强国。

有时，甚至一种新的管理方法或技术、一种新的生产管理制度，也能造就一次飞跃。比如，甘特发明的甘特图，即生产计划进度图，以及在它的基础上发展起来的计划评审法、关键线路法等，是当时管理思想的一次革命，极大地促进了工程建设的科学性和时效性；再比如，亨利·福特的标准化制造方式、流水式装配线在汽车行业的应用，成为日后大规模生产的里程碑。

尽管管理世界日新月异，各种流派精彩纷呈，但是，知识和信息呈几何级数的激增，现代经济建设的一日千里，令人目不暇接，更使管理学科的主流有从行为科学演变为管理理论丛林、使管理学科逐步沦为学问家的学问的危险。我们不少硕士、博士甚至教授所从事的研究，不乏从文献到文献的研究，所构建的数学模型往往是纯理论的模型，既未能从实践中来，更不能到实践中去。

美国学者威尔·杜兰特在评价哲学时，说过这么一段精辟的话：哲学这门一度把所有学科汇集在它的大旗之下、为这个世界树立一个井井有条的形象、并绘出一幅诱人的图景的学问，曾几何时已经没有勇气再去承担协调如此艰巨的任务，而是从所有的这些为真理而战的沙场上退避三舍，躲进深奥、狭窄的小胡同里，小心翼翼地回避起人世的问题和责任来了。

管理学科如果也这样"躲进小楼成一统"，势必会沦为和哲学一样的下场。因此，威尔·杜兰特继续说：哲学都躲起来，如果管理学再躲起来，这意味着人类的活动都成了没有思想的活动，这也许是人类正在面临或将要面临的最恐怖最可怕的问题。

现实虽然不容乐观，但也还没有悲观到威尔·杜兰特所担心的地步。

二次世界大战以后，人类在科学技术和经济建设的突飞猛进，尤其是核能，计算机，新材料，空间技术，生物工程的开发、应用及发展，给人类的生产和生活方式带来了革命性变化，现实使人们认识到，良好的管理在国民经济中起着日益重要的作用。

工程管理就是那个时代科学技术发展的产物，也是社会需要的结果。这是因为，系统学为人们提供了认识工程内在复杂性以及内外环境相关性的可能性，运筹学使人们能够进行多方案的优化，给人们提供了科学决策的工具，此外，工程规模大型化、工程技术复杂化迫切需要一个专业化的组织或群体来完成这些任务，所有这些都催生了工程管理技术及其相应教育的诞生。

美国工业工程学会的调查发现，70%的工程师在40岁之后都要承担工程管理的工作。美国的工程管理教育已有50多年的历史，它的工程管理专业硕士研究生的数量，近20年来在逐年增长，到20世纪末，工程管理学科已在美国取得了成熟的发展。

进入21世纪，工程管理更是被世界范围内的工业界、企业界广泛认可、推广，时代在呼唤管理对国民经济做深度介入，尤其是对我们中国而言，管理比在许多发达国家中显示出更大的重要性。在这个时候大力开展工程管理教育，显得十分及时和必要。

我国工程管理作为一个专业，出现在1998年国家教育部颁布的普通高等学校本科专业目录中，工程管理目前是我国管理科学与工程学科下设的6个学科方向之一。

由中国工程院朱高峰院士、王众托院士担任负责人的《中国新型工业化进程中工程管理教育问题研究》咨询课题，把工程管理定义为一门关于计划、组织、资源分配以及指导和控制带有技术成分经济活动的科学和艺术。可见，工程管理教育培养的是既掌握工程技术又具有管理知识和技能的复合型人才，工程管理专业是管理学、经济学的基本理论与工程技术的有机结合而形成的，具有交叉学科的特点。

其实，人类科学技术发展史就是一个各种学科和技术互动融合、交叉发展的历史过程。科学发展的历史更是表明，科学经历了综合、分化、再综合的过程。

在科学萌芽时期，人类只能直观地认识自然界，这种从直观上对自然界的认识是综合性的。

18世纪开始，科学发展沿着分科治学的途径迈进，科学分裂为众多学科，它们又不断产生新的亚学科，呈现出一种日趋精细化和逻辑严谨的形态。

然而，科学在继续分化的同时，也呈现交叉和综合的趋势。科学的整合始于20世纪初的维也纳学派，20世纪五六十年代后发展加快。

“科学是内在的整体，被分解为单独的部门不是取决于事物的本质，而是取决于人类认识能力的局限性。”物理学家、量子论的创始人M·普朗克的这段话代表了很多学者的态度。

人们越来越认识到，人类面临的很多重大的、复杂的科学问题、社会问题以及全球性问题，不是一门学科的学者所能单独解决的，而是需要会同相关学科的学者共同努力。相关学科间共同的奋斗目标、共同的工作假设、共同的理论模型、共同的研究方法和共同的技术语言，构成科学整合的基础，它是科学技术飞跃发展的产物，是人类文明发展的必然要求。

管理和其他学科的整合，在人才教育实践中已经有了成功的先例，像MBA、工商管理硕士教育，MPA、公共管理硕士教育，为从事工商管理、公共管理并有实践经验的人员提供在职或脱产学习机会，满足了国家建设发展中对工商和公共管理人才的迫切的需要。为此，大力提倡MEA、工程管理硕士的培养，让MBA、MPA、MEA这三架马车齐头并进，共同为国民经济建设提供合格人才，应该提上我国教育事业的议事日程，并且需要在近期大力开展。

如果说MBA是管理对工商业的深度介入，MPA是管理对公共事务的深度介入，那么，MEA则是管理对国民经济的一种深度介入，它介入的强度和深度和MBA、MPA的相比，可以说是有过之而无不及。

为此，工程管理专业培养出来的毕业生首先应该是科学严谨的工程师，具有技术和专业知识的底蕴；其次是精打细算的经济师，懂得如何实现工程的成本最小化和效益最大化；再次是具有人文情怀的管理者，我们强调管理者的人文情怀，因为工程往往是百年大计，要经得起人民和历史的考验，缺乏人文关怀的决策，往往经不起时间的考验。像一座高架桥的架设绕过候鸟栖息的一片红树林、一条铁路的铺设为藏羚羊留出迁徙的后路，都是人文情怀的温暖表现。

我们今天所处的时代是激动人心的时代，改革开放以来，我国的经济发展举世瞩目，我们所从事的事业是前所未有的事业，建设中国特色社会主义的伟大实践，正在摸着石头过河，我们的理论界、哲学界没有躲起来。在这样的国民经济建设浪潮中，社会和百姓期待千千万万的工程是民心工程、科学工程、合理工程。管理学界在这样的时代也没有理由躲起来。寻常一样窗前月，才有梅花便不同。工程管理在这个时候介入国民经济，不是锦上添花，而是雪中送炭！

参考文献

[1] 朱高峰，王众托等. 中国新型工业化进程中工程管理教育问题研究 [R]. 中国工程院咨询课题总报告. 2006.

［2］威尔·杜兰特. 哲学的故事［M］. 北京：中国档案出版社，2001.
［3］斯蒂芬·P·罗宾斯. 管理学［M］. 北京：中国人民大学出版社，2002.
［4］王成荣. 企业文化学教程［M］. 北京：中国人民大学出版社，2003.

试论信息化工程管理

朱高峰
（中国工程院院士）

随着我国现代化的进展，工程建设的规模越来越大，工程管理的重要性越来越显现，对工程管理的研究也在逐渐展开。但目前进行的工程管理的研究大多是针对传统工程领域，主要是新的建设项目或技术改造项目的管理，涉及产业领域也主要是传统产业，包括基础设施、民用建筑、工业（包括制造业和采掘业）设施建设等。

随着经济的发展和技术的进步，信息产业的崛起和信息技术对社会、经济各个领域的渗透正在对现代社会的发展起着越来越大的作用。信息化正在影响着现代化的进程和丰富着现代化的内涵，信息化作为新的工程类别正在迅猛开展。信息化工程与传统工程之间既有共性又有区别，同样信息化工程管理与一般的工程管理之间也既有共性又有区别，这是我们研究工程管理时必须注意的一个重要问题。本文即试图对信息化工程管理作一些初步分析。

1 信息化和信息化工程

（1）信息化的含义：

首先必须指出，对于信息和信息化，至今并无公认的明确定义，但在实践中多数人有共同的认识，即信息技术对社会各个领域（包括经济、政治、文化、社会生活等）的广泛渗透提高了其效率和效益，使人们的物质生活和精神生活更丰富多彩。渗透的过程就是信息化，而渗透所需要的装备和服务构成了信息产业的内容。广义地说，信息产业自身的发展也可包括在信息化中。信息产业包括制造业和服务业。其中制造业的情况大体上和其他离散品制造业相同（当然也有其特点，但这里不展开）。而服务业与信息技术的渗透应用是紧密联系在一起，越来越融合成一体的。

（2）信息化实质上是把各种信息放到需要的地方并使其发挥应有的作用，因此从信息流程来看，信息化表现为如下过程：

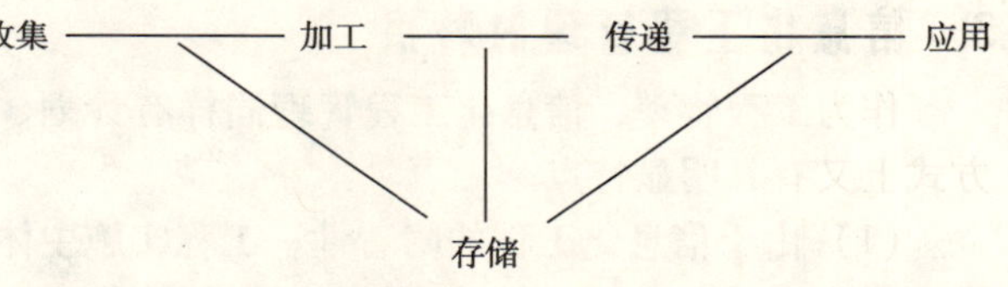

实际上在信息收集之前还有个信息生成或信息产生的问题。原始信息中一类是客观存在的，比如自然界的各种信息，包括天文、地理、气象等等，这里当然不存在生成问题；另一类是人类创造的，如作家写文章，音乐家作曲等，但这种创作内容与信息技术无关，因此不能作为信息化的一部分。但把原始信息收集起来以后进行的各种加工，包括纯技术性的，如各种调制变换以适应传递需要，也包括并非技术需要而是适应应用需要的各种编排搜索等就都包括在信息化内的加工环节中。

（3）信息化有不同的层次，大体上可以在三个轴上作立体展开。

信息化在纵向上包括国家、地区、城镇、单位等不同范围，在横向上包括经济、政治、文化、社会、行业等不同领域，在Z轴上则包括网络、业务、应用等层次。每一项具体的信息化任务可以确定在不同范围和不同领域，但网络、业务和应用则是必须具备的。

（4）由上可见，信息化是人们按照预先设置的目标，运用科学原理和技术手段，构建一个新的系统（包括硬件和软件）以满足特定的需要。这符合工程的一般含义，因此每个具体信息化任务是个工程，可称为信息化工程。

2 信息化工程的特点

要研究信息化工程管理，先要弄清楚信息化工程的特点。信息化工程虽然具有一般工程的性质，但也有其不同于一般工程的特殊之处。信息化工程要构建的是个信息系统，因此信息化工程必然是系统工程。

信息系统的处理对象是信息，这与处理实物和能量的系统也有很大区别。

（1）信息系统是复杂系统，因为任何信息系统内部包括多个部分，即使是一个局部的、一个单位内部的信息系统，也必然要满足上述的整个信息流程而具有多个环节。

（2）信息系统有很强的开放性。一方面除了极少数小型系统外，信息系统一般都不是完全封闭的，必然与外部有联系，进行信息交流。而信息也只有得到更多的应用才能体现其更大的价值，因此信息系统间具有内容共享性。

（3）由于信息化的目的是为社会各个方面提高效率而服务，因此信息化工程往往不是基础性的，而是附着在被其服务的对象上的一种上层结构。系统的性能要求等，很大程度上要由其所服务的对象所决定。

（4）信息领域本身有基础设施，例如所谓的信息高速公路就是社会公用的信息网络。因此在某项具体信息化工程中，要考虑充分利用公用网络的可能性，只有在完全不可能利用公用网络时，才需建立自己的专用网络。即使如此，在建的专用网络也需要与公用网络之间有联系。因此，信息化工程有网络资源的共享性。

（5）信息化工程往往涉及到广阔的领域，即使在一个企业内部也不是局限在一个车间或科室内，而是覆盖了整个企业，因此具有广域性。

（6）由于信息系统处理对象是信息，而信息有多种多样格式，另一方面信息又是不灭的，且可无限复制，具有海量性。要处理日益泛滥的，几乎是无限扩大的信息量并在其中选出有用的信息就需要有非常完整的系统的规则，也就是广义的软件。由于技术的发展，现在很多基础软件已经硬件化了，但各种具体的应用还是需要各种不同的应用软件。软件本身构成一个大的系统，在较大规模的信息化工程中，就要包含专门的软件工程。

（7）信息化的目的是提高效益和效率，但大多数信息化工程难以计算其直接的经济效益，有人称之为信息悖论。由此造成的后果是一些人不愿在信息化上投入，另一些人则在信息化工程中不计成本，造成浪费。虽然如此，但绝大多数人还是定性地肯定信息化是能提高效益的。

归纳上述各点，可认为信息化工程具有复杂性、开放性、附着性、共享性、广域性、海量性和软件的重要性及效益上的不确定性等特点。

3 信息化工程管理的特点

作为工程管理，信息化工程管理同样有计划、组织、指挥、协调、控制等环节，但在具体管理内容和方式上又有其明显特点。

（1）由于信息化工程的附着性，工程实施主体和服务对象之间的关系就是个首要的问题。从组织上来讲，无非两种方式，一种是对象自己组织队伍来实施信息化，另一种是请专业队伍来做。即使自己做，也要在内部组织专门队伍。因此信息化的专门队伍（乙方）和被服务对象（甲方）之间必然会产生矛盾。首先是对信息化任务的要求不清楚，这是在实践中已经普遍发生的问题。在信息化之初，甲方的人对信息化缺乏了解，提不出科学、切实的要求，往往很原则地笼统地提些要求。而乙方又对甲方的具体任务情况不了解，对甲方提的要求很难真正吃透（单位内部组织的队伍会好一些，但也还有问题），待做到一定程度又发现不行，要修改，甚至多次修改，造成工期延误，投资追加。

（2）其次信息化的目的是提高效率，而提高效率往往就要求甲方改变原工作流程（改革），这会涉及到面上的很多人，而甲方的人往往缺乏思想准备或涉及具体利益而不愿接受。因此有时工程可能做的很好，但未能应用。

（3）由于信息化工程的开放性，要求信息网络与外界网络之间能沟通，对有的工程例如商务网络这是关键的要求。这就要求有全国性甚至国际性的技术标准，但是目前的实际情况是标准滞后。因此有的工程做完了，过些天，标准出来了，工程因为不符合标准而被迫修改。也有的是工程之初没有去认真了解标准进展情况而盲目做的，这类例子也屡见不鲜。

（4）在网络共享性方面，不少信息化工程在用公网还是建专网上往往举棋不定。有的与公网之间协调不好，因公网方面服务不到家造成影响；也有的观念上落后，仍停留在小而全、大而全的认识上而坚持建专网而浪费了大量资源。有的内部各个子系统往往强调其特殊性，而形成多个垂直系统，甚至互不联通，形成所谓“烟囱”现象。

（5）由于信息网络复杂性，造成协调工作量很大，尤其在地域上的广域性，异地协调中往往困难很多。

(6) 很多工程中重点放在物理网络的建设上，而对信息内容收集和加工重视不够，总的讲，对信息资源的开发是薄弱环节。

(7) 信息系统的公开性与保密性之间有矛盾，如何处理得当，对采取保密措施的代价和效果之间做权衡，是个重要问题。信息安全问题牵涉多个层面，也很复杂，有时涉及到意识形态，就使问题更复杂化了。

由于信息技术进步很快，装备（包括软件版本）不断更新，采取最新技术还是较低档次技术在技术经济分析中也是个重要问题。

针对这些情况，在信息化工程管理中应注意做到以下几点：

(1) 要有顶层设计。全国要有通盘考虑，程序上应该由上而下。但实际上难以做到完全由上而下，因此必须上下结合。在具体工程项目中要了解全面情况，密切注视发展趋势，凡有标准的一定按照标准做。国家应加强法规制定和标准化工作，包括软件的标准化、系列化。

(2) 要大力加强沟通，首先是甲乙方之间的沟通，在计划方案阶段要很好沟通，尤其对目标要求要取得共识，切忌在没有取得共同理解时盲目开始工作。在实施过程中还要继续沟通，不断加深互相间的理解，宁可多花时间在沟通上，沟通做好了可以大大节省项目实施中的大量资源和时间。

(3) 要认真组织指挥。组织指挥要建立在理解的基础上，要让所有有关人员理解工程的内容，自觉地参与到工程中去。现在流行所谓“一把手工程”的提法，认为信息化工程囊括面广，需要一把手亲自抓，最好再设个信息主管（CIO）来协助。立意固然不错，但一把手也好，CIO也好，如果大家不理解，再下决心也没有用，尤其是涉及到利益关系时要作合理的调整，对信息化这样的工程，如果有人在暗中使绊子，是很难搞成的。

(4) 在方案选择上，包括公网的利用，各个子系统之间的关系，装备的选用，保密方案确定等，要进行认真的技术经济分析。要看到信息化发展的长期性和当前具体任务的阶段性，应要求其满足当前和一定时期的需要，要求工程本身的实用和节约。而不要追求一劳永逸，更不要盲目追求技术先进性，搞面子工程达到什么“世界水平”等。

(5) 对信息资源的开发和利用，要专题研究，各级政府要有统筹安排，政策引导。信息化涉及多个政府部门和全社会方方面面，政府要大力加强法规建设，明确规制方式和职责，加强协调，才能真正把信息化搞好。这已超出工程管理的范畴了。

以上各点主要是针对信息化工程本身的，至于信息基础设施建设工程，则有其自身的特点和规律，就不在此展开了。

装备再制造与全寿命周期工程管理

徐滨士
（中国工程院院士，装甲兵工程学院，装备再制造技术国防科技重点实验室）

1 建设循环经济与节约型社会呼唤装备再制造

20 世纪的 100 年，人类创造的物质财富超过了以往 5000 年的历史总和，但也极大地消耗了地球资源，超出了大自然的恢复能力。据统计，美国、欧洲和日本每年各约有 1100 万、900 万和 600 万辆汽车报废。美国国家安全委员会一份最新的报告指出，1998 年美国共淘汰 2000 万台电脑，但只有 11% 的零件被重新组装。美国环境保护团体发布的报告指出，2004 年将有超过 3.15 亿台电脑成为废物，到 2005 年，每一台新电脑投放市场就有一台旧电脑沦为垃圾，今后 10 年内将有 15 亿台电脑被淘汰，将达到数亿吨。

为了保持可持续发展、降低资源消耗，进入新世纪后，我国结合国情提出构建循环经济、建设资源节约型、环境友好型社会的国策，这是科学发展观的具体体现。建设节约型社会的核心是节约资源、能源。对以废旧军用装备为代表的废旧产品进行“4R”（Reduce 减量化、Reuse 再利用、Remanufacture 再制造、Recycle 再循环）处理是节约资源、能源的惟一手段。

“4R”模式中，再制造是最活跃且充分体现自主创新和高技术含量的要素。再制造工程是指以装备全寿命周期理论为指导，以废旧装备实现跨越式提升为目标，以优质、高效、节能、节材、环保为准则，以先进技术和产业化生产为手段，进行修复、改造废旧装备的一系列技术措施或工程活动的总称。简言之，再制造工程是废旧装备高技术修复、改造的产业化。

装备再制造的重要特征是再制造后的装备质量和性能达到或超过新品，成本只是新品的 50%，节能 60%，节材 70%，对环境的不良影响显著降低。2006 年，世界贸易组织（WTO）成员国已初步达成共识，今后将再制造产品视为新品。

2 装备再制造的国内外现状及趋势

2.1 国外情况

至 20 世纪 90 年代，美国已基本建立起了针对废旧汽车的“3R”体系（再利用 Reuse，再循环 Recycle，再制造 Remanufacture）。日本从环境保护的角度建立了废旧资源利用的“3R”体系（Reduce 减量化，Reuse 再利用，Recycle 再循环）。

1996 年美国专业化再制造公司数量已超过 7.3 万个，年销售额超过 530 亿美元，直接雇员 48 万人。其中汽车再制造业是最大的，公司总数达 5 万个，年销售总额 365 亿美元，总雇员近 34 万人。再制造的汽车零部件包括内燃发动机、传动装置、离合器、转向器、油泵等。1996 年，美国再制造业的销售额与当年度美国制药业、计算机制造业和钢铁业基本相当，但就业人数居第一，说明再制造业不仅能够创造巨大财富，而且能够显著解决就业问题。美国预计到 2010 年，100% 再制造产品性能达到或超过原产品；到 2020 年，美国再制造业基本实现零浪费，并确保再制造产品的高质量和优质服务。

2003 年，美国对 274 个再制造公司调查发现，52% 的再制造公司将再制造作为其公司的主要经营活动，56% 的再制造公司年销售额达到 100 万美元，约 10% 的再制造公司销售额大于 1000 万美元，有两家公司达到 1 亿美元的销售水平。同年，美国协会组织 OPI（OEM Product-Services Institute）的研究结果表明，美国每年再制造业的年产值占美国 GDP 的 0.4%，或者新产品制造业产值的 5%。

美国罗切斯特理工学院多次主办了关于再制造的国际学术会议，并成立了专门从事再制造研究的国家级“再制造和资源再生中心”。田纳西大学无污染产品和技术研究中心正在进行汽车业的再制造技术研究。美国许多高校在工业设计课程中讲授再制造技术，要求在工业产品设计时就考虑设备部件的可再制造性，并认为在设计产品时只考虑一次性使用是不合理的。

美国国会参、众两院曾通过了一项不经总统签署即可获得执行的共同决议案，授权美国国防部将更多的重点放在对已有军用装备的再制造上。因此美军成为再制造的最大受益者。美军 B-52 轰炸机于 1961 年定型生产，1980、1996年两次进行再制造技术改造。1997年时平均自然寿命还有13000飞行小时，预计可服役到2030年，服役期延长一倍以上。阿帕奇AH-64D型直升机是AH-64A型经再制造升级后的新型号。再制造后该直升机成为美国现役武装直升机中战斗力最强、性能最先进的一种。美军2000～2005年间完成了269架阿帕奇直升机的再制造，并计划在今后10年间继续完成750架阿帕奇直升机的再制造。再制造的阿帕奇直升机出口额已达36亿美元。

2.2　国内情况

我国的再制造从20世纪90年代后期开始起步，进入21世纪得到快速发展。目前，再制造已得到我国政府、军队、学术界和企业界的广泛认同与支持。

国家自然科学基金委员会对再制造基础研究给予了大力支持。2002年9月，我国第一个关于再制造研究的基金重点项目《再制造基础理论与关键技术》被批准（2003.01～2005.12），由装甲兵工程学院牵头，上海交通大学和中科院兰化所参加。由于圆满完成了预期目标，该项目在2004年10月的中期验收会议及2006年1月的结题验收会上，受到基金委和验收专家的高度评价，两次被评为“A”（特优）。2000年以来，国家自然科学基金委已经支持了6项有关再制造方面的项目研究。

中国工程院对再制造研究与应用非常支持与关注。2000年12月，12位院士及12名专家完成了“绿色再制造工程及其在我国应用的前景”咨询项目，且咨询报告由中国工程院呈报国务院；2003年8月，科技部和中国工程院在制定我国2020年中长期科学技术发展规划第三主题《制造业发展科技问题研究》时，将“机械装备的自修复与再制造”列为十九项关键技术之一；2003年12月，中国工程院咨询项目“废旧机电产品资源化”进一步对再制造的内涵、关键技术、以及未来发展前景等问题进行了深刻的论述。2005年5月，中国工程院启动节约型社会发展战略研究，“4R工程”被列入子课题研究内容；2006年3月，中国工程院《建设节约型社会战略咨询研究》总报告指出，到2010年，我国废旧机械产品的再制造率将达到50%，到2020年，我国将建立发动机等再制造企业超过100家，废旧机械产品的再制造率达到80%，废旧电子产品的资源化率达到95%。

国家发展与改革委员会和科技部对再制造的产业化发展非常支持。2004年9月，国家发改委下发的《关于加快循环经济发展指导意见》中，明确指出要在全国建立发动机再制造的示范试点企业。2005年11月2日国务院公布了全国42个循环经济示范试点企业名单，再制造领域有两家企业上榜，其中发动机再制造的示范试点企业为济南复强动力公司。2005年6月27日，国务院文件国发［2005］21号《国务院关于做好建设节约型社会近期重点工作的通知》，把“绿色再制造技术”列为“对节约资源和建设循环经济有重大意义，且将重点组织开发和示范”的技术之一。2005年7月5日，国务院文件国发［2005］22号文件《国务院关于加快发展循环经济若干意见》中指出国家将大力“支持废旧机电产品再制造”，并把“绿色再制造技术”列为“国务院有关部门和地方各级人民政府要加大经费支持力度”的关键项目之一。2006年2月，《国家中长期科学和技术发展规划战略研究报告（简版）》正式公布。该报告的第三专题《制造业发展科技问题研究》中共有五处提到再制造，其中“共性关键制造技术与再制造技术”被列为制造业未来15年国家优先支持的重点发展主题之一，标志着再制造已成为我国未来制造业的重要组成部分。2006年4月，曾培炎副总理在国家发改委《关于汽车零件再制造产业发展及有关对策措施建议的报告》上批示：“同意以汽车零部件为再制造产业试点，探索经验，研发技术。同时要考虑定时修订有关法律法规”。

装甲兵工程学院在开展再制造研究与应用方面有自己的特色。2003年6月，我国首个再制造领域的国家级重点实验室——装备再制造技术国防科技重点实验室在装甲兵工程学院成立，顺利通过了总装备部和国防科工委的验收。

2004年12月，经总装备部批准，装甲兵工程学院成立了“装备再制造工程系”，这是我国高校中第一个再制造工程专业系。2005年3月，总装备部启动了坦克发动机的再制造试验研究工作，探索将再制造发动机寿命由500小时延长到1000小时，与坦克底盘同寿。2005年5月，总装备部决定对全军车辆维修制度进行改革试验，决定在原有坦克发动机大修厂的基础上建设军用汽车发动机再制造生产线，并以再制造汽车发动机为基础开展汽车维修。此外，我国还有许多高校、研究所和企业从事再制造的基础研究和产业化应用，如清华大学、上海交通大学、合肥工业大学、中科院兰州化学物理研究所、北京机械研究院，以及济南复强动力有限公司、沈阳大陆激光再制造公司等。世界经济500强之一的美国卡特彼勒公司于2006年在中国上海成立了卡特彼勒再制造工业有限公司。

上述事实显示出国内外再制造研究与产业化欣欣向荣的发展态势。

3 装备再制造对全寿命周期工程管理的促进作用

3.1 装备全寿命周期工程管理的特点

装备全寿命周期是指装备从设计、制造、装配、使用到报废所经历的全部时间。装备全寿命周期工程管理是指从装备系统的原料获取、论证设计、生产制造、储藏运输、使用维修到回收处理，以使用需求为牵引，进行全过程、全方位的统筹规划和科学管理。在原料获取阶段考虑原材料的采掘、生产及其对资源环境的影响；在论证设计阶段，统筹考虑装备的服役性能、环境属性、可靠性、维修性、保障性、回收利用以及费用、进度等诸多方面要求，进行科学决策；在生产制造阶段实施全面、严格的质量控制；在使用维修阶段，在正确使用装备的同时，充分发挥维修系统的作用，把握装备故障的规律特征，不断改进和提高维修保障系统的效能，保障装备以最小的耗费获得最大的效能与寿命；在回收处理阶段，使退役报废装备经再制造后得到最大限度的重复利用，对环境负面影响最小。这种对装备全寿命周期各阶段的全方位控制管理，实现了传统装备管理的“前伸”与“后延”，保证了装备全寿命周期费用的合理性及对环境的友好性。

3.2 装备再制造拓展了装备全寿命周期

废旧装备的传统处理方法是结束其寿命周期，将其作为固体废料堆积、填埋、焚烧，或做低级的原料回收，这不仅造成资源的极大浪费，还造成环境的严重污染。而对废旧装备及其零部件进行再制造，将使其变废为宝，起死回生，赋予并开始其新的寿命周期，见图1。其表现形式为：

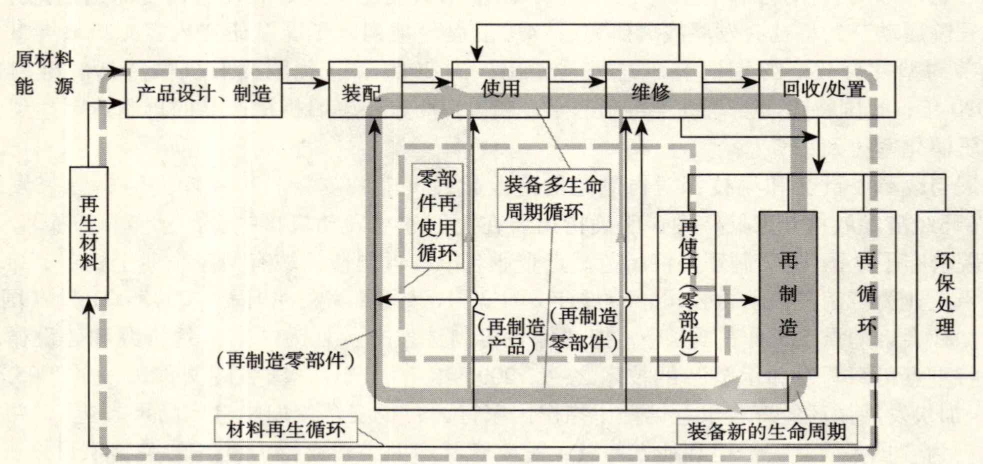

图1 再制造形成装备新的寿命周期

废旧装备完全拆解、检查后，对合格零部件，经彻底清洗、防锈等维护后入库，作为配件，装配到现役修理装备、再制造装备或新装备（原型或他型）上，开始其新的寿命周期；对可修复的失效零件，经修复和（或）表面强化，或改造后，装配到上述装备上，开始其新的寿命周期；

经恢复性再制造，生产出原型装备或部件，开始其新的寿命周期；

经升级性再制造，生产出现代新装备或部件，开始其新的寿命周期；

经易型再制造，生产出另外的装备，开始其新的寿命周期等。

装备再制造是对装备寿命周期的延伸与革新。与传统的从摇篮到坟墓的装备寿命全过程相比，从时间上将其全寿命周期大大外延，再制造再造了废旧装备新的寿命周期，形成了装备多寿命周期循环，成倍延长了装备及其零部件的使用时间。从空间上将传统装备的空间范围大大拓展，它使人们从资源环境与可持续发展的高度来认识和对待废旧装备的回收利用问题，使制造商重视装备的可回收利用及可再制造性，并担负起废旧装备回收利用的社会责任，使制造商、再制造企业及回收、环保等部门联系在一起，形成多企业、多部门参与的物流运作模式，从更大的范围来协同解决废旧装备的综合利用问题。

再制造装备属于绿色装备，其毛坯（废旧装备及其零部件）来源、再制造过程的极少材料需求和排放、避免废弃装备对环境的污染等决定了再制造装备具有很高的绿色度，由再制造形成的多寿命周期装备的绿色度也随之大大提高，且寿命周期循环次数越多提高越明显。

再制造装备具有很低的使用成本。由于再制造装备的成本平均只有原始装备的50%左右，以及其质量不低于原始制造装备（包括使用寿命），因而其单位时间的使用成本大约也降低到相应数值，由再制造形成的多寿命周期装备的平均单位时间使用成本也随之大为降低，且寿命周期循环次数越多降低越明显。如果再加上因环境治理等而减少的社会成本，其综合效益应更为显著。

装备多寿命周期的循环实际上并不是无限的。由于不是任何装备及其零部件都能够或者都适合再制造，有些可再使用、可再制造的零部件随着使用周期的增多将加入到更大的循环回路（见图1）之中，如有些原来可直接使用的零件需要做再制造修复、强化或改造，有些经过修理和强化的零件将做回炉冶炼，进行再生材料循环。废旧装备及其零部件的多寿命周期的循环次数和循环时间取决于其可再制造性、技术经济性、资源环境属性等综合评价的结果。

4 结论

（1）循环经济的核心是资源、能源的高效利用和循环利用，其原则是“4R”（减量化、再利用、再制造与再循环）。再制造是循环经济中最活跃且充分体现高技术含量的要素之一，是节约资源的重要手段。

（2）再制造是废旧装备高技术修复、改造的产业化。其重要特征是再制造产品质量和性能达到或超过新品，成本却只是新品的50%，节能60%，节材70%，对环境的不良影响显著降低。再制造产品不是二手产品而属于新品。

（3）再制造在国内外均得到快速发展，在国内，再制造已成为国家意志。

（4）再制造对装备全寿命周期具有重要促进作用，再制造的出现使装备全寿命周期扩展为装备多寿命周期。

参考文献

[1] 裴勰，田秀敏. 车辆回收与再制造研究分析［J］. 中国资源综合利用. 2001，(9)：25－28.

[2] 徐滨士. 绿色再制造工程及其在我国的应用前景［R］. 中国工程院，“工程科技与发展战略”咨询报告集，2002，2.

[3] 徐滨士. 中国工程院咨询研究项目《废旧机电产品资源化》［R］. 2003，12.

[4] Robot T. Lund. The remanufacturing industry-hidden giant［R］. Research Report，Manufacturing Engineering Department，Boston University. 1996.

[5] 徐滨士. 装备再制造工程的理论与技术［M］. 北京：国防工业出版社，2007.

论建立“建筑物全寿命周期质量安全管理制度”的必要性

卢 谦[1] 陈肇元[1,2] 遇平静[1]
(1. 清华大学深圳研究生院土建工程安全研究中心；2. 中国工程院院士)

1 引言

1949年建国后，百废待兴。在工程建设上，首先是抓大规模的工业建设及解决亿万人民的住房问题，因此国家的基建侧重点在新建工程。通过政府和全国人民的努力，我国经济建设取得了举世瞩目的成功，目前正满怀信心地由小康水平向中等发达国家迈进。但由于历史等原因，建筑业至今还普遍存在“重新建，轻维修”的观点，又由于急于求成，往往出现不惜以牺牲质量安全为代价，谋求“高速度，高利润”等不良现象，给国家造成了巨大的损失。

经过实际调研和资料分析，我们认为目前国内建筑工程面临两方面急需解决的问题，即：

(1) 由于前期决策、设计和施工造成的隐患，致使新建成的工程，特别是房屋建筑，事故层出不穷，造成严重的人员伤亡和资产损失。据初步统计，2005年1月1日至12月31日，全国共发生房屋建筑、市政工程施工安全和在建工程质量安全事故1010起、死亡1195人。

(2) 工程建成后，只使用而不重视维修，造成在役建筑物使用年限大大缩短的恶果。不少建筑物未老先衰，恐其酿成严重事故而不得不忍痛拆除。据2006年6月27日《深圳商报》报道，改革开放以来，我国已建成各类建筑物达400多亿平方米，并以每年5亿多平方米的速度增长。但其中不少建筑物原来的设计使用年限为50年，而平均实际使用年限仅为30年，大大缩短。

以上事实揭示出值得我们深思的问题，即：

(1)“重新建”的观点虽然有些片面性，但本身还是正确的，但为什么如此重视，还会出现这么严重的质量安全问题。

(2)“轻维修”，轻视在役建筑物的使用维修，竟然会造成这么大的损失。粗略计算一下，如取土建工程平均造价为800元/m^2，总建筑面积按450亿m^2计，使用寿命缩短20年造成的损失就达到450×800×20/50 = 144000亿元！如果再考虑工业建筑、铁路、道路、水利、港口等设施的失修，以及拆除产生的垃圾的运输、填埋和利用处理的费用，资源、资金和人力等的浪费更加庞大惊人。

如不解决以上问题，将会严重影响我国建设事业的正常发展。有鉴于此，建设部及国内有关专家近几年来开展了很多科研和讨论会，已取得一定的成果，并得到一个共识，即首先必须研究和建立“建筑物全寿命周期质量安全管理制度”，并据之制定相关办法、规章，使各地有关部门、企业和人员按此制度积极解决上述问题，以保证我国建设事业更加健康地发展。

通过国内外调查研究和资料分析，我们认识到，要建立这样一种制度，需要探讨和明确以下几个问题。

2 建筑物的设计使用年限与实际使用年限

我们在调研中发现，对建筑物的设计使用年限，人们的理解并不一致，有必要明确界定其定义。

根据我国《建筑结构可靠度设计统一标准》的术语定义，“设计使用年限”是指“设计规定的结构构件不需进行大修即可按其预定目的使用的时间”。对于一般建筑物，设计使用寿命定为50年。但绝不能认为房屋到了50年，就该拆除了。与设计使用年限相应的失效状态只是影响到结构正常使用的适用性，如出现轻度的开裂或过度的变形，但并不损害结构的安全性，而且设计使用年限是含有安全储备的，到了设计使用年限，不出现开裂那样影响适用性的保证率要大于90%。目前有人错误地认为，房地产开发的土地使用权期限定为70年，而设计使用寿命定为50年，这两项规定不是互相矛盾吗？如果建筑物的业主和用户重视维护修理，政府也立法定期检查和监督业主维修，建筑物的实际使用寿命可以超过50年，甚至一百年，几百年！国内外存在大量使用年限超过数百年甚至上千年的在役建筑物和构筑物。我国的赵州桥、五台山佛光寺、西安小雁塔等，历经千年风霜，仍然屹立无恙。他们的寿命这样长，主要是重视选址、设计、施工及维护，修缮持续而及时。寺庙建筑一旦僧去寺空，很快就破败湮灭。北京西直门立交桥为城市交通服务才 18 年，就因质量严重退化而不得不拆除，与赵州桥至今屹立无恙，形成鲜明对比。

在役建筑物寿命缩短的问题怎么来解决呢？首先必须改变过去那种“出了事故，才去维修或总结经验教训”的做法。使用不当，失于维修只是原因之一，但很多建筑物损坏倒塌是由于其前期决策、设计、施工各阶段形成的隐患和问题造成的。赵州桥、佛光寺、小雁塔等能历经千年风霜而巍然屹立至今，依据现代科学理论分析，主要是由于选址正确；地基坚固稳定，基础设计合理，沉降轻微而均匀；结构设计选型构造合理，历千年而未产生过度的位移和变形；对所用物料的质量严格把关，一丝不苟；重视施工质量，以保证结构的整体牢固性，增强抗灾防灾能力；重视维护修理，保证工程经久耐用等原因。

综上所述，国内外迄今巍然屹立的古代工程和建筑物的建设指导思想，恰巧符合了基于工程全寿命周期保证质量安全的观点。但这不仅仅是巧合，而是符合了客观规律。因此，建筑物质量安全管理制度必须根据其全寿命周期来制定。

3 工程全寿命周期的内涵

迄今为止，由于立足点不同，国内外对建筑物全寿命周期的理解也各异。

（1）建国初期，国家主要抓新建工程，以迅速建成工农业基础，增强国力。由于新建成的工程质量很好，又限于当时经济情况，维修一时还提不到日程上。这种情况逐步发展成为计划经济时期的“重新建，轻维修”的倾向，并沿袭到今天。因而一般认为，建筑物的生命周期就是从建筑物的规划、设计到竣工和交付使用为止。

（2）改革开放后推行的项目经理制开始也是局限于施工企业和施工阶段，目前的建造师制，其覆盖面就向前延伸到项目决策阶段。

（3）世行和亚行贷款项目，虽然在贷款决策的项目评估阶段考虑到使用和维修方面的问题，但贷款协议签订后，对项目全寿命周期的定义仍然是根据新建项目的贷款周期，到其贷款的归还期期满，即工程竣工后的保修期期满为止。

（4）经济学者从 20 世纪 80 年代起就提醒人们要重视工程全寿命周期总费用，图 1 表示各阶段对项目累计费用（全寿命周期总费用）的影响程度；规划与设计对全寿命周期总费用影响最大，招标与施工次之，使用和维修阶段则最小；因为前两个阶段造成的既成隐患，使用和维修阶段中往往已回天无术了。阿诺德（Jasper H. Arnold III）于 1986 年曾指出：“没有经济头脑的管理者往往忽视或故意低估一个项目最终需要的总费用。他们只想到土地、房屋和设备这些固定资产，而对除此以外的附加投资则考虑得不够。”

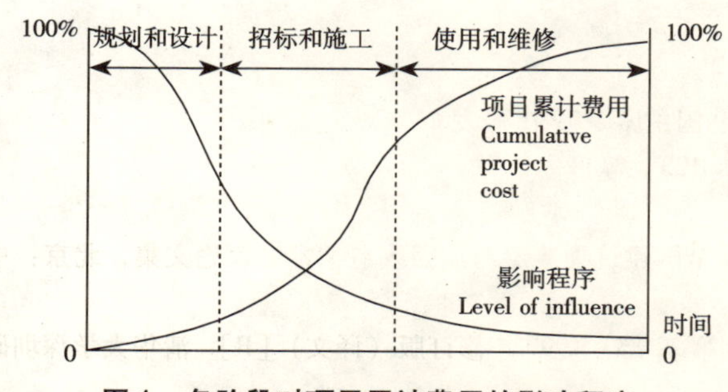

图 1 各阶段对项目累计费用的影响程度

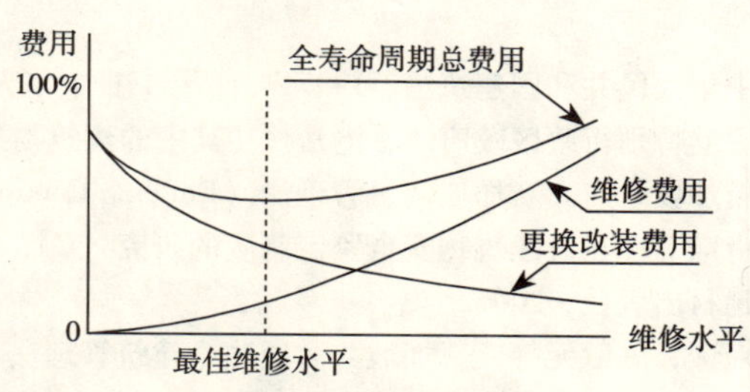

图 2 最佳维修水平

1989 年麗澜阔（Ranko Bon）以费用（%）为纵坐标，维修水平为横坐标，用图 2 说明任何时间的全寿命周期总费用等于相应的维修费用与更换改装费用之和。根据这个概念，图中最上面的曲线（全寿命周期总费用）的最低点就表示最佳维修水平。由于更换用的改装费高低主要取决于规划、设计、招标采购、施工各阶段的优劣，因而工程的维修和寿命必然与上述各阶段密切相关，也就是必须从全寿命周期的观点来分析和改善建筑物的质量安全问题。

英、美、新加坡以及我国香港特别行政区等地的建筑法规，其适用对象都是“房屋建筑（Buildings）”，它们都覆盖了含维修在内的建筑物全寿命周期，对在役建筑物的使用维修管理规定得相当具体而详尽。我国的建筑法针对的是“建筑活动的监督管理”，是通过维护建筑市场秩序，来保证建筑工程的质量与安全及促进建筑业健康发展，而不是立足于保证建筑物全寿命周期的质量安全。

迄今为止，我们总是把建筑物的建造费用和维修管理费用区别开来处理，而现在的问题是要把二者合起来作为全寿命周期成本进行综合分析和决策。这种必要性变得越来越重要。因为维修运营管理费用在工程的决策和设计阶段就基本上决定了（图1）。为了减少维修运营管理费用，也许要增加一些建造成本费用。因此，在决策阶段就应该研究。是减少维修运营管理费用好，还是减少建造成本费用而将费用转移到维修运营管理费用方面更为经济，要进行比较分析，找出整个系统的最佳平衡，使总费用趋于最低。也就是说，从局部考虑费用是不够的，更重要的是要从总体的角度进行分析和决策。使建筑物在达到规范标准的要求下，尽可能使建造费用和维修运营管理费用的总和达到最低，如图2所示。

为了解决我国建设业存在的上述问题，国家建立制度和制定法律法规时，应当根据建筑物全寿命周期的观点，特别是要重视其使用维修阶段的管理，因为我国建筑法中缺少对建筑物的维修管理规定（有关者约有五条），而在役建筑物的质量安全鉴定、维修、加固和改造已成当务之急。不少城市和地区已经制定了有关的规章，建立了机构，甚至培训所需的质量安全鉴定管理人员。如果不尽快制定上位法、条例或办法，规范各地的做法，不但不能解决好旧问题，还可能引发新问题，使局面变得更加复杂，难以处理。

4 结束语

当然，全寿命周期的观点应当贯彻在所建立的制度、法律和规章中，但决不会要求有如此的全能机构和个人。例如，香港的有关法律和规章覆盖了建设工程全寿命周期的各个阶段，但在执行时还是遵循政府和社会分工负责、协调与制约并施的原则。香港建筑署负责政府公共建筑设施的开发、设计、施工和维修保养。房屋委员会和房屋署对政府为低收入居民修筑的公共住宅（公房）的建设计划和购房条件提出具体政策，并负责其规划、设计、建造和维修。私人房屋则由屋宇署负责管理。香港建筑物管理不完全是由官方承担的。举例来说，屋宇署是依法对私人房屋进行宏观管理，但具体贯彻则通过屋宇署主管人员、业主、物业管理公司和多用户的公寓式楼宇的用户组成的法团、认可人士、注册结构工程师、房屋测量师以及注册承建商等根据法例进行定期鉴定。对执行不力、造成安全质量事故者则依《建筑物条例》及其他法规条例予以制裁。对有关的专业人士则严格管理其资质及注册。因此推行建筑物全寿命周期质量安全管理制度，是为了给建设业市场建立一个良好的法制环境，使其可摆脱目前泛滥的不正之风，健康地发展。

在建立这样一个制度的过程中，必然还要解决许多有关问题，限于篇幅，不再论述。文中定有不当之处，希望与会专家，惠予指正。

参考文献

[1] 中华人民共和国建筑法．1997年11月1日中华人民共和国主席令第91号发布．

[2] 香港特别行政区政府．香港法例（其中的建筑物条例 Cap123，等）．

[3] 新加坡政府．新加坡建筑管理法（Building Control Act）．

[4] 卢谦等．在役建筑物安全鉴定制度的研究［C］．第八届全国建筑物鉴定与加固改造学术会议论文集，北京：中国建材出版社，2006．

[5] 卢谦，陈肇元等．新加坡共和国法令建筑管理法（法令第29部）1999年修订版（译文）［R］．清华大学深圳研究生院土建工程安全研究中心，2005．

[6] 陈肇元，卢谦等．建筑物全寿命周期质量安全管理制度研究［J］．建设部科研报告．2007，2．

[7] Arnold III, Jasper H. Assessing capital risk: You can't be too conservative [J]. Harvard Business Review. 1986.

[8] Ranko Bon. Building as economic process, an introduction to building economics [M]. London: Prentice Hall International, 1989.

探寻工程管理“投资、质量和进度”三大目标的新意涵

任 宏 林光明 时玉发
(重庆大学建设管理与房地产学院)

1 引言

在人类数千年的发展历程中，工程管理从简单到复杂，从单一到综合。在19世纪末20世纪初，工程管理从以往的经验演变成一门科学。现代工程管理追求持续改善的理念和在综合中去创造的方法论，并在系统集成中不断赢得创新和进步，致力于提高效率、质量，降低成本，缩短工期，同时努力提高快速适应市场变化的应变能力。

在全面建设小康社会与和谐社会进程中，需要进行巨大规模的工程项目建设，但目前我国工程项目的管理存在着比较突出的问题，如成本过高、质量得不到保证等。同时，大规模建设的强力推进，使得工程项目呈现巨型化、复杂化等趋势。业主、承包商、设计者和监理方等利益的平衡也越来越困难。如何构建一个有效率的利益共同体，促使每个利益相关者能够通过增进团体利益的方式谋求自身利益的最大化，确保工程管理目标犹如一台运转良好的计算机，机内各个系统和各子系统互相协调与匹配，避免出现管理上的“锁定”和“死机”，从而形成工程管理的人理、事理和物理各自内部的协调与彼此间和谐的良好格局。

正因如此，当前中国管理实践迫切需求能联系中国实际的工程管理理论和方法的支撑，而首当其冲的是，传统的“质量、进度、投资”三大工程管理控制目标存在理论变革的巨大压力。面对这个挑战，如何实现三者和谐优化，创造出利益相关者“和谐共赢”的管理目标，值得深思与探讨。

2 工程项目管理三大基础目标面临的困境

2.1 困境一：投资目标定义过于片面

目前，在建设工程管理的投资目标控制中，普遍存在的业主与承包商的关系表现为你输我赢的对立关系，各方对对方都采取怀疑、提防的态度，在签订、执行合同时更是利用合同的漏洞采取对己方有利的策略，严重的还会导致索赔、仲裁乃至诉讼这些耗时耗力的情况发生。因此将这种对立关系转变为合作、协作的信任关系对工程管理各方都是有益有利的。在传统工程项目管理理论框架下，工程项目管理投资目标是以尽量少的投资获取较高的收益，其中比较极端的例子是最低价中标这种招投标评价原则。它是建立于利益分配严重不和谐基础上的，未能有效回应各个项目参与者“经济人”的价值诉求，正如马克思所指：“人们奋斗所争取的一切，都同他们的利益有关”（《马克思恩格斯全集》第一卷，第82页）。这易导致：(1) 业主间接成本和社会协调成本上升；(2) 大量低质量建筑的出现（图1，图2）。

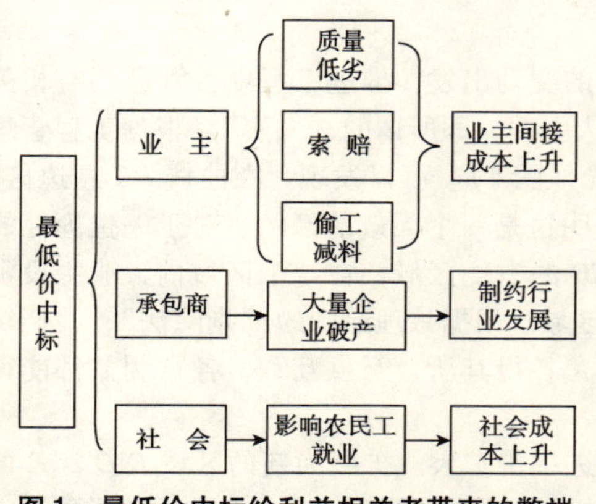

图1 最低价中标给利益相关者带来的弊端

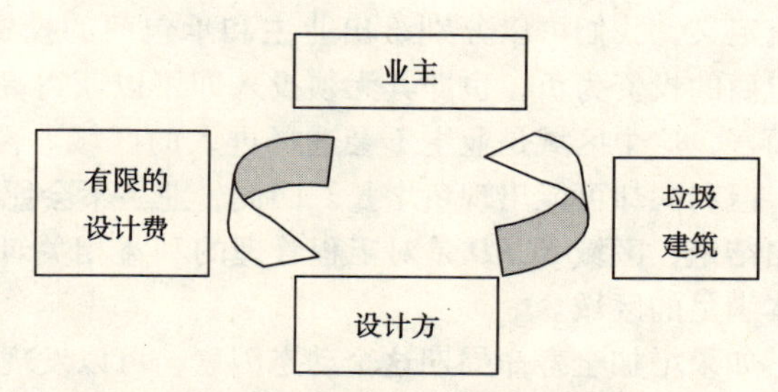

图2 最低价中标给业主带来的弊端

而且，从长远来看，中国大规模城市化进程得推进，必然带来大量的建筑生产活动。而要保证这些生产活动和项目的健康、稳定和顺利推进与建设，要求有一大批稳定而强大的微观主体——施工企业、承包企业、投资者等。传统投资目标控制不利于建筑行业微观主体的培育和成长。

2.2 困境二：工程项目质量概念过于狭隘

工程质量对于传统工程项目管理者而言是以技术为依归，单纯强调质量的技术纬度，这往往使得质量控制无法满足环保等隐性要求。其理论推演结果为：建筑物的性能表现主要在纯技术层面，结构安全是最重要因素。在质量管理方面的理念除了仅仅考虑技术上的以外，在追求合理的三大目标统一的基础上，还忽略了工程质量管理成本。

随着社会的进步，生活水平的提高以及人们认识水平的提高，工程质量和性能维度大大延伸。工程质量的内涵体现为以技术为基础，包括建设项目的功能最大化、建设项目的成本（质量管理、项目建设成本）合理化，项目的智能化、建设项目的节能化等。人们追求更高的生活质量，对建筑物的方便性、舒适性的要求也就越来越高，建筑物的表现增加了用户需求维度。同时，在可持续发展思想的影响下，建筑物的质量和性能还应表现在节能、环保、可循环、全寿命等诸多方面。

2.3 困境三：工程项目进度理论存有缺陷

应该看到，目前在我国许多工程项目管理实践中，仍然较为注重以技术因素为基础进行进度管理，如图3所示的进度计算的传统模式。即在工程项目管理实践中，体现较多的是工程项目管理的制造本质，试图通过技术的运用生产满足人们基本需求的建筑产品。

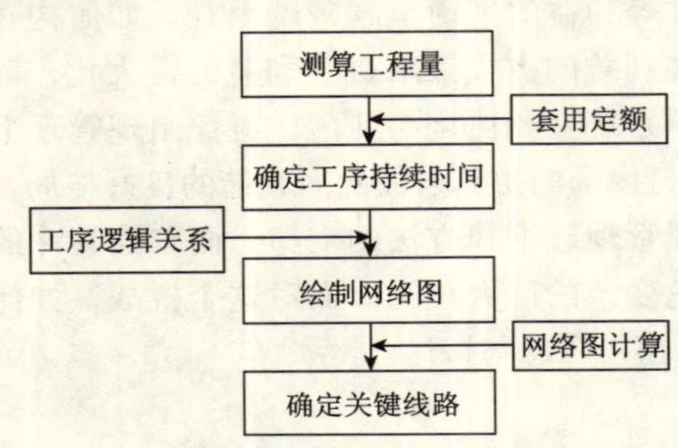

图3 基于传统理论的进度计算流程图

而现实的情况是，随着施工技术的发展，技术因素对进度的影响权重已经大大降低。一个进度管理优秀的工程项目，虽然仍然受到技术水平的限制，但其过程中已经有了市场条件约束的深刻印记（表1）。现代工程项目进度更多受商业因素制约，由于商业条件无法实现，导致工程项目管理进度目标无法实现的例子举不胜举。比如，资金、市场等常常成为影响工程进度的决定性因素，烂尾楼就是典型的例子。因此，如果依然依据传统的工程项目管理理论来计算工程进度和确定控制关键节点，将很难确保实现进度管理目标的实现。

传统工程项目与现代工程项目进度管理的特征比较　　表1

	传统工程项目	现代工程项目
市场约束	市场不成熟，市场约束较弱	供过于求，竞争较为激烈，买方市场形成，市场约束逐步增强
技术约束	技术占据绝对优势	以模块化和速度经济为基础，有较高柔性
理念导向	提高技术水平，尽可能满足业主的基本需求	追求业主、承包商、社会等利益的协调

3 工程项目管理投资、质量和进度目标新解

3.1 投资概念的飞跃

根据前文所述，要改变传统投资的不足，可以从利益关系的变动出发，推进工程项目管理利益相关者的投资与收益的帕累托改革，使得大多数人受益而不会使任何人受损，即所谓的“共赢”。根据工程管理的投资定义，我们可以分别绘出业主和承包商的投资与利润曲线（图4）。可以发现，在曲线 *BC* 左边区域，承包商的投资为负，也即其无须投入即可以获得高额利润，表明这是一个无效的区域。对于一位理性的业主而言，这个区域是业主不会选择进入的区域。再来看曲线 *ED* 的右侧区域，在这个区域内，业主投资很高，但利润却可能出现负增长。因此，业主不会愿意进入这个区域。根据数理原则的“剔除法”，我们可以得出结论，区域 *BCED* 是对工程管理的利益相关者都可以接受，各得其所，互惠互利，各自利益都能得到基本满足的区域。

如果增加全寿命周期这个动态因素，可以发现这个区域会进一步扩大。扩展为新的区域 *B'C'D'E'* 的动态共赢区域。它对应的投资共赢区域 *cdfe*（注：由于在数据获取上的困难，图5仅是一个定性的形象界定）。

总之，利益相关者的利益在静态和全寿命周期下均能够在特定区域内不断得到协调。其本质是利益相关者的利益均衡。同时，其对社会和环境带来的不良影响也较小。也即，利益相关者在投资目标上跨越“对立”状态达到“共赢”。同时，投资目标中也隐含着与社会和自然环境的和谐共赢，将“人理、事理和物理”较好的糅和起来，实现了工程管理的和谐。

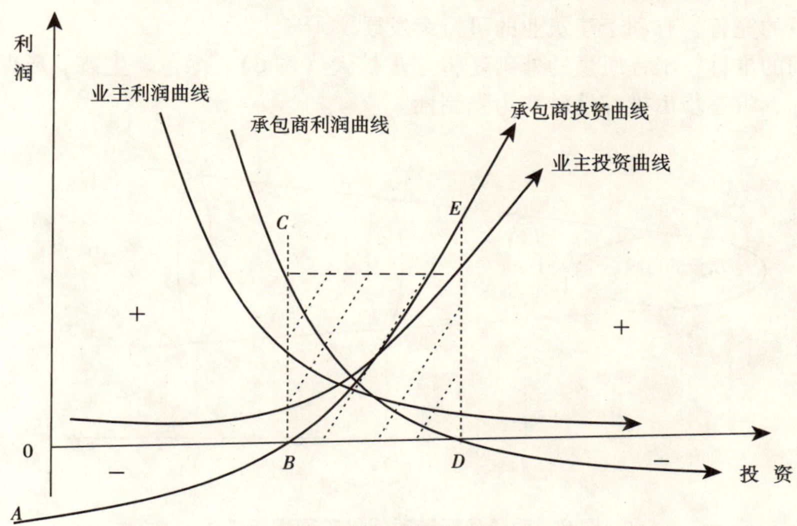

图 4　利益相关者的静态共赢区域

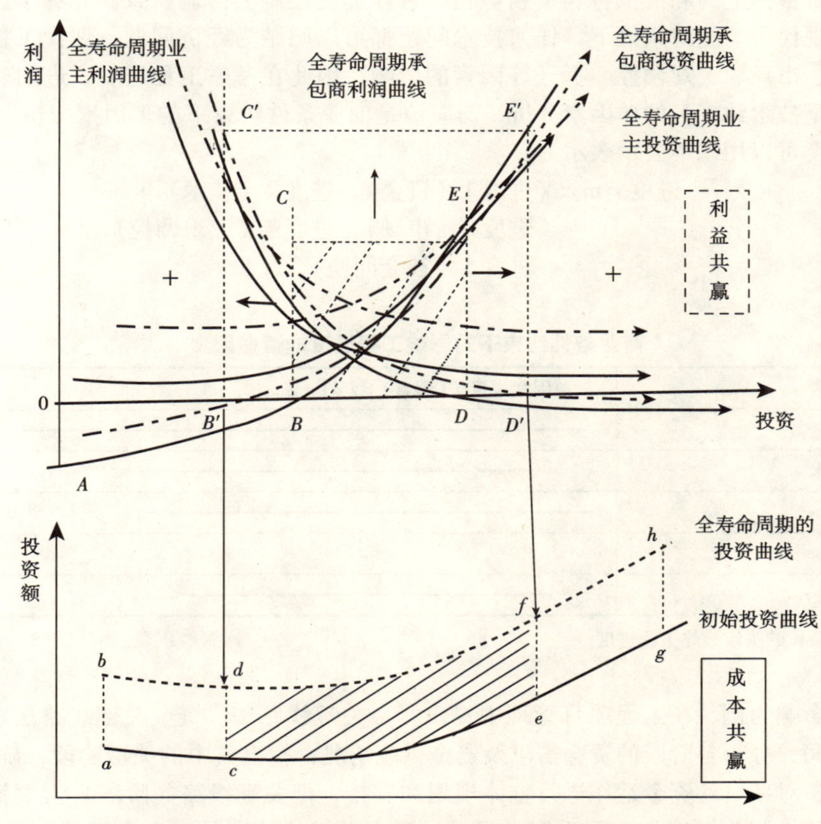

图 5　全寿命周期条件下的利益相关者共赢区域

3.2　质量概念外延的扩展

当利益相关者在投资目标上达成协调统一后，每个参与者都能从项目中获取相应的利益，提高了各方的质量控制积极性。利益相关者的真诚合作和自愿投入使得工程质量控制有了良好的人理和事理的保证。

现代工程要求全面、全过程、高水平的质量管理，使得工程从决策、设计、材料到施工都是高质量的。它已经突破仅仅是作为工程实体质量控制的传统范畴，跨越到全过程的质量管理。同时，随着时间的推移，工程质量的外延还将逐步扩大。绿色、生态、环保、节能、可持续等质量内涵也融入到工程质量控制体系中。这种对质量的科学的全面的认识，增加了环保、节能、可持续、可循环、全寿命等全新概念，能够促进项目管理目标体系的完善，有利于建筑业的可持续发展。

同时，随着时间的推移，工程质量的外延还将逐步扩大（图6）。绿色、生态、环保、节能、可持续等质量标准约束性增强，将逐步由推荐性转变为强制性。

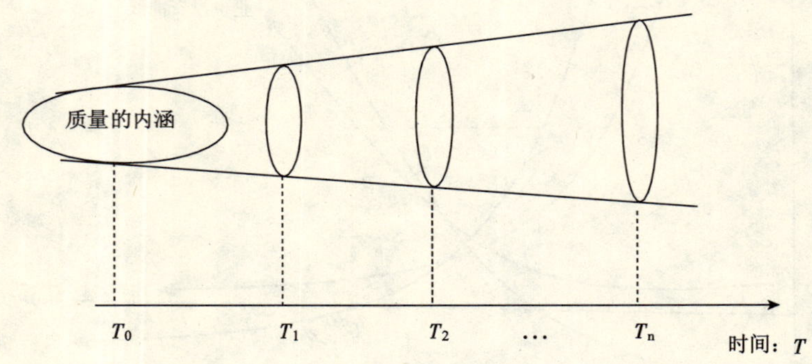

图6　质量外延随时间推移而逐步扩大

3.3　进度：从纯技术决定论到商业条件约束论

同样地，在投资目标上的和谐也有利于利益相关者在进度控制上协调一致，并有了进度控制上的创新动力。实际上，在现代市场经济条件下，任何技术问题都可以归结为经济问题。现代工程项目进度越来越多地受到诸如资金、市场、宏观调控、拆迁等因素的影响，因此在考虑工程进度，进而确定进度管理关键控制节点时，不能是技术约束下的单因素分析，而应该是商业条件约束下的多因素分析（表2）。根据商业条件约束理论，进度可以用以下公示表示为：

进度 = max {进度1（资金），进度2（技术），
进度3（市场），进度4（宏观调控），
进度5（社会问题），... }

商业条件约束下的影响工程进度的诸多因素　　表2

因素	单因素进度 i（因素）（$i=1, 2, \ldots, n$）
资金	
技术	
市场	
...	
因素 n	

注：以单因素进度最长的决定最终工程进度。

以资金供给的影响为例，在工程项目管理中提出资金关键线路法。资金关键线路法定义如下：由资金供给来确定完成时间，分析各阶段的资金需求及资金供应情况，找出其中的关键阶段，确定各个关键工作，然后结合具体情况，对项目的资金运作进行整体规划和安排，把关键线路（阶段）上关键工作所需的资金放在首位，从而达到控制关键工作实际进度的目的。资金关键线路法的意义在于强调资金与进度的协调，并把资金看作影响工程进度的决定性因素之一。同时，把资金供给因素纳入到网络图当中，实现进度安排与资金筹集的联动。

4　结论

结论一：工程项目管理的投资、质量和进度是对立与统一的动态目标体系。因此，应该以新的思维来思考工程项目管理的三大目标（图7）。

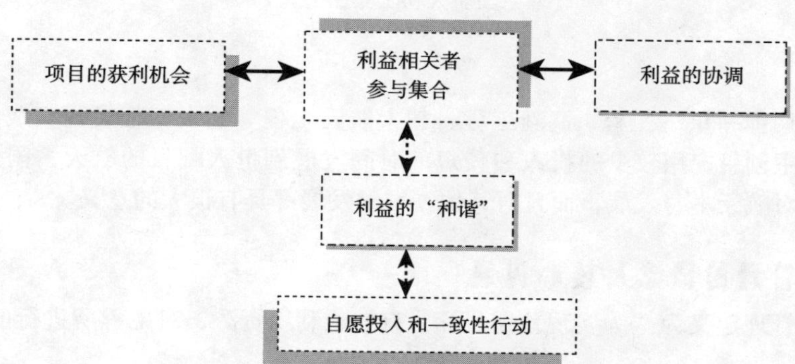

图7　利益相关者的利益与行为内生关联关系

它将保证工程项目既能取得“业主满意，合作者也满意”的良好局面，又能为将工程项目建成“资源节约型，环境友好型”的社会型工程，真正在工程管理中实现“建一座工程，树一座丰碑”的良性循环状态提供理论支撑。同时，它也有利于促进工程项目管理内部目标的和谐优化，使利益相关者的利益得到更好的维护和提升。正因如此，工程管理必将进入一个异质同构和多元统一的和谐时代。

结论二：工程管理面临愈加复杂的多样性实践需求，“投资、质量和进度”目标控制中存在多元约束。因此，本文对投资、质量和进度定义作了新了阐释，提出“对立”到“共赢”的投资概念、“多维可持续发展”质量概念观和从纯技术决定论到商业条件约束下的进度管理思想。

航天系统工程管理

夏国洪

（中国航天科工集团公司）

中国航天通过“两弹一星”工程、高新工程、载人航天工程等重大工程管理实践，已经从无到有，从小到大，从仿制到自主创新，用较少的投入和较短的时间发展到世人瞩目的航天大国。总结其系统工程管理的经验教训，不仅对航天本身发展，而且对其他领域的发展都具有很大的意义。

1 航天系统工程管理的概念及核心内涵

通常人们将工程管理定义为“为实现预期目标，有效地利用资源，对工程所进行的决策、计划、组织、指挥、协调与控制”。

工程管理不同于一般形式的管理，它是工程管理人员在特定产业环境中应用的特定形式的技术，其领域既包括重大工程建设实施中的管理，又包括重要和复杂产品的研究开发、生产制造管理，还包括技术创新、技术改造的管理和企业的转型发展、产业、工程和科技的重大布局与战略发展的研究与管理等。

航天系统工程管理是指：为了实现国家预期目标，有效地利用人、财、物、信息和知识这五大资源（“五流”），对航天系统工程所进行的决策、计划、组织、指挥、协调和控制（“六环节”）。

航天系统工程的核心内涵是指：通过人本、科技和制度的协同管理，达到有效地利用五大资源，促使“五流”畅通运行，保证工程管理“六环节”达到“五性”（决策正确性、计划可行性、执行协同性、控制可馈性和结果最佳性），从而快好省地实现国家预期目标。

2 航天系统工程管理的特征

航天系统工程管理除了一般工程管理具有的系统性、综合性和复杂性之外，还具有以下三个特征。

2.1 军事化管理特征

航天系统工程管理的预期目标是以国家利益高于一切的使命来完成国家的预期目标，其任务是航天系统工程中的型号任务，其指标、定价、完成时间、销售等主要是由国家、部队确定的，是硬性的，不是由企业可以自主确定的，企业行为具有军事化特征。当然，目前还没有完全做到这一点。

2.2 知识化管理特征

航天系统工程涉及到多种高新技术，在工程管理过程中一般都要经历探索——预研——演示验证试验——立项研制——生产——试验——验收——服务的过程，在这样一个全寿命周期中，科学技术和知识资源统揽全局，参与人员要用科技知识探索研究方案，而在方案一旦确定后，人流也要按方案的知识流程工作。

2.3 协同化管理特征

航天系统工程倾注着千万甚至更多的人和单位，历时多年的劳动和智慧，任何一个人或单位在任何时刻不协同互动，任何一个元器件和部件不合格或不能按时供给，都会影响到整个工程的性能质量和建造周期，乃至使任务失败。因此，航天系统工程要求高度协同，而航天精神本身就提倡大力协同精神。

3 航天系统工程管理的实践

3.1 提倡以人为本，科技进步和制度变革创新，为工程管理创好条件

（1）工程管理实践中注意企业文化建设，在实践中逐步培育，涌现出了航天精神，航天精神反过来支撑了航天人在航天系统工程中的实践。以“自力更生、艰苦奋斗、大力协同、无私奉献、严谨务实、勇于攀登”的航天精神应用在两弹一星的实践中，又丰富并形成了“热爱祖国、无私奉献、自力更生、艰苦奋斗、大力协同，勇于登攀”的两弹一星精神，进而在工程实践中又培育出了“特别能吃苦、特别能战斗、特别能攻关、特别能奉献”的载人航天精神。结合着时代的特色，我们又提出了“图强、变革、诚信、团

队”的企业集团精神。

（2）加强技术改造，建设企业信息广域网，为工程管理创造了较好的基础条件。在国家大力支持下，集团公司投入巨资进行了技术改造，在设计、检测、加工、试验等方面自行研制和引进了大量高档设备，建设了能覆盖全国22个省市、160多个单位的广域信息网，航天信息公司又为国家金税工程建设了全国的CALL CENTER，对全国各地180万户大中型企业的防伪税控系统进行全时维护服务。为企业科研、生产、服务提供了坚实的物质基础。

（3）进行集团公司体制、机制的变革，为提高工程管理效率作了深层次的探索。将全集团一百多个企事业单位按型号分类分成四个事业部，取消独立法人资格，使财务由集团公司集中管理，以便集中力量办大事，将各型号总体部上升到研究院，专心致志搞科研，成为系统总体龙头单位。

3.2　总结出能最佳选择管理体制的经验公式和能评价管理效率的协同效应公式，以提高工程管理效率

（1）能最佳选择管理体制的经验公式，即：

$$T_f = \Delta t_0 + m\Delta t_1 + \left(n - \frac{S}{\mu s}\right)^2 \Delta t_2 \qquad (1)$$

式中，T_f 是指为了完成某任务（工程项目）要做的计划、组织、协调所花费的时间，这与体制（组织层次数 m，管理机构数 n，员工人数 S 和管理人员数 s 及素质、责权分工等）密切相关。μ 表示一个管理者直接有效管理的下属员工数，也称管理跨度，一般取值为7，μ 主要决定于机关管理人员的素质、能力水平和信息化水平，素质、能力、信息化水平越高，μ 取值越大；同时 μ 也决定于任务（工程项目）的复杂程度，任务越复杂取值越小。μ 也可视为员工的自组织能力，此能力越强，μ 取值越大。若 μ 的取值大于管理人员的管理水平和信息化水平，或大于员工的自组织能力，则管理效率显著下降；若 μ 的取值小于以上诸因素，则表示能力过剩，资源浪费。所以用提高信息化水平来增大 μ，从而达到降低 m 和 n，是提高效率的有效之举。另外，式中的 Δt_0 表示员工自接收到指令至实施操作所花费的累计时间，称其为员工的惰性时间，主要决定于员工素质和科技手段，与体制关系不大；Δt_1 表示不同管理层之间的平均协调时间，主要决定于各级领导的能力和素质、企业制度、内部人际关系；Δt_2 表示各机构之间互相协调磨合的平均时间，主要决定于各机关人员的能力和素质、制度、内部人际关系。如果企业中各单位分布很分散，则 Δt_0、Δt_1、Δt_2 还取决于企业中信息化水平。

分析以上公式中的各因素，利用经营管理体制经验公式，可以找到提高企业体制效率的具体措施。

（2）能评价管理效率的协同效应公式，即：

$$P = A_1 * A_2 * A_3 * \cdots * A_n = \sum_{i=1}^{n} A_i + \sum_{i=1}^{n}\sum_{j>i} A_iA_j + \sum_{i=1}^{n}\sum_{j>i}^{n}\sum_{k>j}^{n} A_iA_jA_k + \cdots + A_1A_2A_3\cdots A_n \qquad (2)$$

式中“*”读作“协同”，是“+”和“×”的组合，其定义是 A_1，A_2，…，A_n 个要素协同的效应或效果，等于各个要素单独作用效应之和，加上各个要素协作配合效应之总和。

对于复杂系统工程（如航天型号工程）管理来说，是由多个要素 A_i（$i=1\cdots n$）协同完成的，工程的一部分是由每个要素各自独立完成的，另一部分是由各个要素协同配合完成的，工程完成得好坏，不仅决定于各个要素的强弱和所发挥作用的大小，还决定于各个要素协同配合的好坏。协同得好，能起到 $1+1>2$ 的正效应，否则会产生 $1+1<2$ 的负效应。通过以上公式，可以显示出各个要素及其协同的效果，有利于分析并找出影响协同的关键项，从而有利于采取措施消除或化解不利因素，进一步提高工程管理效率。

3.3　应用人科制协同管理，促使资源有效利用，确保工程管理“六环节”达到“五性”

在航天系统工程管理的决策、计划、组织、指挥、协调与控制的六环节中，除了要加强行政管理人员对这六环节的管理力度，还要特别注重利用信息和科技手段，利用数字仿真技术做到“五性”，即：决策的正确性、计划的可行性、执行的协同性、控制的可馈性、结果的最佳性。

（1）决策的正确性。决策正确与否，直接决定着工程的成败，因此在做工程规划，确定开发项目的决策时，都必须全面考虑整个系统及相关系统，还要考虑决策与周围环境的相互关系和相互作用，通常用PEST环境分析、项目的“五力”分析和SWOT战略分析等工具作系统分析。最后做出正确判断。航天系统工程管理特别注重在对形势和条件作深入调查，充分听取专家、工人和管理人员意见的基础上，按照“不对称”战略（针对对手的几怕、弱点，有重点地发展武器装备）作出发展规划，这样可以以较小的投入获得较大的效果。

为了保证决策的正确性，在工程立项之前安排了探索——预研——演示验证试验——专家评审，同时在每个过程都利用数字仿真手段验证。

同时，在分工负责管理中本着“谁负责谁决策，谁决策谁负责，下级（副职）服从上级（正职）”的原则处理事务，以避免矛盾影响决策。

（2）计划的可行性。计划是否可行，直接影响到工程的进展，是工程管理的纲和目。工程要按计划确定的任务、目标、时间进行。而工程计划所需要的“五流”能否及时准确地保证提供，是衡量计划是否可行的标准。航天系统工程管理在组织上设置系统总体部和计划部，并将这两个部作为龙头部，由总体部协同计划部对整个工程作一个全盘的安排，由计划部将任务、目标按时间节点作出计划流程安排，明确哪些子系统（工程）独立完成，哪些可以并行完成，到什么时间在那儿进行汇集，并进行评审，参照评审意见再进行数字仿真调整“五流”，安排新的计划。

（3）执行的协同性。这里的执行包括组织、指挥和协调。因为航天系统工程是一个庞大的复杂工程，涉及到千军万马的人群和组织。巨大的、各式各样的、各地的物流供应，巨额的资金花费，覆盖全国乃至全球的海量信息网，涉及到各种专业的科学技术、经验和知识，其中只要有一个人或单位不协同，有一个元器件质量有问题或不能按时提供，都会影响到整个工程的进展甚至成败。航天系统工程为此建立了一个完善的执行指挥系统，形成了多个执行团队。例如，由行政领导牵头，包括计划、科研生产、科技质量等部门的组织指挥调度系统，由型号两总（技术总指挥、总设计师）系统组成的执行团队。为了增强协同性，条件成熟时可建立项目负责人制，统筹负责项目指挥和设计。

（4）控制的可馈性。这里的控制是指对工程项目的性能指标、产量质量、经费开支（包括元器件、原材料、购置费、开发费用、工程费用等）的控制，也包括进出企业的干部员工的素质控制，干部晋升降级的控制等。由于现实世界、市场情况千变万化，而人的认识与客观现实总有一定的差距。事先对工程项目的决策和为此做出的计划、指标和费用等不可能尽善尽美，一成不变，因此要通过检测、评审、鉴定、验收、监控、数字仿真、制度约束等控制手段和信息网络，及时发现问题的趋势，将其反馈到处理问题的部门和人，及时修正、处理、调整，将问题、隐患纠正、消除，保证工程项目按期、保质保量地完成。

（5）结果的最佳性。工程管理的最终目标是实现预期目标的最佳。预期目标不能像过去那样由少数领导“拍拍脑袋”确定，而要通过建立数学模型，经过数字仿真，预测最后的结果，并要在仿真中不断地预期最终结果，使其达到最佳。

首先，要利用科学知识，技术手段，专家和技师的经验以及规范的管理制度等作为方案$j(k, t)$、工艺规范、标准（即，知识流$k(t)$）；将工程项目任务按时间分成若干阶段、节点，在每个阶段、节点需要多少人，什么人，在何处，做何事（即人流$p(k, t)$）；需要用什么物品，多少物品，从何时何处运往何处，保证供应，如何将这些物品合成生产成产品发售出去，如何做好售后服务（即物流$g(k, t)$），同时，何时何事需要多少资金，以何种方式运作，支付给谁，何处，何时向谁收入（资金流$c(k, t)$），将这些“流”通过信息流（$i(k, t)$），准确适时地传递到管理者，进而分别传递给每个员工，使他们明确在什么时间，什么地方，用什么工具和方法干什么事，使工程的TQCS最佳。同时，当主客观因素发生变化使得“五流”中某一节点运行不畅时，又通过知识流进行数字仿真调整，制定出一个新的流程，再通过信息流将此新的流程准确适时地传递到管理者和每个员工，按新流程运行。

从以上工程实施过程中可以看到，人流是主体，是其他流的创造者、载体和承受体，人创造了财、物、信息和知识这“四流”，但人又相互制约，只有通过人本、科技和制度的协同，按照成本和效率最佳的原则才能确保“五流”有效利用。

3.4 开发了有自主知识产权的“复杂系统（产品）集成制造工程（COSIME）”及关键技术“虚拟样机设计技术”，大大促进了型号工程的研制和生产

航天COSIME团队经过六年的努力，采用系统的观点，从经营理念、运行模式和产品的全寿命周期的制造要素与活动等综合而成COSIME，它是由项目主管企业、协作企业、供应商和客户这四类企业集成制造系统EIMS组成，每一个EIMS又是由经营决策与管理虚拟样机设计和生产四个分系统以及由网络和信息安全设备、数据库、知识库和协同工作环境组成的支撑系统。航天系统工程主要指航天产品的开发过程，有些事串联进行，大部分是并联进行，图1是常用开发流程。并且在制造网络技术、航天产品集成制造技术、多学科虚拟样机设计技术、多学科/层次团队和协同工作机制、武器装备设计、生产和试验验证的业务流程

再造、全寿命周期的质量管理技术、基于仿真的采办等关键技术方面有了较大突破。COSIME 集成系统的体系结构如图 2 所示。

研究建立了具有自主知识产权的，基于采用 CORB 和 WEB 等技术的应用集成平台和一套支持航天产品异地协同制造的具有安全、开放、实用、可靠、柔性等功能，集成化、数字化、虚拟化、网络化、智能化的支撑工具集。

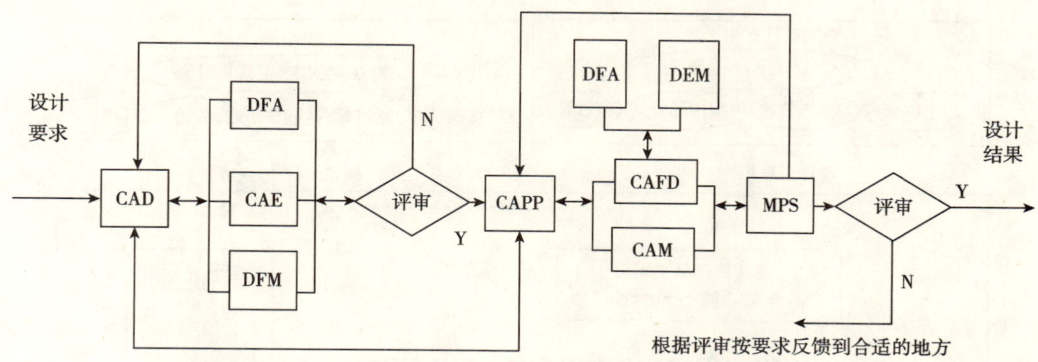

图 1　产品开发流程图

研究开发了具有自主知识产权的，支持多学科虚拟样机协同、集成开发的软件平台/环境产品（COSIM），获得中华人民共和国国家版权局四项计算机软件著作权，即：虚拟样机协同建模仿真平台系统，虚拟样机模型库管理系统，虚拟样机项目管理系统，虚拟样机可视化环境系统。

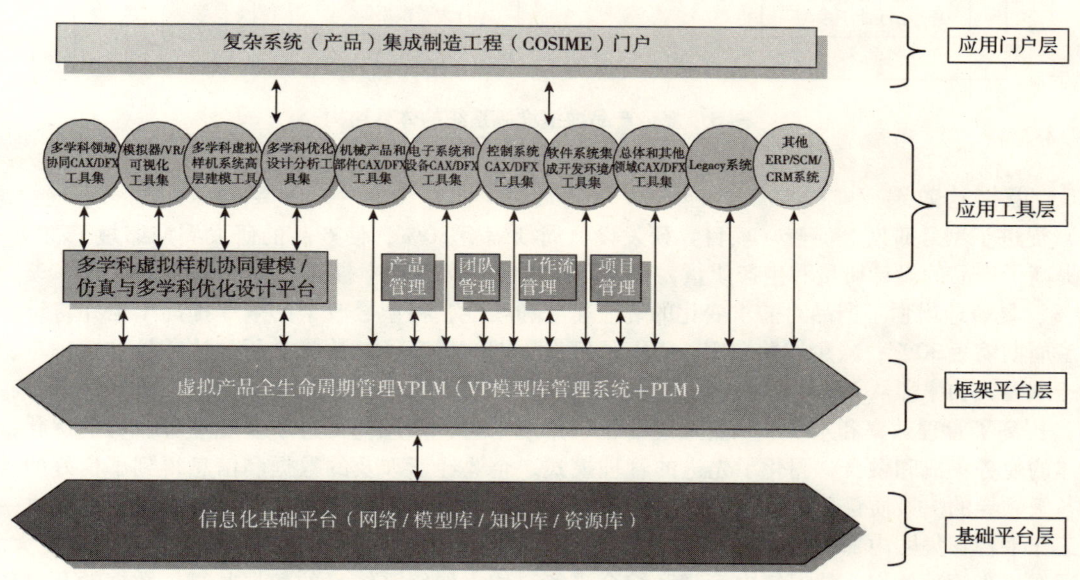

图 2　COSIME 集成系统的体系结构

基于虚拟样机技术可以做航天系统产品的概率设计分析和验证、系统设计、生产和维护、产品测试与评估、合成仿真演示等。在航天产品全寿命周期中，从需求分析至使用训练到销毁，通过使用 CAD/CAE 工具，外观/功能/行为建模工具等在虚拟环境中，构造产品的虚拟样机，并基于产品开发需求，采用相应仿真分析工具对虚拟样机的功能/性能进行仿真分析，并基于仿真分析结果，在模型的 VV&A 过程支持下，修改产品设计模型（如 CAD 模型）和相应的仿真分析模型。完全可以利用虚拟样机代替物理样机对产品进行创新设计、测试和评估，从而缩短开发周期、降低成本，改进产品设计质量，提高企业面向用户和敏捷响应国家需求的能力。复杂产品虚拟样机系统的体系结构如图 3 所示。

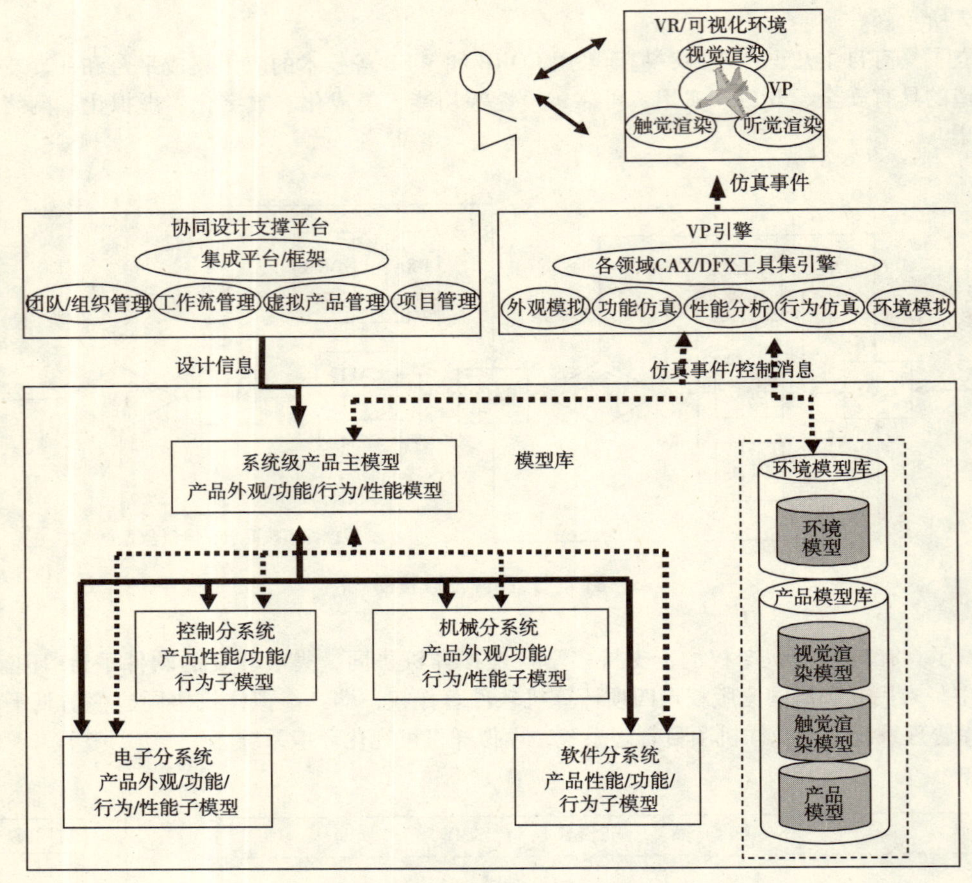

图3　复杂产品虚拟样机系统的体系结构

3.5　取得的效果

（1）促进了型号研发。促使（项目）研发设计周期缩短30%，使产品的研发周期缩短了50%～60%；显著地提高了产品的设计质量和生产质量，使产品设计的一次成功率提高30%，返工率降低30%，废品率降低50%；显著地增强了产品对需求变化的响应速度和柔性，将型号改型的效率提高1倍并将设计定型与工艺定型周期缩短30%；减少试验费用，缩短了研发周期，提高了对故障分析的快速性和准确率；使集团型号任务试验成功率，从1999年的79%上升到目前的95%以上。

（2）提高了管理效率和水平。从企业经营管理角度来讲，信息化促进了企业业务流程的优化，促进了集团整体的业务集成和融合，固化了先进的管理模式，企业经营涉及的数据和信息得到了良好的管理和利用，使各级领导的决策质量显著提高，为集团各企业之间的协同开发和制造、科研项目管理提供一个良好的协同工作平台，集团内部跨单位、跨部门协调工作能力增强，整个集团响应国家需求的速度大大加快。主要表现在提高管理效率，数据集中管理和综合平衡，建立网络系统后的数据共享，数据的及时传递和准确性，可实现实时和定量管理，提高企业竞争力等。

（3）取得了优异的绩效。集团公司从刚组建时企业亏损面占全航天的81.6%，经济绩效处于十大军工集团倒数2～3位，很快发展到亏损面占20%以下，经济绩效位于十大军工首位，并连续保持3年，四年总资产增长111.3%，所有者权益增长65.3%，营业收入增长191%，利润（结余）总额增长917.3%。

（4）对其他方面的发展起到了很好的带动作用。一是建立了航天复杂系统（产品）研制生产管理的集成信息化工程环境，总结了实施COSIME模式、方法和技术，促进信息技术的实用化；二是培养锻炼了一支研究信息化的队伍，一批既懂信息技术又懂经营管理和业务的复合型人才，为未来集团进一步的发展打下良好基础；三是树立了信息化示范形象，并将COSIME的虚拟样机技术推广应用到船舶和航空工业，取得了同样好的效果，还将进一步推广到其他军工系统和领域，促进国内有关信息技术的推广应用；四是集团实现战略计划的能力增强，企业竞争力和发展后劲增强，市场机会的把握能力增强，对客户更具权威性；

五是 COSIME 在集团运作的方方面面得到了充分的利用，促进了全集团信息化水平的迅速提高。

4 今后的努力方向

航天系统工程管理在中央的正确领导决策之下，通过航天系统与全国的大协作，取得了举世瞩目的成就，但是仍存在不少问题，需要进一步改善和加强。

4.1 协同配合性仍需进一步加强

协同配合性受到国家军工体制、企业集团体制、机制的影响，多头决策、多头指挥、无人协调的局面，造成政府、军方与企业集团在工程管理六环节中不协同；企业集团内部，总部、院（基地）与厂所之间不协同；工程（型号）总体、专业厂所与协作配套厂商之间不协同；这些不协同影响工程的 TQCS。因此，加速体制、机制改革势在必行，研究人本、科技与制度的协同管理十分必要。

4.2 资源利用率有待进一步提高

航天系统工程涉及面广、造价高、耗时长，属多学科异地集成制造业，本来可以共享、共用或有偿使用的知识、技术、信息以及涉及、生产、测试设备等国有资产，还有合作、使用的民营企业拥有的资源，由于政策、体制等影响，资源利用率低，有些还在重复建设，形成一个个大而全、小而全的局面。因此，除了在政策、体制上要有导向，有效利用资源，还要提高信息化水平，促进资源共享、共用。

4.3 质量成本效率有待进一部提高

虽然我国几十年对航天系统工程的投入还不到美国几年的投入，发展速度也还比较快，但是在工程型号质量可靠性、成本控制和效率提高方面常常出现“故障一出再出，经费一超再超，进度一拖再拖”的现象。因此，提倡广大干部员工提高质量意识，全员、全力、全时关注质量、成本、时间，并加强技术改造，使用好虚拟样机设计是有效方法。

5 结论

随着我国航天事业的不断发展和壮大，航天系统工程的管理方法也要相适应地改变。要依据工程管理的原则和特点，结合目前存在的问题，加强对工程管理的决策、计划、组织、指挥、协调与控制等六环节的协同。遵守决策的正确性，计划的可行性，执行的协同性，控制的可馈性，结果的最佳性等“五性”原则，进行有重点、有针对性的管理，以保证工程目标的圆满实现。

城市基础设施建设项目融资的PPP模式

王雪青　喻　刚
（天津大学管理学院）

改革开放二十多年来，我国经济实现了高速增长，令世人瞩目，当前已进入全面建设小康社会时期。为了保持这种发展速度，政府必须加强电力、公路和供水等城市基础设施的建设，使之与社会发展的需要相适应，以进一步消除制约经济发展的“瓶颈”，这需要投入大量的资金。然而，我国的城市基础设施建设中存在的主要问题是资金不足，传统的招商引资方式和现有的金融机构以及融资渠道都不能完全满足中国经济发展的资金需求，需要更多的融资渠道。同时，和大多数发展中国家一样，中国也存在公共部门效率低下，基础设施管理不善等问题。PPP作为一种新兴的项目融资方式产生于20世纪80年代，由于它不仅能有效缓解政府城市基础设施建设资金的不足，同时还可以促进国有部门效率的提高，因此，很快被世界各国，尤其是发展中国家采用，并不断应用于大型城市基础设施项目建设之中。

1　PPP融资模式的内涵

PPP（Public-Private partnerships），即公共部门与私人企业合作模式是指公共部门、营利性企业和非营利性企业基于某个项目而形成的相互合作关系的形式。通过这种合作形式，合作各方可以达到与预期单独行动相比更为有利的结果。合作各方参与某个项目时，公共部门并不是把项目的责任全部转移给私人企业，而是由参与合作的各方共同承担责任和融资风险。

PPP融资模式在城市基础设施中应用的显著特点在于通过引入私人企业，将市场中的竞争机制引入城市基础设施建设中，以更有效地提供服务，同时这种融资模式既能够回避在某些领域完全私有化所带来的公共产权的纠纷问题，又能使合作各方同时达到各自的目标，因而完全是适应的结果。它的出现迎合了政府的政策，同时也是在城市基础设施建设中的某种运作规范。

2　PPP融资模式的组织机构

PPP代表的是一个完整的项目融资的概念，但并不是对项目融资的彻底更改，而是对项目生命周期过程中的组织机构设置提出了一个新的模式，它是政府、赢利性企业和非赢利性企业基于某个项目而形成的以“双赢”或“多赢”为理念的相互合作形式，参与各方可以达到与预期单独行动相比更为有利的结果。其组织机构设置如图1所示。公共部门通过公共采购形式与中标单位组成的特殊目的公司签订特许合同（特殊目的公司一般由中标的建筑公司、服务经营公司或对项目进行投资的第三方组成的股份有限公司），由特殊目的公司负责筹资、建设及经营。公共部门通常与提供贷款的金融机构达成一个直接协议，这个协议不是对项目进行担保的协议，而是一个向借贷机构承诺将按与特殊目的公司签订的合同支付有关费用的协议，使特殊目的公司能比较顺利地获得金融机构的贷款。

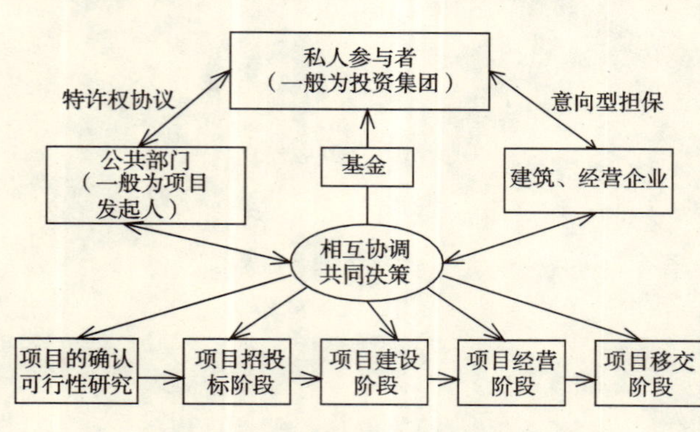

图1　PPP融资模式典型组织机构

这种模式的一个最为显著特点就是项目所在国政府或所属机构与项目的投资者和经营者之间的相互协调及其在项目建设中发挥的作用。在图1的组织机构中，参与各方虽然没有达到自身理想的最大利益，但总收益却是最大的，实现了“帕累托”效应，即社会效益最大化，这显然更符合城市基础设施建设的宗旨。

3　PPP模式在我国城市基础设施建设项目中的应用

3.1　城市基础设施建设项目中应用PPP模式的必要性

（1）民间投资者和有经验的商业借贷者的参与，有助于更好地保证一个项目在技术上和财政上的可行性。参与城市基础设施项目融资的私人企业可以在项目的前期就参与进来，有利于利用私人企业的先进技术和管理经验。在我国传统的基础设施建设过程中，项目的早期计划阶段建设所采用的技术设计方案已经确定，从而使得在项目建设过程中的进一步技术创新受到限制。如果采用 PPP 方案，可以使有意向参与项目建设的私人企业与政府部门或有关机构在项目的论证阶段共同商讨项目建设过程中所采用的技术方案，从而有可能采用较新的研究成果。

（2）可以利用民间资本市场弥补政府资源的不足。PPP 融资模式中资本来自那些以前未被发掘的、规模庞大的投资者；与传统的政府债券相比，他们更喜欢进行一些高风险、高回报的投资。这能极大地弥补公共资金的不足，并提高政府的信誉等级。

（3）一般说来，私营企业的建设速度更快，在建设费用的使用方面也更有效率，因此它们能够以更低的成本更快地满足公众的需要。这样可以使得基础设施项目早日建成并投入使用，及时满足社会公众的需要，促进经济和社会的发展。

（4）在开展项目的过程中，民营部门可以促进技术转让，并为政府部门培训人才。

（5）私营企业的管理可以作为一个标杆，用来衡量类似基础设施项目的效率。长期以来，由于基础设施传统上由政府专营，由政府充当投资主体，由于所有者缺位，加上其产品定价扭曲，在经营上一般不按市场规律运作，所以运营过程中计划经济的流弊较多，导致普遍效益低下。采用 PPP 融资模式，企业成了基础设施的投资者之一，他们为了实现利润的最大化，必将利用自身丰富的经验加强管理，降低不必要的开支。政府部门可以从中学习到有益的经验，这最终将有助于提高未来基础设施建设项目的公共管理绩效。

此外，城市基础设施项目采用 PPP 融资模式，还可以优化城市基础设施项目风险的管理和分配，为政府增加税收，为社会提供更多的就业机会等。

3.2　城市基础设施建设项目中应用 PPP 模式存在的问题

3.2.1　法制不健全

PPP 作为一种合同式的投资方式，需要有一套比较完善的法律条文作为依据，使双方的谈判有章可循且标准规范。但是，至今为止，有关 PPP 这一新型公共项目管理模式的政策法规尚未出台。我国已有的一些项目融资法律法规中大部分内容是针对 BOT 项目而不是针对 PPP 模式制定的，如各地为规范采用类似 BOT 方式投资基础设施建设的行为，根据本地的具体情况，制订了一系列条例和办法，如《海南经济特区基础设施投资综合补偿条例》、《上海延安东路隧道专营管理办法》、《沪宁高速公路（上海段）专营管理办法》、《北京市城市基础设施特许经营办法》等就是这样一类的条例和办法。建设部也于 2004 年颁布实施了《市政公用事业特许经营管理办法》，为 BOT 在中国的进一步发展奠定了法律基础。但是对于 PPP 项目运作过程中的诸多具体问题（如特许授权的形式、特许授权文件与其他合同的关系、项目运作中的风险管理等）均未涉足，因此国际上 PPP 项目融资的一些惯例和做法与我国现行的法律、法规是相冲突的。同时，现行的法律法规的个别条款不支持政府为 PPP 项目融资提供的一些扶持措施，如一定程度的借贷、外汇兑换率及最低经营收入担保等。可见，法律不健全、不完善是制约 PPP 模式在我国城市基础设施建设中应用的主要障碍。

3.2.2　管理体制不完善

实施 PPP 投资方式，涉及到国家的产业政策、外资政策和投资政策，我国目前没有制定相应的政策、法规，也没有一个机构来统一管理，致使投资管理工作不够规范。而 PPP 项目大多数在政府与外商私人企业或财团之间进行，作为外商投资者，总希望与投资项目所在地专门负责 PPP 项目的机构来洽谈，因为专业机构对项目管理较为系统化、规范化，便于双方进行谈判。所以管理体制的不完善也是阻碍 PPP 模式在我国应用的重要因素。

3.2.3　公共服务的价格形成机制不完善

长期以来，我国的公共服务部门一直被视为公益性事业，采取低价格、高补贴的财政政策，其价格基本不受供求关系和成本变动的影响，很多服务未能充分体现出商品特性。公共服务部门的价格改革滞后，缺乏科学合理的价格制定、调整机制和财政补贴机制。在实行 PPP 融资模式之后，由于国家将不对其进行价格补贴，项目投资者为确保合理的利润水平，必须准确核算其成本和利润，从而导致实际价格水平与用户的可接受性存在差距，使项目成功进行存在困难。

3.2.4　审批体系存在问题

目前，中国的基本建设项目审批体系是过去形成的，包括项目建议、项目可行性研究及最后批准。其中每一阶段都需要经过许多相关的中央和省级机构的审批。在每一具体阶段，必要通过地方政府机构的批准，然后报国家发改委审批。同时国家有关政策规定，《外商投资产业指导目录》中总投资（包括增资）5000万美元及以上限制类项目必须在省级机构同意后，报国家发改委批准，而对于投资额在5000万美元以下的项目，则可由省级机构来批准。这种审批体系要求项目的资金安排在可行性研究阶段即得到确认。因此，在项目是否能被批准还不清楚的项目建议书阶段，项目发展商和潜在的资金提供者就必须投入可观的资金。这些都会妨碍PPP融资模式的推广和应用。

3.2.5 专业化的机构和专业人员力量缺乏

PPP在我国尚处于起步阶段，一部分专家、学者已经开始关注其他国家的经验，并在着手研究和引进PPP模式。但这种关注和研究还远远不够，人数也不多。对于一些政府官员和私人投资者来说，PPP更是一个陌生的事物。而一个PPP项目包含设计、建设、经营和融资几个专业方面，它涉及到国际金融、国际贸易、工程、财务、法律、环保、招投标、工程承包等方面的知识，具有统一的国际谈判、签约履约和运行惯例。实施国际PPP融资方式需要专门的人才，而我国缺乏这方面的人才。加紧培养实施PPP融资方式的专门人才已刻不容缓。同时，以其他国家的经验来看，政府也需要成立专门负责PPP项目事务的机构。专业化的中介机构的参与也是必不可少的。而且，成功的PPP融资模式结构需要的是风险的合理安排和分担，而这些工作都是由人来完成的，所以这对人的素质提出了很高的要求。PPP模式在我国属于新兴领域，这方面的专门人才比较缺乏。

3.3 城市基础设施建设项目中应用PPP模式的对策

3.3.1 政府要对PPP项目予以支持

政府的支持程度是项目能否成功的关键。它包括行政和经济两个方面。行政上的支持使得政府其他部门在PPP项目的实施中有足够的政治影响力和必须的行政权力，经济上的支持主要是指提供有保证的收益、减少项目竞争性、提供后勤供应等。

我国政府还应鼓励我国有条件的银行和非银行的金融机构以及一些大企业积极参加为国际PPP项目注入资金的国际银团。这样可以使他们学会国际融资经验，有助于建立广泛的业务联系，同时也不失为一条我国银行和企业走向国际化的重要途径。

3.3.2 政府要转变角色和职能

传统体制下，城市基础设施建设以政府投资为主，政府部门的角色既是经营者又是公共服务的提供者。实行PPP模式之后，政府就变为与私人企业合作提供公共服务中的监督、指导以及合作者的角色。政府部门应该加快投融资体制改革，尽快适应新角色。

3.3.3 完善法制建设

PPP融资模式的私营参与者一般是国际上的大型企业和财团。政府在与他们谈判中不仅要遵循国内的法律，同时也要遵循国际惯例。目前我国在私人投资主体参与公共基础设施建设方面尚没有明确的法律文件或可操作性的法律条款，政府应该迅速完善相关领域的立法，以适应融资发展的趋势。

3.3.4 设计合理的风险分担机制

由于PPP模式下，项目投资数额巨大，持续时间长，存在着各种各样的风险，如何合理地分配项目风险将是政府和私营企业重点协商的问题，其他国家的一些经验证明它直接影响到PPP项目能否成功。一般来说应按照政府与私营企业各自控制风险能力的大小，承担相应的责任。比如汇率、通货膨胀风险，私营企业无法控制，则政府应承担起责任，而融资建设、运营风险则由投资者来承担。

3.3.5 积极培养PPP方面的专业人才

PPP融资模式在我国尚属一个新生事物。负责PPP研究、管理的专门人员较少，也缺乏这方面的法律人才。因此，政府必须加快有关PPP方面的人才培养，深入研究其他国家，尤其是发达国家的经验，在适应我国实际情况的前提下，尽可能做到与国际惯例接轨，以便更好地为我国城市基础设施建设服务。

4 结论

PPP融资模式在我国是一种全新的融资方式，它不仅能有效缓解政府资金的不足，同时还可以促进国有部门效率的提高，在我国城市基础设施建设中有较好的前景和适用性。但目前我国实行PPP模式还存在一些障碍，政府应该加快投融资体制的改革，健全法制建设，加强相关领域人才的培养，结合我国的实际情况针对不同的城市基础设施项目选取合适的 PPP 典型模式，以期实现拓宽融资渠道，加快我国城市基础设施建设的步伐，适应经济、社会发展的需要。

参考文献

[1] Ivarsson Sven, Malmberg Calvo, Christina. private-public partnership for low-volume roads: swedish private road associations [J]. Transportation Research Record. 2003, 1 (1819): 39-45.

[2] Matsushita J, Ozaki M, Nishimura S, et al. Rainwater drainage management for urban development based on public-private partnership [J]. Water Science and Technology. 2001, 44 (2): 295-303.

[3] 李秀辉，张世英. PPP：一种新型的项目融资方式 [J]. 中国软科学. 2002，2：51-54.

[4] Anon. Public private partnership at stake in Europe [J]. International Water and Irrigation. 2006, 26 (2): 50-51.

[5] 蒋先玲. 项目融资 [M]. 北京：中国金融出版社，2001.

[6] Lilley Mick, De Giorgio, Catherine, Simitian, Greg, et al. Sharing risks and responsibilities through Public Private Partnerships [J]. 2005, 77 (7): 10-12.

[7] Zhang Xueqing. Paving the way for public-private partnerships in infrastructure development [J]. Journal of Construction Engineering and Management. 2005, 131 (1): 71-80.

[8] 武志红. 我国运行 PPP 模式面临的问题及对策 [J]. 山东财政学院学报. 2005，5：19-24.

[9] Li Bing, et al. The allocation of risk in PPP/PFI construction projects in the UK [J]. International Journal of Project Management. 2005, 23 (1): 25-35.

公共工程建设的社会责任和职业安全健康

方东平

（清华大学）

1 前言

2005年，由亚洲开发银行、日本国际协力银行和世界银行联合撰写的题为《连接东亚：基础设施的新框架》的报告指出，中国在未来5年将需要超过8000亿美元的投资用于修建道路、供水、通讯、电力和其他基础设施，以满足城市迅速扩大、人口增加和私营部门日益增多的需要，其中大部分将以公共工程投资的方式完成。公共工程是指为了适应和推动国民经济或区域经济的发展，为了满足社会的文化、生活需要，以及出于政治、国防等因素的考虑，由政府通过财政投资、发行国债或地方财政债券、利用外国政府赠款以及国家财政担保的国内外金融组织的贷款等方式独资或合资兴建的固定资产投资项目。公共工程为国家和地区的社会发展带来巨大的经济和社会效益，同时也会对社会和环境造成负面影响，特别是水利枢纽、铁路交通、能源开发等重大基础设施项目。三峡枢纽工程建成后在防洪、发电、航运、养殖、旅游、保护生态、净化环境、供水灌溉等方面均有巨大效益，然而在建设过程中却可能带来生态环境破坏、大规模移民、重大人员伤亡等问题；同样，青藏铁路对加快青藏两省区的经济、社会发展、造福各族人民具有重要意义，但也会造成冻融侵蚀、草地破坏、加速铁路沿线沙漠化、破坏野生动物生活规律等生态环境问题，而且由于高原施工，对建设者的健康与安全也会构成威胁。因此，公共工程项目的建设应该充分考虑其对经济、社会和环境的综合影响，在完成经济技术指标的同时，必须承担起更多的社会责任，将项目负面的影响控制在最小的范围内，如最大限度地降低资源的浪费、减少对生态环境的破坏、杜绝伤亡事故的发生等。

公共工程的建设既有其特殊的属性和要求，同时也是建筑市场经济活动的一部分。其参与各方都以企业方式运作，因此公共工程建设的社会责任也可以从企业社会责任的角度来审视。所谓企业社会责任是指企业应该自觉地提高企业治理水平，并为社会发展和环境改善做出贡献。Carroll将企业社会责任细化为四个方面：经济责任、法律责任、伦理责任和自行裁量责任。经济责任指企业为顾客提供有价值的商品和服务，并且使企业所有者或股东获得利润；法律责任要求企业在法律和规范允许的范围内经营；伦理责任要求企业在满足法律的最低要求外，还应当承担起社会公众期望企业应该遵循的但尚未形成法规的伦理规范；自行裁量责任是指社会对企业寄予的超出经济、法律和伦理的期望，是否承担或承担何种责任完全由企业自行决定，如热心慈善事业等。

对于一般工程项目，经济责任和法律责任是最基本的要求，而公共工程建设以增进社会福利为投资最终目标的性质决定了其仅承担经济责任和法律责任还是不够的。比如职业安全与健康问题既属于法律责任范畴，又属于伦理责任范畴，其中法律责任要求严格遵守有关法律法规只是对项目建设参与方的最低要求，而伦理责任则要求更多的考虑对个人、家庭和全社会带来的痛苦和损失。从工程建设中暴露出的诸多安全问题来看，仅满足法律法规的最低要求并不能有效保证员工的职业安全与健康，更不能减少个人和家庭的痛苦和全社会的巨大损失。从公共工程的属性来看，公共工程项目的建设必须承担伦理责任，甚至自行裁量责任。业主和承包商作为项目建设的主要实施主体对项目建设有重要影响，是公共工程社会责任的实际承担者，公共工程项目的社会责任状况可以通过业主和承包商的社会责任状况体现出来。本文将对公共工程项目建设过程中业主和承包商的职业安全与健康问题给予特别的关注。

2 公共工程业主的社会责任

业主是建设项目的投资者和拥有者，对项目目标实现起主导作用，是项目建设的责任主体。我国相关的法律法规对于业主的职权有明确的规定，如国家发展和改革委员会发布的《企业投资项目核准暂行办法》，规定项目申请报告要包括资源利用和能源耗用分析、生态环境影响分析、经济和社会效果分析等内容；国务院颁布的《建设工程安全生产管理条例》对业主的安全责任做出了规定。但在我们掌握的国家法规和政府文件以及与业主的交流中，均未见到对公共工程项目提出比一般工程项目更高的社会责任要求。《企业投资项目核准暂行办法》适用于除外商投资项目和境外投资项目外的其他各类企业在中国境内投资建设的项目；《建设工程安全生产管理条例》适用于所有建设工程项目。

然而，即便是对业主最低的法律要求，目前执行的情况也并不理想。业主行为不规范，是行贿、受贿、拖欠工资、合同纠纷、环境污染、安全事故等一系列社会问题的根源。据建设部的一份调查结果显示，全国发现的21224项违反法规的建设行为当中，属于业主单位、施工单位、设计单位和监理单位的分别有18460、1936、348和398项，各占86.98%、9.12%、1.64%和1.87%，见图1。由于政府业主处于明显的优势地位，其行为不规范更为突出。截至2004年底，全国已竣工工程拖欠工程款为1755.8亿元，其中公共工程拖欠工程款642.8亿元，占36.6%。

在职业安全与健康方面，尽管《建设工程安全生产管理条例》明确了业主的安全责任，但目前业主压缩工期以及不及时提供必要的安全费用的情况仍然比较普遍。在招投标时业主通常只将企业以往的安全绩效作为评标指标的一部分（例如对获得文明工地的企业给予少量加分）；在项目施工阶段，业主往往只关心进度和质量，对安全管理漠不关心。而在一些发达国家，安全绩效的提高需要项目参与各方的共同努力已成共识。在法律层面上，欧盟各国政府在欧盟指示EEC92/57的要求下，普遍已经用法律的形式规定了业主的安全责任。此外，业主开始意识到事故损失最终要由业主承担的事实，因而在发达国家已经有部分业主开始直接介入工程项目的安全管理。

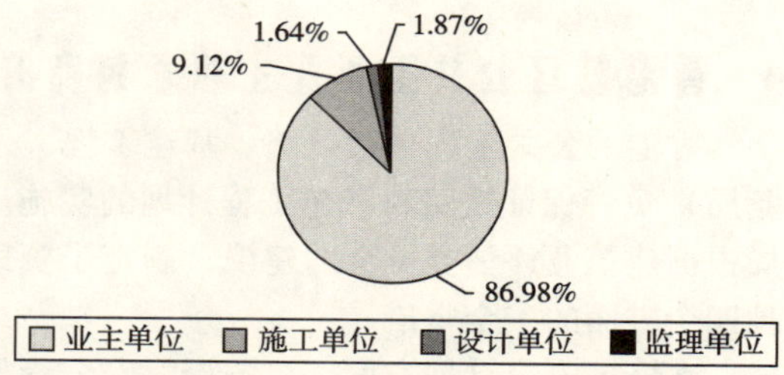

图1 项目参建单位违规行为比例

学术界也对业主如何参与项目安全进行了较多的研究。Levitt归纳了业主通常采取的安全措施，指出拥有最好的安全绩效的业主倾向于采取下面一些措施：在项目正式启动前强调安全并把它作为合同的一部分；施工中对承包商进行安全审核；定期进行安全检查；要求对项目所有员工进行安全培训以及设立安全机构监督承包商的安全生产等。Hinze认为业主可以采取的措施包括：在项目现场设立业主代表；与承包商一起举行安全会议；为承包商提供培训；审阅所有承包商的安全计划等。Nesan和Price通过对英国38家大型业主的调查指出，安全管理是业主代表的重要任务之一，业主代表应该保证业主制定一个环境、健康和安全计划并将该计划包含在合同中；业主代表应协助承包商进行安全培训，并在项目的所有级别都定期举行安全会议。这些研究成果对于业主履行安全管理责任，改善职业安全与健康状况十分有效，可供我国公共工程业主参考。

3 承包商的社会责任

在企业社会责任领域，借助企业报告和企业网站分析企业社会责任状况的方法已有使用。一般情况下，从企业披露某类信息的情况，可以反映出它对问题的关注点和关注程度。本文中对中国大陆承包商的社会责任状况的研究同样采用分析企业报告和企业网站的方法，通过在上海证券交易所上市的18家企业的年报和企业网站中的信息以及12家国资委直属中央企业网站中的信息，对这30家以建筑施工为主业的企业的社会责任状况进行了分析。此外，作者还分析了在香港证券交易所上市的7家企业的年报和网站，并结合Peter Jones对英国承包商社会责任状况的研究成果，对中国大陆承包商的社会责任状况做横向比较。

结果显示，中央企业发布的体现社会责任的信息要远多于上市企业。12家中央企业中有7家企业的网站上有专门关于企业社会责任的网页，另外5家企业中有2家可以找到与社会责任相关的信息；18家上市企业的年报中涉及社会责任的信息则多集中在公司治理方面，其中有8家企业的网站上可以找到与社会责任相关的信息，仅一家企业有专门的关于社会责任（安全生产与文明施工）的网页。7家香港承包商或通过年报或通过网站都提到了与社会责任相关的信息，其中有4家承包商有专门的关于社会责任的网页。在Peter Jones所研究的37家英国承包商中，有32家可以在其公司报告和公司网站中找到与社会责任有关的信息，其中有5家有专门的企业社会责任报告。大陆承包商披露的社会责任信息包括公司治理、职业安全与健康、文明施工、人力资源管理和热心公益五个方面，提到职业安全与健康的上市企业和中央企业分别为8家和5家，各占44.4%和41.7%。香港承包商披露的社会责任信息同样是这五个方面，其中有6家企业提到职业安全与健康，占71.4%。英国承包商除关注这五个方面外，还提到资源和服务采购环节如何履行社会责任，如Gleeson公司提到将环保理念传递给分包商及供应商，Crest Nicholson公司识别并采取措施减小采购环节对环境和社会的影响等。从关注职业安全与健康的企业比例来看，大陆企业的比例要远低于香港企业。从公司披露的信息详细程度来看，大陆和香港的承包商发布的信息大多非常简短且雷同，而英国承包商发布的信息则更为具体，且多涉及到企业执行的具体措施。在职业安全与健康方面，大陆和香港企业多为“通过职业健康安全管理体系”，“将安全绩效纳入员工考核”，“实现零事故”，“为员工创造良好的工作条件，保障员工的身体健康和基本生存安全”等简短且笼统的描述。而英国承包商则具体很多，如George Wimpey公司采取了事故预防、安全与健康管理、员工和分包商培训、安全设计、现场检查、开展评比和安全奖励等多方面措施，并于2004年对工地的每项任务存在的风险进行了识别，制定了控制措施；Balfour Beatty公司对威胁员工职业健康的多种危害制定了有效的管理措施，包括石棉、手工操作、皮肤暴露、噪声污染、振动和压力大等。

4　香港特区公共工程业主和承包商的职业安全与健康管理

香港的公共工程包括铁路、基建工程、公共房屋三类，香港特区政府环境运输及工务局（以下简称工务局）负责保证铁路和基建工程计划的实施。为改善香港公共工程建设的职业安全与健康状况，香港工务局根据建筑业评估委员会的建议，制定了资助安全计划、独立安全评审计划、现场安全程序和建筑设计管理四个方面的安全举措。

在资助安全计划方面，工务局将安全管理体系纳入公共工程合同，并对现场安全的要求从竞争性报价中剥离，额外向承包商支付安全管理费，通常为合同总价的1%至2%。此外还会对承包商的安全业绩和安全计划执行情况进行奖励。其具体内容包括制定并更新安全计划，派遣安全官员，安排进行安全检查并纠正错误，安排并主持安全委员会的会议，进行安全培训等。

在独立安全评审计划方面，工务局制定的独立安全评审计划与资助安全计划同时执行，任命OSHC作为该计划的经理。评审由独立的安全评审员每季度进行一次，并且编制审查报告，内容包括优缺点分析、对需改进之处的意见和建议等。如果承包商连续两次被评为不合格，则禁止该承包商承接公共工程项目。

在现场安全程序方面，工务局通过执行安全程序强化了安全管理的全员参与，提高了员工的安全意识，发展了团队协作的精神。具体程序包括安全晨会、危害识别活动、开工前检查、每日检查、工作中的指导与监督、每日安全协调会议、每日和每周收工清理、收工检查等环节。

在建筑设计管理方面，工务局将安全目标定位于在规划和设计阶段就避免施工过程中的职业安全与健康危害。要求建筑师/设计师在设计过程中考虑职业安全与健康问题，制定并提供投标前的安全计划和建立安全与健康文件以便于有关信息的交流。目前该项措施还仅在部分试点项目中实施，预期在2007年开始推广。

此外，工务局对承接公共工程的承包商的资质还有非常严格的考核，只有通过香港认可处或其指定的一些认证机构认可的承包商才可以承接公共工程，从而保证了承接公共工程的承包商的安全管理水平。

工务局实施的一系列安全管理措施使政府及承包商的安全投入增加，确保了政府及承包商在聘用安全管理人员、安全设备采购、安全培训及安全宣传等方面有足够的资金支持。邓小林对香港建筑业的安全投入与社会成本之间的关系进行了研究，结果表明增加安全投入带来的社会成本的减少是投入的2.27倍，减少的社会成本包括因伤停工损失、承包商的经济损失、医疗费用、设备损失、受伤工人亲属的时间损失，以及有关政府部门因安全事故而支出的费用等。

由于采取如上所述的安全管理措施，香港公共工程的事故率，包括死亡率和非死亡率均低于香港建筑业的平均水平（图2、图3）。

成立于20世纪50年代后期的金门建筑有限公司（以下简称金门建筑）是香港公共工程的主要承包商之一。目前每年的营业额达十亿美元，业务遍及中国大陆、香港、澳门、新加坡和马来西亚等地区和国家。金门建筑将职业安全与健康纳入可持续发展的观念当中，形成了包含经济、环境、社会和健康与安全四项决策要素的金门建筑可持续发展框架。此外，公司还申明职业安全与健康是其可持续发展框架的基础，无论何时都要确保职业安全与健康的最高目标。

金门建筑与清华大学合作，基于安全行为模式（Behavior Based Safety）建立了一套系统化、持续性的安全管理方法。通过观察工人在工地的行为和安全意识，评估工人工作时的行为是否安全。金门建筑还认为，要维持高水平的职业安全与健康标准，对分包商经理和工人的培训和教育是安全文化和观念的重要组成部分。到2006年底，金门建筑的5个工人注册中心共培训了36800个来自金门建筑及分包商的工人。

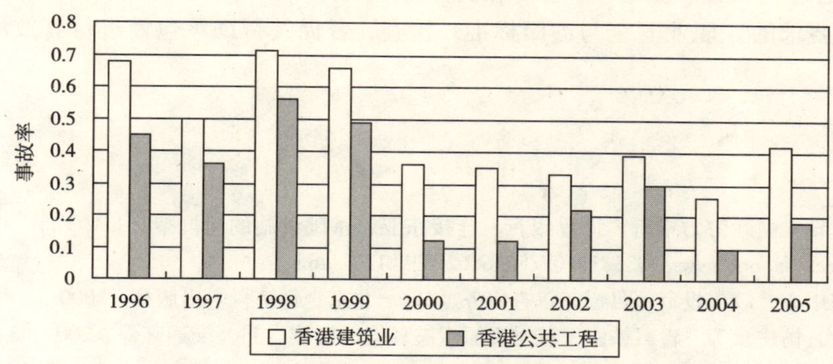

图2　香港公共工程与香港建筑业死亡事故率比较（每千人每年）

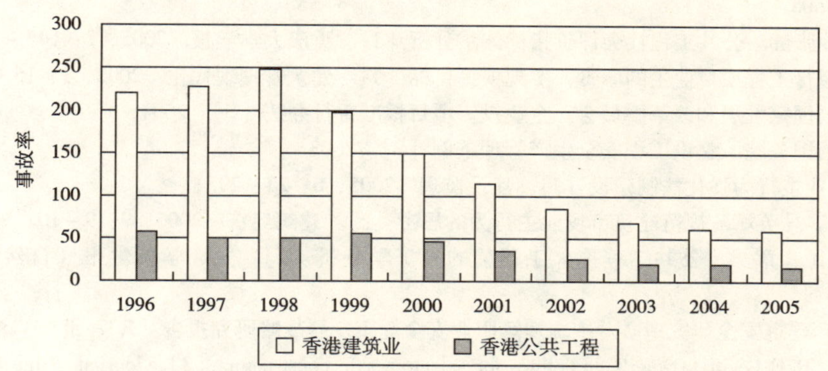

图3　香港公共工程与香港建筑业非死亡事故率比较（每千人每年）

由于在职业安全与健康方面建立并执行了远高于法律法规要求的标准，与政府公布的香港建筑业平均意外事故发生率数字相比，金门建筑的表现位居行业前列（图4）。

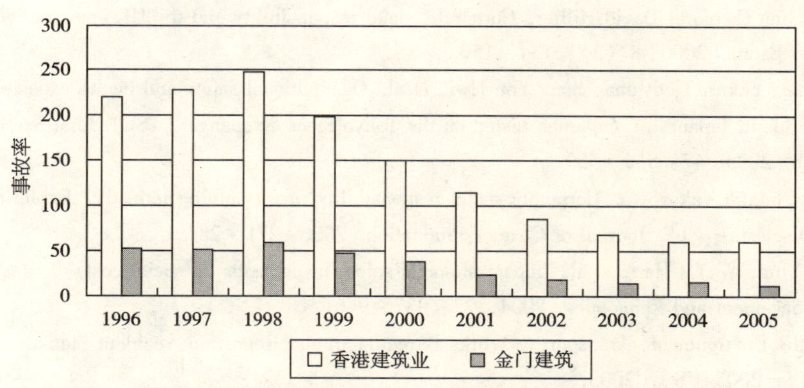

图4　金门建筑与香港建筑业事故率比较（每千人每年）

5　结论与建议

公共工程项目以增进社会福利为最终目标，其建设过程对整个社会的负面影响必须予以有效控制。不同国家和地区的公共工程投资者、管理者和建设者对项目建设过程中的社会责任认识程度不同，履行其社会责任的法律环境、政策手段和意愿也不同。香港特区环境运输及工务局的职业安全与健康管理实践表明，公共工程项目的建设能够通过在职业安全与健康方面的出色表现承担更多的社会责任。

国家和政府应该要求其投资或控制的公共工程项目在建设过程中承担更多的社会责任，应该对职业安全与健康提出高于一般建设项目的标准而不仅仅是满足法律法规的基本要求。公共工程的业主应该确保向承包商等项目参与各方（设计、监理、承包商和供货商）支付保护工人职业安全与健康的足够费用；提出更高的（超出法规要求的）职业安全与健康标准；检查、督促并帮助承包商进行有效的职业安全与健康管理。

参考文献

[1] 亚洲开发银行，日本国际协力银行，世界银行．连接东亚：基础设施的新框架［EB/OC］．中国东盟协会网，http：//www. chinaasean. org/news/2005/11/09/50368621039813．html.

[2] 财政部投资评审中心．政府投资项目标底审查实务［M］．北京：经济科学出版社，2000.

[3] 王美芝，许兆义，杨成永等．青藏铁路工程对高原生态环境的影响［J］．交通环保．2002，3：2－4.

[4] The World Bank．CSR implementation guide non － legislative options for the polish government［R］．2006.

[5] A B Carroll．A three-dimensional conceptual model of corporate social performance［J］．Academy of Management Review．1979，4：497－505.

[6] 花拥军，陈迅，张健．公共工程社会评价指标体系分析［J］．重庆大学学报．2005，7：145－147.

[7] 刘中强．认真履行工程项目业主的职责，实现项目目标［J］．建筑管理现代化．2002，1：15－16.

[8] 中华人民共和国国家发展和改革委员会．企业投资项目核准暂行办法［S］．2004.

[9] 中华人民共和国国务院．建设工程安全生产管理条例［S］．2003.

[10] 管巧兵．规范业主行为强化法制建设［J］．建设监理．2005，6：27－29.

[11] 全河，王孟钧，马英斌．规范建筑市场业主行为的思考［J］．建筑经济．2006，9：9－10.

[12] 汪红丽，李化民，章勇．公共工程拖欠工程款的经济学分析［J］．九江学院学报（自然科学版）．2006，3：92－94.

[13]（清华－金门）建筑安全研究中心．中国建筑职业安全健康发展战略研究报告［R］．北京：清华大学，2006.

[14] N M Samelson，R E Levitt．Owner's guidelines for selecting safe constructors［J］．Journal of the Construction Division，1982，108（4）：617－623.

[15] R E Levitt，N M Samelson．Construction safety management［M］．New York：2nd Edition John Wiely&Sons．1993.

[16] Jimmie W Hinze．Construction safety［M］．Prentice Hall 1997.

[17] L Jawahar Nesan，A D F Price．Formulation of best practices for owner's representatives［J］．Journal of Management in Engineering，1997，13（1）：44－51.

[18] Peter Jones，Daphne Comfort，David Hillier．Corporate social responsibility and the UK construction industry［J］．Journal of Corporate Real Estate．2006，8（3）：134－150.

[19] Futoshi Kawashita，Yukari Taniyama，Song You Hwi，et al．Occupational safety and health aspects of Corporate Social Responsibility（CSR）in Japanese Companies Listed on the Tokyo Stock Exchange（TSE）First Section［J］．Journal of Occupational Health．2005，47：533－539.

[20] Heledd Jenkins，Natalia Yakovleva．Corporate social responsibility in the mining industry：Exploring Trends in Social and Environmental Disclosure［J］．Journal of Cleaner Production．2006：271－284.

[21] S L Tang，K C Ying，W Y CHan，et al．Impact of social safety investments on social costs of construction accidents［J］．Construction Management and Economics．2004，22：937－946.

[22] Safety Section，the Environment，Transport & Works Bureau．Annual Report on Accident Statistics and Analyses for Public Works Contracts for 2005［R］．2005.

我国生物安全工程管理的理论探讨

郑 涛[1] 田德桥[1] 朱联辉[1] 沈倍奋[2]

（1. 军事医学科学院生物工程研究所；2. 军事医学科学院基础医学研究所）

1 生物安全工程是国家安全工程重要组成部分

目前尚无国际公认的生物安全概念，就本质而言，所谓生物安全就是指生物因素，特别是在生物资源研究利用及生物技术发展的过程中，给人类社会带来的安全方面的影响。主要表现在以下几个方面：传染病的巨大危害、生物武器和生物恐怖的威胁、生物技术的误用或负面影响、生物技术的谬用风险、生物资源及生物多样性面临的威胁以及实验室的生物安全隐患等。以 2001 年美国炭疽邮件生物恐怖袭击事件、2002 年底至 2003 年的非典（SARS）事件以及 2003 年以来肆虐全球的禽流感事件，充分反映出生物恐怖、突发新发传染病是包括我国在内的全世界当前共同面临的重大威胁，是影响和平与发展的重要因素。

2004 年 4 月美国提出了《21 世纪的生物防御计划》。该计划从维护国家安全和利益出发，从国家战略层次明确了美国在 21 世纪应对生物安全问题的战略计划和部署。在反恐科研计划中，《生物盾牌计划》最为引人注目。2004 年 7 月 21 日布什总统签署了《生物盾牌计划》（生物盾牌计划 I）。从 2005 年开始，美国政府开始论证启动生物盾牌计划 II，希望在实施并完善生物盾牌计划 I 的基础上，加强吸收私人机构参与国家生物防御能力建设，并重点加强生物防御产业发展，使其成为美国未来在国际上占据优势的新的产业领域。制订并实施《生物盾牌计划》是美国强化国防科研、抢占战略制高点的重要举措，有专家称其为生物安全的曼哈顿计划，是一个庞大的国家生物安全工程体系。

按照何继善先生的定义，工程是人类为了生存和发展，实现特定的目的，运用科学和技术，有组织地利用资源所进行的造物或改变事物性状的集成性活动。一般来说，工程具有技术集成性和产业相关性。生物安全涉及国防、政治、经济、外交、贸易、交通、科技、社会安全稳定以及产业发展等许多方面，是国家安全的重要组成部分，需要以综合安全观来认识和把握生物安全问题及其能力建设。因此生物安全工程是一个具有特殊目的的、也是长期的、发展的、涉及多方面的重大系统工程，应调动各方面资源，合理配置，综合建设。

2 生物安全工程迫切需要进行工程管理

按照何继善先生对工程管理的定义，所谓工程管理就是指为实现预期目标，有效地利用资源，对工程所进行的决策、计划、组织、指挥、协调与控制。据此，生物安全工程就是为了有效防御生物威胁或危害，制定国家生物安全防御战略、确定国家生物安全防御的主要目标和能力指标，在国家总体发展规划的基础上，在法律法规体系、科技体系、组织指挥和管理体系、物资装备生产与保障配送体系、风险评估与预警、危害处置与灾后恢复等等方面进行科学规划、实施和不断完善的管理工程。

3 我国生物安全工程管理需要重视的几个方面

3.1 确定指导思想和原则

生物安全工程的指导思想和实践原则是保证国家生物安全防御能力建设的关键前提。选择积极防御还是被动防御、统筹集中管理还是分散管理等等直接关系到国家生物安全防御能力建设标准、反应能力和效率。在应对非典疫情战役中，中共中央总书记胡锦涛和国务院总理温家宝就做好非典防治工作作出了一系列重要指示，实践证明对我国取得防治非典的胜利具有重大意义，实际上这些指示也对我国做好生物安全防御工作具有重要指导意义。我们国家生物安全工程需要制定积极防御的指导思想和全国一盘棋、统一指挥、分工合作的基本原则。

3.2 研究生物安全理论

生物安全理论是保障我们国家生物安全的理论基础，它包括研究适应国际政治、军事、安全斗争需要的生物安全理论，研究国际生物安全发展趋势与判别，研究我国面临的生物安全形势、危险评估，研究有关国际公约的发展变化以及谈判策略，研究提出适应国家战略发展的生物安全战略，研究结合国际安全与国家安全态势，军民结合、积极防御的战略方针及其战略部署等等。

3.3 建立和完善生物安全防御保障体系

(1) 制订和完善法律保障体系。法规建设是保障我国生物安全工程建设的法律保证。要取得生物安全防御能力建设的长远和顺利发展，必须深化法律法规建设，进一步健全完善生物安全方面的法律法规。

(2) 研究确立生物安全防御的高层指挥管理体系。要研究适合我国国情特别是政府体制机构实际情况的生物安全防御的高层组织、指挥、管理、咨询体系，解决我国目前生物安全防御纵向的领导机构和组织体系不健全，领导部门和参与部门地位、作用不明以及横向的国家部委、省级部门、地级部门相互间的合作机制不健全的弊端，做到全国统一、上通下达、层次清楚、高效快捷；各职能部门各司其职，协同作战，形成合力。研究建议在国务院和中央军委的统一领导下，成立国家生物安全委员会和生物安全专家咨询委员会的可行性，推动我国生物安全防御工作。

(3) 建立生物安全防御的反应体系。大力加强早期预警系统的建立，完善我国已有的人员疾病预防、动物疾病监测和植物疾病监测网络体系；在重要场所和设施安装检测系统，尽快实现区域联网，逐步实现国家联网；大力加强第一反应者队伍；大力改善装备水平；大力加强有关队伍的针对性培训、训练和演习，注重实战、注重实效，切实提高战斗力，满足实战的需要。

(4) 加强风险评估研究，提高预警能力。避免或防止生物危害或风险的重要措施就是加强对生物危害的风险评估研究，提高预警能力，早预警早应对，从而尽量消除危害或把危害减低到最小程度。应加强我国生物危害评价技术平台体系建设，包括危害与风险的评估技术、评价方法和规则，参照标准和鉴别标准以及实验模型（如实物模型和数学计算模型）等科技平台建设，以此为基础建立我国防止生物危害的防火墙。应该把生物安全纳入国家应急管理范畴，在国家应急管理办公室增强生物安全管理职能。

(5) 加强建立生物安全防御的防诊治药品和器材的储备体系。早处置早防治是减少生物危害的最关键最重要的措施。国家要统筹规划，有计划地长期坚持生物安全防御科学技术的追踪发展和实物的生产、装备与储备。建设国家生物安全物资、器材的中试基地、生产基地、储备基地以及相关技术的研究发展基地，要建设相对充足的的生产能力，以备大规模应急使用。

3.4 加强国际合作是生物安全防御的重要环节

生物安全是全球性的重大任务，生物安全防御是一场艰巨的持久战，涉及方方面面，必须由各国携手合作，共同应对。

4 生物安全工程应该成为我国工程管理科学发展的方向之一

管理源于实践，服务于实践，我国生物安全防御工作起步晚，基础薄弱，综合反应能力比较差。影响因素很多，其中突出问题之一就是缺乏生物安全学科建设，缺乏生物安全管理工程高级人才，更缺乏生物安全工程管理理论、方法的深入系统研究。因此，生物安全工程应该成为我国工程管理科学发展的方向之一，并且发展前景良好。

参考文献

[1] 何继善. 论工程管理 [J]. 中国工程科学，2005，10.

[2] 张寿荣. 工程管理的范畴及工程管理的重要性 [J]. 武汉理工大学学报（信息与管理工程版）. 2002，3.

[3] 瞿观鄞. 关于工程管理若干问题的思考 [J]. 生产力研究. 2002，6.

论全面项目管理

袁剑波　张起森
（长沙理工大学公路工程学院）

全面质量管理理论从问世时起，首先在产品质量管理中得到了广泛应用。以后其应用领域逐步扩大到服务领域，J. M. Juran 提出了大 Q 与小 Q 的概念。在大 Q 中，质量被定义为满足顾客需要的产品特征，即满足顾客要求并使顾客满意的能力，这里顾客包括内部与外部所有的人，其产品包括货物和服务；而小 Q 中的顾客专指购买产品的用户，其产品专指货物。因此，全面质量管理既适应于产品质量管理，也适应于服务质量管理。

美国项目管理协会（PMI）研究了项目管理中的质量管理问题，认为质量管理同时存在着项目质量管理以及项目产品质量管理两个内容，并且，项目质量管理是项目产品质量管理的基础和保证；提出了项目管理中全寿命周期管理的思想、整体管理的思想、项目管理中计划（制定）P、实施 D、检查 C 和处理 A 循环（PDCA 循环）的思想，并提出全面质量管理不仅能提高项目管理质量，同时也能提高项目产品的质量。Westney R. E. 提出了全面造价管理的思想和方法，许多专家学者对此进行了一系列研究，形成了全面造价管理理论，提出全面造价管理是一系列造价管理实践中使用的理论与方法的集成，是用于管理其全部战略资产投资的各种资源投入的全寿命周期造价的方法与程序；全面造价管理中的造价包括所投入的各种资源，“全面”包括全寿命周期、全面性方法、全部资源以及全过程管理；全面造价管理中通过 PDCA 循环，确保企业总资产的优化和企业盈利能力，实现全寿命周期造价和资产全过程的全面控制。文章《全面合同管理理论体系的构建》提出了全面合同管理的思想和方法。以上是形成全面项目管理理论的基础。

1　全面项目管理的内涵分析

全面项目管理是指应用全面质量管理的思想和方法对项目管理的全部领域（质量管理、进度管理、造价管理等）进行全面系统管理的过程。全面项目管理的内涵包含两个方面：其一，项目管理是全面质量管理。即为保证项目管理质量，应对建设项目质量管理、进度管理、造价管理、信息管理等工作实施全面质量管理方法，重视项目干系人需求，落实全员参与，强化团队建设，注重人（Man）、原材料（Material）、设备（Machine）、方法（Method）、环境（Environment）即“4M1E”对项目管理质量的影响，加强项目管理计划，实施 PDCA 循环管理模式，加强项目的生命周期管理。其二，项目管理是对项目管理的全部领域（质量管理、进度管理、造价管理等）进行全面系统的管理。

1.1　项目管理中的全面质量管理特性

现代项目管理理论认为，项目管理质量包括产品（工程）质量和项目管理工作质量。建设项目管理过程中，既要关心工程质量，更要关心项目管理工作质量，项目管理工作质量属于广义的服务质量范畴。

由于全面质量管理方法是提高产品和服务质量的有效方法，因此，从全面质量管理理论可知，要科学进行项目管理，有效提高项目管理工作质量，实现项目目标，必须对项目管理服务实施全面质量管理方法。即对建设项目实施全面、全员、全过程、全方位、全要素以及 PDCA 循环的全面项目管理。在全面管理过程中，既要重视质量管理，也要重视进度管理、造价管理等其他各项项目管理工作；在全员管理过程中，应将全体人员的共同努力与协作作为成功进行项目管理的前提；在全过程管理中，应重视项目生命周期的全过程管理，将项目规划、设计、施工、营运等管理工作有机结合起来，加强项目的规划设计，降低生命周期成本，提高项目投资效益；在全方位管理中，应重视项目顾客和干系人需求，将项目的各参与方有机地组织起来，运用合同手段进行有效管理；在全要素管理中，应将影响项目质量的各个要素即4M1E 全面进行管理；另外，项目管理中，应以质量出自计划为理念加强项目计划，并通过 PDCA 循环寻求项目管理质量的不断改进和提高。

1.2　项目管理中的系统管理特性

项目集成管理理论认为，项目管理是一项整体工作，某一领域管理工作的成败通常会影响到其他领域。建设项目管理中，质量的变化，必将引起进度和造价的变化。通常，质量要求越高，工期越长，造价也越高；而质量管理不严，又会产生返工和工期与进度延误。进度也会对项目成本与造价产生影响。通常，延误项目进度或者赶工和加快施工进度都会增大项目成本，并且，不切实际的赶工还会影响施工质量。因此，项目管理的各个领域是相互作用的，项目管理中必须对项目管理的各领域进行统筹和系统的管理。

基于国内外专家学者将建设项目管理的内容归纳为“三控两管”，(即质量控制、进度控制、造价控制、合同管理和信息管理)，也有学者认为还包括风险管理，以下在全面质量管理理论、全面造价管理理论以及全面合同管理理论的基础上，进一步研究项目管理中的全面进度管理、全面信息管理和全面风险管理特性，提出建设项目管理是全面项目管理。

2 全面进度管理分析

项目进度管理是具有全员性、全过程性、全方位性、全要素性以及 PDCA 循环特征的全面进度管理，具体分析如下。

2.1 进度管理的全员性与全方位性

在进度管理过程中，几乎所有人员实施或参与项目进度管理与控制。项目团队中的技术人员和建筑安装人员是工程进度计划的实施者，中层管理人员是进度计划的编制者、进度完成情况的统计者和进度信息的反馈者，高层管理人员是进度目标的制定者和控制者。因此，项目进度管理是一项全员性的管理活动，它包含了全体人员的共同努力。

项目进度管理离不开各参与单位的努力和配合。在建设项目管理中，项目进度管理目标只有在各参与方特别是承包商、监理工程师、业主之间的积极参与和配合下才能实现。由于施工进度的快慢会影响承包商的施工成本以及违约责任，会影响监理成本以及监理绩效，影响建设期贷款利息的大小以及投资回收期的长短，并且影响建设项目的国民经济效益。因此，承包商、监理工程师、业主三方在进度管理目标上，既有矛盾性，也有统一性，必须有效地协调和配合。建设项目进度还会受到设计单位、沿线与征地拆迁有关的单位和部门的影响。因此，项目进度管理是一项全方位的管理活动。

2.2 进度管理的全过程性

建设项目的进度不仅取决于项目的施工进度，也取决于项目的设计进度及其他工作阶段的进度，而使用快速跟进技术、统筹安排设计与施工的进度优化方法更能进一步加快施工进度；反之，设计工作的延误，可能导致施工进度最优计划的全盘打乱，将工程施工引入不良施工季节（如雨季），严重影响项目进度。另外，建设项目的工期和进度，一方面受制于项目的设计方案，同时也受项目施工方案和施工组织的影响。

因此，要加快项目进度，不仅要加强施工阶段项目管理，而且要加强设计阶段项目管理及其他阶段项目管理，并且，最好能将各阶段的进度管理统筹安排（如统筹安排项目设计与施工进度）。即进度管理是一种全过程管理，它贯穿于项目的每一个阶段以及各阶段的每一个过程，包括启动阶段（主要有进度计划的制定等工作）、设计阶段、施工阶段和收尾阶段（主要有进度评定及工期验收）。

2.3 进度管理的全要素性

在项目进度管理过程中，影响项目进度的因素是广泛的，可归结为“4M1E”。

(1)“人”的因素。人是项目进度影响因素中非常复杂且时刻产生影响的因素。从进度管理的全员性可知，项目管理中，几乎所有人员都可对项目进度产生影响，工程进度的快慢以及进度服务质量的提高，不仅取决于施工人员和管理人员的技术水平和管理水平，而且取决于他们的工作积极性以及协作精神，群策群力，相互之间协调配合，是有效控制或加快工程进度的保障。

(2)“材料”因素。材料对进度的影响包括材料的供应进度及材料品质。施工中材料供应不及时会造成进度延误，材料的品质与质量不好，会出现返工而影响进度计划的执行以及施工进度。

(3)“设备”因素。项目施工中，施工设备的性能、工况、施工设备的配备数量以及能否按时进场等因素，都将直接影响施工进度。

(4)“方法”因素。项目管理中，因施工技术方法和组织方法不同，施工进度会有所不同。采用先进的施工方法，优化施工组织，可加快施工进度。

(5)“环境”因素。项目施工中，气候因素、征地拆迁因素、交通干扰因素以及其他不可抗力因素等环境影响因素严重影响工程的施工进度。

因此，项目进度管理是一种全要素管理，要有效地进行项目进度管理，必须全面加强各进度影响因素的管理与控制。

2.4 进度管理的 PDCA 循环特性

建设项目在进度管理过程中，由于项目的复杂性，其进度管理需要通过 PDCA 循环来不断改进。通常由进度管理部门事先制定和优化项目进度计划，之后交有关部门组织实施，在实施中由项目高层及监督单位对进度进行检查，将检查情况反馈给计划部门进行动态调整，然后实施调整后的进度计划，如此反复循环，进度管理质量得到不断改进和持续提高。

因此，项目进度管理是一项包括 PDCA 循环管理工作，是随着项目管理中内外部环境的变化实现项目的动态进度管理的过程。如图 1 所示，通过 PDCA 循环，不断实现进度管理的工作改进，最终实现进度目标。图 2 显示了建设项目进度管理过程中的 PDCA 循环。其中，大环代表业主在全项目进度管理中的 PDCA 循环，中环代表监理工程师在所监理项目的进度管理中的 PDCA 循环，小环代表承包商在所施工的标段的进度管理中的 PDCA 循环。

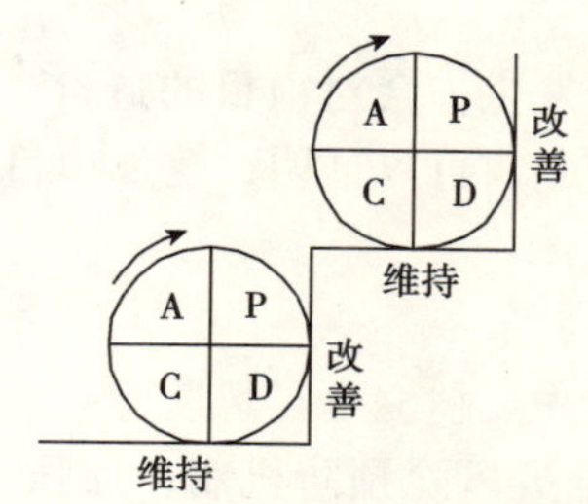

图 1 基于 PDCA 循环的进度管理过程

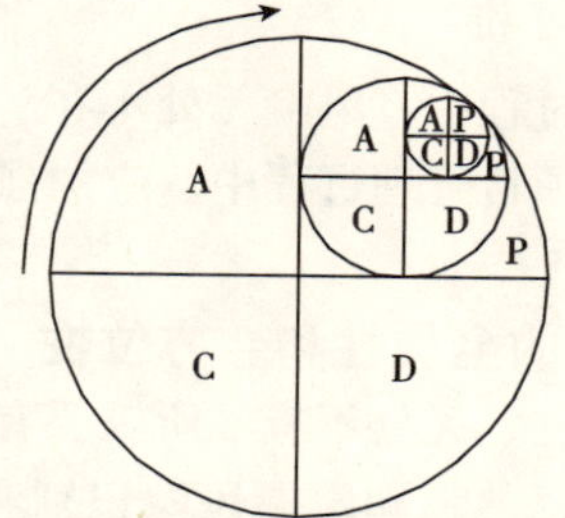

图 2 项目进度管理中的 PDCA 循环

3 全面信息管理分析

项目信息管理是同样具有全员性、全过程性、全方位性、全要素性以及 PDCA 循环特征的全面信息管理，现分析如下。

3.1 信息管理的全员性和全方位性

项目管理中，所有人员既是项目信息的产生者，又是项目信息的接受者，而要有效地进行沟通和交流，所有项目人员还应该是在自身相关工作内项目信息的采集者和加工整理者以及信息的发布者。尽管不同层次的项目人员在信息管理的时间与范围上不同，但却需要全体人员的参与。通常，一般工作人员、中层人员和高层管理人员在信息管理的范围与时间占用上是呈倒金字塔形的结构。越是高层管理人员，用于信息管理的时间越多，信息管理的范围也越广。但高层的信息管理离不开中层和基层的信息管理，并且高层的信息管理又服务于中层或基层的信息管理，即项目人员之间的信息管理是相互依存的。一般工作人员的信息管理是报告工作和接受指令；中层管理人员的信息管理是收集本部门的所有信息，汇总、加工、处理，向高层提出执行情况报告，接受高层指令并反馈给本部门有关人员等；高层人员的信息管理几乎包括了信息管理的各项内容，包括接受和发布信息。《IT 项目管理》一书指出，通常项目经理有 80% 的时间用于信息管理（沟通）。高层人员在信息管理上的时间花费取决于中层和基层人员信息管理的质量以及信息管理系统的效率，基层和中层的信息管理工作做得越好，高层的信息管理质量和效率也会越高。因此，项目信息管理是一种全员管理，它离不开全体人员的共同努力。

项目信息管理也离不开各项目参与单位的相互配合。建设项目管理中，监理单位的信息管理需要以承包单位的信息为基础，而业主对整个项目的信息管理又依赖于所有承包商和监理单位的信息以及其他相关单位的信息（如设计单位、材料供应单位等），所以，项目信息管理具有全方位性。

3.2 信息管理的全过程性和全要素性

建设项目管理过程中，项目寿命周期各阶段的信息是相互依存的，构成相互关联的信息链，可行性研究的信息是初步设计的依据，初步设计信息是施工图设计的依据，施工图设计的信息是施工招标和施工管理的依据，施工管理信息是项目竣工验收以及今后养护管理的依据等等。所以项目信息管理是一种全过程管理。

项目信息管理过程中，4M1E 均对信息管理工作质量产生不同程度的影响。在人的影响因素中，信息管理的质量还取决于从一般人员到高层人员所提供的信息的准确性及信息反馈的速度。在设备和方法因素中，利用计算机信息管理技术能加快建设项目信息管理中信息加工、处理、传递、存贮、反馈的速度，提高其质量；而基于地理信息系统 GIS、全球定位系统 GPS、摄影测量与遥感技术以及计算机数据挖掘技术的建设项目信息管理能有效地提高信息采集的速度和质量。因此，项目信息管理是一种全要素管理。

3.3 信息管理的 PDCA 循环特性

建设项目在信息管理过程中，同样需要通过 PDCA 循环来不断改进。通常由信息管理部门事先制定信息管理计划，之后交有关部门和人员按各自的职责与分工组织实施信息管理，在实施中由项目高层、监理单位等对信息管理质量进行检查，将检查情况反馈给信息管理部门对信息管理计划进行动态调整，并实施调整后的信息管理计划。因此，项目信息管理同样是一项 PDCA 循环管理工作，是随着项目管理中内外部环境的变化实现项目的动态信息管理的过程。通过 PDCA 循环，不断实现项目信息管理工作的改进，最终实现项目信息管理目标。

4 全面风险管理分析

在建设项目管理过程中，风险无处不在、无处不有。风险一旦发生，会对项目的造价、进度、质量带来严重影响。因此，项目管理过程中，应加强项目的风险管理和控制。可以证明，建设项目的风险管理是全面风险管理。

4.1 风险管理的全员性和全方位性

由于风险无处不在、无处不有，所以要有效进行风险管理，首先要树立全员风险意识，同时要实施全员风险管理，就要包括熟悉和掌握风险识别和应对的方法，建立全员风险预防机制，加强全员工作质量，有效克服技术风险的发生。因此，项目风险管理是一种全员管理。

项目风险通常是由项目各参与方来共同承担的。施工项目管理中有些是业主风险，有些是承包商风险，还有些是设计单位风险或监理风险，而且有些风险由业主、承包商双方共同承担，加强风险的识别、预防和控制是项目各参与方的共同责任。因此，项目风险管理是一种全方位管理，在项目风险管理过程中，需要各参与方的共同努力和配合。

4.2 风险管理的全过程性和全要素性

《A Guide to the Project Management Body of Knowledge（Third Edition）》一书中指出：建设项目风险存在于项目建设的全过程，且越是在项目早期，项目的风险越大。因此，风险管理应贯穿于建设项目全过程，而且，越是在项目早期，越要注意加强风险识别、风险分析和风险应对措施的制定。

另外，在建设项目每一个管理过程中，都有风险发生的可能性。质量管理过程中有质量事故和生产安全事故风险，进度管理过程中，有各种原因导致的进度延误风险，造价管理过程中，有各种原因导致的造价上涨风险等。因此，对每一个管理过程都应加强风险管理和控制。

风险管理的全要素性是指项目实施过程中，4M1E 各要素都是引发风险的因素，人员可能有工作事故，材料可能有某种缺陷，机械可能出现工作故障，技术和管理方法不当可能严重影响项目质量，而环境可能有天灾人祸等。因此，项目风险管理应实施全要素风险管理。

4.3 风险管理的 PDCA 循环特性

在风险管理过程中，同样需要持续不断的 PDCA 循环改进和提高风险管理。首先应认真制定风险管理计划，通过风险管理计划指导加强实施过程中的风险控制，及时采取应对措施或权变措施，尽量避免风险损失，并及时检查风险管理计划实施情况，在此基础上进一步完善风险管理计划。如此不断进行风险管理的 PDCA 循环，实现项目风险管理的工作改进，最终实现风险管理目标。因此，项目风险管理具有 PDCA 循环特性。

5 全面项目管理理论在建设项目计算机辅助管理系统设计的应用

计算机辅助管理系统设计方法有系统原形法、面向对象的开发技术等。基于建设项目管理的全面项目管理特性和要求，其计算机辅助管理系统应根据全面项目管理的思想，结合工程项目技术经济特点来设计，以满足全面项目管理的需要。用全面项目管理理论来指导建设项目计算机辅助管理系统的需求分析及系统设计，不仅能充分保证计算机辅助管理系统在功能上的完整性，满足各层次项目管理人员对系统的需求，克服现有计算机辅助项目管理系统中功能不全、不能适应全员、全方位、全过程进行全面系统项目管理需要等缺陷，而且能通过该计算机辅助项目管理系统，促进全面项目管理工作的开展，进而提高项目管理质量。

6　结语

综合以上分析和研究可知，项目管理中包括产品质量和服务质量两个质量管理工作，全面质量管理不仅适应于产品质量管理，也适应于服务质量管理，在对产品质量开展全面质量管理的同时，还需要在进度、造价、合同、信息、风险等管理工作中分别采用全面进度管理、全面造价管理、全面合同管理、全面信息管理、全面风险管理的方法，进而通过全面系统的项目管理提高服务质量。另外，全面项目管理理论是进行计算机辅助项目管理系统设计的重要方法。

参考文献

[1] Juran, J M. Juran on quality by design the new steps for planning quality into goods and services [M]. Juran Institute Inc., 1992: 33 - 38.

[2] PMI. A guide to the project management body of knowledge (Third Edition) [M]. Project Management Institute, Inc. 2004: 8 - 20.

[3] Westney R E. Project management trends for the 90's [J]. Cost Engineering. 1991, 10: 533 - 539.

[4] Westney R E. Total cost management……AACE-Ⅰ Vision for Growth [J]. Cost Engineering. 1992, 10: 541 - 548.

[5] 戚安邦. 工程项目全面造价管理 [M]. 天津：南开大学出版社. 2000: 56 - 145.

[6] 范颖. 全面合同管理理论体系的构建 [J]. 经济师，2003，(2)：154 - 155.

[7] 袁剑波. 公路经济学教程 [M]. 北京：人民交通出版社. 2002: 91 - 92.

[8] 邱菀华. 项目管理学 [M]. 北京：科学出版社. 2001: 269 - 293.

[9] [美] 凯西. 施瓦尔贝. IT 项目管理 [M]. 王金玉，时彬译. 北京：机械工业出版社. 2002: 348 - 364.

设施管理理论体系框架研究

詹　伟　王兆红

（中国科学院研究生院工程教育学院，北京师范大学）

1　引言

按照国际设施管理协会（IFMA）最新的定义，设施管理是一种包含多种学科，综合人、地方、过程及科技以确保建筑物环境功能的专门行业。它以保持业务空间高品质的生活质量和提高投资效益为目的，以最新的技术对人类有效的生活环境进行规划、整合和维护管理，它将物质的工作场所与人和机构的工作任务结合起来。国外在20世纪80年代末90年代初将其从传统的物业管理范围内脱离出来，并逐渐发展成为独立的新兴行业。然而，我国还没有形成真正意义上的设施管理行业，对设施管理的研究也比较少。因此，在设施管理起步之初对其理论框架进行研究是非常有必要的。

2　设施管理的主要内容

国际设施管理协会（International Facility Management Association，IFMA）提出设施管理的主要内容包括以下8个方面：策略性年度及长期规划、财务与预算管理、公司不动产管理、室内空间规划及空间管理、建筑及工程、新的建筑工程及修复、保养及运作管理、保安电信及行政服务，如图1所示。主要应用于公用设施（如医院、学校、体育场馆、博物馆、会展中心、机场、火车站、公园等）和工业设施（如工厂、工业园区、科技园区、物流港等）。此外，也有一些学者对设施管理的内容进行研究，提出了更为具体的设施管理内容。比较典型的有Quah（1998）给出的设施管理主要内容，如图2所示。

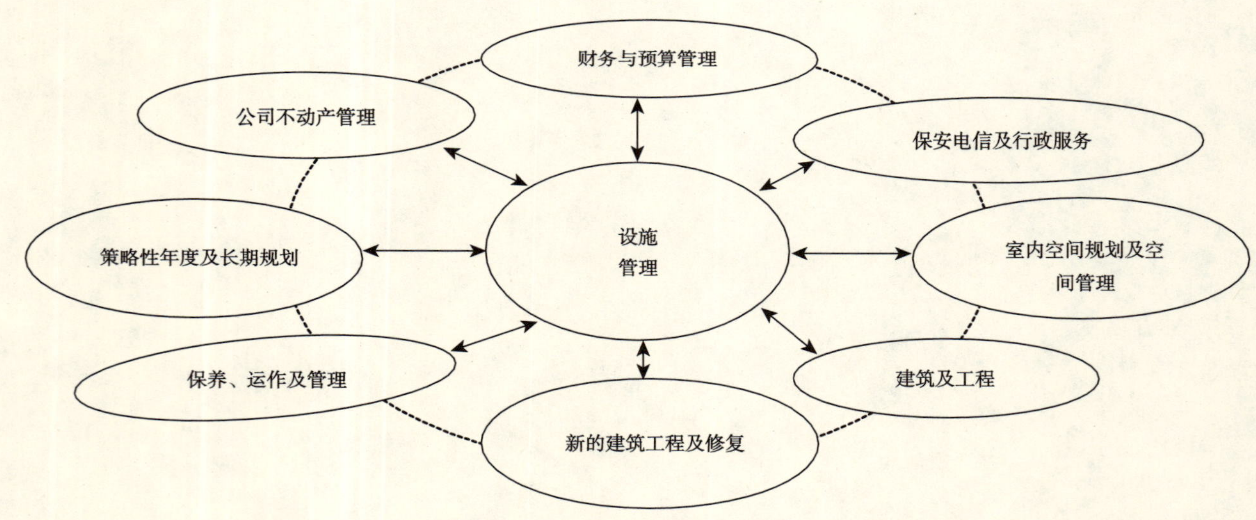

图1　设施管理的主要内容

从上述设施管理的主要内容可以看出，尽管国外的设施管理行业发展迅速，但至今仍没有通用的设施管理理论体系，这可能与设施管理是一个应用性和实践性很强的学科有关，使得设施管理的理论研究相对滞后于设施管理行业的发展。当然，短期来看，这样的发展模式不会造成太大的不利影响，但是，长期来看，缺乏扎实的理论基础必然会阻碍设施管理向更广阔的空间发展。因此，我国在引进设施管理这一先进的管理模式时，先建立理论体系就显得尤为重要了。

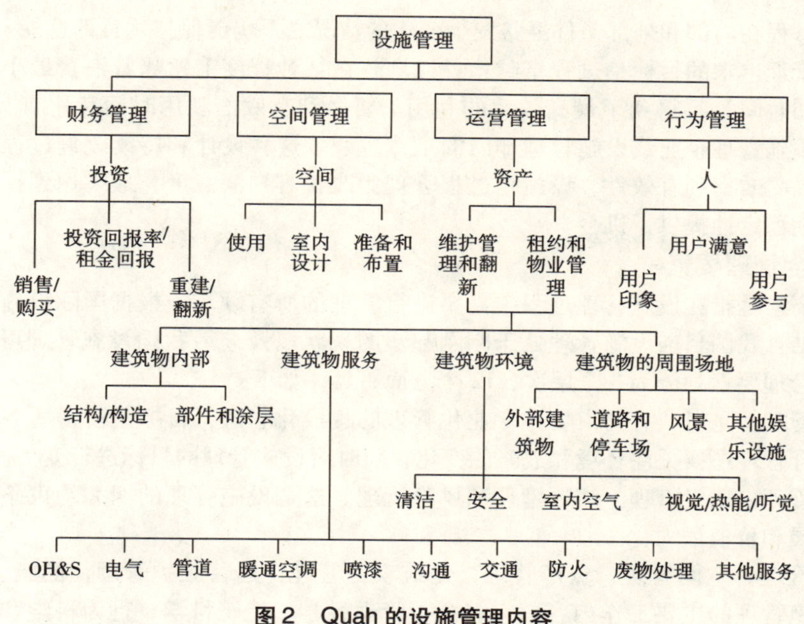

图2 Quah 的设施管理内容

3 设施管理理论体系框架的建立

3.1 设施的全生命期管理

设施的全生命期管理是指对设施生命期的所有阶段进行综合管理，根据各个阶段设施的特征开展针对性的管理活动。图3描述了设施的生命期，主要包括规划—计划—预算—租赁/建造—入住—运营/维护—变更—评估—处置9个阶段。它基本适合于所有的设施，可能不同设施在规模和复杂性上有些差异。对于小的设施管理部门，业主可以按照在租约中达成的协议，满足几乎所有有关空间、建筑物外设、运营、维护和修理的需要。而一些大公司/企业的设施管理部门，设计、建造、改造等功能通常外包出去，由设施经理进行控制和管理。在设施的生命期里，评估占有很重要的地位，一项设施在它的生命期内通常要被评估好几次，以确定它是否符合最初的设想，是否值得改造，设施的更新是否经济，根据评估结果来决定是通过改造来延长设施的寿命，还是通过买卖来处置这项设施。

3.2 设施的全过程管理

所谓设施的全过程管理就是指对设施管理所涉及的过程，主要包括设施的设计及开发、建造过程、运营过程、维护过程和服务过程等，进行设计、改进、监控、评估、控制和维护等各方面的工作。它主要包括过程描述、过程诊断、过程设计、过程实施和过程维护等步骤。过程描述是对过程进行识别定义，并且找出开展过程管理活动的动力，它的主要工作内容包括对过程目标以及过程本身进行具体描述定义；过程诊断是根据过程出现问题的征兆找出导致问题出现的根本原因，从而达到根治问题本身以及由此产生的一连串问题的目的；过程设计包括理解过程需求以及如何把需求转变成可能的过程设计、提出若干候选的过程改进方案、对各候选方案进行分析评估、筛选出一个最合适的方案等工作内容，过程设计活动主要有应用过程科学建立过程设计策略，通过计算机仿真对候选的过程设计方案进行评价，运用决策分析方法解决复杂利弊权衡问题，选出一个实施方案；过程实施是指在整个企业或组织中对过程进行最终确认，并分配和实施具体的工作；过程维护是对过程进行动态监控和定期

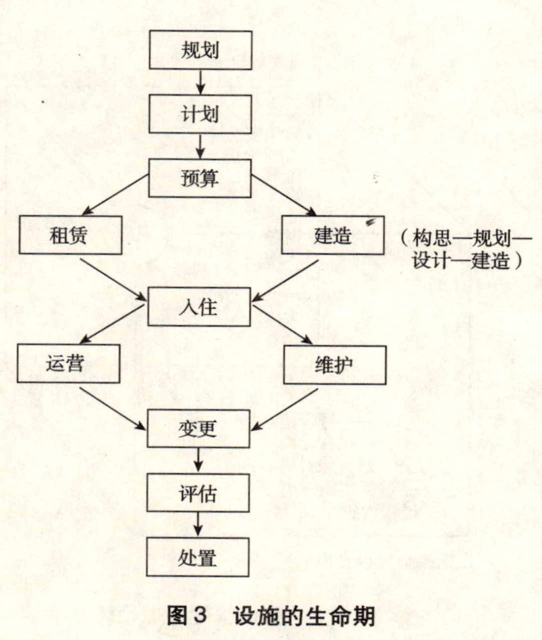

图3 设施的生命期

改进完善，以保证过程在内部和外部条件经常发生变化的情况之下仍能保持优良的性能。

设施的全过程管理追求的目标是过程卓越，过程卓越在某种程度上意味着浪费最小化。浪费最小则意味着资源、原材料和时间等都得到了最高效率的利用。要做到有效的利用时间和所有其他可利用的资源，就必须不断地改进设施管理企业或设施管理部门的工作过程。这种设计和持续改进过程的方法就是设施的全过程管理。通过提高效率和有效性，设施全过程管理为改善客户满意度，最终达到提高利润、业务增长率和保证业务的长期稳定性提供了机会。

3.3 设施的全管理要素

设施的全管理要素是指在设施管理过程中需要进行管理的所有领域，根据国际设施管理协会界定的设施管理主要内容，结合我国目前设施管理处于刚刚起步的现状以及今后我国设施管理可能的发展方向，我们将设施管理的全管理要素划分为3个层次，12个方面，具体如下：

第一层：综合管理。是对所有约束类和专业化管理的集成化管理，目标是使得所有利益相关者的价值最大化。另外，综合管理还要关注环境和战略的变化，随时对设施管理的目标进行变更。

第二层：进度管理、质量管理、绩效管理和风险管理。这是设施管理的四大约束条件，其目的是确保设施管理的有效开展和价值最大化。

第三层：财务管理，空间管理，资产管理，建筑项目管理，运营维护管理，健康、安全和环境管理，服务管理。这是设施管理的主要工作内容，它综合了管理科学、建筑科学、行为科学和工程技术等学科的基本原理。

3.4 设施的价值管理

设施的价值管理是指通过将人、设施和科技进行整合，充分考虑人在设施中的感受（满意度），借助先进科学技术的运用，在达到公司/组织需求的基础上，提供最优的设施解决方案，以最佳的价格，实现设施的价值，并使得设施的价值不断增加的管理过程。设施的价值管理过程如图4所示。

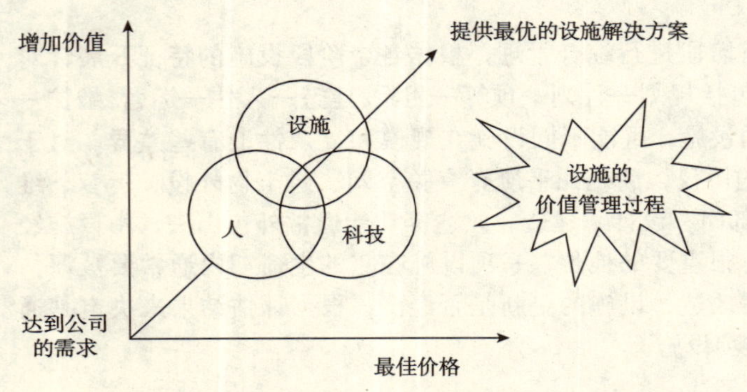

图4 设施的价值管理过程

3.5 设施管理的理论体系框架

将设施全生命期管理、设施全过程管理、设施全管理要素和设施价值管理4个概念进行综合集成，构建出结构化和层次化的三维设施管理理论体系框架，如图5所示。

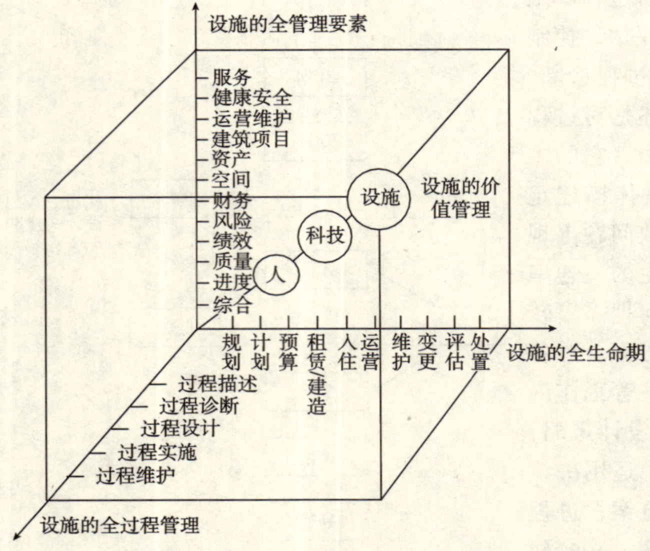

图5 设施管理的理论体系框架

该理论体系框架以设施的全生命期管理、全过程管理和全管理要素为三大维度，形成一个封闭的三维空间。在这个三维空间内，以人—科技—设施的整合为主线的价值管理贯穿整个三维空间，表明设施管理的最终目标是在充分注重处于设施环境中的“人”的前提下，在设施的全生命期管理、全过程管理和全管理要素的共同作用下，使得设施不仅保值，而且增值，不断提高设施的价值。在设施的全生命期维度，涵盖了规划、计划、预算、租赁/建造、入住、运营和维护、变更、评估、处置9个阶段。在设施的全过程管理维度，包含了过程描述、过程诊断、过程设计、过程实施、过程维护5个方面。在设施的全管理要素维度，囊括了综合管理、进度管理、质量管理、绩效管理、风险管理、财务管理、空间管理、资产管理、建筑项目管理、运营维护管理、健康安全管理、服务管理共12个要素。

4 结束语

设施管理在国外发展迅速，已成为一个专业的整合途径，协助大量的私人机构、教育学府及政府部门更有效地管理其下的物业设施和支援服务。随着中国加入 WTO 以及经济全球化的进程不断加快，设施管理必将在中国得到蓬勃的发展。本文提出的设施管理理论体系框架集成了设施全生命期管理、设施全过程管理、设施全管理要素以及设施价值管理，是一个结构化和层次化的三维理论体系框架，可为后续的设施管理研究奠定一定的基础。

参考文献

[1] 刘洪玉，张红. 设施管理及其在中国的现状 [J]. 住宅与房地产，2005，2：18－21.

[2] L. Tay，J. T. L. Ooi. Facilities management：a "Jack of all trades"？[J]. Facilities. 2001，19 (10)：357－362.

[3] Quah L. K. Maintenance & modernisation of building facilities-the way ahead into the millennium [C]. Proceedings of CIB W70 Symposium on Management，Singapore，McGraw Hill，1998：18－20.

[4] Cotts，D. G. The Facility Management Handbook (2nd ed.) [M]. New York：AMACOM，1999.

航空装备保障全寿命周期管理研究

郭树元　胡韫频　柳惠忠

（武汉理工大学管理学院）

1　引言

装备保障（Equipment Support）一词是我军的提法，从新版《军语》对“保障”一词的释义可以导出的定义是：军队为使所配备的武器装备顺利进行各种任务而采取的各项保证性措施与进行的相应组织指挥活动的统称。装备保障的任务是保障主装备的正常使用（运行），其实质是使用保障，其主体是装备的维修工作，除维修外还有其他的一些保障勤务工作。装备保障概念的提法，代替了装备技术保障，对维修保障、使用保障、器材保障及保障勤务等概念的内容进行了涵盖，这样不仅丰富了它的内涵，而且也拓宽了其外延。另外，从部队装备工作的实际情况看，也需要装备保障这样一个概念体系来体现保障职能子系统间关联性强的特点。

但是，由于装备保障的研究领域综合交叉特别复杂，与外军（主要指美军）的概念体系又有所区别，美军装备的后勤保障工作基本属于我军部队现行装备保障的范畴和装备保障部门的职责。因此，一直以来装备保障的理论研究不足，部队装备保障的实际水平也相对较低，越来越构成对装备发展的阻碍。本文以航空装备保障为研究对象，结合航空兵部队的实际特点，探索航空装备保障全寿命周期管理的方法，提出管理控制系统设计的初步构想，希望通过这一研究，能为构建和完善适应我军体制特点的装备保障理论体系提供有益的参考。

2　航空装备保障全寿命周期

2.1　装备系统工程的基础理论

装备全寿命周期是装备系统工程理论的核心思想之一，是指从装备立项论证开始直到退役处理的整个过程称为全寿命周期（或寿命周期过程），大致可分为论证、方案、工程研制、生产与部署、使用与保障、退役处理等阶段。包括装备综合保障、保障性工程等在内的装备系统工程理论已经为装备寿命周期前半段（采办）工作提供了完整、成熟的理论体系。但是该理论对于解决后半段（保障）的问题并不完全有效。原因在于：虽然综合保障等的活动内容涉及到装备寿命周期后半段，而且装备系统工程理论也逐渐发展并增加了很多对后半段问题的研究，但是，毕竟前、后半段活动的主体不同（采购方和使用方），目标有别（一个是确保“好保障”，一个是怎样“保障好”）。因此，迫切需要完善或者重新构建装备保障的方法论体系。

2.2　航空装备保障活动过程的描述

根据装备保障概念的任务和实质，研究航空装备保障必须把握三个方面：（1）目标——航空兵部队训练和作战对装备保障的需求牵引；（2）条件——航空装备技术发展的客观规律和限制条件；（3）机制——根据保障活动的客观规律设计并实施合适的保障模式和工程管理体系。

根据航空装备保障的特点，可以将保障活动分三类进行研究：（1）日常飞行训练航空装备保障（简称训练保障），占部队保障工作量的大部分，以本场（航空兵驻地）保障为主，保障条件相对稳定，保障活动具有重复性；（2）执行任务航空装备保障（简称任务保障），占部队保障工作量的较少部分，保障形式多样，包括异地保障、机动保障、伴随保障等，保障条件具有不确定性，保障活动具有临时性；（3）作战航空装备保障（简称作战保障），是（1）和（2）两种活动的最终目的，强调时效性，保障模式具有超常规性，保障条件有更大的不确定性，实际中可以将大的、贴近实战的演习作为研究对象。

航空装备保障系统和一般系统一样，输入在系统过程的作用下输出一定的系统功能，系统过程的描述可用 IDEF 方法。IDEF 方法最初是美国空军 ICAM 项目建立的，是包括一系列建模、分析、仿真方法的统称。本文用其中的 IDEF0 描述上述三类保障活动的过程，如图 1 所示。

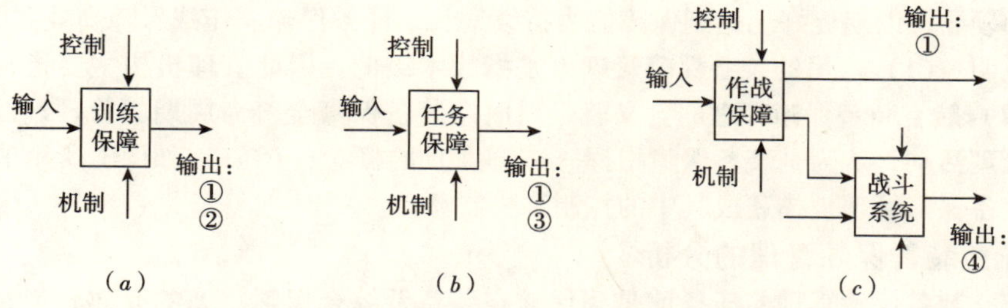

图1　航空装备保障过程描述

(a) 训练保障过程；(b) 任务保障过程；(c) 作战保障过程

①——可用的航空装备；②——持续增长的保障能力；

③——任务保障绩效的提升；④——战术级战斗力

图中，航空装备保障过程的输入一般为：航空装备的状态（包括初始状态、过程状态）、保障资源（人、物、信息）以及保障的自然环境等；过程的控制指对保障过程有直接约束力的要素，如保障策略、计划安排、活动调度以及保障资源规划等；过程的机制指对保障过程有非直接约束力的要素，体现为各种制度规则的制定（如质量标准、编制体制等），以及社会环境的影响，如技术进步、保障信息化等；输出方面，除了可用的航空装备一般要求外，训练保障体现持续增长的保障能力的要求，任务保障体现保障绩效的提升的要求，而作战保障的输出必须更多地与战斗系统结合来描述。

2.3　航空装备保障全寿命周期的定义

通过对部队航空装备保障工作的研究分析，从部队用户的主体出发，而不是从装备的客体出发，本文提出用航空装备保障全寿命周期的概念和思想来研究航空装备保障的工程管理问题。

本文给出如下定义：航空装备保障全寿命周期是航空装备全寿命周期在部队使用阶段研究保障问题的扩展，是指某一"代"飞机从部队接装到换代的全部过程，通常可以分为：接装初期、技术适应期、成长期、成熟期、装备老旧期五个阶段，如图2所示。

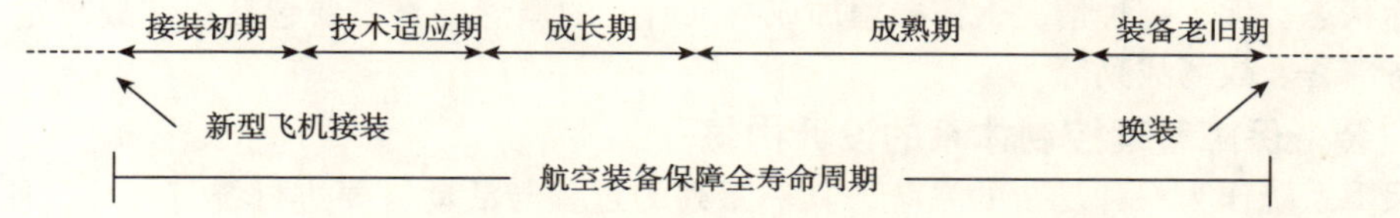

图2　航空装备保障全寿命周期

需要说明的是：部队实际工作中，飞机小的改进、改型、调入、调出或编制数量的调整，不影响该保障寿命周期的持续；全寿命周期的五个阶段也并不一定都要经历，由于军事需要，部队装备常常在没到老旧期的时候，就要进行换代，研究上则认为上一周期结束，新的周期开始。另外，从研究层次上看，该定义指的是战术级（航空兵部队级）的航空装备保障，主要是工程问题，因此概念不包括战略级（空军级）或战役级（战区空军级）航空装备保障的复杂军事学问题。

根据保障性工程的原理，装备的保障性主要是设计阶段决定的，主装备技术进步的阶段性跨越，会反映装备保障模式大的变革。因此，以相对较大的型号改进或换装为划分阶段的航空装备保障全寿命周期，可以反映一种保障模式在部队实施的整个历程，这样也便于研究航空装备保障的管理问题。

3　航空装备保障管理

3.1　航空装备保障管理的定义

从字面意义上解读，装备保障管理是对保障活动的管理，显然与装备管理的概念不同，国内目前还未见关于装备保障管理的标准定义。相关文献从学科分类的角度，将装备勤务力量建设，作为装备勤务学的研究内容之一，装备勤务力量建设与本文装备保障管理的内容比较接近；文献对航空维修系统工程进行了界定，相比保障概念来说，维修概念的范畴虽然较小，但其系统工程的思想和方法与本文的研究是类似的。

本文给出的航空装备保障管理的定义是：航空装备保障管理机构对航空装备保障过程实施的计划、组织、控制、激励和领导，以期更好地达到保障能力持续增长，任务保障、作战保障高效、圆满完成的目的。

对该定义的说明：(1) 这里的装备保障管理也是指战术级的，因此管理机构主要指师装备部及其下属业务管理机构；(2) 航空装备保障管理的含义就是对航空装备保障全寿命周期的管理，而通常所说在飞行保障现场的具体管理活动，认为是装备保障指挥（或调度）的概念；(3) 在如图1所示的航空装备保障过程描述中，航空装备保障管理被描述成其中的控制和机制环节。

3.2 对于航空装备保障管理的分析

本文认为，航空装备保障管理的任务就是确保航空装备及综合保障状态的有效转换，也分三种情况来说明，如图3所示。

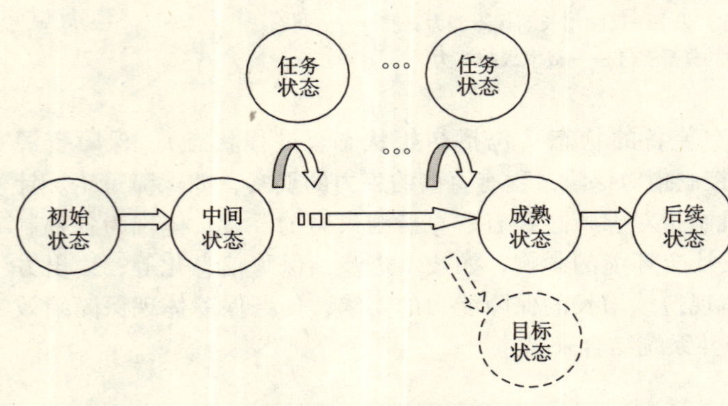

图3 航空装备保障状态的转换

(1) 航空装备保障系统效能提升、保障能力成长的总体管理与控制。是在航空装备保障全寿命周期总投入的约束条件下，对全系统整体的动态过程的优化。

(2) 对于执行特定任务航空装备保障的管理控制。其过程和内容基本符合项目管理的范畴，包括了任务保障的（投入）决策、计划、组织实施以及任务（项目）评价，其管理研究的目标主要是本次任务（项目）的优化。当然，(2) 也可以视为保障全寿命周期过程的一部分，其任务状态的转换同样表现出对于 (1) 过程的信息贡献。

(3) 基于作战的航空装备保障管理与控制，指从受领作战装备保障任务到作战装备准备完成这一过程（本文认为开战之后的问题属于装备保障战场指挥研究的范畴）。这里也分两种情况：如果是突发性作战任务，可以认为其活动主体与 (2) 的（项目）过程相似；如果是对未来假想的作战，这一准备过程可能时间很长，可以认为其主体就是 (1) 中的全寿命周期过程，并且理想的管理控制是要能从成熟状态转换到作战准备好的目标状态。无论哪种情况，需要增加或特别研究的概念要素主要包括：作战想定、决心、指挥、辅助决策、装备部署、战场战勤等。

3.3 航空装备保障管理控制体系的设计构想

航空装备保障系统作为一种复杂的系统，其一系列的过程与活动需要进行统筹优化，使其能以经济合理的投入最大限度地满足航空装备训练和作战使用需求。本文认为，航空装备保障是一项军事系统工程，系统工程的一般方法可以用来指导航空装备保障管理的研究。

系统工程的研究方法很多，包括：切克兰特软系统方法、综合集成研究方法以及物理—事理—人理（WSR）方法等，本研究应用的是一种处理系统工程问题的一般方法，即霍尔（A. D. Hall）三维结构模型。它用时间维、逻辑维、知识维这三维空间描述复杂系统分析中在不同阶段时所采用的步骤和所涉及的知识。应用该方法构建的航空装备保障管理控制体系主要包括三个维度和一个支撑条件系列。

3.3.1 航空装备保障各职能子系统的统筹优化——逻辑维

通过加强各职能子系统管理层以及综合集成管理层的建设，构建解决航空装备保障问题的系统思维、逻辑决断和策略优化体系。例如包括，航空维修内容的优化、维修保障模式的创新；保障资源的配置与优化；保障人力资源的科学管理等。

3.3.2 航空装备保障的知识管理——知识维

航空装备保障及其管理的过程都是知识运作的过程，需要知识系统的支撑，可以说，航空装备保障管理的实质就是知识管理。因此，这里的知识维就是采用系统工程的实施方法，充分利用信息技术和知识集成技术，构建以航空兵部队（用户）为主体与装备采办知识系统相融合的装备保障知识平台，以及构建知识型的航空装备保障组织。

3.3.3 航空装备保障力成熟度管理控制——时间维

采用定性与定量相结合的评价方法，建立与航空装备全寿命周期相对应的五级保障力成熟度模型，由战术级装备机构（师装备部），在宏观上对部队保障力成长、保障效能提升的客观过程实施管理和控制，是一项综合性、全局性的目标管理。

3.3.4 航空装备保障管理的支撑条件系列

将与航空装备保障管理有关的其他影响要素归为支撑条件系列，或称为环境、机制（如图1所示），主要包括技术创新（如保障信息化）、激励机制、部队文化、领导艺术、军队体制和制度等。

4 结论

本文从部队航空装备保障的工程实际出发，应用全寿命周期的观点，系统工程的思想和方法，对航空装备保障管理控制体系的构建进行了尝试。对照这一体系和当前部队工作实际，本文认为，当前的航空兵部队迫切需要：（1）理顺装备建设和装备保障的责任、权利关系；（2）加强师装备部机关的宏观调控能力，加强装备保障各职能子系统的管理层的建设；（3）尽快建立起开放式的装备保障知识系统平台。

参考文献

[1] 杨宏伟. 论装备保障学科建设 [J]. 装甲兵工程学院学报. 2002，16（4）：18－20.
[2] 陈学楚，张诤敏等. 装备系统工程 [M]. 第2版. 北京：国防工业出版社，2005.
[3] 陈禹六. IDEF 建模分析和设计方法 [M]. 北京：清华大学出版社，1990.
[4] 龚传信. 装备勤务学 [M]. 北京：高等教育出版社，2003.
[5] 张凤鸣，郑东良等. 航空装备科学维修导论 [M]. 北京：国防工业出版社，2006.

矿山建设项目全寿命集成化管理探讨

石晓波　肖跃军

（中国矿业大学建工学院）

1　矿山建设工程特点及矿山工程管理存在的问题

1.1　矿山建设工程特点

矿山建设工程包括的工程项目内容很复杂。以地下开采的矿山工程为例，涉及到井巷工程、排水工程、通风工程、设备工程、运输工程、安全工程、回填工程和支护工程等。由于矿山工程经常在地下施工，施工环境复杂，难度很大。有些工程在开采过程中还会产生有害、有毒、易燃和易爆物质，需要采取防范措施。因此，相对于普通工程，矿山工程具有建设规模大，技术要求高，项目投资大，建设周期长，参与单位多，信息量庞杂等特点。

1.2　传统矿山工程管理存在的问题

矿山建设工程的特点决定了矿山工程项目管理的难度很高，是基于复杂系统的管理。而当前传统的矿山建设项目管理存在很多的缺陷和不足，主要有：

（1）传统的阶段式的项目管理模式使得矿山建设项目的整体目标不一致。传统的矿山建设项目管理将矿山建设分为项目决策阶段、设计阶段、施工阶段、运营阶段等阶段，各个阶段责任主体管理目标不一致，缺少对建设项目真正从全寿命周期角度的分析，全寿命周期目标无法实现。

（2）质量目标、进度目标、费用目标三大目标没有与安全目标和环境目标很好集成起来。从而导致了安全事故和环境污染问题，最终导致工期的拖延和费用的超支。

（3）矿山建设项目管理手段落后。项目管理信息渠道不畅通，计算机的利用率低，造成全寿命周期不同阶段用于业主方（运营方）管理的信息支离破碎，形成许多信息孤岛或自动化孤岛，造成很大的资源浪费，不利于全寿命周期目标的实现。

（4）项目参与各方所拥有的知识和经验不能很好地为全寿命周期目标的实现服务，对不同阶段的任务不能进行很好的衔接，任务之间界面很难进行有效的组织和管理。

针对以上传统的矿山建设项目管理存在的问题，本文提出了矿山建设项目全寿命集成化管理的模式。

2　矿山工程全寿命周期集成的概念

2.1　集成和集成场

（1）集成的概念。用系统论的观点，集成是将两个或两个以上的集成单元（要素、系统）集合成为一个有机整体系统的过程，其目的在于更大程度地提高集成体的整体功能，以更加有效地实现集成体（系统）的目标。

（2）集成场的构成。集成场是指由各种集成要素的交合作用（包括相互的吸引、排斥以及聚变）所形成的一类管理意义上的场。集成场由场元、基核所组成，而作为基核的条件是具有最强的凝聚力，具有最多的集成能量的集成单元。

2.2　建设项目的集成本质

建设项目的生命期就是一个集成的过程，应当用集成的思想来理解，用集成的方法来管理。在建设项目的集成场中，项目的目标状态形成集成场的基核。围绕这一基核，建设项目经历前期决策、设计与施工及生产运营，形成不断增值的过程；同时，建设项目有多个参与方，各个参与方都在实施自己的项目管理，他们之间应该形成有机的协同匹配，从而实现集成体的优势聚变，即最优化地实现建设项目的目标。

2.3　矿山工程项目的全寿命周期管理

矿山工程的全寿命周期是将工程作为整体来考虑。工程从开始到结束所经历的各个阶段全过程，一般可分为前期决策阶段、设计/计划阶段、施工阶段、运行阶段和土地复垦综合治理阶段。在项目的生命期中，由不同的参与者承担不同的工作任务，都要进行项目管理，都有自己的项目管理组织。在工程项目管理的整个系统中，业主方项目管理始终处在核心位置，管理的内容从项目立项到项目终结的全过程。本文所述的矿山工程全寿命周期集成化管理，特指业主方项目管理。

全寿命周期集成化管理的思想是通过工程项目的策划、建设、运营等环节的充分结合，使工程项目面向运营最终功能，创造最大的经济效益、社会效益和资源环境效益。矿山建设项目全寿命集成化管理的模式如图1所示。

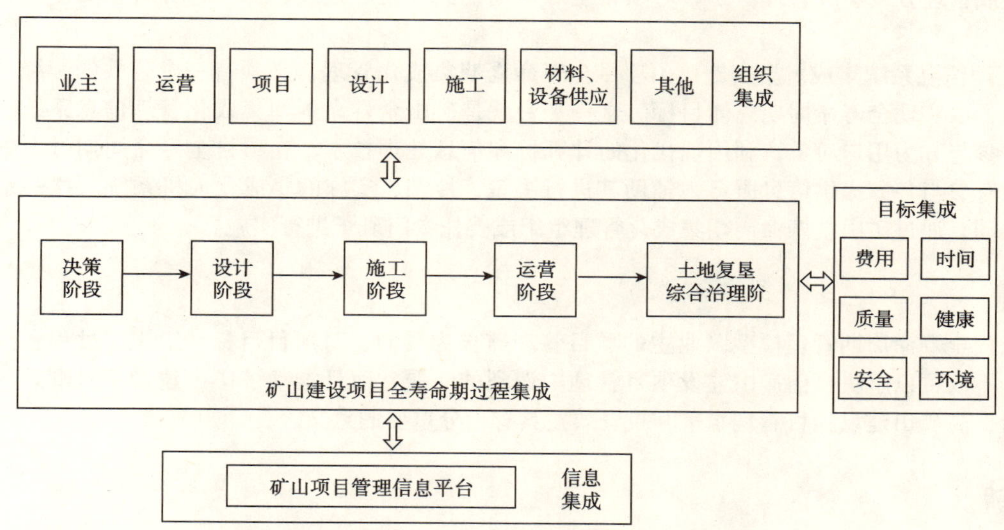

图1 矿山建设项目全寿命期综合集成模型

3 矿山工程全寿命周期集成化管理的内容

3.1 矿山工程全寿命周期集成化管理的思路

矿山工程全寿命周期集成化管理主要是运用管理集成思想，在管理目标、管理过程、管理组织、管理信息等方面进行有机集成，实现矿山工程全寿命周期目标。

3.2 矿山工程全寿命周期集成化管理的内容

矿山工程全寿命周期集成化管理的内容主要由目标系统、过程系统、组织系统、信息系统集成几个方面组成。

（1）目标系统集成。矿山工程全寿命周期管理的目标系统集成必须符合如下要求：应从建设项目的整体出发，反映项目全寿命周期的要求，既包括建设期的目标，更注重运营期和后期开发的目标；应体现与环境、社会的和谐，反映社会环境、可持续发展对项目的要求；既注重业主和用户的需求，也应包括其他项目相关方的需求。

目标系统包括建设目标、运营目标、资源利用目标、全寿命周期总体目标等。全寿命周期目标是指对上述目标的整合，着重体现质量目标、费用目标、时间目标、健康、安全、环境和社会目标的统一。全寿命周期目标集成是使建设目标、运营目标、资源利用目标等服从于全寿命周期总体目标。

（2）过程系统集成。过程系统集成主要包括过程管理和界面管理集成。

①过程管理集成。过程管理主要涉及：项目策划、计划、任务结构分解、项目招投标与合同管理、项目实施控制、验收、运营管理和后期综合治理等。

②界面管理集成。界面管理是各过程的界面整合集成，主要涉及界面特点、界面条件、各任务间界面、各任务内界面、界面整合、界面方案。

矿山工程全寿命周期各过程有着内在的联系，必须十分重视各过程的衔接，既要做好不同主体所承担过程任务的衔接，又要处理好同一主体所承担任务的各种界面接口关系，特别应注意策划、设计、施工、运营等任务的衔接。

（3）组织系统集成。矿山工程全寿命周期管理组织系统是指业主组织管理模式，它既涉及不同管理组织之间的相互关系和业主对全寿命周期管理组织系统的一体化考虑，又涉及同一组织中的整合。

组织系统的集成主要考虑：不同阶段目标、任务下的项目组织选择；不同项目组织管理目标的一致性；管理任务的衔接性；管理界面的协调性。

组织系统的集成应解决业主在全寿命周期总体目标优化下项目管理组织的选择；可以采用虚拟组织、动态联盟等组织形式解决业主在不同阶段、不同项目管理组织中管理目标的一致性、管理任务的衔接性、管理组织的互补性。无论选择何种组织管理模式，应以业主或业主联合体为主体，选择一个相对稳定的全寿命周期集成管理方或集成管理班子，对项目全寿命周期的开发、建设、运营、后期开发管理等进行一体化考虑。

（4）管理信息系统集成。要实施矿山项目全寿命周期集成化管理，必须有一个公共的、统一的、信息共享的平台，以实现全寿命周期总体目标。这一平台就是矿山全寿命周期集成化管理信息系统，它是以所有工程项目参与方为用户对象，利用现代化的计算机和信息处理技术，在项目全寿命周期过程中进行信息处理，为所有参与各方提供信息服务，辅助其进行决策、控制、实施的集成化人机系统。这一系统的构建应由业主推动，通过矿山全寿命周期集成化管理组织或委托专门班子进行实施。

4 结束语

矿山工程全寿命周期管理模型以业主的项目管理需求为导向，对项目目标、组织、过程和信息等方面进行集成，不仅可以解决当前矿山建设项目管理中遇到的问题，而且推动了矿山建设项目管理的信息化和现代化，对提高矿山建设项目管理水平和投资效益具有十分重要的意义。

参考文献

[1] Hegazy T. Computer-based construction project management [M]. New Jersey : Prentice Hall , 2002.

[2] 何清华，陈发标. 建设项目全寿命周期集成化管理模式的研究 [J]. 重庆建筑大学学报. 2001，8.

[3] 海峰. 管理集成论 [J]. 中国软科学. 1999，3：86－88.

[4] 吴秋明. 集成管理论 [M]. 北京：经济科学出版社. 2004. 10.

[5] Kelly R. Tilford. Impact of environmental contamination on construction projects [J]. Journal of Management in Engineering. 2000 , 126 (1) : 45－51.

[6] Ali Jaafari. Life-cycle project management: a proposed theoretical model for development and implementation of capital project [J]. Project Management Journal. 2000, 31 (1) : 44－53.

[7] 成虎. 工程项目管理 [M]. 北京：高等教育出版社，2004.

[8] 丁士昭. 关于南京地铁全寿命集成化管理组织管理模式的探讨 [R]. 南京地铁建设指挥部，2000. 5. 22.

[9] Kevin Yu , Thomas Froese & Francois Grobler. A development framework for data models for computer-integrated facilities management [J]. Automation in Construction. 1999.

煤矿企业生产中的安全监管与控制关系分析

李晓红　吴丙山

（重庆大学资源及环境科学学院）

1　引言

据媒体披露，2005 年全国煤矿企业共发生重特大以上事故 279 起，死亡 3586 人，分别占总数的 8% 和 60%。其中：发生一次死亡 10 人以上特大事故 58 起，死亡 1739 人，同比增加 15 起，增加 695 人，分别上升 34.9% 和 66.6%。发生一次死亡 30 人以上特别重大事故 11 起，死亡 961 人，同比增加 3 起，增加 438 人，分别上升 37.5% 和 83.7%。其中国有重点煤矿发生 3 起，死亡 419 人，同比增加 1 起，增加 105 人（安监总局网站）。这仅是官方正式公布的数字，而全国大小煤矿 28000 多处，其中瞒报的伤亡事故、死亡人数到底有多少，我们不得而知。据另一组数据，中国的煤炭产量约占全球的 35%，事故死亡人数则占近 80%，我们的煤炭百万吨死亡率是美国的 100 倍，南非的 30 倍，印度的 10 倍（杨海平）。这些数字的对比，显示了我国煤矿生产率低，但事故率却远远高于其他国家。随着能源短缺的局面日益严峻，煤炭的需求越发刺激煤产量的扩大，扩大产煤量又导致矿难的频繁发生，以致形成无法摆脱的怪圈。面对这一怪圈，面对层出不穷的矿难，我们不禁要问：这是煤炭生产过程中不可避免的现象，还是我国煤炭生产中存在的特殊现象？是生产技术存在问题，还是人为的安全事故？是由于矿主的贪得无厌、疯狂追求暴利还是我国的监管体制存在缺陷？矿难事故在我国变成一个挥之不去的“恶魔的梦魇”，那么造成这种“恶魔的梦魇”的根源在哪里？我们应该采取何种措施来降低事故的发生率和死亡率，安全、高效、充分地利用矿产资源？

2　模型及其分析

在国外 20 世纪 80 年代中期，产业组织理论与新制度经济学得到迅猛发展，这为研究制度和监管问题提供了新的理论和工具。率先予以应用的有，著名的学者 Milgrom（1988）、Tirole（1986，1992）、Laffont&Tirole（1991）和 Kofman&Lawarree（1993）等，他们用代理理论研究委托人、监督人、代理人层级结构中出现的串谋问题。其后，Hindricks、Keen&Muthoo（1999）研究了一个由政府、税务稽查员、纳税人构成的模型，并讨论了稽查员可能与纳税人之间存在的非正式行为问题；Polinsky&Shavell（1999）进一步研究了串谋问题，而 Vafaï（1999，2002）则着重研究了层级结构中的权力滥用问题。

在国内，学者赵文华、安立仁、席酉民（1998），率先界定了串谋的概念，他们认为串谋是除道德风险和逆向选择之外出现的又一代理问题，并分析比较了其行为方式以及与其他代理问题的区别，探讨了当前国有企业委托代理关系中存在的种种串谋行为及其危害性。另外黄玉启、汪淼军（2004）则从合谋、信息性质和监督技术特性分析组织中的监督决策问题，并认为合谋是影响监督决策的关键因素。

2.1　P－S－A 三层结构模型的描述

我们考虑的架构是一个 P－S－A 三层结构模型，中央政府是委托人（P），它处在模型的最高端、拥有最终的决策权并对决策的后果负责；地方政府和监管机构扮演监督者（S），位于模型的中间层，负责收集代理人的行为信息，并向中央政府报告观察到的情况；煤矿经营者作为代理人（A）在模型的最底层负责具体的生产。本文假定：模型中三位局中人均是风险中性，中央政府作为委托人对地方政府和监管机构的监督者和负责矿产开发经营代理人的支付完全依赖于监督者向委托人报告的代理人对安全管理的投入和努力信息状况。

煤矿经营者对安全管理的投入和努力程度用 e 表示（$e \in R^+$），并规范 $e \in [0, 1]$。假定煤矿开采只有两种可能，好的产出结果 x_g 和发生矿难 x_b。同时假定在煤矿经营者对安全付出努力 e 的情况下安全生产 x_g 的概率为 $P(e)$，出现矿难 x_b 的概率为 $1-P(e)$。地方政府和监管机构的努力程度用 δ 表示（$\delta \in [0, 1]$）。假定监督者的监督技术不一定完全有效，也就是说监督者只能够以概率 $\Phi(\delta)$ 观察到代理人真实的投入和努力程度。这样在监督过程中可能出现三种情况：一是监督者什么也没有观察到，用 n 表示；二是他观察到煤矿经营者努力抓安全，用 g 表示；三是他观察到煤矿经营者在忽视安全生产，用 b 表示。如果我

们用 I 表示前面观察的信息集，则 $I\in\{n, b, g\}$。接着监督者根据观察到的信息向中央政府报告煤矿经营者关于安全的努力情况，我们用 r 表示这种报告的信息集，则 $r\in\{\emptyset, I\}$。依照 Tirole 假设，中央政府只是不能够区分监督者报告的信息 $\emptyset$ 和 n，则监督者操纵信息的惟一方式只能是隐藏他看到的信息，而不能错误地报告信息。当煤矿经营者知道监督者观察到他的偷懒行为 $I=b$ 时，他就有动机贿赂监督者让其隐藏观察到的信息。如果这种监督者与煤矿经营者之间串谋发生并达成一个私下的互利契约，则导致国家利益的受损。另一种情况就是当监督者观察到煤矿经营者努力工作 g 时，他会以隐藏信息来威胁敲诈煤矿经营者，这样必定会挫伤煤矿经营者的安全生产积极性，进而影响整个生产系统的绩效和社会的效率。

而中央政府面临的问题是：需要设计一个契约机制 $C=\{s(\delta, e), w(\delta, e)\}$ 诱导出煤矿经营者对安全生产的最优努力水平 e^* 和监督者的最优监督投入水平 $\delta*$，以达到最优的资源配置。由于煤矿经营者的支付契约仅依赖于监督者的报告信息，监督者三种可能的报告信息是 $(\emptyset, b, g)$，相应的煤矿经营者和监督者三种支付分别为 $(w_\emptyset, w_b, w_g)$、$(s_\emptyset, s_b, s_g)$。假定煤矿经营者与监督者都是有限责任，即委托人不能给予他们负的支付以示惩罚。

该博弈的时间顺序如下：

$T=1$ 时，中央政府分别向煤矿经营者和监督者提出契约 $(w_\emptyset, w_b, w_g)$ 和 $(s_\emptyset, s_b, s_g)$，煤矿经营者和监督者决定是否接受该契约，如果只要一方拒绝，博弈就此结束，各方得到自己的保留效用。为了分析问题我们假设博弈继续进行。

$T=2$ 时，在双方看到契约的基础上，双方决定自己的努力和投入程度。

$T=3$ 时，在该阶段可能发生三种情况。其一，煤矿经营者与监督者之间的串谋；其二，监督者滥用自己的权力对煤矿经营者进行敲诈；其三，监督者没有观察到代理人的行为信息。前面两种情况发生，博弈就可以进行到第六步才结束，第三种情况发生，博弈只进行到第五步就结束。

$T=4$ 时，监督者向委托人报告煤矿经营者关于安全的努力和投入的信息。

$T=5$ 时，根据报告信息，委托人依照以前签订的契约向煤矿经营者和监督者支付 w 和 s。

$T=6$ 时，监督者和煤矿经营者依照他们之间的私下契约进行私下转让（side transfers）。

2.2 P-S-A 三层结构模型的建立与分析

在前面的背景基础上我们简单地假设委托人的利润函数为：

$$V(x, s, w)=x-s-w \tag{1}$$

这里，x 代表组织的产出结果，s 代表了委托人给予监督者的支付，w 代表了委托人给予代理人的支付。代理人的效用函数为：

$$U(w, e)=u(w)-c(e) \tag{2}$$

其中：$u'>0$，$u''<0$，委托人向代理人的支付为 w；$c(e)$ 表示代理人付出劳动时负效用，$c'>0$，$c''>0$，并且 $c'(0)=0$，$c'(1)=+\infty$，我们假定他的保留效用为 $\underline{U}$。

监督者的效用函数为：

$$S(s, \delta)=s-D(\delta) \tag{3}$$

其中，$\delta\in[0, 1]$ 代表监督者的努力付出。函数 $D(\delta)$ 代表了由此产生的负效用。并且有 $D'>0$，$D''>0$，$D'(0)=0$，$D'(1)=+\infty$。监督者的保留效用为 $\underline{S}$，并把它规范为零。

2.2.1 在煤矿安全生产中不存在非正式行为时的最优契约

为了分析串谋与权力滥用对组织的影响，我们先讨论组织中没有非正式行为时的情况，相应监督者与煤矿经营者无法达成私下契约或私下契约无法执行，根据显示原理即可得出最优契约；然后讨论层级结构中出现合谋或权力滥用时的情况，比较不同的状态就可以发现串谋与权力滥用对组织效率的影响及影响情况，并找到如何克服不利因素的方法。

我们在 Tirole 的思想基础上，进一步借鉴 Grosman 和 Hart（1983）的分析方法。对于委托人来说，他需要通过契约引导出局中人的最优努力和投入 $(e*, \delta*)$；或者在给定的努力和投入 $(e*, \delta*)$ 情况下，实现这最优努力成本最小化。我们下面分析委托人将监督权委托给诚实的第三方，这种情况下局中人之间没有任何私下契约，下面文中我们将求得最优的解。

此时，委托人在设计契约时需要考虑满足监督者的参与约束条件：

$$\Phi(\delta^*)[P(e^*)s_g+(1-P(e^*))s_b]+(1-\Phi(\delta^*))s_\emptyset-D(\delta^*)\geqslant\underline{S}=0 \tag{4}$$

以及监督者的激励约束条件：

$$\delta^* \in \operatorname{argmax}\{\Phi(\delta)[P(e^*)s_g + (1-P(e^*))s_b] + (1-\Phi(\delta))s_\emptyset - D(\delta)\} \tag{5}$$

我们用 $\underline{s} = P(e^*)s_g + (1-P(e^*))s_b$ 表示监督者观察到煤矿经营者努力情况时的期望收益。由于监督者是风险中性，我们得到：

$$\Phi'(\delta^*)(\underline{s} - s_\emptyset) = D'(\delta^*) \tag{6}$$

同时对于风险中性的委托人来说，契约（$s_\emptyset$，s_b，s_g）和契约（$s_\emptyset$，$\underline{s}$）之间是相同效用的。这样，后面的契约就可以代替前面的契约，从而可得出监督者的支付只依赖于是否观察到代理人的努力情况、而不依赖于观察到的努力程度。根据显示原理委托人可以通过满足（6）式和下列条件的一种直接机制来诱导监督者努力工作：

$$\Phi(\delta^*)\underline{s} + (1-\Phi(\delta^*))s_\emptyset = D(\delta^*) \tag{7}$$

委托人在设计契约时除了考虑前面监督者问题，还应考虑代理人的参与约束（*PC*）条件：

$$\Phi(\delta^*)[P(e^*)u(w_g) + (1-P(e^*))u(w_b)] + (1-\Phi(\delta^*))u(w_\emptyset) - c(e^*) \geq \underline{U} \tag{8}$$

和激励约束（*IC*）条件：

$$e^* \in \operatorname{argmax}\{\Phi(\delta^*)[P(e)u(w_g) + (1-P(e))u(w_b)] + (1-\Phi(\delta^*))u(w_\emptyset) - c(e)\} \tag{9}$$

这时委托人需通过契约（w，s）让诱导最优努力和投入的成本最小化。只要让（$\underline{s} - s_\emptyset$）$\geq 0$，委托人就可轻松地解决监督者的激励问题。同时只要让监督者努力的期望成本等于 $D(\delta^*)$，他的参与约束自然满足。根据显示性原理，最优契约就简化为下面问题的解：

$$\underset{(w_\emptyset, w_b, w_g)}{\text{mix}}\{\Phi(\delta^*)[P(e^*)w_g + (1-P(e^*))w_b] + (1-\Phi(\delta^*))w_\emptyset - D(\delta^*)\} \tag{10}$$

约束条件：(6)、(7)、(8)、(9) 以及契约（s，w）>0。

这样问题就成了标准的委托－代理的层级结构模型了，其解就是委托人设计给代理人的最优契约。求解即可得到：$w_g > w_\emptyset > w_b$ (11)

在前面的背景下，委托人可不费成本地激励监督者努力工作，并诱导出代理人的真实信息。在该契约下，努力抓安全的代理人得到的支付大于偷懒时下的支付，而无效信息情况下的支付居两者之中。这样对于代理人，努力工作可获得更好的回报，满足理性人的激励条件。

2.2.2　监督者与煤矿经营者串谋

下面，我们沿用 Tirole（1986，1992）和 Vafaï（1999）的研究思想，假定私下契约可以被执行，这样煤矿经营者就可能与监督者合谋。即在这样的情况下，煤矿经营者能靠收买官员来保护自己的产权，而不会把资金运用于安全生产设备、环境的投资上。

在煤矿开采过程中，如果监督者能够利用他的权力使得煤矿经营者的效用有额外的增加，与此同时煤矿经营者为了报答监督者的“恩情”，他会给予监督者足够的私下转让。这样他们之间由于“互惠”可能促使合谋产生，达成一个私下契约（T，r），该契约规定一个私下转让以及他们共同操纵的向委托人的报告。通常情况下，煤矿经营者私下转让支出 T 与监督者实际得到的收益 $\underline{T}$ 是有差距的，故私下转让会有成本。我们引入参数 $\varepsilon \in (0,1)$ 来表示这种情况，$\underline{T} = \varepsilon T$。这样监督者与煤矿经营者合谋是否可以形成取决于下面两个因素，一是煤矿经营者的私下转移 T 是否满足条件（$w_\emptyset - T$）$\geq w_b$，否则“合谋”对于煤矿经营者就没有利益可言，代理人就没有积极性去促成合谋。二是监督者在合谋中的收益不能低于如实报告煤矿经营者情况的收益，即有 $s_\emptyset + \underline{T} = s_\emptyset + \varepsilon T \geq s_b$，这样我们可以得到能够促使合谋的 T 的取值范围：

$$(s_b - s_\emptyset)/\varepsilon \leq T \leq w_\emptyset - w_b \tag{12}$$

根据假设，煤矿经营者的支付完全依赖于监督者向中央政府报告的安全生产的状况，所以监督者在博弈中拥有完全的谈判能力，他可以向代理人索要最大的 $T = (w_\emptyset - w_b)$。将（12）变形后，就可以得到串谋防范约束条件

$$s_b \geq \varepsilon(w_\emptyset - w_b) + s_\emptyset \tag{13}$$

不等式左边的含义是，监督者真实地报告煤矿经营者的安全生产情况时从委托人那儿得到的收益，右边代表了监督者隐瞒煤矿经营者的安全隐患信息得到的总收益。因此，存在两种策略来防范串谋的发生。其一，可以使用激励机制，即委托人把监督者工资 s_b 规定得很大以激励监督者报告真实情况，因为中央政府想诱导出煤矿经营者对安全生产的最优努力投入 $e = e^*$，所以在最优状况下煤矿经营者决不会忽视安全

生产，最终在均衡下的监督者不会观察到信号 b，委托人也就不用支付 s_b，进而不会影响组织的效率。其二，委托人通过契约机制来抵消联盟的租金效率，破坏他们之间串谋的收益。委托人给煤矿经营者的契约规定 $w_\varnothing \leqslant w_b$，消除 $w_\varnothing$ 与 w_b 之间的收益差，这样就可以在不影响效率的情况下防范合谋的发生，得到一个说"真话"的均衡。因此，可以得到结论：如果组织中单纯存在串谋问题，委托人可以通过激励策略或者破坏他们之间的利益同盟，来达到防范串谋行为，而不会影响组织的效率。

2.2.3 监督者的权力的滥用

除串谋行为外，由于官员的自身素质和腐败欲望，权力的滥用（包括权力寻租和强行索贿）也可能存在。当监督者观察到煤矿经营者对安全生产进行全力投入时，他以向委托人报告 $r=\varnothing$ 来威胁煤矿经营者正常开采并"索贿"，这时煤矿经营者可能向监督者行贿 t 并希望监督者不要隐藏关于他对安全生产投入的信息，此时监督者的收益为 $s_g+\varepsilon t$。对于监督者来说 t 应该满足：$s_g+\varepsilon t \geqslant s_g$，这只要 $t \geqslant 0$ 即可满足；然而对于煤矿经营者来说最大的 t 不能够超过（$w_g - w\varnothing - c(e)$），否则煤矿经营者"行贿"没有利益可言。因此，拥有全部的谈判权的理性监督者总会极大化自己的效用，进而索要最大的 $t=(w_g-w_\varnothing-c(e))$。此时，煤矿经营者的参与约束（$PC$）为：

$$\begin{aligned}&\Phi(\delta^*)[P(e^*)u(w_g-t)+(1-P(e^*))u(w_b)]+\\&(1-\Phi(\delta^*))u(w_\varnothing)-c(e^*)\geqslant \underline{U}\end{aligned} \tag{14}$$

激励约束（IC）为：

$$\begin{aligned}e^*\in \operatorname{argmax}\{&\Phi(\delta^*)[P(e^*)u(w_g-t)+(1-P(e))u(w_b)]+\\&(1-\Phi(\delta^*))u(w_\varnothing)-c(e)\}\end{aligned} \tag{15}$$

而监督者的参与约束（PC）和激励约束（IC）为：

$$\begin{aligned}&\Phi(\delta^*)[P(e^*)(s_g+\varepsilon t)+(1-P(e^*))s_b]+\\&(1-\Phi(\delta^*))s_\varnothing-D(\delta^*)\geqslant \underline{S}=0\end{aligned} \tag{16}$$

激励约束（IC）：

$$\delta^*\in \operatorname*{argmax}_{\delta}\{\Phi(\delta)[P(e^*)(s_g+\varepsilon t)+(1-P(e))s_b]+(1-\Phi(\delta))s_\varnothing-D(\delta)\} \tag{17}$$

此时中央政府面临着一个新的约束： $w_g-w_\varnothing \geqslant 0$。 (18)

我们现在来考虑煤矿生产系统中既存在串谋又存在权力滥用时的中央政府应该解决的问题是：

$$\operatorname*{mix}_{(s_\varnothing,s_b,s_g,w_\varnothing,w_b,w_g)}\left\{\begin{aligned}&\Phi(\delta^*)[P(e^*)w_g+(1-P(e^*))w_b]+(1-\Phi(\delta^*))w_\varnothing+\\&\Phi(\delta^*)[P(e^*)s_g+(1-P(e^*))s_b]+(1-\Phi(\delta^*))s_\varnothing\end{aligned}\right\} \tag{19}$$

而约束条件有：(10)、(13)、(15)、(16)、(17)、(18) 以及 $(w, s)>0$。

我们用拉格朗日乘数法对此问题进行求解得到：

$$w_g=w_\varnothing \tag{20}$$

在此基础上，我们防范监督者的权力的滥用，对监督者采用激励机制是无效的。就像我们一次又一次的反腐败浪潮中，曾经尝试"高薪养廉"并不见效。对于中央政府来说，惟有削减监督者的处置权，"减少决策对分散信息的敏感度，也就减少了监督者的权限"（Tirole，1992）。因此他给代理人的契约中会忽略监督者的一些信息，而采用一般信息，最终出现 $w_g=w_\varnothing$，此时代理人的激励约束条件发生了变化，加大了委托人的激励成本。在这种情况下煤矿经营者反而得到了完全的保险，反而成为该行为的受益者。这就是 Vafaï 的"敲诈悖论"。同时，我们发现此时中央政府设计机制，出现了对煤矿经营者的混同契约，这可以理解为权力滥用是导致了契约的不完全性因素之一。

在前面我们已经讨论了，委托人防范串谋行为可以选择的两种策略：激励监督者或者破坏监督者与煤矿经营者之间的利益同盟。当组织中串谋与权力滥用都可能发生时，显然激励监督者的策略在组织中失效。由前文的 $w_g=w_\varnothing$ 与 $w_\varnothing \leqslant w_b$，得到 $w_g \leqslant w_b$，这样煤矿经营者努力工作的收入小于工作偷懒时的收入，这显然与实际矛盾，第二种策略也失效。这样，在串谋与权力滥用都可能发生的环境下，委托人防范串谋机制失效，矿难的发生变成了必然。

3 我国矿难频发的深层反思

在分析我国矿难频繁发生原因的同时，我们也注意到，国家安监总局局长李毅中作为中央政府在矿山安全管理的代表，明确指出"安全事故背后的失职渎职和官商勾结、官煤勾结、以权谋私等腐败问题不是个别现象，是安全生产的深层次问题”。在他2005年的公开讲话中，“官煤勾结”成了出现频率最高的词语之一。他在2005年6月13日提到的七台河“3·14”矿难煤矿矿主彭国才竟是七台河市桃山区安全生产监督局的副局长，其哥哥彭贵才利用七台河矿业公司副总经理的身份和职权将公司收购的小煤窑交给自己的弟弟彭国才承包。2005年11月1日，4578名“红顶煤商”投资入股6.53亿元、已撤资4.73亿元的消息，终于在公众期待中被公布。但李毅中语出惊人：“这次清理纠正工作是初步的，撤出的投资可能只是一部分。从目前的举报线索来看，还有更隐蔽的、埋藏更深的”。2006年9月中纪委等六部委联合召开新闻发布会强调“官煤勾结、权钱交易问题仍然严重”。“陕西的‘4·29’事故、山西的‘5·18’事故背后都存在官商勾结、权钱交易。”“在2005年，全国死亡30人以上的煤矿事故共发生11起，其中存在官商勾结的事故5起，占46%，而2006年1至9月发生的这3起事故中，就有两起存在官商勾结、权钱交易问题。”因此，国家一定要加大工作力度，采取根本性措施，切断官商勾结的利益链条，建立安全生产的长效机制。

4 我国建立煤矿安全生产的长效机制政策建议

（1）完善监管体系，理顺矿业开采环节的隶属关系，建立矿权整合集中机制。政府应在继续采取严厉行政措施的同时，切实转变矿业资源的管理方式，改变矿业开采的“准公用地”属性，通过公开拍卖采矿权、发放生产许可证等手段提高矿业开采行业的透明度和进入门槛；通过对企业征收安全生产保证金等手段降低企业产权扭曲度，使企业生产回复到权责对等的正常状态；通过加强采矿企业的日常监管，保证安全生产资金的按时足额投入；通过建立政府部门分工明确、权力制约的安全生产监管体制，改变安监部门既当裁判员又当运动员的状况。最终，通过行政授权、完善规则、制度创新等方式，建立安全生产监督，安全生产行业管理和矿山内部监控良性互动的安全管理体制。

（2）建立健全法规，明确各方责任，加大惩处力度。由于滥用权力和非法利益结盟，一些煤矿经营者在权力的遮护下无视安全要求，无视矿工生命，疯狂逐利，最终导致矿难频发。因此，必须进一步建立健全相关法律法规，界定监管部门、煤矿经营者的法律责任；对“官商勾结，官煤勾结”、对权力滥用和与煤矿经营者合谋行为必须严肃查处，依法严惩。

（3）坚持以人为本，依法建立并切实落实严格的劳动用工制度。一要加大宣传，强化培训，唤醒矿工安全培训、安全生产和自我保护意识，督促煤矿经营者确立“人命大于天”、“不要带血利润”的经营理念，形成“关爱生命，关注安全”的良好社会氛围。二要坚定不移地取缔大包干用工方式，实行目标责任制，按照“谁主管、谁审查、谁签字，谁负责”的原则，把责任落实到人。三要建立健全矿工劳务市场，建立科学的用工机制，坚决落实劳务市场招工和矿工安全培训、劳动合同审查、工伤保险等环节许可证制度，严格按规定缴纳矿工安全生产风险抵押金和安全措施经营。四要严厉打击违法招工和非法用工行为，建立健全矿工劳动保险维权中心，发挥舆论监督作用。

（4）强化责任意识，加强监管干部队伍建设。加强法制教育，提高监管干部队伍素质，选拔懂经济懂管理、清正廉明、有全局观的地方领导干部；采取内部提拔等措施激励基层干部，降低权力寻租的主观意图，同时加强权利监督和财务审查，建立完善的责任追究机制。

（5）科学系统规划，实现矿产资源开发的可持续发展。针对许多矿产资源丰富地区，经济结构单一、经济社会发展对矿藏开采依赖度高，小矿井正成为地方税源、矿主财源、矿工粮源的来源，国家在制定相应政策时应均衡各方利益，应从政策、财政、技术上对地方、投资者和民众给予相应的支持，减轻当地政府的财政负担，提高采矿企业的技术水平，协助当地政府改变当地单一的经济结构，切实切断矿产开采中的“食物链”怪圈。

5 结束语

在我国，许多煤矿之所以频繁发生矿难事故，并不是科学技术出了问题，更不是科学技术无法解决这些事故的难题，相反是工程管理中的问题，是煤矿安全生产过程中监管环节的问题。负责监管的机构和地方政府以及一些煤矿经营者，为谋求自身利益，官商勾结，置安全生产于不顾，视矿工生命为儿戏，造成了本不该发生的人为的灾难。血的教训再一次告诫我们，发展能源生产、振兴国民经济，必须坚持以人为本，完善监管体系，理顺矿业开采环节的隶属关系，建立矿权整合集中机制，建立矿工安全劳动机制，加强监管干部队伍建设，科学规划矿产资源开发，均衡各方利益，从长远的战略高度，从国家和民族的长远利益出发，建立安全生产的长效机制，安全、高效、充分地利用矿产资源。

参考文献

[1] 赵文华，安立仁，席酉民．国有企业中的串谋问题分析［J］．中国软科学．1998，8：91－94.
[2] 陈志俊，邹恒甫．防范串谋的激励机制设计理论研究［J］．经济学动态．2002，10：52－58.
[3] Faure-Grimaud A, Laffont J-J, Martimort D. Collusion, delegation and supervision with soft information [J]. Review of Economic Studies. 2003, 70: 253-280.
[4] Grossman, Sanford J, Hart, Oliver D. An analysis of the principal agent problem [J]. Econometrica. 1983, 51: 7-45.
[5] Hindriks J, Keen M, Muthoo A. Corruption, extortion and evasion [J]. Journal of Public Economics. 1999, 74: 395-430.
[6] Kofman F, Lawarr'ee J. Collusion in hierarchical agency [J]. Econometrica. 1993, 61: 629-656.
[7] Laffont J-J, Martimort D. Collusion under asymmetric information [J]. Econometrica. 1997, 65: 875-911.
[8] Tirole J. Hierarchies, Bureaucracies: On the Role of Collusion in Organizations [J]. Journal of Law, Economics and Organization. 1986, II (2): 181-214.
[9] Tirole J. Collusion and the theory of organizations [C]. Jean-Jacques Laffont. Advances in Economic Theory. Cambridge University Press. 1992, 2: 151-206.
[10] Vafaï K. A theory of abuse of authority in hierarchies [R]. CIRANO Working Papers. 1999, 99s-07.
[11] Vafaï K. Preventing abuse of authority in hierarchies [J]. International Journal of Industrial Organization. 2002, 20: 1143-1166.

基于STACKELBERG模型的建筑工程项目冲突事件互适性解

金维兴[1] 侯学良[2]

（1. 西安建筑科技大学管理学院；2. 清华大学建设管理系）

1 引言

目前，针对建筑工程项目中出现的冲突问题，许多文献多以博弈方式来解决，从这些文献所提供的解决方法来看，它们都具有以下几个方面的特点：

（1）解决问题的前提假设条件是冲突各方地位平等。

（2）处理问题的过程中决策者理性公平。

（3）最终选择的决策方案是使冲突各方的福利函数最大化。

但将这些研究成果运用于工程实践中时，其效果并不理想。究其原因，从建筑工程项目冲突事件的随机性研究成果中可以得知，在工程实际中，项目参与各方的地位并不平等，项目投资者或甲方常处于主导地位，而施工方或乙方常处于被动或服从地位，并且它们之间具有明显的上下级关系或主从关系，因而，在项目中，一旦发生了冲突事件，这种关系便使得冲突各方不再处于平等地位；更重要的是，由于冲突的根本在于冲突各方的利益之争，项目一旦被确定之后，项目所包含的价值也就被相应地确定，冲突各方的利益之争也就被约束在一个有限的范围之内，因此，处于被动地位的施工方为使最终的决策有利于己方，常在不得已的情况下通过一些非正常方法或采用一些非正常手段对上级或最终决策者施加一定程度的影响来达到自己的目的，这便使得上级决策者并非如博弈方式中所假设的那样始终处于理性状态；同时建筑工程项目的目标管理从项目一开始就以实现项目的最终目标为前提，而非以项目参与各方利益为宗旨，因而，建筑工程项目所具有的以上这些特点从项目一开始就打破了以博弈方式解决冲突问题的前提假设条件。所以，以博弈方式解决建筑工程项目中出现的冲突问题就得不到理想的效果，这就要求必须从新的角度来寻求解决建筑工程项目冲突事件的其他有效途径。

针对这一问题，建筑工程项目冲突事件的互适性研究从新的角度提出了有效解决冲突事件的新思想，描述和确定了冲突事件在互适性演化中所包含的两个转换过程，为进一步提高工程项目管理水平提供了新的途径，但在理论上如何求得冲突事件的互适性解却是该研究至今尚未解决的问题，因而给建立建筑工程项目冲突事件互适性系统模型和预警管理仿真系统以及这一思想的实用性转化带来困难。为此，本文将以建筑工程项目冲突事件的互适性思想为指导，从建筑工程项目中处理冲突事件的实际过程出发，提出以互适性思想解决冲突事件的新方法。

2 解决冲突事件的前提假设条件

若要有效解决建筑工程项目中的冲突事件，在进行理论分析和寻求冲突事件的理论解之前，就必须明确和设定解决问题的相关约束条件，并且这些约束条件应建立在符合工程实际的基础之上。因此，基于建筑工程项目冲突事件的互适性研究成果，以互适性方法解决工程项目冲突事件的前提假设条件就应含有以下几个方面：

（1）在项目中有多个相对独立的决策人参与决策，他们都有各自的可控决策变量。

（2）某些决策者的决策一般会影响其他某个或某些决策者的利益。

（3）整个决策系统带有上下级关系，即多个决策者处于不同的决策层次，不同层次上的决策者具有不同的权利。在决策过程中，上级决策者对下级决策者实施某种程度的引导和控制，下级决策者在这一前提下亦可在其管理的范围内行使一定的决策权，并对上级决策产生一定程度的回馈影响，即上下级之间有一种制约条件下的递进关系。

（4）由上级决策者最后做出的决策应当是各决策者均可接受的解决问题的方案。

针对这样的问题，德国经济学家 Von Stackelberg 在研究静态市场经济问题时，就从理论上提出了一般性的、具有多方参与的解决方法，并明确指出了应用这一方法的前提条件是：（1）问题的解决由多个相对独立的决策人参与和决策。（2）整个决策系统呈主从递阶结构。（3）最后的决策是各方共同的问题解。这样，通过互适性假设与 Stackelberg 条件的对比分析可以看出，以互适性方法解决建筑工程项目冲突事件的过程实际上也是一种是由多方参与并具有主从递阶结构关系的决策过程；更主要的是，以互适性方法解决建筑工程项目冲突事件的指导思想不仅与 Stackelberg 问题的求解思想有着较好的一致性，而且互适性假设也与 Stackelberg 求解静态市场经济问题的前提条件有着较好的吻合度，因此，这就为借用 Stackelberg 模型进行工程项目冲突事件的互适性决策分析，即寻求具有工程实际意义的冲突事件互适性解提供了可能。

3 基于 Stackelberg 模型的冲突事件互适性解径

具有主从递阶特性的决策问题最初是由德国经济学家 Stackelberg 提出的，其数学模型为：

$$\min F(x,y) \quad s.t.\ G(x,y) \geqslant 0 \quad x \in X = \{x : H(x) \geqslant 0\}$$

$$\min f_i(x,y_i) \geqslant 0 \quad s.t.\ g_i(x,y_i) \geqslant 0 \quad y_i \in y = \{y_i : h_i(y_i) \geqslant 0\} \quad i=1,2,\cdots,p \tag{1}$$

但从建筑工程项目冲突事件的互适性研究结果来看，解决冲突事件的互适性过程与 Stackelberg 模型的决策机制虽然具有较好的拟比性，但二者在决策程序上却不完全一致。冲突事件互适性演化程中的一阶变换是冲突各方从相互抵触和竞争通过交流逐步转化为相互信任和理解、实现双方或多方和解、共同提出多种解决问题方案的过程，这一过程实际上也是寻求冲突事件局部解的过程，类似于 Stackelberg 模型中的下级决策；二阶变换则是在多个局部解基础上，通过项目管理机制的作用，冲突各方从相互理解和信任逐步转化为相互促进与合作、并以项目总体利益为前提选取冲突各方共同认可的实施方案的过程，即获得全局解，类似于 Stackelberg 模型中的上级决策。因此，若要将 Stackelberg 模型引入到建筑工程项目冲突事件的互适性决策分析中来并获得具有互适性的最终决策结果即互适性解，就需要将该模型进行分解，先求取下级目标函数的多个局部解 y_i，然后在有关约束条件下再求解上级目标函数，而不能完全按照 Stackelberg 模型对冲突事件进行互适性决策分析。因此，为获得建筑工程项目冲突事件的互适性有效解，本文在明确解决建筑工程项目冲突事件互适性求解方式和假设条件的基础上，结合互适性一二阶变换处理冲突事件的实际过程提出基于 Stackelberg 模型的分部递阶决策分析方法，简称分部递阶算法，即首先将冲突事件的互适性决策分析分解为局部和全局两部分进行求解。局部求解映射于互适性的一阶变换，并将冲突各方的局部解作为全局最优解的候选点；全局求解映射于互适性的二阶变换，在此阶段，对局部解进行基于满意度的判据分析，计算各局部解与所对应的目标函数偏差值是否满足项目的整体要求，并据之来确定项目全局的最优解。这样，基于 Stackelberg 模型的分部递阶算法便可为建筑工程项目冲突事件的互适性决策分析提供结果并成为求取冲突事件互适性解的解径。

4 冲突事件的互适性局部解

对于式（1），Bard 曾提出如下假设，设 f_i，$-g_i$，$-h_i$ 对所有的 $x \in X$ 是 y_i 的二次连续可微函数，若 y_i^* 是下级处理问题的局部解，则 y_i^* 成为式（1）整个问题解的充分必要条件是存在 $\mu_i^* \in R^{m_{2i}}$ 和 $\theta_i^* \in R^{m_{3i}}$，使得（$x$，$y_i^*$，$\mu_i^*$，$\theta_i^*$）是下式（2）的解。其中 μ_i，θ_i 分别是与各下级决策问题有关的 m_{2i} 维和 m_{3i} 维乘子向量，g_i、h_i 分别为 m_{2i} 维和 m_{3i} 维的约束条件。在这里应特别注意的是，此时式中的 x 是各下级决策者在成为该项目的实施者之初项目所确定的初始总体目标，而非发生冲突后上级制定的期望目标，因为在冲突发生的初始，上级决策者还未介入。

$$\min F(x,y) \quad s.t.\ x \in X \quad G(x,y) \geqslant 0$$

$$\nabla_{yi} f_i(x,y_i) - \nabla_{yi}^T g_i(x,y_i)\mu_i - \nabla_{yi}^T h_i(y_i)\theta_i = 0$$

$$g_i(x,y_i)\mu_i^T + h_i(y_i)\theta_i^T = 0 \quad g_i(x,y_i) \geqslant 0 \quad y_i \in y \quad \mu_i \geqslant 0, \theta_i \geqslant 0 \quad i=1,2,\cdots,p \tag{2}$$

为了便于分析，令式（2）中的等式约束用向量非线性方程 l_i（x，y_i，μ_i，θ_i）$=0$ 来表示，不等式约束用向量非线性不等式 q_i（x，y_i，μ_i，θ_i）$\geqslant 0$ 来表示，同时用 y，μ，θ 表示的 y_i，μ_i，θ_i 的集成向量，即：

$$z = (x, y)$$

$$l(x, y, \mu, \theta) = l_1(x_1, y_1, \mu_1, \theta_1), \cdots l_p(x, y_p, \mu_p, \theta_p)$$

$$q(x, y, \mu, \theta) = q_1(x_1, y_1, \mu_1, \theta_1), \cdots q_p(x, y_p, \mu_p, \theta_p)$$

则式（2）又可表示为下式形式：

$$\min F(z) \quad st. \quad l_i(x,y_i,\mu_i,\theta_i)=0 \quad H(x)\geqslant 0$$
$$G(z)\geqslant 0 \quad q_i(x,y_i,\mu_i,\theta_i)\geqslant 0 \tag{3}$$

若用 λ_j（$j=1,2,3,4$）表示与式（3）中各约束条件有关的 Lagrange 算子，则式（3）的 Lagrange 函数为：

$$L(z,\lambda)=F(z)+\sum_{i=1}^{p}(\lambda_1^i)^{\mathrm{T}}l_i-\lambda_2^{\mathrm{T}}H-\lambda_3^{\mathrm{T}}G-\sum_{i=1}^{p}(\lambda_4^i)^{\mathrm{T}}q_i \tag{4}$$

$$p(z,\lambda,c)=F(z)+\sum_{i=1}^{p}(\lambda_1^i)^{\mathrm{T}}l_i+\frac{c}{2}\sum_{i=1}^{p}\|l_i\|^2+\frac{1}{2c}\|[-cH+\lambda_2]_+\|^2 \tag{5}$$

它的增广函数为：$+\frac{1}{2c}\|[-cG+\lambda_3]_+\|^2+\frac{1}{2c}\sum_{i=1}^{p}\|[-cq+\lambda_4^i]\|^2-\frac{1}{2c}[\|\lambda_2\|^2+\|\lambda_3\|^2+\|\lambda_4\|^2]$

其中 c 为一正的罚系数，$\|\bullet\|$ 为范数，向量 $[a]_+$ 的第 i 维分量为 $\max(0,a_i)$。若（x，y_i^*，λ^*，c）即（z^*，λ^*，c）是 p（x，y，λ，c）的平稳点，在式（3）的局部最优解（x，y_i^*，μ^*，θ^*）处，式（4）和（5）的矩阵就存在以下的关系：

$$\nabla_z^2p(z^*,\lambda^*,c)=\nabla_z^2L(z^*,\lambda^*)+c\sum_{i=1}^{p}\left(\frac{\partial l_i}{\partial z}\right)^2\frac{\partial l_i}{\partial z}+$$
$$c\sum_{i=1}^{p}\left(\frac{\partial q_{i-}}{\partial z}\right)^2\frac{\partial qi_-}{\partial z}+c\left(\frac{\partial H_-}{\partial z}\right)^{\mathrm{T}}\frac{\partial H_-}{\partial z}+c\left(\frac{\partial G_-}{\partial z}\right)\frac{\partial G_-}{\partial z} \tag{6}$$

其中，向量 H_- 的第 i 维分量为：$H_{i-}=\begin{cases}0,\text{when},-cH_i+\lambda_2^i\leqslant 0\\ H_i\ \text{when}-cH_i+\lambda_2^i>0\end{cases}$

相关文献已经证明，在解空间 P 上，$\nabla_z^2L(z^*,\lambda^*)$ 是正定的，式(6)右端的其他项在 P 的补空间上也是正定的，因而对充分大的 c，可保证 $\nabla_z^2p(z^*,\lambda^*,c)$ 是处处正定的。根据局部对偶性定义，式(5)对应的优化问题就具有局部凸结构，(z^*,λ^*) 是 $L(z,\lambda)$ 的平稳点，且 z^* 就是函数 $p(z,\lambda,c)$ 所对应问题的局部最优解，由此可得：

$$l(z^*)=0 \quad H(x)\geqslant 0 \quad G(z^*)\geqslant 0 \quad q(z^*)\geqslant 0$$
$$p(z^*,\lambda^*,c)=F(z^*)$$

且对 $c\geqslant c^*$（c^* 为预定的罚系数），z^* 是 p（z，λ^*，c）的极小点，故在 z^* 的开邻域 B（z^*，δ_1）内有：

$$F(z^*)\leqslant p(z,\lambda^*,c)$$
$$z\in B(z^*,\delta_1)\mathrm{I}\{z:\ l(z)=0,H(x)\geqslant 0,G(z)\geqslant 0,q(z)\geqslant 0\}$$

通过以上分析可知，式（5）所解决的问题实际上就是一个与式（3）等价的问题，且具有局部凸结构，这样便可以通过求解给定 λ 和 c 初值的式（5）和交替调整 λ 和 c 值来逐步完成对式（3）的求解。在实际工程中，交替调整 λ 和 c 的过程实际上就是冲突各方进行多次交流，实现双方或多方和解、共同提出多种解决问题方案的过程。汇总上述分析过程，局部解的求解程序可确定如下：

STEP1：给定 λ 和 c 的初值 λ^1、c_1，设 K=1。

STEP2：对给定的 λ^k 和 c_k 的值，求解 $\min p$（x，y^k，λ^k，c_k）

STEP3：根据 z^k、λ^k 和 c_k 的值，按下式修改 Lagrange 算子的 λ 和 c 值。

$$(\lambda_1^i)^{k+1}=(\lambda_1^i)^k+c_kl_i(x,y_1^k,(\lambda_1^i)^k) \tag{7}$$

$$(\lambda_2)^{k+1}=\min\{0,(\lambda_2)^k-c_kH(x)\} \tag{8}$$

$$(\lambda_3)^{k+1}=\min\{0,(\lambda_3)^k-c_kG(x,y^4)\} \tag{9}$$

$$(\lambda_4^i)^{k+1}=\min\{0,(\lambda_4^i)^k-c_kq_i(x,y_i^k,(\lambda_4^i)^k)\} \tag{10}$$

$$c_{k+1}=\begin{cases}\beta c_k & \text{when}\ \|l(z^k)\|^2/\|l(z^{k-1})\|^2\geqslant\gamma\\ c_k & \text{other}\end{cases} \tag{11}$$
$$(0<\gamma<1,\beta>1)$$

STEP4：判定局部解是否满足下式要求，若成立，则求取局部解结束，否则，令 $K=K+1$，转至 STEP2。

$$\sum_{i=1}^{p}l_i^{\mathrm{T}}l_i+(\nabla_zp)^{\mathrm{T}}(\nabla_zp)\leqslant\varepsilon^*(0<\varepsilon^*=1) \tag{12}$$

5 冲突事件的互适性全局解

在得到若干局部解后，就可将这些解作为确定项目全局最优解的候选点，如果按照预先确定的约束条件可以得出满足要求的解，则此解即为全局的最优解。在实际工程中，对于项目中出现的冲突事件，一般有若干个解决问题的方案，如何从若干个方案中选出既符合项目目标要求又使冲突各方都满意的方案实际上就是从多个局部解中选出各方都满意的全局解，因此，在确定全局解之前，首先应确定出一种衡量各局部解满意程度的方法。

5.1 满意度的确定

在确定项目的全局解之前，为确保最终选取结果的有效性，确保项目的整体利益，上层决策者常先给出一个允许与全局目标有一定偏差的偏差允许值β，设y_i^*为下层冲突各方的局部解集，x^*为上级决策者在全局目标x的基础上根据下级反馈而调整的新期望值，则所有的局部解应满足如下条件：

$$\eta_i = \| F(y_i^*) - F(x^*) \| \leqslant \beta \tag{13}$$

通过式（13）计算得到的所有满足$\eta_i \leqslant \beta$的解，都是下层对应于上层目标期望x^*的非劣解，而不满足式（13）的所有局部解都将被淘汰，并剔除其所对应的决策方案。按照这一思想，若设ε_i是对应各局部解的满意度，即：

$$\frac{\| F(y_i^*) - F(x^*) \|}{F(x^*)} = \varepsilon_i \tag{14}$$

则ε_i就成为一个介于0—1之间的值，根据ε_i值的排序结果就可确定冲突事件互适性全局解的最终方案。

5.2 全局解求解程序

根据以上分析，全局性解求解程序如下：

STEP1：依据式（13），对所有局部解的有效性进行确认，对符合要求的解转入STEP2。若无解，则重新设定初始值，返回局部解求解阶段。

STEP2：将选定的非劣解依据式（14）进行满意度测定，确定每一个非劣解的ε_i值。

STEP3：对所有的ε_i值进行排序，并选取$\min \varepsilon_i \in \min(\varepsilon_1, \varepsilon_2, \cdots, \varepsilon_i)$。

STEP4：根据$\min\varepsilon_i$确定最终解决问题的方案。

6 算例分析

设某一项目中发生了资源分配问题，该问题的数学描述及其相应的约束条件可表达为如下形式：

$$\min x^2 + (y-10)^2 \quad s.t. \quad -x+y \leqslant 0 \quad 0 \leqslant x \leqslant 15$$

$$\min (x+2y-20)^2 \quad s.t. \quad x+y-20 \leqslant 0 \quad 0 \leqslant y \leqslant 20$$

按照基于Stackelberg模型的互适性算法，该问题可先转化为如下等价问题：

$$\min x^2 + (y-10)^2 \quad s.t. \quad 4(x+2y-30) + \mu_1 - \theta_1 + \theta_2 = 0$$

$$\mu_1(20-x-y) + \theta_1 y + \theta_2(20-y) = 0 \quad \mu_1 \geqslant 0 \quad \theta_1 \geqslant 0 \quad \theta_2 \geqslant 0$$

$$-x+y \leqslant 0 \quad 0 \leqslant x \leqslant 15 \quad x+y-20 \leqslant 0 \quad 0 \leqslant y \leqslant 20$$

从给定的λ和c的初值入手，按照局部解求解程序，其计算过程和结果如表1所示。从表1可以看出，在由x和y_i组成的各个局部解中，x远小于项目的初始设定值15，为此，上级根据各局部解的反馈就将x调整为10，即设定$x^* = 10$，并确定$\beta \leqslant 0.02$。按照全局解的求解程序，各局部解所对应的η_i和ε_i如表2所示。

局部解的求解过程及其结果　　表1

	1	2	3	4	5	6	7
C	20	60	100	140	180	220	260
$-\lambda_A^1$	1.790	1.012	0.762	0.777	0.781	0.781	0.782
$-\lambda_A^2$	0.004	11.81	15.82	19.44	24.37	25.91	28.88

续表

	1	2	3	4	5	6	7
λ_2	0.000	0.000	0.000	0.000	0.000	0.000	0.000
λ_3	9.780	10.30	11.39	11.55	11.55	11.56	11.56
λ_A^1	0.000	0.000	0.000	0.000	0.000	0.000	0.000
λ_A^2	0.000	0.000	0.000	0.000	0.000	0.000	0.000
x	9.500	9.992	9.975	9.977	9.981	9.983	9.985
y_i	9.000	9.936	9.969	9.977	9.981	9.983	9.985

全局解的求解过程及其结果　　表2

	x	y_i	η_i	ε_i
1	9.500	9.000	1.000	0.1
2	9.992	9.936	0.064	0.0064
3	9.975	9.969	0.031	0.0031
4	9.977	9.977	0.023	0.0023
5	9.981	9.981	0.019	0.0019
6	9.983	9.983	0.017	0.0017
7	9.985	9.985	0.015	0.0015

从表2的结果可以看出，通过满意度测定，最终有3个局部解满足项目要求，但只有 $z=(9.985, 9.985)$ 与项目期望的目标最接近，并同时满足上下级的如下约束条件，因此此解即为最终解。并且，

$$s.t.\quad -x+y\leqslant 0\quad 0\leqslant x\leqslant 15$$

$$x+y-20\leqslant 0\quad 0\leqslant y\leqslant 20$$

7　结语

鉴于以博弈方式解决建筑工程项目冲突事件的局限性，本文从工程实际出发，在明确项目解决冲突事件的约束条件下，结合互适性一二阶变换处理冲突事件的方式提出了基于 Stackelberg 模型的分部递阶决策分析方法，即分部递阶算法。通过这一算法，求取了映射于冲突事件互适性一阶变换的多个局部解；在此基础上，根据提出的满意度判径，选取并确定了映射于冲突事件互适性二阶变换的全局解，并建立了相应的求解程序。通过这一系统的理论分析，不仅充实和完善了建筑工程项目冲突事件的互适性思想，证明了这一思想在解决冲突问题方面的可行性，而且为该思想下一步的实用性转化和建立互适性系统模型奠定了可靠的理论基础。

同时更有价值的是，尽管建筑工程项目一般常由投资方、承包方和参与方组成，但随着工程规模的扩大，每一方又包含了若干个子方，使得项目成为多层次多组份的组合体，在项目管理体系中也就形成了多层多下级的决策管理模式。而任何一个多层多下级的决策模式最终都可分解成多个两层多下级决策单元，这样便可将多层多下级项目管理体系中发生的冲突事件通过具有互适性的二层多下级分部递阶算法进行求解。从这一点来看，基于 Stackelberg 模型且具有互适性的分部递阶算法不仅为建筑工程项目冲突事件的互适性决策分析提供了一种有效方法，解决了冲突事件互适性解的求取问题，而且对其他一般多层多下级项目管理中冲突事件的决策分析也具有普适性。

但从这一决策分析的算例中也可看出，局部解初值的设定与解的循环次数有紧密关系，这表明，若要减少计算工作量，就需要决策者具有一定的工程实践经验来确定较为合适的局部解初值，因此，若要将这一模型应用于工程实践中，还需要对其进行简化分析，以减少求解程序中若干算子的不断调整而导致次数过多的解循环。

参考文献

[1] J P Aubin. Mathematical methods of game and construction management theory [C]. International Conference of MAMD. 2001.

[2] Holl Johnson. A kind of approach to solve conflict events with game [C]. Pmi. Globe Congress. 2003 Europe Proceeding.

[3] Joan Knutson. The key to conflict resolution [C]. Pmi. Globe Congress. 2004. North American Proceeding.

[4] X L Hou. Research on randomicity of conflict events in construction engineering project [J]. International Conference on Construction and Real Estate Management. 2005: 377 - 380.

[5] X L Hou. Research on co-adaptability of conflict events in construction engineering project [J]. International Conference on Construction and Real Estate Management. 2005: 255 - 257.

[6] Morgan J, Loridan P. A. General approach for the stackelberg problem and application [J]. Mathematics for Optimization, 1985, 5: 116 - 119.

[7] Bard J F. Convex two - level optimization [J]. Mathematical Programming. 1998, 40 (1): 15 - 17.

[8] Shen Zhaohan, Xia Hongsheng, Xu Narong. Optimization of two level multiobjective larger scale system with interconnected lower level decision makers [C]. Preprints of IFAC World congress. 1993.

[9] Bazaraa, M, Shetty, C. M. Nonlinear programming: theory and algorithms [J/OL]. 1973, Wiley, New York.

[10] Liu Shuling, Qiu Wanhua. An optimization model for group decision making for project selection [C]. Proceeding of The 1st International Symposim on Project Management. Northwest Polytechnic University Press. 1995.

基于创新和发展的项目承接流程再造研究

陈起俊　杨吉锋　李　欣

（山东建筑大学管理学院）

1　引言

建设部制定的《建设工程工程量清单计价规范》（Bill of Quantities，简称 BQ 计价模式）于2003年7月1日开始正式施行，这一计价模式的施行是建筑业史上的一次深刻的行业市场化革命，标志着我国工程造价管理发生了由传统“量价合一”的计划模式向“量价分离”的市场模式的重大转变，同时也表明我国招标投标制度真正开始与国际惯例接轨。

随着中国建筑市场的快速发展，招标投标制、合同制的逐步推行，以及加入世界贸易组织（WTO）与国际接轨等要求，工程造价计价依据、计价模式的改革不断深化，建筑企业面临着全新的市场模式。然而，许多建筑企业陈旧过时的组织结构和管理体系非常臃肿、笨拙，导致行动迟缓、缺乏效率。为了适应新形势的发展，中国的建筑企业必须寻求变革。

在这种背景下，本文尝试为中国的建筑承包企业引入业务流程再造（BPR）这一管理理念。

2　中国建筑企业实施 BPR 的必要性

在 BQ 计价模式下，不寻求变革，不进行再造，中国的建筑承包企业无疑将丧失对国外建筑承包企业的竞争优势。下面阐述了中国建筑企业必须进行再造的三个主要原因。

2.1　市场环境的变化导致竞争加剧

BQ 计价模式的施行为中国建筑行业引入了市场机制，促使建筑企业努力提升核心竞争力，建立相对其他企业的竞争优势。低效率和缺乏竞争力的企业将被市场淘汰。总体来说，中国建筑承包企业在生产效率、施工技术、管理水平和行业利润率方面落后于西方国家的建筑企业，因此，在建筑市场竞争日趋全球化的今天，不进行组织、管理和技术上的创新和变革，中国建筑企业不可能在与国外建筑企业的对决中取得成功。惟一的选择是通过实施业务流程再造进行变革。

2.2　很多中国建筑企业缺少甚至无法建立企业内部定额

虽然《建设工程工程量清单计价规范》已经颁布数年，但是还有很多建筑企业不重视建立自己的内部定额，实际业务中仍然使用旧有的标准定额体系。普遍存在由于受限于管理和技术水平，负责工程造价业务的员工只熟悉标准定额模式而不能运用 BQ 计价模式的情况。结果，企业也就不能建立自己的内部定额。而内部定额的缺乏说明了企业自己都不知道自身的劳动生产率。显然，是其内部管理体系出现了问题。

2.3　中国建筑企业在信息技术的研发方面落后于国外建筑企业

国外在研发计算机技术和信息技术方面拥有先天的优势，在建筑行业实践中的应用也领先于国内的建筑企业。在中国，只有较小比例的建设项目中采用了项目管理信息系统，而建设项目信息门户和全生命周期信息集成技术则处于起步和探索阶段。

简言之，中国建筑企业存在的根本问题在于，以20世纪的组织机构和管理模式去应对21世纪的市场竞争。有鉴于此，中国建筑企业的业务流程再造被提上了日程。

3　建筑企业实施 BPR 的指导理念

BPR 的核心理念在于摒弃旧有的思维方式和过时的管理原则，重新开始、重新构建。BPR 理论的创始者迈克尔·哈默博士如此定义 BPR：业务流程再造是对企业的业务流程进行根本的再思考和彻底的再设计，以实现诸如成本、质量、服务和速度方面的重大的进步。

3.1　流程导向

传统建筑企业中，组成企业的基本单元是职能相对单一的工序和层级式的部门，由这些工序和部门分别完成不同的工作任务，一项工作任务又由若干单一的任务片断组成。而在流程导向的建筑企业中，企业的基本组成单元是不同的流程，这样就使得企业的部门乃至流程本身都富有弹性，并可以随着市场环境的变化随时增减变动。

3.2　以服务业主为核心

从根本上说，建筑企业的再造就是站在业主的立场上重建企业，再造的出发点就是业主需求。以服务业主为核心，就要使得企业各级人员都明确，全心全意为业主服务才是建筑企业生存和发展的根本，建筑企业存在的理由就是为业主提供价值。

3.3　以团队为基本工作单元

流程再造将职能式组织结构打碎的任务片断重新组合为流程，因而团队式工作方式自然就成为了流程导向的企业中合理的组织形式。团队是每一个流程的基本工作单位，它并不是由各个职能部门抽调代表组成的临时组织，而是很大程度上替代了职能部门，成为企业的基本工作单元。

3.4　建筑企业价值链

划分建筑企业价值链有助于辨识和规划各种业务流程，以及帮助确立再造各个流程的次序。

价值链理论是迈克尔·波特最先提出的，他指出企业中有两类活动：主要的增值活动和辅助活动。每一个组织都存在其内部价值链。图1展示了建筑企业的内部价值链。

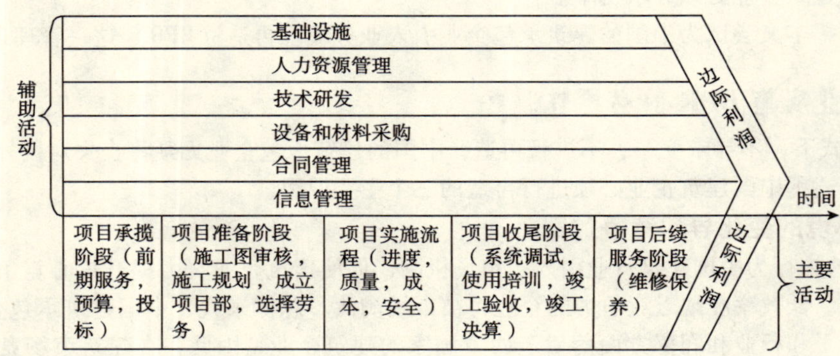

图1　建筑企业内部价值链

建筑企业的外部同样也存在着价值链。其中向上存在着供应商价值链，而向下则存在着业主价值链。企业价值链与这两个价值链形成联系，则会组成企业的价值链网络体系。体系的核心是业主利益。

3.5　组织发展和再造

BPR的主要目标是建立基于各种各样的业务流程的管理体系和组织结构。图2描述了从传统组织到流程导向组织的转变过程。

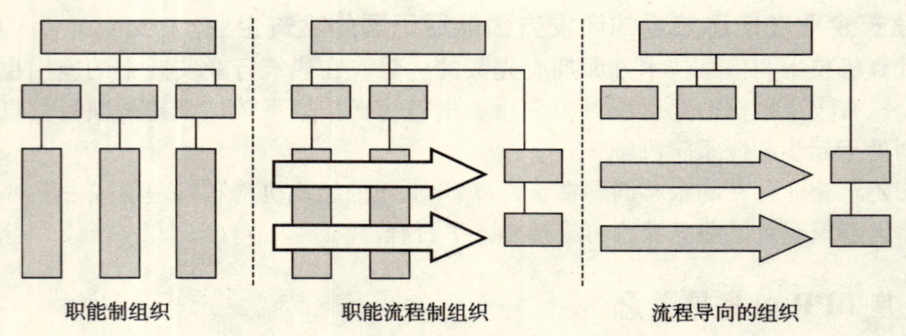

图2　从传统组织到流程导向组织的转变

图3给出了组织再造的方法论体系的框架结构图。

在这一方法论框架中，有四个要点往往得不到管理人员的重视：

首先是企业愿景。愿景由核心价值观和远大目标两部分组成。这两部分应该由企业的领导者来阐述。

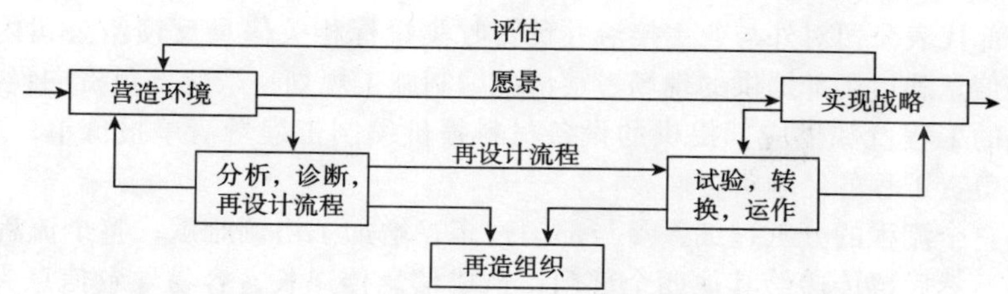

图3 组织再造的方法论框架

愿景是对企业未来的根本的再思考。

其次，仅仅得到高层管理人员的协助是不够的，还应当促使他们以及他们手下最优秀的员工为BPR的实施做出努力。

再次，成员和团队之间的沟通非常重要，并且是一个持久和持续的过程。只有通过不断沟通，企业中的每一个人才能理解流程再造的目标和实施方略。

第四，流程再造不是一次性工作。市场形式在不断变换，创新和变革是一个不间断的永久的过程，因此，流程再造也是一个永久的过程。实施再造后的组织随着局势的变化，可能在某一段时间后需要再次实施再造。

4 建设项目承接流程分析与再设计

根据价值链理论，建设项目承接流程是由一系列增值活动构成的集合体。建设项目承接流程是建筑企业实施项目的第一个流程，是首要的关键流程。

4.1 再设计的方法论

对建筑企业核心业务流程再设计的关键是消除非增值的活动并调整核心增值活动，需要遵循以下三个原则：

（1）变模糊流程为清晰流程，将流程中人为因素较多和凭经验处理的地方用具体操作流程明确下来，使企业运作程序标准化、制度化。

（2）变复杂流程为简单流程，消除那些不必要和不增值的环节，提高反应效率。

（3）变顺序流程为并行流程，这样可以消除流程间衔接所产生的矛盾和错误，缩短流程运行时间，提高运作效率。

ESIA方法是进行流程再设计的有效方法。简而言之，ESIA意思是消除非增值活动，简化必要活动，整合简单工作任务，将工作流自动化。

4.2 传统的项目承接流程分析

我国《招标投标法》为建立建筑市场的招投标体系奠定了基础，《建设工程工程量清单计价规范》的颁布进一步完善了这一体系。这一体系中，建筑承包企业需要各自给出自己的合理报价，进行投标，然后依据合理最低价等原则选出中标者。投标成为了企业争取获得项目承包任务的最主要渠道和竞争行为，是建筑承包企业的首要和关键任务。在博弈论中，对于建筑承包企业，建筑项目的投标是典型的不完全信息静态博弈。为了中标，建筑企业必须合理设计其项目承接流程。然而，基于原有的标准定额的项目承接方式已经不能满足现实的需要。

图4是一个基于标准定额的建设项目承接流程的例子。

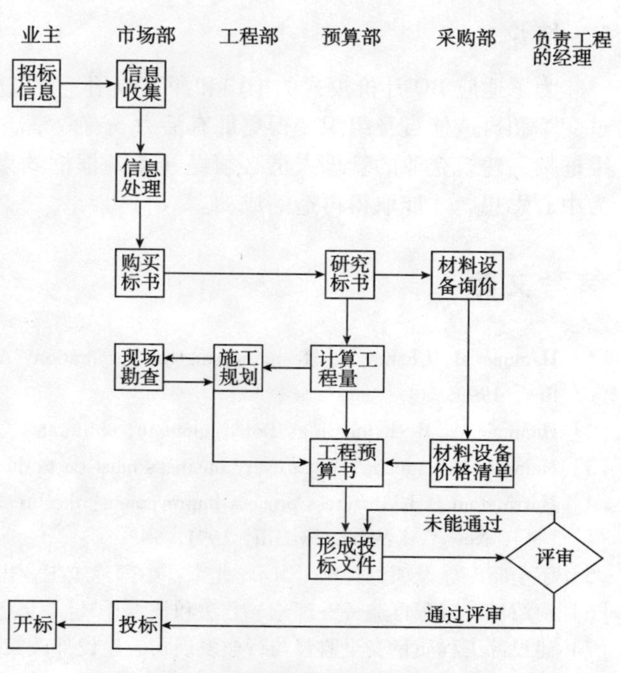

图4 基于标准定额的建设项目承接流程

在图4中，整个业务流程被五个参与的部门分割为四大块：其中市场部代表公司对外与业主接洽并负责收集投标相关信息反馈给公司内部；工程部根据技术部提供的标书有关信息和市场部提供的现场考察情况编制施工规划；采购部负责向设备材料供应商询价；预算部根据业主提供的工程量和供应部提供的设备材料报价编制工程量清单报价单，形成最终投标文件；各部门之间的协调由负责工程的经理负责。

存在的问题有：整个流程的分工过细，参与部门过多，增加了协调难度；整个流程只有市场部与客户接触并获取有关信息，然后再传递给其他四个部门，造成信息传递长，容易导致信息失真；在投标过程中企业对业主提出的变更要求反应速度慢，有时明明业主通知了变更事项，但最后标书中却没有体现；企业的投标文件中，经常在各部门交叉衔接的地方出现错误，从而导致投标失败。

4.3 基于BQ计价模式的项目承接业务流程再设计

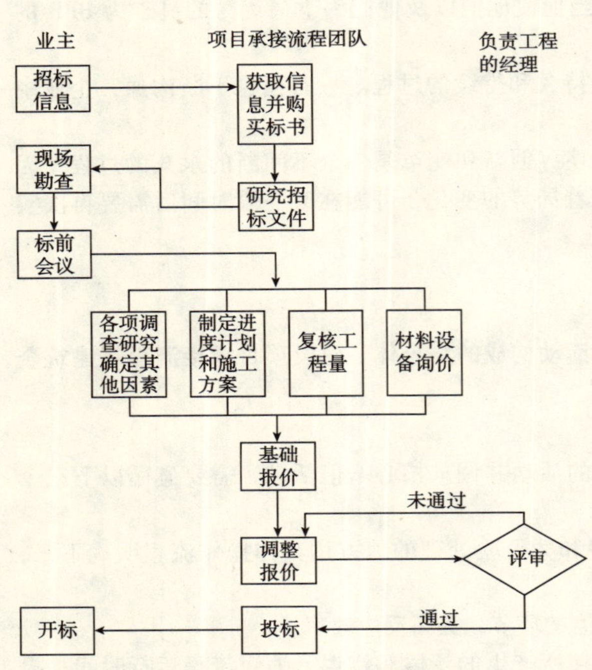

图5 基于BQ计价模式的项目承接业务流程再设计

流程再造后的基本特点是，它不再是各个职能任务的组装线；也就是说，原先被打碎分解到各个职能部门执行的任务片断重新被集合成一条新的完整的工作流程。流程工作团队将整个项目承接业务流程负责到底，并将整个团队的业绩考核同投标结果相联系。这个团队由各方面的专家和一个流程负责人组成。流程负责人的角色类似一个教练，而不是传统意义上的监督者。

在图5中，基于BQ计价模式的项目承接业务流程将市场业务人员、技术人员和预算人员等与该流程有关的人员整合成团队，将投标的结果纳入整个团队的绩效考核，使每一位团队成员的利益都同投标结果紧密相连，形成人人关心结果、相互协作、信息共享的团队合作局面，变“要我做”为“我要做”；原来分属于不同专业部门的人员在一个团队中工作，可以相互学习，有利于培养既懂业务和技术、又会预算的“通才”，同时又满足了员工希望工作丰富化的愿望；发挥信息技术的优势，运用项目进度计划与施工方案和预算软件，建立项目进度计划与施工方案、材料设备价格数据库等，可以加速流程，提高准确性。

5 结论

为了适应BQ计价模式的推广和深入应用，为了应对国外建筑承包企业的冲击，中国的建筑企业必须通过变革和再造使自身组织变得更加有活力、有效率。BPR作为战略性的管理变革，不存在固定的模式和思维框架，建筑企业的管理人员必须抛开条条框框约束，与时俱进，不断创新，以服务业主、为业主增值作为中心思想，才能取得再造的成功。

参考文献

[1] Hammer M，Champy J. Reengineering the corporation：A manifesto for business revolution [M]. New York：Harper-Collins，1993.

[2] Hammer M. Reengineering：Don't automate，obliterate [J]. Harvard Business Review. 1990，8：104-112.

[3] Hammer M. Agenda：What every business must do to dominate the decade [M]. New York：Crown Business，2001.

[4] Harringtoni H J. Business process improvement：the breakthrough strategy for total quality，productivity and competitiveness [M]. New York：McGraw-Hill，1991.

[5] 丁士昭. 建设项目管理 [M]. 北京：中国建筑工业出版社，2006.

[6] 梅绍祖. 流程再造——理论、方法和技术 [M]. 北京：清华大学出版社，2004.

[7] 建设部工程质量安全监督与行业发展司、建设部政策研究中心. 中国建筑业改革与发展报告（2005）——市场形势变化与企业变革 [M]. 北京：中国建筑工业出版社，2005.

我国建设工程交易制度发展创新研究

王卓甫　王　敏　邢会歌　洪伟民

（河海大学）

1　引言

我国建设工程交易制度主要是指建设工程交易的招标机制、发包方式、合同类型和业主方管理方式。经过20多年的改革和发展，我国目前已基本上形成了以工程招标投标制、建设监理制和项目法人责任制为核心的建设工程交易制度。实践表明，现行建设工程交易制度与计划经济时代的制度相比，对建设与社会主义市场经济体系相适应的建设市场体系、提高建设工程投资效益起到了积极的作用。但从发展的观点看，我国建设工程交易制度有待于不断改革、发展和创新。本文拟在分析我国建设工程交易制度发展历程和国际建设工程交易制度发展启示的基础上，提出设计创新建设工程交易制度的理念，探讨建设工程招标机制和发包方式的设计创新，以打破建设工程交易制度安排思想疆化，解决建设工程交易制度供应不足的问题。

2　我国建设工程交易制度发展分析

回顾我国建设交易制度的变迁历程，大致经历了2个阶段、4个步骤。第一阶段从1983年前后到2003年前后，经历了推行招标投标制、建设监理制和项目法人责任制3个步骤；第二阶段在2003年以后，进入了多种建设交易模式的探索阶段，也即第4步，以2003年《建设部关于培育发展工程总承包和工程项目管理企业的指导意见》和2004年国务院《关于投资体制改革的决定》的颁布为标志。其中，第一阶段的建设工程交易制度的改革属于强制式的制度变迁方式，即由政府在其中起主导作用，采用立法、建立规章等方式推进招标投标、建设监理和项目法人责任制的实施；第二阶段则采用诱致式制度变迁方式，政府出台的一些政策并非强制，而是引导。我国工程建设在我国特定的社会历史背景和经济发展条件下延伸，发展至今已形成了具有中国特色的交易制度。但与国外相比，目前我国工程交易制度的安排，一方面存在制度的僵化即“一刀切”，并有行政化的倾向；另一方面制度供应严重不足。最终形成了建设工程交易制度不是根据工程特点、建设环境、业主方的要求和管理能力等方面去设计，而是“一个模式”的局面。由于这些缺陷，致使工程建设领域存在不少问题。例如，建设工程交易中机会主义行为泛滥、恶性竞争时有发生、资源配置效率低下，甚至到处出现“工程腐败”，建设领域成了社会腐败现象的重灾区。这些均与工程交易制度的缺陷有关，因此我国建设工程交易制度迫切需要不断改革、发展和创新。

3　国际建设工程交易制度发展的启示

3.1　建设工程交易制度差异较大，具有多样性

从国外建设工程交易制度的形成、发展和变革历史，不难发现，由于各国政治、经济、文化背景的不同，经济社会发展速度的不同，各国的工程交易制度差异很大，发展过程、变革的焦点也不尽相同。

3.2　建设工程交易制度的变革与经济社会的发展相适应

不论是美国的建设工程交易制度中交易模式经历的从合（即设计、施工和运行合并（DBO））到分（即设计、施工和运行分离（DBB））；再由分离（DBB）到合并（DB、EPC）等的变化，还是英国的PFI融资模式的创立，共同的特点是经济社会形势出现了调整，建设市场的竞争格局发生了变化，从而推动了建设工程交易制度的变革。

3.3　建设工程交易制度变革主要在公共项目领域，改革的方向是减少交易费用

纵观国际上建设工程交易制度的变革，主要是围绕着公共基础设施项目展开。公共基础设施项目一般规模较大，技术也日趋复杂，且由政府组织和管理，其交易成本高、权力寻租和工程腐败现象严重。如何通过交易制度创新，解决上述问题是国际建筑经济实践和理论界普遍关注的问题。因此从这一角度看，国际上建设工程交易制度的创新是与工程腐败长期斗争的产物。

4 建设工程招标制度设计

4.1 招标机制设计理念的提出

对于十分简单的招标工程，如单一的土石方工程，其技术简单，在工程实施过程中工程计量、工程质量控制等方面均不复杂，工程交易合同履行过程中，承包人施展机会主义行为的空间小，合同双方发生争端的可能性也较小，因而工程交易过程中增加的交易费用将很小或趋于零。反之，对于技术复杂、不确定性大的工程，如大型土木工程、大型水电枢纽工程，对承包人的技术要求高，工程质量控制复杂、工程协调也困难，交易合同履行过程中有限理性问题较为突出，承包人施展机会主义行为的空间大，工程交易合同双方发生争端的可能性也较大，容易发生额外的交易费用。

对上述两种不同工程的极端情况，显然应采用不同的招标机制。对于同一个大型工程的不同施工标段，也有同样的问题。如举世瞩目的南水北调工程（中线），跨越数省，不同施工标段的差异性很大。任何一种被认为是科学合理的招标机制，都有一定的适用范围，只适用于某些施工标段，而并不能适合于所有的施工标段。因此，有必要提出评标决标方案设计理念。

4.2 简单工程招标机制设计分析

对于工程交易合同履行中交易费用增加较少的施工标段，如单一的土石方工程等，在招标中采用最低报价中标方法比较科学合理。对于这种情况，需把握2个基本原则：

（1）投标人的基本的企业资质、施工能力和经验、财务能力、企业信誉符合要求；

（2）投标报价不能低于工程成本。

在这样的原则指导下，在评标前同样也需要编制标底，但这里的标底与现行多数工程施工招标评标中的传统标底相比，其概念和功能完全不一样。这里的标底包括2组数据：一是在体现社会平均生产力水平的招标工程的预期价格的基础上，将其下浮一定比例，如下浮5%，所得到的第一组数据A，包括总价和各子项的单价，称A为分析用标底；另一是根据A和投标人报价估计得到的招标工程的最低成本价B。A作为一个参考数据，用以分析投标人报价及分项报价的合理性；B是一个控制数据，当投标人报价低于B时，就认为投标人的报价过低，为废标。

在评标过程中，在确定的有效投标书中，最低报价者为第一中标候选人，报价次低者为第二中标候选人。然后，招标人对投标人的投标文件审查，特别对其报价进行审核，发现问题立即澄清，如，与A对比，发现第一中标候选人的报价单中某分项报价特别低或特别高时，如其幅度超过10%，则要求投标人做出解释，并予以确认。若不能做出合理解释或存在明显差错时，要求第一中标候选人承担责任，或与其签订施工合同，或不让其中标；当第一中标候选人不能中标时，由第二中标候选人中标，当然对第二中标候选人也作同样的审查。

4.3 复杂工程招标机制设计分析

对于技术及建设环境复杂的工程，对承包人的施工技术和管理水平、建设经验、诚信度等方面提出较高的要求。在这种情况下，即使承包方的技术和经验没问题，但当其诚信度低时，业主方为防止偷工减料、控制工程质量，可能会支付超出正常情况的监督费用，以及多支付应对承包方道德风险的额外费用。此时，实现工程目标存在较大的风险。因此，对于技术及建设环境比较复杂的工程有必要采用综合评标方法。

综合评标，仍可将施工标划分为技术标和商务标2部分。对商务标，仍需编制标底，其同样包括2组数据A和B。此外，在评标时还有必要编制传统意义上的标底C。

C值可在所有报价中，去掉一个最高报价和最低报价后，由其他报价的平均值确定。为防止围标，将A值和C值比较，当$A>C$时，用C值作为评价投标人得分的依据，反之用A值作为评价投标人得分的依据。其次，以A/C值为依据，计算每个投标人的商务标得分。当投标人的报价高于A/C时，减少该投标人的商务标的得分，如，每高出A/C值1%，减5分；当投标人的报价低于A/C时，增加该投标人的商务标的得分，如，每低于A/C值1%，加5分。最后，将商务标得分和技术标得分最高者确定为第一中标候选人，以此类推。显然，此处标底概念与现行工程施工招标中的标底概念相近，但其功能差异很大，标底信息对投标人价值也大为降价。

评标过程按照上述操作，体现了最低报价的思想，标底的功能也有了实质性的改变，对承包人而言，标底信息的价值大为降低，承包人没有必要把主要精力放在收集标底信息上，而应将重点放在如何降低施工成本，以争取中标、争取获得更大的利润上。

4.4　工程最低成本价 B 的分析

在目前我国建设市场发育还不充分，特别是信用体系还不完善的环境下，评标决标方案设计中有必要考虑工程最低成本价 B 的问题。从理论上讲，B 应是考虑企业先进生产力水平条件下的一个最低的工程成本价，其与投标人的施工水平、招标工程特点、工程建设条件等方面因素有关。因在评标前或评标过程中，中标人还没有确定，因此 B 是不可能得到的。针对这种情况，只能根据发包人/招标人及投标人两方面的信息对其进行估计。招标人根据招标工程的具体情况、类似工程的经验、现行国家指导性的工程价格形成机制等信息，对 B 值进行估计；承包人可根据工程情况、自身的施工水平和建设条件对工程的 B 值进行估计。

针对这些情况，笔者建议采用下列方法估计 B 值。

（1）招标人或其代理人根据类似工程情况、招标工程特点和国家现行指导性价格形成机制，在招标工程分析用标底 A 的基础上，根据具体情况，对 A 组数据中各分项分别下调，如下调8%，然后汇总后得到招标工程最低成本价的估计值 B_1。

（2）投标人的工程报价与 B 值不同，但实践表明，在正常情况下，所有投标人报价中的低端与 B 值较为接近。设投标人的报价从高到低排列，分别为：S_1，S_2，S_3，... S_n，若能找到 S_i，有 $S_i < B_1$，则求其平均值：$\bar{S} = \frac{1}{n-i+1}\sum_{i}^{n} S_j$，其中，$j=i$，$i+1$，$i+2$，...，$n$。将 $\bar{S}$ 作为招标工程最低成本价的估计值 B_2。

（3）B_1 是招标人或其代理人根据历史数据和现行相关标准确定的，而随着技术的进步，工程最低成本价理应随时间的进展下降，而不是上升。但 B_2 反映了投标人的施工水平和建设市场的最新动向。因此，当 $B_2 < B_1$ 时，选择 $B = B_2$；当不存在 B_2 时，选择 $B = B_1$。

5　建设工程发包方式设计

为使分析简单明了，此处，将工程发包方式中差异比较大的DBB（分项发包）方式与EPC（或DB）方式进行比较。比较的内容是工程交易的总费用与工程发包方式的关系，并将工程交易的总费用概括为生产费用和交易费用。其中，生产费用为合同中确定的合同总价；交易费用包括合同前的交易费用和合同后的交易费用。

工程设计越深入，即工程产品越明晰，工程产品模糊度越小，反之亦然。

5.1　工程合同总价比较

将工程产品模糊度 i 作为变量，并假设：（1）DBB和EPC对同一工程交易；（2）两种不同发包方式采用相同技术；（3）工程有一定的规模。

设EPC模式下的合同总价为 C_{1E}，DBB下的合同总价为 C_{1D}。则EPC方式下的合同总价与DBB方式下的合同总价之差 ΔC_1 为：

$$\Delta C_1 = C_{1E} - C_{1D} \tag{1}$$

图1描述了 ΔC_1 随工程产品模糊度 i 变化的关系，即 $\Delta C_1 = f(i)$。图1表明：

（1）总存在 $\Delta C_1 > 0$，即 $C_{1E} > C_{1D}$，这说明采用EPC发包方式的合同总价比采用DBB发包方式的合同总价高。这可解释为DBB发包方式的市场刺激力强，而EPC发包方式竞争性受到较多的限制，投标人在投标报价时也更多地考虑风险因素。

（2）$\Delta C_1 = f(i)$ 是随 i 增大而递减的函数。

（3）当 $i \to \infty$ 时，$\Delta C_1 \to 0$，即 i 很大时，两种不同发包方式的合同总价的差异将消失，当工程产品十分不明晰时，对采用DBB或是EPC，对合同总价是没有区别的。这可解释为，此时两种不同发包方式的竞争性均受到较多的限制，并均考虑了风险的因素。

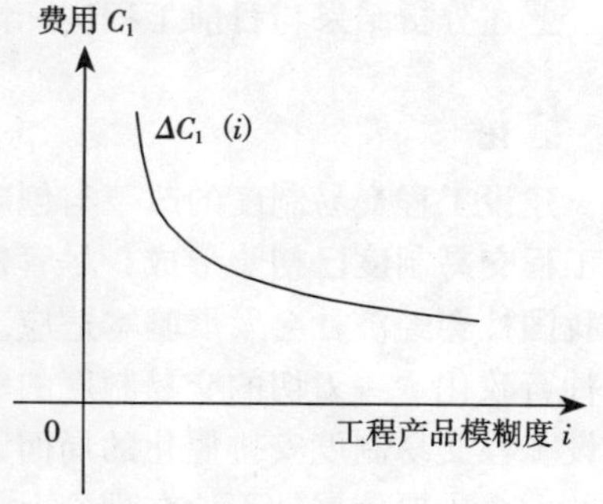

图1　合同总价比较

5.2　工程交易费用比较

设EPC发包方式下的交易费用为 C_{2E}，DBB发包方式的交易费用为 C_{2D}。则EPC下的交易费用与DBB下的交易费用之差 $\Delta C_2 = f(i)$ 为：

$$\Delta C_2 = C_{2E} - C_{2D} \tag{2}$$

如图2，存在两个函数 $C_{2E}(i)$ 和 $C_{2D}(i)$，其中：

（1）C_{2D}（i）随 i 而变化，采用 EPC，当 $i \to 0$ 时，因存在合同前交易费用，即使工程产品十分清晰，交易费用也不为 0；随 i 增加，C_{2D}（i）平缓地上升，主要在于合同后交易费用随产品的模糊度增加而上升。

（2）C_{2D}（i）也随 i 而变化，不同的是，即使工程产品十分明晰，工程也需通过多次招标来选择承包人，会发生较高的合同前交易费用，而且在 DBB 下合同前交易费用总比 EPC 的高，因合同前交易费用与工程招标次数相关，一般 DBB 的招标次数要比 EPC 的多；当然合同后的交易费用一般也是 DBB 多，因不同承包人间的关系要协调，业主方要对多个承包人进行管理。此外，C_{2D}（i）是 i 的增函数，即当工程产品模糊度上升时，DBB 的交易费用在上升，这主要是当工程产品模糊度上升时，需要较多的工程协调等额外的交易费用。

$$\text{令：} \Delta C_2 = C_{2E}(i) - C_{2D}(i) \tag{3}$$

显然，有 $\Delta C_2 < 0$，且 ΔC_2 是 i 的递减函数。

5.3 交易的总费用的综合分析

设 $\Delta C = \Delta C_2 + \Delta C_1$，则图 3 中的 ΔC 曲线是由 ΔC_2 和 ΔC_1 曲线叠加而成，其即为交易的总费用曲线。所谓优化，即总是讨论交易总的费用的最低。根据图 3 可作如下分析。

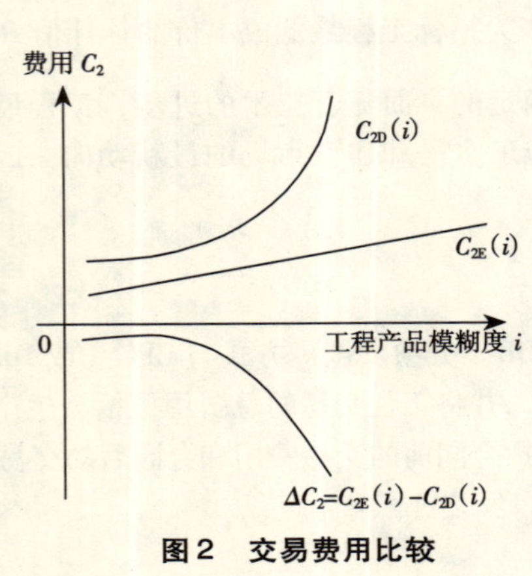

图2　交易费用比较

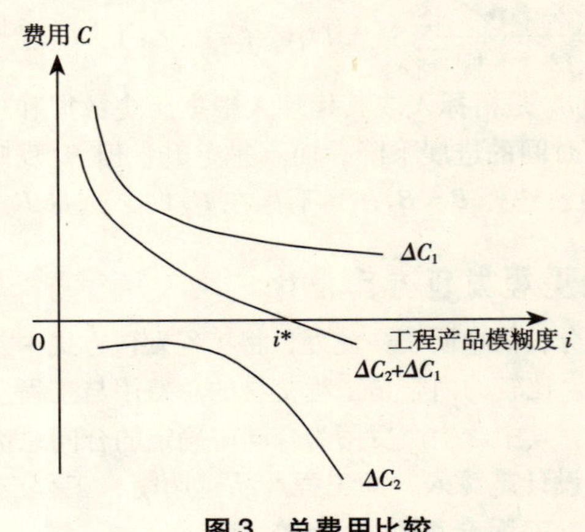

图3　总费用比较

（1）当 $i < i^*$ 时，$\Delta C_2 + \Delta C_1 > 0$，即 $C_{2E} + C_{1E} > C_{2D} + C_{1D}$，在 i 较小时，EPC 损失了市场刺激带来的效益，交易费用的降低无法弥补市场刺激效益的损失。因此，采用 DBB 方式更经济合理。

（2）当 $i = i^*$ 时，即：$\Delta C = \Delta C_2 + \Delta C_1 = (C_{2E} + C_{1E}) - (C_{2D} + C_{1D}) = 0$，亦即 $C_{2E} + C_{1E} = C_{2D} + C_{1D}$ 时，两种发包方式的交易费用相等，因此，i^* 点被称为不同交易方式的无差异点。

（3）当 $i > i^*$ 时，有 $C_{2E} + C_{1E} < C_{2D} + C_{1D}$，即当 i 足够大时，市场的刺激效益已不那么明显了，而另一方面 $C_{2E} < C_{2D}$。因此，选择 EPC 发包方式更经济。

上述分析结果与目前工程实际情况相吻合，其规律性可进一步指导工程实践。

6　结论

建设工程交易制度的改革与创新是经济社会发展的客观要求，在政府的推动下发展了 20 多年，我国建设工程交易制度已初步形成，尽管制度十分单一、供应不足，但与计划经济年代相比，已有大的发展，并与我国社会经济社会发展基本适应。但随着市场经济体制改革的深入、建设工程规模的扩大、技术的进步，这种行政化、一刀切的交易制度的弊端日益明显。本文提出的设计建设工程交易制度的理念，对打破目前建设工程交易制度安排僵化的局面无疑是一个推动。本文将交易费用作为设计工程招标机制和工程发包方式的一个重要依据，不论在理论上，还是在工程实践中均具有重要意义，必能推进建设工程交易制度的发展与创新。

参考文献

[1] Kai-xun Sha. Construction business system in china: an institutional transformation perspective [J]. Building Research and

Information. 2004, 32 (6): 529 - 537.

[2] 王卓甫，简迎辉. 工程项目管理模式及其创新 [M]. 北京：中国水利水电出版社，2006.

[3] Pietroforte R, Miller J. B. Procurement methods for US infrastructure: historical perspectives and recent trends [J]. Building Research and Information. 2002, 30 (6): 425 - 434.

[4] Winch G. M. Institutional reform in British construction: partnering and private finance [J]. Building Research and Information. 2000, 28 (1): 141 - 155.

[5] Winch G. M. Editorial Construction business system in the European Union [J]. Building Research and Information. 2000, 28 (1): 88 - 97.

[6] 李建章. 交易成本与土木工程施工合同招投标的最优机制设计 [J]. 重庆交通学院学报. 2005, 5: 119 - 122.

[7] 吴福良、席西民. 中国建筑工程招标应用最低价中标法的问题及对策 [J]. 建筑经济. 2001, 9: 28 - 31.

[8] 中华人民交通部. 公路工程国内招标文件范本 [M]. 北京：人民交通出版社，2000.

[9] Williamson O. E. Comparative Economics Organization: The Analysis of Discrete Structural Alternative [J]. Administrative Science Quarterly. 1991, 36 (2): 269 - 96.

基于 RBF 神经网络修正模糊期望值决策法的建筑工程设计安全性评价研究

牛东晓　顾曦华

（华北电力大学工商管理学院）

1　引言

长期以来，建筑施工质量安全一直是工程质量安全评价的重点，而现在的情况发生了变化。在工业发达国家建筑物不仅被当作一种产品，而且被视为一种可以带来投资回报的资产，在进行建设工程的经济分析时，人们越来越多地注重生命周期成本而不是建造成本。与建筑物 50 年的生命周期总费用和总收益相比，建造成本只占 0.1%，设计成本几乎可以忽略，然而设计质量安全对建筑物的施工、运营、维护以及开展业务的费用与收益的影响却是十分巨大的。正因为如此，工程设计质量安全评价体系的问题越来越受到人们的重视。

在评价设计质量安全方面，一贯做法是根据多年的经验主观判断设计质量安全的高低，考虑的因素不全面、判断不够准确。要科学、合理地评价设计质量安全，就需要解决以下关键问题：（1）设计质量安全评价的指标体系问题；（2）定性指标值的合理表述问题，以及评价者的主观感觉问题。

针对设计质量安全评价指标体系问题，本文分析评价模型所需的指标有六类：建筑设计、建筑防火、建筑设备、勘察和地基基础、结构设计、房屋抗震设计，使所建立的指标体系能够全面地反映研究对象各方面的特征，保持建筑工程设计相关信息的完整性。针对在评价中主观因素和经验因素难以量化和标准化这一问题，结合客观事物的复杂性和人类思维的具有模糊性的特点，本文建立了建筑工程设计质量安全评价的指标体系并以三角模糊数的形式给出指标值和评价者的主观经验值，而后利用模糊期望值决策法得到质量安全期望值。又由于 RBF 神经网络全监督式和全局逼近的特点将其与模糊期望值决策法结合，通过 RBF 神经网络修正该期望值。实例分析表明，对质量安全的期望值采用 RBF 神经网络修正是可行和有效的，更可靠地贴近实际。

2　建筑工程设计质量安全评价指标体系

质量安全评价是一种普遍用来测量质量安全风险的方法。评价系统产生的质量安全等级通常分为六级：AAA［0.9，1］、AA［0.8，0.9］、A［0.65，0.8］、B［0.50，0.65］、C［0.35，0.5］、D［0，0.35］。通过评估工程的安全级别，调整工程的安全设计，是控制质量安全风险的重要手段。

由图 1 可建立一套设计质量安全分析指标体系，指标值分别来源于专家评判或对工程设计情况的统计。采用三角模糊数方式表示指标值，由专家根据预先设计好的如表 1 所示的语言评价集，转换为对应的三角模糊数。

评价指标的语言变量及其对应的三角模糊数　　表 1

序号	指标的语言变量	三角模糊数
1	差（P）	（0，0，0.35）
2	中下（MP）	（0，0.35，0.5）
3	中（M）	（0.35，0.5，0.65）
4	中上（MG）	（0.5，0.65，0.8）
5	好（G）	（0.65，0.8，0.95）
6	很好（VG）	（0.8，0.95，1）

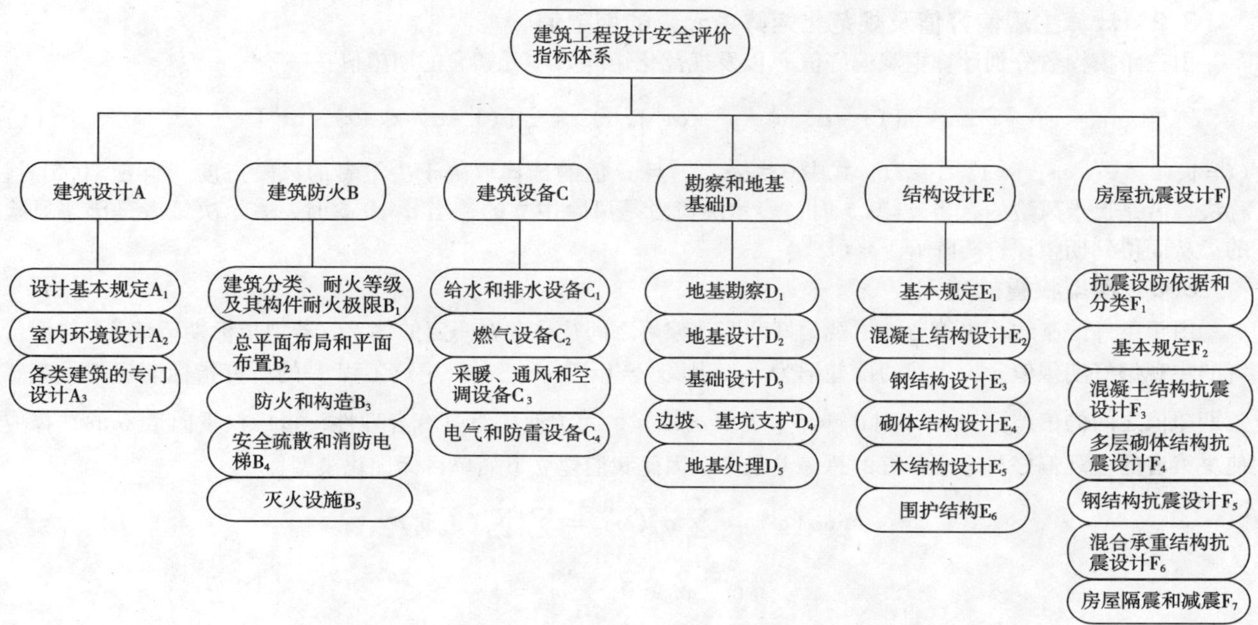

图1　建筑工程设计安全评价指标体系

3　模糊综合评价模型

设 $X=\{x_1, x_2, \cdots x_n\}$ 为待评价建筑工程的集合，$U=\{u_1, u_2, \cdots, u_m\}$ 为建筑工程的指标集合，$\omega=(\omega_1, \omega_2, \cdots, \omega_m)^T$ 为指标的权重向量，决策者对建筑工程有 $x_j \in X$ 有一定的主观偏好，设主观偏好值为三角模糊数 $\hat{v}_j=(v_j^L, v_j^M, v_j^U)$，$O \leqslant v_j^L \leqslant v_j^M \leqslant v_j^U \leqslant 1$。按指标 u_i 对建筑工程 x_j 进行评价，x_j 关于 u_i 的指标值为三角模糊数 $\hat{r}_{ij}=(r_{ij}^L, r_{ij}^M, r_{ij}^U)$。

3.1　指标的处理

（1）建立三角模糊矩阵。设有 P 个专家参与评价模型的确定，评价指标共有 m 个，由第 j 个专家对第 i 个指标给出评价 $[a_{ij}, b_{ij}, c_{ij}]$。

a_{ij}：最保守的评价；b_{ij}：最可能评价；C_{ij}：最乐观评价。要求专家在 [0，1] 间自由打分，从而形成初始评价矩阵：

$$R=\begin{bmatrix} [a_{11}, b_{11}, c_{11}] & [a_{12}, b_{12}, c_{12}] & \cdots & [a_{1p}, b_{1p}, c_{1p}] \\ [a_{21}, b_{21}, c_{21}] & [a_{22}, b_{22}, c_{22}] & \cdots & [a_{2p}, b_{2p}, c_{2p}] \\ \cdots & \cdots & & \cdots \\ [a_{m1}, b_{m1}, c_{m1}] & [a_{m2}, b_{m2}, c_{m2}] & \cdots & [a_{mp}, b_{mp}, c_{mp}] \end{bmatrix}$$

（2）确定专家评价的权重集 $Z=[z_1, z_2, \cdots, z_p]$，$z_j$ 表示第 j 个专家给出的评价值在综合评价中所占的比重。文中设定专家评价的权重相等。

（3）模糊评价矩阵的规范化。

对越大越好型指标有：

$$\hat{a}_{ij}=a_{ij}/\max\{a_i\}, \ \hat{b}_{ij}=b_{ij}/\max\{b_i\}, \ \hat{c}_{ij}=c_{ij}/\max\{c_i\}$$

对越小越好型指标有：

$$\hat{a}_{ij}=\min\{a_i\}/a_{ij}, \ \hat{b}_{ij}=\min\{b_i\}/b_{ij}, \ \hat{c}_{ij}=\min\{c_i\}/c_{ij}$$

（4）模糊合成。利用 ZeR 表示专家重要性与评价值的模糊合成结果，式中“e”为模糊合成算子，文中取加权平均型模糊算子 $M(g, \oplus)$，该算子在体现权数作用、综合程度和利用 R 信息方面都有优势，适用于兼顾考虑整体因素的综合评价。由此所有专家对第 j 个建筑工程的模糊评价矩阵表示为：

$$F_j=[[\hat{a}_{1j}, \hat{b}_{1j}, \hat{c}_{1j}] \cdots [\hat{a}_{mj}, \hat{b}_{mj}, \hat{c}_{mj}]]^T$$

所以模糊评价矩阵为：

$$\hat{R}=(\hat{r}_{ij})_{m\times n}=[F_j]_{m\times n}=(r_{ij}^L, r_{ij}^M, r_{ij}^U)_{m\times n}$$

3.2 计算主观偏好值及规范化矩阵中元素的期望值

由三角模糊数分别计算主观偏好值 $\hat{v}_j$ 以及规范化矩阵 $\hat{R}$ 中元素 $\hat{r}_{ij}$的期望值：

$$\hat{v}_j^{(\alpha)} = \frac{1}{2}[(1-\alpha)\ v_j^{\mathrm{L}} + v_j^{\mathrm{M}} + \alpha v_j^{\mathrm{U}}],\ \hat{r}_j^{(\alpha)} = \frac{1}{2}[(1-\alpha)\ r_j^{\mathrm{L}} + r_j^{\mathrm{M}} + \alpha r_j^{\mathrm{U}}] \tag{1}$$

$(i=1,\ 2,\ \cdots,\ m;\ j=1,\ 2\cdots n)$，式中$0\leqslant\alpha\leqslant1$，且 α 值的选择取决于决策者的风险态度。当 $\alpha>0.5$ 时，称决策者是追求风险的；当 $\alpha=0.5$ 时，表示决策者是风险中立的；当 $\alpha<0.5$ 时，表示决策者是厌恶风险的。从而得到期望评价矩阵 $\hat{R}^{(\alpha)}=(\hat{r}_{ij}^{(\alpha)})_{m\times n}$。

3.3 模型权重的确定

由于条件的制约，决策者的主观偏好和客观偏好之间往往存在一定的偏差，若把指标期望值 $\hat{r}_{ij}^{(\alpha)}$ 与评价者的主观偏好期望值 $\hat{v}_j^{(\alpha)}$ 之间的偏差记为 σ_{ij}，则 $\sigma_{ij}^2=[\hat{r}_{ij}^{(\alpha)}-\hat{v}_j^{(\alpha)}]^2$；建筑工程 x_j 的所有指标期望与主观感觉期望值之间的偏差记为 σ_j，则 $\sigma_j^2\ (\omega)\ \sum\limits_{i=1}^{m}\ (\sigma_{ij}\omega_i)^2$，为了使决策具有合理性，指标权重向量 ω 的选择应使决策者的主观偏好与客观偏好的总偏差最小，因此我们建立下列单目标优化模型：

$$\min\sigma(\omega) = \sum_{j=1}^{n}\sigma_j^2(\omega) = \sum_{i=1}^{m}\sum_{j=1}^{n}(\sigma_{ij}\omega_i)^2$$

$$s.t.\quad \omega_i\geqslant0, \sum_{i=1}^{m}\omega_i = 1$$

解此模型，作拉格朗日函数：

$$\sigma(\omega,\lambda) = \sum_{i=1}^{m}\sum_{j=1}^{n}\sigma_{ij}^2\omega_i^2 + 2\lambda(\sum_{i=1}^{m}\omega_i - 1)$$

求其偏导数，并令

$$\begin{cases}\dfrac{\partial\sigma}{\partial\omega_i} = 2\sum\limits_{j=1}^{n}\sigma_{ij}^2\omega_i + 2\lambda = 0, i = 1,2,\cdots m\\ \dfrac{\partial\sigma}{\partial\lambda} = \sum\limits_{i=1}^{m}\omega_i - 1 = 0\end{cases}$$

可以得到

$$\omega_i = \frac{1}{\sum\limits_{i=1}^{m}\left(\dfrac{1}{\sum\limits_{j=1}^{n}\sigma_{ij}^2}\right)g\sum\limits_{j=1}^{n}\sigma_{ij}^2}(i = 1,2,\cdots m) \tag{2}$$

利用权重向量计算各建筑工程的综合指标期望值为：

$$E_j^{(\alpha)} = \sum_{i=1}^{m}\hat{r}_{ij}^{(\alpha)}\omega_i \qquad (j = 1,2,\cdots n) \tag{3}$$

根据 $E_j^{(\alpha)}$ 值的大小对建筑工程的质量安全进行排序和择优，期望值大的建筑工程质量安全度相对较高。

4 径向基函数神经网络

4.1 径向基网络结构

径向基函数神经网络由三层组成，其结构如图 2 所示。R 表示网络输入的维数，S^1 表示第一层神经元的个数，S^2 表示第二层神经元个数，α_i1 表示第一层输出 α^1 的第 i 个元素，${}_iIW_{1,1}$表示第一层权值矩阵 $IW_{1,1}$的第 i 行元素。图 2 中的 $\|dist\|$ 接受输入 p 和权值矩阵 $IW_{1,1}$的欧几里德距离。

4.2 基函数的选择

作为基函数的形式有下列几种：

$$f\ (x) = \exp^{(-x/\sigma)^2}$$

$$f\ (x) = \frac{1}{(\sigma^2+x^2)^\alpha} \quad \alpha>0$$

$$f\ (x) = (\sigma^2+x^2)^\beta \quad \alpha<\beta<1$$

上面这些函数都是径向对称的，但最常用的是高斯函数：

$$R_i\ (x) = \mathrm{epx}\left[\frac{\|x-c_i\|^2}{2\sigma_i^2}\right] \quad i=1,\ 2,\ \cdots,\ m$$

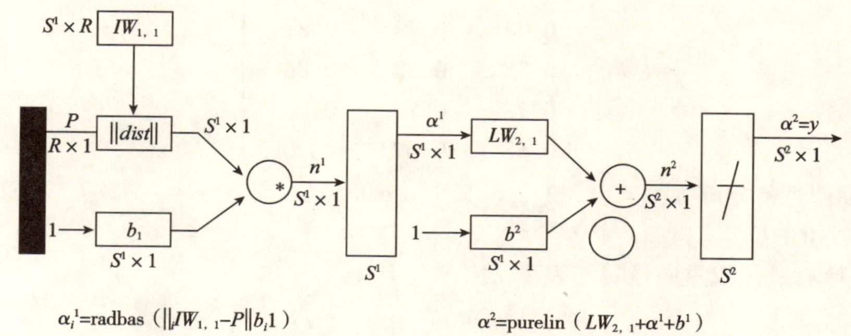

图2　径向基神经网络

其中 x 是 n 维输入向量；c_i 是第 i 个基函数的中心，与 x 具有相同的维数向量，σ_i 是第 i 个感知的变量（可以自由选择的参数），它决定了该基函数围绕中心点的宽度；m 是感知单元的个数。$\| x-c_i \|$ 是范数，它通常表示 x 和 c_i 之间的距离，R_i（x）在 c_i 处有一个惟一的最大值，随着 $\| x-c_i \|$ 的增大，R_i（x）迅速衰减到零。

上述采用的高斯基函数，具备如下优点：（1）很强的泛函逼近能力，原理上能逼近任意的非线形函数；（2）具有训练速度快的优点；（3）不需要大量样本，在每个样本附近均有较好的泛化能力。

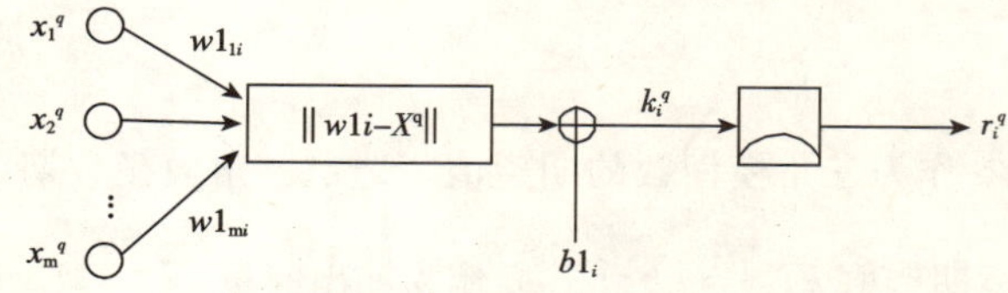

图3　RBF 网络隐含层神经元的输入与输出

4.3　径向基函数的学习过程

如图 3 所示，隐层每个神经元与输入层相连的权值向量 WI_i 和输入矢量 X^q（表示第 q 个输入向量），之间的距离乘上阈值 bl_i 作为本身的输入。

由此可得隐含层的第 i 个神经元的输入为：

$$k_i^q = \sqrt{\sum_j (w1_i - x_j^q)^2} \times b1_i$$

输出为：

$$r_i^q = \exp(-(k_i^q)^2) = -\exp\left(\sqrt{\sum_j (w1_i - x_j^q)^2} \times b1_i\right) = \exp(-(\| w1_i - X^q \| \times b1_i^2))$$

径向基函数的阈值 $b1$ 可以调节函数的灵敏度，但实际工作中更常用另一参数 C（称为扩展常数）。$b1$ 和 C 的关系有多种确定方法，在 Matlab 神经网络工具箱中，$b1_i = 0.8326/C_i$。此时隐层神经元的输出变为：

$$g_i^q = -\mathrm{epx}\left(\frac{\sqrt{\sum_j (w1_i - x_j^q)^2} \times 0.8326}{C_i}\right)^2 = \exp\left(-0.8326^2 \times \left(\frac{\| w1_i - X^q \|}{C_i}\right)^2\right)$$

输出层的输入为各隐含层神经元输出的加权求和。由于激励函数为纯线性函数，因此输出为：

$$y^q = \sum_{i=1}^{n} r_i \times w2_i$$

5　模型的应用

5.1　模糊评价

对 5 个建筑工程进行质量安全评价，请 10 位专家参与本次评价，并设每位专家的重要程度相等，如图 1 所示设置工程属性指标 30 个。根据前面所设计的评价指标体系及模糊评价模型，对工程质量安全等级进行分析。因矩阵较大，所以略去具体计算过程，文章只给出计算结果。具体步骤如下：

第一步，给出指标模糊评价。

请 10 位专家对 5 个建筑工程给出 30 个工程质量安全属性指标的三角模糊评价。

第二步，规范化模糊评价矩阵。

采取无量纲化处理使各指标之间具有可比性，利用 M（g，$\oplus$）算子进行三角模糊合成，从而合成模糊规范化评价矩阵 $\hat{R}=(\hat{r}_{ij})_{m\times n}$。

第三步，计算主观感觉值及规范化矩阵中元素的期望值。

假设对 5 个建筑工程 x_j 的主观偏好值分别为：

$$\hat{v}=\begin{bmatrix}0.60 & 0.65 & 0.70\\ 0.72 & 0.78 & 0.81\\ 0.75 & 0.82 & 0.86\\ 0.78 & 0.85 & 0.90\\ 0.68 & 0.073 & 0.083\end{bmatrix}$$

根据式（1）得到期望评价矩阵 $\hat{R}^{(\alpha)}=(\hat{r}_{ij}^{(\alpha)})_{m\times n}$，其中 $\alpha=0.5$。

第四步，模型权重的确定。

根据式（2），计算最优权重向量 ω（表2）。

最优权重向量 ω 　　表2

模糊权	0.0602	0.0507	0.0523	0.0495	0.0542	0.0450	0.0513
	0.0468	0.0532	0.0564	0.0555	0.0544	0.0518	0.0430
	0.0518	0.0535	0.0616	0.0537	0.0550		

由式（3）计算各建筑工程的综合指标期望值为：

$$E=(0.911，0.813，0.614，0.592，0.739)$$

5.2 RBF 神经网络修正期望值

5.2.1 前期准备

根据三角模糊数的特点，文章采用 $t_{ij}=(r_{ij}^{L}+4r_{ij}^{M}+r_{ij}^{U})/6$ 作为三角模糊数的期望值。选定三角模糊数期望值 $T=(t_{ij})'$ 作为输入向量，建筑工程设计质量的综合指标期望值 $E_j^{(\alpha)}=\sum_{i=1}^{m}\hat{r}_{ij}^{(\alpha)}\omega_i$ 作为输出向量。

5.2.2 网络的创建、训练和测试

RBF 网络的输入层神经元个数取决于影响因子的个数，由图 1 可知，其个数为 30。由于输出为建筑工程设计质量安全综合指标值，所以输出层神经元个数为 1。利用 newrbe 创建一个精确的神经网络，该函数在创建 RBF 网络时，自动选择隐含层的数目。代码为：

```
SPREAD = 2;
Net = newrbe (P, T, SPREAD);
```

其中，SPREAD 为径向基函数的分布密度，选择越大的 SPREAD 值，网络输出就越平滑。SPREAD 值的大小影响网络的精度，分别在 SPREAD = 1.5，2，3，4，5 情况下训练，最终选取 SPREAD = 2 以获得最理想的结果。由于网络的建立过程就是训练过程，因此，此时得到的网络 net 就已经是训练好了的。

对网络进行仿真，验证其修正性能。代码为：

```
y = sim (net, p_ test)
```

训练程序运行时间都在 300 ~ 1000ms 之间，测试时间小于 20ms，具有较快的运行速度。计算结果如表 3。

建筑工程质量安全等级分类 　　表3

工程序号	模糊评价	评价等级	RBF 修正	评价等级
1	0.893	AA	0.916	AAA
2	0.183	D	0.197	D
3	0.674	A	0.665	A
4	0.592	B	0.614	B
5	0.739	A	0.779	A

通过表 3，可以发现用 RBF 神经网络修正后的建筑工程设计质量安全期望值，在总体上与模糊评价是相一致的。RBF 神经网络全监督式和全局逼近的特点使评价结果比单一模糊评价模型具有更好的合理性和准确性，更适合工程设计质量安全等级评价。

6 结论

（1）运用RBF神经网络修正的基于期望值的模糊多属性决策进行建筑工程的质量安全评价，不仅妥善处理了各指标的合理表述问题，也充分考虑了评价者的主观偏好。

（2）专家对评价指标的表述简单明了，并综合考虑了定性指标与定量指标，所得结果具有综合性。

（3）对质量安全的期望值采用RBF神经网络修正，修正后的结果相比单一使用模糊多属性决策模型更能贴近实际。

（4）文章所使用的评价方法基本上实现和完成了对专家的主观经验和数理评价方法的有机结合，提高了建筑工程质量安全评价的科学性，增强了质量安全评价的说服力，为质量安全评价提供了一种科学、简便的质量安全评价方法。

参考文献

[1] 王早生．加强与改进勘察设计质量管理［J］．建筑设计管理．2001，1：12－16.

[2] 苏永强，黄玲．建筑工程设计安全模糊评价方法研究［J］．煤炭工程．2006，7：76－78.

[3] 王华伟，左洪福．航空公司安全评估研究［J］．系统工程．2006，24（2）：46－51.

[4] 孟明，牛东晓，谷志红．基于模糊熵的电力客户满意度评价模型［J］．华北电力大学大学学报（自然科学版）．2005，32（4）：68－70.

[5] 曾玲．模糊多属性决策中模糊属性值的规范化方法［J］．模糊系统与数学．2006，20（2）：97－82.

[6] Lee D H，Park D. An efficient algorithm for fuzzy weighted average［J］．Fuzzy Sets and Systems．1997，87：35－45.

[7] 徐泽水．基于期望值的模糊多属性决策法及其应用［J］．系统工程理论与实践．2004，1：109－114.

[8] 朱文喜，单泊源．公共工程项目风险评价的神经网络方法［J］．哈尔滨工程大学学报．2006，7：142－146.

[9] Lamedica R，Prudenzi A，Sforna M. A neural network based technique for short－term forecasting of anomalous load periods［J］．IEEE Trans．Power Systems．1996，11（4）：1749－1755.

[10] Chow T W S，Leung C T. Neural network based short-term load forecasting using weather compensation［J］．IEEE Ranson Power Systems．1996，11（4）：1736－1742.

[11] 王洪元，史国栋．人工神经网络技术及其应用［M］．北京：中国石化出版社，2002.

[12] 楮蕾蕾，陈绥阳，周梦．计算智能的数学基础［M］．北京：科学出版社，2002.

[13] 陈泽淮，张尧，武志刚．RBF神经网络在中长期负荷预测中的应用［J］．电力系统及其自动化学报．2006，18（1）：15－19.

“设计与施工一体化专业承包”的工程建设与工程管理的框架研究

——基于建筑智能化工程行业

黄 锴

（浙江建达科技有限公司）

1 前言

近年来，为了深化我国工程建设项目组织实施方式改革，培育发展专业化的工程总承包和工程项目管理企业，我国的工程建设行业正在积极地推行“工程总承包”和“全程工程项目管理”的工程建设与工程管理，这是提高工程建设管理水平，保证工程质量和投资效益，规范建筑市场秩序的重要措施；是调整企业的经营结构，增强综合实力，加快与国际工程承包和管理方式接轨，适应社会主义市场经济发展和加入世界贸易组织后新形势的必然要求；也是积极开拓国际承包市场，提高我国企业国际竞争力的有效途径。

在此大背景下，为了推进专业工程总承包发展，加强对建筑市场的监管，结合有关专业工程的具体情况，国家建设部在2006年先后颁布了《建筑智能化工程设计与施工资质标准》和《〈建筑智能化工程设计与施工资质标准〉等四个设计与施工资质标准的实施办法》等文件。由此，一种新型的工程建设与工程管理模式将在建筑智能化工程等行业建立并开展。

当前在推行工程总承包中主要存在三个方面的问题：一是业主认可程度还比较低，市场发育不完善；二是实行总承包的法律、法规和政策不完善；三是工程承包企业自身能力存在问题。为此，探求怎样在“工程总承包”以及“专业工程总承包”的模式下，能够克服面临的不利因素和化解存在着的问题的方法，并建立一种能够适应新模式下的工程建设与工程管理的框架是一项急迫的研究内容。

本文以建筑智能化工程行业为背景，研究在新的“设计施工一体化专业工程总承包”模式下，涉及企业和行业范围内的工程建设与工程管理的体系框架。

2 建筑智能化工程行业

2.1 建筑智能化工程行业的归属

建筑智能化工程属一个新型的行业，国内的发展只有十几年的历史，但其发展迅速而又广泛。建筑智能化工程隶属建筑工程行业，在建筑工程的分部分项工程划分中，建筑智能化工程作为九个分部工程之一，与装饰装修工程、建筑电气工程等属同一等级类别。而在原有的企业资质管理中，建筑智能化工程纳入了建设工程勘察设计企业中“工程设计专项资质”和建筑业（施工）企业中“专业承包企业”的资质管理范围中。现行的“建筑智能化工程设计与施工”一体化资质，将同时纳入“工程设计”和“专业承包企业”的资质管理范围管理。

2.2 建筑智能化工程行业的产值规模

建筑智能化工程在建筑行业的工业和民用建筑中，所占的建筑建设投资比例还是比较小，据保守的统计与估计：在住宅建筑中约为1%～2%；工业建筑中约为2%；公共建筑中约为3%；办公商业建筑中约为3%～5%，当然有些特定的建筑会高于5%的比例。但由于近年来，我国建筑行业持续地快速发展，工业和民用建筑的建设投资基数极大，因而，我国建筑智能化工程行业的年产值规模也已经达到了1000亿元。

2.3 建筑智能化工程的定义范围

建筑智能化工程是以特定的建筑为平台，综合了信息设施系统、信息化应用系统、建筑设备管理系统、公共安全系统、机房工程、建筑环境系统以及特定建筑的应用功能，并对建筑所涉及的结构、系统、服务、管理进行优化的智能化集成，为人们提供一个安全、高效、节能、环保、舒适、便利的建筑环境。

建筑智能化工程包括下列专业技术（子）系统工程：（1）综合布线及计算机网络系统工程；（2）设备

监控系统工程；（3）安全防范系统工程；（4）通信系统工程；（5）灯光音响广播会议系统工程；（6）智能卡系统工程；（7）车库管理系统工程；（8）物业管理综合信息系统工程；（9）卫星及共用电视系统工程；（10）信息显示发布系统工程；（11）智能化系统机房工程；（12）智能化系统集成工程；（13）舞台设施系统工程。

2.4 智能化工程行业的产业链

建筑智能化工程行业的产业链是由涉及建筑智能化工程项目的建筑市场各方主体和相关方组成的。包括：投资建设项目的业主（甲方）、专业咨询单位、建筑设计单位、智能化工程专项设计单位、施工承包单位、设备供应厂商、招标代理单位、行业技术专家、工程监理单位、行业管理机构、质量检测机构、造价评估机构、公用事业单位等等。

在建筑智能化工程行业的产业链中，遵循和符合工程建设的特性规则与流程，由项目的业主（甲方）通过专业咨询单位、招标代理单位的协助，物色和确定（通常采用招标方式）建筑设计单位、智能化工程设计单位，并进行相关设计工作。根据设计的成果（施工图和设备清单）物色和确定（通常也是采用招标方式）施工承包单位、设备供应厂商。施工的过程由工程监理单位、质量检测机构进行监督管理，与公用事业单位进行协调。在这过程中还要向行业管理机构、造价评估机构等进行项目的报备和评估。在招标环节中，将有行业技术专家参与评标。

3 工程总承包的基本概念和主要方式

工程总承包是指从事工程总承包的企业受业主委托，按照合同约定对工程项目的勘察、设计、采购、施工、试运行（竣工验收）等实行全过程或若干阶段的承包。

工程总承包企业按照合同约定对工程项目的质量、工期、造价等向业主负责。工程总承包企业可依法将所承包工程中的部分工作发包给具有相应资质的分包企业；分包企业按照分包合同的约定对总承包企业负责。

工程总承包的具体方式、工作内容和责任等，由业主与工程总承包企业在合同中约定。工程总承包主要有如下方式。

3.1 设计采购施工（EPC）/交钥匙总承包

设计采购施工总承包（Engineering，Procurement and Construct）是指工程总承包企业按照合同约定，承担工程项目的设计、采购、施工、试运行服务等工作，并对承包工程的质量、安全、工期、造价全面负责。

交钥匙总承包（Turnkey Projects）是设计采购施工总承包业务和责任的延伸，最终是向业主提交一个满足使用功能、具备使用条件的工程项目。

3.2 设计－施工总承包（D－B）

设计－施工总承包（Design-Build）是指工程总承包企业按照合同约定，承担工程项目设计和施工，并对承包工程的质量、安全、工期、造价全面负责。

3.3 工程总承包建设模式的国际版本

在国际上，国际咨询工程师联合会（FIDIC）所编制的《设计采购施工（EPC）/交钥匙工程合同条件》（Condition of Contract for EPC/Turnkey Projects）银皮书中，阐述EPC工程建设模式与合同条件；编制的《生产设备和设计－施工合同条件》（Condition of Contract for Plant and Design-Build）黄皮书中，阐述D－B工程建设模式与合同条件。另外，美国设计施工一体化学会（DBIA：Design-Build Institute of America）对D－B工程建设模式作明确的阐述。

依据上述有关工程总承包建设模式的国际版本，根据有关文献对工程总承包的分类和涉及的工程建设程序以及适用场合的研究表述与结论表明：

交钥匙总承包模式涉及项目决策、初步设计、技术设计、施工图设计、材料设备采购、施工安装、试产运营，适合于生产性工业项目的工程建设。

设计采购施工总承包模式涉及初步设计、技术设计、施工图设计、材料设备采购、施工安装、试产运营。适合于大多数工业项目的工程建设。

设计—施工总承包模式涉及初步设计、技术设计、施工图设计、施工安装。D－B模式下，材料设备采购通常是由项目业主自行负责（甲供）或委托专业设备成套商供应的。此模式适合于一般的建筑工程项目的工程建设。

4 “设计与施工一体化的专业工程总承包”模式（D&CIPC）

4.1 非一体化的专业工程建设模式

建筑智能化工程的传统工程建设模式是采用智能化工程进行专项设计以及专业施工承包的形式，将设计与施工分离，即在工程的设计与施工这两个工程建设程序和过程中，设计与施工不是由一个单位，而是由至少两个单位分别承担。通常是在工程设计单位将设计成果全部完成之后，再进行工程的施工招标。设计与施工存在着较大的技术交接面，设计意图的体现和质量要求的确保会受到影响。并且存在着责任分离、风险分离、利益分离所引起的其他一系列的问题。

4.2 一体化的专业工程总承包模式

建筑智能化工程的“设计与施工一体化的专业工程总承包”模式（Design & Construction Integrated Professional Contracting）是将设计与施工这两个工程建设程序和过程，由一个单位来承担。在这种模式下，设计与施工一体化的专业工程总承包商对建筑智能化工程的设计、采购和施工进行专业工程总承包。这样，责任主体单一，风险处置自控，利益成果独享。将会在项目初期的设计时就考虑到采购和施工的影响，避免了设计和采购、施工的矛盾，减少了由于设计错误、疏忽引起的变更，可以显著缩短工期、减少项目成本和方便工程的协调管理。

4.3 专业工程总承包模式与工程总承包建设模式的差异

根据建筑智能化工程建设的惯例，通常由施工单位负责工程材料与设备的采购，所以，“设计与施工的一体化专业工程总承包”模式中，会涉及初步设计、技术设计、施工图设计、材料设备采购、施工安装等工程建设程序。通常，它也是建筑工程项目（配套）的分部工程。因此，它与工程总承包建设模式的国际版本的差异主要表现为（表1）：它不像“交钥匙总承包”模式涉及项目决策、试产运营的过程阶段；也不像“设计采购施工总承包”模式涉及试产运营的过程阶段；以及不像“设计－施工总承包”模式不涉及材料设备采购的工作内容。

专业工程总承包模式与工程总承包建设模式（国际版本）的差异　　表1

总承包模式	工程建设程序						
	项目决策	初步设计	技术设计	施工图设计	材料设备采购	施工安装	试产运营
交钥匙总承包（Turnkey）	★	★	★	★	★	★	★
设计采购施工总承包（EPC）		★	★	★	★	★	★
设计—施工总承包（D－B）		★	★	★		★	
设计与施工一体化专业工程总承包（D&CIPC）		★	★	★	★	★	

5 一体化专业工程总承包模式的工程管理框架

对于建筑智能化工程的“设计与施工一体化专业工程总承包”模式的工程项目管理及其工程管理体系框架，可以划分成两个层面来研究。一是以一体化专业工程总承包企业为范畴，即以企业为研究对象。二是以智能化工程行业产业链的工程建设主体为范畴，即以行业为研究对象。

5.1 企业范畴的工程管理框架

对于建筑智能化工程一体化专业工程总承包企业而言，企业是以承揽专业工程项目为主要经营目的的，所以，工程管理是基于企业项目的管理。在一体化专业工程总承包模式的工程建筑环境下，若与设计与施工分离的传统工程建设模式相比，在相同的工程建设项目数量的情况下，设计与施工一体化的工程建设模式使同时具有设计和施工资格的企业，减少了一半的赢得工程项目的机会可能性。由此，更需要企业注重综合能力的建设，建立和完善工程项目的管理体系，以适应建筑工程市场的激烈竞争，赢得工程项目的承包权并有良好的经济效益。

建筑智能化工程企业在设计与施工一体化的工程建设模式下，应该建立和完善企业级工程项目管理体系（框架），并以针对企业工程项目管理“内在联系的度量”——“内聚度”来衡量与表征。内聚度（Cohesion Degree）是企业工程项目管理体系中，各组项目管理的要素模块（管理对象与过程）内部各成分（管理内容与信息）之间的联系的程度。显然，项目管理的要素模块内部各成分联系得越紧，即其内聚度越大，项目管理的要素模块独立性就越强，表征为项目管理体系越完善和完整。具有良好内聚度的项目管理的要素模块应能较好地满足项目管理体系的“功能要求”。

在总承包企业的工程项目管理体系中，各项目管理的要素模块主要有：工程总承包的项目组织管理，项目策划管理，项目设计管理，项目采购管理，项目施工管理，项目试运行管理，项目进度管理，项目质量管理，项目费用管理，项目安全、职业健康与环境管理，项目资源管理，项目沟通与信息管理，项目合同管理等。

建筑智能化工程的“设计与施工一体化专业工程总承包”模式的工程项目管理本质上与“设计采购施工工程总承包”模式是相似的，只不过是两者涉及的阶段和范围不同而已。对于“设计采购施工工程总承包”模式的工程项目管理，建设部颁布了《建设项目工程总承包管理规范》。对工程总承包管理的内容与程序以及相关内容作了详细的规定，是工程总承包和专业工程总承包相关企业进行工程项目管理所应该遵循的依据和执行的准则。基于企业范畴的总承包工程管理框架见表2。

基于企业范畴的总承包工程管理框架　　表2

<table>
<tr><td rowspan="4">设计采购施工工程总承包（EPC）或专业工程总承包（D&CIPC）项目</td><td colspan="20">项目进度管理</td><td colspan="20">项目质量管理</td><td colspan="20">项目费用管理</td></tr>
<tr><td colspan="12">项目策划管理</td><td colspan="12">项目设计管理</td><td colspan="12">项目采购管理</td><td colspan="12">项目施工管理</td><td colspan="12">投试运行管理</td></tr>
<tr><td colspan="15">项目组织管理</td><td colspan="15">项目资源管理</td><td colspan="15">项目合同管理</td><td colspan="15">项目信息管理</td></tr>
<tr><td colspan="60">项目安全、职业健康与环境管理</td></tr>
</table>

5.2　行业范畴的工程管理框架

以“智能化工程行业产业链的工程建设主体”为范畴，建立的“行业”工程项目管理体系框架，与“一体化专业工程总承包企业”工程项目管理体系框架的不同之处在于：同一个项目，一个涉及的是产业链中的多个主体；一个只涉及总承包企业的单一主体。同时，一个关注的是行业整体以及工程项目的外部关联性；一个关注的是企业单体以及工程项目的内部联系性。

针对行业产业链中，工程项目管理“外部关联的度量”——可以用“耦合度”来衡量与表征。耦合度（Coupling Degree）是行业工程项目管理体系中，各个工程建设主体就一特定的工程项目，对各组项目管理的要素模块（管理对象与过程）之间的外部各成分（管理内容与信息）的关联程度。显然，项目管理的要素模块外部各成分联系得越紧，即其耦合度越大，项目管理的要素模块依赖性就越大，表征为项目管理体系越密切和关联。具有良好耦合度的项目管理的要素模块应能较好地满足项目管理体系的“合作要求”。

智能化工程行业产业链的工程建设各方主体包括：项目的投资建设的业主（甲方）和参与工程建设活动的（勘察）设计单位、施工承包单位、工程监理单位、招标代理机构、造价咨询机构、检测试验机构、施工图审查机构等企业或单位以及相关从业人员。并且，已经纳入了行业管理机构的建筑市场诚信行为管理中。另外，设备供应厂商作为一种特殊的工程建设主体将受到建设的业主、工程监理单位、质量检测机构、施工承包单位等的多方监督。

基于行业范畴的总承包工程管理框架见图1。它是基于工程建设的多主体各方和总承包工程管理涉及的各项目管理要素模块的组成。

6　“设计与施工一体化”模式对行业产业链的影响

对建筑智能化工程将采取“设计与施工一体化专业工程总承包”模式，这不仅涉及到相关的设计施工企业，更是会影响整个行业的产业链中相关节点的角色和作用。

在今后的一段时间里，建筑智能化工程“设计施工一体化”企业与原有的“设计”或“施工”的资质企业共同分享相对平衡、特定的工程市场，市场竞争的加剧在所难免。建筑智能化工程将按“设计施工一体化”发包和专业工程“设计”或“施工”单独发包这两种形式招标和投标。但是，在工程建设项目推行工程总承包，倡导资源最佳配置和减少管理链和管理环节的大趋势下，建筑智能化工程按“设计施工一体

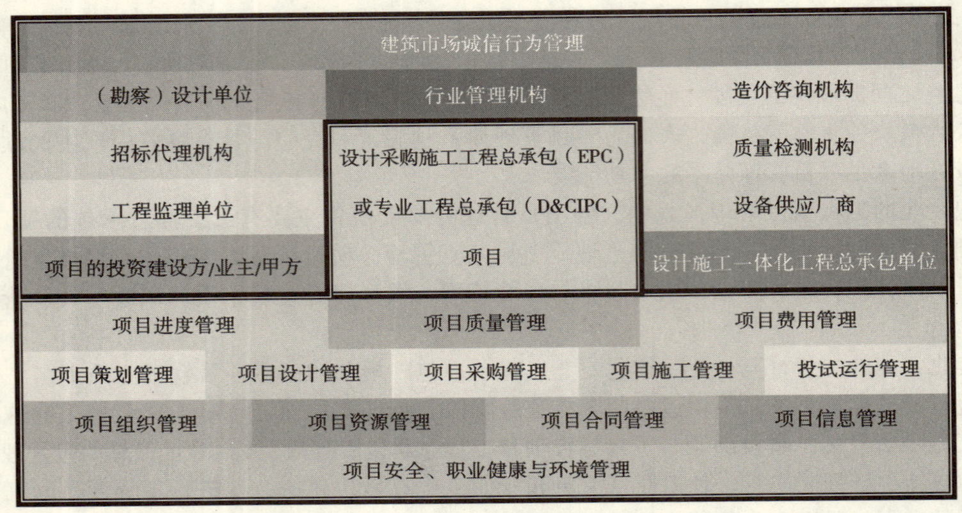

图1　基于行业范畴的总承包工程管理框架

化”发包的比重将会有较大的上升。建筑智能化工程的“设计施工一体化”招标将推行“限额设计”，投标人根据招标文件明确的“编制深度要求”和“投资控制要求”编制投标文件。其投标文件商务部分的编制应根据设计方案和施工组织设计，在造价控制范围内以工程量清单计价的方式进行报价，一般采用“综合评估法评标”。造价工程一次性包干，实施过程中一般不再调整。

对于项目的业主，选择采用“设计与施工一体化专业工程总承包”模式进行工程建设，所面临的最大问题是：原有根据设计后出全设计文档（设计图纸及说明、工程量清单）进行施工招标的模式（“结构招标”）将被无设计前提的、但需明晰需求、范围、目标及投资的“设计施工一体化”招标（“功能招标”）所替代。风险前移了，这就需要采取相关的专业服务等措施来降低“功能招标”所产生的风险，如：在项目前期加强采用“专业咨询”、“专家评议”、“投资类比”等方法措施。

对于产品供应商，在“设计与施工一体化专业工程总承包”模式下，原来需要经过多个环节才能最后确定是否采用“供应商产品”的形式被“一锤定音”所替代了。从产品的推荐选择、询价报价、服务承诺、合同确定、采购供货、质量检验、安装调试、售后维保，等等一系列的活动过程中，都只要与一家“设计与施工一体化专业工程总承包”单位接洽合作就行了，这也势必会提高产品销售和服务的诚意，减少环节，减少成本，缩短周期，提高效率。

工程总承包克服了设计、采购、施工责任分离，相互制约和脱节的矛盾，能够最大限度地发挥承包商在设计、采购、施工技术和组织方面不断优化的积极性和创造性，促进新技术、新工艺、新方法的应用，进而促进建筑工程科技进步，节约使用资源，更有效地保护环境；能够有效地进行工程质量、工期、投资的综合控制；能够有效地避免因设计、施工、供应等不协调造成工期拖延、投资增加、质量事故和合同纠纷等问题。总承包还能够有效地减少招标次数，大大降低工程的社会成本。

7　结束语

社会进步需要改革和创新。而为人类社会创造福祉的工程建设行业的发展，也是需要不断地改革和创新，“设计施工一体化专业工程总承包”模式是一种新的开拓，当然，也需要探求和建立与之相适应的、符合行业特征特点的、新的工程建设与工程管理模式。

参考文献

［1］中华人民共和国建设部．关于培育发展工程总承包和工程项目管理企业的指导意见（建市［2003］30号）［EB/OL］．http：//www. cin. gov. cn/manage/file/2003021703. htm.

［2］中华人民共和国建设部．关于印发《建筑智能化工程设计与施工资质标准》等四个设计与施工资质标准的通知（建市［2006］40号）［EB/OL］．http：//www. cin. gov. cn/INDUS/file/2006031702. htm.

［3］中华人民共和国建设部．关于印发《〈建筑智能化工程设计与施工资质标准〉等四个设计与施工资质标准的实施办

法》的通知（建办市［2006］68号）［EB/OL］. http：//www.cin.gov.cn/indus/file/2006091302. htm.

［4］王素卿. 在推动工程总承包与对外工程承包高峰论坛上的讲话［EB/OL］. http：//www.cin.gov.cn/indus/speech/2006110703. htm.

［5］中华人民共和国建设部. 建筑工程施工质量验收统一标准（GB 50300－2001）［S］. 北京：中国建筑工业出版社，2001.

［6］中华人民共和国建设部. 建设工程勘察设计企业资质管理规定（建设部令第93号）［EB/OL］. http：//www.cin.gov.cn/law/depart/2001080703－00. htm.

［7］中华人民共和国建设部. 建筑业企业资质管理规定（建设部令第87号）［EB/OL］. http：//www.cin.gov.cn/law/depart/2001042701－00. htm.

［8］王东伟. 华东地区智能建筑行业现状及展望［J］. 智能建筑. 2007，1.（总第77期）

［9］中华人民共和国建设部. 智能建筑设计标准（GB/T 50314—2006）［S］. 北京：中国计划出版社出版. 2006.

［10］国际咨询工程师联合会（FIDIC）编写/中国工程咨询协会编译. 设计采购施工（EPC）/交钥匙工程合同条件［M］. 北京：机械工业出版社，2002.

［11］国际咨询工程师联合会（FIDIC）编写/中国工程咨询协会编译. 生产设备和设计——施工合同条件［M］. 北京：机械工业出版社，2002.

［12］杰夫·伯德.（美）设计—施工统包法［M］. 北京：机械工业出版社，2006.

［13］林知炎. 建设工程总承包实务［M］. 北京：中国建筑工业出版社，2004.

［14］中华人民共和国建设部. 建设项目工程总承包管理规范（GB/T 50358—2005）［S］. 北京：中国建筑工业出版社，2005.

［15］中华人民共和国建设部. 建设部关于印发《建筑市场诚信行为信息管理办法》的通知（建市［2007］9号）［EB/OL］. http：//www.cin.gov.cn/INDUS/file/2007011715. htm.

［16］黄锴. 2007年智能建筑行业管理的趋势与预言［J］. 弱电系统 & 设备. 2007，1.

治水三策

——中国易学水资源治理工程及工程管理策略

张少雄

（中南大学高等教育科学研究所）

1 水资源与水资源治理

1.1 研究背景

近25年间，中国水患频发。水患，既有泛滥之患，即洪涝；又有缺乏之患，即干旱。

泛滥之患年年来；年年有洪年年抗洪。其中1998年洪水百年不遇，自北而南，包括松花江流域、嫩江流域、长江流域都暴发全流域性特大洪水，抗洪救灾所损耗的人力、物力、财力难以计算，损失惨重，教训沉痛。

缺乏之患时时出；年年干旱年年抗旱。其中2003年南方大旱，因储水不够而无法抗争，农业蒙受重大损失。

洪魔与旱魃，已经成为制约中国经济腾飞的大患。水资源治理，不仅是国家发展与进步的当务之急，更是永保华夏大地繁荣昌盛的千秋大计。

1.2 近25年中国水患特点

近25年中国水患有两大特点。一是水泛滥与水缺乏逐年升级；二是水泛滥与水缺乏交替发生。

升级主要表现为频率升级和程度升级。以长江流域水泛滥为例，1949年以来，长江流域水患成灾共7次，而20世纪90年代就出现3次；在更大范围来看，长江流域500年间共出现53次大涝，平均每百年10次，而20世纪就有21次大涝。20世纪90年代几乎年年大灾；全流域成灾面积，50年代1050万 hm^2/年，90年代上升到4942万 hm^2/年，其所占比例亦由50年代的42%上升到90年代的50%，受灾率由50年代的16.7%上升到90年代的42%。

交替主要表现为时间交替与空间交替。时间交替，指洪涝与干旱在同一地区交替发生；空间交替，指洪涝在一个地区发生，而同时干旱在另一地区发生。

1.3 水资源治理内涵

中国水资源治理，从大禹治水，到李冰父子督造都江堰，历史源远流长。水资源治理理论与策略，从《尚书·洪范》所载，到徐光启《农政全书》记述，再到潘季驯《河议辩惑》，均以国计民生之大计为立足点与出发点。中国古代水资源治理，在理论与实践上均取得相当丰硕的成果；这些成果，对于当今水资源治理仍然有很强的指导意义。

本项研究以现代科学技术通识和易学精髓为理论指导，使用模拟数据，进行最简明计算，寻求水资源治理良策。本文中所谓水资源治理，指通过工程及工程管理手段治理水患和保持水资源，治理指治理水泛滥和水缺乏两患，保持指保护水资源并使之持久永存。水资源治理工程不是为工程而工程，水资源工程管理不是为管理而管理，而是通过治理工程及工程管理达到使用，即为用而治。解决水资源的治与用，对中国未来的社会、经济与文化建设，均有深远的意义。

本文试图通过对水患、水患特点与水患成因的考察、描述与分析，提出具有长期效益的水资源治理策略，主要是水资源工程及工程管理策略。

2 治水一策：调阴阳

已有科学研究，认为中国水患成因复杂，其中提得较多的有三个方面：一、中国自然地理环境复杂，地形复杂多样，山地、丘陵、高原占国土面积大，地势落差大，降水分布呈空间不均匀性，时间不平衡性和年季不稳定性，出现大暴雨则极易形成大洪，长期不降水则出现干旱。二、人为破坏自然，造成生态失衡，湖泊面积减小，调蓄洪水能力显著降低。三、气候变化，以及气候变化的不确定性。

然而，从易学角度看，水患成因并不复杂，只是阴阳失衡，是降雨与纳水失衡，是云腾与致雨失衡。

2.1　关于阴阳平衡的模拟数据计算

为展示水资源阴阳平衡的内涵，有必要进行简要数据分析。为达成简要性，亦为达成普适性，本节采用模拟数据进行计算与分析。

设定区域面积为 $1m^2$，特定时间段降雨量为 100mm，那么在这 $1m^2$ 内必须要有 $0.1m^3$ 的蓄水体。在这 $1m^2$ 内，如果设置一个表面积为 $0.1m^2$ 的蓄水区，平均深度必然不能小于 1m；如果设置一个表面积为 $0.05m^2$ 的蓄水区，平均深度必然要不能小于 2m；如果设置一个表积为 $0.01m^2$ 的蓄水区，平均深度就必须不能小于 10m；其余类推。只要有足够蓄水体来蓄容降雨，就能确保不出现水溢成灾的状况。这里，地表渗透忽略不计，是强调蓄水体预设容量的上限。

假定一个自然小村（两山脉间，沿山水走向自然分布的村落）全村土地总面积 1000 亩，居民 30 户，平均每家有一个蓄水塘（包括自然蓄水体），并且按一般的自然规律分布，各蓄水塘之间有连接性沟渠，沟渠汇集成溪流，溪流汇集成小河，小河注入湖泊或大江。如果平均每个蓄水塘面积小于 1.5 亩，则 30 户人家共有面积不少于 45 亩的蓄水区。这样，一次性降雨量在 100mm 以下时，只要蓄水塘平均深度达到 2.3m，就可蓄容该村全部降水；如果一次性降雨量达到 200mm 时，只要蓄水塘平均深度达到 4.5m，就可蓄容该村全部降水；如果有更大降水，蓄水塘蓄容能力不足，雨水就会溢入沟渠，经沟渠而注入溪流，再入小河及湖泊或大江。这样，降水在注入湖泊与大江之前，已经层层分解蓄容，大量降水带来的压力也被层层削减。

推而广之，对于一个乡，一个县，一个市乃至一个大地区而言，只要有足够容量的蓄水陂塘，就足以防止降雨泛流成洪。如果陂塘总面积占该区域总面积的 10%、并且平均深度为 5m 左右，对于年降水量在 500mm 以下的地区来说，已经是足够蓄水体积，当然就不会水流四溢。

然而，历史上有过的陂塘在 70 年代后遭到严重破坏。长江沿岸四川、湖北、安徽、江苏、湖南、江西等省此类蓄水陂塘，因种种原因，较之 1949 年以前减少四分之三。

2.2　水资源的阴阳失衡

上文已经用模拟数据计算，展示出降雨量和蓄水量平衡关系。根据易学阴阳理论，降雨为阳出，为阳；蓄水为阴纳，为阴。降雨量与蓄容量持平，则阴阳平衡；否则，阴阳失衡。

20 世纪后期，大量蓄水陂塘被破坏乃至消失，导致蓄水体严重不足，使阴纳大大削弱，导致阴阳严重失衡。主要表现如下：

（1）原有池塘被改造成水田或旱地，山塘被破坏，港溪被填平；

（2）由于片面追求机械化生产，一些小型溪、河被人为地改走直线，导致河道负载力减弱，并破坏河道自身清淤能力；

（3）由于劳动力不良转移，导致水利设施年久失修，起不到应有的调节水流作用。

蓄水体严重不足，是阴纳严重不足；即使降雨量即阳出正常，也会出现阴不纳阳状况。如遇大雨、暴雨或持续数日大暴雨，阳出远远大于阴纳，雨水势必四溢成灾。洪水四溢后，并不就地留存，而是全部注入江湖，进而流入大海，如遇久晴不雨，必然天旱。

2.3　治水一策：调变阴阳

易学中的阴阳观念及阴阳平衡思想，既高深又浅显，既复杂又简单，其内涵之丰富，涵盖之广泛，几乎融贯于中国传统社会科学与自然科学的各个领域。《黄帝内经》讲人之阴阳脉理与医药调理之道，《孙子兵法》说军力阴阳之变与用兵阴阳并行之道，《唐鉴》指出治理社会要阴阳相持，……。水资源治理之道更是阴阳调和之道，如前文所讲，降雨为阳，蓄水为阴，依徐光启《农政全书》卷十二所说，“调变阴阳，此其大者”。

根据模拟数据计算所得结论，无论降雨量有多大，只要有足够蓄容量，就可以达到阴阳平衡。近 20 年洪灾成因，主要是蓄水体不够；因此调阴阳的当务之急，是提高阴纳能力，即扩大蓄水体。调变阴阳，可以采取如下具体工程及工程管理措施。

（1）退田还塘。通过政策调控，鼓励与引导恢复原有蓄水陂塘并扩大塘口面积，特别是引导农村地区退田还塘。无法扩大塘口面积的陂塘，通过淘塘泥等手段加深其深度。

塘与塘要形成多极多层面布局，在自然分布的基础上彼此沟通，使之既有利于防涝，又有助于抗旱。《宋史·食货上》有载“明越之境，皆有陂湖，大抵湖高于田，田高于海，旱则放湖水灌田，涝则决田水入海。”此处，湖、海即为陂塘。元代王祯《农书》中也有关于陂塘的描述：“或通为沟渠，或蓄为陂塘，以资灌溉，安有旱之忧哉”。

设置蓄水陂塘是涝时防水，旱时供水的明治之举。不仅如此，设置陂塘还是调节晴雨的重要手段。云腾致雨，水蒸发到空中，《朱子类语》卷七十说“用气盛，凝结得密，方湿润下降为雨”；如遇到数日烈日当空，有陂塘之水蒸发到空中，可以适时致雨，从而调节气候，达成风调雨顺之良性循环。

（2）疏理水道。按照水行的自然渠道将水沟、水渠、小溪、小河掘深拓宽，尤其在汇水处加宽加深水道。这样做，不但可以加大河道蓄容，减轻下游水流冲击力，而且可以“水流刷沙”，避免粗沙入渠堵道，增强河道自身清淤能力。

（3）修建多层次水库。修建地面水库，这一措施已初见成效，本文不赘述。

修建江底水库，在靠近城市、或有支流汇入的地方修建江底水库。江底水库以江面宽度为宽度，长度300~500m均可。可以连续修建几个江底水库，形成江底水库群。江底水库作用较多，本节仅择要叙述。第一，在洪水期间，蓄容河道之水；减小河道压力及支流入库压力。第二，在江河枯水期，以其蓄存来缓解城市用水压力。以湖南长沙湘江为例，1998年冬，湘江枯水，长沙市民惜水如油，如湘江长沙市区段有江底水库，就可以在一定程度上缓解因枯水江底外露而导致的水源枯竭。第三，在枯水期，一些特有水生物会迁移或死亡；而江底水库则可以适当地保存一定“原水”环境，有利于特有水生物物种保护。

（4）寻找与建设地下储水体。有河流经过的地方，通常会有地下水流或地下水洞，尤其在沿江、沿河城市，往往有地下水。目前，由于城市用水过量，大规模取用地下水，使一些地区地下水出现“抽空”现象，造成地面下沉，如上海、东京等城市每年都在以不同速度下沉。因此，有必要寻找与建设地下储水体，具体做法包括：①在曾有地下水资源的地区寻找地下径流，并向其中注水；②在地下水资源不发达的地区，在非重量型大型地面建筑（如大型体育场、公园、植物园等）下修建地下水库。寻找与建设地下储水体，作用也较多，本节仅择要叙述。第一，可以在洪涝季节减小地面水道的负载力。第二，可以充实地下水域，有效缓解和防止地面下沉现象。第三，可以在汛期增强城市抗洪防涝能力，又可以在枯水期缓解城市用水特别是非饮用水压力。如在立交桥地面下行弧道最低处地下，修建体积为弧道面积×500mm的储水体，大雨时可以有效地防止局部内涝，久晴不雨时可以抽出作为路面清洁用水或花园浇灌用水，从而减轻城市饮用水压力。第四，更为重要的是，地下水源的丰润可以维护生态。以湖南长沙岳麓山为例说明地下水资源与生态的关系。1949年以前，岳麓山一年四季，山溪常流，树木青翠。20世纪中后期，由于不当修建防空施设，地下水域遭到破坏，导致山溪萎缩，植被小面积被破坏。附带说一句，大兴土木之时，一定要保护地下水资源。

（5）退田还湖。还湖是增强阴纳力的有效手段之一。还湖包括自然还湖和人工还湖两种主要途径。

①自然还湖。每年汛期，各水域都会有小范围流域扩大现象，只要不过分围堵，使水流自然冲击后扩大水域，此谓自然还湖。

②人工还湖。采用人为手段，制定适当政策，引导田地使用效应不好且人口迁移较为简单的围垦地退田还湖，此谓人工还湖。

3 治水二策：和五行

现代科学研究认为，大气环境和水土流失对水患有相当大的影响。已经成为常识的结论有：①全球性气候异常，尤其是厄尔尼诺现象和拉尼娜现象对大气环流的不良影响，导致降雨不均衡。②乱砍滥伐，造成严重植被损坏与水土流失，导致与扩大洪灾。

这些表明，水域周边环境对水循环运动的影响不容忽视。因势利导，建立并完善水域及其周边环境，使之形成良性循环，是解决水患的关键举措之一。

3.1 五行，五行共存和一行偏出

五行学说，和阴阳学说一样，同是易学精华。它把构成宇宙或世界的物质概括为五大元素：木、火、土、金、水；五行既相互派生，又相互制约，有相生、相克、相侮、相乘的关系；五行共存，不可偏废。五行对中国天文、历算、医学、与农学等科学的发展，均产生过巨大推动作用；对后世中国思维及思维方式均产生过重大影响。

20世纪下半叶、特别是后20年中国农村的经济建设，存在着严重的、盲目的单一化现象，这种现象，以五行学说来考察，是严重一行偏出。单一化，体现为多种形态，常见者至少有三：

（1）盲目的乡村小城化或城市化，使大面积山地推平建成开发区（实为开挖区），从而造成植被损坏与水土流失。

（2）水田作物单一化，片面地、盲目地追求与强调水稻种植，使大量山地及陂塘与湖泊改成水田，从而导致山地植被部分损坏与蓄水体消失。

（3）山地作物单一化，片面地、盲目地搞“万亩柑桔”、“万亩柿子”、“万亩葡萄”、“万亩西瓜”等大工程，使山丘树林或灌木消减，从而导致水土流失。这种做法，在当今“科技兴农”的旗号下，仍在进行。

3.2　治水二策：调和五行

五行共存与调和，即多元共存与调和，是易学崇尚的一种高境界。五行贵和，易学中称之为“和为贵”。“和为贵”是一个内涵十分丰富的哲学命题与文化命题，它强调：人与人、人与物、物与物之间的相互依存与和谐相处的关系最为可贵。和与和为贵的思想，对中国古代政治、经济、社会进展的影响巨大，对水资源治理有相当强的指导意义；因此，本文把和五行列为水资源治理的三策之一。

和五行，是农村经济的多元化发展为主要途径，采用工程及工程管理手段调整水域及其周边环境，以保护水利资源，防止与治理水患。农村经济多元化发展，可采取多种措施，其中最具可行性的如下：

（1）多元化生态林业。在中国国土类型中，山地、丘陵比较多。各地区可根据自然状况，因地制宜，可发展多元生态林业，具体措施如下：

①种植多年生木本植物，培养木材林。

②种植果树，发展经济林。

③培植灌木及一年生木本植物，根茎固土防风，枝干或直接用作农村燃料，或间接用作农村燃料（如沼气）。

这些林木套种，彼此相辅相成，既有效地保护自然植被，和防止水土流失，又给农村经济发展提供更为广阔的空间。

（2）多元化套种谷物业。改变近数十年来单一的、一元的谷物业为多元的、套种的谷物业。

围湖造田的根本原因，就是一味地、片面地强调与追求水稻业发展。它导致一系列的不良后果：

①种植单一稻谷，导致其他谷物被“冷落”乃至品种退化甚至消失，不利于生态平衡的维护。

②单一的稻谷种植与消费，导致食品结构单一，不利于公民营养发展。

③单一的稻谷种植，忽视地理、气候等条件，使一些地区出现高投入低产出现象。

大力提倡多种谷物套种，如荞麦、高粱、玉米等，发展多元杂种谷物业，既是水资源治理的有效举措，又是发展农村经济本身的有效举措。

（3）立体化系统渔业。治水一策调变阴阳中已经提出退田还湖策略。事实上，还湖地区可以进一步开发利用，如果使用得当，其经济效应也会相当显著。如一亩水田最高可产1000kg稻谷，以每公斤1.60元市价折算，每亩稻田毛收入为1600元人民币；而一亩田还湖后，如发展综合系统渔业，塘表养莲和菱，中下层养鱼，深层养蚌，在不受病灾侵袭情况下，仅渔业一项获利就远高于1600元人民币毛收入。在取得经济效益的同时，系统渔业还改善农村生活水平，平衡食品营养结构。

（4）多元化禽畜养殖业。在林业发达地区放养牛、羊等牲畜；在水塘汇集地方，放养鸭、鹅等家禽。多元化禽畜业，不仅具备水患防治功能，还具备以下作用：

①可以充分利用陂塘、山林资源。

②可以利用牲畜粪肥提高土壤腐殖质含量，改良土壤，增加土地产力与产量。

③可以利用禽类粪便，改良陂塘水质，提高水产力与产量。

④动物野生习惯，是除去林地杂草的有效途径，有利于林业发展。

（5）多元化种植业。多元化种植业，指因地制宜、根据自然条件而定的种植业。浅水塘，可以养菱种荷；水沟水渠，坡边可以套种芹菜、苋菜、荇菜和鱼腥草等；稻田周围可以培植鱼腥草等中药；山坡林地可以种植藤萝等藤本植物等等。以上经济作物，也可以根据实际情况，进行套种或间种。

多元化种植业，一可以利用陂塘优势，“近水楼台先得月”；二可以为农村加工业提供原料；三可以保护水利设施，从而起防洪防旱作用；四可以固土和防止水土流失，从而起防洪抗洪作用。

（6）多元化就地取材加工业。发展以本地资源为原料、加工工序简单的多元化加工业。盛产绿豆的地方发展豆沙、豆饼、豆皮加工业；竹山区发展竹编实用器和竹编工艺品加工业；樟树区发展樟树雕，樟木器等木器加工业等等。这样，一可以就地取材、降低加工业生产成本；二可以充分地利用当地自然资源、提高本地资源的附加值；三可以促进农村劳动力就地消化。

调和五行，强调经济多元化、多层面发展，不搞单一化或一元化地毯式推进。调和五行的多元化，不是片面的多元化，它的要点是不违背自然规律，根据已有自然条件，有什么就发展什么，能发展什么就发展什么。农村县乡，可以根据下属乡村的自然特色，实现整体多元化，各村特色化，形成各具风格的渔村、林村、牧村、竹村等；各县在遵循自然规律的基础上，规划与建设山乡、水乡、果乡等，而不搞全县种柑桔、全县种杜仲、或全县种烟草的地毯式发展闹剧，从而协调本地区生态环境，实现本地区动植物保护，影响和调节本地气候，以取得良性生态循环，在良性的生态循环中有效地、可持续地发展经济。

调和五行，以水资源治理为纲，通过水资源治理引导经济发展，通过经济发展规划引导水资源治理，使各种生物间作用正常化，从而达到生态平衡，使生态平衡作用于自然气候，达到良好大生态循环。在良好大生态平衡中，保护水利资源，防止大涝大旱。

4 治水三策：续洪范

近10年来，在防汛期间，媒体总是在报道，某某地方水位接近历史最高水位，某某地方达到历史最高水位。如1998年7月25日《人民日报》报导：洞庭湖口水位7月24日达到34.28m，接近历史最高水位35.31m，但其入库口水流量仅为25600m^3/s，不及历史最高纪录57900 m^3/s的一半。历史最高水位反复出现，原因何在？

4.1 乌鸦喝水效应

《伊索寓言》中有则“乌鸦喝水”寓言。一只乌鸦渴了，看到一只装有半瓶水的长颈瓶，却喝不到水；聪明的乌鸦往瓶里丢进很多石子，水面升高，乌鸦喝到了水。

历年抗洪中，由于国家调配与社会各界捐赠，大批砂石土料投入江中，以固内坡，和保护江堤。这样固坡护堤与抗洪抢险，只解除眼前之急，却为日后防洪抗洪埋下不良隐患。汛期，投以护堤的砂石被洪水冲刷沉积江底，客观地加高河床，在下一次洪峰到来之时，即使同样流水量也依然会创历史最高纪录，于是再投石固堤，再冲刷，再沉积江底，再加高河床，结果就是洪水水位年年创历史新纪录……这是“乌鸦喝水”效应。这一效应的直接结果就是河床与堤坝竞相增高，洞庭湖局部已成“悬湖”，长江许多江段已成“悬江”。更多河、湖、江正在“乌鸦喝水”效应的影响下，逐步变为“悬河”、“悬湖”，一旦决堤，洪水将“从天而降”。

4.2 喷泉现象

“乌鸦喝水”现象，导致河床高于堤外地面，河道变窄，即使相同水位，河道压力依然会增大。取土护坡，常常就地取土，这和围湖造田取土做法相似，这样进一步导致河床高于坝外地面。

堤外地面低于堤内河床或湖床，不仅自身积水无法排泄（往往只有建立电力排渍站进行人工排渍），易引发汛水倒灌现象。河水或湖水渗入地下，涌入地下水道或井道，由于水压大，水冲出下水道或井道，从洞孔处或井口喷发而出，甚至形成“喷泉”。近10多年，雨季常有这种“喷泉”现象出现。1995年8月间湘江大涝，笔者在岳麓山下湘江西岸高校低洼区，亲眼目睹过多处“喷泉”景观。堤外低洼地带，雨水积蓄无法排出，堤内江水压力强大，江水倒灌，形成“喷泉”。

低垸悬湖是“喷泉”多见地区。20世纪50与60年代，大规模地联圩并垸，围湖造田，人口居住入垸，垸内原土则被大量取用以加高堤坝，从而造成垸内地平面低于河床或湖床。洪水来时，一旦决口，整个圩垸全部被淹没；洪水退去，垸内积水也无法退去，只能人工抽排。1996年夏季，长江流域大涝，湖南华容塔市驿两个垸子，在洪水退后数十天，垸内积水仍然无法排入江中。

同时也是因为低垸悬湖，在历年防汛抗洪中，不得不下大力气保护人口居住较为集中的圩垸，给分洪带来巨大压力。不仅如此，保护圩垸所耗的人力、物力总值，经常比垸内资产总值还多。

解决问题的根本办法，是水资源治理三策的第三策略，续行洪范。

4.3 治水三策：续行洪范

中国因水患造成的损失逐年增大。各级政府都在投入大量人力、物力与财力，试图以无所不为的技术手段，如高筑堤等，来进行水资源治理。然而，根据易学的观点，无所不为的必然结果是无所为，有所不为方能有所为。

相传，大禹的父亲鲧以息壤治水，结果适得其反，洪灾反而更加肆虐；据《尚书·洪范》记载，禹依洪范九畴治水，因势利导，才息天下水患。息壤治水，是高筑江河堤岸；息壤是一种特殊材料，用来高筑江河堤岸，堤岸会随江水上涨而上涨，但结果是悬江与悬河，是洪水四溢。洪范治水，是依水行之势，开辟沟渠或掏挖与疏理已有江河底床，使水合理储存与畅流；禹行洪范，天下无水患。

洪范是天地之大法，是治水良方，是治国大策。它涵盖天地人的关系，包蕴人与自然、人与社会和谐的根本法则。续行洪范，是借鉴易学思想、结合当今水资源治理实际与前面二策中提到的各种水资源治理策略，依据水资源系统与网络及相应规律构造水资源治理工程蓝图及工程管理战略，以规章制度引导与促进水资源治理工程建设与管理，有效治理水资源，有效消除水患。如果政府，特别是中央政府制定水资源治理工程蓝图与工程管理战略，制定相应引导与促进的政策和法规，政府少投资或不投资，就可以有效地进行水资源治理。

本节初步构想出水资源治理工程蓝图与工程管理战略，供各级政府决策者参考。

（1）修复水利设施。政府制定制度，规定沿河、沿江及降雨量较大的地区每户农家恢复或开建平均面积不小于1亩的普通水塘。政府制定相关政策，对农村劳动力进行合理配置，对原有水库进行整修，对河渠加以巩固和疏通。

（2）规范湖外圩垸。前文调阴阳中提到，湖外圩垸可退耕还湖者则还湖，政府给予相应物质鼓励或援助；难以还湖者依照政府措施进行防蓄洪建设。

（3）建立圩垸防蓄洪体系。以制度引导圩垸建设规范化、合理化、实用化，从而构筑防洪蓄洪体系。具体措施如下：

①贴堤建房。即在江堤或湖堤边，填土至与堤平，在此地基上造房屋及相应设施。这样既抬高地基，避免决堤带来的淹房之灾，又客观地加固外坡，增强堤坝的抗冲击能力。

②筑岛建房。在圩垸内任意地点，填土至与堤平，打地基造房屋及相应设施。这样，即使洪水决口，也不至淹没房屋，损害居民的人身财产安全。

③建吊脚楼。在圩垸内，建造柱桩至与堤平，在桩上起基造房，房屋底层可圈养家畜家禽，可存放农具渔具。即使洪水突来，也不会给居民生命财产带来过大威胁。

④高网养殖业。提倡蓄洪村居民饲养水产，发展高网养殖业，即在养殖范围内设定竹篾网，到蓄洪季节拉高竹网，使所养殖水产不因洪水而散入江湖，从而免受经济损失。

圩垸内全部建房符合上述标准者，可作为蓄洪村，在河道压力过大的情况下用以泄洪。泄洪一季，在未来若干年内，政府以制度对相关圩垸进行补偿。

（4）建立江河护理措施体系。为避免乌鸦喝水式不当抗洪措施导致的恶性循环，政府制定相应政策与法规，建立正确措施体系，引导人民护理江河，防止水患。具体措施举要如下：

①“淘滩”、“攻沙”。遵循“深淘滩”古训，在每年枯水期清理抗洪时留下的砂石淤积物，并用它们来修护外坡；同时，在河道中加以适当建设，采用潘季驯《河议辩惑》所说“束水攻沙”的办法，加强河道自身泥沙清理能力。

②沿江宽堤修房。制定特殊政策，规定沿江堤修造房屋须在江堤外坡外50m以外。在江堤外坡外50～100m内修造房屋者，必须将自大堤外坡至房屋（包括房屋）地基地段填土，填至与堤平（如图1），所用填土必须取自江底或数公里以外，或采用城市建筑垃圾。

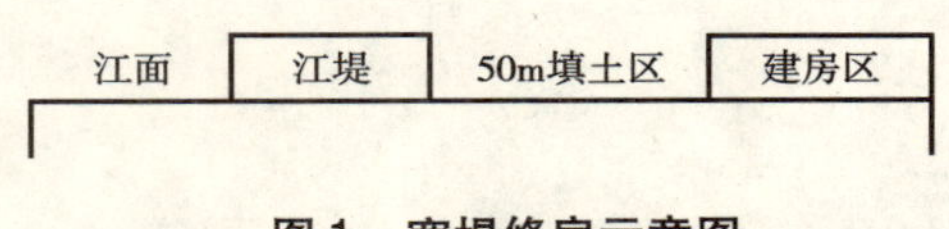

图1　宽堤修房示意图

此类房屋设施，可以不设定其具体占地面积，只以填土区填土后平面面积为准，不包括江堤外坡外50m内填土面积。这样做，政府不直接调用大量人力、物力与财力，只以政策优惠引导修房者清理河道与护修江堤。它的直接的好处有五个：第一，填土宽堤的土取自江中，客观上能清理河道，并抬高堤外地面，消除“悬河”现象。第二，在同一河段取土达到一定数量，利于形成自然的江底水库。第三，填土宽堤实质上加固大堤外坡。第四，在农村，宽堤修房有利于农村城镇化的进程，有益于形成农村龙头经济，带动经济腾飞。第五，在城市，宽堤修房可缓解城市用地压力，促进城市建设。

③江岸植树。植物有固土作用。江堤植树，既美化环境，有利于环保，又能固堤护坝，是护理江河的长久之计。古诗有“杨柳青青大堤平”；可见早在中国古代，人民就采取用插枝可活的杨树与柳树固堤护坡

的办法。近20年，因为河床抬高与河道变窄等原因，堤内树木被认为是妨碍行洪而遭砍伐。

（5）建设综合规章制度，引导水资源治理。规章制度，包括政策与法规法律等，是社会文明的标志。就水资源治理而言，中国完全可以建立健全的规章制度，来引导和保障水资源有效治理。以下九条，对于水资源管理，具有较强的可行性和实效性。

①用“以工代税”与“以工代费”调节与引导农村居民治水。所谓“工”，指农户参与水利设施建设或修缮的劳动工日；“税”，指农民应缴纳的各种税收等；“费”，指农民用水用电应支付的费用。这种制度，既有效地利用农闲时的劳动力，又合理地减轻农民负担。

②以国税调节与引导水资源治理。蓄洪村内的上述三类房屋，以及沿江宽堤修房者，在房屋建成后，可免予征收全部或部分国土使用费，可以依照取土、填土、打桩工时折算而定。还湖迁移的居民，国家除给予其一定数量的补助外，在新迁入地区免收迁移当年全部税收，免收若干年国税。

③以免税与退税方式调控与引导蓄洪。蓄洪村每蓄洪一季，减免当地若干年全部税收。

④以土地使用权调节与引导水资源治理。城市居民与沿江居民合作宽堤建房，在依法协商的前提下，城市居民拥有住房产权及其房周围10m以内土地使用权。

⑤以房地产产权调节与引导水资源治理。沿江宽堤建房居民可以自行以房屋市价出售所建房屋及相关设施的产权。

⑥以房改政策调节与引导水资源治理。城市居民或国家职工购买宽堤建房的房屋，可以不必退还原有的福利房、货币房。

⑦以开发区政策调节与引导水资源治理。允许沿江宽堤建立非污染小型企业，以经济开发区的优惠政策对待沿江宽堤区的企业。沿江宽堤建立的事业单位，亦按经济开发区事业单位对待。

⑧以林木所有权调节与引导水资源治理。沿江堤植树的单位或个人，可以在树木成材后间伐木材并拥有木材产权，间伐后必须补种。

⑨以教育政策调节与引导水资源治理。还湖区、蓄洪区的居民子女，在迁移与蓄洪之后，中考与高考，在原有成绩上各加特定分数。宽堤区的企业与事业单位职工子女，中考与高考，在原有成绩上各加特定分数。制定其他相应教育政策。

以上9条是经过推敲，相对行之有效的建议，对于不一定会有立即效应的办法，本文没有写入，如能够被制度制定者接受，必然会产生效益。

5 结束语

本项研究，从易学中推导出水资源综合治理工程及工程管理策略，立足于水资源治理，目标是以治为用。同时，本项研究还有附加目的，即发掘并展示易学中可用来解决现代社会人与自然的各种问题的观点、思想、方法，以在中西文化交汇与激荡的时代，弘扬易学的光辉思想。

本项研究提供的水资源治理三策，如能被政府采纳并实施，10至20年可以完成相关建设工程；竣工之后，中国未来500年无水患，1000年无大水患。

基于价值管理的公共工程决策机制改进

刘贵文[1] 沈岐平[2]
(1. 重庆大学建设管理与房地产学院; 2. 香港理工大学建筑与房地产学系)

1 我国现行公共工程决策的主要问题

公共工程是实现社会和经济持续发展的基础条件之一。它既能增加有效需求，又能增加长期供给，是政府干预经济的有效工具和财政政策实现的重要载体。按2004年7月颁布的《国务院关于投资体制改革的决定》，公共工程属于政府投资项目的范畴。它是指在关系到国家安全和市场不能有效配置资源的经济和社会领域，为了加强公益性和公共基础设施建设，保护和改善生态环境，促进欠发达地区的经济和社会发展，推进科技进步和高新技术产业化，由政府财政投资、资本市场融资和金融机构贷款等方式独资或合资兴建的工程项目。国际上对公共工程并无统一的定义，如美国叫做“政府工程”(Government Project)；而日本和我国香港地区叫“公共工程”(Public Project)(尹贻林，闫孝砚，2002)。公共工程的建设是全社会固定资产投资中的重要组成部分。自1999年以来，我国公共工程投资的整体规模一直保持在1000亿元以上(《中国统计年鉴2006》)。从项目的整个建设流程来看，对工程项目成败影响最大的阶段是前期决策阶段(包括项目建议、可行性研究和设计阶段)。根据国外的统计(Norton，McElligot，1995)，虽然前期费用一般只占到工程项目建设总投资的5%左右，但是却影响了工程项目85%以上的总投资。

科学决策是实现公共工程建设目的和效率的根本保障。当前我国公共工程决策机制中存在许多需要改进的方面，如何引入先进的决策技术与管理方法，改进公共工程决策机制是国内许多研究者十分关注的问题。国家发展改革委投资司的孔令龙(2005)强调，我国公共工程决策的科学化、民主化水平需要进一步提高，并认为目前的决策程序尚不完善，专家咨询的科学决策及公众参与的民主评议都有待制度化。祁玉清(2006)指出，保障我国公共工程决策科学性的技术手段和依据都还比较落后，同时存在决策民主参与度低、决策的责任主体难以落实、缺乏监督机制、投资主体与项目使用主体的利益偏差等一系列的问题。王国翔(2003)总结自身工作的实际经验也认为公共工程决策存在的首要问题是决策机制不健全，决策方式缺乏综合、长远和战略规划的考虑，难以做到正确把握投资机会、全面进行项目比选、科学论证可行方案，从而导致公共工程投资效率低下，综合效益难以显现。

更为突出的问题是在目前的建设流程中，后续阶段的专业人员(例如，施工工程师、成本工程师、物业管理人员等)缺少足够的机会参与项目前期阶段的决策。在很多项目中，由于参与决策阶段的人员缺乏后续建设阶段所必须的专业知识与工程经验，往往造成前期的决策成为空中楼阁，最后无法实现而导致整个项目的失败。如何重新整合传统的线性建造流程，提供不同专业队伍共同沟通的机制。特别是保证项目后续工作的专业队伍能够参与前期的决策，从而提升项目前期决策的质量，是整个项目的成功提供必要的保证。

综合来看，引入先进的决策方法、加强民主参与、保证后续专业人员参与前期决策是改善公共工程的决策机制的重要努力方向。

2 价值管理改善公共工程决策的理论基础与海外经验

价值管理是从价值工程(Value Engineering，VE)发展而来的系统价值理论和方法体系。价值工程由美国的劳伦斯·迈尔斯(Lawrence Miles)创立。传统的价值工程理论认为产品(或项目)的价值由功能和成本之间的相互关系决定，并表述为经典公式：价值＝功能/成本($V=F/C$)(Miles，1989)。价值工程主要应用于工程项目的决策阶段以后，通过信息收集、功能分析、方案创造、方案评价、方案实施等一系列步骤，研究如何更有效地建造和实施项目决策(how to construct and cost effectively)。现代价值管理超越了传统价值工程应用的层次和范围，将工程项目决策阶段的问题作为研究的重点。英国里丁大学(University of Reading)的研究者们对VM的定义如下：“VM是一种组织化的方法，通过对项目的目标和实现目标的方法进行分析、评价，从而实现投资的价值”。VM主要是确定项目的目标和实现目标的方法(to decide project objectives and approach）。在决策阶段实施价值管理，它强调价值管理工作团队的成员构成必须包括工程项目相关各方的代表（比如业主、受影响公众、环保部门、设计、施工、物业管理等等），并通过充分讨论、自由发表意见的形式改善传统决策方式缺乏民主性和后续技术人员无法有效参与前期决策的问题（图1）；它以功能分析（Function Oriented）为工具与平台，帮助工程相关各方能够跨越专业技术壁垒和交流障碍，探究、辨析和形成清晰的工程建设目标；它以系统化的工作计划（Job Plan）和结构化的工作步骤，保证决策阶段时间的充分和流程的完整。它应用多种激励技术（如头脑风暴法、哥登法等），鼓励多种创造性方案的产生，为决策提供可以对比和选择的宽广基础。

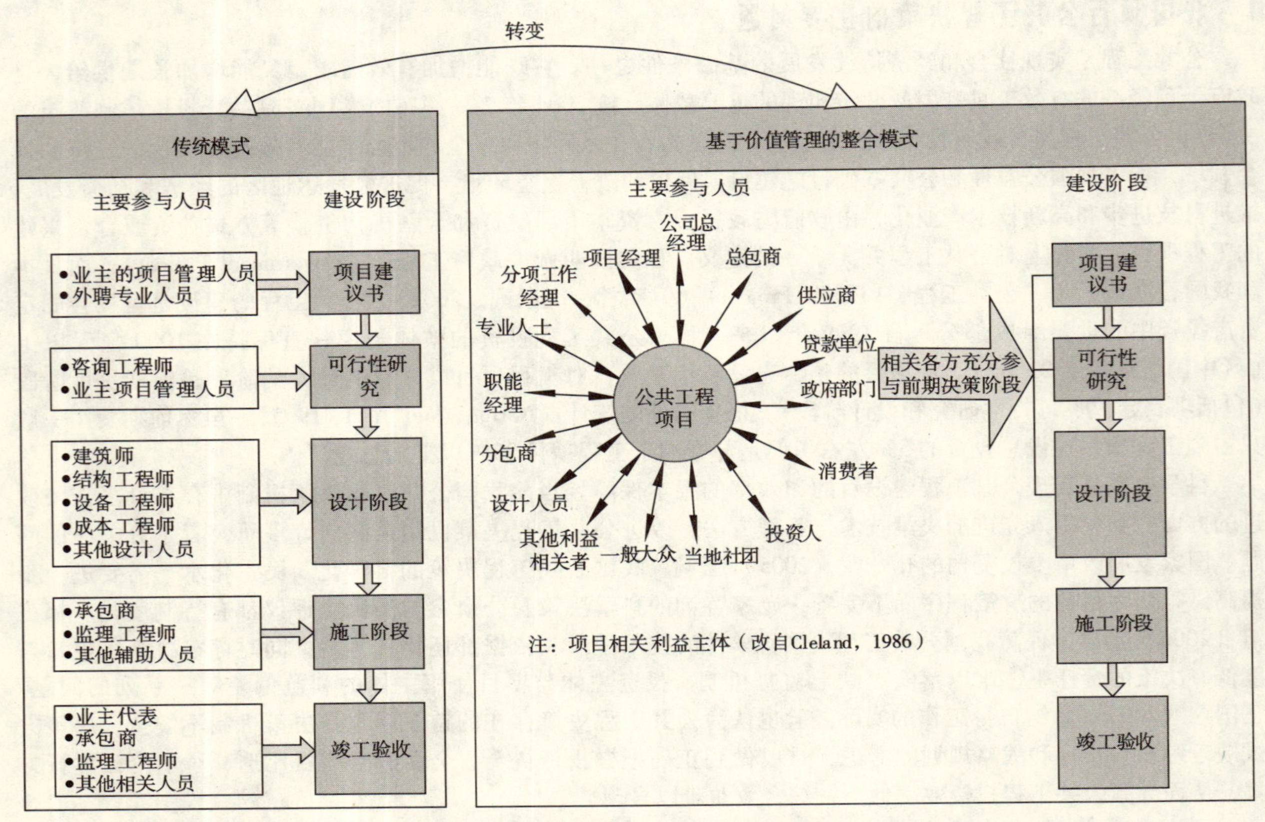

图1　价值管理对传统公共工程决策流程的改善

将价值管理用于改善公共工程的决策引起了海外研究者的广泛关注。Dawson（2001）总结进入21世纪价值管理发展的五大趋势，也特别强调将价值管理在工程项目的前期应用，以改善传统的决策方式。全球最具影响的价值管理协会美国的SAVE International（2007）证实价值管理成功地改变了美国许多重要公共工程的决策，避免了大量的投资失误，节约了大量的政府投资。海外的公共工程实践进一步证明价值管理（Value Management，VM）是一种改善公共工程决策过程，提高决策科学性的有效方法。例如，美国纽约州预算管理部门在过去的14年里，利用价值管理为手段成功地改进了许多公共工程项目的投资决策，节约了数亿美元的政府投资；从1990年开始，美国维吉尼亚运输管理部门在道路系统的建设中推广价值管理的理论与方法，到2004年已经成功节省了超过1亿美元的建设投资。鉴于价值管理改善公共工程决策和建设的突出效果，1997年美国时任总统克林顿颁布法令（Public Law 104－106）规定在公共基础建设项目中必须应用价值管理。2005年2月28日，美国的陆军部（the U.S. Army Corps）再次发布工程条例（EC11－1－114）要求价值管理必须在陆军部每个工程的计划阶段就加以应用。目前，英国、澳大利亚、德国、日本，中国香港和台湾地区也在公共工程的决策和建设程序中明确规定或者推荐使用价值管理。不久前召开的第38届日本价值工程协会（SJVE）全国大会显示，日本政府公共管理部门在国家投资的公共基础设施的建设方面，如桥梁道路、防灾设施、港口机场等建设方面，大量应用价值管理，节省了大量基本建设投资。香港环境运输及公务局2002年发布新的政府公函（Technical Circular Works No. 35/2002），要求在投资超过两亿的公共工程中，必须应用价值管理。

3 应用价值管理改善我国公共工程决策机制的方案设计

本文所提出的价值管理应用方案基于研究团队一系列的研究活动。这些研究工作包括大量的文献查阅、问卷调查、专家访问、案例分析和实证分析。通过这些研究活动，并充分参照国外的理论研究成果和实践经验，我们提出如下的应用方案，以期改善我国公共工程的决策机制。

3.1 应用时间、组织形式和主要任务

在项目的前期决策阶段进行价值管理研究，时间宜在初步投资意向之后，在项目建议书阶段之前。整个活动应委任一名经验丰富的价值管理专家指导进行，按照价值管理的一般流程即信息收集、功能分析、方案创造、方案评价、方案实施依次进行。根据项目大小，整个研究持续时间建议为1～3天。参与人员一般包括业主的高级管理者、业主方具体负责该项目管理的代表、与项目有关的其他利益团体的代表（包括政府审批部分、项目所涉及的当地社区代表等）、与项目相关的专业技术人员代表（如设计、施工、材料、成本等专业人士）。

价值管理研究的核心目标是审核项目建设的必要性，并确定项目有关决策的正确性。主要的任务包括：审核发起建设项目的根本动因、鉴别并与影响项目建设的关键人（机构）进行沟通、确定项目的功能目标和要求、寻求实现项目功能目标的优化方案、确定项目多个目标的重要性先后顺序（比如：时间，成本，质量等）、辨别项目的关键风险因素和约束条件、确定项目的关键经济技术指标 、推荐项目的建设管理模式等。

3.2 价值管理的执行过程

在确定开展价值管理研究后，价值管理专家首先确定影响项目建设的相关利益群体，并邀请他们的代表参与价值管理研究小组。如果有必要，对缺乏价值管理知识的成员进行特别的价值管理知识辅导。同时在该阶段还需要制定价值管理集中研究（workshop）的议程，收集和交流项目的相关信息，选择开展价值管理活动的地点（通常为酒店会议室）。典型的项目信息目录如：项目的背景、业主最初的项目建设动机、初步的投资计划、初步的建设程序、政府颁布的与项目相关的规章和法令、环境报告等。信息收集完成后，可以在集中研究开始前就分发给研究小组成员，让他们事前有充分的时间熟悉项目相关资料。

价值管理小组集中开始工作的第一步是由业主的项目代表做初步的说明，介绍工程的必要性和工程的初步计划（工程地点、规模、进度计划和投资计划等）。所有的参与者都要求对项目建设的合理性进行评价，提出他们的质疑，并且发表他们自己对项目的理解和看法。每一个参与者的重要意见都会被进一步的深入讨论。在充分讨论的基础之上，价值管理专家将达成共识的意见一一记录下来，并展示给价值管理工作坊的各位参与者。在这个阶段之后，价值管理小组进行功能分析，重点研究业主价值诉求、发展战略与项目建设目标之间的关系。寻求项目相关各方对项目建设目标和主要约束条件达成的共识。通常会绘制一个项目目标结构层次图，用来阐明项目目标和业主战略意图之间的关系。必须指出的是，这个结构层次图的制定要求全体小组成员的共同参与，在小组成员一致同意的基础之上来完成。

在方案创造阶段，价值管理小组创造尽量多的选择性方案以实现功能分析阶段确定的业主目标。但是必须注意的是，小组成员不能有这样的思想禁锢，即认为新建一个项目就是实现这些目标的最好方法。目标结构层次图可以用来推进整个方案创造的过程。在该阶段，必须鼓励每一个参与者自由的说出他的想法。任何的批评和评价在这个阶段是严格禁止的。常常使用的创造方法是头脑风暴法。

在方案评估阶段首先对方案创造阶段产生的想法进行整理、分类和综合，形成提案。然后，在参与者一致同意的基础上建立符合项目目标要求的评价标准。最后，根据这些标准对已经产生的提案进行评价。对方案评估阶段选择出来的提案进一步发展，达到可以对它的效果进行量化的程度。必须指出的是，由于价值管理研究持续时间有限，只能对方案进行有限的发展，详尽的方案发展需要在价值管理集中研究结束后进行。

在方案评估完成后，价值管理小组以向所有价值管理活动参与者做一个总结陈述报告的形式来结束价值管理的研究工作。然后，价值管理小组还要向业主提交一份价值管理研究报告。这份报告应该将原始方案与价值管理提出的修改方案进行详细对比，明确新方案的好处，这样有助于说服业主接受新方案的建议。

3.3 价值管理研究的主要成果

决策阶段价值管理研究的主要研究成果包括：工程项目是否建设的建议，如果建设，项目的主要目标、

项目相关利益团体要求分析、工程项目目标的重要性排序、项目对业主企业产生的经济影响评估、项目对业主企业日常生产运作影响的评估、衡量项目成功的关键目标、项目建设的关键技术经济指标，包括地点、规模、成本、进度等、项目面对的关键约束和风险。这些成果对公共工程的正确决策十分有意义。

4 结论

公共工程建设对我国经济和社会的健康发展意义重大，但是我们现行的公共工程决策机制中存在缺乏科学决策方法、民主参与不够、决策过程缺乏多专业知识整合的问题。作者分析了价值管理理论的发展过程，总结了价值管理在海外公共工程决策过程中的巨大作用，提出了应用价值管理改进我国公共工程决策机制的建议，并分析了其理论基础与现实意义。根据一系列的研究成果，借鉴海外的成熟经验，作者提出了应用价值管理改进我国公共工程决策机制的具体办法。本文的目的不仅仅是介绍如何将价值管理融入公共工程的决策过程，对决策的程序、参与人员、决策方法、决策时间与信息基础等多个层面做出改进，同时希望可以拓展我国传统价值工程的理论体系与实践范围。

参考文献

[1] 尹贻林，闫孝砚．政府投资项目管理模式研究［M］．天津：南开大学出版社，2002 年。

[2] Norton B R, McElligot C W. Value management in construction: A practical guide [M]. Hampshire: Macmillan Press. 1995.

[3] 孔令龙．对《国务院关于投资体制改革的决定》的解析［J］．宏观经济管理．2005，1.

[4] 祁玉清．防范政府投资项目的决策风险［J］．宏观经济管理．2006，7.

[5] 昌忠泽．罗斯福新政中的公共工程投资能够为中国提供什么借鉴？［J］．中国软科学，2005，12.

[6] 王国翔．政府投资项目管理研究［J］．浙江经济．2003，11.

[7] Miles L D. Techniques of value analysis and engineering [M]. Third edition. Eleanor Miles Walker, 1989.

[8] Mudge, A E. Value analysis in design and construction [M]. New York: McGraw-Hill, 1976.

[9] Dell'Isola, A J. Value engineering practical application: for design, construction, maintenance and operations. Kingston; Mass: RS. Means Company, 1997.

[10] Male S, Kelly J. Organizational Responses of Public Sector Clients in Canada to the Implementation of Value Management: Lessons for the UK Construction Industry [J]. Construction Management and Economics. 1989, 7 (3): 203-217.

[11] Barton, R T. Soft value management methodology for use in project initiation: A learning journey [J]. Journal of Construction Research. 2000, 1 (2): 109-123.

[12] Dawson B. Evolving value management - where to next? [C]. The proceedings of Hong Kong Institute of Value Management International Conference 2000, Hong Kong.

[13] 肖云辉，政府投资项目的投资控制［J］．科学技术与工程．2003，2.

[14] 孙继德，沈继红．建设项目的价值工程与价值管理［J］．同济大学学报．2001，5.

[15] 张彩江，李克华，徐咏梅．对我国价值工程理论与实践的回顾和影响降低的深层原因分析［J］．南开管理评论．2002，1：14-19.

[16]《价值工程》编辑部．中国价值工程辉煌成就 20 年．北京：煤炭工业出版社，1998.

建筑业综合评价模型研究

王家远 袁红平

（深圳大学土木工程学院）

1 引言

建筑业的产业链条长，影响因素多且较复杂。因此，采用什么样的指标和方法来评价建筑业的整体发展水平，一直是国内外学者研究的热点之一。目前，评价方法主要有主观权重法和客观权重法两大类，前者由专家依据自己的经验进行主观判断，给出各评价指标的权重，如层次分析法（AHP 法）、模糊综合评价法等；后者根据指标之间的客观关系确定权重，如数据包络法（DEA 法）、主成分分析法等。就上述评价方法在建筑业应用的情况而言，主要存在以下不足：一是由于专家经验的局限性，主观权重法对指标的赋权与实际情况难免存在一定差异，从而影响到评价结果的正确性；二是评价指标信息重叠或某些指标之间具有较高相关性，致使评价结果与真实情况不符。近年来，有的学者利用因子分析法来评价建筑业的增长水平，以较少的主因子来代替原来较多的指标，简化了评价指标的维数，避免由于选取的初始指标存在相关性而造成的信息重叠问题，取得了一定的成果，但是，如何利用因子分析法来评价建筑业的整体发展水平，仍然需要在评价指标体系的合理性、因子分析模型的适用性等方面作进一步研究。本文在广泛收集和整理现有评价指标的基础上，提出了能够反映建筑业整体发展水平且适合于因子分析法应用的评价指标体系，并利用 1999 ~ 2004 年度的统计数据对上海市的建筑业整体发展水平进行了实证分析。

2 评价指标的选取

从评价指标体系的系统性及完备性出发，同时考虑到最低级指标的重要性，在文献 10 ~ 16 的研究基础上，本文提出用表 1 所示的指标体系来评价建筑业综合发展水平。

建筑业综合评价指标体系　　表 1

一级	二级指标	说 明	取值方法
产业规模（A）	建筑业从业人员（a_1）	建筑业从业人员和建筑企业数量在一定程度上反映了建筑业整个行业的规模	引自统计年鉴
	建筑企业数（a_2）		引自统计年鉴
	资产总额（a_3）	体现了建筑业目前所具有的资产规模，与 a_1 和 a_2 一起，可以比较全面地反映了建筑业产业规模	引自统计年鉴
产业水平（B）	人均产值（b_1）	仅靠总量指标（如建筑业总产值、建筑业从业人员数等）并不能全面反映建筑业的真实状况。因为有些地区建筑业规模虽然较大，但人均指标却偏小，说明这些地区建筑业仍然停留在以粗放型增长方式为主的发展阶段。因此，本文引入这些人均指标来描述建筑业产业水平	总产值/从业人数
	人均利润（b_2）		总利润/从业人数
	人均房屋施工面积（b_3）		房屋施工面积/从业人数
	人均房屋竣工面积（b_4）		引自统计年鉴
	从业人员人均报酬（b_5）		引自统计年鉴
	建筑业增加值占 GDP 比重（b_6）	建筑业增加值占国家或地区生产总值比重的大小表明了建筑业对国家或地区经济增长的实际贡献程度	建筑业增加值/国家或地区 GDP
盈利能力（C）	净资产收益率（c_1）	净资产收益率反映资本收益水平，可衡量运用自有资本的效率，是体现盈利能力的一个重要指标	净利润/（总资产—总负债）
	营业利润率（c_2）	营业利润率（营业利润占营业收入净额的百分比）代表产业的盈利水平，它反映了扣除物质消耗后的净收入的创利水平，能够集中、统一地体现产业的盈利能力	利润总额/营业总收入

续表

一级	二级指标	说　明	取值方法
技术化水平（D）	动力装备率（d_1）	这三项指标反映了建筑业技术装备水平。一方面动力装备率直接影响到劳动生产率；另一方面，在建筑企业资质标准中，要求企业具有与其承包工程范围相适应的施工机械设备	引自统计年鉴
	自有机械设备总功率（d_2）		引自统计年鉴
	自有机械设备净值（d_3）		引自统计年鉴
行业绩效（E）	税金总额（e_1）	建筑业税金总额反映了建筑企业在获取自身经济利益的同时对整个社会所做的贡献大小，是建筑业社会效益的直接体现	利税总额—总利润
	全员劳动生产率（e_2）	劳动生产率是反映一个产业生命力及现代化程度最重要、最综合的指标。我国建筑业是典型的劳动密集型产业，和发达国家相比，劳动生产率明显偏低，1997年美国建筑业劳动生产率为6.8万美元/人，是我国同期水平的46倍多	按总产值计算的全员劳动生产率，引自统计年鉴
	建筑业从业人数占全社会从业人数比重（e_3）	建筑业从业人数的比重大小在一定程度上反映了它作为国民经济支柱产业的社会贡献度。当然，建筑业吸纳的劳动力并不是越多越好，需要视行业实际情况达到供需适度平衡。但就目前而言，与建筑业较发达的国家相比，我国建筑业从业人数占全社会从业人数的比重仍然偏低。因此，本文仍将它作为建筑业综合评价的一个正向指标予以处理	建筑业从业人数/全社会从业人数
可持续性（G）	建筑业总产值增长率（g_1）	建筑业总产值增长率体现了建筑业在产值方面的发展潜力	考察年总产值/上年总产值-1
	亿元产值能耗标准量（g_2）	建筑活动使用了人类所使用的自然资源总量的40%，能源总量的40%，而造成的建筑垃圾也占人类活动产生的垃圾总量的40%，与建筑有关的空气污染、光污染、电磁污染等占环境总体污染的34%，因此，在生产建筑产品过程中的能源消耗和建筑业对生态环境产生的影响是评价建筑业可持续发展能力的一个重要方面	能耗标准量/建筑业总产值
	单位竣工面积建筑垃圾量（g_3）		这三项指标体现了建筑活动对环境的影响，因目前只能获取年建筑垃圾产生量，因此在后面的实证研究中以该指标为代表
	单位竣工面积建筑废气排放量（g_4）		
	单位竣工面积建筑废水排放量（g_5）		

3　因子分析法基本理论

3.1　分析模型

因子分析法的基本思想是降维，用少量的综合指标（称为主因子）代替多个原始指标，所得的主因子为原始指标的线性组合，利用得到的主因子组成新的评价指标体系，以此来降低原始指标信息相互重叠和干扰造成的影响，使之能更有效地解释所研究的问题。

设有 p 个观测变量 x_1，x_2，...，x_p，将这些变量进行标准化，使得标准化后变量的均值为0，方差为1。记原公共因子变量为f_1，f_2，...，f_m，经标准化后的公共因子为 F_1，F_2，...，F_m（$m<p$），m 个公共因子不能表达的方面称为特殊因子，记为 ε_1，ε_1，...，ε_p。因子分析模型为：

$$\begin{cases} x_1 = a_{11}F_1 + a_{12}F_2 + \Lambda + a_{1m} + \varepsilon_1 \\ x_2 = a_{21}F_1 + a_{22}F_2 + \Lambda + a_{2m}F_m + \varepsilon_2 \\ \quad \cdots \qquad \cdots \qquad \cdots \\ x_p = a_{p1}F_1 + a_{p2}F_2 + \Lambda + a_{1m}F_m + \varepsilon_p \end{cases} \tag{1}$$

其中，元素 a_{ij} 为因子载荷，a_{ij} 的绝对值越大（$|a_{ij}| \leqslant 1$），表明 x_i 依赖 F_j 的程度越大，所有元素 a_{ij} 组成因子载荷矩阵 A。

3.2　评价步骤

（1）依据选取的指标体系和指标数据构建原始矩阵 X，对矩阵 X 进行标准化处理，得标准化矩阵 Z；

（2）依据 Z 计算相关系数矩阵 R，令 $|R-\lambda I|=0$，解得 R 的特征值、贡献率和累计贡献率，并依据主成分特征根不小于1或主成分方差累计贡献率不小于85%的原则确定主因子个数（假设为 m，$m<p$）；

（3）计算特征向量和初始因子载荷矩阵 A，用回归法估计出因子得分，以各因子的方差贡献率占因子总方差贡献率的比重作为权重加权汇总，得到因子分析综合模型：

$$F = \frac{\lambda_1}{\sum_{i=1}^{m}\lambda_i}F_1 + \frac{\lambda_2}{\sum_{i=1}^{m}\lambda_i}F_2 + \Lambda + \frac{\lambda_m}{\sum_{i=1}^{m}\lambda_i}F_m \tag{2}$$

（4）若因子载荷量较为平均，难以判别哪些指标与哪个因子联系较为密切，则采用“方差最大化”方法对初始因子进行正交旋转，使得旋转后公共因子的贡献越分散越好，而且原始指标仅在一个公共因子上有较大的载荷。这样就能赋予主因子合理的经济含义，以便分析所研究的问题；

（5）依据各样本因子得分进行综合分析评价，得分越高说明该样本性质越好（在本文中说明建筑业在此方面发展情况越好）。

4　实证研究

根据本文构建的建筑业综合评价指标体系，借助于多元统计分析软件 SPSS，利用上海市 1999～2004 年建筑业的相关统计数据，对建筑业综合发展水平做出分析与评价。

4.1 基础数据

上海市 1999～2004 年建筑业基础数据

表 2

一级指标	二级指标	1999 年	2000 年	2001 年	2002 年	2003 年	2004 年
产业规模（A）	建筑业从业人员（a_1）（万人）	39.01	35.91	35.52	41.97	50.52	74.26
	建筑企业数（a_2）	1616	1586	1440	1679	2009	2690
	资产总额（a_3）（亿元）	785.46	902.51	943.98	1123.5	1544.81	2049.68
产业水平（B）	人均产值（b_1）（万元/人）	14.69	17.59	20.561	19.592	23.67	23.221
	人均利润（b_2）（万元/人）	0.353	0.522	0.547	0.561	0.81	0.905
	人均房屋施工面积（b_3）（m^2/人）	121	130.01	154.67	148.68	197.52	157.97
	人均房屋竣工面积（b_4）（m^2/人）	33.86	33.02	39.55	42.23	71.44	62.92
	从业人员人均报酬（b_5）（元）	14909	16013	18429	20686	23147	26291
	建筑业增加值占 GDP 比重（b_6）（%）	4.84	4.55	4.73	4.66	4.24	3.96
盈利能力（C）	净资产收益率（c_1）（%）	6.29	6.73	7.59	6.5	8.21	9.78
	营业利润率（c_2）（%）	2.58	3.03	2.63	2.58	2.95	3.34
技术化水平（D）	动力装备率（d_1）（千瓦/人）	5.3	5.8	6.2	5.6	5.1	5.01
	年末自有机械设备总功率（d_2）（万千瓦）	206.6	209.19	218.62	233.36	255.8	372.05
	年末自有机械设备净值（d_3）（亿元）	38.3	38.55	41.92	57.24	68.21	81.69
行业绩效（E）	税金总额（（e_1）亿元）	13.75	15.79	19.72	23.85	39.46	60.35
	全员劳动生产率（e_2）（元/人）	99473	109244	118641	133698	153910	168719
	建筑业从业人数占全社会从业人数比重（e_3）（%）	4.8	4.82	4.72	5.3	6.21	8.87
可持续性（G）	建筑业总产值增长率（g_1）（%）	-3.38	10.22	15.62	12.59	45.43	44.2
	亿元产值能耗标准量（g_2）（万吨标准煤）	0.137	0.139	0.153	0.200	0.134	0.099
	单位竣工面积垃圾量（g_3）（kg/ m^2）	136.87	113.67	105.56	112.82	59.57	41.09

4.2　数据的同趋势化及标准化处理

亿元产值能耗量 g_2 和单位竣工面积建筑垃圾量 g_3 是综合评价模型的逆向指标，为使各指标具有同向可比性，需将其转化为正向指标，转化公式为：$x'_i = (x_{max} - x_i) / (x_{man} - x_{min})$，$x_{max}$ 为评价指标最大值，x_{min} 为评价指标最小值。

4.3 主因子的确定

在初始因子负荷矩阵（本文略）中，指标 b_3 在两个主因子上的载荷分别为 0.671、0.684，指标 g_2 在两个主因子上的载荷分别为 0.585、−0.580，此时难以通过载荷量大小判断这两个指标与哪个主因子联系更为密切。另外从表 3 可见，因子旋转前公共因子贡献率集中于 F_1（占 81.69%），这种情况下，就需要进行因子旋转。经过三次因子旋转之后，各原始指标均仅在一个公共因子上有较大载荷，在其余公共因子上载荷较小，而且两个主因子贡献率分别为 45.67%、45.50%，显然，旋转之后两个主因子的贡献相当，且都能代表建筑业某一方面的信息，它们的实际意义变得更为明显。

旋转后前两个主成分的累计贡献率达 91.17% >85%，且 F_1、F_2 的特征值均远大于 1，因此只需以前两个主成分作为主因子就可以概括原始指标的绝大部分信息。

解释方差总和 表3

主成分	提取平方荷载的总和			旋转平方荷载的总和		
	特征值	贡献率%	累计贡献率%	特征值	贡献率%	累计贡献率%
F_1	16.338	81.691	81.691	9.135	45.67	45.67
F_2	1.895	9.477	91.168	9.099	45.50	91.17

另外，因子旋转前后每个主因子所表征的指标含义发生了显著性变化。未进行因子正交旋转时第一个主因子（F_1）基本上由除人均房屋施工面积（b_3）和亿元产值能耗标准量（g_2）以外的其余全部 18 个原始指标表征，第二个主因子（F_2）主要由人均房屋施工面积（b_3）和亿元产值能耗标准量（g_2）表征。但是经过因子正交旋转之后，因子负荷矩阵有了很大改观：F_1 主要由 a_1、a_2、a_3、b_6、c_1、c_2、d_1、d_2、e_1、e_3 和 g_2 这 11 个原始指标表征，其中，a_1、a_2 和 a_3 体现了建筑业整体规模，b_6、c_1、c_2、e_1 和 e_3 说明了建筑业在社会经济和就业方面的贡献，体现了行业的绩效，而 d_1 和 d_2 是衡量建筑业技术化水平的重要指标，因此，第一个主因子可以解释为建筑业规模、技术化水平和绩效因子；F_2 主要由 b_1、b_2、b_3、b_4、b_5、d_3、e_2、g_1 和 g_3 这 9 个原始指标表征，其中，b_1、b_2、b_3、b_4 和 b_5 均为建筑业人均指标，e_2 为全员劳动生产率，g_1 和 g_3 体现了建筑业在产值和环境方面的可持续性，因此，第二个主因子可以解释为建筑业发展水平和可持续性因子。

4.4 因子综合得分

由回归法估计得出各个因子的得分，然后以各因子方差贡献率占两个因子总方差贡献率的比重作为权重进行加权汇总，从而得到 1999～2004 年上海市建筑业发展情况综合得分（见图 1）。

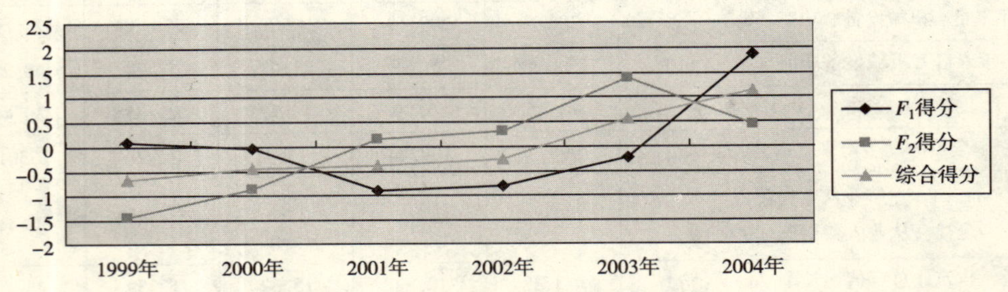

图 1 上海市建筑业综合发展图

4.5 上海市建筑业发展水平的综合分析

从图 1 可见，上海建筑业的综合得分从 1999 年的 −0.67 逐步提升至 2004 年的 1.15，且从 2002 年开始，上涨速度明显加快，说明上海市建筑业总体发展情况逐年向好，2002 年后呈现更加迅猛的发展势头。

但需要指出的是，单个主因子得分的变化并没有完全与综合得分保持同步，如 2003 年综合得分虽然居第二位，但是它只有发展水平和可持续性因子（F_2）位列第一，而建筑业规模、技术化水平和绩效因子（F_1）仅居第四位；1999 年综合得分最低，但是其规模、技术化水平和绩效因子（F_1）却居于第二位。

规模、技术化水平和绩效因子 F_1 在 2003 年得分 −0.22 仅居第四，结合表 2 可知，2003 年上海建筑业在技术化水平和行业绩效方面出现明显下滑。具体表现为：一方面动力装备率仅为5.1kW/人，处于考察年中下游水平；另一方面建筑业增加值占GDP比重下滑为4.24%，虽然与2004年相比为高，但却低于其余各年，说明2004年上海建筑业对地区经济的拉动作用处于较低水平。建筑业发展水平和可持续性因子（F_2）得分基本上呈现逐年增长态势，仅在2004年有小幅下滑。这都说明上海建筑业在协调发展方面尚有不足，有待进一步加以改善。

5　结语

在广泛参考已有研究的基础上，本文构建了建筑业综合评价指标体系，并以上海市为例进行了实证研究。结果表明，本文建立的建筑业综合评价指标体系是合理的，利用因子分析法不但避免了由于原始指标相关性太大导致的信息重叠问题，而且指标权重均是通过数学变换生成，相对于主观权重法来说更为客观。通过对上海市建筑业的综合评价，验证了在该指标体系下利用因子分析法进行建筑业综合评价的实用性和可靠性。

参考文献

[1] 卢岚，杨静，秦嵩. 建筑施工现场安全综合评价研究［J］. 土木工程学报. 2003，36（9）：46－50.

[2] 韩天锡. 建筑业技术进步的定量测度及预测方法［J］. 系统工程理论与实践. 1998，6：135－138.

[3] 林晨，王幼松，张雁. 广东省建筑业生产效率的分析评估［J］. 华南理工大学学报（自然科学版）. 2003，31（1）：14－17.

[4] Evelyn Ai Lin Teo, Florence Yean Yng Ling. Developing a model to measure the effectiveness of safety management systems of construction sites [J]. Building and Environment. 2006, 41: 1584－1592.

[5] M Bertolini, M Braglia, G. Carmignani. Application of the AHP methodology in making a proposal for a public work contract [J]. International Journal of Project Management. 2006, 24: 422－430.

[6] O O Ugwu, M M Kumaraswamy, A. Wong, S. T. Ng. Sustainability appraisal in infrastructure projects [J]. Automation in Construction. 2006, 15: 239－251.

[7] Gad Vitner, Shai Rozenes, Stuart Spraggett. Using data envelope analysis to compare project efficiency in a multi-project environment [J]. International Journal of Project Management. 2006, 24: 422－430.

[8] Sid Ghosh, Jakkapan, Jintanapakanont. Identifying and assessing the critical risk factors in an underground rail project in Thailand: a factor analysis approach [J]. International Journal of Project Management. 2004, 22: 422－430.

[9] D P Fang, F Xie, X Y Huang, H Li Factor analysis-based studies on construction workplace safety management in China [J]. International Journal of Project Management. 2004, 22: 43－49.

[10] 汪磊，汪霞，王志凌. 基于因子分析的西部地区建筑业增长方式评价［J］. 科技进步与对策. 2006，7：82－84.

[11] 张长根，李涛. 因子分析法对建筑业综合实力的评价［J］. 建筑经济. 2003，12：47－49.

[12] 汪文雄，汪磊. 我国建筑业区域发展水平的实证比较研究［J］. 四川建筑科学研究. 2005，31（3）：145－148.

[13] 陆宁，蔡爱云，等. 建筑业可持续发展综合评价［J］. 建筑科学与工程学报. 2005，22（3）：88－94.

[14] 周化举. 关于建筑业国际竞争力评价体系的探讨［J］. 建筑经济. 2006，2：41－44.

[15] 宋瑞乾，沙凯逊，杨杰. 建筑业竞争力评价研究［J］. 建筑经济. 2006，8：16－19.

[16] 申立银，叶堃晖，邓小鹏. 建筑业企业竞争力［M］. 北京：中国建筑工业出版社，2006.

[17] 王家远，袁红平. 我国八省市建筑业现状综合分析［J］. 建筑经济. 2006，9：5－8.

[18] 宋忠敏，高汝熹，顾国章. 科技进步对上海建筑业产出的贡献分析［J］. 建筑经济. 2003，9：43－45.

[19] 金维兴，姚宽一，宁文泽. 中国建筑业的适度规模与就业问题研究［J］. 建筑经济. 2005，6：21－27.

[20] 田淑芬. 绿色建筑与建筑业可持续发展［J］. 建筑经济. 2005，12：80－82.

[21] 何晓群. 现代统计分析方法与应用［M］. 北京：中国人民大学出版社，1998.

[22] 游家兴. 如何正确运用因子分析法进行综合评价［J］. 统计教育. 2003，5：10－11.

[23] 卫海英，刘潇. SPSS10.0 for Windows 在经济管理中的应用［M］. 北京：中国统计出版社，2000.

[24] 上海市统计局. 上海统计年鉴（2000～2005）［M］. 北京：北京统计出版社，2000～2005.

建设工程竣工备案共谋行为博弈分析

郭汉丁[1, 2]　张印贤[1]　郝　海[2]　王　凯[1]

（1. 天津城市建设学院管理工程系；2. 天津大学管理学院）

建设工程质量实行竣工备案制度是我国政府质量监督工作改革的一项重大措施，是政府质量监督机构对竣工工程是否准予投入使用的决策过程。在以国有投资为主的建设行业，投资者与建设工程项目管理者分离，这种项目管理者——准业主的管理决策行为的规范与否，对建设工程项目管理的成败起着极其重要的作用。建设工程竣工备案过程中，政府质量监督机构和项目管理业主之间存在着委托代理关系，项目业主拥有更多的建设工程质量信息。由于建设工程质量的实际效益并不直接影响准业主的收益，再加上，建设工程质量一次备案率作为对建设工程质量监督行业对质量监督机构业绩考评的重要指标之一，建设工程竣工是否可以顺利备案也是投资者对业主项目管理者工程项目管理成败评价的重要标志。因此，建设工程竣工备案登记的过程中，业主和质量监督机构在各自追求政绩、业绩，寻求潜在资本收益时，政府质量监督机构有可能接收业主的贿赂，形成共谋行为。这种行为将损害投资者的利益以及国家和公众建设工程质量利益，政府主管部门应该采取必要的措施，规范政府质量监督市场，杜绝这种共谋行为，提高政府质量监督的有效性，维护建设工程质量的各方利益。

1　委托代理基本模型

委托代理理论兴起于20世纪60年代末70年代初（Wilson，1969；Ross，1973；Mirrlees，1974）。委托代理关系的存在是以委托人和代理人的信息不对称困境为条件的，信息优势一方（代理人）可能会利用信息优势损害信息劣势一方（委托人）的利益。也就是说，当代理人的利益和委托人的利益相冲突时，代理人往往会产生“道德风险”行为。政府质量监督机构和建设项目管理业主在建设工程竣工备案过程中就存在着委托代理行为。

1.1　假设与模型

（1）委托人——政府质量监督机构，在监督机构社会化的条件下，政府质量监督机构追求的惟一目标是利润最大化，且是风险中性的；

（2）代理人——建设项目管理业主的收益来自质量监督机构对建设工程竣工备案的认可下，投资人对项目管理业主的报酬补偿，他是风险厌恶的，其绝对风险厌恶系数是一个常数，即他的效用函数是一个指数型的效用函数 $V(w)=-\exp(rw)$，r 是 Arrow－Pratt 型绝对风险厌恶函数为常数，$r=-\frac{A''(w)}{V'(w)}>0$，$w$ 表示代理人的工资或收益；

（3）建设项目管理业主的努力成本函数是 $c(e)=\frac{k}{2}e^2$，$k>0$，显然 $c(0)=0$，$c'(e)=ke>0$，代理人——建设项目管理业主越努力，他付出的成本越大，$c''(e)=k$ 的意义是建设项目管理业主努力的边际成本是递增的；

（4）建设项目管理业主的努力水平一般是不能观察到的，监督机构仅能观察到其努力工作所产生的效益，设为 X，$X=e+\theta$，θ 服从正态分布，即 $\theta\sim N(0,\sigma^2)$，建设项目管理业主能够控制努力变量 e。

Holmstrom 和 Milgrom 证明在上述假设下，委托－代理问题的最优激励机制是一个线性函数，$S(X)=\alpha+\beta X$，S 代表建设项目管理业主在竣工备案中的收益：α 代表收益中的固定部分；βX 代表收益中的变化部分，即效益收益，β 表示每一单位效益带给建设项目管理业主的收益。

政府质量监督机构希望自身利益最大化，由于他是风险中性的，所以，他的效用函数就是他的收益函数，即

$$\max_{\alpha,\beta}E(\pi)=E(X-\alpha-\beta X)=E[(1-\beta)X-\alpha]=(1-\beta)e-\alpha \tag{1}$$

政府质量监督机构利润最大化的约束条件：

激励相容约束（IC），由于信息不对称，如果让建设项目管理业主选择质量监督机构所希望的行动（认

真履行项目管理职责，提供的有关建设工程质量竣工备案资料真实可靠)，必须使其所得到的期望效用不小于他选择其他行动所得到的期望效用；

参与约束（IR）：如果让建设项目管理业主选择该机制，必须使其得到的期望效用不小于他在不接受这个机制时得到的最大期望效用 $\bar{V}$（机会成本）。

因此，上述的委托－代理机制模型式能被表示为

$$\max_{\alpha,\beta} E(\pi) = (1-\beta)e-\alpha$$
$$s.t.\begin{cases} IC: \max V[S(X)-c(e)] \\ IR: V[S(X)-c(e)] \geqslant \bar{V} \end{cases} \tag{2}$$

1.2　模型求解

记 $V[S(X)-c(e)]$ 的确定性等价值为 CE，由于

$$S(X)-c(e)=\alpha+\beta X(e,\theta)-\frac{k}{2}e^2=\alpha+\beta(e+\theta)-\frac{k}{2}e^2=\alpha+\beta e-\frac{k}{2}e^2+\beta\theta \tag{3}$$

其中 $\alpha+\beta e-\frac{k}{2}e^2$ 是确定项，$\beta\theta$ 是随机项。由于项目管理业主是风险厌恶的，且 $\beta\theta$ 的风险成本是 $\frac{r}{2}\beta^2\sigma^2$，所以，他的确定性等价值为 $CE=\alpha+\beta e-\frac{k}{2}e^2-\frac{r}{2}\beta^2\sigma^2$，项目管理业主选择最优努力变量 e 使他的效用最大化，根据极值的一阶条件得 $\frac{\partial CE}{\partial e}=\beta-ke\Rightarrow e=\frac{\beta}{k}$，代入模型式得：

$$\max_{\alpha,\beta} E(\pi) = (1-\beta)e-\alpha$$
$$s.t.\begin{cases} e=\frac{\beta}{k} \\ CE=\alpha+\beta e-\frac{k}{2}e^2-\frac{r}{2}\beta^2\sigma^2 \geqslant \bar{V} \end{cases} \tag{4}$$

在代理关系中，政府质量监督机构往往选取参与约束 $\alpha+\beta e-\frac{k}{2}e^2-\frac{r}{2}\beta^2\sigma^2=\bar{V}$，得 $\alpha=\bar{V}-\frac{\beta^2}{2k}+\frac{r}{2}\beta^2\sigma^2$，代入目标函数得：$\max_{\alpha,\beta}(1-\beta)\frac{\beta}{k}-\left[\bar{V}-\frac{\beta^2}{2k}+\frac{r}{2}\beta^2\sigma^2\right]$

根据求极值的一阶条件得 $\frac{1}{k}-\frac{\beta}{k}-r\beta\sigma^2=0$，即：

$$\beta^*=\frac{1}{1+rk\sigma^2},\ e^*=\frac{1}{k(1+rk\sigma^2)},\ \alpha^*=\bar{V}+\frac{rk\sigma^2-1}{2k(1+rk\sigma^2)^2} \tag{5}$$

所以最优激励机制为：

$$S^*=\alpha^*+\beta^*X=\alpha^*+\beta^*(e^*+\theta) \tag{6}$$

$$E(S^*)=\alpha^*+\beta^*e^*=\bar{V}+\frac{rk\sigma^2-1}{2k(1+rk\sigma^2)^2}+\frac{1}{1+rk\sigma^2}\frac{1}{k(1+rk\sigma^2)}=\bar{V}+\frac{1}{2(k+rk^2\sigma^2)} \tag{7}$$

$$E(\pi^*)=(1-\beta^*)e^*-\alpha^*=\left(1-\frac{1}{1+rk\sigma^2}\right)\left(\frac{1}{k(1+rk\sigma^2)}\right)-\bar{V}-\frac{\gamma k\sigma^2-1}{2k(1+rk\sigma^2)^2}=\frac{1}{2k(1+rk\sigma^2)}-\bar{V} \tag{8}$$

$$S^*=\alpha^*+\beta^*X=\alpha^*+\beta^*(e^*+\theta) \tag{9}$$

$$E(S^*)=\alpha^*+\beta^*e^*=\bar{V}+\frac{rk\sigma^2-1}{2k(1+rk\sigma^2)^2}+\frac{1}{1+rk\sigma^2}\frac{1}{k(1+rk\sigma^2)}=\bar{V}+\frac{1}{2(k+rk^2\sigma^2)} \tag{10}$$

$$E(\pi^*)=(1-\beta^*)e^*-\alpha^*=\left(1-\frac{1}{1+rk\sigma^2}\right)\left(\frac{1}{k(1+rk\sigma^2)}\right)-\bar{V}-\frac{rk\sigma^2-1}{2k(1+rk\sigma^2)^2}=\frac{1}{2k(1+rk\sigma^2)}-\bar{V} \tag{11}$$

2　竣工备案共谋模型

在建设工程竣工备案过程中，除了建设项目管理业主拥有更多的建设工程质量信息外，政府质量监督机构和建设项目管理业主，为了追求潜在收益，还存在着贿赂和接受贿赂的共谋行为（就是不顾损害公众和国家建设工程质量利益，来实现他们各自潜在收益最大化）。这种行为的内在机理可以用博弈共谋模型得以揭示。

2.1 共谋模型假设

共谋模型除了基本模型的四个假设之外，还需假设：

（1）再设政府质量监督机构在建设工程竣工备案时接受项目管理业主贿赂为 B，接受贿赂是有风险的，设其风险成本系数为 b_0，则政府质量监督机构接受贿赂要付出的行业风险成本（这种行为被政府管理部门发现，根据监督市场管理规定，对政府质量监督机构的惩罚）为：$c_0(B)=\frac{b_0}{2}B^2$，$b_0>0$　$c_0(0)=0$，$c'_0(0)=b_0B$，$c''(0)=b_0$。

（2）建设项目管理业主为了使建设项目实现竣工备案登记，获得隐形控制权收入（在没有完全履行项目管理职责的前提下，得到投资人的报酬和奖励），有可能去贿赂政府质量监督机构，贿赂后，他理应获得其隐形收入 ϕB，其中 ϕ 是贿赂的放大倍数，ϕ 越大，管理业主的行为就越趋向于贿赂政府监督部门。获得这些隐形收入当然也是有风险的，假设建设项目管理业主获得这些隐形收入的风险成本系数为 b_a，则其获得隐形收入的政治风险成本（这种行为被投资人或政府主管部门发现，根据项目管理合同和行业管理规定，对项目管理机构的惩罚）为：$c_a(B)=\frac{b_a}{2}B^2$，$b_a>0$，$c_a(0)=0$，$c'_a(0)=b_aB$，$c''_a(0)=b_a$

2.2 模型与求解

在国家投资建设工程项目管理中，项目管理业主的收益与项目本身的实施效果没有直接关系，项目管理业主有可能在项目管理过程中消极怠工，但为了获得业绩和政绩，就会在建设工程竣工备案环节，贿赂政府质量监督机构；在其他投资人的建设工程项目管理中，项目管理业主为了追求潜在资本效益（管理奖励），也希望对于不具备竣工备案条件的工程，通过贿赂政府质量监督机构，实现自身利益最大化。由于政府质量监督机构也是在政府委托下的企业化经营，且在一定区域是具有垄断性的政府监督，希望监督投入少，效益高，建设工程竣工备案率又是监督机构业绩考核的主要指标，因此，政府质量监督机构既追求企业利润，又追求隐形控制权收入，要接受项目管理业主的贿赂 B。

在这种共谋情况下，参与约束 $\alpha+\beta e-\frac{k}{2}e^2-\frac{r}{2}\beta^2\sigma^2<\bar{V}$ 不成立，参与约束 IR 就变为

$$\varepsilon+\beta e+\beta\phi B-\frac{k}{2}e^2-B-\frac{b_a}{2}B^2-\frac{r}{2}\beta^2\sigma^2\geqslant\bar{V} \tag{12}$$

相应的委托代理问题就变为

$$\max E\left[(X+B)-\alpha-\beta(X+\phi B)\right]-\frac{b_0}{2}B^2$$

$$s.t.\begin{cases}\max CE\\ CE=\alpha+\beta e+\beta\phi B-\frac{k}{2}e^2-B-\frac{b_a}{2}B^2-\frac{r}{2}\beta^2\sigma^2\geqslant\bar{V}\end{cases} \tag{13}$$

与委托代理基本模型式相比，发现若参与约束不满足的话，会驱使项目管理业主寻找一个新的激励项 $\beta\phi B$，建设项目管理业主就增加了新的成本 $B+\frac{b_a}{2}B^2$。

$$\text{化简 } IC\text{，求 } CE \text{ 的最大值，得}\begin{cases}\frac{\partial CE}{\partial e}=0,\ e=\frac{\beta}{k}\\ \frac{\partial CE}{\partial B}=0,\ B=\frac{\beta\phi-1}{b_a}\end{cases} \tag{14}$$

因 $B>0$，所以 $\phi\geqslant\frac{1}{\beta}$，又因 $\beta\in[0,1]$，只要共谋行为存在，必有 $\phi>1$，代入参与约束 IR，得：

$$\alpha=\bar{V}-\frac{\beta^2}{k}-\frac{\beta\phi(\beta\phi-1)}{b_a}+\frac{\beta^2}{2k}+\frac{\beta\phi-1}{b_a}+\frac{(\beta\phi-1)^2}{2b_a}+\frac{r}{2}\beta^2\sigma^2 \tag{15}$$

这样，项目管理业主努力成果包含两部分，一部分是效益 X，另一部分是代理人的隐性收入，即 $\beta\phi B$，所以 $X+\beta\phi B=e+\theta$，代入并化简目标函数得：

$$\begin{aligned}&\max_{\beta}\left(e-2\beta\phi B+B-\alpha-\beta e+\beta^2\phi B-\frac{b_0}{2}B^2\right)\\&=\max_{\beta}\left[\frac{\beta}{k}+\beta^2\phi\frac{\beta\phi-1}{b_a}-\beta\phi\frac{\beta\phi-1}{b_a}-\frac{\beta^2}{2k}-\frac{(\beta\phi-1)^2}{2b_a}-\bar{V}-\frac{b_0}{2}\frac{(\beta\phi-1)^2}{b_a^2}-\frac{r}{2}\beta^2\sigma^2\right]\end{aligned} \tag{16}$$

根据一阶条件得：

$$\frac{1}{k}+2\beta\phi\frac{\beta\phi-1}{b_a}+\beta^2\phi\frac{\phi}{b_a}-2\phi\frac{\beta\phi-1}{b_a}-\beta\phi\frac{\phi}{b_a}-\frac{1}{k}\beta-r\sigma^2\beta-\frac{b_0}{2}\frac{2(\beta\phi-1)}{b_a^2}\phi=0 \tag{17}$$

$$\left(\frac{1}{k}+r\sigma^2\right)\beta=\frac{1}{k}+\left(\frac{2\phi}{b_a}+\frac{b_0}{b_a^2}\phi-\frac{2\phi\beta}{b_a}\right)(1-\phi\beta)-\frac{\phi^2\beta}{b_a}(1-\beta) \tag{18}$$

$$\beta'*=\frac{\frac{1}{k}+\left(\frac{2\phi}{b_a}+\frac{b_0}{b_a^2}\phi-\frac{2\phi\beta}{b_a}\right)(1-\phi\beta)-\frac{\phi^2\beta}{b_a}(1-\beta)}{\left(\frac{1}{k}+r\sigma^2\right)} \tag{19}$$

因为$\beta<1$，$1-\phi\beta<0$，因此可得：

$$\frac{2\phi}{b_a}+\frac{b_0}{b_a^2}\phi-\frac{2\phi\beta}{b_a}>0 \tag{20}$$

$$\left(\frac{2\phi}{b_a}+\frac{b_0}{b_a^2}\phi-\frac{2\phi\beta}{b_a}\right)(1-\phi\beta)<0 \tag{21}$$

$$\frac{\phi^2\beta}{b_a}(1-\beta)>0 \tag{22}$$

$$\frac{1}{k}+\left(\frac{2\phi}{b_a}+\frac{b_0}{b_a^2}\phi-\frac{2\phi\beta}{b_a}\right)(1-\phi\beta)-\frac{\phi^2\beta}{b_a}(1-\beta)<\frac{1}{k} \tag{23}$$

3 结论

比较基本模型和共谋模型中参数β的关系式，可得$\beta''^*<\beta^*$，$e'^*<e^*$。这就是说，当建设项目管理业主热衷于从事这种贿赂行为时，他的努力程度和积极性会降低，相应也就减少了投资者收益。所以，这种共谋行为终将会酿成建设工程质量低劣，造成国家和人民生命财产的巨大损失。政府主管部门应当加大对各级委托代理关系的监督，即增加建设项目管理业主的风险成本$c_a(B)$，增加b_a，当$b_a\to\infty$时，$B\to0$，$\beta'^*\to\beta^*$，$e'^*\to e^*$，使建设项目管理业主的努力恢复到基本委托代理模型的水平，可将共谋行为减少到最小。但这时不满足委托代理模型的参与约束，影响许多优秀的质量监督者的积极性，有可能寻求更能获得高价值的行业。解决这个问题的关键在于：引入市场竞争机制，通过实行监督费率最高限价下的浮动制，体现不同监督付出的收益差别，提高优秀政府质量监督管理者的待遇。事实上，监督者获得的隐性控制权收入为（$\beta\phi-1$）B，如果将这部分收益透明化，扣掉其行业风险成本，仅仅需要其中一部分就能获得诚实经营管理的效果，这要求政府主管部门通过监督政策的调整，同时加大监管力度，促使政府质量监督机构和项目管理业主转变经营观念，提高建设工程质量管理和政府监督的有效性。

参考文献

[1] 郭汉丁，刘应宗，郝海. 政府部门与质量监督机构之间委托代理行为［J］. 华中科技大学学报（城市科学版）. 2005，22（2）：42－44.

[2] 郭汉丁，王凯. 政府质量监督机构绩效评价体系的探讨［J］. 电子科技大学学报（社科版）. 2006，8（1）：26－28，92.

[3] 郭汉丁. 建设工程质量政府监督管理研究［D］. 天津大学博士学位论文. 2003：105－109.

[4] 郭汉丁. 建设工程项目竣工备案评价机制研究［J］. 重庆大学学报（社会科学版）. 2006，12（2）：48－52.

[5] 孙百昌，陈良遒. 政府登记管制的博弈分析［J］. 系统工程理论方法应用. 2001，10（2）：158－176.

[6] Zhou M, Wang M. Agency cost and the crisis of China's Soe［J］. China Economic Review. 2000：297－317.

[7] 郭汉丁，刘应宗，郝海. 现行监督费率确定机制的博弈分析［J］. 西南交通大学学报. 2005，40（1）：90－93.

[8] 郭汉丁，刘应宗，郝海. 政府质量监督机构与建设主体行为博弈分析［J］. 华中科技大学学报（城市科学版）. 2004，21（3）：35－38.

[9] 杨水利，田坤，李怀祖. 国企经营者合谋的博弈分析与防范研究［J］. 西安交通大学学报. 2002，1：32－35.

[10] 郭汉丁，郝海. 确定监督费率下监督行为博弈分析与激励对策［J］. 青岛大学学报（自然科学版）. 2004，17（3）：88－92.

第三篇

工程管理教育

关于工程管理教育的一些思考和建议

朱高峰[1] 王众托[1, 2] 吴江宁[2]
(1. 中国工程院院士; 2. 大连理工大学管理学院)

1 中国工程院关于工程管理教育咨询课题情况

随着我国新型工业化进程中大规模建设工作的展开和各类企业的快速发展，最近几年我国的建设投资在迅速增长，2004 年已达 7 万亿元。在建设事业取得举世瞩目成就的同时，由于种种原因，也造成了很大的浪费和损失，其中管理工作跟不上形势的要求是造成损失的主要原因之一。"十一五"期间我国平均每年的建设资金投入将大于 10 万亿元。如果我们能够通过培养称职的工程管理人才改进当前的管理现状，提高投资效果，减少损失，将是一件事半功倍的事。

有鉴于此，中国工程院工程管理学部决定，并经院咨询委员会批准，设立"中国新型工业化进程中工程管理教育问题研究"咨询课题，由朱高峰院士、王众托院士总负责。课题研究工作以工程管理学部的部分院士为主，吸收相关领域的专家参与，分别由郭重庆院士、李京文院士、汪应洛院士和王众托院士负责相关子课题，何继善、张寿荣、时铭显、王礼恒院士、工程院李仁涵局长、唐海英主任等参加研讨，同济大学、北京工业大学、西安交通大学和大连理工大学承担子课题的调研、分析与研究工作。

课题组从以下三个方面研究了我国工程管理教育问题：一是对目前国内现有的工程管理人员在专业门类、学历层次、知识与能力结构等方面是否适应当前工作要求等问题进行深入调查和研究；二是对全国各高校工程管理的各类专业、各种办学层次（包括专科、本科、研究生）的专业设置、办学规模、学习年限、教学内容和方式、实践环节、在校与毕业生人数等方面进行调查、分析研究，此外还对培训机构的设置、培训方式、学生来源进行调查与分析；三是分析借鉴国际上工程管理教育的经验和惯例。共完成了三份调查分析报告。

课题报告中界定的工程管理范围，既包括重大工程建设项目实施中的管理，譬如，工程规划与论证、决策，工程勘察与设计、工程施工与运行管理等，也包括重要复杂的新产品、设备、装备在开发、制造、生产过程中的管理，还包括技术创新、技术改造、转型、转轨、与国际接轨的管理，以及产业、工程和科技的重大布局与发展战略的研究与管理等。

课题研究总报告经过反复讨论修改充实后，已呈报国务院供有关部门参考。

2 当前我国高校工程教育发展简况

我国《普通高等学校本科专业目录》分别于 1963 年、1989 年、1993 年和 1998 年进行过 4 次全面修订并正式颁布，工程管理作为专业仅出现在 1998 年颁布的专业目录中，但与其相近的"管理工程"专业则在 1989 年的目录中便已出现，而"管理工程"作为专业在 1979 年就已成立了。

工程管理类专业自 1998 年设立以来，每年都在以较快速度在增长。截至 1999 年，设置工程管理专业本科层次的院校 70 所，2000 年新增 22 所，2001 年新增 15 所，2002 年新增 25 所，2003 年增至 255 所。这种发展势头说明我国经济建设的高速发展和国家公共基础设施的建设步伐加快，使得对懂管理、有技术、善经营的复合型高级管理人才的需求与日俱增。许多高校看到了该专业良好的发展前景，已经或正在筹备开设工程管理专业，专业数目的增长推动了该专业的发展。

在办学类型方面，目前设置工程管理类专业的院校主要分布在理工类院校、职业技术院校和综合类院校。在办学规模方面，截至 2004 年，全国工程管理类专业的办学规模与增长情况如下：据我们调查的 102 所学校的统计数据显示，近 6 年工程管理类专业本、硕、博招生人数分别由 1999 年的 3078 人、218 人、23 人，上升至 2004 年的 8328 人、505 人、96 人，平均年增长速度分别为 22%，18%，33%。

在培养层次方面，工程管理专业的本科、专科教育、硕士、博士教育也得到了长足发展，同时相关工程管理类培训机构也相继出现。在 255 所设置工程管理类专业的学校中，设有专科的院校 96 所、设有本科的院校 143 所，有研究生层次的院校 92 所（包括硕士层次 84 所，博士层次 37 所）。2004 年，我国工程管理类本科毕业生人数达7300人，比2003年增加68%。

工程管理类专业各层次招生院校之所以较多，与近几年社会对此专业人才的需求量较大有关。专科层次招生院校较多，其原因是一方面顺应社会需求，同时也为扩招提供容纳量。本科生层次和研究生层次的招生院校逐渐增多，主要是社会对学历的要求逐渐提高，同时工程管理实践中对管理人员的综合素质的要求越来越高。

尽管工程管理教育发展势头较猛，各层次人才培养数量在不断增加，但其中也存在不少问题。如工程教育方面普遍存在着本科、专科及研究生教育的定位及课程设置不尽合理的问题，而专科的教育更是与市场需求偏离，这说明总体上对工程管理学科的认识还在逐步探索中。在师资的数量和质量上都不能满足发展需要，缺乏有实践经验的专业教师，教学中缺乏实践环节。目前工程管理培训机构（包括企业和社会）的办学规模小、实力弱，相关法律、法规体系不健全，培训市场不规范等问题已严重影响到工程管理培训机构的可持续发展。

3　社会反映、反思工程教育当前存在的问题

我国现有的工程管理人员的现状是：（1）技术素质较强，但是知识面过窄；（2）基本素质方面缺乏事业心和科学精神，国际化素质较为缺乏；（3）管理综合素质普遍不高，协调沟通能力欠缺，缺乏全局观念和系统思维，缺乏团队协作精神。资本运作能力欠缺。

在具体的工程管理领域中，传统工业改造领域缺少工业工程管理人才，工程建设领域缺少工程项目管理人才，软件等新兴产业领域缺少研究开发项目管理人才。能够对创新进行管理的人才更是缺乏，这大大阻碍了各行业进行自主创新和技术改造的进展。

企业界希望培养的工程管理人员具备创新精神和学习能力，有一定的实践经验，有良好的沟通协调能力以及应变能力，成熟的人格和人际关系处理能力，以及“T”型知识结构。

根据社会反映及对当前高校现状进行分析，我们认为主要存在以下问题：

3.1　教育部门和社会各界对培养工程管理人才的重要性与特殊性的认识有待深化

工程管理是横跨技术与管理的学科。人们对工程管理是一门关于计划、组织、资源分配以及指导和控制带有技术成分之经济活动的科学和艺术缺少理解。目前，在工程管理教育中又是技术与管理知识分别传授，不注重技术与管理知识相结合的系统性教育。国内对工程管理人才存在片面认识，认为工程技术人员通过管理实践就可自然而然地成为工程管理人员，企业则认为只需从技术权威中选择工程管理人员而忽视其管理知识与技能。

3.2　工程管理教育层次结构不合理

总体来看，本科层次毕业生因技术和管理两方面基础都不够，尤其是缺乏实践经验而不能立即胜任管理工作；工程技术各专业的本科毕业生有一定实践经验后攻读管理硕士研究生的成长方式比较受欢迎，需求不断扩大；专科层次则由于我国整体上专科教育办成了本科教育的压缩型，技术与管理两方面的训练都嫌不足，更缺少专业实践，社会上没有相应的职业岗位；博士研究生则因培养重点在学术研究，很少和工程实际结合，难以满足企业需要。层次结构的不合理造成供应和需求之间的不协调。

3.3　工程管理教育内容界定不清而且缺乏条理性

目前对工程管理教育的分歧是：究竟应以工程技术作为学生知识结构的中心，还是以管理知识作为中心；究竟应该针对行业（如土建工程）的管理还是针对工程技术活动性质的管理来进一步划分。部分学校的工程管理专业定位不准，不相关的方向硬捆在一起，影响了专业的健康发展。有的方向如房地产，内容安排属于经营管理，不应该属于工程管理。

3.4　课程内容设置不合理，教学方法不得当

工程管理教育不是简单的工程教育加管理教育，而是一个跨学科的综合性学科，应把工程技术内容和管理知识有机地融合在一起。当前的问题主要有：(1)技术知识面不够广泛，缺少与管理的密切结合；(2）职业道德教育欠缺；(3）资本运作的教育不足；(4）实践性教学内容过少。

3.5　办学力量良莠不齐，社会办学力量薄弱，欠缺完善的监督机制

目前我国工程管理类专业的优良率仅为22%，有66.3%的学校没有达到平均值。由于我国经济发展迅速，大量需要工程管理类人才，部分学校不顾自身背景与条件限制而设立相应专业并快速扩大规模，导致

办学水平不高，同时缺少监督机制。

我国大多数培训机构在资金实力和知识经验积累方面还很薄弱。几乎所有培训机构都处于工程管理类培训的起步阶段，社会力量办学片面注重短期效益，过分强调市场运作，只重招生、忽视培训质量，行业内竞争无序。

3.6　教师实践经验不足，严重影响教学质量

调查中普遍反映工程管理专业的任课教师欠缺实践经验，所教的知识过于理论化，无法给学生提供有现实操作意义的教育。由于我国工程管理教育起步较晚，师资队伍参差不齐，部分教师的工程背景、实践经验亟待加强。

4　几点建议

4.1　明确工程管理教育的培养层次并优化培养结构——建议不再招收专科生、优化调整并逐渐缩小本科教育规模、大力发展硕士研究生教育、并建立专业学位、严格限制博士研究生教育规模

（1）专科工程管理教育的毕业生，其技术素质和管理素质均难满足企业对人才的需求，加上学历层次低、实际经验少，难以胜任管理工作，没有合适的职业岗位，受不到应有的尊重。社会上有一种误解，以为只要不是体力劳动便是管理工作，其实相当一部分工程管理专科毕业生做的是技术工作而不是管理工作，可由技术专业专科生担任。因此建议不再招收工程管理专科层次的学生。

（2）缩小工程管理专业本科招生规模，并调整、优化其教学计划，充实有关的工程技术与工程管理课程与实践性环节。

（3）大力发展工程管理硕士教育，将工程硕士学位设置为学历教育，并允许有条件的工程硕士脱产入校。设立工程管理硕士学位，作为专业学位，与工商管理硕士和公共管理硕士相对应，为在职人员提供更广泛的深造机会。

（4）博士生层次教育由于需求数量有限，应严格控制培养规模，减少招生数量。

4.2　普及工程技术专业的管理教育、动员全社会力量大力发展在职培训

在各种工程技术专业教学计划中，应普遍增加工程管理类课程，其中实践性和综合性强的课程，应设为必修课程。

动员全社会力量，包括民间资本、企业自筹、高校开展在职教育。鼓励技术出身的工程管理人员学习管理理论类课程，要求管理出身的工程管理人员参加各种专业技术的培训班，并和管理知识和经验融合。

4.3　在工程管理专业教育中强化道德教育

建议研究制定工程师职业道德规范，并建立相应的课程和课外教育体系，通过强化道德教育来抵御目前社会氛围中急功近利、惟利是图等思想的影响，从而形成工程管理领域坚持原则，廉洁自守，团队合作的人文环境。还需强化整个社会基础道德的教育。

4.4　制定办学标准、建立工程管理专业设置准入制度和教师准入制度

建议有关管理机构加强监管，对已设立工程管理类专业的学校实行“淘汰制”，对即将设立该专业的学校实行“准入制”。对专业目标、教学条件（尤其是进行实践教学的硬件基础）、教学过程（教学内容和培养方案）、教学质量进行全面评估，提高工程管理专业的准入门槛，并加强评估和鉴定的力度。建议针对学校准入制度问题进行进一步的专项研究。

加强对从事工程管理教育人员的实践资格要求，学校应选拔有工程管理实践经验的教师担任专业课授课和指导，同时积极寻求各种途径拓宽师资来源，引入有实践经验的人员从事工程管理教育。政府应制定相应规定，从企业和学校两方面为缺乏实践经验的教师到企业从事代职等实践活动提出要求和创造条件。

4.5　实施工程管理人员资格认证制度

建议借鉴国际工程管理认证（Engineering Management Certification International，EMCI）体系，结合我国学科专业划分情况，制定适合本土工程师的资格认证体系。

4.6　设立工程管理一级学科并完善学科体系

目前社会对合格的工程管理专业人才需求量大，对该学科给予极大的关注。当前设置工程管理专业的院校较多，各层次在校学生人数在管理大类中是比较多的。该学科经过一段时间的发展，已经积累了一定

办学经验，师资队伍也初具规模，已经初步形成学科体系，建议学位委员会和教育部将工程管理从“管理科学与工程”一级学科中分离出来，独立成为一级学科，使其内容更加系统与规范，成为提高我国综合竞争能力的实用性学科。作为一级学科还可以划分出工程建设管理、项目管理、物流工程、工业工程、信息与软件工程管理、工程经济与战略管理等二级学科或者学科方向，我国各院校在这几个方向已经有一定的师资与学科积累。

5 国外（境外）工程管理教育的经验与启示

统计数据表明，早在20世纪90年代初期，世界范围内已设立了200余种与工程管理和技术管理相关的课程。20世纪末，美国由机械工业、化工等学会联合在世界范围内推出了专门面向工程管理及技术人员的培训和工程管理师的资质认证项目——国际工程管理认证（EMCI）。该培训具有8大知识体系范围、49个主要知识领域和170个分支领域，内容涵盖了产品/服务开发、项目管理和系统开发管理。这表明工程管理学科的发展已经走向成熟。

国外在工程管理人员的培养方式上比较灵活，基本不受专业名称的限制，各院系可以按照需要设置工程管理类的课程，同时有针对性地制定专业教学计划，着重能力与创新的训练。有些学校的工学院和管理学院联合设置工学－管理学的复合学士学位，这为来自于专业技术背景（工学院技术专业毕业）转向管理工作的工程管理人员提供了独具特色又合时宜的教育。一些学校还与企业密切合作，充分利用网上教学等方式，为在职的大学毕业生提供继续工程教育，以适应市场需求。麻省理工学院成立了教育维护组织（EMO），专门负责毕业生离校后的继续教育。

6 关于工程管理硕士

为了使更广大的现职或未来的工程管理人员得到深造的机会，工程院的几位院士建议比照工商管理硕士（MBA）和公共管理硕士（MPA），设立工程管理硕士学位（暂简称为MEA，其实应称为MEM），可以分脱产学习与在职学习两大类型。

这类学位可以在以理工科为主的院校先行试办。其招生、培养和学位授予都可参照MBA与MPA办理。学生报考必须具备两年以上的工程技术或工程管理的工作经验。

为适应各行业对工程管理人员的不同要求，工程管理硕士也可分为几个专业方向，例如：建设工程管理、研究开发管理、软件与信息化管理、工程经济与战略管理等等。也可按照行业的特殊要求设置专业方向。

至于课程设置，可以分为三大类型：

第一类是有关管理的一般课程，如管理学，会计学，管理经济学，组织行为学，市场学，环境保护，法律等。

第二类是与工程有关的管理课程，按照行业或工作性质的不同，在项目管理、产品管理、设计管理、研究开发管理、质量管理等课程中设置一批必修课或选修课。

第三类则是与行业或职务有关的较为专门的课程。例如软件与信息化管理方向可以设置信息系统分析与设计、软件工程、信息安全等课程。

教学过程中，也要像MBA那样加强案例教学。同时在课程中还应该结合实际工程背景有一些像调查、分析、设计等大型课程作业。学位论文更应该结合实际选题。

如果我国工程管理人员中的大部分能够得到这种学习机会，对于我国的工程管理必将起到改进和提高的作用。

参考文献

[1] 课题组. 我国现有工程管理人员综合素质调查研究［R］. 中国工程院“中国新型工业化进程中工程管理教育问题研究”咨询课题研究报告之一. 2005. 12.

[2] 课题组. 关于我国工程管理教育现状的调查和分析研究［R］. 中国工程院“中国新型工业化进程中工程管理教育问题研究”咨询课题研究报告之二. 2005. 12.

[3] 课题组. 国外工程管理教育和人才培养的现状与发展趋势的调查研究［R］. 中国工程院“中国新型工业化进程中

工程管理教育问题研究”咨询课题研究报告之三. 2005. 12.

[4] 何继善，陈晓红，洪开荣. 论工程管理 [J]. 中国工程科学. 2005，7 (10)：5－10.

[5] The Engineer of 2020：Visions of engineering in the new century [M]. Washington，DC The National Academies Press，2004.

我国工程管理学科发展的战略思考

汪应洛[1,2]　王能民[2]

（1. 中国工程院院士；2. 西安交通大学管理学院）

1　引言

在我国全面建设小康社会进程中，投资起着十分重要的作用；从21世纪初以来，我国投资规模巨大，到2006年全国投资总额已达10万亿人民币，巨大规模的投资与项目建设需要大量的工程管理人员；目前我国工程管理水平还存在改进的巨大空间，具体表现为：投资效益低同时投资失控，2001年中国建设银行对30个在建大中型项目进行贷款后评价，30个项目后评估预计总投资达1013亿元，经原批准概算总投资358亿元超出了655亿元；工程质量问题严重，2001年在全国30个省市受检的275项工程中，共查出有结构隐患的工程14个占5.1%，可能存在结构隐患的工程51项占18.6%。中国工程院于2004年对中国新兴工业化进程中工程管理教育问题开展研究。该项目旨在通过对我国工程管理专业教育现状与国内外工程管理发展趋势的研究，向教育部门提出有关工程管理培养层次、专业设置、教学内容与方法等方面的建议，推动我国工程管理人才的培养。西安交通大学管理学院受中国工程院委托对我国工程管理专业教育现状进行了调研，基于调研的结果，本文将分析我国工程管理专业教育存在的问题，探讨工程管理的学科特征，及如何发展工程管理教育。

2　工程管理的学科定位

对于工程管理类专业人才的培养在国际上存在两种类型，学科定位不同导致其培养体系、研究方向等均存在明显差异。一类是面向建筑行业的工程管理（Construction Management），美国建设教育委员会（American Council for Construction Education，ACCE）对该类专业的培养单位有指导与评估的职能，该类专业的学生培养定位为：获得在建筑领域的专业知识；获得全面而均衡的教育，以使学生得到终身学习的机会；获得专业意识和领导能力以便服务于建筑业和社会；路易斯安那州立大学（Louisiana State University）等一批学校按照此该类专业培养宗旨办学。另一类则不是面向特定行业的工程管理（Engineering Management），该类专业的学生培养定位为具有组织与管理工程技术项目能力的复合型人才（美国工程管理学会将工程管理定义为对有工程技术成分的活动的计划、组织、资源配置、指挥与控制的艺术与科学），美国工程管理学会（American Society for engineering management，ASEM）为该类专业人才培养提供指导，此类学校有维吉尼亚大学（University of Virginia），圣克劳得州立大学（St Cloud State University）等一批院校。

我国工程管理专业可追溯到20世纪60年代初期，一批50年代留学前苏联的工程经济专家与50年代前留学英美的工程经济专家在我国开设的技术经济学科，该阶段主要研究的是项目和技术活动的经济分析如项目评价与可行性分析，根据教育部的要求，工程管理专业是要培养具备管理学、经济学、工程技术等基本知识，掌握现代管理科学的理论、方法和手段，能在国内外工程建设领域从事项目决策和全过程管理的复合型高级管理人才。本专业毕业生应获得以下几方面的知识和能力：掌握工程管理的基本理论和方法；掌握投资经济的基本理论和知识；熟悉工程技术知识；熟悉工程项目建设的方针、政策和法规；了解国内外工程管理的发展动态；具有运用计算机解决管理问题的能力；具有从事工程项目决策与全过程管理的能力；具有初步的科学研究和实际工作的能力；掌握进行国际工程项目管理所必须的相关商务知识，并具有较强的外语能力。按照上述说明可知我国的工程管理学科定位与美国的相关学科基本上是一致的。

工程管理学科的定位应为：研究工程技术活动中所涉及的计划、组织、资源配置、指挥与控制等管理问题的学科，具有区别于其他管理类学科的特征，具体表现为以下几方面。

2.1　工程管理学科的研究对象是基于工程技术的管理规律

工程管理学科的研究对象是工程技术活动的管理问题，研究过程中需要解决两方面的问题：一是工程技术活动所遵循的工程规律，二是工程技术活动所涉及的管理规律。因为工程涉及各行各业，如水利、交通、机械、化工等，工程技术内容包罗万象，所以对于工程管理学科的研究者而言其研究问题需要考虑其研究对象所在的行业特征，工程管理学科的研究对象是基于工程技术的管理规律这一区别于工商管理学科的异质性学科特征。

2.2 工程管理学科的研究方法是工程技术与管理理论的集成

由于研究对象的特征性，其所依赖的研究方法同样具有特殊性，是工程技术与管理理论的集成。工程建设不同于一般的商品生产，具有很强的计划性、法制性、程序性，对经济、社会、环境具有较大的影响，且影响具有滞后性，工程施工规律有别于一般生产规律，这些决定了其研究问题时需要综合研究对象所处行业的工程技术及相应的管理理论。这一点也可以从国内外的工程管理专业的培养的知识体系里得到体现：工程管理专业教育强调技术课程的学习，在我国工程类院校里所开办的工程管理专业内有部分学校其技术课占全部平台课的比例高达二分之一，学校还要求学生参加针对技术课的实践，如工程测量实习、房屋建筑学设计、建筑工程预算实践等，以更好的了解工程对象，理解课堂所学的知识；在管理类课程中除基本平台课程外，主要开设与工程管理密切相关并带有极强专业技术性的交叉科目，如工程项目管理、建筑企业管理、国际工程索赔、FIDIC 合同条款、建筑技术经济学、建筑施工财务会计、工程估价与成本规划等。

由于外部环境的变化同时各学科研究成果在不断发展，工程管理学科需要解决的问题与所依赖的方法要求同步发展，与时俱进成为工程管理学科发展的必然要求；工程管理由于其具有明显的工程技术背景的特征，其研究领域因其应用的背景不同而在不断的变化，工程管理所具有的共性知识与所在的行业技术特征的结合是当前工程管理发展的重要趋势。

2.3 工程管理学科是理论研究与应用的结合

工程管理学科从一开始就是为了解决工程技术活动中管理现实问题而诞生的，工程管理是为了解决工程建设中的时间、成本、质量等问题而产生的专业，其理论与方法可以直接为优化项目的进度、降低建设成本、优化质量提供理论支持与策略指导。从工程管理学科的应用方面来看：工程项目所需可行性研究报告、工程报价单、招投标文件、施工组织设计等方面是其重要组成；因此工程管理学科强调其应用性与针对性。但与此同时工程管理学科同样强调对工程技术活动所涉及的管理理论问题研究：工程项目的智能决策支持系统、基于 CIS 的工程管理信息系统及工程项目所涉及的委托代理问题。对于我国工程和管理学科的研究人员来说，一个重要的任务是研究我国各类工程项目建设与运营中存在的问题、经验及教训，及基于我国国情的工程管理理论与方法。

3 工程管理专业教育的发展

我国工程管理专业的教育经过建设部工程管理专业教学指导委员会与各院校的努力取得巨大的成绩；明确工程管理专业的培养目标即培养具有工程技术、管理学、经济学基本知识，掌握现代管理科学的理论、方法和手段，能在国内外工程建设领域从事工程技术活动的管理的复合型高级管理人才。但从调研的结果来看，现有的工程管理专业教育仍然存在一定问题：工程管理教育的人才培养必须面向工程实际与社会需求，这是我国未来经济发展的迫切需要，也是包括国外工程管理教育和工业发展的经验，而现有工程管理专业教育培养的人才（尤其是本科生）解决实际问题的能力欠缺，毕业生去企业需较长的时间来适应实际工作的需要。基于调研的结果及综合相关研究结果我们认为我国工程管理教育可以从以下几方面来提升办学质量。

3.1 充分发挥各院校优势，准确合理定位、各自办出特色

如前面所述国外关于工程管理类专业人才的培养存在两类不同的类型，一类为建筑管理即针对建筑行业的管理，另一类即为工程管理即基于工程技术活动的管理。两种类型均存在一致的方面，即强调工程管理对工程技术的依赖，但具体依赖的技术与行业背景侧重点不同，前者强调建筑行业，由于不管何种行业的项目投资或多或少均需要涉及到建筑工程或土木工程活动，因此强调依赖于建筑行业的工程技术有其合理性，根据建设部高等教育工程管理专业评估委员会和专业指导委员会负责组织对美国建筑教育委员会考察结果，课程设置时只考虑了建筑行业；后者则强调不同行业的工程技术，即充分认识到不同行业的投资项目其工程技术活动所依赖的技术存在不一致的方面，如宇航行业与矿产采掘业其所依赖的工程技术则明显存在不同。考虑我国工程管理办学的历史与实际，充分发挥各院校的优势，准确且合理定位各学校的工程管理专业教育，以其学校优势办出其专业特色，以期更好服务社会，满足社会需求。各院校的优势主要表现为其所依赖的工程技术或办学特点上，为使工程管理专业人才能更好地满足实际需要，需要在共性的

工程技术能力基础上增加所服务行业的特定的工程技术能力。从调研的结果来看，具有明显的行业背景的学生就业去学校所在行业的比例比较高，如西南交通大学的工程管理专业毕业生去铁道部所属单位比例高达50%，因此增加特定行业的工程技术能力的培养是十分必要的。Akron 大学的工程管理课程其工程技术平台课程可以从包括生物工程、电力工程、机械工程、化学工程、计算机工程等方向中选择。

3.2 调整与优化工程管理学科的知识体系

我国现有的工程管理本科生教育的培养体系基本上遵循了工程管理教育指导委员会所设定的课程体系；基于调研的结果我们认为根据学科的知识进展与发展趋势，借鉴国外办学经验，按照社会需要与各院校办学优势进一步完善与优化工程管理学科的知识体系是必要的。从国外的工程管理办学经验来看，本科生阶段的知识体系强调工程技术与基于工程技术活动的管理理论与方法的综合，而研究生阶段由于其培养对象有相当一部分来自工程界，因此对此阶段的培养主要强调管理与经济理论与方法，如 Brunel 大学其工程管理研究生项目的课程主要包括：人力资源与组织管理，财务管理，市场营销，项目管理，生产与运作管理，质量管理，信息系统，制造战略等，我国的工程管理类研究生的培养（如特色 MBA 及工程硕士）基本上也遵循这一原则。对于工科类大学调整与优化工程管理学科的知识体系重点是加强行业背景的工程技术，如可以根据学校的特点加强学校所在行业的工程技术基础类课程。从调研的结果来看，目前我国在工程管理办学的工科院校里有几类明显的行业背景：如土木建筑、交通运输、资源采掘及加工、航空航天、制造业等，对于上述具有特色的院校可以在土木建筑类工程技术基础上适当增加所处于行业的基础性工程技术课程，如采掘类行业可以增加采矿、选矿、材料加工类课程。

3.3 加强与企业的联系、提升工程管理专业人才的实践能力

提升工程管理专业人才解决实际问题的能力重要手段之一是增加工程管理实践性教学环节。要实现这一目标工程管理教育必须与企业密切结合和合作，一方面让学生走向企业，在学习过程中增加实践训练，另一方面也可以聘请长期从事工程管理的专家到学校从事教学工作。实践平台建设是提升加强工程管理专业人才的实践的基础，是改善实验、实践条件的有效杠杆，需要调动各方面投入，促进各办学单位重视实践教学、加强实践训练。按照《高等学校实验室工作规程》的要求，进一步强化在实验室建设和管理方面的规范化与制度化建设，引导高等学校加大对实验室建设的投资力度，提高实验室的建设水平以及管理与利用水平；开展企业大学生校外实习、实践训练基地的评选、建设与挂牌工作。在一些条件比较好的企业，建立大学生课外实习、实践训练基地，以大学生校外实践为基点，进一步促进产学研结合，起到互惠互利的作用。

更为重要的是需要加强工程管理专业教师的培训，在20世纪50年代，伴随着我国现代工业体系的形成与发展，众多的工程技术院校的迅速崛起得益于一大批专业理论基础扎实、工程实践经验丰富的教师队伍，保证了产学研的有机结合，为工程管理人才培养提供了良好的实践基础。但是，改革开放以来，随着高等教育的持续快速发展和高等学校教师队伍新老交替的加快，大量的年轻教师被吸收和补充进教师队伍当中，这部分教师掌握了大量现代新知识，思维活跃、适应能力强，但是不可避免的是，这些新教师存在实践背景薄弱的天然缺陷，教师解决实际问题能力不足如何能培养学生的动手能力？因此各办学单位通过加强与企业的合作，让教师接触工程管理的实际工作进而提升其实践能力是十分必要的。

3.4 改革工程管理教学方法和手段

改革教学方法，实现教学手段现代化，是深化课程和教学内容改革的必然要求，采用现代化教育技术是改革教学方法的重要手段。工程管理教育方法的改革重点是增加学生对工程技术活动中所面临的实际管理问题的感性认识，具体来看可以从以下几方面来加强。（1）增加工程管理的现场教学。现在的工程管理专业学生均是从高中直接进入大学的，对工程建设的实践过程缺乏感性认识，对工程建设的管理问题缺乏基本和全局性的概念，在学习中容易出现空对空的现象，结果是学习了大量的现代管理方法，但不知何时可以用得上以及如何与实际情况结合起来运用。理想的办法是参与到一个项目建设的全过程中去，探寻加强理论教学与实践教学有机结合的方法，增强学习效果。（2）案例教学。这种方法为学生提供了解和评价有关各方在工程建设中所面临问题的良好机会。（3）举办讲座。邀请工程管理专家参与高年级学生的研讨会，使学生有机会分享工程管理人员的实践经验，全面培养工程管理能力。

4 工程管理的未来发展趋势

近年来，随着科学技术的迅速发展，全球经济面临竞争的环境下，工程管理广泛吸收系统工程、计算

机、人工智能、运筹学和现代软科学的最新成就，融合形成一门综合性的交叉学科。工程管理是当代社会技术与管理协同发展、有机结合的产物，对本世纪以来全球经济发展起到了举足轻重的作用。现代工程管理追求持续改善的理念和在综合中去创造的方法论，并在系统集成中不断赢得创新和进步，致力于提高效率、质量，降低成本，缩短交货期，同时努力提高快速适应市场变化的应变能力。当前中国管理实践迫切需求能联系中国实际的管理科学的理论和方法的支撑，工程管理学术界对我国管理实践的现状没有深入了解与重视；对中国工程项目中许多重要的管理实践问题缺乏及时的关注。如工程项目建设与环境保护问题、项目资源与质量、安全、劳动力投入等之间的关系等等一系列问题，往往由于缺乏令人信服的基础数据而少有针对性、有影响力的研究。工程管理学术界与工程界之间缺乏沟通与互动，学术研究缺少工程界的需求支撑，工程界缺乏适当的理论指导。

应将工程管理理论与中国实际相结合，通过深入研究，指导实际并解决实际管理问题。工程管理是科学、技术和艺术相结合的综合性学科，注重自然科学、工程科学、人文社会科学以及管理科学的交叉与融合。因此，工程管理学科除了为学生提供领域知识，还应培养学生的独立决策能力、激励团队的管理能力、新技术管理能力以及快速开发满足全球多变市场新产品的能力。近年来，工程管理专家们正以极大的兴趣关注着所谓项目的“软”问题，诸如项目过程中的思维、行为、情感、适应性、全球化、工程管理中的交叉文化问题、项目经理的领导艺术等等。可以说，工程管理是将思想转化为现实、将抽象转化为具体科学的艺术。

伴随着INTERNET走进千家万户，工程管理的信息化已成必然趋势。作为当今更新最快的电脑技术和网络技术在企业经营管理中普及应用呈现加速发展的态势。美国著名杂志《财富》（Fortune）预测项目经理将成为21世纪年轻人首选的职业。这一动向提醒我们，工程管理正成为管理现代化的重要内容。知识经济时代的工程管理要求通过知识共享、运用集体智慧提高应变能力和创新能力。而这些功能的实现都离不开计算机网络技术与信息技术。目前西方发达国家的一些工程项目管理公司已经在项目管理中广泛运用了计算机网络技术，开始实现了项目管理网络化、虚拟化。许多项目管理公司也开始大量使用项目管理软件进行工程项目管理，同时还从事项目管理软件的开发研究工作。

持续创新与工程实践紧密结合是现代工程管理最本质的功能和永恒的主题，通过从产品开发到市场化的全过程创新来推动经济发展，将成为现代工程管理所关注的重要问题。在我国全面建设小康社会的过程中，将会建设许多大型工程项目，我国也将由制造大国向制造强国发展，但是我国仍必须在资源短缺、生态环境脆弱的条件下进行建设，这是社会赋予工程管理的历史使命。

5　工程管理人才

工程活动已经成为了人类的中心活动领域，与工程有关的问题往往是人类面对的关键问题。一方面，工程作为直接的现实的生产力，将持续地塑造人类当前和未来的存在状况。现代工程的重大突破，必将促进一系列以知识和信息为基础的新产业部门的形成：使传统工业得到改造和更新提升；使经济增长方式发生根本变革，经济增长质量和劳动生产率得到空前提高；城市化的进程与方式将由粗放式扩张向集约型内涵发展转变；企业的组织结构和劳动就业结构将发生显著变化；企业管理制度和整个经济的管理方式也将发生变革，并改变传统经济运行规则；人们的劳动方式、工作方式、生活方式、休闲方式等都将发生巨大变化，从而改变人们的思想观念、道德观念和思维方式。

另一方面，作为面向未来的人类行动，工程活动内在地包含着风险和不确定性。人类社会面临的突出问题的产生与工程有着千丝万缕的联系，无论是食品安全问题、环境污染问题、温室效应问题，还是大规模杀伤性武器的研制、信息技术和生物工程所引发的伦理问题等，都是明显的例证。可见，从事工程活动，也就意味着对人类未来的一种谋划，意味着对人类生存状况的一种重建。就此而言，那些直接参与工程创新活动的工程管理人才，担负着通过工程来营造人类未来的重大使命。

鉴于工程塑造未来的作用越来越大，鉴于工程中包含的风险问题也会越来越严峻，未来的工程对工程管理人才的要求就会与过去有所不同。应该说，为了应对工程实践提出的挑战，为了更好地建构自己的未来，像过去一样，未来的工程管理人才仍然需要拥有强大的分析问题和解决问题的技能，拥有很好的实践才能和沟通能力，但是，为了更好地应对经济全球化、知识经济和风险社会的挑战，未来的工程管理人才尤其需要强化如下几方面的素质：

第一，未来的工程管理人才需要知识，更需要智慧，需要有开放的头脑和灵活的整体思维能力。为此，需要用工程哲学思维武装未来的工程管理人才的头脑，使他们能够在“自然科学－社会科学－人文学科”的关联中认识工程科学的位置和作用，能够在“自然－人－社会”三元互动系统中认识工程管理的地位和价值，能够对工程的价值进行更加清醒的认识——不仅看到工程的经济价值，而且看到工程的非经济价值；不仅能够站在投资者和管理者的角度评价工程价值，而且能够站在全社会的角度评价工程的价值包括负面价值，并努力找到协调这些价值目标的可能途径，使工程活动真正服务于可持续发展与和谐社会的建设目标。

第二，未来的工程管理人才还要具备比较强的组织领导才能。随着工程在社会中的作用越来越大，随着科学、技术、工程和社会之间的互动越来越强，工程管理者会有越来越多的机会扮演组织者、领导者的角色。未来的工程管理者必须掌握组织领导原则并能够实践这些原则，有能力处理工程活动中的可能冲突，更多地介入公民社会和公共政策讨论，成为各个专业工程领域的领军人物。这些工程领袖能够站在时代的前沿，引领工程创新的潮流，能够高瞻远瞩驾驭大型工程系统的规划、设计和建设，能够为国家工程创新战略的制定和实施发挥重要的咨询作用，能够在商业领域、政府组织、非政府组织、研究机构、教育机构等扮演导向角色。

第三，未来的工程管理人才需要清楚自己肩负的伦理责任。工程活动内在地与伦理相关，或者说，伦理诉求是工程活动的一个内在规定。工程是一个汇聚了科学、技术、经济、政治、法律、文化、环境等要素的系统，工程必然涉及到利益、风险和责任的分配，伦理在其中起着重要的定向和调节作用。在现代社会，工程加工的深度和精度不断增加，工程系统的复杂性越来越高，工程系统的规模越来越大，工程系统运行带来的意想不到的风险也越来越高，因此，工程不仅为人类福祉奠定了坚实基础，而且引发了一系列人类不得不面对的重大风险。因此，未来的工程管理者需要有很高的伦理标准和很强的职业操守，谨慎应对未来工程可能包含的风险，严格履行自己肩负的社会责任。

第四，在经济全球化时代，未来的工程管理人才需要具备开阔的国际化视野，具有很强的跨文化沟通能力，拥有良好的人际交往技能与合作精神。工程活动的国际化意味着工程管理人才的全球流动，意味着随时需要跨越国界的工程创新团队。工程管理人才只有具备了良好的内部和外部沟通技能，具有对有关全球市场和社会背景的复杂性的深入理解，具备灵活性、互相尊重、喜欢挑战等人格特质，才有可能适应经济全球化和知识经济的挑战。

第五，未来的工程管理人才需要具有更强的知识更新能力。鉴于当今社会的快速变化和不确定性的增加，鉴于未来工程复杂性的增加以及知识爆炸所带来的知识老化速度的加快，未来的工程管理人才不仅需要这种或者那种确定的知识，而且更应该具有很强的灵活性、学习能力和创造能力，成为一个终身学习者，以便快速学习新事物并将新获得的知识应用于新的问题情境。只有这样，他们才能够在知识爆炸和快速变化的市场环境中不断取得成功。

最后，未来的工程管理人才需要更经常地介入公共政策的讨论和咨询过程。随着技术日益整合进人类生活的各个方面，工程与公共政策的合流将会日益明显。工程管理人才介入有关公共政策议题的讨论，不仅是工程管理人才自身的责任，而且对于工程管理职业的整体形象来说也是十分必要的。这就要求他们注意认识工程与公共政策的互动关系，才能降低工程的风险，增加工程成功的机会。

总之，当代社会日益加速的技术进步和有关工程活动引发的重大议题，要求开展新型工程管理教育。这种教育能够培养出善于解决重大工程问题的新型工程管理人才。他们不仅具有处理最棘手的系统问题的勇气，而且具有带动其他人一道工作的组织领导才能。他们不仅关切与供应商、分销商、客户以及其他利益相关者之间的合作关系，而且关切与工程系统有关的社会问题和公共政策的讨论。

参考文献

[1] 建设部高等教育工程管理专业评估委员会. http://www.ripam.com.cn/accreditation/chineseindex.htm [EB/OL].

[2] ASEM. http://www.asem.org/home.html [EB/OL].

[3] ACCE. http://www.acce-hq.org/ [EB/OL].

[4] http://www.constructioneducation.com/indexco.htm [EB/OL].

[5] http://eme.dlut.edu.cn/portal.jsp [EB/OL].

[6] William J. Lannes. What is Engineering Management [J]? IEEE TRANSACTIONS ON ENGINEERING MANAGEMENT.

2001，48（1）.
［7］任宏，竹隰生，顾湘．工程管理专业的发展展望［J］．高等建筑教育．第39期第2期：33－35.
［8］缪燕燕．论财经院校工程管理专业学科建设［J］．山西财经大学学报（高等教育版）．2002，2：30－32.
［9］汪应洛．当代中国管理科学与工程的学科发展与创新［J］．管理学报．2005，1－3.

加强与改进我国工程管理本科教育的几点意见

李京文[1,2]　黄鲁成[2]　等

（1. 中国工程院院士；2. 北京工业大学经济与管理学院）

随着我国新型工业化和构建社会主义和谐社会进程中大规模建设工作的展开和各类企业的快速发展，工程管理领域迫切需要大量掌握现代科学技术、精通管理业务又具有战略眼光的工程管理人才。而我国目前工程管理人才严重缺乏，尤其缺乏与国际工程管理接轨的复合型、外向型和开拓型人才。为适应这一需求，国内高校开办了各类相关专业，据统计[1]，截至2003年末，设置工程管理类专业本专科层次的院校共有212所，其中可招收本科生的院校有143所。

虽然培养单位数量已为数不少，但这些培养单位的综合素质并不是都很高。为了办好工程管理专业，有效地为国家、社会培养工程管理所需要的高级专业管理人才。我们对全国各高校工程管理的各类专业的专业设置、教学内容和方式、实践环节等进行了一次系统调查、分析研究，得以深化对工程教育现状的认识，发现目前工程管理教育中的问题仍然不少。为了更好地保障培养质量，还有很多工作要做。

1　我国工程管理本科教育现状调查的情况与结果

1.1　问卷设计与调查

本阶段设计了两套调查问卷，一套是适用于各学校专业负责人的工程管理类专业本科层次学校有关问题调查问卷，我们称之为问卷一；另一套适用于专家（全国工程管理专业指导委员会委员成员，也包括部分其他学者）的工程管理类专业专家调查问卷，我们称之为问卷二。两套问卷均由封闭式问题和开放式问题组成。

根据我们掌握的院校情况和专家情况，我们共计发出调查问卷一200份，回收问卷109份（后经过电话核实，其中错发问卷30份——有些学校无该专业，有的接收人错误），回复率为54.5%；发出调查问卷二17份，回收问卷二14份，回复率为82.3%。在109份回复问卷中涉及102所本科院校，占设置工程管理类专业本科层次院校（143所）的76%。通过调查问卷，共获得16000个有效数据。

1.2　我国工程管理类专业本科教育调研结果

1.2.1　专业发展状态

专业的总体状态，可以分别从学生入学平均分数和各校专业走向（新建专业、重点发展的专业、不断发展的专业、逐渐萎缩的专业、需要调整的专业）去分析。前者表明了学生对该专业的认知程度，入学平均分越高，表明学生越看好该专业的前景；后者表明各个学校对该专业的重视程度。

据调查，将工程管理专业作为重点发展专业的学校占16.8%，作为不断发展的专业为38.6%，而新建专业为42.6%（新建专业显然也是学校要发展的专业）。因此，从总体上看，各个学校对工程管理专业比较重视。工程管理专业学生入学平均分数线45%高于学校入学平均分数线，41%等于学校入学平均分数线，仅有5%低于学校平均分数线。这说明学生对该专业总体上是看好的。

1.2.2　本科工程管理类专业结构

目前，我国工程管理类专业在本科层次，主要分为工程管理专业、工程造价（管理）和自主设立的专业。其中工程管理作为专业出现在1998年颁布的专业目录中，属于管理学门类下管理科学与工程类的二级学科；工程造价本科专业的设立2003年得到教育部的批准；另外，部分高校结合其办学过程中形成的优势领域，自主设立工程管理相关专业如石油工程管理、地下工程规划与管理、城市管理与建设工程管理、水利水电施工与管理等。

为了了解工程管理类专业结构和其反映的社会需求情况，我们对工程管理专业的结构进行了调查。在回复问卷的102所院校中，截至2004年，设立工程管理专业的本科院校已有91所，占89%。设立工程造价（管理）专业的本科院校有24所，占23.5%。自主设立相关专业的院校有32所，占31%。可见，工程管理专业服务面较宽、涵盖内容广，是该工程管理类专业中的主体专业；工程造价（管理）专业自2003年批准建立以来，发展势头迅猛；工程管理类专业呈现与具体行业结合的特色办学趋势。

1.2.3　专业人才培养方式

（1）教学方式

灵活多样的教学方式、方法有助于培养学生创新意识与领导意识、自学能力、综合运用知识的能力。为了了解目前工程管理类专业的教学方法，我们统计了工程管理类专业的教学方式情况。

据调查，关于最重要教学方式的认识上，在各个学校略有差异：45% 的学校认为是课堂讲授，43% 的学校认为是课堂讲授 + 实践（课程实习），10% 的学校认为是课堂讲授 + 设计（课程设计）。统计还显示，位居次要的教学方式，在各个学校有较大差异：有 20% 的学校认为是课堂讲授，有 48% 的学校认为是课堂讲授 + 实践，31% 的学校认为是课堂讲授 + 设计。显然，课堂讲授是目前主要的教学方式。

（2）课程设置

课程设置可以体现专业培养目标，学生的知识结构是工程管理专业培养兼具“工程”和“管理”特色的保证。工程管理类专业课程设置往往因该专业依附的产业不同，其技术平台课程与方向课程有较大差别。

我们对随同问卷回复的 48 份本科教学计划进行课程统计，在基础必修课、专业必修课、专业选修课中排在前四位的课程分别是管理学、经济学、会计学、运筹学；房地产经营、工程项目管理、工程估价、工程经济学；房地产与物业、造价管理信息系统、工程造价管理信息系统、专业英语。可以看出，我国的工程管理专业对管理类课程设置较多。我们认为尽管工程管理专业随着社会经济的发展所涵盖的范围越来越广，但它的工程技术基础是无法取代的，我们必须注重工程技术方面的教育，加强技术平台课程的教学力量。

（3）实践环节

实践性强是工程管理类专业区别于其他管理专业的一个显著特点。经调查统计“实践性教学内容偏少”是普遍而突出的问题，我们对我国工程管理专业的实践环节组成部分进行调查，旨在了解教学实践环节的结构和重点，为如何增强实践环节提供思路和依据。据调查，工程管理类专业实践环节主要包括课程实习、课程设计、毕业设计、社会实践、多课程综合设计，其开设学校比例分别为 72%、52%、34%、87%、8%。可以看出，大部分学校比较重视社会实践（毕业实践）和课程实习（实验）、课程设计这些教学实践环节。

（4）毕业设计

据统计，撰写可行性报告、招投标、施工组织设计是各学校毕业设计的主要内容（形式），所占比例为 22%、22%、22%、9%。多年的实践表明，学生通过毕业设计使其知识运用能力得到很大的提高，但也存在和暴露一些问题：施工组织设计的工程项目结构类型较为单一，结构过于简单；所提供的设计文件资料较为陈旧，设计不完善；毕业设计内容较单一，通常只做施工组织设计，结构计算和制图训练较少。上述问题在各高校不同程度存在，若不解决，将制约工程管理专业的发展。

我们还可以发现，另有 25% 学校选择其他毕业设计内容（形式），这主要是由于工程管理专业覆盖面广，因此可以根据具体工程内容选择不同的毕业设计形式。

（5）专业服务领域

专业服务部分不仅能反映学校办学倾向、学生就业倾向，也能反映出各工程领域对该专业的需求状况。所以，我们对 102 所学校的工程管理类专业服务的工程领域进行调查（多项选择题），服务于土木工程、水利水电工程、油气工程、交通工程、其他工程、无特定工程领域的比例分别为 83%、19%、5%、33%、36%、16%。可以看出，工程管理专业与某一具体工程领域密切相关，其服务工程领域主要是土木工程，其次为交通工程。这与我国目前的经济状况、建筑工程领域发展情况是一致的。另有 35% 学校选择服务其他领域，也从另外一个侧面说明了工程管理专业为多个工程培养管理人才。总之，各高校在制定培养方案时，要注重学生知识结构的合理性，培养学生在具体工程领域的工作能力。

1.2.4　专业师资情况

（1）教师职称及学历结构

根据 102 份调查问卷，我们对各高校拥有工程管理类专业各职称教师数进行统计，工程管理类专业课的教师中，近 60% 的学校，工程管理类专业只有 1～2 名教授，平均而言，每个学校该专业只有 1 名教授。68% 的学校拥有 2～6 名副教授，超过 6 名副教授的学校占 23%。近 59% 的院校拥有 3～6 名讲师，超过 10

名讲师的院校为11%。工程管理类专业课各职称教师的比例为：教授：副教授：讲师＝1:3:3。由此可见，工程管理类专业的整体师资力量不是很强。

学历结构反映教师队伍的业务素质，即他们的基础训练水平及发展的可能性。对102份问卷进行统计，得到各学校工程管理类专业课教师拥有学位的情况：102所设该专业的学校共有1643名教师，拥有博士学位的教师占15%；硕士学位教师比为48%；学士学位教师比为31%。77%的学校拥有博士学位的教师是1～3名；44%的学校拥有硕士学位的教师是4～8人；46%的学校拥有学士学位的教师是2～5人。工程管理类专业课教师拥有学位总量的比值为：博士：硕士：学士＝6:19:12。近年来，美国著名大学的教师必须是经过博士后训练才可担任。联邦德国高校的教师必须取得博士学位，日本大学助教也要求具有博士或正在作博士论文。由此可见，我国工程管理类教师的学历起点仍然偏低，学历结构中博士学位偏少。

（2）师生比例

高等院校师生比是从人力的角度分析高等院校办学力量最重要的客观量化的指标之一。经统计，问卷调查的学校的工程管理类专业课教师拥有教授职称共有256人，副教授职称共有586人，讲师职称共有56人，其他的共有231人，总共教师人数为1634人。学生四年在校总量为（2001～2004）29276名，由此得到师生比为1:18。目前，世界各国高校师生比的平均水平为1:14，我国对高校师生比的要求优秀为1:16，合格为1:18，而目前我国工程管理类专业的师生比为1:18，刚达到合格要求，由此可见我国工程管理类专业教师队伍仍需进一步扩大。

1.2.5 学生就业情况及分析

就业率是分析专业社会需求的重要指标，毕业生分配去向是调整学生知识结构和培养技能的主要依据，为此，我们对这两项指标进行了调查分析。

首先分析就业率。我们采用将本专业就业率与学校其他专业就业率对比的办法来进行。据统计，59%的学校，其工程管理专业学生就业率居全校前列；26%的学校，其就业率居全校中等水平。这表明工程管理类专业具有很好的社会需求。

其次，分析毕业生的去向。工程管理专业供需的对口单位较多，学生的工作岗位就比较广泛。该专业毕业生的就业去向以施工企业为主，还可以到有关单位进行固定资产管理、建设监理、工程估价、经济分析、项目评估、造价管理等工作，以及到教学和科研单位工作等。据调查，在去向的首选中，56%选择了施工企业，20%选择了业主单位，10%选择了社会中介，7%选择了政府部门，2%选择了设计与监理机构，5%选择了其他单位。在去向的第二选择中，选择去业主单位和设计与监理机构同为28%，22%则选择了社会中介，12%选择了施工企业。由此可知，施工企业对工程管理类专业毕业生需求最大；毕业生的第二去向是业主单位或设计与监理机构。因此，工程技术方面的知识和技能应当是工程管理类专业基础。

1.2.6 专业发展趋势

专业发展趋势与规划，可以从“本科专业发展数量”、“未来前景判断”上去分析，为此，我们在调查问卷中设计了相关问题，具体结果如下。

（1）专业负责人对“规模与质量”的认识

对于问卷一中“我国现阶段的工程管理类专业是办的太多，还是需要大发展?”这一问题，有如下回答：40%认为“量多、杂、水平差异极大，不需大发展”；25%认为“需要大发展，但要保证质量，满足社会需要”；20%认为“规模适中，不主张大发展”；8%认为“有重点地发展，提高办学准入门槛，而不是所有的学校都开设”；7%认为“应由市场和各校的办学条件决定”。

（2）关于对未来发展前景的判断

对于问卷一中“您如何看待我国工程管理类专业的未来发展趋势?”这一问题，主要回答如下：近60%认为“前景好，大规模趋势还将保持，方向应细化、规范化”；13%认为“专业特色优势不断突出”；16%认为“人才素质的提高将对此领域产生巨大影响”；7%认为“前景不容乐观”；其他回答4%。

2 对我国工程管理教育现状的影响因素分析

工程管理专业发展受多方面因素影响，而且因素间的关系错综复杂，我们把工程管理类教育作为一个系统，从整体的角度进行解释结构模型（Interpretative Structural Modeling，简称ISM）分析，从复杂的因素、因素链中，找到影响工程管理专业的原因，为该专业发展提供宏观上的决策依据。

通过对学校专业负责人及专家意见的调查与统计，我们发现工程管理专业发展的制约因素主要涉及以下几个方面：学科定位明确程度，专业课程与实际联系紧密程度，师资结构与教师实践经验，课程设置与教材建设，学术期刊与国内外交流，实践环节，学生综合能力，教学方法和手段，是否注重培养全过程项目管理能力、资金投入等。

ISM 的工作程序如下：（1）找出影响施工效率的因素；（2）列出影响因素之间的关系；（3）建立可达矩阵；（4）建立解释结构模型。通过构建递阶结构模型，我们可以看出在影响工程管理专业发展的因素链中，第一层原因（最直接因素，也就是表层原因）取决于毕业生能力；第二层原因为课程设置、教材建设；第三层原因是生源质量和培养方向；第四层原因是办学规模、层次；第五层原因是师资力量；第六层原因是资金投入与利用率；第七层原因（最深层原因）是学科定位与实践。

通过与专家关注的问题进行对比可以发现，对工程管理类专业影响因素的分析比较符合实际情况。在进行工程管理类专业发展对策研究时，我们必须认真对待每一个环节，尤其是要注重对最基层影响因素的分析，主要是指：（1）学科定位与实践；（2）资金投入与利用率；（3）师资力量。只有把握住影响工程管理类专业的最基层因素，不断的改进和提高这些因素，才能逐级改善和提升工程管理类专业的办学能力，培养大批优秀的工程管理人才。

3 对我国工程管理教育的建议

目前，我国工程管理专业覆盖面逐步扩大，办学水平逐步提高，社会认可程度不断提高。但我们在该专业发展过程中也存在着学科定位不够准确、师资力量需不断加强、课程结构比例不合理、综合办学水平差别较大、有待提高的院校比例大等很多问题。根据影响工程管理类专业的主要因素的分析，结合专家意见，提出工程管理专业发展对策。

3.1 明确学科定位

学科定位对专业发展至关重要，学校只有根据定位准确的学科定位与培养目标，有针对性地制订培养方案、设计课程体系和确定教学内容，才能培养出适应市场经济发展的合格人才。我国工程管理学科定位应为：研究工程技术活动中所涉及的计划、组织、资源配置、指挥与控制等管理问题的学科。我国工程管理教育应走一种以市场需求为导向、强调实用性的道路。培养单位应“突出工程领域特色”不动摇，在充分体现工程管理专业“管工结合、工为基础、管为主干”的办学特色基础上，结合自身优势、国家政策、市场需求，确定培养目标。

3.2 加强师资力量

加强教师队伍建设是当前工程管理专业教育中一项迫切的任务。可以积极聘请有丰富实践经验、较高理论水平的人员参与教学，改善师资结构；引进实践经验丰富的校外专家进行案例分析教学；加强教师的在职培训，支持教师到国内外参加有关课程的培训和研讨；鼓励教师从事与其教学有关的社会兼职；加强师资的实践认识提高实践经验；完善教师队伍的知识结构；建立工程管理类专业教师准入制度，对教师采取考核机制；促进教师研究和改进教学方法；建立教师的评价激励机制。

3.3 调整教学内容结构

在对专家“工程管理类专业学生主要应具备技能”的调查中，58%认为应具备系统思维、管理、组织能力；其次要掌握工程技术知识、具备经济分析能力、计算机软件应用能力、实际操作能力。我们可以根据对这些技能的要求，进行教学内容等方面的改革。

在课程设置上，要强调知识体系完整、协调与平衡，要协调工程技术与管理课程的比例以及理论与实践教学的比例。一方面，工程管理是一个跨学科的、综合性学科，应把工程技术内容和管理知识有机地结合在一起强调工程技术与经济管理知识的融合；另一方面，工程技术是工程管理的基础，学以致用是教学的目的，所以要强化工程技术与实践教学环节。总之在课程结构上，要注意充实有关的工程技术与工程管理课程与实践性环节，压缩与工程管理无关的泛泛而谈的一般管理课程。

3.4 加强实践性教学

经调查统计，“实践性教学内容偏少”是普遍而突出的问题。由于过于注重传授理论知识，而缺乏教学实践环节，使学生缺少对实际问题的真切体验，妨碍了其运用理论知识解决实际问题。我们可以通过产学研合作等方式建立实习基地；加强师资的实践认识提高实践经验；鼓励学生参加各种竞赛、创业设计比赛、课题研究；加强现代信息技术在工程管理中的应用，充分利用现代化教学手段，比如：应用一些工程管理软件，建立实验室进行工程管理模拟；加强课程设计与毕业设计的有机联系，考核标准细化；引进实践经验丰富的校外专家进行案例分析教学；建议毕业论文阶段增加“全过程项目管理模拟”；增加学时与课程内容，建立实践课考核标准；实行案例教学，建立案例库；加强实践后的理论学习；强化工程技术与实践教学环节，增加案例教学、模拟训练或现场教学。

3.5 增加资金投入，优化资源配置

工程管理教育是实践性很强的学科，师资培养、实践机会的获得、教学软硬件实践条件的创造都需要教育经费来支撑。教育经费不足是制约教育发展存在的主要问题之一，增加工程管理教育投入和提高经费的使用效益，是解决我国教育经费不足的两个重要方面 。

各培养单位应以国家经费为主，多元化筹集经费。比如，有实力和影响力的高校可建立培训机构或咨询公司，既能满足社会需求又能获得部分经费收入；以合作的方式办学或者外国独资办学，充分地利用发达国家的师资、教材、信息、资金等教育资源。在进一步加大教育投入的同时，提高各种资源的使用效率和利用率，合理并最大限度地利用教学仪器、设备等；此外，学校要建立严格的人事管理制度，对于任课教师要分阶段进行考核并进行随机抽查，对于那些授课水平不高、科研能力不强的教师要给予解聘，推行优胜劣汰、竞争上岗制度，精简机构，并将教师的表现与经济利益挂钩。这样不但会缩减人员经费，而且能提高办学水平和工作效率；同时，加强对教育经费的审计与监督，使有限的、来之不易的教育经费发挥更大的效益。

3.6 制定办学标准、建立工程管理专业设置准入制度

针对目前我国工程管理类专业“综合办学水平差别较大、有待提高的院校比例大”的现状，我们必须把办学的关注焦点由“规模”转向“综合水平”、重“质”而不仅仅重“量”，所以建议有关管理机构加强监管，对已设立了工程管理类专业的学校实行“淘汰制”，对即将设立该专业的学校实行“准入制”，对该专业“适度发展、保证质量”。现在全国设有工程管理专业的学校超过200所，应该在设置工程管理专业之初对其教学条件（尤其是进行实践教学的硬件基础）、教学过程（专业培养目标、教学内容和培养方案）、教学质量进行全面评估，提高工程管理专业的准入门槛，并加强评估和鉴定的力度。例如：工程技术培养能力欠缺的财经类院校，就不宜过早开办工程管理类专业。

参考文献

[1] 中华人民共和国教育部发展规划司．中国高等学校大全［M］．北京：新华出版社，2004

[2] 朝鲁，梁秀基．我国高等院校师生比研究［J］．内蒙古师大学报（哲学社会科学版）．1997，4：108－113.

[3] 汪应洛．系统工程［M］．第二版．北京：机械工业出版社，2003.

“工程教育”管理实践的最新发展

黄河清[1] 李晓明[2]
（1. 香港理工大学工业中心；2. 西安交通大学管理学院）

1 引言

由于工程在当代社会占据着重要地位，工程创新和工程人才是其中的关键因素，而要培养优秀的工程技术人员，工程教育是至关重要的。工程教育是科学理论与工业界实践之间的桥梁，它将科学理论与工程实践联系起来，相互推动促进。工程教育的核心是实践能力的训练，工程专业知识和技能必须在实践过程中才能掌握，这是由工程知识本身的难言性（Tacit）所决定的。工程知识的难言性、工程的实践内涵、工程的人文内涵、工程与社会的关联、工程的跨学科本性等，都在工程教育创新的过程中得到进一步确认。这意味着，未来的工程教育创新，也要围绕工程的特性加以展开。香港理工大学工业中心以其30年工程教育的实践，探索出独特的管理理念与组织形式。

2 工业中心工程教育管理模式的发展

2.1 工业中心发展的三个阶段

“工程教育”的管理模式经历了“基本工艺培训场所”——“学习工厂”——“研习工厂”三种模式，“研习工厂”透过产品及流程设计，启发创意，推动发明，是“现代工程教育”的最新管理模式之一。

20世纪70年代中期到80年代末，这一阶段是工业中心崛起和初步发展时期。当时工业中心的主要任务是向学生提供基本的工艺训练，以训练学生的基本工业技能为目标，帮助学生能够很快地适应工业岗位的需求。这一时期的工业中心功能还仅仅处于发展的初级阶段——“基本工业培训场所”。

从20世纪80年代后期起，香港信息业异军突起，高新科技产业群系开始形成，产业面临新的转型升级。工业中心为适应人才的需求的转变，提出了一个全新的培训理念——“学习工厂”。工业中心极力将“实践”带入实习中，“学习工厂”使学员置身一个接近实际生活的环境，按照一套安全的程序工作，从而达到工程训练的学习目的。

在20世纪90年代以前，工业中心均以传统及基本工业技术培训为主，停留在显性知识的传授与培训层面；而在20世纪90年代以后，由于知识经济时代知识管理和创新是成功企业赢得竞争优势的关键因素已被广泛认同，企业只有通过持续不断的知识创新才能保持其具有的竞争优势。为了适应知识创新对企业人才需求的不断变化，工业中心不断对培训内容及方法提出革新。在1991年，工业中心倡导“学习工厂”培训理念，专业、增值及多元化的知识及技术培训逐渐成为重点，其中特别加强启迪学生创意及创新，将意念转化为产品的技巧，以加强学生在知识型社会的竞争力的培养。2001年，工业中心又从“学习工厂”转变为创造与创新能力培训中心——“研习工厂”。

2.2 产、学、研结合的“研习工厂”

根据知识的获取方式，工程知识同样可分为隐性知识（tacit knowledge）和显性知识（explicit knowledge）。显性知识包括文件、手册、报告、数据库、书本、课件等，隐性知识包括培训导师和学生头脑中的知识和技能，这些知识和技能的形成与培训的特定模拟“工厂”环境有关，一般难于表达，难于与他人交流与共享。工业中心为学生提供一流的设备、仪器和真实的工业环境，就是给学生一个亲身领悟、感受的机会，逐渐积累个人隐性知识的过程。工业中的产、学、研创新体系原理如图1所示。

工业中心培训导师所承担的业界项目及科研课题都与其本专业内容紧密相关，并且从相互联系中得到启发，可以产生“灵感”。创新能力取决于创造性思维和灵感，有利于为业界提供解决方案和咨询。而且能使取得的科研成果充实到教学内容中去，使教学质量得到明显的提高。

“研习工厂”不但进行“创意培训”，还不断提升和拓展培训教育的品质和内容。工业中心在香港理工大学重新定位，成为中央服务部门之一，工业中心不再只是为其他学系和部门提供培训及多元化科研支援服务，而且还加强了为社会和业界提供服务的功能。一方面，工业中心了解目前业界和社会上流行的技术

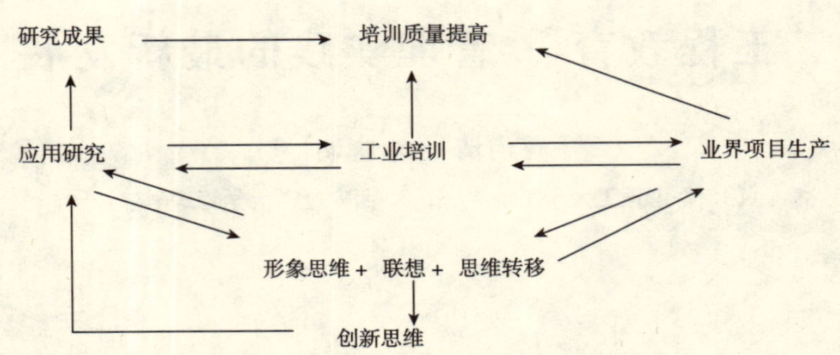

图1 工业中心产、学、研创新体系原理

和需要，把这些引入培训和教学中；另一方面，为业界和社会寻找方案，为工业界进行应用科研项目的研究，工业中心与业界和社会保持紧密的联系。基于这个理念，工业中心近年做出了许多新尝试，特别在应用科研方面。其间，参与开发的产品协助理工大学成为上市公司股东之一；为欧洲太空署设计及制造荣获“世界创新博览会金奖”的“解开太阳系生命之谜的最关键工具”；为香港入境事务处设计及制造荣获“全国发明金奖”的“伪件检测仪”，即被媒体誉为“本地科技不逊于外地”的车辆司机自助出入境检查系统。经过多年的不懈努力，工业中心已不再是单纯的培训服务部门，而是一个正如理工大学所明确指出的“高素质的工业中心与实践培训基地，是理大的六大优势之一”。

从机制上讲，工业中心首创了一种培训、开发、科研三位一体的渗透式产学研互动的“研习工厂”工程教育管理模式，其中与企业界建立的广泛联系起了重要的作用。这种模式，是尝试创立一种从工科大学生的整体素质培养出发的工程实践训练模式，是一种适应当代知识经济的全新工业培训方式，已被世界许多国家主管教育的政府部门和高等工科院校所认同和效仿，国内的多所高等院校已经建立或正在建立相类似的工业中心。三位一体的发展模式，推动了工业中心的内在发展，它使得工业培训内涵在以信息技术为主导的科技时代产生了本质的变化。工业中心的运作实践恰恰是建立学校和企业双赢的基础，并保证工业中心发展的可能性和持续性。

3 学习型组织的建立 创新型团队的培育

3.1 工业中心管理方式的发展

在20世纪90年代，相继出现了智能制造、敏捷制造、下一代制造等新的制造理念。在这样的背景下，传统制造技术与以计算机为核心的信息技术和现代管理技术相结合，形成了先进制造技术（AMT—Advanced Manufacturing Technology）。同时，世界制造业中心发生转移分散，发达国家制造业向发展中国家的转移分散和后者作为世界制造业基地不断发展。香港的制造业向内地发生转移，香港向制造业高端、行业咨询服务方向发展。因此，创新与制造实践紧密结合成为现代制造业发展永恒的主题，创新型工程人才的培养成为现代制造业所关注的关键。工业中心人才培养模式也随着制造业的发展经历了“操作能力”——“先进工艺技术应用能力”——“创新能力培养”的三个阶段。相应地，在管理方式上，工业中心也经历了“层级管理”、“全员参与式”与“学习型组织”三种方式，如表1所示。

工业中心管理方式的发展 表1

培训重点	操作能力→先进工艺技术应用能力→创新能力培养
培训目标	训练技能 —综合学习→ 掌握技术 —综合素质提高→ 启迪创意、推动发明
培训模式	基本工艺培训 —模拟真实环境→ 学习工厂 —产学研结合→ 研习工厂
管理理念	资源为本 —与工业界合作→ 知识为本 —联盟合作 知名度提高→ 创意就是力量
管理方式	层级管理 —充分沟通与协作→ 全员参与式 —激情创新 生命意义→ 学习型组织

20世纪70年代后，香港的工业生产从劳动密集型向技术密集型过渡。工业中心以训练学生的基本工业技能为目标，帮助学生能够很快地适应工业岗位的需求。当时的管理模式是在有限的资源条件下，充分利用现有资源，培训方式以“操作能力”为主，内部教职员的管理属于层级式管理。

到了90年代由于香港工业的北移，大学中工程培训的课时不断减少，工业中心对培训内容及方法提出革新，将基本培训的时间大大压缩，而延长项目培训时间，强调学生对先进工艺技术的综合应用能力，建立材料、工艺、加工设备和产品质量之间关系的概念。但是，这样对工业培训需要的设备、仪器及环境提出了更高的要求，仅仅以“资源为本”是远远不够的，工业中心积极与本地工业界合作，寻找业界的支持，这时的“资源增值，知识为本”成为工业中心的管理理念，同时对内实行全员参与式管理。

3.2　工业中心独特的创新文化

经过30年的努力，工业中心积累了丰富的经验、技术和知识。但是，在跨世纪新的经济背景下，工业中心要持续发展，必须增强组织的整体核心能力，也就是将全体员工全心投入工作并有能力不断学习，从而充分发挥出员工和学生的创造能力和创新能力。

在工业中心强调开放与授权的“和谐与激情”管理，“和谐凝聚，激情投入”是工业中心文化的核心，通过建立一种以激发员工潜能为主要特征的管理模式，给员工注入激情，使员工更富有创造力和灵感，并为员工提供足够发挥能力的平台。员工之间相互高效协作、团结奋进，建立了强有力的创新型团队，每一个员工都能够投入地工作。工业中心所提倡的“4P”即people（以人为本）、passion（热情）、promotion（进取）、performance（成就）与“4F”即family（家庭）、friend（朋友）、fashion（与时俱进）、fun（乐趣）的理念已经融入到每一位员工生活和工作的点滴中。可以说，工业中心文化本身就是一种激励，是提高员工积极性，以企业为家，找到心灵归属的重要方面。正是工业中心的激情文化，造就了工业中心成为“香港引以为傲的地方”。

在工业中心，每个员工的个人愿景都具体而明确地整合为团队的共同愿景，全体员工凝聚努力，形成工业中心强大的核心竞争力；同时，工业中心创造良好的学习环境和条件，使员工终身学习、提高素质，持续创新。工业中心通过建立员工的共同愿景、多层次的沟通交流、对外形象设计、第五级领导、持续学习、自我管理等方式，在长期的实践探索中，逐渐进入了具有“学习型组织”特征的阶段，将美国管理大师彼得·圣吉1990年提出的“学习型组织理论”，以其特有的实践方式进行了诠释。

4　对内地工程管理教学的启示

4.1　与工业界保持良好的联系，创建真实的项目环境

工程管理具有很强的实践性，工程管理知识具有隐含性、难以表达性。工程管理学科与其他学科最大的区别在于通过对工程实践的理解与学习而不仅仅是一些现有的技术与方法的传授，工程管理的课程更多的来源于客户化经验，工程项目经理也是从管理培训中获得有益的经验。

工业中心首创工程实践培训的新模式，与工业界保持广泛的联系，进行多种方式的合作，例如为工业界提供咨询、工业项目、讨论会、短期课程等。为学生培训创造了可以亲身参与、全面体验的现代工程训练环境，学生完成企业真实的“实训项目”过程中，培养学生的工程实践能力、创新意识、创业精神及综合素养；并建立和培养学生的质量、管理、市场、环境、群体及创新等意识与能力；实践教学体系完整宽阔，包涵现代制造业的基本要素，覆盖机械、电子、电机、控制、检测、环境、信息、管理等学科。在整个项目培训过程中，从学生的兴趣出发，以人为本、可持续发展的理念也都处处体现，尤其在安全、环保方面所做的工作细致到位。

4.2　创新型人才培养

中国工程教育普遍存在着创新不足的问题，而工业中心近年来在学生创新意识及创造力的培养方面进行的相关实践，就如何进行创意培训，培养高层次创新型人才方面有一些做法和体验。

工业中心基于创新学习的理念，鼓励教职员工、学生多思考、多尝试、多碰壁，敢于“不务正业”。将“创新思维”训练贯穿整个工程训练的始终，形成了“随需而变”、“启迪创意”的全新工程训练体系。“产品—过程”与“创意—创新”培训是工业中心工程训练的最高阶段。倡导学生自由选择创意主题，自由组合包括跨专业、跨年级组合，为学生提供更为广阔的创意空间。

在工业中心，通过领导层与全体员工的多年努力形成了“敢梦、敢行、创造奇迹”的共同理念，在领

导充分授权与同事之间的充分理解沟通的过程中，鼓励员工敢于“犯错误”，鼓励学生“不务正业”，充分地信任与授权，永远追求创新理念鼓舞每一个在工业中心接受培训的人始终保持一种不断创新的心态。

4.3 创新的文化氛围

工业中心不但在工业训练领域积累了丰富的经验，同时还培养弥漫于整个组织的学习与创新文化，充分发挥员工的创造性思维能力而建立起来的一种有机的、柔性的、人性化的、能持续发展的组织机构，这样的组织有着不同凡响的作用和意义。它的真谛在于：一方面是为了保证组织的生存，使组织具备不断改进的能力，提高组织的竞争力；另一方面更是为了实现个人与工作的真正融合，使人们在工作中活出生命的意义。工业中心的员工们处于不断追求创新、勇于实现梦想的组织文化氛围中。

5 结论

香港理工大学工业中心经过30年的发展，从进行基本工艺培训到现代工程创造力培养，在工程培训与教育方面积累了丰富的经验。为内地工程管理的教育在工程隐性知识的传授、学生创造力的培养以及创新型团队的建设等领域提供了非常有益的启示和借鉴。

参考文献

[1] 王树国．面向和谐社会的高等工程教育创新［J/OL］．［2006-07-03］http：//www.scichi.com/new/Article/1237.html
[2] 彼得·F·德鲁克．知识管理（哈佛商业评论）精粹译丛［M］．北京：中国人民大学出版社，1999.
[3] Nonaka，I. A dynamic theory of organizational knowledge creation［J］. Organizational Science，1994，5（1）：14－37.

基于能力的高等工程终身教育体系构建

尹贻林 严 玲

（天津理工大学管理学院）

1 基于能力的高等工程终身教育概念模型的提出

1.1 高等工程教育终身学习理念的提出

高等工程教育是以技术科学为学科基础，以培养能将科学技术转化为生产力的工程师为目标的专门教育。进入21世纪，在经济全球化、新技术革命、可持续发展观等推动下，高等工程教育形成了新的范式，出现了“终身学习”的特点。所谓的终身学习，是指一个人从摇篮到坟墓终身不断的学习。目前国内十分关注终身学习这一理论的实践，从教育政策的制定、教育机构的建设和改革、促进专业教育发展和如何令社会受益等方面进行了热烈探讨。本文对亚太地区工料测量专业高等教育和认证机制的实地调研的结果表明，在专业人士职业生涯的终身学习过程中，高校和专业学会发挥重要作用的基础是一套贯穿终身学习的专业能力标准体系。

1.2 基于专业能力标准体系下的高等工程终身教育模型

从专业人士的职业生涯出发，终身学习实际上就是指专业能力的可持续发展，即在专业能力体系下建立一个满足和响应能力要求的三阶段教育过程：（1）学历教育阶段——学生在高校的学习阶段，满足基础能力和部分核心能力要求；（2）执业教育阶段——学生毕业后考取注册执业资格阶段的学习，满足核心能力要求；（3）继续教育阶段——成为注册专业人士后的继续学习阶段，满足核心能力和专家能力需求。以专业能力为核心的终身教育体系能从职业生涯出发，使人们持续不断地在工作中学习，持续改善专业能力，实现职业生涯发展路径同个人发展路径的统一，见图1。

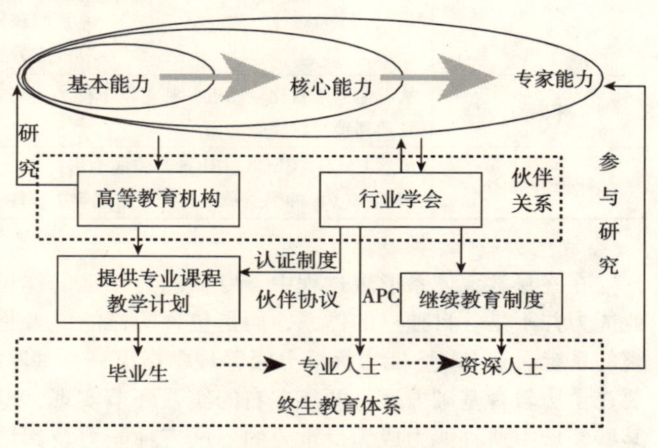

图1 一个基于终身学习的教育模型

基于能力的工程专业终身教育体系的建立需要以下几个制度安排的支持，一是专业能力标准体系；二是高等教育机构与行业学会的认证或伙伴关系；三是高校课程与专业人士执业能力评估中核心能力的对应关系；四是继续教育制度的建立。本文将以工程造价专业为例，论述上述制度安排与终身教育体系的构建。

2 终身教育体系建立的核心：专业能力标准体系

2.1 专业能力标准体系的作用

专业能力可以被定义为——在工作岗位上能够按照雇主期望的标准进行工作的能力。这种能力随着时间的推移，可以根据需求进行适当的，持续不断的改进。当“能力”成为职业发展的中心时，构成职业的其他因素也会随之发生变化，从而导致真正意义上的职业发展范式的变化。此时，人们更加关心的是“能力”发展，而不是“雇佣安全”。个人用“绩效”换取持续的学习机会，用以发展个人能力和增强自己的可雇佣性。所以，在上图中，终身教育概念模型中的核心是基于能力标准体系的终身学习。

以工程造价专业为例，根据对PAQS和RICS的考察，结果显示，专业能力标准体系和专业能力评估标准的设置都是来源于对行业市场中工程造价（Cost Engineering，CE）和工料测量（Quantity Surveying，QS）的执业范围所需能力的考察，即直接反映了行业市场对从业人员能力的要求。国际上一些著名的测量师行业学会如RICS，HKIS，AIQS，SISV，BQSM，CECA都认为专业能力标准体系的建立是必需的，这个能力标准体系可以起到下述作用：

（1）为高校工料测量专业课程设置提供标准；

（2）确定工料测量专业所应具备的专业技能，为行业学会进行课程认证和评估提供标准；

（3）规定核心竞争能力，为认可工料测量师所应达到的能力提供了标准；

（4）确定未来专业人士所应具备的技能和服务领域，为工料测量师的能力的持续发展提供了依据。

2.2 专业核心能力的内容——以工程造价专业为例

从这样的要求，对能力标准进行分级管理应该是有利的，所以RICS，PAQS，CECA等行业学会都对能力标准都进行了分层管理，各层内容侧重点并不相同，这反映了各地区建设行业市场中工程管理专业人士的从业情况和执业范围的不同，以及对所需能力的差异，见表1。

一些国家和地区工料测量（工程造价）能力标准体系比较 表1

相应的行业学会	RICS 英国皇家特许测量师学会	PAQS 亚太地区测量师学会	CECA 中国建设工程造价管理协会
能力标准	强制性能力，所有候选人必选。 核心能力，本专业内必须满足的能力。 可供选择能力，是一种额外的要求，一般可选一个	基本能力：这些能力和知识必须在高等教育中获得，同时也是核心能力的一部分，也为测量师的发展和能力整合提供了平台。 核心能力：合格的工料测量师所需要的能力。 专家能力：在与工程管理相似的领域获得的技能，在某些领域可能成为主要的商务功能	基本能力：这是为了搭建造价工程师所需要的基本能力平台，主要通过学历教育建立起系统性。 核心能力：在造价师取得执业资格的考试过程中着重考察的能力要求。 发展能力：在职业生涯中拓展，根据本领域发展前沿进行调整
相同点	从总体上来看比较相近，都对以下能力进行了要求：可行性研究/设计经济学、造价规划、成本管理、合同管理和项目管理等方面		
差异点	虽然PAQS、CECA，RICS都将能力进行了分层，但是每一个层级的能力内容并不相同，各有侧重。RICS强调了：（1）冲突避免、管理和争端解决程序；（2）工程技术和环境设施；（3）健康和安全		

在终身教育体系形成过程中，专业能力标准的作用机理表现为：首先，研究表明，这些不同层次的专业能力并不是各自独立的体系，而是包含同样的或者是相似的工作领域，只是在水平上有差异和侧重的完整的系统。在PAQS能力标准分级管理中指出——基本能力强调基础，通过学历教育完成，核心能力则还需要在学历教育基础上通过两年左右的实践环节实现，专家能力是与工料测量师工作相似的领域，只不过在某些领域中这种能力成为最重要的。这三种能力及其培养途径基本上可以构成从学历教育、取得资格到继续教育各阶段相结合的知识结构和能力标准的终身教育体系。其次，通过高等教育以及行业学会对高等院校课程体系的认证制度、对专业人士的认可制度（Certification）和职业继续教育制度等，能在一定程度上实现行业学会对工程造价专业终身教育的引导和促进，能有效得保持专业能力的较高水平。而连接、指导这些制度，使之能够发挥作用的基础就是专业能力标准体系。

3 高校课程体系与专业能力评估的关系

3.1 专业能力评估APC及专业人士准入途径

在国际上，要想成为一名注册工料测量师，成为一名专业人士，需要具备四个方面的条件：

（1）专业教育要求，获得相应的认可学位；

（2）相关工作经验和训练，有合适的工作岗位，并有不少于33个月的培训记录；

（3）通过专业学会的专业能力资格考试APC的笔试和面试；

（4）加入专业学会，成为会员。

上述要求中，第二条和第三条都与专业能力评估APC有关系。专业能力评估（Assessment of professional Competence，APC）的目的是保证候选人从事专业工作时的专业能力水平符合会员标准。长期以来，英国RICS形成了一整套行之有效的专业能力评价方法和评价程序，从而保证其执业资格能得到国际上很多国家的认可。

APC是一个完整培训和考核过程。候选人的APC一般来讲都包括以下要素：（1）最少24个月以上的实践经验，在此期间申请者必须获得专业能力，包括400天的相关经验；（2）在监督人指导下的专业发展；（3）保持相关工作经历的日记和日志，须有相关人员的签名；（4）12个月后的中间评估，详细记录进步情况，也可以及早发现候选人专业实践中的问题，及早采取措施补救；（5）最终提交日志、报告和评估表格；（6）24个月后的评估笔试和面试，包括在评估中心的演讲。

各国的工料测量师都有多种成为行业学会会员的准入途径，一般来说行业学会往往分别设置针对高校毕业生的、针对业内实践经验丰富的人员的和针对业内资深人士的（后两者往往不具备学历要求），从而最大限度地吸纳行业中的优秀人才，壮大行业学会的力量。针对高校毕业生的入会途径一般均包含经认证的课程体系的学生和未经认证的课程体系的学生两种入会途径。经认证的课程体系与工料测量师的资格准入条件之间有良好的衔接。一般而言，获得经行业学会认证的大学专业学位的毕业生在申请工料测量师资格时，可以豁免专业课考试。这些规定有利于经认证的课程体系的毕业生顺利成为认可工料测量师，也有利于发展行业学会对高校课程体系的认证，促进高校与行业的合作。

3.2　国外高校课程体系与APC中专业能力标准的响应

在专业人士准入途径中，都强调获得认可学位和相应教育背景是基本条件之一。在对各个国家代表性大学的认可课程内容设置的比较中，研究结果显示：各国的工料测量行业学会都不对课程的结构和内容作特别说明。它积极寻求多样性的课程设计，通常鼓励具有适当技术和资源的学术机构设计符合其特点的课程，但是一般都要求课程体系的设置要符合行业学会所设置的工料测量师能力标准的要求，并且要考虑到雇主的要求，即高校课程体系对能力标准体系进行响应。下面以香港大学建设与房地产系的课程为例进行说明，见表2。

香港大学工料测量课程体系设置对PAQS能力标准的响应　　**表2**

<table>
<tr><th colspan="3">能力标准</th><th>课程设置</th><th>课程设置</th></tr>
<tr><td rowspan="9">基本技能</td><td colspan="2">计量/度量</td><td>建筑施工1&2</td><td rowspan="13">工料测量坊（Surveying Studio）涉及各个方面的能力的综合训练</td></tr>
<tr><td colspan="2">计算机和信息技术</td><td>在各门课程中均有不同程度的涉及</td></tr>
<tr><td colspan="2">沟通技能</td><td rowspan="2">房地产业沟通技术</td></tr>
<tr><td colspan="2">独立工作和与人共事的技能</td></tr>
<tr><td colspan="2">商务和管理技能</td><td>土地和施工管理</td></tr>
<tr><td colspan="2">专业实践</td><td>场地考察和国外学习考察
访问讲座</td></tr>
<tr><td colspan="2">建筑技术</td><td>建筑施工</td></tr>
<tr><td colspan="2">建筑经济</td><td>土地和建筑工程经济学</td></tr>
<tr><td colspan="2">建筑法律及规章</td><td>资产和建筑施工法（1，2，4，5，6，7）</td></tr>
<tr><td rowspan="4">核心能力</td><td rowspan="3">项目成本管理能力</td><td>成本管理</td><td>土地和建筑工程经济学4</td></tr>
<tr><td>采购</td><td>土地和施工管理4</td></tr>
<tr><td>合同管理</td><td>资产和建筑施工法3，8</td></tr>
<tr><td>资产财务管理能力</td><td>可行性研究</td><td>土地和建筑工程经济学4
土地和施工管理2</td></tr>
</table>

实际上一门课程往往可以培养多方面的能力，而一个能力往往在很多课程中都可以体现。通过对以上能力标准的分析可以发现，学校的工料测量课程设置基本上能够满足基本技能（强制能力）和核心能力要求的各个方面，对核心能力有高度的响应，同时为将来职业实践中培养专家能力打下良好的基础。除了理论课程以外，高校中对实践环节的教学安排也名目众多，形式各异。仅以学生到企业中参与实际的工作的学习过程为例，对于工料测量专业的实践环节时间的安排有两种方案，一是将实践教学在校内集中进行，如香港大学的工料测量坊的教学；二是在企业进行的行业实践，例如里丁大学允许学生在校期间向院方申请用一年的时间在企业进行行业实践。在校外企业实习期间学生将完成下列作业：选定实习地点、日常报告、APC日记、案例学习、自评报告、毕业论文的选题和前期准备工作。

4 高校与行业学会的认证或伙伴关系

4.1 各国工料测量师行业学会对高校课程认证制度

4.1.1 行业学会对课程认证制度的作用

所谓专业认证（Accreditation），是一套与评估程序有关的必备条件，是一套高校专业课程计划需求行业学会认可的，由学会出版的标准体系。由教育机构提供的课程计划必须满足这些标准才能得到行业学会的认可，也可以说是满足了成为行业学会会员的学术上的要求。当然，成为正式会员还需要获得专业实践经验和 APC 考试。

从 1970 年开始，英国里丁大学（University of Reading）开设的工料测量（即国内的工程造价专业）本科课程需要通过英国皇家特许测量师学会（RICS）的认证。之所以高校相关专业的课程体系积极参加专业协会的认证，是因为是否获得专业协会的课程认证是其毕业生能否顺利成为该领域专业人士的关键因素。各行业学会对高校课程体系进行专业认证（Accreditation）的重点是考察高校现有专业课程体系与专业能力评估（APC）中的核心能力标准或要求是否响应，保证为毕业生进入 APC 做准备的课程体系符合要求。

4.1.2 行业学会认证制度的基本要素

大部分行业学会都有其自己的认证手册，如 RICS，PAQS，HKIS，AIQS，SISV，BQSM 等行业学会认证手册中的细节和内容是不相同的，大致一般都包括以下要求：认证组织；准入要求；课程期限；课程认证的标准；课程评估；特许和远程课程；认证条件；认证周期；重新认证；认证程序的监督和质量控制；不成功的申请；认证费用。我们将上述行业学会认证手册中的四个基本要素进行了对比，结果如表3。

各要素的比较结果　　表3

课程认证的组织结构	行业学会对课程认证的评估标准	认证有效期间内的对课程体系的质量监管控制	认证期限
应设立专门的认证组织，且应有从业者和教育人员的参加	认证对象可以是专科、本科，或更高层次的学历，评估的内容主要包括：入学条件、课程体系的教学安排、教学环境、资金及其他资源、质量管理体系、学生考核方式和方法、毕业生的就业和发展。而重新认证与认证的内容相近	(1) 一般每年都应对课程体系进行检查访问，同时执行质量监督控制程序。 (2) 外部评估人员的报告。 (3) 检查访问的内容通常包括：课程体系的变化，课程体系的教学环境、师资变化，学生情况，考试情况等	≤5 年

行业学会对高校专业课程认证制度的安排，充分发挥了行业学会在高校与市场之间的桥梁作用，同时强化了能力标准体系的作用，如亚太地区测量师学会（PAQS）规定基本能力是应该由高校在培养毕业生的过程中完成的；而 RICS 也规定学会认证的重点是考察高校课程设置是否需要满足执业能力评价（APC）的要求。在上述专业人士执业资格制度和对大学工料测量课程认证制度约束下，工料测量高等教育与行业内专业人士执业资格制度就紧密结合在一起了。

4.2 行业学会与高校间的伙伴关系协议

RICS 的课程认证制度较为严格，为了更大范围地接纳世界上优秀大学的工料测量专业的加盟，拓展工料测量的专业领域，扩大该专业的影响，RICS 施行了大学伙伴制（Policy and guidance on university partnerships），作为课程认证制度的重要补充。RICS 把以前集中控制的很多权利让给了合作方，比如对新课程的发展和对已存在的课程的改进。当然 RICS 采取了严格的过程来挑选可合作的大学，强调高等教育机构和课程体系的整体水平和在国际上的水平和地位，而不是仅仅将注意力放在具体的课程上，要求保证整个课程计划能使得毕业生为测量专业做准备。这些计划应该依照 APC 的要求制定，尤其是工料测量师的核心竞争力。开设这些课程的大学（或是其他的高等教育机构），达到了 RICS 的门槛标准后就可以与 RICS 建立合作伙伴关系。

与认证制度不同，行业学会与高校之间合作伙伴关系不看重工料测量专业课程体系的具体设置，而强调与高等教育机构建立工料测量课程的共同发展目标，吸收有创意的新课程以满足专业发展需求，改善协会和高校的联系。

总之，合作伙伴关系与认证制度相比较来看，比较易于高等教育机构接受，与高等院校的合作界面比较柔和，可以使行业学会更多地吸纳优秀的高等院校，改善学会与高校的关系，是课程认证制度的必要补充。

5 继续教育与终身教育发展的持续改善关系

继续教育（Continual Professional Development，CPD）就是在工程管理专业人士自身的职业发展中，用终身学习的方式去规划、管理执业发展，并从职业发展中获取最大的收益。继续教育培训制度对于个人专业能力的促进是一个循环推进的过程。

进行行业学会的 CPD 学习培训之前，首先要确定个人在专业领域中所达到的水平和个人专业发展的条件。在明确这两点的基础上，根据行业学会所提供的 CPD 教育培训计划，确定个人 CPD 学习的方式和方法。而 CPD 学习的效果主要是从对专业人士各种资质的认可、对其各种贡献的认可、客户对其的认可和专业人士自我能力的增强等方面进行体现的。根据进行了 CPD 学习后的效果，可以重新认定个人的专业水平和专业发展环境，进行下一阶段 CPD 学习，形成一个循环推进的 CPD 学习模式。

CPD 内容的设置应建立在 APC 能力标准内容的基础上并有所超越和提高，适应业内各种层次人才的需要。对于国内情况而言，已有学者阐述了中国工程造价的继续教育课程培训框架。大致上来说可以根据高、中、低层次人才的需要设置不同水平的继续教育内容，并可以按照不同领域人才发展的需要，总体上可以将课程的内容分为满足技术发展需要的和满足商务能力发展需要的。

6 结论

根据上述研究，本文提出以下几条结论和建议，以有助于高等工程教育（不仅仅只是包含工程造价专业）能建立起有效的终身教育模型：

（1）在国外，工料测量师能力标准体系是指导工料测量高等教育课程体系建设的依据。核心能力设置是与各国具体的工料测量师的执业范围密切联系的，一般都分为基础能力、核心能力、专家能力几个等级。各国的工料测量专业协会都不对课程的结构和内容作特别说明，但是一般都要求课程体系的设置与能力标准响应。

（2）工料测量/工程造价执业教育（即专业人士认可培训和考核）要把学历教育与 APC 能力标准结合起来。APC 能力评估标准的设置必须要强调实践经验的测评，同时对于认可的工料测量师/造价工程师应实行分级管理，而且应分别对应不同的能力标准等级。

（3）继续教育为工料测量师/造价工程师能力的持续改善提供了一个平台，其内容的设置应建立在 APC 标准之上，并应可以进行分层次和分类别设置，应能满足业内各种层次的人才的需要。高等教育应该起到引导继续教育、促进行业发展的作用。

（4）积极建立行业学会认证制度，同时应充分发挥高校伙伴机制的作用。中国专业协会认证开展的基础之一是要建立中国造价工程师的能力标准体系，这样不仅使中国大陆地区的工程造价专业课程体系设置有章可循，而且对于在中国大陆地区开展专业协会认证，促进专业发展是非常重要的，也能建立起同国际上专业学会的关系。

参考文献

[1] 时铭显．面向21世纪的美国工程教育改革［J］，中国大学教学．2002，10.
[2] 樊华．高等工程教育范式革命与发展战略选择［J］．与科学技术管理．2005，2：75－79.
[3] Alan Wagner：Tertiary Education and Lifelong Learning：perspectives，Findings and Issues from OEDC Work［J］．Higher Education Management．2006，1：55－56.
[4] 陈时见，李守福．终生学习与比较教育［J］．比较教育研究．2002，7：21－24.
[5] 孙士宏，陈武元．论终身教育体系构建过程中的高等教育调试［J］．开放教育研究．2005，12：35－39.
[6] 李开玲，郭桂英．面向终身教育的高等工程教育：矛盾与协调［J］．高等工程教育研究．2006，3：26－29.
[7] 厉以宁．研究终身学习让全社会受益——评郝克明主编《跨进学习型社会》［J］．中国高等教育．2007，1：59－60.
[8] 许强，刘翌，王勇．基于能力的知识工作者职业发展理论范式［J］．科学学研究．2006，10：751－757.
[9] 天津理工大学课题组．亚太地区测量师学会课题《亚太地区工料测量高等教育与认证比较研究》［R］，2006，5.

[10] Arthur M B, Claman P H. Intelligent enterprise, intelligent careers [J]. The Academy of Management Executive. 1995, 9 (4).

[11] RICS. APC – ATC – Requirements-and-CompetenciseGuide [EB/OL]. http://www.rics.org/downloads/apc-atc-requirements-and-competencise.pdf. 2004, 08.

[12] PAQS. Competency standards for quantity surveyors in The Asia-Pacific Region [EB/OL]. 2005: 2. 2005.

[13] 柯洪. 中国建设部软科学研究课题《造价工程师知识结构和能力标准的研究》[R]. 2005, 12.

[14] 尹贻林, 严玲, 孙春玲. 世界工程造价教育发展报告 [M]. 天津: 天津大学出版社, 2005, 7.

[15] 尹贻林, 张萍. 关于工程咨询专业人士管理制度的经济学思考 [J]. 水利水电技术, 2004, 5: 83 – 87.

[16] RICS. International partnership and accreditation board, policy and procedures for accredited courses [R]. Procedures and Guidelines on the Accreditation of New Courses, Dec. 2002. http://www.rics.org/downloads, 2005.

[17] 孙春玲, 尹贻林, 严玲. 专业协会对工程管理学科人才培养的介入机制研究 [J], 高等工程教育研究. 2005, 5: 78 – 81.

[18] RICS. Policy and guidance on university partnership [EB/OL]. 2nd edition, 2002. http://www.rics.org/downloads, 2005.

[19] 孙春玲, 尹贻林, 高华. 中国造价工程师继续教育课程框架研究 [J]. 高等工程教育研究. 2006, 2: 114 – 117.

我国工程管理教育的人文反思

曾山金
（中南大学高等教育研究所）

我国的工程管理教育始于1988年国家教委的专业调整。从专业名称来看，“工程”属自然科学范畴，“管理”则倾向于人文社科范畴，工程管理专业横跨自然科学和人文社会科学两大学科，是一门理工文的交叉专业。然而从我国14所大学的课程设计来看，教学内容偏重于科学知识的传授，忽略了人文智慧的培养。过分重视科学和专业性知识，只关注人与物的关系，漠视人与人之间、实然与应然之间的关系是我们当下工程管理教育的普遍特点。然而，后两种关系体现的是人文关怀，它们需要人文来孕育。人文和科学是上下相倾、前后相随的互补关系，不可偏废一方。人文可以灵活方法、拓展视野、启迪思维、丰富想象。方法、视野、思维、想象都只能以科学和知识为基础，反过来方法、视野、思维、想象又可以推动科学的运用，激发知识的创新。下面就工程管理教育中知识与智慧、智慧与人文的关系谈点自己的想法，忝与各位方家商榷。

1 我国工程管理教育的课程分析

瑞士洛桑管理学院发表的《国际竞争力报告》指出，2002年度，中国研究与开发总人数居世界第二位，有3000余万工程技术人才，但是否拥有合格工程师这一指标上却排在第49位（最末位）。这种数量和质量的巨大反差映射出我们工程教育存在着问题和不足，毫无疑问3000余万工程技术人才应该都是经过我们的高等教育系统严格地选拔、系统地训练、认真地考察，成绩合格之后才从我们的高校走入社会的。对此，我们不禁要问，是什么原因造成了这种结果，我们的教育怎么了？下面我们尝试从我国的工程管理专业的课程入手逐步分析造成教育困境的原因。

帅传敏等调查了清华大学、同济大学、哈尔滨建筑大学等14所高校的工程管理专业的课程结构和人才培养模式。我们在此基础上进行二次文献解读，发现主要问题有三方面：首先，专业课程比重大，人文课程只涉及到一些人文学的应用性学科，而且还是作为工科课程的附属性课程开出的。调查显示，“从课程设置来看，涉及经济、法律、管理和工程技术方面，特别设置了大量的土木建筑技术类课程”，这些大学大多采纳了1999年7月在西安召开的建设部第三届高等工程管理学科专业指导委员会所讨论的四个专业平台课的方案，即专业基础课按技术、经济、管理、法律等四类课程设置。其次，在人才培养理念上，重视制“器”而忽视了育“人”。“清华大学提出‘培养具扎实的数学、管理科学理论基础，具有较高的外语水平和计算机应用能力，掌握工程管理和土木工程技术的基础知识的高级管理人才’从各高校的课程设置情况来看，各高校都十分注重工程技术、经济、管理、数学、计算机类课程的教学”；计算机、外语、经济都是实用性很强的课程，主要培养学生应“用”的本领、谋职的手段；哲学、历史、文学、科学思想史等能引导学生对形而上的深层反思、追寻命运的无常和生命的永恒、感悟仁爱济世的情怀等能够使人远离浮燥、认识自我、体认自由的人文课程是用来灵活方法、拓展视野、启迪思维、丰富想象的，然而单单缺少了。其三，将马克思主义理论和思想品德课等同于人文学。马克思主义理论只是人文学中一朵奇葩，它虽然耀眼夺目但也无法代替整个人文学无垠的海洋。马克思哲学可以给我们提供一双认识世界的亮眼，但是如果能接触更多的世界观和方法论，我们更是可以从对比中领会到到马克思主义的伟大。况且马克思哲学也不是凭空产生的，它是综合了英国的古典政治经济学、法国的社会主义学说、德国的古典哲学后的产物。作为新时代的工程管理专业的大学生，我们社会群伦中的精英，不给他们介绍人类思想的分合变化之踪迹、不让他们知道世界社会思维的形而上的玄妙，那么他们既使在专业知识领域出类拔萃，也无法领会科学的最高目的和生命的最终意义。

14所高校中的工程管理教育专业课程设置的共同特点是，重视专业知识、实用知识、政治知识而不同程度地忽视了通识知识、理性知识和人文知识。通识、理性、人文需要靠人文教育才能融通于人，人文教育是区别于专业和特殊的“技能教育”的教育，它通过学习哲学，掌握人类的睿智、探索存在的奥秘；通过学习历史，积累人类的集体记忆，把历史的经验教训转化为存在的自觉；通过文学的研读，理解人的精细深刻的情感世界，使得所有的存在都是在感同身受、心领神会的生命共同体；通过自然科学基础理论的学习，领悟客观世界的复杂深邃、无穷无尽，以丰富和完善人的精神世界。

以现在的教育模式、课程结构培养学生，因其功利性、实用性过强必定会产生瑞士洛桑管理学院调查的结果。因为一名合格的工程技术人才，既要拥有一手过硬的专业技术，还应该饱含着对生活的热爱和生命的尊重，他会因热爱而真诚，因真诚而又自觉地运用自己的技术去造福于人，你不可想象一个一心只为自己的钱包着想的工程技术人员会真诚地对待工作、真实地对待他人。J. 哈贝马斯就认为，现代科学技术已作为潜在的意识形态渗透到群众意识中，人不再依照文化模式理解社会生活，而代之以科学模式。他担忧，技术决定一切的观点把生产的人转化为客体，从而使人在这种意识形态中完全丧失了主体性。

从工程管理学专业的定位来看，国内与国外有所不同。在美国，往往定位于研究生层次，并要求学生有工程类的学士学位的相关学术背景，这类的学校有杜克（Duke）大学、达特茅斯大学（Dartmouth college）等。在我国，主要定位于本科生层次，且局限于土木建筑经济与管理、房地产开发与经营等专业。两者相对比，美国工程管理教育的视野较宽、层次较高、研究较深，即便如此，美国仍不断对工程教育进行反思，进而又提出了“回归工程”的口号，更加重视工程实际以及工程本身的系统性和完整性，反对将工程管理教育变成只关注文本而忽略实际、只关注细节而忽略整体、只关注技术而忽略人文的片面性教育。

2　掌握知识还是参悟智慧

工程管理的内涵有广义和狭义之分。汪应洛院士在《时代呼唤工程管理》一文中把“工程管理”定义为广义的工程管理，涵括工业工程、计算机工程、化学工程、系统工程等诸方面。泛指对于具有产业依附性、技术集成性和组织协调性的各种工程活动进行决策、计划、组织、指挥、协调与控制的工作。而在此之前，在我国工程管理是作狭义理解的，专指土木建筑工程管理。广义的工程管理提倡用发展的眼光，从系统论的角度一揽子处理有关联的项目工程，从源头开始，通盘考虑过程和目标，使有限资源得到最优化的配置，人财物各居其所，各尽其用，代表了工程管理发展的必然趋势。在工程管理的发展中，管理的地位被突显出来了，可以说工程管理的精髓在于管理。因为它能将原来不太相干的、基本独立的单个工程揉为一体，成为一个相互协调、彼此依存的有机整体，可见管理之于工程如同指挥之于乐团、将帅之于军队之重要，有则一体、无则散乱，意义非凡。

管理是什么？首先管理是一门科学。《中国大百科全书》定义科学，指“以范畴、定理、定律形式反映现实世界各种现象的本质和运动规律的知识体系。”“science”一词来源于拉丁文 scientia，意为知识和学问。因而科学代表着知识，是反映客观的稳定的、具有普遍性的知识。科学性和知识性规定了管理必须如实地反映客观规律，不断靠近真理。

但是，假如管理仅仅是知识，可以量化和复制的知识，那么工程管理的人才就太好培养了，只要将量化的知识按步骤地输入到学生的头脑中，让他们背诵、记忆、熟悉和复制知识，经过考核成绩优秀的是拔尖人才，成绩合格的是一般人才。按这个逻辑拔尖人才在现实中必定优于一般人才，必定会有更大的成就。但现实中往往不尽如此，成绩一般而成就突出，成绩突出而成就平庸的事例俯身可拾。我们还可以回过头来看看前面工程管理专业开设的课程，这些课程是不乏知识的，但是缺乏人文。我们可以断言，通过这些课程培养的学生一定有成绩非常优秀的学生，对专业知识掌握得很牢很好，甚至能够熟地操作工程中各种技术设备。但是我们在这种人才方案和课程结构上培养出来的合乎国际标准的可以称得上是工程师的人才却是很少。问题在哪里，培养诺贝尔奖获得者最多的美国加州理工学院认为，自然科学最终只能提供知识而不能提供智慧，而智慧才是取胜的关键。

因而，管理更需要智慧。其实与其说管理是科学，还不如说管理就是智慧，在人类古代，科学知识缺乏，但并不影响人与人之间的沟通、社会各阶层的稳定和国与国之间的对话，在我国唐朝行政管理制度已是十分完备，社会制度稳定、人们安居乐业、国际间交流频繁、精神生活充实而有信仰。如果用当今的科技与之相比自是不可同日而语，但是谁能否认唐朝在管理上的成就?！相反人类在科学知识强盛的今天，社会问题、环境问题、人自身的问题层出不穷，一点也不比我们的祖先少，反而有逾演逾烈之势。谁又认真地反思过这其中的原因？由此可以看出科学知识给人类带来的是改造自然的工具，改造人自身还是需要更多的智慧。

智慧是知识与判断力和创造力的综合。孔子是拥有了智慧的大师，从“子贡让而止善，子路受而观德”的处事上我们可以领略到大师的判断力。子贡是孔子的学生，他所在的鲁国规定，谁从国外赎回一个当奴隶的鲁国人，可以从官府中领取一定的补偿金，子贡赎了人却不去领偿，孔子批评他：今后不会再有人去赎奴了。子路也是孔子的学生，子路救了一个落水的人，那人送他一头牛表示感谢，子路领受了。孔子赞扬他说：今后鲁国人一定会去救落水的人。“让”本是一种美德，也是一种德知，但这种美德和知识也会因人而宜和因时而易的，如果不懂智慧，一味抱着“让”的普遍性不放，就会变成教条主义。我们还可从“弦高犒牛”中领略到智慧的创造力。先秦时期，郑国的弦高在贩牛的路上碰到了秦国攻打郑国的大军，他灵机一动，借口受郑王之托送牛犒赏秦军，秦军将领误以为郑国已经作好战斗准备，只好打道回府。弦高本是一商人，能有多少管理知识，但他懂得了“信反为过，诞反为功”的道理，运用他的智慧挽救了一个国家。可见，智慧甚于知识，远比知识重要。知识的可靠性取决于对特殊性和主观性的排斥，取决于在同等条件下可以反复验证的普遍有效性，因为这个特点，意义世界、价值领域、审美境界都不在知识的范围之内。智慧一定和主体有关，没有非主体的智慧。智慧是理解、洞察、预见、决断、协调的能力。因此，智慧的培养需要与体验、领悟有关；而知识可以通过耳提面命、死记硬背作业考试来完成。

智慧总是与人文一起，知识一般与科学相连。培养智慧离不开人文。这是因为，首先，智慧本身就是人文，智慧总是闪现在人与物、人与我、情与理、是与非、善与恶、美与丑的纠缠和矛盾中，人们只有在遇到这些纠缠不清的矛盾时智慧才会被召唤，有智慧的可以化解这些矛盾，缺少智慧则会使矛盾加深，因而智慧就是感化自身、化解矛盾、进而化成天下的能力。而人文就是以“化成天下”为自身责任和存在价值。《易・贲》：“观乎天文以察时变，观乎人文化成天下。”孔颖达对《易・贲》作疏时说：“言圣人观察人文，则读书礼乐之谓，当法此教而化成天下也。”不论研究社会进步的学问，还是研究人的思维，心理乃至生理规律的学问都属人文。人文关涉人的尊严，确认人是最高的价值和社会发展的最终目的；它重视人的现世幸福；它相信人的可教化性和发展能力，要求实现人性的自由和全面的发展；它追求人类的完善，要求建立人与人之间相互尊重的真正人的关系。智慧和人文交织在一起，它们都是一种施化的能力。区别在于智慧与个人相连，人文与社会相系，智慧是个体中的人文，人文是社会的智慧而已。

其次，智慧只能在人文的环境中生成。俗话说，“世事洞明皆学问，人情练达即文章”，“行万里路，读万卷书”。可见，学问、文章、智慧不是端坐在书房里完成的，人的经验、阅历、见识、判断、决策、协调这些功夫都只在充斥着人文的环境中学会，这个人文的环境就是我们现世的生活，这也是与美国实用主义哲学家杜威先生一贯强调的“教育即生活，教育即生长，教育即经验的不断的改造和改组”的见解一致的。人是一个有感觉能力、能记忆、能思考、能行使意志力、有责任心和鉴赏力的复杂的活的整体，同时，又有一种能根据真理、爱情、审美和宗教感受做有限的发展的自我意识的力量。因此人的成长应该是在知、情、意上的全面发展，而这些只有在与人的交往过程中、在反思生命的意义中、在感悟真理的深刻的愉悦中、在真诚的情感被激发之时、在自身的禀赋绽放开来之时才能实现，才能参悟。

知识，无论如何学习、掌握、运用，它终究是别人的体验、间接的经验；智慧，是将间接的经验通过自身直接的体验而产生的新的知识。所以学知识难以创造，学智慧方能创新。朱熹在其《四书章句集注》的序中说过，入小学，而教以洒扫、应对、进退之节，礼乐、射御、书数之文；入大学，而教之以穷理、正心、修己、治人之道。朱子所说的“节”与“文”，就是知识，是做事和做人的标准和规范，这些是小学功夫；而“道”才是智慧，是为人处事、安身立命的大智慧，这才是大学的要旨。

3　开设哲学课程培养有智慧的工程管理人才

理想的工程管理人才应该是充满智慧的。他们在专业知识方面是技术娴熟、技艺超人的专家；在思维科学、决策上也是杰出人物。他们不仅在务事时能精益求精，而且在做人上也通世豁达，深明大义。他们不仅是学人，也是哲人。他们应该具有宽阔而又深邃的视野，充满理性智慧而又不失人伦情感的生命立场；清醒地了解自我责任而又能推已及人的生命关怀，端坐于书房同时又可以行走于社会的生命自由，既在庙堂之高又在江湖之远潇洒自如的生命风度，可以参悟苍天玄远也可以休知草木冷暖的生命美感。

培养智慧主要靠哲学。哲学是对人类精神的反思，因而哲学是深刻的，有大用的。要有高素质，不能没有哲学，要做大事业，也不能没有哲学。恩格斯说：“理论思维仅仅是一种天赋的能力。这种能力必须加以发展和锻炼，而为了进行这种锻炼，除了学习以往的哲学，直到现在还没有别的手段。”哲学是系统的世界观，它关于自然、社会和人生的根本观点是一贯到底的，绝非模棱两可的，哲学是认识论，它不停留在对象的现象门口，也不为芜杂的现象所目眩，它要深入到对象的本质底层，去把握其固有的、必要的联系；哲学是辩证法，它既提供物质变精神的方法，又提供精神变物质的路线，是实现必然王国到自由王国的武器。哲学的使命在于探索和解答天与人、阴与阳、生与死、是与非、真与假、知与行、善与恶、义与利、和与同、礼与法的辩证与因果关系。老子的《道德经》、孔子的《论语》、孙武的《孙子兵法》是容纳了各门哲学的“大智慧”，至今仍是各门科学研究者必读的文献。

因而，要把人文装备成为工程教育的通用指标，学校要普遍开设以哲学为中心内容的人文课程。

自然哲学，以宇宙、天体的演变为研究对象，揭示气与道的生化规律。

思维哲学，以人的智慧的生成和发展为研究对象，研究识与思的运作法则。

科学哲学，以范畴的生成和理论结构为研究对象，揭示设定与证明的逻辑准则。

教育哲学，以人的完善和发展为研究对象，揭示个性与朔模的辩证关系。

艺术哲学，以审美和生活为研究对象，揭示形与情的相关法则。

道德哲学，以责任和义务为研究对象，揭示善与恶的制衡律令。

管理哲学，以领导形象和领导指令的关系为研究对象，揭示行为的暗示与仿效，人际亲和与疏远等关系的奥秘。

决策哲学，以形势与任务、机遇与方略的关系为研究对象，揭示其中的成与败、破与立的规律。

领导哲学，是对决策哲学与管理哲学的再提升，揭示其法与德、治与乱的辩证关系。

历史哲学，以事件和时间的相关关系为研究对象，揭示古与今、鉴与戒以及兴与衰的相互关系。

人生哲学，以寿律和功德为研究对象，揭示理想与行动，立言与立功、立德的相互关系。

价值哲学，以角色身份和角色行为为研究对象，揭示人的节操、贡献与人生意义的辩证关系。

法哲学，以权力的约束与权利保障为研究对象，揭示社会控制与公民平等之间等关系的规律及程序。

以上这些哲学并没有穷尽人类的智慧，只是为走向智慧提供了一些阶梯。虽然不能说学了以上的哲学就可以成为哲人，但要成为合格的工程管理人才就必须打好以上哲学的基础。

课程设置不必千佛一面，不同类型的大学应有不同的要求。清华、西安交大、上海交大等大致作一类型，偏重于管理智慧、大智慧人才的培养；以职业教育为主的高校则偏重于操作智慧、技术智慧的培养。不同学历层次亦应有所不同的课程要求。在本科阶段加强通识教育、淡化专业教育；研究生阶段，加强个性教育和专业教育。

美国的工科大学就很注重人文学科的发展。表面上看，麻省理工大学是工科大学，可是它在发展工科的过程中，不断认识人文学的重要性，现在的麻省理工学院决不是单纯的工程技术教育，它强有力地发展人文学的基本领域，它的哲学系是美国最好的哲学系之一，有着像乔姆斯基这样声名卓著而又心系天下的哲学家，它的政治学社会学，曾经有着像罗斯托这样影响美国的政治走向的重要学者，它的经济学不仅有萨缪尔森这样的伟大学者，现在仍有像克鲁格曼这样杰出的支持人文理念的著名经济学家，它的历史系甚至早就开设了中国历史的课程。这样的学校还能把它理解为单纯的工程学院吗？而且这种取向在美国已相当普遍，加州理工大学、德州农工学院的文科和人文学教育都很强大，一般文科大学已很难比肩。

之所以人文学会越来越受人关注，是因为人文学对于人才培养，不仅仅局限于单纯的专业知识、技能的掌握与运用，而且更重要的还在于它帮助人形成全面的知识结构，促使人在认知、情感和意志等方面健康发展，在于强调人才随着社会的发展而不断地获得一种新的观念和一种主体能动性的感召力、创造力和想像力。人文之所以开启智慧，是因为人文为科学提供了情感、逻辑、思维、历史、价值等经验和方法。人文不能等同于科学，闻一多先生曾经就说过，“文学是属于艺术的范畴，文学的批语与研究虽也采取科学的方法，但文学终非严格的科学，也不需要，不可能，不应该是严格的科学”。马里旦认为，科学不过问目的，它仅是手段，目的的标准是智慧。只要科学不和智慧相协调，不服从道德意志，世界和平和自由就没有保障。因此，要使科学造福人类，迫切需要恢复智慧，使伦理学、哲学、宗教的真理同文化重新结合起来。总之，人文是关于人的本质、使命、地位、价值和人性发展的思想和理论，这些才是人类安身立命的要本，也是我们当今教育改革需要思考的要义。

参考文献

[1] 帅传敏，付晓灵，宫培松．工程管理专业人才培养模式的构建［J］．湖北教育学院学报，2006，5：120.
[2] 马克思恩格斯选集第三卷［M］．北京：人民出版社，1972：465.
[3] 闻一多．调整大学文学院中国文学与外国文学二系机构刍议．［M］//闻一多全集．第二卷．武汉：湖北教育出版社，1999：419.

我国工程管理高等教育培养目标定位问题的几点思考

姜晨光[1]　姜　科[2]　顾持真[2]　朱烨昕[2]　黄伟祥[2]

(1. 江南大学土木工程学院；2. 无锡市建设局)

1　引言

目前，我国设置有工程管理类专业的高校已达两百多所，在培养目标的定位上可谓“百家争鸣、百花齐放”，设置的教学体系更是异彩纷呈，这种局面的形成有教学条件的原因、有学校历史传承的原因、也有认知方面的原因……。各种原因中最根本的原因在于各高等院校对工程管理专业培养目标定位上存在相当程度的认知差异。

工程管理专业究竟应该如何办，在高等教育普及化的今天，已经是一个非常严峻的问题。面对渴望知识的学生，我们这些所谓的“人类灵魂的工程师”们究竟能给他们什么“安身立命”的法宝，这需要我们扪心自问，更需要我们摸摸良心、启迪智慧。

针对工程管理专业培养目标定位问题，我校一直在与各个产业部门进行沟通与交流，慢慢地理清了自己的思路，初步形成了一些的观点和认识，在此做一介绍。

2　我国高校工程管理专业培养目标定位的现状

2.1　建设部高等学校工程管理专业指导委员会的培养目标定位

建设部高等学校工程管理专业指导委员会的培养目标定位是：工程管理专业培养适应社会主义现代化建设需要，德、智、体、美全面发展，具备土木工程技术及与工程管理相关的管理、经济和法律等基本知识，获得工程师基本训练，具有一定的实践能力、创新能力的高级工程管理人才。

建设部高等学校工程管理专业指导委员会为了培养目标的实现提出了搭建4个知识平台的思想，这4个知识平台就是技术平台、经济平台、管理平台、法律平台。并为此推荐了各个平台应该设置的课程，技术平台课程包括工程制图、土木工程概论、房屋建筑学、建筑材料、工程测量、工程力学、工程结构、城市规划、建筑设备、施工技术；经济平台课程包括经济学、工程经济学、统计学、金融与保险；管理平台课程包括管理学原理、会计学原理、财务管理、运筹学、工程估价、工程项目管理；法律平台课程包括经济法、工程合同法律制度、建设法规。

在4个知识平台的基础上，建设部高等学校工程管理专业指导委员会又为工程管理专业推荐了5个专业方向，即工程项目管理方向、房地产经营与管理方向、投资与造价管理方向、国际工程管理方向、物业管理方向。相应的专业方向课程是，工程项目管理方向包括工程合同管理、工程地质与地基基础、工程项目管理（二）、建设项目评估；房地产经营与管理方向包括房地产经济学、房地产估价、房地产开发、房地产市场营销；投资与造价管理方向包括工程造价管理、工程估价（二）、项目投资与融资；国际工程管理方向包括国际工程承包、国际贸易与金融、国际经济合作法律基础、国际工程合同管理；物业管理方向包括物业资产管理、物业运行管理。

2.2　各个高等学校的培养目标定位

各个高等学校对工程管理专业培养目标的定位大致可以分为4类，即工程偏重型、工管双开型、管理偏重型、金融投资型，这4种类型深深地铭刻着各个高校的历史传承。

工程偏重型的培养目标是：接受工程师的基本训练，熟悉现代管理理论和方法，掌握建设活动的基本规律和基本程序，获得管理素养和管理能力的基本训练，具备一定的工程管理实践能力和创新能力的高级工程管理人才。

工管双开型的培养目标是：学习工程管理方面的基本理论、基本方法，学习土木工程基础知识，接受工程项目管理方面的基本训练，具备从事工程项目管理基本能力的高级工程管理人才。

管理偏重型的培养目标是：学习管理学、经济学、土木工程学、计算机和外语基本知识，掌握现代管理科学理论、方法和手段，可在国内、外工程建设领域从事项目整体策划、决策，具备项目全过程管理、建筑企业生产与经营管理、工程咨询、建设监理、技术经济分析和工程管理科学研究能力的复合型高级管理人才。

金融投资型的培养目标是：学习投资与金融的基本理论，具备投资管理（包括宏观、中观和微观）的基本能力，掌握投资项目预测、决策和全过程管理的基础知识，具备项目投资与融资管理能力的高级工程管理人才。

为了实现自己设定的培养目标，各个高等学校设置了各种各样的课程体系架构。

工程偏重型的课程体系大致包括以下几个类型。第一类的主要课程有理论力学、材料力学、结构力学、土木工程概论、土力学及基础工程、混凝土结构、钢结构、桥梁结构、地下结构、管理学基础、经济学基础、工程经济学、工程项目管理、工程造价、工程合同管理、施工技术、施工管理、计算机应用。第二类的主要课程有理论力学、材料力学、结构力学、桥梁工程、道路工程、路桥检测、高等级公路维护与养护技术、高等级公路监测系统、建筑技术经济学、工程项目管理、项目监理、工程项目评估、工程造价原理与编制、国际工程管理、高等级公路管理、运输经济学。第三类的主要课程有工程力学、建筑工程、线路工程、桥梁工程、隧道工程、工程概预算、管理学基础、项目管理学、工程招标投标与合同管理、宏观经济学、微观经济学、技术经济学、投资学、项目融资等。

工管双开型的课程体系大致包括以下几个类型。第一类的主要课程有工程力学、工程结构学、施工技术学、经济学、工程经济学、管理学基础、会计学原理、工程估价、工程项目管理、工程合同法律制度、工程建设法规。第二类的主要课程有工程力学、土木工程概论、土力学与地基基础、工程结构学、施工技术、施工组织、工程概预算、建筑工程招投标、管理学基础、建设工程合同管理、建筑企业管理、建设监理、建设项目管理、管理信息系统、房地产开发与经营、经济学基础、运筹学、房地产估价等。

管理偏重型的课程体系大致包括以下几个类型。第一类的主要课程有管理学基础、工程项目管理、合同管理、运筹学、会计学、财务管理、经济学、应用统计学、工程经济学、组织行为学、市场学、计算机应用、经济法、工程估价等。第二类的主要课程有管理学原理、合同管理、工程项目管理、会计学、财务管理、工程经济学、应用统计学、市场营销、经济法、房地产估价、房地产经营与开发。第三类的主要课程有管理学、心理学、统计学、会计学、运筹学、财务管理、生产管理、风险管理、人力资源管理、高级项目管理、软件工程、管理信息系统、可视化项目管理、技术经济学、西方经济学、经济法、需求管理系统集成分析、创造性团队建设、组织行为学、公共关系学、职业生涯管理、社会保险学等。第四类的主要课程有项目管理引论、项目时间与成本管理、项目人力资源与沟通管理、项目质量与风险管理、项目采购与合同管理、项目论证与评估、项目管理软件与应用、项目管理案件分析与研究、电子商务、电子政务、管理心理学等。

金融投资型的课程体系大致包括以下几个类型。第一类的主要课程有房地产开发与经营、工程概预算、投资学、投资项目评估、项目管理、计算机网络及应用、管理信息系统、信息系统开发工具、信息系统分析与设计、项目管理软件开发与应用等。第二类的主要课程有工程管理学、工程造价学、融资学、投资经济学、国际投资学、资产评估学、投资银行学、证券投资学等。

3 我国工程管理高等教育培养目标定位的新思考

通过与产业部门4年的密切接触和大量的专业调查，笔者认为工程管理的龙头既不是投资与造价管理，也不是国际工程管理，更不是物业管理和房地产经营与管理，而是工程项目管理。

因此，我们应该将工程项目管理作为工程管理的主要方向，并围绕这一方向合理地构建工程管理专业的课程体系。

项目和项目管理起源于建筑业，目前已经引伸到国民经济的各行各业。所谓项目是指一个特殊的将被完成的有限任务，是在一定时间内满足一系列特定目标的多项相关工作的总称。项目的特征是一次性、明确性和整体性，项目的属性是惟一性、多目标性、系统性、依赖性和冲突性。项目管理的对象就是项目、属于大管理的范畴。项目管理是以项目为对象的系统管理方法，通过一个临时的专门的柔性组织，对项目进行高效率的计划、组织、指导和控制，以实现项目全过程的动态管理和项目目标的综合协调与优化。项目管理的最基本职能是评价、计划、组织与控制。对于一个具体项目的管理大致有5个方面的内容，即项目的论证与评估、项目招投标与合同管理、项目计划与控制、项目交工竣工与后评价、项目的综合管理。

就目前来讲，我国的项目绝大多数都是大土木工程类项目，因此，现阶段，为了满足市场需求、提高学生的就业率，我国工程管理高等教育培养目标的定位仍应该是土木工程项目管理。

为此，现阶段，我国工程管理高等教育培养目标应该是掌握土木工程基本理论，熟悉工程建设投资、融资方法，了解土木工程基本建设程序与相关法律法规，具备工程项目全方位管理能力的高级技术人才。

相应的主要课程应该包括工程制图、房屋建筑学、建筑材料、工程测量、理论力学、材料力学、结构力学、土力学及基础工程、混凝土结构、钢结构、建筑设备、施工技术、施工组织与管理、土木工程总论、工程项目管理、工程经济学、统计学、投资与贸易、财政与金融、风险管理、运筹学、工程估价、工程招标投标与合同管理、土木工程建设法律法规、管理信息系统。

4 结语

我国工程管理高等教育培养目标定位问题是一个非常复杂的问题，需要大家冷静地思考、长远地考虑，既要考虑到我国的国情和现状又要关注国际的发展。在工程管理的课程建设上一定要着眼于学生全面素质的提高、着眼于学生就业竞争力的提高、着眼于学生自学习能力的提高、着眼于学生创新能力的提高。

相信经过工程管理界全体高校教师的共同努力，我国工程管理高等教育的水平和质量一定会越来越高，我国工程管理专业为我国社会主义建设事业作出的贡献一定会更多、更大。

参考文献

[1] Carr, Robert I. Integration of cost and schedule control, preparing for construction in the 21ST century [C]. Proceeding of Construction Congress, the USA: ASCE. 1991.

[2] De Weaver, Mary Feeherry, Lori Ciprian Gillespie. Real-world project management: new approaches for adapting to change and uncertainty [M]. New York: Quality Resources / A Division of the Kraus Organization Limited, 1997.

[3] Kerzener, Harold. Project Management: A system approach to planning, scheduling, and controlling, six Edition [M]. New YORK: Van Nostrand Reinhold, 1998.

The Value of Marketing in the Engineering Management Curriculum

Halvard E. Nystrom
(University of Missouri-Rolla)

Engineering Management is the engineering degree that "bridges the gap" between engineering and management, and it is the degree that enables a graduate to work with and through people to get things done. More technically speaking, this is the degree that provides graduates with both excellent technical and managerial skills. The degree, in essence combines a typical engineering education (technical) with key elements of a typical management or business education (managerial) (EMSE, 2006).

Engineering Management has been meeting this demand for decades. Engineering Management was first established at the University of Missouri-Rolla in 1965 (Dow, 2006) and has been growing ever since. According to a survey performed at Portland State University, the number of academic institutions worldwide offering Engineering Management and Technology Management degrees has increased dramatically from 32 in 1976 to 250 in 2003.

This discipline evolved from two directions. Academicians from Industrial Engineering saw the need to develop an engineering discipline that had more business content and better enabled engineers to manage. At the same time, businessmen with an engineering background saw the need for engineers better prepared for involvement in corporate management and leadership. They developed these programs that bridged the field between engineering and management.

1 Marketing

The American Marketing Association defines marketing as: an organizational function and a set of processes for creating, communicating, and delivering value to customers and for managing customer relationships in ways that benefit the organization and its stake holders (Kotler & Keller, 2006). Another way to define it is by looking at the tasks that are associated with marketing as shown in Fig. 1.

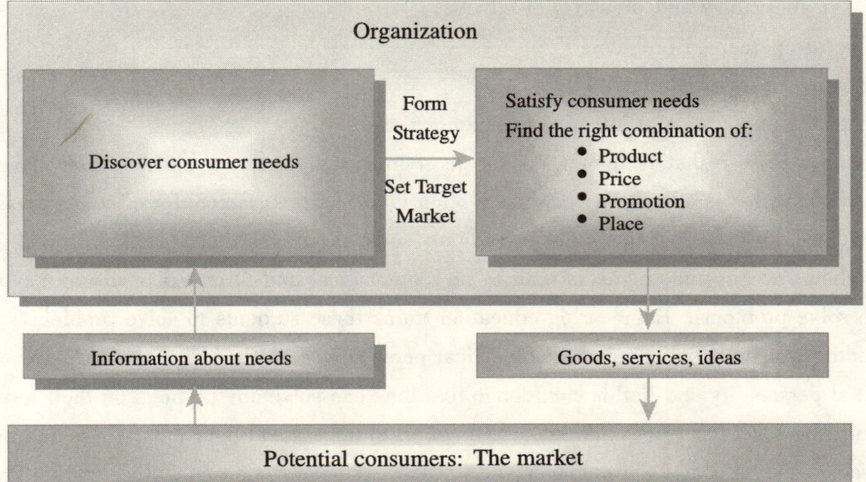

Fig. 1 Basic Marketing Tarks (Kerin, Hartley, Berkowitz & Rudelius, 2006)

Marketing begins with an effort to understand the market and potential customers through market research. The emphasis is placed on identifying their needs in the context of the trends and changes not only in society but also with regards to technologies. As part of a situational analysis, the strengths, weaknesses, opportunity and threats are identified. With this knowledge, a strategy is sought that makes use of their own strengths and opportunities, while minimizing the impact of their weaknesses and threats. This often leads to the identification of a target market that amplifies the potential for a sustainable competitive advantage. Then a marketing plan is developed that helps develop a product that satisfies customer needs, with business partners that compensate for their weaknesses, at a price that encourages the right customer action, and communicated through salesmen, media and trade fairs. These skills are very valuable to future engineering managers.

The Engineering Management Certification-Body of Knowledge (2006) identifies eight critical domains of knowledge in the field of Engineering Management. From the description of these domains, it can be seen that these marketing skills are closely integrated to many of the engineering management domains of knowledge.

(1) Market Research, Technology Updates and Environmental Scanning (These topics are fundamental parts of marketing).

(2) Planning and Adjusting Business Strategies (Strategic planning and outsourcing strategies are important in marketing).

(3) Developing Products, Services and Processes (Understanding of customer needs should be a critical part of product, service and process development).

(4) Engineering Operations and Change.

(5) Financial Resources and Procurement (Procurement, contract management, and supply chain management are often integrated into marketing).

(6) Marketing and Sales (These are critical parts of engineering management).

(7) Leading Individuals and Engineering Project Teams.

(8) Professional Responsibility and Legal Issues.

This shows how closely integrated are the disciplines of marketing to engineering management. It shows that the content material in the marketing classes is very relevant to engineering managers.

2 Marketing's Role Expanding Engineers' Potential

Engineers tend to behave in ways that are very productive in many situations, but sometimes these tendencies can limit their success. The following are some of these tendencies that can be modified within marketing class:

- Over emphasis on technology, ignoring other important factors;
- Uninterested in the values and priorities of others;
- Rush to solve the perceived problem;
- Depend too much on internal activities;
- Underestimate the importance of effective communications.

Engineers generally believe that technology is the most important factor in business and should be the focus of their efforts. Even thought this is often true, engineers often ignore critical factors for effective decision making. Marketing issues, financial issues and personnel issues are only some the issues that are often critical.

Students who choose to become engineers tend to be more logical and attracted to disciplines that utilize mathematics and logic to solve problems. Engineering education trains these students to solve problems that are clearly defined and can be addressed by equations and technological perspectives. This educational experience in the classroom reinforces their initial personality and builds confidence that they can solve any problem on their own. Since they often assume that customers have similar values and make little effort to understand their perspective and needs, the products are often built to satisfy the values of the engineer and not the customers. Consequently, market opportunities can be lost because decisions are made without sufficient customer understanding. However, through market research these students can learn to appreciate other people's values. With this added insight, engineers can develop products and processes that are more likely to be accepted by their customers.

Engineers are trained to develop quick solutions to problems and therefore may ignore the strategic implications of those solutions. In contrast, marketing students learn to appreciate viable and sustainable strategies by learning about the market, customers, the competition and the organization's own strengths and weaknesses. The resulting solutions not only solve the initial problem, but also further important strategic objectives.

Engineers often try to do everything themselves. However there may be other firms that have already developed solutions that can be applied to their product and processes. They might find a superior solution compared to the internal design by seeking collaboration with other firms, thereby reallocating the internal resources to other activities that are more critical for success. Marketing encourages the engineers to collaborate with other firms to achieve competitive results.

Engineers need to understand the importance of communications. The greatest ideas, even technological ideas, are worthless unless they are communicated to the right people at the right time and in the right way. Marketing teaches to communicate effectively through people (sales reps), media (advertising, sales promotions, telemarketing), conferences, trade shows, the internet, and other appropriate media.

Marketing thus helps engineers become more prepared for successful professional careers because it teaches not only techniques that are useful, but also provides perspectives that expand their vision, capabilities and potential for success.

3 Curriculum of Engineering Management Programs

Based on the great value that marketing provides engineering managers, it would seem that all engineering management programs would include marketing as a core subject. However that is not the case. In the United States, many engineering management programs do not include marketing. As a result many, if not most degreed engineering managers have not had any marketing.

It seems that if the program is founded by businessmen, marketing is usually included, since they understand the need. However, if it evolved from an Industrial Engineering program, it probably does not include marketing. The problem lies largely in the interpretation of what marketing is. In common usage the word "marketing" means "the act of buying or selling in a market, or the total of activities involved in the transfer of goods from the producer or seller to the consumer or buyer, including advertising, shipping, storing, and selling" (Random House, 2006). Therefore most engineers who have not taken marketing do not understand the scope of marketing and its value to engineers. These engineers tend to prioritize other courses in their engineering management curricula. Since most programs are constantly under pressure to add new content due to new technologies and disciplines, marketing is not included. In addition, many engineering programs are reducing the total hours required for the degree in order to improve their competitive position, making it even harder for marketing to get integrated into the curricula and maintain its position once they are in.

4 Appropriateness to China

Products typically go through a product life cycle that describes how the competitive environment changes, as shown in Fig. 2.

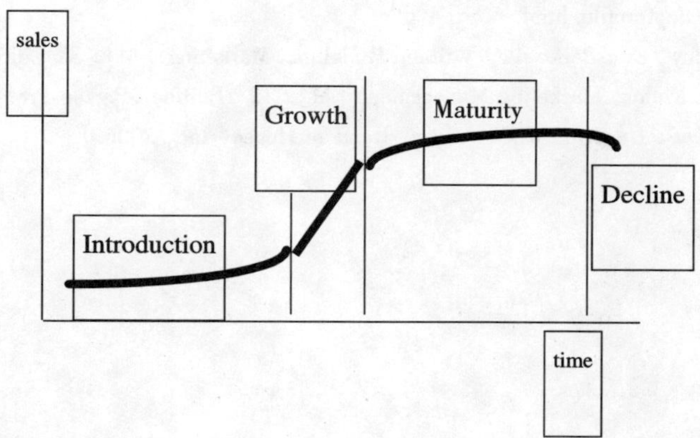

Fig · 2 The Product Life Cycle Model

The product often begins with little competition but with problems providing customer value. As these problems are solved, it can move into the growth phase in which customer demand grows quickly. However, as the competition moves in to share the market space, the supply grows while the demand slows down in the maturity phase. Fierce competition explodes in this stage, and only those competitors that can understand customer needs and address them successfully are able to survive. The forces of change ultimately lead to the decline stage. This model can also be utilized for a group of products, and whole industries. For example, it can describe large sectors of the Chinese industry. Introduction can represent the time in which the socialist rules were relaxed to encourage entrepreneurial growth a few decades ago. These programs have been very successful, and China is in the midst of a very dynamic growth stage. During this phase, gaps in the market develop and firms are able to quickly take advantage of them and increase market share. Moreover, the competition is slow to challenge these opportunities, since they are busy on their own activities. However, as the Chinese industry matures, excess capacity is created, gaps are more quickly filled, and competition gets tougher. It is at this time that marketing is critical. Having personnel and systems that are focused on understanding customer needs and providing valued solutions, become critical. At the same time, the strategic choices become more complex and more critical. Engineering managers with the knowledge of marketing can provide the edge between success and failure. However, if firms do not develop the marketing culture during the growth stage, it will be too late to develop it once the maturity stage arrives.

5 Conclusion

Marketing is a very valuable discipline within Engineering Management curricula. It provides insights and practices that will make an engineering manager more effective. This is supported by the importance marketing has in the Engineering Management Certification-Body of Knowledge. In addition marketing tends to compensate for a number of typical weaknesses that are often seen in engineers. These include over emphasis on technology, insufficient interest in other people's values, tendency to rush to a solution and underestimating the importance of effective communications. These reasons make marketing a very valuable part of an Engineering Management education. This is particularly true in a maturing industrial environment that will be true in China. Therefore, now is the time to develop engineering management curricula in China that include marketing, generate a competitive advantage to their graduates and avoid some of the mistakes seen in some US programs.

References

[1] Dow, Benjamin L, Jr. Developments in Engineering Management [C]. Engineering Management Forum. Sino-American Technology and Engineering Conference (SATEC), Beijing, China. 2006.

[2] EMCI (Engineering Management Certification International). A Guide to the Engineering Management Certification-Body of Knowledge [R]. Three Park Avenue. USA. 2006.

[3] EMSE (Engineering Management and Systems Engineering). What is Engineering Management [R/OL]. 2006. http://emgt.umr.edu/department/deptprofile.html.

[4] Kerin, Roger, Steven Hartley, Eric Berkowitz, William Rudelius. Marketing [M]. 8th Edition. McGraw-Hill-Irwin, 2006.

[5] Kotler, Philip, Kevin Lane Keller. Marketing Management [M]. 12th Edition. Person-Prentice Hall. 2006

Random House, *Random House Unabridged Dictionary*, Random House, Inc, 2006.

Engineering Management Education and Training in the United States and China-Similarities and Contrasts

Benjamin L. Dow, Jr.
(Engineering Management and Systems Engineering Department, University of Missouri-Rolla, USA)

1 Introduction

The practice of engineering management has been around many hundreds, if not many thousands of years. The academic discipline of Engineering Management, however, has existed for a little over forty years. Engineering Management was established as a M. S. program 1965 in the Arts and Science College of the University of Missouri-Rolla (Dow 2006). Today there are over 70 universities offering Engineering Management degrees in the United States. According to Dr. Zhongtuo Wang of Dalian University of Technology, Engineering Management was introduced as an academic discipline in China in the mid-1980's (Wang 2006). Dr. Wang has indicated that there are over 150 universities in China offering Engineering Management programs. Are these Engineering Management programs the same in the United States and China? The answer is they are definitely not the same. The problem not only arises with the definition of "Engineering Management" in the two countries, it starts with the different definition of "Engineer" in the two countries. In this paper we will examine in more detail the difference and similarities of both "Engineer" and the discipline of "Engineering Management" and then explore some possible ideas for collaboration between the United States and China in this area.

2 Engineering Graduates

A number of articles have stated that in 2004 the United States graduated roughly 70, 000 undergraduate engineers while China graduated approximately 600, 000 engineers. Faculty and graduate students at Duke University performed a study that found that this comparison was not truly accurate (Gereffi and Wadhwa 2005). The number of Chinese engineers included not only four year degree universities, but also three year training programs and persons holding two year diplomas. The numbers reported for the United States included only accredited four-year engineering degrees. The Duke University study obtained its data from the Ministry of Education in China and the U. S department of Education's National Center for Education Statistics. Fig. 1 shows both the number of Engineering, Computer Science and Information Technology four-year Bachelors Degrees and the number of subbaccalaureate degrees awarded in both countries.

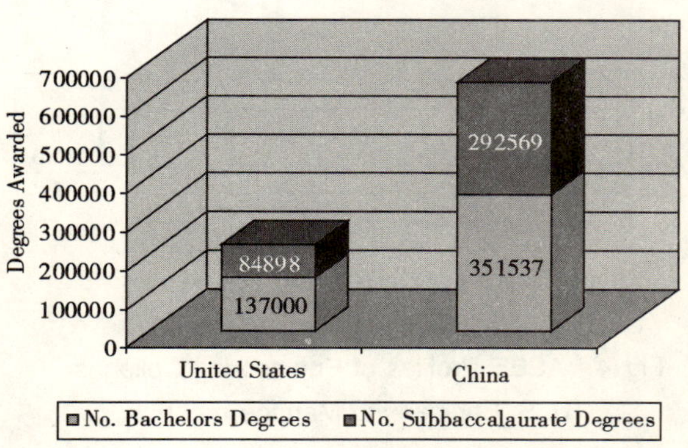

Fig. 1 Engineering, Computer Science and Information Technology Degrees Awarded in 2004

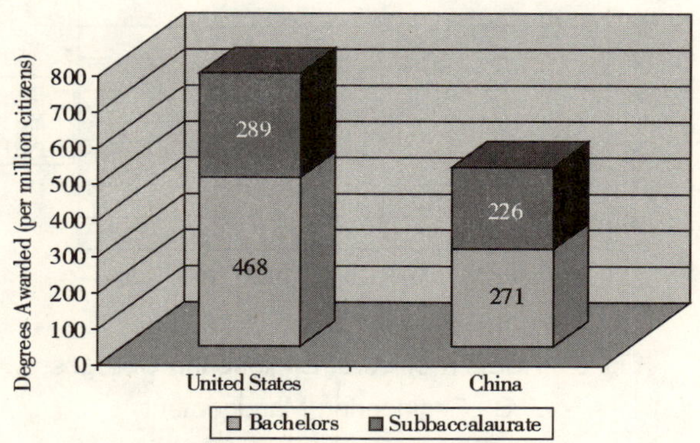

Fig. 2 The Number of Bachelor's and Subbaccalaureate Degrees in Engineering, CS and IT Awarded Annually perMillion Ciitizens

The number of Bachelor's degrees awarded were approximately 137, 000 in the United States verses approximately 351, 000 in China. Thus, China is producing approximately 2½ times the number of engineering graduates as the United States. When we take the population difference between the two countries into account, Fig. 2 shows that for every one million citizens, the United States produces approximately 470 Bachelors degrees compared with 270 in China. Here, the significant population differences between the two countries shows that the United States is going to have to attract a significant increase in the number of engineering students if it is to compete technically with China in the long term.

3 Engineering Management

Similar differences occur in the "Engineering Management" discipline in the two countries. As mentioned previously, Engineering Management was established as a M. S. program 1965 in the Arts and Science College of the University of Missouri-Rolla (UMR). The program was moved to the College of Engineering in 1967 and a B. S. program was added that same year. Today there are over 70 universities offering Engineering Management degrees in the United States. According to the American Society of Engineering Education, in 2005 there were approximately 5,800 students enrolled in Engineering Management in the U. S. and these universities granted approximately 2, 100 Engineering Management degrees (ASEE 2005). Fig. 3 shows the trend in Engineering Management enrollment in the United States while Fig. 4 shows the trend in the number of Engineering management degrees awarded. The vast majority of Engineering Management students were enrolled in a Master's degree program and out of the 2, 100 Engineering degrees awarded in 2004, approximately 1,800 were Master's degrees. Engineering Management was introduced as an academic discipline in China in the mid-1980's. In the early years Engineering Management was primarily focused in the construction industry but has expanded into many other industries since then. Fig. 5 shows that in 2004 there were 159 universities in China providing Engineering Management programs. According to Dr. Wang, the Engineering Management programs offered by these universities included 143 undergraduate programs, 92 graduate programs, and 96 subbaccalauriate programs. In 2004, there were approximately 46, 000 students in these Engineering Management programs and the Chinese universities granted approximately 7, 300 Engineering Management degrees. However, these numbers are not direct comparisons with the number of students and degrees awarded in the United States. In China, approximately one half of the Engineering Management programs are in the Schools of Management. The United States numbers are for Engineering Management degrees from the Schools of Engineering. The remaining fifty percent of the Engineering Management programs in China are in the Schools of Engineering, Agriculture, or even Economics. Thus, on an equivalent basis, the United States grants approximately 2, 100 Engineering Management degrees annually while China grants approximately 3, 600 degrees.

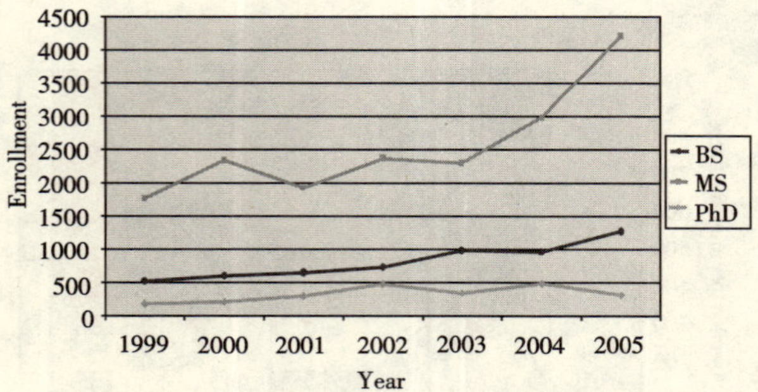

Fig. 3 ASEE Profiles of Engineering Colleges U. S. Engineering Management Enrollment (full and part time)

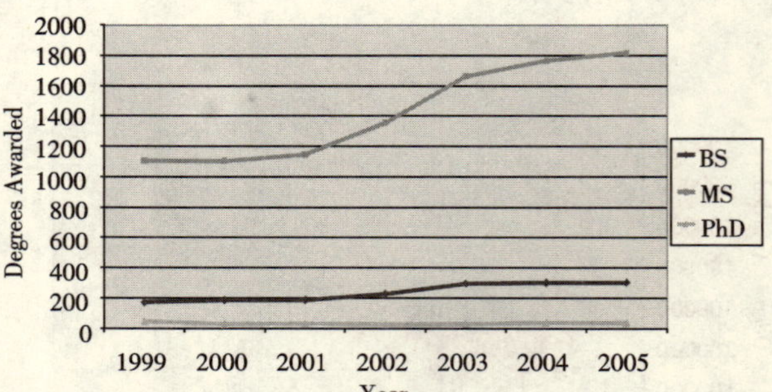

Fig. 4 ASEE Profiles of Engineering Colleges U. S. Engineering Manage ment Degress Awarded

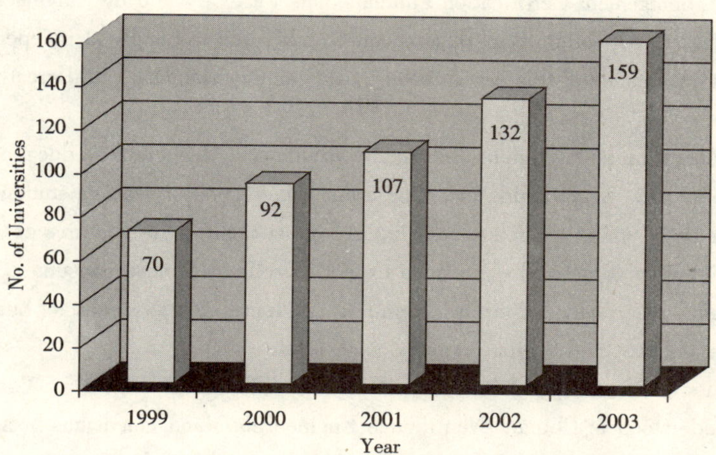

Fig. 5 Number of Universities in China Offering Engineerng Mqanagment Programs

4 Work Experience and Training

Feedback from the companies hiring Engineering Management graduates in China indicate that while most of the young engineering managers are competent, many do not possess a broad enough technical and economic viewpoint. Many of the young management engineers are lacking in communication and assertiveness skills and in the ability to develop project teamwork. In addition, the foreign language skills and computer expertise are not sufficient for truly international projects. The companies appear to be most satisfied with the graduates having a Master's in Engineering Management. The 2, 3, and 4 year college programs do not allow study for the students to become competent in both engineering and management. The PhD graduates are generally academically oriented or are anxious to get immediately promoted. An undergraduate degree in an engineering discipline and a Master's in Engineering Management seems to offer the best chance of success.

In the United States the students with an undergraduate Engineering Management degree are faring somewhat better. Many students go into marketing, business development, and project engineering. Ten to fifteen years after graduation with a B. S. in Engineering Management, approximately 40% of the students are in a technical engineering position while approximately 35% of the students are in a management position. As in China, students in the United States with an undergraduate engineering degree and a Master's in Engineering Management have an even greater chance of success. Many of the students with a PhD in Engineering Management go into an academic or research position.

5 Collaboration

While there are a number of differences between engineering and engineering management positions in the United States and China, there are many opportunities for cooperation and collaboration. The first area might be to seek a common definition of "Engineer" and "Engineering Management". The Duke University study uses the term "dynamic" engineer and defines this as individuals capable of abstract thinking and high level problem solving using scientific knowledge. The majority of "dynamic" engineers have a minimum of a four-year engineering degree from a nationally accredited institution. At the University of Missouri-Rolla we define "Engineering Management" as a degree that "bridges the gap" between engineering and management. This is a degree that provides graduates with both excellent technical and managerial skills and enables a graduate to work with and through people to get things done. These definitions may at least be a starting point for a continuing dialog.

The second area of cooperation might be in a common Engineering Management certification program. The American Society of Mechanical Engineers (ASME) has an excellent program that could accomplish this goal. ASME has written a "Guide to the Engineering Management Certification Body of Knowledge" and has developed an Engineering Management Certification International (EMCI) program. The EMCI program provides certification at two levels.

These are the Engineering Management Certification Fundamentals (EMCF) and the Engineering Management Certification Professional (EMCP). Certification examinations can be taken electronically at independent test centers in over seventy-five countries. An acceptance of this certification as an industry standard could greatly benefit the engineering management profession.

Another area for collaboration is in student and faculty exchanges, cooperative educational programs, and business and management interaction. While China has done a much better job of sending students to the United States to study, U. S. companies are now taking a much greater interest in setting up joint ventures in China. A recent study indicates that more than 50% of multinational companies expect to sell to Chinese consumers by the end of 2007. As more and more business takes place between the two countries, an increasing awareness of business and cultural differences is required for these ventures and exchanges to be successful.

A final area for discussion is a proposal brought forth by Dr. Zhonguo Wang. Dr. Wang notes that Engineering Management is not well understood in China. Even though Engineering Management has been around longer in the United States, the same situation also exists. The Engineering Management academic community in both countries has done a poor job in explaining to industry what skills Engineering Management graduates possess and the benefits to industry of hiring these graduates. Dr. Wang proposes developing a common degree, Master of Engineering Administration (MEA), to compete with the well known MBA. While this may not entirely solve the program, it is certainly worth continued discussion. If Engineering Management is to grow and prosper, those of us working in the discipline need to take a much more active role in promoting and expounding its virtues.

6 Summary

Engineering Management should continue to play an increasingly important role in both the United States and China. Although there are some differences in the roles and responsibilities that Engineering Management has in these two countries, there are many areas for collaboration. These include developing common definitions and certification criteria, expanding cooperative educational programs, and explaining and promoting the Engineering Management discipline to industry and government leaders. With an increased emphasis on collaboration, Engineering Management can achieve even greater recognition, influence, and importance in the United States, China, and the rest of the industrialized world.

References:

[1] ASEE. Profiles of Engineering and Engineering Technology Colleges [R]. 2005.

[2] Dow, Benjamin L, Jr. Developments in Engineering Management [C]. Engineering Management Forum, Sino-American Technology and Engineering Conference (SATEC), Beijing, China. 2006.

[3] Gereffi, Gary, Wadhwa, Vivek. Framing the Engineering Outsourcing Debate: Placing the United States on a Level Playing Field with China and India [R]. Duke, School of Engineering. 2005.

[4] Wang, Zhongtou. Development and Issues of Engineering Management Education in China [C]. Engineering Management Forum, Sino-American Technology and Engineering Conference (SATEC). Beijing, China. 2006.

台湾惟一的工程管理硕士学程

张行道 叶明政
(台湾成功大学)

1 前言

1998年起，台湾教育部鼓励各大学办理回流教育，硕士在职专班或学程如雨后春笋般成立，尤其是管理方面的EMBA（教育部1998；天下Cheers 2007）。面临经营的竞争，企业界对管理人才需求日殷，硕专班的成立让此需求有机会满足。

成功大学（以下简称“成大”）毕业生在台湾连续十年获得“企业界最爱”的美誉，于企业界建立了良好形象。成大工学院包括17个系所，从传统的土木水利，到较新的材料及医学工程，是台湾最大的工学院。但这些工程背景的毕业生，欠缺管理相关知识与技能。

成大工学院于2000年开办工程管理硕士在职专班，对工程科技人员提供管理课程（成大申请书1999），此硕专班是台湾惟一之此类学程。工程管理比MBA更贴近工程技术工作，工程人员想进修管理课程的需求高，该学程受欢迎的程度可从每年报考人数160多人、录取35人、录取率不到25%看出。

有鉴于在职进修及研习成效之研究并不多，对工程兼管理之学程探讨更付诸厥如，以致于在办学的学程与课程设计上缺少指引。本文目的在介绍成大工程管理硕士学程，并比较外国工程管理的学程与课程，以供办学之参考。

2 成大工程管理硕士学程办学计划

21世纪知识经济时代的急速变迁，专业理工人才具备管理知识将能提升竞争力，因此比照外国诸多大学，例如美国堪萨斯大学（Kansas University）工学院，成大工学院成立工程管理硕士学程（Graduate Degree Program of Engineering Management），让理工背景的大学生与专科生，有机会接受管理学程的训练与培养。本学程特色为：由工学院院本部直接主办学程，对工程科技人员提供工程相关的管理课程。

课程设计与相关规定，依教育部所订之严谨及实用的原则，制定核心课程、专业课程及必修科目。而专业课程共分为四类（成大申请书1999）：顾问工程服务业、制造与制程工程、系统与信息科技业、高等工程技术/分析。学程与课程规划如表1所示。

成大工程管理硕士学程与课程规划　表1

核心课程（3学分）	技术策略分析、企业工程与整合、工程系统仿真、组织理论与管理、生产管理、管理信息系统、系统工程与管理、公共政策与工程管理、工程经济、项目管理、企业环境管理
专业课程（3学分）	（1）顾问工程服务业：契约管理、工程经营管理
	（2）制造与制程工程：半导体制程与管理、化工科技制程与管理、供应链管理、产业电子化概论
	（3）系统与信息科技业：计算器网络、电子商务安全管理、多媒体系统、企业数据通讯、科技营销管理、产品数据管理、知识管理系统
	（4）高等工程技术/分析：作业研究
必修课程（4学分）	工程管理专题研究（一、二、三、四）及专题讨论（一、二）

毕业须修满课程30学分（其中核心课程至少15学分）、论文6学分、专题讨论4学分，毕业至少40学分。核心及专业课程可自行选课，每学期最多修读9学分（工程管理专题研讨、专题讨论、论文另计）。三年毕业为原则，选择夜间及假日时间上课，毕业时授于工程管理硕士学位。

3 与外国工程管理硕士学程比较

为了解成大工程管理学程的适当性，可以寻找并比较外国大学的工程管理学程。以网络搜寻国外的

“工程管理”硕士学程，选出美国堪萨斯大学、北卡大学、康乃尔大学、密西根大学、西北大学、澳洲雪梨科技大学6所学校（各大学网站2005），比较其学程和课程的设计。

此6所加上成大之工程管理学程设计如表2所示。各学程皆授予工程管理硕士学位，开班目的多是在工程技术上提升管理知识与技能，强调专业领域的管理发展；在学生背景的要求上，以大学理工毕业生为主，澳洲雪梨科大接受商科毕业生；学程特色则依各校条件发展，例如雪梨科大与香港合办课程，成大则是由工学院直接主办，系所众多而开设课程多元。

七所工程管理学程比较

表2

学校	学程名称	开班目的	要求背景	学程特色	修课规定
堪萨斯	Engineering Management Master of Science Degree Program（EMGT）	结合技术与管理的人才	大学理、工毕业并具备两年相关工作经验	（1）训练超过100个顾问公司雇用的专业人士；（2）国际化招收——已招收超过30位的国际学生	要求修满33个学分，核心课程共18学分；选修课12个学分；领域工程3学分
北卡	Master of Science in Engineering Management（MSEM）	培养专业管理才能	大学工程或科学毕业	工程管理处（MSEM）理学硕士	要求修满30个学分，核心课程18学分；选修课12个学分
康乃尔	Master of Engineering Management Program（M. Eng）	培养工程师在管理角色的发展	大学工程毕业	（1）Finance and/or accounting；（2）Individual and/or organizational behavior；（3）Functional specialization	九个月集中完成，要求修满30学分，必修课程3科，余为选修课程
密西根	M. S. in Engineering Management	提供知识与技能并提升管理者的水平	大学工程背景毕业（五年相关工作经验）	课程区分为Full-time及Part-time学生	要求修满36学分，必修30学分，课程13科；选修6学分
西北	Master of Engineering Management（MEM）/Professional Master's Programs	提供专业人士一个管理发展的技能	大学工程背景毕业	首创学季制（quarter）与学期制（semester）的混用、和采（module）的方式进行第一年的核心课（core courses）	要求12门课，从以下领域选4科（1）Engineering management；（2）Manufacturing，logistics，and services；（3）Project and process management.
雪梨	Master of Engineering Management（MEM）	培养在职人士（中高级管理者）的专业知识和能力	大学理、工、商科毕业，具备两年相关工作经验	香港与雪梨科大在港合办硕士课程，教学采用函授及研讨面授形式	48学分，每学期12学分（两个科目）。课程15个月，分4个学期，共修读8门各占6学分的科目，其中6门为核心必修，2门选修
成大	Graduate Degree Program of Engineering Management	培养工程师管理技能	大学理、工毕业，两年工作经验	工学院直接主办，系所众多而课程多元	40学分毕业，核心及专业课程各要求5门课15学分，论文6及专讨4学分

7所工程管理学程开设课程如表3所示。课程可就管理的功能分为六类：基本课程、一般管理、财务管理、营销管理、人资管理、创新与科技（司徒达贤2001）。归结各校的课程，除了一些基本课程如经济、

统计外，多数是偏工程的一般管理，例如制造管理、项目管理，以及逐渐兴起的创新与科技（张昌财等 2004），一般 MBA 的财务、营销、人资管理较少。北卡大学未开基础课程，创新与科技课程较多，如产品与流程设计、可靠度工程；康乃尔与雪梨科大工程面课程最少；密西根与西北课程领域较广泛；成大于基本及财务等管理课程较少，但在创新与科技之专业（选修）课程最多。

七所工程管理课程比较

表 3

学校	基本课程	一般管理	财务管理	营销管理	人资管理	创新与科技
堪萨斯	量化分析	策略分析、项目管理、信息管理、国内工程项目管理、工程管理发展、软件项目管理	财务工程	—	—	系统仿真
北卡	—	制造管理、项目管理、作业管理、组织领导与行为、技术策略管理、工程项目管理、执行沟通、工业技术管理研讨	—	—	—	系统仿真过程、工程系统整合、可靠度工程、产品流程设计、工程管理法律
康乃尔	经济学、会计	项目管理、策略分析、风险分析、工程管理方法、组织行为	财务管理	—	—	创新与领导
密西根	经济学	系统工程、市场管理与政策、公司策略、组织行为、信息系统、工程管理方法	财务管理	营销管理	人资管理	产品流程设计、商业法律
西北	工程会计量化方法	领导与组织、策略管理、风险模拟、项目管理、企业流程差异、工厂营运、产品管理、流程变革管理	工程财务管理	工程营销管理	—	科技企业、工程协商谈判
雪梨	经济学、管理会计、统计方法	项目管理、策略管理、组织行为	—	—	—	投资与科技
成大 核心课程	工程经济、统计方法	组织理论与管理、项目管理、生产管理、技术策略分析、管理信息系统、企业环境管理、公共政策与工程管理、系统工程与管理	—	—	—	企业工程与整合、工程系统仿真
成大 专业课程	作业研究	契约管理、供应链管理、工程经营管理、建筑工程 BOT 专论、知识管理系统		科技营销管理		产业电子化概论、电子商务安全管理、多媒体系统、半导体制程与管理、化工科技制程与管理、企业数据通讯、计算器网络、产品数据管理、知识系统科学

7 所学校所开课程，由多到少排列整理于表 4，成大列于统计数字右边以为比较。由表中可看出，策略管理、组织行为、项目管理为多数学校开设；财务、经济、会计亦有一半学校开课；然后是工程技术类课程，各学校依其专长开设，如系统工程、生产管理、信息系统。成大所开之课程于表 3 所示即有 29 门课，远多于表 4 显示的 17 门课，但在财务、经济、会计上可加强。

七校工程管理课程数目比较　　表4

科　目	堪萨斯	北卡	康乃尔	密西根	西北	雪梨	学校数	成大
1. 策略管理	✓	✓	✓	✓	✓	✓	6	✓
2. 组织行为		✓	✓	✓	✓	✓	5	
3. 项目管理	✓	✓	✓		✓	✓	5	✓
4. 财务	✓		✓		✓		4	
5. 经济			✓	✓		✓	3	
6. 会计			✓		✓	✓	3	
7. 数量统计方法	✓				✓	✓	3	✓
8. 工程管理理论	✓	✓		✓			3	
9. 工程系统仿真	✓	✓			✓		3	✓
10. 系统工程		✓		✓			2	
11. 生产管理		✓			✓		2	✓
12. 信息系统	✓			✓			2	✓
13. 营销				✓	✓		2	✓
14. 产品管理		✓		✓			2	✓
15. 投资与创新			✓			✓	2	
16. 法律		✓		✓			2	✓
17. 风险分析		✓	✓				2	

4 结论

本文介绍成大工学院之工程管理硕士学程，并比较外国6家大学之工程管理学程与课程。该学程定位培养技术管理人才，提供工程管理课程为其特色，与国外的工程管理硕士学程接近。在课程设计上，一般管理课如策略管理、组织行为、项目管理为国外工管学程普遍开设，与成大核心课程相符；工程技术面课程各校不尽相同，成大开设之创新与科技课程最多；国外工管学程亦开设基本课程如财务、经济、会计，而成大未开。

课程可配合未来需要再规划。专业课程原规划以顾问工程服务、制造与制程工程、系统与信息科技业等来区分领域，但目前学生约60%来自制造业，27%为机关，事实上也未特别区分，未来可配合趋势与需要调整。另外可加强工程相关管理课程的关联。该学程开设课程为各授课老师的专长领域，课程间关联性尚未建立，可进一步了解各课程内容，建立课程的关联，让学生修习后能有相辅相成的效果。

参考文献

[1] 台湾教育部高教司．迈向终身学习社会白皮书［R］，1998.

[2] 天下 Cheers 杂志．2007 年 EMBA& 硕士在职专班指南［J］，2006.

[3] 成功大学工学院．工程管理硕士学程在职进修专班申请增设计划书．1999.

[4] 司徒达贤．管理挑战新世纪［M］．台湾：天下杂志，2001.

[5] 张昌财等．科技管理道论［M］．台湾：全华科技图书公司．2004.

[6] http：//emgt. ku. edu/index. htm［EB/OL］.

[7] http：//www. coe. uncc. edu/mem/［EB/OL］.

[8] http：//www. cee. cornell. edu/fbxk/mengmanagement. cfm［EB/OL］.

[9] http：//www. engin. umd. umich. edu/IMSE/［EB/OL］.

[10] http：// www. mem. northwestern. edu/default. asp［EB/OL］.

[11] http：//www. eng. uts. edu. au/univen/［EB/OL］.

英国大学工程管理教育分析

程锦房　何继善　向建平　滕润球

（海军工程大学兵器工程系；中国工程院院士，中南大学；英国 LOUGHBOROUGH 大学）

1　引言

2002 年，以工程职业生涯对管理技能的需求为题，英国专门研究机构对 300 名 IEE 协会特许工程师进行了问卷调查，得出了以下主要结论：（1）绝大多数人的工程师职业生涯都需要各种管理技能或专业技术，特别是领导阶层和工程管理阶层的工程师；这种要求随着年龄和位置而改变。某些管理技能在职业生涯的早期就需要，某些管理技能的发挥则迟一些。（2）某些管理学经典课程对大多数工程师已经很少有用，或者说过时。例如“work study and operational research”等。（3）不同的工程专业对管理技能有不同的需求，但对于领导阶层和工程管理阶层则大同小异。（4）与 1979 年的调查相比，在工程师职业生涯中，管理技能和专门技术变得越来越重要，特别是 costing，accounting，new product planning，marketing，negotiating and law 等。

随着我国社会主义建设的高速发展，对新型的专业的工程管理人才的需求日益迫切，而我国的工程管理教育起步晚，师资不足，工程管理人才体系建设仍在摸索之中。实际上，即使是发达国家，也在不断地求新求变，以适应新的形势。英国的工程管理教育体制和工程管理人才的培养，受到各国的广泛尊重，值得我们进行学习和借鉴。下面就其工程管理的专业设置、教学特色、质量评估和人才管理做一简要介绍。

2　工程管理专业教学

英国的管理教学层次主要为：

（1）undergraduate：本科，与各工程专业紧密结合，专业设置在各个工程专业系，很多专业可以直通硕士学位。

（2）MSc：硕士，特别欢迎有二年全职工作经历的人员。

（3）MSc in Responsibility and Business Practice：课程面向世界各国经理、咨询师、商业界人士和其他一些非盈利机构、政府间组织人员，学习延续时间超过 2 年，每年有 4 次高强度的集中研讨培训，每次 5 天。课程内容具有国际视野，甚至涉及到社会、宗教、环境策略和日益增加的国际争端等宏观领域。

（4）MBA：课程一般都经过 Association of MBAs 认证，可以脱产或不脱产，时间延续 2 年至 5 年不等。学员紧密联系，采取的小组实战研讨教学模式能够相互激发，经历共享。

（5）DBA：经营管理学博士，细分了一些研究专业，如教育管理学等，工程类很少。

（6）MRes：研究型硕士，1 年脱产，3 年不脱产。

（7）MPhil and PhD：MPhil 硕士，1 ~ 2 年脱产，2 ~ 4 年不脱产；PhD 博士，2 ~ 4 年脱产，4 ~ 6 年不脱产。

（8）此外，postgraduate certificate：职业证书考试培训，不脱产学制一年，和 Engineering Management Partnership（EMP）联合主办，或由 Association for Project Management（APM）认证单位主办。

工程管理的专业设置与工程专业结合紧密。基本上本科，以 3 年全日制或 4 年三明治课程（3 年学习，1 年与专业相关联的工作）为主，毕业后进行职业证书考试，经过培训和考试后，从 IEE 下属的工程管理协会 Association for Project Management（APM）申请职业证书。工作一二年后，可进行硕士的学习；当然也可以本硕连读。有的大学各自发挥特长，进行联合培养。比如 Bath 大学联合 Bristol 大学、Loughborough 大学、Bradford 大学，搞了一个工程管理项目培训计划“the Engineering Management Partnership（EMP）”，从本科（4 所大学均有，但专业互补）、职业证书考试培训（巴斯大学），到硕士（4 所大学均有，但专业互补）、MBA（3 所大学），一直到博士（Bristol 大学），实施一条龙教学培训服务。以下是他们的培养专业：

Electrical and Electronic Engineering with Management，Manufacturing Systems with Management，Mechanical Engineering with Management，Chemical Engineering with Management，Computing with Management，Automotive

Engineering (Vehicle Technology and Management), Water and Land Management, Production Engineering with Management, Electronics Manufacture and Management, Construction Management, Construction Project Management, Advanced Manufacturing and Management, Water and Environmental Management, Chemical Engineering and Environmental with Management

教学设置的依据是"The Accreditation of Higher Education Programmes"和"United Kingdom Standard for Professional Engineering Competence, UK-SPEC",经过学校管理委员会和专业系确定的。英国工程委员会(Engineering Council 简称 ECUK)下属各专业工程协会,负责对英国的工程界进行监管。它的第一职责是工程师和其他工程技术人员的注册。职责之二是全英大学工程管理专业的专业鉴定。而 IEE 所属的 APM 具体制定更为专业的工程管理认证细则。

其基本宗旨是贯彻执行 ECUK 关于特许工程师(Chartered Engineer)和助理工程师(Incorporated Engineer)能力和义务的一般产出标准和各专业工程协会制定的适合特定专业的细则标准。特许工程师的基本条件是:(1)或者是荣誉工程学士学位(BEng(Hons)),加上适当的硕士学位(Masters degree),或适当的延续学习,达到硕士层次(Masters level);(2)或者是综合的硕士学位(MEng)。助理工程师的基本条件是:(1)或者是工程或技术学士学位(Bachelors degree in Engineering or Technology);(2)或者是国家高等证书(Higher National Certificate)或文凭(Diploma)或基本学位(Foundation Degree),加上适当的延续学习,达到学士层次(Bachelors level)。

由此看来,工程专业的大学教育是工程师的起点条件,所以工程专业教育鉴定的产出标准非常严格。认证的结论是该专业点能不能作为特许工程师、助理工程师的教育基础。而一旦进入工程管理行业工作,就又有国家工程管理职业标准"National Occupational Standards for Project Management"。

由于工程管理专业涵盖多个交叉学科,所以课程设置为满足学生的兴趣和职业发展提供了最大的选择性。

每门课程涉及的范围都非常广泛,而教师单门课程最多教授 50 学时(两学期),其中包括讨论和考试课时,学生要想顺利通过那些讨论,就很不容易,必须参考和阅读大量的书籍和文献(无教材,老师会罗列一些参考书或资料,在校园网上就可以找到),非母语学生更是难上加难。很多外国学生即使想打工,也的确无法分身。而考试和实践环节更是严峻的考验,考试可能是老师正要完成的某课题的一部分,也有可能是工业界商界正需要解决的问题,规定时间提交论文;做出来的东西一定要能达到预先的指标,过了规定时间,你就不用交给老师,而要交到学校学生管理处。所以学生学习负担很重,到了考试月,有的大学图书馆是 24 小时开放的。

3 质量评估

一般来讲,英国的大学都有非常浓厚的自治传统,他们会不遗余力地对本校所设专业和所授学位的质量和标准进行监控。大学设有内部质量保证机制。特别是在专业的规划、审批、监控和审查等重要环节上把住质量和标准关。对课程教学、科研等经常性调查和监控,比如,每门课程上完后,学生都会填写调查表格。不仅如此,大学还聘请校外督察员(external examiner)和学术审查员(academic reviewer),他们都是来自其他大学或者其他部门的学术专家。前者的主要任务是对大学学生是否达到学校的学业标准进行动态的评估,检查学校在给予学生成绩和学位时是否严格依据学校订立的标准,对学生的评价是否有效和公平。后者是每隔 6 年对大学进行总体的审查,看大学的办学标准是否保持在合适的水平。两者都是对院校的办学标准和运行过程的评价,不涉及对具体学生的评价,这是第一要素。

外部质量保证主要由高等教育质量保证局来承担(Quality Assurance Agency in Higher Education, QAA)。QAA 不但负责对大学和学院的教学质量进行评审,以保证学生和社会大众的利益,而且致力于促进和支持教育与标准的持续改进,建立清楚的评价指标。目前,该组织为了适应高等教育国际化发展的要求增加了对合作办学的审查(collaborative review),比如,它的网站就有一个专门有关中英合作高等教育的网页,主要监控英国大学和中国大学合作的状态。几乎每年 QAA 都会提供一份年度《英国高等教育的评估报告》,对大学教育进行宏观指导,同时对政府在教学质量上的监控提供建议。这是质量保障的第二要素。

外部质量评估的第三要素来自一些民间的专业组织和一些科研评估工作,对某些专业课程进行鉴定。

总的来讲,QAA 质量评估更重视对大学的督导,其核心是对大学的办学能力的考核,而 ECUK 则更重视对培养人才的标准和专业标准,他们互有侧重、互为补充。

4　启示与建议

（1）亟需研究调查我国工程技术人员、行业和企业管理人员、项目管理人员的管理技能现状，提出改进提高的基本策略，初步研究和发展适合中国国情的行业标准、执业标准和认证制度。

（2）大学必须是高等工程教育的主体，对于行业和其他机构培训一定要慎之又慎，在初始起步阶段即应保持管理工程的高标准，同时要特别尊重大学的独立性，保证大学教育和学术自由。ECUK虽然对工程管理专业的建设提出了产出目标，并进行认证，但其更注重大学具有自己独立的办学方针，鼓励特色办学，以有利于学生将来在同一个专业中扮演不同的工作角色。

（3）工程管理是一门实战性的技能，英国工业界对工程管理教育以多种多样化形式给予有力的支持。一方面由于采用大机器和自动化生产的方式，各行业制造厂人员很少，但管理却是现代化的。各大学与工业界人士联系密切，并请企业界权威专家，担任客座教师。实际上，他们不是装装样子，而是要完成重要的教学任务，大致占整个教学的25%以上，有的大学甚至达到40%。另一方面，工业界在大学设点招募实习学生，并支付学生工资。特别值得一提的是英国整个社会机制对现代化管理的支持。该机制包括发达的银行业、保险业、商业和政府网络系统等。在我国这方面是弱项，要特别强化教学、科研和工程实践的紧密结合，密切理论学习和工程实际的联系，强化大型工程、大型企业、政府民间组织对工程管理人才培养的义务责任，大力提供人才培养的实践机会。同时在大学增加客座教授、客座讲师的职位，聘请第一线的管理专家进行不定期特别是定期的教学。目前国内具有丰富的教学和实践经验的教师为数不多，因此需要以多种形式加强师资培养，促进教师间的交流学习，诸如组织课程研讨会、派教师到其他高校进修或到实际项目上锻炼等。

（4）创建具有国际声誉的工程管理杂志。为了促进工程技术和知识的发展，英国工程技术学会发行了一系列专业刊物，其中包括工程管理杂志 Engineering Management Magazine。工程管理杂志主题重在与项目管理、行销、金融、法律及工程师的社会职责和品质一体化的工程管理方法、技术和过程。稿件涉及的范围从可持续发展，人文工程，金融和资源管理到设计过程与方法论，系统工程，管理教育、培训与开发，以及质量系统和管理，研究和开发决策，立法，义务和其他法律事务。

参考文献

[1] A Dudman and S H Wearne. Professional Engineers' Needs for Managerial Skills and Expertise [R]. Centre for Research in the Management of Projects University of Manchester Institute of Science & Technology. 2004.

[2] Manufacturing Engineering and Management [J/OL]. http://www.lboro.ac.uk.

[3] The University of Bath School of Management [EB/OL], http://www.bath.ac.uk/management.

[4] The Accreditation of Higher Education Programmes [EB/OL]. http://www.engc.org.uk.

[5] 毕家驹. 英国 ECUK 的工程专业鉴定 [J/OL]. 2006. www.tongji.edu.cn/bijiaju.

[6] A Guide To The Engineering Profession [EB/OL]. The Engineering Institutions And Registration With The Engineering Council UK.

[7] The APM Body of Knowledge. 5th Edition [EB/OL]. http://www.apm.org.uk

[8] UK Standard for Professional Engineering Competence [EB/OL]. 2004. http://www.engc.org.uk.

[9] National Occupational Standards for Project Management [EB/OL]. UK, http://www.apm.org.uk.

[10] 侯威，许明. 高等教育质量保证机制的国际比较 [J/OL]. www.ep-china.net.

[11] Framework for Higher Education Qualifications [EB/OL]. QAA. http://www.qaa.ac.uk/.

[12] Handbook for academic review: England [EB/OL]. 2004. QAA. http://www.qaa.ac.uk/.

适应走出去形势发展，大力培养国际工程管理人才

何伯森

（天津大学管理学院）

1 国际工程市场发展态势及对人才的需求

我国工程建设企业走向国际工程承包和咨询市场已有二十七载春秋。在国家“走出去”战略的指引下，近年来国际工程事业发展十分迅速，由2001年到2005年，我国对外承包工程的合同额及营业额均翻了一番以上。2005年我国公司全年新签国际工程承包合同额296亿美元，完成营业额217.6亿美元，其中中国大陆46家公司进入ENR225家国际大承包商的行列。2006年新签国际工程承包合同额达660亿美元，比2005年增长了123％。目前，我国已成为全球对外承包工程的第六大国，并开始进入了快速、良性的发展轨道。尽管如此，也应看到我国与发达国家公司存在的差距。

国际工程市场中，欧、美、日等发达国家公司垄断市场的程度很高。2005年，全球200家大设计咨询公司中，欧、美、日公司166家，占83%，但却占有国际设计咨询总营业额的89.5%；全球225家大承包商中，欧、美、日公司131家，占58.2%，但却占有国际工程承包总营业额的88%。由于大部分国际工程市场被发达国家所占据，我国公司要进一步扩大市场份额绝非易事。相比于发达国家，我国企业在国外承包的大型或超大型工程项目较少，工程咨询设计的国际竞争力较弱，设计－建造、交钥匙总承包、BOT项目比较少，经济效益也不理想。产生上述问题的根本原因之一便是国际工程管理人才匮乏。

由于历史的原因，我国工程人才总体技术素质比较高，理论基础好，实践经验丰富，但最缺乏的是工程管理人才，特别是高水平的国际工程管理人才。中国公司在开拓国际工程市场过程中培养了一批人才，但数量和质量均有较大差距，远远跟不上形势要求。鉴于更多的公司将走向国际市场，加入WTO之后更多的外国公司也将进入国内市场，如果不抓紧人才的培养，将面临着这样的被动局面：当我们作为业主方时，不会管理国际工程项目；而作为承包方时，工程虽然建成了但经济效益达不到预期目标。原对外经贸部部长吴仪在为《国际工程管理教学丛书》所写的序言中指出：“商业竞争，说到底是人才竞争，国际工程咨询和承包行业也不例外。只有下大力气培养出更多的优秀人才，特别是外向型、复合型、开拓型的管理人才，才能从根本上提高我国公司的素质和竞争力。为此，我们既要对现有从事国际工程承包工作的人员继续进行教育和提高，也要抓紧培养这方面的后备力量。”

2 国际工程管理人才的素质要求

国际工程是指一个工程项目的策划、咨询、融资、采购、承包、管理以及培训等阶段，其主要参与者来自不同国家或地区，并且按照国际惯例进行管理的工程。国际工程是一项跨国的经济活动，这个市场长期被发达国家所垄断，进入该市场具有很高的风险性，对项目管理的要求高，必须实施严格的合同管理。国际工程管理又是一门跨多个专业和多个学科的新学科，在国际上这门学科也在不断地发展和创新，因此对国际工程管理人才的素质提出了很高的要求。

笔者认为：国际工程管理人才应是基于爱国主义情操和具有国际视野的复合型、外向型、开拓型、创新型的高级管理人才。

2.1 复合型

复合型指知识结构要“硬”、“软”结合，即一方面应具备某一个专业领域的工程技术理论基础及实践经验，另一方面要具有管理学和经济学的理论基础。我国过去的人才知识结构单一，很多人仅是某一领域的技术专家，然而参与国际工程咨询或承包，常常要求一个人既懂技术，又要懂管理和经济，否则将不能胜任。

（1）工程技术理论基础。一般指在一个专业领域具有工程师的知识结构和基础，这个领域可以是土建，也可以是化工、水利、电力、通讯等。

（2）管理学基础。包括管理学、运筹学、组织行为学、市场学、管理信息系统、工程项目管理、合同

管理、工程估价以及有关法律知识等。

(3) 经济学基础。包括经济学、会计学、工程经济学、国际贸易、国际金融、国际工程保险以及公司理财等。

2.2　外向型

外向型不仅指外语水平，更重要的是了解和熟悉有关的国际惯例。具体地说，

(1) 技术方面。熟悉国外通用的设计规程、技术规范、实验标准等，能看懂英文的有关技术文件。

(2) 经济方面。了解国际上有关贸易、融资、工程保险以及财务的要求。

(3) 管理方面。掌握国际工程项目管理原理，熟悉合同管理，特别要掌握国际上高水平的合同条款以及熟悉工程进度、质量和成本管理。能够使用国际上通用的计算机软件进行项目管理。

(4) 外语方面。除具有熟练的外语听说、阅读和较好的信函、合同书写能力外，还应熟悉和理解国际通用的项目管理专业用语和合同文本。

2.3　开拓型

开拓型和创新型主要指从事国际工程的高级管理人才所应具备的思想素质。

(1) 判断决策能力。具有战略发展眼光，能把握国际工程市场的发展趋势，从而对企业和项目进行目标管理。从事国际工程管理不仅要熟悉了解本行业的知识，更要有敏锐的洞察力，对新事物敏感，善于抓住机遇，主动寻找机会，开拓新的市场。国际工程情况复杂，瞬息万变，此种能力显得尤为重要。

(2) 拼搏奋斗精神。国际工程是一项充满风险的事业，在国外工作不仅常常在不熟悉的国家和地区，更主要是和完全陌生的合同各方以及外国政府机构、地方当局和群众团体打交道，因而会遇到许多想象不到的困难。这就要求具备善于管理风险、利用风险、百折不挠、不怕困难的精神，同时还要心胸开阔，遇到挫折时要有很强的心理承受能力，具有较高的情商。

(3) 组织管理能力。由于在国外实施项目的复杂性，更需要依靠领导班子的集体力量和发挥各级人员的积极性，民主决策、科学决策、虚心好学、不固执己见。

(4) 注重公关技巧。有快速反应能力，能随机应变，懂得“双赢”原则，善于按照“伙伴关系”和“团队精神”来与合同各方及政府、群众团体交往、谈判，解决棘手问题。

2.4　创新型

(1) 创新意识和创新能力。国际工程项目往往是跨多种不同文化的项目，其参与方具有各自国家和民族的文化背景和工作习惯，工作中将会遇到许多想象不到的新问题，因而要求国际工程管理人才应具有独立分析问题、解决问题的能力和创新精神。

(2) 自我完善和自我发展的能力。国际工程管理人才还应善于不断总结经验，善于通过实践和多种渠道进行学习，不断提升自身的工作能力。

最为重要的是每一个从事国际工程管理的人员都应该具有振兴国家的责任感和民族责任感，应该意识到自己在海外的一言一行，不仅代表个人，代表所在的企业，更是代表了中华民族，代表了中国的形象，因而应该在各方面自觉地严格要求自己。这样经过海外工作的锻炼，才能将自己锻造成高水平的国际工程管理人才。

3　大力培养各种类型的国际工程管理专家

国际工程市场是一个竞争非常激烈而潜力巨大的市场，人才资源对于国际工程企业的发展具有基础性、战略性和决定性的意义。作为重要的战略发展措施，国际工程企业应有意识地培养一大批各种类型的国际工程管理专家，才能提升企业的国际工程市场竞争力。

3.1　国际工程企业家

企业家应是一个技术专家和社会学家相结合的领导。国际工程企业家首先要具有战略管理眼光，即是从企业的整体和长远利益出发，根据本企业的经营目标，内外环境和资源条件进行谋划和决策；还要善于研究国际市场、抓住入世后的机遇，敢于“脚踏两只船”，即在注重国内市场的同时，也将开发国际工程市场列为企业的重要战略目标；敢于面对风险，善于管理风险，同时也会实事求是地、冷静地分析处理问题。

国际工程企业家还必须十分重视塑造企业品牌。国际工程市场竞争的日趋激烈要求企业除具有管理优势、技术优势之外，还应具有品牌优势。品牌塑造的核心内容之一便是企业的形象。如果每个成员都能做

到“诚信为本，一诺千金”，并长期坚持，则能大大提高公司的形象。品牌是一种宝贵的无形资产，对国际工程公司和人员长期立足国际工程市场具有非常重要的意义。

以上提到的只是一个企业家应具备的几个方面的素质而不是全部要求。国际工程公司的领导，一方面应努力把自己塑造成国际工程企业家，另一方面也应有意识地培养后备人才。

3.2 国际工程项目经理

国际工程项目经理除了应具备复合型、外向型、开拓型和创新型的基本素质外，必须对国际工程项目管理的知识体系有深入的理解，应具有使用英语与有关各方直接沟通的能力。应善于建立适应国际工程项目管理的组织机构；应善于发挥项目组每一个人的业务才能和管理才能，特别是面对来自多国的管理和施工人员时，要具有能管理好“国际化团队”的能力和胸怀；对项目的重大问题及时决策；善于分析和管理项目风险；善于做好与项目有关各方的沟通和协调，注重诚信和守约，用“双赢”的思想去解决矛盾和纠纷。

3.3 国际工程咨询专家

国际工程咨询专家指能从事国际工程项目的策划、可研、评估、设计、监理等咨询工作的专家，熟悉了解国际通用的各种技术规范，并具备工程项目管理的能力。国际工程咨询专家进入国际工程市场，可以帮助企业得到更多设计/建造及交钥匙等总承包的大项目。投标时如果有设计专家参与，既可以帮助理解招标文件的设计方案和规范要求，又可以帮助提出“备选方案”，有利于中标。

3.4 合同管理专家

国际工程合同是工程合同中最复杂、最严格的合同，一个工程项目往往有数十个以至数百个合同。合同专家既应该会编写投标文件，又应能很快地理解和掌握对方的招标文件，提出问题，并在合同谈判中进行解决。合同管理是工程项目实施中最核心的工作，包含对技术、进度、质量、成本、健康、安全、环境等多方面的管理，还包括风险和索赔管理，因为这些内容都需要遵循合同中的要求。要学会在各种复杂的情况下，运用合同保护自己，争取自身合理的权利。

3.5 投标报价专家

投标报价专家在投标报价时既要熟悉市场行情，又能很快地阅读理解外文招标文件，并发现其中隐含的问题，会运用各种投标报价技巧，编制出高水平的投标报价文件。投标报价专家还要善于在投标过程中分析业主方的心理状态、投标对手的动向，以便及时采用相应的策略争取中标。投标报价的水平是项目能否赢利的重要基础。

3.6 工程施工专家

国际工程的施工专家绝不仅仅是指熟悉施工技术、善于进行现场施工组织管理的工程师，还应该了解和熟悉国际上通用的规范和规程，能独立阅读、理解合同中的外文技术规范和图纸，懂得项目管理，特别是合同中对施工进度、质量、环境、安全等方面的管理要求。能用英文在现场处理各类施工技术问题，还应善于防范风险，具备索赔意识。

3.7 物资管理专家

工程项目中物资采购常占到工程总支出的50%～70%，把好物资这一关对项目经费的开源节流、保证工程质量以及项目的顺利实施和赢利都非常重要。物资管理专家应十分熟悉各种外贸环节，了解物资市场行情、品种、规格、性能和各种运输方法，海关手续，保险事项以及如何进行验收、支付和索赔等。

3.8 财务管理专家

财务管理专家要熟悉项目内部的财务管理，特别是工程结算有关问题，懂得国外对项目的各项财务报表和审计的要求，熟悉外汇管理、了解国外有关财会和税收的法律，会合理避税。从公司财务管理角度还应懂得投资决策和投资风险，特别是海外投资有关事宜。

3.9 融资专家

融资是进行国际工程咨询和承包必不可缺的重要环节，各公司都要刻意培养懂得融资理论、了解融资途径、熟悉融资手续和掌握融资方法的融资专家。他们应广交国内外金融界的朋友，使公司在需要时能及时得到资金支持。融资能力是能否承揽大型工程总承包项目和BOT、PPP项目的基础。

3.10 风险和保险专家

工程项目的风险是客观存在的，如何识别风险、分析和评估风险、管理好风险，包括合理分担风险，回避、转移和有计划的自留风险就是风险管理专家的任务。国外有专门的风险管理公司提供这方面的专业服务。保险是风险对策的一项重要工具。了解和熟悉各类（如设计、施工、运输、人员等）保险的有关规定，以顺利策划和购买保险，并在保险事故发生后及时进行保险索赔等都是非常重要的。

3.11　索赔专家

索赔是一种正当的权利要求，一方面应该使项目的每个人都具有索赔意识，善于捕捉索赔机遇；另一方面要有一些索赔专家自始至终管理索赔。索赔专家应十分熟悉有关法律、法规和项目的合同（特别是合同条件），掌握国际上有关索赔的案例和索赔的计算方法。索赔专家还应具有“敏感、深入、耐心、机智”的品质。一个项目的索赔专家小组的人员最好不要轻易变动，因为索赔是一个连贯性很强的工作，要固定人员坚持到底才有可能成功。

3.12　信息管理专家

公司的信息资源管理应该包含三个方面的内容：一是公司内部网络，不同等级具备不同的权限，能实现内部信息资源的流通及共享；二是公司和国内外各个分公司以及项目经理部的网络联系，通过这个网络可以及时传递信息，请示汇报和传递决策意见；三是电子商务网，包括市场信息，招标投标，货物采购等均可在网上进行。公司应有信息管理专家，以便负责设计、更新和维护信息管理系统，保证公司在一个高效率的信息平台上运行。

3.13　安全管理专家

安全管理工作贯穿于工程项目的始终，涉及从投标中的安全评估至提出施工安全方案和现场的安全管理等环节。所以安全管理专家应具有完整的、多方面的工程专业技术知识，熟悉安全评估、防范、救助，并且还应熟悉国际劳工组织（ILO）的职业安全健康管理体系 OSH2001 系列标准以及合同适用法律国有关工程安全、福利、防火等相关法律及惯例。

3.14　环境保护专家

环境保护专家应在规划、设计和施工之前提出环保方案，在施工中监控对健康有害的各种因素；对供应商、分包商的环保资质进行审查；同时还应熟悉环境管理体系 ISO14000 系列标准以及工程所在国与环保有关的法律。

3.15　法律专家

一般的国际工程项目多半在工程所在国聘请当地的律师协助了解当地法律，进行仲裁或诉讼。笔者建议应该下大功夫培养一些复合型、外向型的本公司的法律专家，使他们不但懂得国际上与工程相关的法律，而且也了解本公司主要从事的专业技术知识，还应具有很高的外语水平。依靠他们，一方面可以提高公司成员，特别是领导层的法律意识，协助制定、审查重要的国际工程合同；另一方面可以协助项目经理聘请合适的当地律师。如发生较大的纠纷以致将争议提交仲裁时，一个案子可能拖延几年时间，依靠当地律师十分不便，价格昂贵，本公司的律师此时将会发挥巨大作用。

3.16　专业外语翻译专家

外语是一门学科，但是一般的外语翻译人才常常很难适应国际工程项目管理的要求。每一个公司都应下功夫培养本公司的复合型、外向型、高水平的翻译专家。对这些翻译专家的要求是：他们应了解本公司主要从事的专业技术知识；熟悉国际工程管理的相关知识；深入理解和掌握国际工程合同管理的内容，特别是国际上比较通用的合同条款；熟悉和掌握国际工程信函及合同写作要求；还应掌握国际工程谈判的要求和技巧。专业外语翻译专家除了参加重要的谈判外，另一件很重要的工作就是参与编写和审查各种合同以及重要的信函。

一个国际工程公司如能拥有一大批上述各方面的人才和专家，公司领导能依靠各方面专家组成的团队作为公司的智囊团，可以保证公司在一个高水平的智力平台上运作，及时地为国外的项目解决棘手问题，整个公司的国际竞争力将会有一个很大的提升。

4　国际工程管理人才的培养途径

根据笔者多年从事教学和培训工作的经验，提出以下的人才选拔、培养的途径和应注意的事项。

4.1　高等学校“工程管理”专业教育

“国际工程管理”是“工程管理”专业的四个方向之一，该方向十分重视技术基础以及围绕国际工程管理的管理和经济基础知识的教育。专业课中包括国际工程承包（含投标报价）、国际工程合同管理、FIDIC合同条件（原文版）、项目管理等课程，还十分重视学生的英文听说读写能力的训练。该方向的毕业生具有比较扎实的理论基础，很受各对外公司的欢迎。有的公司采取了“跑步上岗”的方法，即在每年秋冬即来校招聘学生，签约后在第二年春天即到该公司实习和培训，这样毕业后很快即可到国外第一线去工作。其中获得科技英语、法律、金融等双学位的学生更受各对外公司欢迎。

工程管理专业的工学硕士和工程硕士也很适合各类工程专业毕业生或有几年工作经验的工程师脱产或不脱产攻读，以培养高层次的工程管理人才。

4.2 针对大型项目组织“国际工程管理”培训班

在公司拿到大型项目的前后，组织拟派往项目经理部的人员到有基础的高校或本公司培训基地，参加3~6个月的培训班。培训内容除了国际工程项目管理有关课程外，还包括专业外语及计算机应用软件的学习。这种培训班的学员除了有一定的工程实践经验外，外语基础很重要，最好先经过培训选拔，否则很难达到预期目标。实践证明，这种培训班的“产出／投入”比是非常高的。

4.3 短期专题培训班

这种培训班是适应公司某一部分人员特殊需要的短期培训，如合同管理、投标报价、风险管理、索赔管理、FIDIC合同条件等。这种班时间虽然短但针对性强，最好办成专题咨询研讨班，请业内专家将授课与咨询研讨相结合，解决工作中遇到的难题，效果比较好。

4.4 利用国外资源培养人才

包括送到外国公司去参加工作，参加国外组织的各类培训班，请外国的专家到国内讲学等。选拔外语好、有一定实践经验的工程师去外国公司较长期的参加工作，在实践中学习，可以学习到外国公司第一手的经验，不仅仅是技术知识和管理技巧，还有处理各类问题时的一些新的理念和工作作风，而且外文也会有一个大的提高。如果请外国专家讲学，则一定要提出明确的要求，防止“科普式”的讲学，要组织学员做好准备，以把专家的特长学到手。

4.5 在中外“联营体”中培养人才

无论在国内还是国外，我国公司有时和外国公司组成联营体承包工程，这样可以相互取长补短，取得双赢的效果。采用“联营体”方式承包工程也是向外国公司学习的很好机会。这时中方公司一定要选派一批外文功底好的人员参加联营体的工作，尽可能地在各部门（如合同管理部、物资采购部等）担当一定的职务，这样可以参与问题的讨论与决策，才能达到在工作中培养人才的目的，切忌只是在联营体中充当分包与劳务的角色。

4.6 重视在工程实践中培养

去海外参与国际工程承包本身就是对干部最好的培养，实践出真知。每个人在现场都会遇到许多棘手的问题，因而应该不只要求干部做好工作，更应要求每个部门和人员及时总结经验和教训，写成论文或报告。一个工程在实施过程中应该陆续产生一批论文或报告，而在竣工后，则应编印论文集或工程总结（包括技术、管理等方面）。相关人员在撰写论文或报告的过程中必然要去学习有关理论、整理有关数据，才能总结出带有指导性的经验。

总之，对国际工程管理人才的培养应理论和实践并重，有一定实践经验的管理人员，通过理论学习，可以使其认识水平更加系统全面，并得到理论上的提高；有理论基础的人员，特别是刚毕业的学生则应到第一线去工作。一个企业必须有一个全面的人才培养的战略规划，只有如此，五到十年后，我国才能造就一大批高水平的国际工程管理人才，才能迎接下一阶段对外承包市场的多元化，特别是进入发达国家市场的需要，从而保证我国“走出去”战略取得巨大的成功。

参考文献

[1] 何伯森．论国际工程管理人才的培养［J］．天津大学学报．2002，4.
[2] 何伯森．论国际工程咨询市场的开发［J］．国际经济合作．1998，1.
[3] 金锐．建筑投资持续增长 国际竞争日益加剧［J］．国际经济合作．2006，10.
[4] 马宁生．从全球咨询设计200强看中国企业“走出去”［J］．国际经济合作．2006，8.

工程管理专业教学的新思考

任 宏 林光明

（重庆大学建设管理与房地产学院）

1 引言

工程管理教育是为国家经济与社会发展，培养既能掌握工程技术又通晓管理技能的复合型人才的基础性教育。我国工程管理专业自1998年教育部专业调整以来，经过近十年的发展，全国已经有300余所高校设置工程管理专业，每年培养本科生7300余人，已经成为具有相当规模和特色的专业学科，并为我国的工程建设输送了大量的工程管理人才。然而，面对新世纪的社会发展形势与市场需求，如何进一步调整我国工程管理教育的方向和变革工程管理专业教学模式，以期更好的适应我国在新型工业化进程中大规模建设管理人才的需要，已成为一道横亘在每一位工程管理教育工作者面前必须思考并解决的问题。

在目前中国工程管理专业教学中，技术、管理、经济和法律四个知识平台各自为政，犹如一盘散沙。沙、水泥和钢筋各自散落一地，物理搅拌尚未完全实现，离化学融合还有相当的距离。中国工程管理专业教学与沙、水泥和钢筋尚未形成钢筋混凝土前的情况非常类似。因此，有必要探讨如何对工程管理各门技术课程和知识平台进行“材料选用、物理搅拌和化学融合”三个逻辑步骤，形成专业教学的合力，培养适应社会发展需要的高素质工程管理人才，并迎接工程管理专业新的发展契机。

2 工程管理专业教学面临的挑战

2.1 工程管理专业人才需求

随着社会经济的高速发展和城市化的进程的加快，近几年我国的工程建设投资在迅速增长，2004年已达7万亿元。然而，在建设事业取得举世瞩目成就的同时，由于种种原因，也造成了巨大浪费和损失，其中管理工作跟不上形势的要求是造成损失的主要原因之一。与此同时，城市建设的蓬勃发展，需要一大批精通大、中型工程管理业务的知识型、实用型人才。现代工程项目日益呈现出巨型化、复杂化的趋势，对工程管理人才提出了更高的要求。因此，工程管理专业人才培养既拥有难得的发展机遇，同时又面临着全新的挑战（图1）。

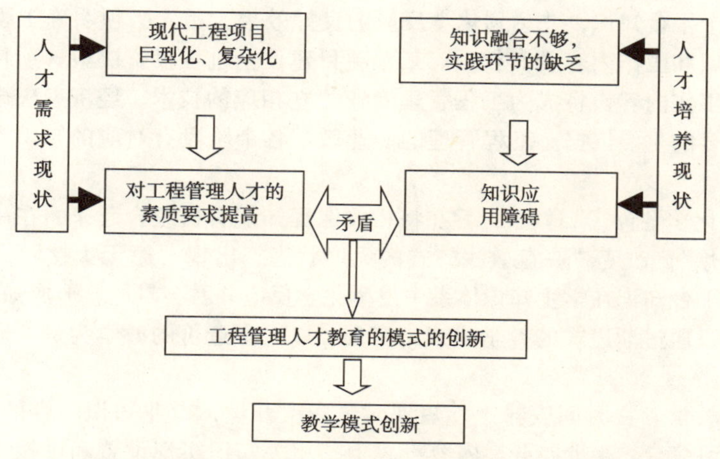

图1 工程管理专业教学面临的挑战

2.2 工程管理专业人才培养中存在的问题

法律、技术、经济和管理四个平台“各据一方，各自为政”，一盘散沙，知识合力并没有发挥预期威力。同时，知识整合也存在较高的瓶颈。直至目前，中国工程管理专业教学仍存在改善空间，尚未完成技术、经济、管理、法律四个平台的整合，知识的融合度不够，未能形成完整的知识体系，因此也不能充分发挥“1+1>2”的效应。孤立的四个知识平台，知识融合不够，加上实践环节的缺乏，呼唤工程管理人才教学和培养模式的创新。

3 工程管理专业教学变革“三部曲”

3.1 第一部曲：技术课程的“白话”革命

工程管理专业技术课程是任务最重、难度最大的课程。目前技术课程存在许多人为设置的障碍，学生在技术课程上花费了大量时间，但却无法达到学以致用和融会贯通。

工程管理专业技术课程教学时间短、内容多，要对其进行筛选、取精，进行技术课程的“白话”革命，以便让学生能够在有限的时间内，最快、最好的掌握这些技术课程中的精华和有效内容，为后续知识的融合打下坚实基础。

技术课程的“白话”革命，是指将复杂、抽象和枯燥的知识以简单、生动和形象的方式进行展示和讲授。这主要通过课程教材和教学方法创新来实现。用简单、形象和生动的教材内容表现复杂的技术问题。同时，需要在专业教学方法上进行创新。创造性教学需要通过具有良好素质的创造型教师来实施。创造型教师是实施创新教育的基础，对培养学生的创新精神和创造力起着推动、强化的作用。作为教师本身而言，不仅要求他们的知识要精益求精，做到科学、准确；而且要进行深层加工，具有高度的可利用性和稳定性，能够用不同形式的等值语言表达，具有高度的迁移性。知识的精度是在教师的反复学习、深入思考和钻研的基础上获得的。这些都为技术课程“白话”革命提供支持。

3.2 第二部曲：物理搅拌式教学

“物理搅拌式”教学，是指打破目前工程管理专业泾渭分明和条块分割的课程设置及教学安排，将各个专业知识平台的主干课程集中起来，达到主干课程知识面上的“物理搅合”。

犹如在混凝土物理搅拌过程中，采用破碎强化的方法，将水泥颗粒进一步破碎，使其表面积增大，新破碎的表面具有较高的表面活化能，这就使水泥水化反应加快，混凝土强度可以提高20%～30%。借鉴这种经验，通过解构传统工程管理专业课程设置模式，而后重新搭接和排列组合。通过整合资源来实现大幅提升专业教学质量的效果。

3.3 第三部曲：化学融合式教学

化学融合与物理搅拌相比，本质的区别在于后者仅仅局限于各个组成部分面上调整。而化学融合着眼于本质性能的改善和提高，强调通过将各个组成部分有机融合在一起，达到物质性质的改变和提升。

要融合工程管理四个平台知识，并达到化学反应的良好效果，首先必须明确工程管理专业在项目建设全过程中的主要就业领域和工作内容及其权重。工程项目建设全过程投资决策、项目设计、项目施工和后期运营四个阶段的主要工作内容，将成为工程管理专业建立相应的技术、经济、法律、管理等平台核心知识点设置和进行化学融合的重要依据。工程管理的专业教学各个阶段有对应的知识点，这是化学融合的前提和基础（图2、图3）。

工程管理专业的“化学融合式”教学，旨在将相关课程知识有机组合起来，在一个统一的平台下形成专业教学的有机“大杂烩”，改变“一盘散沙”式的无序状态，出现“摩天大楼”式化学反应，实现量的积累到质的飞跃。四个平台知识在学生知识体系中发生化学反应并融会贯通，形成知识的有机整体。

化学融合式教学可以通过渐进式的教学模式来实现。以工程造价的教学为例，通过渐进的瀑布式教学模式，如图4所示。

逐步累积的渐进式教学。在时间安排上，短课时，多次开设，专业知识内容的由浅入深，由易到难，由局部到整体，由分析到综合，逐步展开。内容设置上，相关知识实现设置和讲授上的前后搭接，步步深入，实现从分散到综合的过渡。这个模式是推进化学融合的有效方式。一方面，它根据课程之间的逻辑关系确立彼此的先后顺序，从而让学生在专业知识的获取上由浅入深、由易到难、由简单到复杂、由分散到综合；另一方面，学生在学习过程中，可以保持动态的学习热度和积极性，这种全过程的学习兴趣培养有助于学生掌握、消化和吸收知识。

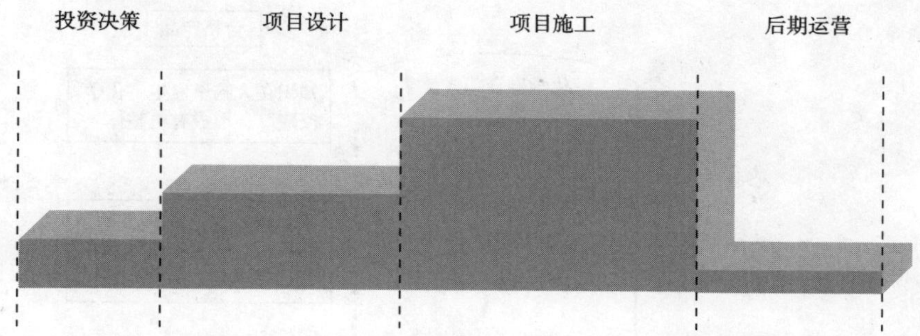

图2 工程管理专业在项目建设全过程中的工作领域权重图

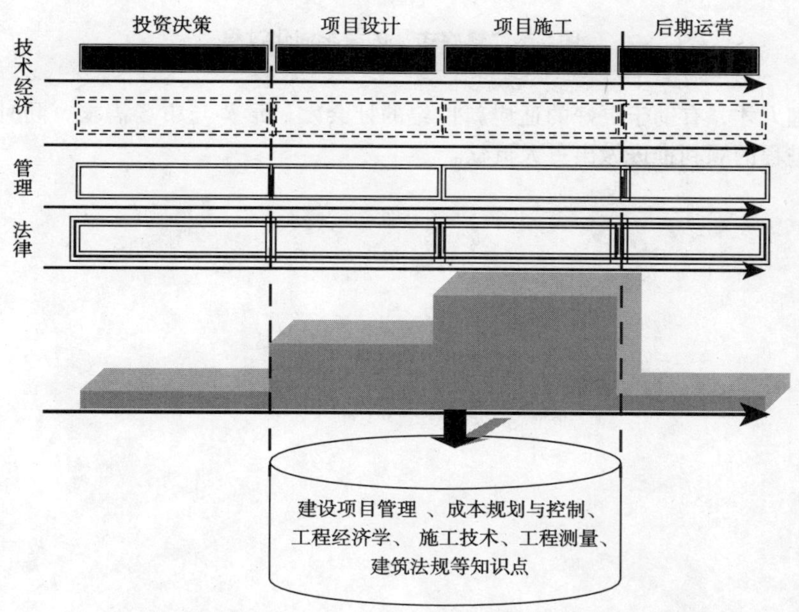

图3 工程管理专业工作侧重阶段与对应知识点的交集

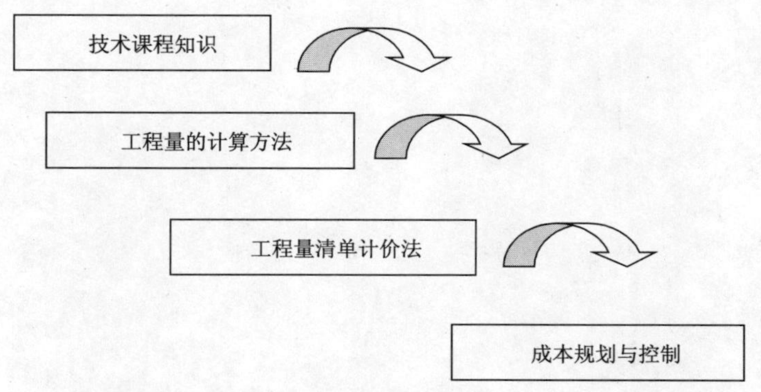

图4 渐进瀑布式教学模式

4 结论

工程管理教学借鉴钢筋混凝土的形成机理，通过材料选用、物理搅拌和化学融合“三部曲”，培养合格的现代工程管理专业人才，如图5所示。

工程管理专业教学变革的“三部曲”有助于工程管理专业教学质量的提高，更有针对性的为国家建设

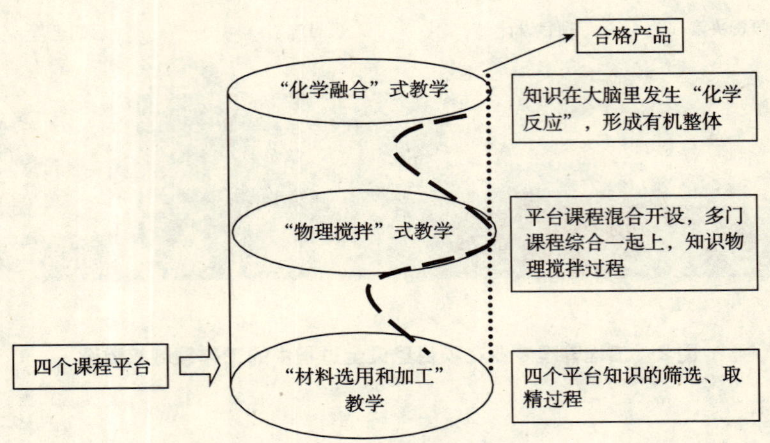

图5 “螺旋式”的教学演化过程

培养合格的工程管理人才，有助于更好的适应新世纪的社会发展形势与市场需求。同时为我国和谐社会的构建、新型工业化进程的顺利推进做出更大贡献。

鉴 MEng（PM）教育发展，明 MEA 培养体系建设

王守清　王　媛

（清华大学建设管理系，全国项目管理领域工程硕士教育协作组）

1　项目管理领域工程硕士教育的发展概况

1996 年，我国推出了工程硕士专业学位教育制度，使得专业学位的教育取得了很大成功，深受市场欢迎。为了满足市场对项目管理人才越来越大的需求，国务院学位办和全国工程硕士专业学位教育指导委员会（以下简称全国教指委）于 2003 年 1 月委托清华大学等 5 所大学论证了增设项目管理领域工程硕士的可行性和必要性，之后决定由清华大学和北京航空航天大学当年试办项目管理领域工程硕士的培养工作，全国共有 581 人报考项目管理领域工程硕士，参加了 2003 年 10 月的全国工程硕士资格考试（GCT）考试，最后两校共录取 334 人，录取率为 57.5%，GCT 百分位平均成绩为 65.3 分，在当年 38 个工程硕士领域中名列第 7。

2004 年 5 月，国务院学位办和全国教指委又从全国 108 家申请新增项目管理领域工程硕士点的高校中选择批准了 70 家高校培养项目管理领域工程硕士，使培养单位总数增至 72 所。同年 10 月，全国报考项目管理领域工程硕士参加 GCT 考试的人数共 7116 人，录取 3434 人，百分位平均成绩为 67.4 分，在 38 个领域中列第 10 位（比 2003 年下降 3 位），但在报考人数呈数量级增长的情况下，这个成绩还是相当不错的。在报考人数过 3000 人的 9 个领域中，项目管理领域的百分位平均成绩列第 4 位。

2005 年 5 月，全国又有 70 多家高校申请成为项目管理领域工程硕士培养单位，8 所获批，使培养单位总数增至 80 所。同年 10 月，全国报考项目管理领域工程硕士参加 GCT 考试的人数比 2004 年翻了一番（从 7116 增至 12551），报名人数和实考人数是工程硕士 38 个领域中最多的（从 2004 年的第三变为第一），录取人数也是最多（从 3434 增至 5752）；而且，生源质量和 GCT 成绩依然较好（百分位平均成绩为 68.8 分），位列 38 个领域中的第 7 位。在报考人数翻番的情况下成绩却有提高，发展形势可喜。

2006 年，全国仍有 40 多所高校申请成为项目管理领域工程硕士培养单位，最后 16 所获得批准。至此，无论是培养单位数还是考生数，项目管理领域在短短 3 年内一跃成为目前所有工程硕士领域中名副其实的最大领域。据悉，2006 年 10 月全国报考项目管理领域工程硕士参加 GCT 考试的人数有 16257 人，占目前 40 个工程领域总报考人数（88077 人）的 18.5%。项目管理领域工程硕士教育的高速发展充分说明社会和市场对项目管理确实有需求，反过来也说明项目管理在各行各业中发挥着越来越重要的作用，确有实用价值。

2　项目管理领域工程硕士教育培养的回顾和经验

2.1　项目管理领域工程硕士教育的指导思想

项目管理是一门综合学科，但又与所应用的行业密切相关。项目管理领域工程硕士教育的指导思想是必须结合工程行业，强调项目管理在“工程”中的应用。而且，与工程行业的结合不是简单的如课程叠加等结合，而是要做到各方面包括师资、生源、培养计划、课程设置、课程内容、案例和论文选题等有机的结合。

在生源方面，学员必须具有工程学科的学历/学位背景或在工程领域的从业经验，以利于他们真正学好并能将所学项目管理知识应用于工程行业中；一个工程硕士班的生源背景应尽量单一，如按行业招生开班，培养计划、课程设置和课程内容要根据该班的行业特点并结合学员的背景进行调整，这也正是能体现各校的办学特色之处。

在考试和录取方面，应贯彻“两段制”（全国 GCT 统考 + 各校专业笔试/面试）的人才选拔方式，这样既强调了录取中的统一基准（对考生基本素质要求）与专业特点（对考生的专业知识要求），又强调了注重选拔人才的综合能力，有利于全面考察考生真实的知识和能力，也使我国的研究生入学制度逐步与国际上的研究生选拔方式接轨。

在师资方面，要求教师具有相应行业工程背景学历/学位或实践知识和经验，课程讲授要密切结合工程

行业。在讲授全国指导性培养方案框架中所确定的5门项目管理核心课时，不能简单地讲授项目管理的通用知识，在培养计划、课程设置、课程内容、案例和考核方法等都应根据相应行业、学校和生源等特点加以调整。

在教学方法方面，宜尽量采用开放式和案例讨论方式教学。为利于讨论，各班人数最好不要超过60人。

在论文方面，学员的论文选题应来源于生产实际或具备明确的工程背景和应用价值，应解决一个（或以上）完整的项目管理问题，为了达到这个目的，要求采用双导师制：一个导师来自学校、另一个导师来自学员所在的企业。

2.2　项目管理领域工程硕士全国指导性培养方案框架

2003年10月，受全国教指委委派，清华大学建设管理系起草了全国项目管理领域工程硕士指导性培养方案框架，经过与北航和2004年4月在扬州大学承办的全国工程硕士培养指导小组第三次会议的讨论，于同年6月在南京大学承办的全国项目管理领域和物流工程领域第一次研讨会上发布，2005年底又在中科院承办的华北会上微调完善。

该框架主要从培养目标、领域范围、主要课程、最低学分、论文五方面阐述了如何贯彻实施项目管理领域工程硕士的教育，以培养从事项目决策、计划、实施、评估等项目全寿命期管理工作的复合型、应用型高级工程管理人才。框架统一了工程硕士领域中与管理相关的3个领域（工业工程、物流工程和项目管理）的3门专业基础课（工程数学、管理学、工程经济学）；明确了项目管理领域的五门专业核心课，即项目管理概论（2.5学分）、项目计划与控制（2学分）、行业应用案例（1学分）、行业法律法规（0.5学分）、IT/项目管理软件应用（1学分）；明确了论文的选题要求和针对基础性技术、管理模式或软件开发性或应用性研究的不同论文标准。2006年10月在上海交通大学承办的第二届全国项目管理领域工程硕士培养工作研讨会上，还分别按照项目管理生源较多的建筑业、信息产业和制造业三大行业推出了更细化的培养方案框架。

2.3　项目管理领域工程硕士培养质量评估体系与质量保障措施

2004年6月召开的南京会议上还成立了全国项目管理领域工程硕士教育协作组（以下简称协作组），以指导、组织和交流全国培养工作。会上初步确定了项目管理领域工程硕士的培养质量评估指标体系及质量保证措施。项目管理领域的评估体系遵循全国教指委统一方案的原则，但细化如下：

（1）招生（20分）：①学生要有工程背景；②同班生源背景相近，最好按行业分别招生；③优先中高级技术或管理人才；④书面专业考试+综合面试（书面考核：工程、管理、经济、法规等基础知识；面试考核：管理经验、潜质、沟通和表达能力）。

（2）教学（30分）：①师资有工程/行业背景；②课程设置和内容结合工程；③采用案例和讨论式；④有前沿讲座和应用讲座。

（3）学位论文（30分）：①选题来源于实际；②解决项目管理完整问题。

（4）培养管理（20分）。

（5）特色与创新（附加5分）：办学方法、培养模式、课程设置、培养效果等。

为了保证培养质量，协作组除了采取了很多事前控制措施，如研讨制定全国指导性培养方案框架、课程大纲和学位论文标准、组织研讨会并邀请国外同行研讨、开展专业核心课程的师资培训、组织编写核心课程教材、获得国内外专业资质的认可等，还计划开展3年一次的自查、4年一次的区内互查和5年一次协作组抽查。另外，鉴于2005和2006年项目管理领域工程硕士报考人数的数量级增加和录取/培养过程中出现了一些新问题，如有些培养单位不顾培养实力，过度招生；不结合工程背景，偏重于纯管理；混淆学位教育和在职培训，“贴牌”培养；同一单位不同院/系多头招生等，协作组还将配合全国教指委对部分单位进行调研。

2.4　项目管理领域核心教材的建设

为了促进课程教学质量的提高，协作组积极响应全国教指委于2003年启动的全国工程硕士教育核心教材建设工程，计划组织有关单位和个人分两批完成核心教材的编写：第一批：《项目管理概论》、《项目计划与控制》和《项目管理案例（按行业编写）》；第二批：《项目管理法律法规（按行业编写）》、《IT与项目管理软件应用》、《项目融资》和《项目风险管理》。2006年12月在深圳召开的第二届工程硕士研究生教育工程领域培养指导小组第六次会议上，协作组所推荐的由南开大学和天津大学联合主编的《项目管理概论》已获得全国教指委的批准和资助，将作为项目管理领域的第1本核心推荐教材。

2.5　项目管理领域工程硕士学位论文质量标准的制定

2006年10月在上海交通大学承办的第二届全国项目管理领域工程硕士培养工作研讨会上，受协作组委托，由北京航空航天大学起草的《项目管理领域工程硕士学位论文标准（征求意见稿）》已经公布，该标准就项目管理领域工程硕士的培养目标、论文选题、形式、内容，论文开题、中期检查、评审、答辩、学位申请与授予过程，以及指导教师资质等提出了细节要求，利于培养质量保障的实施和各校之间培养质量的比较。

2.6　项目管理领域工程硕士教育与国际职业资格接轨

为利于社会相关行业对项目管理领域工程硕士教育的参与、监督和评价，借助外力控制培养质量，形成培养单位的品牌和质量意识，突出强调项目管理领域工程硕士教育的应用性和实用性，并促进工程硕士教育的国际化，在协作组的积极努力下，全国工程硕士专业学位教育指导委员会、中国（双法）项目管理研究委员会暨国际项目管理专业资质认证中国认证委员会与2006年4月7日在清华大学签订了《项目管理领域工程硕士与国际项目管理专业资质认证的合作框架协议》，标志着项目管理领域工程硕士教育与IPMA/IPMP合作的开始。获得认可学校的工程硕士或已完成培养方案所要求课程学分者可免除专业资质认证的笔试，只需参加认证面试且只需交纳7折的认证费用。

2006年6月27日，经教指委和认证委员会的联合审核评估，在29所申报院校中批准了第一批共8所试点院校，并于10月15日公布了合作的实施细则（试行稿）。2006年12月14日，IPMP中国认证委员会和北京航空航天大学携手组织了MEng（PM）与IPMP合作后的首次认证，37位学员获得了C级证书（通过率80.4%）。

2.7　项目管理领域工程硕士教育研讨会及网站建设

为了加强交流和分享经验，协作组每年组织两次全国性研讨会议，一次是针对某门核心课的师资培训会，邀请全国该课教学效果好的资深教师进行示范教学，一次是针对学科建设和培养管理的研讨会。另外，协作组还于2006年10月建立了项目管理领域工程硕士教育网（www.meng-pm.org），开创了工程硕士40个工程领域的先河，为国务院学位办、全国教指委与协作组之间、各培养单位之间、教师和学员之间、有志于项目管理的各界人士之间搭建了一个沟通平台。

3　项目管理领域工程硕士教育中存在的问题和对策

虽然我国的项目管理领域工程硕士教育目前发展迅速，但毕竟由于开展时间较短、经验不足等，还存在不少问题，主要有：

（1）缺乏具有项目管理实践经验且授课效果好的师资，造成所授知识与应用脱节。项目管理领域现有近2万多名学生在上课，很多院校已有学生开始做论文，所需的师资量是非常大的。师资水平不高和人数不足，将直接影响教学和培养效果。

（2）与项目管理相关的自主研究和应用成果不多，特别是没有太多针对中国文化、传统、社会/政治/法律/金融体系等特点的研究成果，自主研究和应用成果的缺乏反过来又制约了项目管理学位教育工作和学科建设发展。

（3）对人才教育和培养模式研究缺乏，对培养方案、课程体系、课程大纲、质量标准、评估体系等细节问题缺乏研究，反映各校优势、结合行业应用的特色教育和培养模式尚不多或不成熟。

（4）个别学校或有关人员办学目的不端正，把项目管理工程硕士教育作为继MBA之后的另一个创收来源，造成招收学员过多而教学资源不足、师资和生源质量不高、管理不严格、教学效果不好和论文质量较低等问题。

针对上述问题，建议培养单位与企业和行业团体密切合作、注重实践和应用、与专业资质接口和与国际接轨等，采取有关对策和措施，例如：

（1）加强与国外同行的交流与合作，借鉴国外在解决上述问题方面的经验，加强全国各培养单位之间的交流，特别是师资培养，可按照短、中、长期目标逐步实施。

（2）应认真分析行业和考生的特点和真实需求，研究项目管理在专业领域的具体应用，并有针对地量身定制培养方案、课程设置、课程大纲、培养模式和论文标准等，以符合行业切实需求。另外，如何在学位教育中培养和考核学生的能力、如何突出技术创新能力的培养，也是很值得研究的问题。

(3) 应认真研究和理清项目管理与其他学科的交叉关系，突出项目管理的研究方向，促进项目管理学科的建设和发展。

(4) 应加强对人才教育和培养模式的研究，切实解决项目管理学位教育特别是工程硕士培养中的一系列共性问题（如异地教学、集中授课、学以致用、论文指导、团体和零散学生同等对待等），以保证项目管理学位教育的可持续发展。

4 对建立工程管理硕士培养体系的建议

项目管理领域工程硕士教育从无到有、从小到大，取得了很大成绩，积累了很多经验，很多都可供建立工程管理硕士培养体系参考。

4.1 界定学科边界，避免学科交叉

要明确界定工程管理硕士的学科边界，从学科基础、领域范围、培养方案、课程设置、师资情况和论文标准上与管理科学与工程学科的工学/理学/管理学/商学等硕士、项目管理等领域的工程硕士有明确区别，要对工程管理硕士的学科基础和知识体系有明确的定义，特别是要与已经成规模的项目管理领域工程硕士区分明确，避免交叉。

4.2 建立实施机构，完善工作制度

建议设立工程管理硕士教学指导委员会，从宏观和原则上指导培养工作；选择在工程管理教学和研究方面经验丰富、管理严格的名牌培养单位作为工程管理硕士的牵头机构；全国按照区域对所有培养单位进行分区管理；各培养单位必须明确由具备工程管理教学、研究和管理丰富经验和热心的教师作为工程管理硕士教学负责人。

4.3 制定指导方案，保证教育质量

在明确了工程管理学科基础和知识体系的基础上，制定工程管理硕士的培养目标和培养方案，并加强课程建设和教材建设。在教学方式上，建议多采取研讨、案例等形式多样的授课方式；在师资建设上，聘请国内外学术界、工程界的专家参与教学。要严抓招生和论文两个关键环节，避免招生过度；在论文方面，要制定论文标准，强调实践价值，采用“双导师”制并强调企业导师的作用。

4.4 推进与行业团体合作，扩大市场认知

开展与职业/执业资质的认证合作，有利于促进培养单位与社会的联系，促进工程硕士培养质量的提高和工程硕士教育的发展；有利于引入行业评价，形成相对比较独立和客观的社会评价机制；有利于与国际通行做法相接轨，扩大并提高工程管理硕士的影响。因此，应积极推进与行业团体的合作。

4.5 实施多种手段，加强信息交流

建立网站，为上级单位、培养单位和社会大众搭建沟通平台，从不同侧面听取多种声音；开办学科专属的通讯或工作简报；定期举办各类培训和会议；与社会媒体建立长期的合作关系，通过新闻报道或讲座等形式扩大市场影响。

参考文献

[1] 王守清．有关项目管理领域工程硕士的培养 [J]．项目管理技术．2004，7：22－27.

[2] 师冬平．项目管理领域工程硕士教育形势喜人——访全国项目管理领域工程硕士教育协作组组长单位负责人、清华大学教授王守清 [J]．项目管理技术．2006，5：53－55.

[3] 王守清．项目管理学位教育现状及趋势 [M]．中国现代项目管理发展报告．北京：电子工业出版社，2006：213－221.

面向工程管理的工程博士培养研究

黄 钧 詹 伟 张永光
（中国科学院研究生院 工程教育学院）

1 高级工程管理人才培养的必要性

2006年11月20日，中共中央政治局常委、国务院总理温家宝在北京中南海主持召开教育工作座谈会。会议期间，温总理提出高等教育要切实把重点放在提高质量上，高等院校应当认真思考如何才能培养更多的杰出人才。

十四届五中全会公报中指出，实现我国今后一段时间的奋斗目标，“关键是实行两个具有全面意义的根本性转变，一是经济体制从计划经济体制向社会主义市场经济体制的转变，二是经济增长方式从粗放型向集约型转变”，在这两个转变中最关键的是要有适应这种转变的人才。

从国家的发展来看，建国50年来，固定资产投资对国民经济的发展起了极其重要的作用。当然，在探索中前进，也付出了代价。从宏观上看，由于投资体系和管理体制与改革、开放、搞活的社会主义市场经济还不相适应，对全社会的投资活动缺乏有效的宏观调控手段。目前固定资产投资中存在的主要问题是：重复建设、盲目建设，生产能力过剩较严重，部分项目浪费惊人；投资结构不尽合理；固定资产投资效果特别是国家50年投资项目的投资效果不够理想；投资体制改革滞后，不适应当前形势。

2005年国内全社会固定资产投资总额88604亿元，其中西电东送、南水北调、2008年北京奥运等项目的投资均超过了1500亿。2005年全年国内生产总值182321亿元，比上年增长9.9%。但是，2005年能源消费总量22.2亿t标准煤，比上年增长9.5%。万元GDP能耗1.43t标准煤，与上年持平。根据国家发改委2004年发布的《节能中长期专项规划》，在2003年和2004年，经济过热的局势造成了GDP能耗指标反而上升，比2002年上升了8%。目前每百万美元能耗，中国是世界平均水平的3.1倍，是OECD（经济合作发展组织）国家和地区的4.3倍，更是日本的9倍。从数据来看，一方面反映出我国目前投资项目存在结构不合理的情况，但是更重要的原因还是企业总体的管理水平不高。

未来几十年是我国工程建设高速发展时期，国家的建设尤其是基础设施建设将有巨大的投资，特别是在铁路（根据《中长期铁路网规划》，铁路建设要从2003年底的7.3万公里增加到2020年的10万公里。完成这个目标需要投入2万亿元，平均每年需要1000亿元）、公路（根据交通部最新公布的《国家高速公路网规划》，从2005年起到2030年，国家将斥资两万亿元，新建5.1万公里高速公路，使我国高速公路里程达到8.5万公里）、沿海港口建设、电力，还有城市基础设施建设、污水系统、垃圾处理等关乎国计民生的重大项目投资巨大。这些重大项目的实施管理需要一批高素质的工程管理、项目管理人才。到2020年国家大约有21万个50万元以上的基础建设项目，而目前的管理人员多为技术人员出身，对经济、管理知识的掌握还不够全面；同时由于中国由计划经济向市场经济过渡的特殊情况，造成现有管理人员理念转变的差别很大，他们需要接受再教育。靠技术人员逐步摸索管理经验的方法跟不上国家快速发展的需要，针对高级工程管理人员的教育工作可以为国家培养需要的人才，节约成本，减少大量的损失。

综上所述，在我国经济高速发展的今天，社会急需大量高级复合型工程管理人才。

2 高级工程人才的成长与培养

2.1 西方部分发达国家高层工程人才的培养情况

为了培养工程人才，西方发达国家大都设置专门的工程博士专业学位。工程博士专业学位的产生与这些国家的经济发展密切相关。从20世纪中期开始，科学技术在发达国家整个企业发展中的支柱作用越来越大；科学技术转化为生产力的速度越来越快；工程中所面临的问题的复杂性越来越高；经济竞争的国际化越来越突出；企业的生产行为与组织行为越来越现代化，使得现代企业必须融开发、设计、生产、经营于一体。从而企业工程师的职责范围迅速拓宽，能力要求不断提高，不仅要有技术创新能力，还要有解决技术进步引发的社会问题的能力及解决政治的、经济的、生态的、管理的约束的能力，因此企业急需一批既精通专门技术又能将技术、社会、市场密切联系起来的组织者、总工程师和总设计师。这就构成了工程博士专业学位在发达国家产生的背景。

美国是设置工程博士专业学位最早的国家之一。1965 年全美工程检查员协会（NCEE）通过决议，督促高等院校发展工程硕士与工程博士计划。1967 年美国底特律大学率先设置工程博士学位。随后，德州农机大学、伯克莱加州大学、哥伦比亚大学等纷纷设置了工程博士专业学位，培养博士水平的专业高级工程师。在 20 世纪 50 年代后，德国、法国和英国也相继实行工程博士培养计划。随着 20 世纪 80 年代以来美国工业的再次快速发展，企业更加需要受过高级训练的博士工程师来从事复杂的研究开发工作，也使得到工业企业谋职的博士学位获得者迅速增加，因此，工程博士人数自 20 世纪 80 年代中期快速增长，到 1996 年达 6305 人。

德国大学则一直有以培养工程师为目标的传统，柏林工业大学一位从事生产过程科学研究的教授说，在德国，读博士是属于工作，而不是学习。德国工程师协会还提出要使工程教育成为普通教育的重要内容之一。德国的博士生培养，特别是工程技术方面，突出的特点是“严格选拔，放手培养，注重实践，独立创新”，毕业后大部分流向工矿企业部门，直接为公司企业新产品的更新换代和新技术、新工艺的研究开发服务，他们为使德国工业技术能在世界上保持先进水平，发挥了骨干作用。

20 世纪 90 年代以前，英国博士学位仅有单一的学术性学位，即哲学博士（Ph. D）。英国 1992 年成立工程博士中心，开始试行工程博士计划。工程博士中心是工程博士招生、培养和管理的基本单位，1992 年首批试点成立了 3 个工程博士中心，目前已有 16 个工程博士中心。越来越多的大学和学院参与到工程博士的培养中来，研究的领域也逐步拓宽。大多数中心每年招生 10 名，16 个工程博士中心年招生数可达 150 名。

1968 年法国进行了高等教育改革，使研究生教育的发展逐步顺应了科技和生产发展的要求。法国高等工程教育办学指导思想是：工程师的培养着眼于未来。培养未来工程师的创造能力、独立分析问题和解决问题的能力，而不只是有“接收”能力；注重科学基础教育和工程技术训练；采取理论和实践相结合的方式；“通过科学研究”进行培养。培养目标是工程师和工程博士。

2.2 国内工程管理高级人才的培养情况

我国工程管理专业可追溯到 20 世纪 60 年代初期，一批 50 年代留学前苏联的工程经济专家与 50 年代前留学英美的工程经济专家在我国开设的技术经济学科，该阶段主要研究的是项目和技术活动的经济分析，如项目评价与可行性分析。1979 年国内包括西安交通大学在内的 11 所院校开办了管理工程专业。根据中国工程院于 2004 年对中国新兴工业化进程中工程管理教育问题的研究结果，我国已有 121 家大学开办了工程管理本科专业。

自 1996 年我国推出工程硕士专业学位教育制度以来，专业学位的教育取得了很大成功，深受市场欢迎。国务院学位办和全国工程硕士专业学位教育指导委员会于 2003 年决定由清华大学和北京航空航天大学试办项目管理领域工程硕士的培养工作。至 2006 年，共有 96 所高校成为项目管理领域工程硕士的培训单位。无论是培养单位数还是考生数，项目管理领域在短短 3 年内一跃成为 38 个工程硕士领域中名副其实的最大领域。

由于我国固定资产投资的持续增长，对于工程人才的需求不断增加，这也是工程管理专业受到众多高校的重视、项目管理专业设置以来报考人员迅速增长的主要原因。从国内工程管理教育的发展来看，主要的特点是人才培养模式主要是用传统的授课形式，培养层次以本科和硕士研究生为主。

2.3 我国工程教育的现状与思考

我国 1980 年已经制定了学士、硕士学位建设的基本框架，1981 年开始招收了博士生，9 年以后以 MBA 为开端进行了专业硕士学位的教育，这是我国学位制度建设的重要标志。学士、硕士、博士学位制度的确定和专业硕士学位的横向展开，构成了我国学位制度的基本框架，我国在专业学位方面有了很重大的进展。

20 多年来，我国博士生规模有了较大的发展，从 20 世纪 80 年代的年招收规模 5000 人到目前年招生规模 50000 人，增长了 10 倍。目前中国在读博士生人数已达 12 万多人，仅次于美国和德国。有资料表明，到 2010 年中国授予博士学位的人数，将超过美国跃居世界第一。

2004 年 9 月 7 日到 10 日，第三届国际工程教育大会在清华大学召开。中国青年报 2004 年 9 月 13 日刊登原春琳的署名文章“国内专家反思工程师摇篮问题”，文章借用美国工程教育协会的观点指出：“中国是未来的制造业大国，未来的中国急需大量的工程师，工程教育在中国的前途不可限量”。“中国工业化过程尚未完成，同时还要建设现代化。在这一时期，工程教育非常重要。”一位不愿透露姓名的著名专家同时表达了自己的忧虑：这几年，最主要的问题是工程教育不但没有得到加强，反而被削弱了。

全国工程硕士专业学位教育指导委员会已经注意到这个问题，并于2003年8月26日组织考察团赴欧洲进行了近三周的考察调研，并撰写了《在国际环境和科学技术高速发展的条件下对高等工程教育的再认识——赴欧（法国、德国、奥地利）考察调研报告》。几个调查团的调查报告发现了我国与发达国家在培养高级工业与工程人才方面的巨大差距。考察团对我国高等工程教育尤其是高校和企业合作开展高等工程教育的培养目标等内容组织了深入的研讨，主要结论摘录如下：我国企业不但缺乏工程技术人才，更缺既懂技术又善于协调组织完成工程项目的人才，以及既懂技术又懂经济的人才。不具备这类复合型优势，正是我国高校普通硕士和博士生到企业工作难于适应之原因。考察团认为除去改善我国的工程硕士的教育与管理之外，建立工程博士学位、培养一些可以担当大中型企业高级管理人才或提高现有的大中型企业高级管理人才的知识水平，也是缩小我们与发达国家在工程教育方面的差距的具体措施之一。

3　国内高级工程人才的培养建议

3.1　加大面向杰出工程人才的培养，设立工程博士专业学位

“科教兴国”、“人才强国”战略的实施，建设创新型国家的战略举措，使人才需求层次上移。未来社会发展和国家科技发展的重点领域、重大项目需要数以千万计的高级专门人才和一大批创新杰出人才。我国经济快速持续增长、产业结构提升和社会的转型，为学位与研究生教育的结构调整和优化创造了条件。我国高等教育大众化进程和学习型社会的建立，为学位与研究生教育的发展奠定了基础，使研究生教育的多层次学位需求更加突出。因此，设立工程博士专业学位，是加快培养面向大型工程项目建设与管理的专门人才的有效途径。

在全国工程硕士专业学位教育指导委员会2002年的成立“工程博士专业学位立项研究小组”的意见中，探索了设置工程博士专业学位的必要性和可行性，调研中指出：工程博士专业学位（Doctor of Engineering，简写为Eng. D）是博士层次的学位，与哲学博士（Doctor of Philosophy，简写为Ph. D）是同一层次。同时，工程博士与哲学博士不同，不是学术型的学位类型，而是应用型的学位类型，类似于工商管理博士、法律博士、临床医学博士。

就目前的博士生教育来讲，培养的主要是学术型人才，主要是为高等学校与科研机构输送教学与研究人才。设置工程博士专业学位，有意识、有目标地培养企业的负责人，构筑这种人才的特殊能力结构，适应企业特殊岗位的人才需求，是我国社会经济发展的需要。同时，20多年来高等学校与企业密切合作，完成了许多企业重大课题，培养了一批能够解决企业与工程实际问题的教师，一部分教师的学术观念也发生了深刻变化。另外，通过与企业的合作，以及国家重大研究项目向着经济建设方向的倾斜，使学校的实验室建设的内容也发生了根本变化。所有这些都为培养工程博士创造了有利条件。

工程博士与工学博士的区别主要是在科学、技术、工程的关系上。工程博士关注科学的发展，而重在科学与技术转化为工程带来的生产力的进步。目前科学与技术的发展呈现出更加复杂的情况。从科学到技术再到工程是一条重要的认知途径，但不是惟一的途径。技术创新与工程创新已成为社会经济发展的巨大动力，也是知识创新的重要源泉。因此培养一批能够进行技术创新与工程创新的人才，不仅对于我国高新技术产业的发展有重要意义，对于我国的知识创新也有着重要意义。

3.2　建立工程博士中心，优先培养工程管理博士

在吸收国外工程博士培养经验的基础上建立我国的工程博士制度，建议通过建立工程博士中心培养工程博士。中心不仅有大学教师，而且有来自企业的人员。工程管理博士中心的主要职责是促进公司参与制定工程管理博士培养计划、课题设置，确保提供高质量课程，负责工程管理博士生的招生以及教学组织与管理工作。中心在企业和大学之间起到了桥梁作用。

工程管理博士专业学位研究生教育培养的是最高水平的工程管理专家，即是面向企业实际的博士工程师并能进入企业决策层与最高技术层面的技术管理人才。在目前情况下，建议由下开展“工程管理博士”的培养，根据工程博士的几个要素把学院教育和企业实践结合起来，形成一种全新的教育模式，使企业真正受益，使国家的经济建设受益。同时，也能积累我国专业博士的培养经验。

工程管理博士教育是精英教育，首先是满足企业技术进步的高端人才要求，而不是规模需求。工程管理博士有更深入的工程领域的专门知识，以及寻求解决工程问题最理想途径的独创能力，更特别的是工程管理博士对工业工程与发展文化有正确的评价能力，对企业进步与市场发展有正确的预测能力，能够适应技术改造的需要对企业生产过程和组织行为不断更新。具有操作金融项目的良好的应变能力。

工程博士中心不同于普通高校的博士点，工程博士的指导教授也不同于现有的博士生导师。培养单位的选择十分重要。

3.3 工程管理博士的培养目标与方式

工程管理博士专业学位研究生教育是培养大型项目的组织者与技术带头人，造就的是研究和工程应用领域具有领导才能的工程管理专家。

（1）工程管理博士专业学位强调学生能够利用前沿的理论与方法，解决源于企业技术进步中不断出现的新问题；

（2）工程管理博士专业学位培养的是企业的行政与技术的组织者，与企业的发展密切相关，其存在与发展必须与企业发展密切结合并以非技术的形式对社会产生重大影响，因此工程管理博士除要有先进的工程知识结构以外，还要对社会、政策、制度、经营、管理、市场知识有深刻理解；

（3）工程管理博士以大型项目与项目运作全过程为研究对象，需要专门的技术和社会、市场、金融等相关学科的知识，是一种复合型的高级管理人才。

培养工程博士旨在满足工业界的需要和毕业生在工业界职业发展的需要。因此，工程博士生教育的培养口径更宽、培养面更广。

提倡分轨培养和分类指导。实现工程博士专业学位培养规格和质量标准的准确定位。面向社会实际，培养目标坚持职业性方向，课程设置体现应用性，教学过程突出实践性的特点，评价标准坚持职业性与学术性相统一的原则。只有这样才能培养出既有一定理论水平，又有突出实践能力的特色鲜明的工程博士。

各学科博士专业学位的要求各不相同，应根据不同学科的实际，制定不同学制，采取不同培养模式和要求，突出不同学科的专业博士教育特色。

大学与企事业单位联合培养工程博士，既能充分发挥大学基础学科的教学、科研优势，又能发挥企事业单位设备先进、科研课题明确、经费充足和实践经验丰富之长处。

4 小结

在我国经济高速发展的今天，社会急需大量高级复合型工程管理人才。从国外部分发达国家该类人才培养的情况来看，多数国家均设立专门的工程博士学位，培养既懂技术又懂管理的高级工程人才。1980年以来，我国学士、硕士、博士学位制度的确定和专业硕士学位的横向展开，构成了我国学位制度的基本框架。但是在工程管理人才培养方面，缺乏针对高级工程管理人才、特别是应用型复合人才的培养方式。设立工程博士专业学位，是加快培养面向大型工程项目建设与管理的专门人才的有效途径。在吸收国外工程博士培养经验的基础上建立我国的工程博士制度，通过建立工程博士中心，优先培养工程管理博士，有意识、有目标地培养大型工程项目的领军人才，是我国社会经济发展的需要。

参考文献

[1] 国家统计局. 新中国系列分析报告之七：投资建设 硕果累累 [EB/OL]. 1999. http：//www.stats.gov.cn/tjfx/ztfx/xzgwsnxlfxbg/t20020605_ 21424.htm.

[2] 曾攀，吴振一，刘惠琴等. 美、德、英工程类型研究生的培养 [J]. 高等工程教育研究. 1999，1.

[3] 王素文，顾建民. 面向工业需要的英国工程博士及其培养特色 [J]. 高等工程教育研究. 2005，2.

[4] 汪应洛，王能民. 我国工程管理学科现状及发展 [J]. 中国工程科学. 2006，3.

[5] 谢菊，叶绍梁. 基于学科建设的我国研究型大学博士生培养体制创新的思考 [J]. 学位与研究生教育. 2004，7.

[6] 仇国芳，张文修. 工程博士学位设置初探 [J]. 学位与研究生教育. 2004，5.

"FIDIC 国际咨询工程师"认证对构建"工程管理师"认证体系的启示

高士程 王守清

（清华大学建设管理系，FIDIC－清华大学－中咨协会培训中心）

1 建立 FIDIC 国际咨询工程师认证的背景和意义

FIDIC 是国际咨询工程师联合会的法文缩写，于 1913 年成立。近百年来，FIDIC 指导全球工程咨询业在工程建设项目的规划设计、投资决策、合同管理等方面发挥了非常重要的作用。FIDIC 一贯对企业的实力建设和咨询工程师素质的提高给予关注，制定了一系列包括工程师道德、质量管理、廉洁管理、项目可持续发展在内的培训系列，以及标准合同文本和合同条件。尤其是 FIDIC 合同条件已为世界银行、亚洲开发银行等国际金融组织所接受，成为国际工程合同文件的重要组成部分，也成为国际工程管理的重要依据，为发展中国家的工程咨询界和工程界所普遍熟知和接受。熟悉和掌握 FIDIC 的精神、原则和标准文件，对于提高咨询工程师和项目经理的素质，促进国际工程项目管理水平有着重要的意义。

目前，国际上对咨询工程师有针对性的培训和专业认证基本处于空白。同时，在项目管理中居于核心地位的合同管理也没有在 PMP、IPMP、RICS 等国际认证的知识体系中加以足够重视。因此，非常有必要建立一套基于合同管理为中心的项目全寿命期管理的知识体系，并且在国际上能得到广泛认可的认证体系。

正是认识到建立这套体系的重要性，FIDIC－清华大学－中咨协会培训中心（FTCTC）经过两年多时间的研究和调研，在 2004 年 FIDIC 年会期间率先提出建立 FIDIC 国际咨询工程师认证体系的设想，建议 FIDIC 针对工程咨询业的共性知识，在全球范围内建立标准的知识体系和考核标准，形成人才培养和效果验收的机制。经 FIDIC 执委慎重研究，FIDIC 与清华大学、中咨协会于 2006 年正式签约，授权中国开发全球通行的 FIDIC 专业认证的知识体系、考核标准、认证方式和培训课程等，开展 FIDIC 国际咨询工程师认证的试点工作，之后该认证体系将逐步推广到全球 75 个成员国，从而建立 FIDIC 专业资质的国际标准认证体系。这是我国第一次参与并主导国际专业资质认证标准的建立，具有里程碑的意义。

咨询工程师具备良好的素质，是项目成功的关键。判断咨询工程师是否具备国际工程的管理和咨询从业资格，需对其专业知识和实践进行考核，但很难操作。因此，权威认证从职业道德、理论知识、实践经验等方面对咨询工程师进行认定就十分必要了。这对我国正处于迅速发展阶段的国际工程及咨询业意义重大。

我国从事工程管理和咨询的工程师，经过 FIDIC 国际咨询工程师认证的培训和考核，能够熟悉 FIDIC 知识体系，尤其是 FIDIC 合同条件和国际惯例。因此，取得证书的工程师，可以向参与国际工程的相关各方证明自己在国际工程管理和咨询方面的能力和信誉。而对企业来说，认证不仅能培养出兼国内外工程理论实践于一身的国际咨询工程师，还能使公司得到业主、专家的充分信任，增强在国际市场的竞争力。

2 FIDIC 国际咨询工程师认证的指导精神和原则

FIDIC 是一个国际 NGO 组织，其主要宗旨是将各个国家独立的咨询工程师行业组织联合成一个国际性的行业组织，鼓励制订咨询工程师应遵守的职业行为准则，以提高为业主和社会服务的质量，以及共同促进成员协会的职业利益。因此，FIDIC 无意在此领域追求经济利益，清华大学和中国工程咨询协会也如此。因此，在构建认证体系中一直秉承如下指导精神和原则。

2.1 构建 FIDIC 国际咨询工程师认证的指导精神

（1）贯彻 FIDIC 职业道德准则：工程师的公正廉洁和对社会、咨询业负责。

（2）采取组织运作和财务均公开、透明的国际化方式进行培训和认证。

（3）培养并检验理论和实践双重能力。

（4）考核认证与FIDIC组织机构、知识体系、培训课程协调对应。

2.2 构建FIDIC国际咨询工程师认证的原则

（1）前瞻性原则。

①注重FIDIC的发展前景和未来承担的社会责任。

②考虑未来的国际推广：基于FIDIC知识体系的国家特色化。

③进行一定的基础调研和财务可行性分析。

（2）兼容性原则。

①接受不同专业领域人才的申请。

②以工程、经济、法律、管理四类专业认证为基础。

③注重参与项目全寿命期各阶段的活动。

（3）借鉴性原则。

①充分借鉴IPMP、PMP和RICS等国际专业认证的经验。

②充分借鉴咨询工程师（投资）、建造师等国内资质认证的经验。

（4）考核认证与培训分离原则。

3 FIDIC国际咨询工程师认证体系的构建

3.1 研究思路

借鉴项目管理PDCA的模式，采取“构建体系—培训、认证—调研、反馈—改进推广”的流程完成“FIDIC国际咨询工程师”认证计划的实施，见图1。

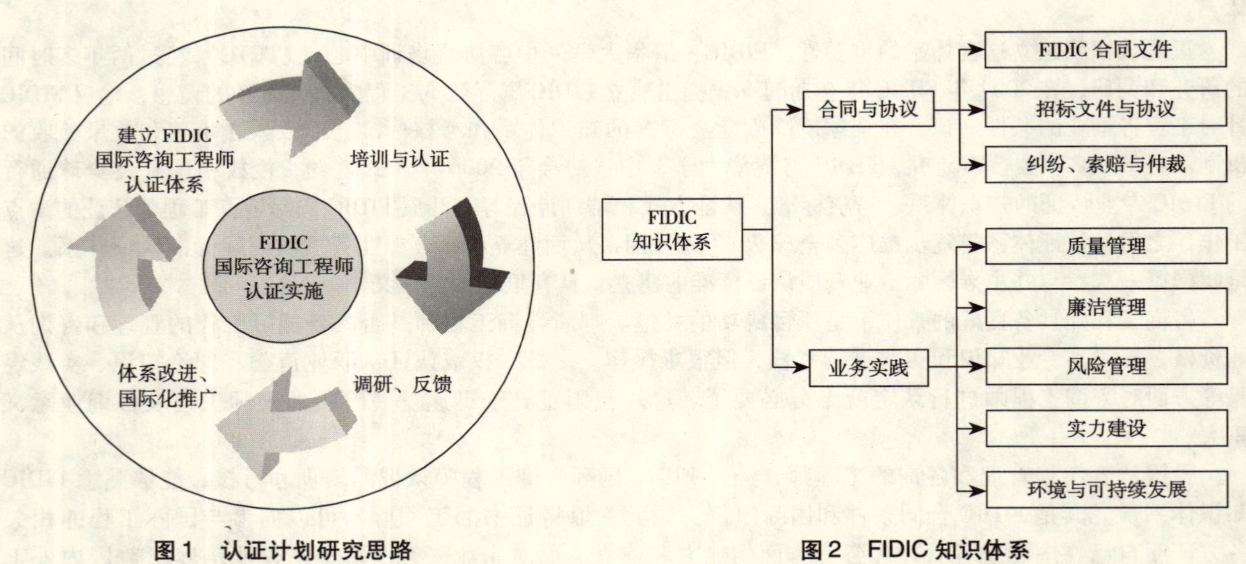

图1 认证计划研究思路　　图2 FIDIC知识体系

3.2 FIDIC知识体系

除了FIDIC合同条件以外，FIDIC在质量管理、廉洁管理、环境与可持续发展、能力建设等方面都形成了比较系统的理论和体系，并进行了很多相关的培训。在FIDIC已经出版的文献和FIDIC培训资料的基础上，整理形成了以“合同与协议”为核心的FIDIC知识体系，见图2。

3.3 FIDIC国际咨询工程师认证的主要内容

（1）管理机构：由FIDIC、清华大学、中咨协会指定代表组成FIDIC国际咨询工程师资格认证与管理委员会，负责宣传、培训、考试、继续教育等活动。

（2）级别和申请资格：FIDIC培训师（专家提名并培训的方式）和FIDIC国际咨询工程师（培训+考试）方式进行；建立了“基于项目全寿命周期专业认证”的资格准入制度，即取得工程、经济（金融、财务、保险、会计）、法律、管理等领域的国内和国际资质/资格认证后，即可参加培训与考试。

（3）课程培训：设立课程委员会，细化 FIDIC 知识体系，并负责开发具体的培训课程体系、模块，指定并监督专门的培训机构（FTCTC）进行课程培训。

（4）继续教育：继续培养持证人的专业技术能力，弥补考试中对能力考核缺乏存在的问题；不断更新持证人的知识结构和专业水平，以适应国际工程市场的变化。采取课程培训、研讨会等形式，按照学分制计算。

（5）费用：参考 IPMP、PMP、RICS 等国际认证的培训和认证收费标准，根据成本法确定盈亏平衡点并进行灵敏度分析完成市场分析与预测。

3.4　FIDIC 国际咨询工程师的认证流程

认证主要采取“培训＋考试”的方式进行，申请人必须经过 FTCTC 培训 FIDIC 知识体系，并颁发 FIDIC 培训证书才能参加认证考试。具体流程见图 3。

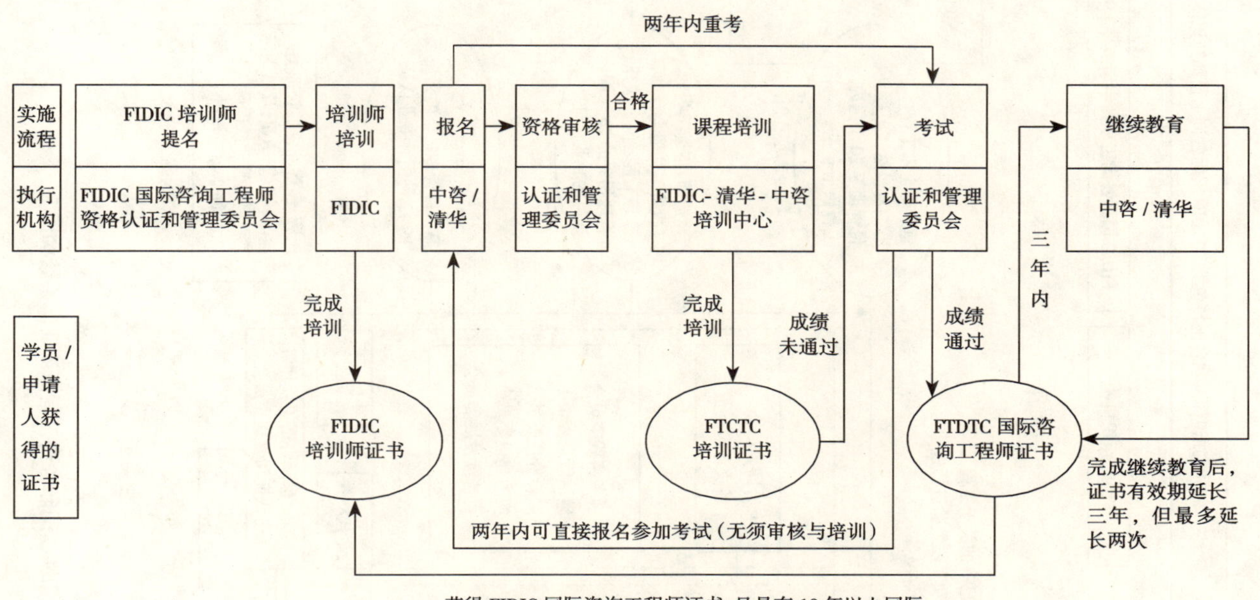

图 3　FIDIC 国际咨询工程师认证流程图

3.5　FIDIC 国际咨询工程师认证体系结构图

综合上述关于 FIDIC 国际咨询工程师认证的各项内容，整理完成 FIDIC 国际咨询工程师认证体系结构图，见图 4。

4　FIDIC 国际咨询工程师体系对建立工程管理师的启示

4.1　以系统知识为基础，构建工程管理师认证体系

以工程和项目管理（合同、项目计划与控制、质量等）为核心，培养工程师的职业道德（廉洁管理、社会责任等）、安全/健康/环境（HSE）与可持续发展、风险管理等理念和实务操作，并学习经济、法律、信息技术、优化方法等各方面知识。

4.2　将全寿命期理念贯穿于工程管理师认证体系的设计中

虽然工程管理师的职责主要集中在项目的实施阶段，但是从项目全寿命周期的角度出发构建工程管理师认证体系，能够更好地培养工程师的可持续发展理念。

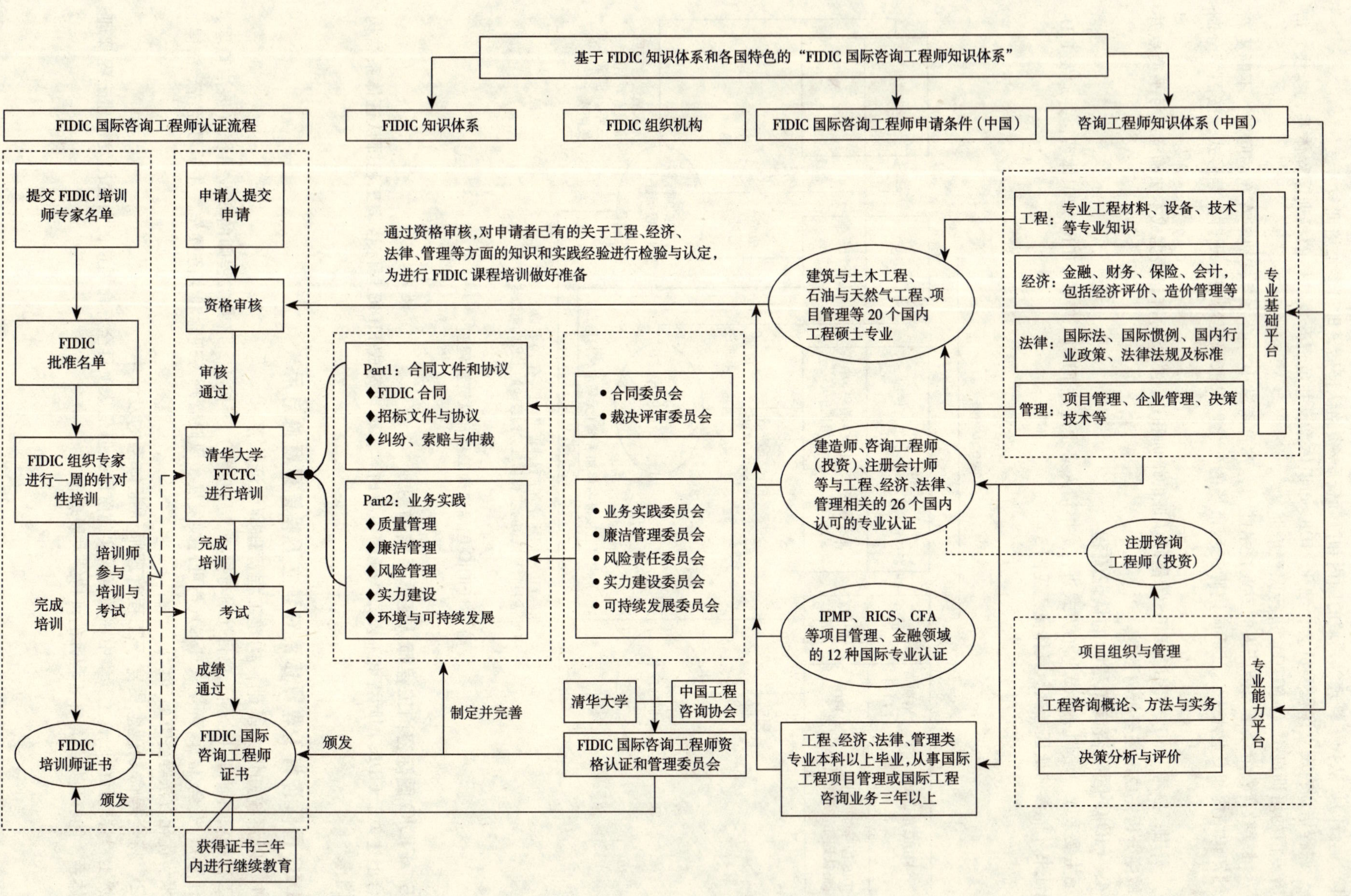

图 4　FIDIC 国际咨询工程师认证体系结构图

4.3 借鉴FIDIC知识体系中比较系统、完善的廉洁管理、可持续发展、风险管理的理论和实务操作，并注重工程管理师的职业道德准则的培养（见图5）。

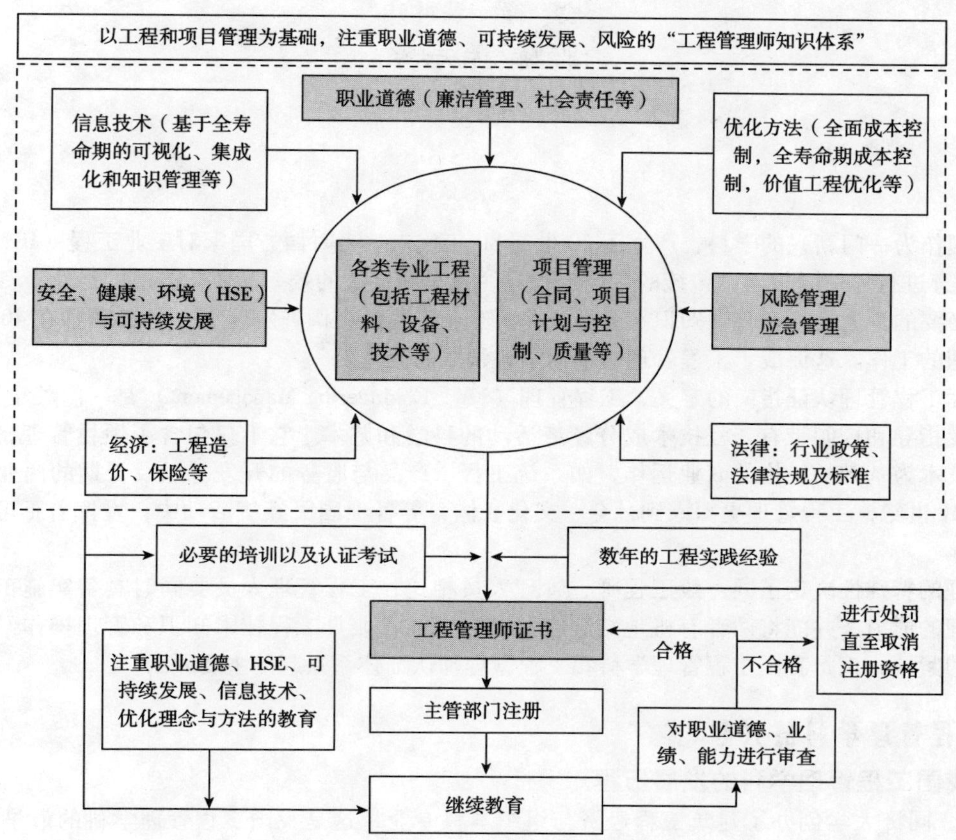

图5 工程管理师认证结构图

我国工程管理学科及工程管理师认证体系的发展

成 微 翟林炜
（北京航空航天大学）

1 引言

工程管理作为一门新兴的学科，产生于20世纪80年代末。当时西方国家对工业工程（IE，Industry Engineering）教育进行评估时指出，传统的工业工程只注重车间层次的效率和数学方法的运用，其毕业生和工程师们缺乏必要的沟通技巧和管理知识。另外，美国工业工程学会调查发现70%的工程师在40岁之后都要承担工程管理的工作。这促成了工程管理这个新学科领域的诞生。

根据国际工程管理认证指南的定义，工程管理（EM，Engineering Management）是一门关于计划、组织、资源分配以及指导和控制带有工程技术成分经济活动的科学和艺术。它不仅包含了项目管理，也包含了所有以科学、技术为基础的机构的商业运作，如系统工程、产品与服务的开发、以及长期的商业和技术发展战略。步入21世纪，工程管理更深入到社会、文化、体育等各项国民经济活动中，发挥着不可或缺的重要作用。

工程管理的特殊性决定了同一般工程师、管理人员相比，工程管理人员要同时具备实施工程项目和进行专业化管理的能力，并能将两者有机地结合在一起。当前，兼具工程技术知识和管理操作经验的工程管理高级人才的紧缺，正是我国工程管理学科和工程管理师认证体系兴起的主要原因。

2 我国工程管理学科的兴起

2.1 我国工程管理学科的发展历程

1952年，同济大学创办了建筑工程经济与组织本科专业，这是我国工程管理学科的最早雏形。20世纪80年代，我国改革开放力度加大，社会主义计划经济体制向市场经济体制转变，建筑业越来越重视建设项目施工全过程的管理。同时，对外承包工程与劳务合作事业蓬勃发展，对外向型、复合型、开拓型国际工程建设管理专业人才产生了很大的需求。这样，工程管理学科应运而生。1998年国家教育委员会对高等教育专业进行调整，确立了工程管理新学科，涵盖原有的建筑经济与管理、房地产开发与经营等专业。

由于发源于建筑工程项目，国内的工程管理学科通常是指狭义的工程管理，即对土木建筑工程进行管理。然而建筑工程仅是众多工程领域中的一个，不少专家认为，将工程管理的“工程”限定为建筑工程管理有违国际惯例，不符合全世界和我国工程科技发展的实际情况。我国工程院院士汪应洛指出应将“工程管理”的“工程”定义为广义的工程，即包括工业工程、计算机工程、化学工程、系统工程等，工程管理的范围不应局限于土木建设工程管理，而应包括范围更广的其他工程。

2.2 我国工程管理学科体系现状

目前我国工程管理学科建设由建设部负责，其培养目标在于培养适应社会主义现代化建设需要，具备土木工程技术及与工程管理相关的管理、经济和法律等基本知识，获得工程师基本训练，具有一定的实践能力、创新能力的高级工程管理人才。1999年建设部第三届高等工程管理学科专业指导委员会提出，工程管理学科课程体系可采取专业平台课程加专业方向性课程的模式，如图1。

2.3 我国工程管理人才培养中存在的问题

目前我国已有200多所高校开设工程管理专业，包括综合类大学、建工类院校、矿业类院校、电力类院校、财经类院校等，培养了一大批从事工程管理相关工作或研究的本科生、硕士生、博士生。

然而工程管理高级人才的培养中仍存在许多问题。首先，工程管理学科体系未能满足工程管理实践界所要求的较强的包容性，即涵盖土木建筑工程、道路工程、桥梁工程、装饰工程、隧道工程、市政工程、水利工程、甚至石化工程、林业工程等所有工程领域。其次，工程管理实践性环节薄弱。各高校工程管理人才培养总体上存在着“重理论、轻实践，重研究、轻培养”的现象。教学中侧重于基

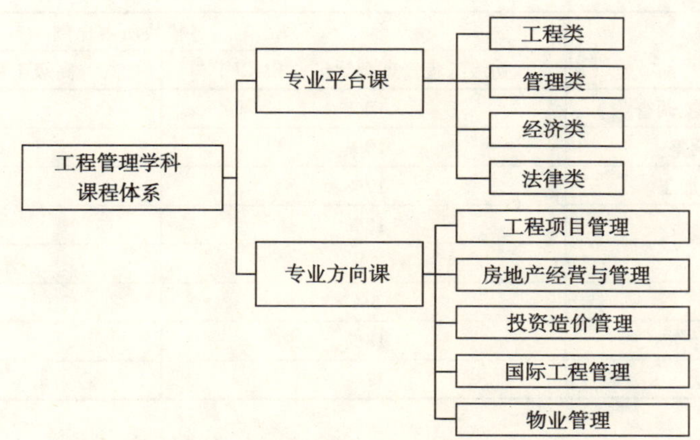

图1　建设部提出的工程管理学科课程体系设置

础课程和专业课程的课堂教学，而一些生产实习、毕业实习等实践性内容却往往“走过场”，不能切实开展。

我国的工程管理还停留在理论研究阶段，缺乏必要的实践经验，更缺少能与国际接轨的工程管理人才。我国的工程技术人员很多，但是懂得管理、综合素质高且具有国际视野的中高级工程管理人才很少。而这样的高素质工程管理人才，又恰恰是企业，尤其是工业企业所急需的。因而，加快工程管理学科建设和规范工程管理人才培养是非常必要的。

3　国际工程管理师认证体系

国际工程管理认证（Engineering Management Certification International，简称EMCI）由美国机械工程师学会（ASME）、美国土木工程师学会（ASCE）、美国化学工程师学会（AIChE）、美国矿业、冶金和石油工程师学会（AIME）联合发起，并得到了美国电子电气工程师学会（IEEE）的大力支持。它是一个多行业的全球资格认定计划，要求申请人具备一定的资历，通过规定的考试，并能秉持工程管理师职业道德守则。在此基础上，对其工程管理的能力加以认证，并且通过再认证和继续教育，使获得认证者不断发展和保持这种能力。

3.1　国际工程管理认证知识体系

EMCI所基于的工程管理认证知识体系（EMC—BOK），代表一个成功的工程经理所需要的关键和现行的知识与技能。它由8大知识模块，49个主要知识领域和170个分知识领域组成，既不偏重于MBA，也不偏重于工业工程。

这8大知识模块是：市场调研、技术更新和环境调查，项目计划与商业战略调整，产品开发、服务及商业加工，工程运作及改进，财务资源与利用，市场和销售战略，领导艺术和工程团队合作，专业责任与法律问题。

3.2　EMCI的两级标准

（1）初级工程管理师认证（EMCF）。初级工程管理师认证强调的是工程管理的基础层面。EMCF申请者必须具备理工科学士学位，或国际同等教育水平，同时还必须具有3年以上的工程业务经验。对那些没有理工科学士学位的申请者，则必须接受两年以上理工专业教育和5年以上的工程业务经验。

（2）高级工程管理师认证（EMCP）。高级工程管理师认证强调的是成功的工程管理经理所必须具备的经验知识，技能和能力。申请者必须具备理工科学士学位，或国际同等教育水平，同时还必须具有5年以上的工程业务经验，其中至少2年以上从事工程管理业务。申请者如果已持有初级工程管理师证书，则可以免除上述的教育水平要求。

表1列出了考试的两级标准下各模块所占的比例。

EMCI 考试中各知识模块所占比例　　表 1

知识模块名称	各模块所占比例	
	初级工程管理师认证（EMCF）	高级工程管理师认证（EMCP）
市场调研、技术更新和环境调查	10%	10%
项目计划与商业战略调整	10%	16%
产品开发、服务及商业加工	17%	10%
工程运作及改进	18%	10%
财务资源与利用	5%	16%
市场和销售战略	5%	10%
领导艺术和工程团队合作	18%	18%
专业责任与法律问题	17%	10%

（3）EMCI 认证考试情况。EMCI 认证考试每年举行 2 次，分别在 6 月和 12 月。2006 年上半年全球共有 46 名考生参加考试。其中，30 名考生参加了初级工程管理师认证考试，通过率为 70%；其余 16 名考生参加了高级工程管理师认证考试，通过率为 38%。

4　我国"工程管理师"认证体系

4.1　国际工程管理师体系在我国的推广

为了提高我国工程技术人员和企业决策者对工程管理的认知水平，深化工程管理的理论研究，培养适合我国国情和企业发展需要的工程管理人才，建立符合国际通行标准、规范化的工程管理体系，国际工程管理认证（EMCI）体系被引入中国。我国正式成为国际工程管理认证在美国和北美地区以外首个进行推广的国家。

国际工程管理认证的培训和考试于 2005 年 8 月正式启动。清华大学继续教育学院负责国际工程管理在国内的教育培训工作，中国国际人才交流协会负责国际工程管理在国内的认证考试工作。2005 年 8 月 28 日，全国第一个国际工程管理高级认证（EMCP）培训班正式开班。自此，我国"工程管理师"体系成功地迈出了第一步。

4.2　我国"工程管理师"与"项目管理师"认证体系的比较分析

工程管理学科与项目管理密不可分。表 2 将我国"工程管理师"认证体系与当前盛行的"项目管理师"认证体系进行比较。

"工程管理师"认证体系与"项目管理师"认证体系比较　　表 2

	工程管理师认证体系（EMCI）	项目管理师认证体系（IPMP）
认证目的	为企业提供一个工程管理方面的最高标准、最佳做法、方法学和国际惯例；为个人提供一个世界范围内通行的、公开承认和接受的资格，证明其掌握和具备完成工程管理任务的资历、经验和技能	对项目管理人员知识、经验和能力水平的综合评估证明。根据 IPMP 认证等级划分获得 IPMP 各级项目管理认证的人员，将分别具有负责大型国际项目、大型复杂项目、一般复杂项目或具有从事项目管理专业工作的能力
认证知识体系	工程管理认证知识体系（EMC－BOK），包含一个成功的工程经理所需要的关键和现行的知识与技能。它由 8 大知识领域，49 个主要知识领域和 170 个分知识领域组成	参考国际项目管理专业资质标准（ICB，IPMA Competence Baseline）制定的"中国项目管理知识体系（C－PM-BOK）"及"国际项目管理专业资质认证中国标准（C－NCB）"。它将知识和经验分为 28 个核心要素及 14 个附加要素
认证等级	分为两个等级：专业工程管理师认证（EMCF）和高级工程管理师认证（EMCP）。前者强调工程管理的基础层面，后者强调成功的工程管理经理所需具备的经验知识和技能	分为四个级别：IPMP－A 级为达到认证的高级项目经理；IPMP－B 级为达到认证的项目经理；IPMP－C 级为达到认证的项目管理专业人员；IPMP－D 级为达到认证的一般项目管理专业人员
认证形式	笔试	笔试、案例讨论、面试
发证单位	美国四大学会共同颁发	IPMA 授权并监督我国认证委员会发放
启动时间	首次工程管理认证启动于 2005 年底	首次国际项目管理师认证启动于 2001 年 7 月

通过对比分析可知，“工程管理师”体系与“项目管理师”体系在知识体系、认证形式与等级方面都有较大的差异。“工程管理师”体系强调工程技术和管理经验的有机结合。其中，理论部分除了考察项目管理知识外，还考察工程管理人员的工程技术知识、财务法律知识等。同时注重考核工程管理人员在工程运作、商业战略等方面的素质能力和实践能力。

相对于刚刚起步的工程管理师认证，项目管理师认证已日渐成熟和完善，其认证等级划分更为细致。它强调考察项目管理人员的 PM 知识和能力；多样的认证形式，更有助于对项目管理人员的能力的全面考核。而这些都是值得工程管理师体系借鉴的地方。

4.3 我国“工程管理师”认证体系与工程管理本科教育

我国“工程管理师”认证体系与工程管理本科教育是相辅相成的关系。一方面，工程管理本科的规范化教育，提供了系统全面的工程技术和管理知识，是“工程管理师”认证体系的基础和前提。

另一方面，“工程管理师”认证体系是对工程管理本科教育的巩固和补充。现行工程管理本科教育多为工程技术和管理知识的简单叠加，缺乏应用性和实践性的环节。而“工程管理师”认证体系则着重考察工程技术和管理能力的有效结合和实际应用能力，对完善工程管理本科教育起到了积极作用；同时，“工程管理师”体系的引入，带来了新鲜的工程管理理念和实践总结，扩充了工程管理本科教育内容。

5 结论：我国工程管理学科与“工程管理师”认证体系的发展前景

从国内国际的发展现状及学科内涵来看，工程管理是一个极具发展潜力的学科。特别是进入 WTO 以后，国内工程建设行业将面临空前激烈的国际竞争，这不仅导致对“工程管理师”的需求增加，还将导致对“工程管理师”质量提出更高的要求。因而，加快工程管理学科建设和工程管理师体系的完善，具有极其重要的意义。应当广泛借鉴和吸收国际工程管理师认证体系及国际项目管理师认证体系的宝贵经验，力争培养出更多高素质的“工程管理师”。

参考文献

[1] Engineering Management Certification International Handbook [M]. EMCI Certification Center. 2005, 7.

[2] 汪应洛. 时代呼唤工程管理 [EB/OL]. 2004-07-02. http://www.gmw.cn/01gmrb/2004-07/02/content_51608.htm.

[3] 戴兆华, 杨平. 对工程管理专业本科人才培养的思考 [J]. 高等建筑教育, 2006, 15 (3): 38-42.

[4] EMCI 年度报告 [R]. 2006.

[5] 中国项目管理研究委员会. 中国项目管理知识体系与国际项目管理专业资质认证标准 [M]. 北京: 机械工业出版社, 2001, 7.